Coffee Flavor
커피의 향미

정 철 지음

光文閣
www.kwangmoonkag.co.kr

머리말 I

커피는 전 세계적으로 하루 22억 5천만 잔 이상 소비되는 대표적인 음료이며 그 시장은 날로 성장하고 있다. 우리나라에 커피가 본격적으로 도입된 역사는 짧지만 이제는 커피가 김치나 쌀보다도 소비가 더 많다는 통계도 있고, 한국은 세계 10대 커피 시장으로 꼽힌다.

초창기 자판기 커피가 우리나라 소비자에게 커피가 무엇인지 알리는 역할을 했다면 다양한 음료를 제공하는 카페의 발전이 커피 소비를 가속화한 측면도 있다. 우리나라 사람들도 과거에는 단순하고 획일적인 커피 소비에 머물렀지만 최근에는 커피 취향이 다양화, 고급화, 세분화되고 있는 추세이다.

그리고 국내 커피 시장은 카페 같은 커피 전문점의 등장 시대를 넘어 커피 머신을 구입해 가정에서 스페셜티 커피 등 고품질의 커피를 즐기려는 홈 카페 문화가 자리를 잡은 지 이미 오래다. 또 다양한 로스팅 머신과 추출 기구의 발달로 누구나 손쉽게 가정에서 취향에 맞는 커피를 즐길 수 있는 대중화 시대가 도래하였다.

그렇다면 이제는 커피를 그냥 마시기보다는 커피에서 풍기는 향미의 요인이 뭔지를 알아보고 어떻게 하면 그 요인을 최대한 발현시켜 보다 맛있는 커피를 만들 수 있는지를 탐구하는 것도 필요하다. 이를 알게 되면 더욱 자신의 취향에 맞는 커피를 찾아 즐길 수 있게 될 것이다.

국내 커피 애호가들은 커피 본연의 맛을 알기 위해 원산지 특성, 재배방법, 가공 기술에 대해 호기심이 많다. 또 좋은 커피란 도대체 무엇을 말하는지 또 스페셜티 커피, 프리미엄 커피, 커머셜 커피 간 향미 차이가 무엇인지에 대한 궁금증도 많다.

커피는 술과 마찬가지로 기호식품이지만 그 가공 기술은 원천적으로 과학에 기반한다. 즉 원료의 특징과 가공 과정을 과학적, 학술적으로 접근해야 커피 본연의 맛과 향에 대한 이해도가 커지고 더 좋은 커피를 만들 수 있게 된다. 사람이 먹는 모든 식품은 결국 맛과 향에 관한 이야기이며, 향미에 대한 궁금증을 푸는 일은 아직도 숙제로 남아 있고 커피 분야도 마찬가지다.

한편 시중에는 그간 커피 관련 서적이 다수 출간되어 있지만 주로 인문학적 또는 바리스타 관점에서 기능 위주로 기술된 서적들이 대부분이다. 한 설문조사에서 커피를 마시는 이유에 관해 물었는데 대다수가 아로마라고 대답할 정도로 커피에서의 향은 절대적인 요소이다. 그러나 아쉽게도 국내에는 아직 커피의 향과 맛 관련 체계적이고 학술적인 전문서적이 없어 커피 향미에 대한 과학적인 정보를 습득하고 현장에 활용하는 데 한계가 있다. 이에 따라 최근 커피의 맛과 향에 대한 심도 있고 과학적 근거를 바탕으로 서술된 전문 서적의 필요성이 대두되어 왔다.

따라서 이 책은 이러한 커피 향미에 대한 전문서적이 없는 커피 산업계의 실정을 고려하여 커피 향미에 대한 이론과 실무를 과학적 · 체계적으로 서술하였다. 커피의 향미는 생두, 원두와 여러 가공 과정(로스팅·분쇄·추출)에서 발현된 것이기 때문에 커피 원료와 가공 과정 특성에 대해 상세히 기술하였다. 특히 커피의 향미가 어디서 발현되는지 또 그 성분은 무엇인지 그리고 그 성분이 각 커피 타입별 향미와 캐릭터에 어떠한 영향을 주는지에 대한 정보를 주고자 하였다.

다른 한편으로는 커피 향미의 이해도를 높이기 위해 향미에 대한 기초적인 개념과 발효 미생물과 향미와의 상호 연관성에 관해 기술하였고, 국가별·원산지별 향미 특성에 대해 최근 문헌을 근거로 세부적으로 서술하였다. 또 이 책이 커피 산업계와 학계에서 산지별, 가공별, 타입별로 커피의 향미 특성을 평가하는 데 유용하게 활용될 수 있도록 실무적인 관점에서 집필하였다. 또한 커피의 품질관리 방향 및 산업화를 위한 품질 표준화·규격화 설정에 시사점도 주고자 하였다.

저자가 오랜 세월 양조학 분야에서 교육과 연구를 수행해온 경험에 비추어보면 술과 커피의 향미 특성이 일부 다르긴 하지만 두 분야가 서로 호환되고 밀접한 연관성이 많다는 것을 발견하게 된다. 또 향미 성분의 물리화학적 대사 메커니즘은 이론적인 측면에서 보면 동일하다. 따라서 양조 분야의 향미 특성을 이해하면 커피의 향미를 이해하는 데 도움이 되고 그 반대의 경우도 마찬가지다.

저자는 무엇보다 이 책을 통해 커피 한 잔이 품고 있는 향미의 비밀을 무엇보다 과학적으로 규명하고 해석하는 데 의미를 두고자 하였다. 커피는 그 종류가 매우 다양하고 맛과 향도 천차만별이기 때문에 이 책에 커피 향미에 대한 모든 정보를 담지 못한 아쉬움이 남는다. 그러나 커피 향미 관련 전문서적이 국내에서는 처음 발간됨으로써 새로운 커피 레시피 개발과 로스팅 기술 개선 및 커피 산업 도약에 미약하나마 기초를 놓았다는 데 그 의미를 갖고자 한다.

이 책이 앞으로 커피 아로마 교재로서 커피 교육과 연구 분야에 안내서로 널리 이용되길 바라며, 커피 산업계 종사자, 식품 전공자들과 바리스타들에게도 향미 정보를 얻는 데 도움이 되길 희망한다. 끝으로 이 책을 발간하도록 교정을 도와준 서울벤처대학원대학교 대학원생들과 꼼꼼한 편집을 해주신 출판사 박정태 회장님과 편집부 여러분께 감사드린다.

목차 I

제13장. 커피와 건강 / 397

부록 / 409

CHAPTER 01

커피의 기원과 발전사

1. 커피의 역사
2. 커피나무의 재배

01 커피의 기원과 발전사

커피는 인류가 물 다음으로 가장 많이 마시는 음료이자 세계에서 가장 많이 교역되는 농산물 중의 하나이다. 커피는 17세기에 비로소 음료로써 알려지기 시작하였고, 20세기 들어서는 가장 소비가 큰 대표 음료로 자리를 잡았다. 커피는 커피나무 열매의 씨앗(커피콩)을 가공한 생두(green coffee)를 로스팅 후 얻은 원두(roasted coffee)를 갈아 커피 가루(ground coffee)로 낸 것을 물로 추출한 향미가 풍부한 짙은 갈색의 음료이다. 일반적으로 커피라는 용어는 광범위하게 사용되며 생두, 원두, 분말 원두, 추출 커피 등을 포괄적으로 지칭하는 말이다.

이 장에서는 커피의 기원과 발전사 그리고 재배 변천사를 살펴보고자 한다.

1. 커피의 역사

커피(coffee)라는 용어는 커피 원산지인 에티오피아 남서부 카파(kaffa)에서 유래되었다는 설과, 커피의 아랍어 용어인 까후와(qahwa)에서 유래되었다는 설 등 다양한 견해가 있다. 까후와는 배고픔을 줄이다는 의미의 까히야가 변형된 것으로 본래는 와인의 한 종류를 일컫는 말이었으나 와인과 유사한 각성 효과가 있는 커피에도 쓰였다고 한다. 이후 까후와는 오스만 투르크어인 카베(kahve)로 불리다 1600년대 초 이탈리아에서 카페(caffe) 등으로 불리게 된다.

커피의 기원에 대해 여러 설들이 있지만, 문헌상 그 기록이 명확하지 않고 대부분 구전으로만 전해지고 있다. 그중 한 가지를 예를 들어 보면, 커피는 7세기 이전부터 에티오피아에서 자생하고 있던 것으로 전해진다. 칼디(Kaldi)라는 염소 목동이 우연히 염소들이 먹던 열매를 발견했는데, 이 열매가 피곤함을 덜어 주는 효능이 있어 마을 종교 수행자들을 돕기 위해 쓰게 되었다고 구전으로 전해지고 있다.

에티오피아 커피는 이후 이집트와 예멘으로 전파되었고 그곳에서 커피가 종교적 의식에 사용되기도 했다고 한다. 커피는 처음에는 열매로 술을 만들어 마신 것으로 전해지는데, 13세기경부터는 지금과 같은 방식으로 음용하기 시작하였다. 특히 술 마시는 것을 엄격하게 금지했던 이슬람교도들은 알코올이 없는 이 음료를 애용하기 시작하였다. 그리고 커피는 15세기경 페르시아, 터키와 북아프리카에 전파되기 시작하는데, 신경을 자극하는 특성 때문에 커피에 대한 초기 반응은 좋지 않았다고 한다. 그러나 커피는 그리스에서 인기를 얻고 오스만 투르크 술탄 셀림 1세에 의해 커피 금지령이 폐지되면서 이스탄불에 세계 최초 커피숍인 카페 키바 한(Cafe Kiva Han)이 탄생(1554년)하게 된다.

이후 오스만 제국이 오스트리아를 침공한 사건이 계기가 되어 커피가 이슬람에서 유럽(17세기경)으로 전파되고 인기를 얻기 시작하였다. 당시 유럽으로 커피를 처음 대량 수입하기 시작한 것은 네덜란드 상인이었다. 그리고 영국인들은 오스트리아보다도 먼저 커피를 마시고 있었으며, 1690년대부터는 미국에도 커피숍 붐이 불어 1700년 이후부터 뉴욕시에서는 커피가 맥주보다 더 많은 인기를 끌게 된다.

그리고 힐스 브라더스사(1900년)의 진공 포장 커피 제조와 사토리 카토의 인스턴트커피 발명, 네슬레사가 에스프레소 커피 개발(1938년)에 성공하게 된다. 또 아킬레스 가기아가 에스프레소 머신을 발명(1946년)하면서 커피 산업은 급격히 발전하여 오늘날에 이르게 된다.

한편 우리나라에서 사용하는 커피라는 말은 영어 coffee에서 온 용어이고 한자로 가배(珈琲)라고 쓴다. 또 색상과 맛이 탕약과 유사하고 서양에서 들어온 탕이라는 뜻으로 양탕국 등으로 불리기도 하였다. 우리나라의 커피 역사를 보면, 문헌상 을미사변(1895년) 당시 고종이 러시아 공사관에 피신해 있을 때 러시아 공사가 커피를 처음 소개한 것으로 나타나 있다. 이 무렵 서울 정동에 손탁호텔이라는 곳에 커피하우스가 있었는데 이것이 최초의 커피숍으로 전해진다. 또 이 무렵 일본을 통해서도 커피가 동시에 유입되었고 주로 일본인들의 양식 찻집을 통해 커피가 전파된 것으로 알려져 있다.

일제강점기 때는 다방이 개점되어 주로 일본인들과 일부 지식인들이 찾았다고 한다. 그러나 이러한 다방은 2차 세계대전 전후로 하여 폐쇄되었다가 해방 후 미군이 주둔하면서 군용식량의 일부였던 인스턴트커피가 유행하면서 국내 커피 문화 발전의 시발점이 되었다. 그 후 업계에서 커피 믹스와 커피 자판기가 생겨나면서 커피의 대중화를 이루게 된다. 커피 믹스(백설탕 55%, 인스턴트커피 15%, 커피 크리머 30%)는 세계 5대 커피 발명품 중의 하나로 국내에서 처음 개발된 것이다.

1980년대 이후에는 원두커피 수입 자유화로 원두커피 전문점이 생겨나고, 스타벅스가 국내에 처음 진출하여(1991년) 이화여대 앞 1호점 개점이 우리나라 에스프레소 커피 전문점이 폭발적인 성장을 이루게 되는 기폭제가 되었다. 그 이후 커피 전문 커피숍들이 개점하게 되고 현재는 커피 프랜차이즈 업체(이디야, 투썸플레이스, 요거프레소, 커피에반하다, 빽다방, 엔젤리너스, 커피베이, 파스쿠찌, 커피빈, 할리스커피, 메가엠지씨커피 등)들이 치열하게 경쟁하는 구도가 형성되었다. 국내에는 약 10만여 개(2021년 기준)의 커피 전문점이 성업 중이며 커피 전문점 창업 수가 폐업 수를 넘어서고 있다.

2. 커피나무의 재배

커피나무는 850년 에티오피아에서 처음 발견된 자생적인 식물로 그 종(species)은 학명으로 코페아 아라비카(*Coffea arabica*)이다. 에티오피아는 아라비카 커피의 요람이며 커피와 인류가 기나긴 진화 여정을 같이 하는 시발점이 된다. 아라비카종은 본래 열곡(裂谷, rift valley)의 원시림에서 발견된 나무에서 비롯된 것이고 현재도 야생 아라비카종이 이 지역에서 자생하고 있다. 또 다른 커피나무인 코페아 카네포라(*Coffea canephora*)는 비교적 최근에 발견된 커피 종이다. 카네포라의 하위 품종으로는 로부스타, 코닐론 및 과리니 등이 있으나 생산성이 높은 로부스타를 주로 재배하다 보니 현재 카네포라종을 일반적으로 로부스타종으로 부르고 있다.

[그림 1-1]은 에티오피아에서 시작된 커피 재배가 다른 대륙으로 전파되는 경로를 나타낸 것이다. 아라비카종은 8세기 에티오피아에서 커피 종자가 예멘으로 전파된 후 아랍인들에 의해 14세기 말까지 재배되고, 이후 100년간 그들만의 커피를 누리게 된다.

커피나무는 흔히 커피벨트(coffee belt)라 불리는 남북 양회귀선(남위 25도, 북위 25도) 사이 지역, 즉 라틴 아메리카, 동남아시아, 남아시아, 아프리카 등 70여 개국에서 재배되고 있다. 커피벨트 내에서도 특히 아라비카종은 비교적 서늘한 고지대에서, 카네포라종은 따뜻한 저지대에서 주로 재배된다.

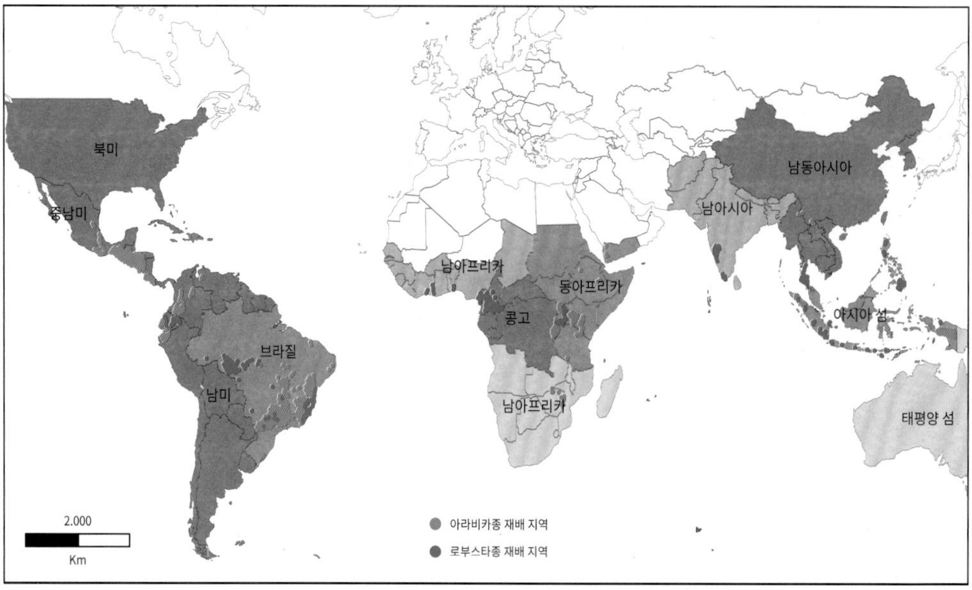

[그림 1-1] **커피 재배(아라비카종, 로부스타종)의 분포도**
청색(로부스타종 재배 지역), 오렌지색(아라비카종 재배 지역), 회색(커피 재배 지역)

커피 재배는 에티오피아에서 티피카(typica)종을 재배한 것이 시초이다. 그리고 커피나무를 대규모로 처음 재배한 지역은 인도네시아(1696년경)이며 커피의 농장화·상업화에도 성공을 거두게 된다. 그 후 전 세계 열대 지방으로 퍼졌고 서인도제도와 남아메리카의 수리남(1719년)과 브라질(1760년)에서 크게 성공하였다. 현재 전 세계 생두 생산량의 30%를 브라질, 콜롬비아, 코트디부아르가 차지하고, 중앙아메리카와 서인도제도가 25%를 생산하고 있다.

19세기 초기에는 네덜란드 식민지(인도네시아의 자바, 수마트라, 티모르 등)에서 재배가 활발하였고, 인도(1830년)에 커피농장이 만들어져 아시아의 커피 재배는 1860년경에 전성기를 맞게 된다. 그러나 스리랑카(1869년)에서 커피나무가 말라 죽는 병이 발생해 인도·인도네시아·싱가포르를 거쳐 필리핀까지 퍼지면서 아시아의 커피 재배는 결정적인 타격을 받는다.

그 후 아시아 지역에서는 병충해에 강한 품종인 아프리카산 리베리아 커피나무를 도입하여 재배했지만 병충해 극복이 어렵고 아라비카 커피나무보다 질이 떨어져 실패하게 된다. 결국 병충해의 피해를 입지 않은 다른 지역 커피에 눌려 아시아 지역의 커피 재배는 크게 위축되었다.

하지만 이후에도 커피 재배를 계속해 온 인도네시아에서는 1900년에 벨기에령 콩고(현재의 콩고민주공화국)에서 발견한 로부스타 커피나무를 도입하여 재배에 성공하게 된다. 이 종은 병충해에 강하여 말레이반도로 퍼져 평지에서 해발고도 1,000미터까지 재배되었다.

유럽에는 커피 종이 17세기 초에 네덜란드인에 의해 처음 도입되고, 이 시기에 프랑스도 커피 재배를 시작하게 된다. 이를 계기로 프랑스는 당시 식민지 지역에 커피나무를 재배하게 되며, 스페인과 영국도 그들의 식민지 지역에서 커피나무 재배를 본격화한다. 이후에는 커피나무 재배가 거의 모든 열대 지역으로 확산되어 오늘날에 이르게 된다.

로부스타종은 벨기에에서 콩고로 커피나무를 처음 보급하면서 시작된다. 이를 계기로 콩고강 유역의 로마니강 근교에서 그 전파가 시작되고 콩고는 지금의 자바(Java) 커피의 원조가 된다. 이후 품종 개량을 통해 인도, 우간다, 코트디부아르 등지에 새로운 종자가 보급되어 농장화를 하게 된다. 로부스타종은 미국에는 1912년경에 보급되기 시작한다. 현재도 아프리카 열대 숲에서 야생 커피나무가 발견되며, 미국, 브라질과 콜롬비아에서는 병충해에 강하고 생산성이 좋으며 기후 변화에 적응력이 뛰어난 아라비카의 새로운 품종 개발 연구에 박차를 가하고 있다.

아라비카종은 재배 조건이 까다롭고 병충해에 민감하며 우기와 건기의 구분이 필요하다. 또 재배 평균 기온은 15~24℃ 정도가 적합하며 유기질이 풍부하고 배수가 잘되는 화산재 토양, 적당한 햇빛과 800미터 이상의 고지대일수록 유리하다. 그러나 집중 호우나 강한 바람은 좋지 않다. 반면 로부스타종은 24~30℃ 정도의 기온만 유지하면 600미터 이하의 웬만한 기후와 토양에서도 경작될 수 있다. 또 병충해에도 강하여 아라비카종보다 재배 조건이 덜 까다로운 편이다.

커피는 보통 병충해 방지보다는 고지대 특유의 일교차를 이용하여 커피 생두의 밀도를 높여 품질을 향상시킬 목적으로 해발 1,000미터 이상에서 재배한다. 그래서 안데스 산맥에 위치한 일부 커피 산지(과테말라, 온두라스 등)에서는 커피 생두의 등급을 고도 기준 SHB(Strictly Hard Bean, 고도 1,600~1,700미터), HB(Hard Bean, 고도 1,200~1,400미터) 또는 GW(Good Washed, 고도 700미터 이하) 등으로 분류하기도 한다.

커피는 고지대에서 재배된 것일수록 최고급 또는 고급종이 생산되는 것으로 알려져 있다. 예를 들면 해발 600미터 이하의 지역에서는 인스턴트커피나 공업용 원료로 사용되는 로부스타종이, 800미터 이상의 지역에서는 원두커피용으로 사용되는 양질의 아라비카종이 재배된다. 우리나라에서 소비하는 커피 대부분도 이들 지역으로부터 수입해 온 것이며, 중국 윈난성과 에티오피아의 고원지대가 이런 커피 벨트의 고지대에 해당되어 아라비카종을 재배한다고 한다. 그리고 커피는 따뜻한 지역에서 재배된다는 인식이 있지만 실제로는 서늘한 그늘에서 많이 재배한다.

현재 아라비카종과 로부스타종이 각각 전 세계 커피 시장의 62%와 38%를 차지한다. 브라질이 가장 큰 아라비카 생두 생산국(52%)이고 고품질 커피 제조에 많이 사용된다.

한편 1997년~2002년 사이에 커피 가격의 폭락과 수요 정체를 타개하고자 커피를 대량생산하는 바람에 과도한 제초제와 살충제를 사용하여 환경 파괴가 심해지게 되었다. 이에 대응책으로 커피 재배 농가의 삶의 질을 개선하고 환경 보호를 위한 노력으로 지속 가능한 커피(sustainable coffee)라는 개념이 생겨났다. 실천 방안으로 유기농 커피(organic coffee), 셰이딩 커피(shaded coffee) 또는 공정무역 커피(fair trade coffee)가 등장하게 된다. 유기농 커피는 수질과 토양, 생물 다양성 보호를 위해 살충제 등을 사용하지 않고 자연 상태에서 경작하는 커피이다. 멕시코, 콜롬비아 등지의 유기농 커피가 유명하며, 이 커피에는 카페인이 거의 없거나 매우 적은 것으로 알려져 있다. 셰이딩 커피는 커피나무 중간중간에 이른바 차광 나무를 심어 커피나무에 그늘을 만들어 재배한 것을 말한다. 차광을 하면 커피 열매(coffee cherry)의 불량률을 낮춰주며 잡초, 해충 발생 억제, 수분 조절 및 바람막이 등의 효과가 있는 것으로 문헌에 보고되고 있다.

CHAPTER 02

커피나무의 근원지와 분포도

1. 커피나무의 분류와 분포
2. 커피 종
3. 커피 종의 개량
4. 커피나무의 재배
5. 커피나무의 생리학
6. 커피 열매 수확

02 커피나무의 근원지와 분포도

1. 커피나무의 분류와 분포

커피나무는 열대성 상록교목(perennial evergreen)으로 꼭두서니과(*Rubiaceae*)의 코페아속(*Coffea*)이며 커피콩(coffee bean)을 열매로 맺는 식물이다. 앞서 언급한 바와 같이 커피나무는 에티오피아가 원산지인 다년생 쌍떡잎식물이다. 에티오피아에는 아직도 야생종이 남아 있으나 야생종을 이용한 커피 생산량은 많지 않다. 커피나무의 종류는 현재 40여 종이 알려져 있으며, 그중 이른바 삼원종(三原種)으로 불리는 3종류가 대표적이다. 이 중에 아라비카종이 70%, 로부스타종이 27% 그리고 리베리카종(*C. liberica*)이 3%를 차지한다.

커피 속(屬)에는 실란투스(*Psilanthus*)와 코페아(*Coffea*) 등 2속이 있는데, 이들은 형태학적으로 꽃 구조가 다르다는 점에서 가장 큰 차이가 있다. 코페아 속의 꽃은 모양이 길고 꽃부리의 길이는 중간 정도이며 꽃밥은 꽃부리에서부터 돌출되어 있다. 반면에 실란투스 속의 꽃은 모양이 짧고 꽃부리는 길며 꽃밥은 꽃부리 안에 들어가 있는 형태이다. 두 속 모두 열매 안에 두 개의 커피콩을 가지고 있으며, 씨 등 쪽으로 관상봉합(coffeanum suture)이라 불리는 깊은 홈이 나 있는 것이 특징이다.

코페아 속은 103종이 알려져 있다. 그중 41종은 아프리카가 원산지이며, 59종은 마다가스카르 그리고 2종은 마카레나 섬이 원산지이다. 코페아 속은 코페아 아라비카종과 코페아 카네포라종으로 분류되며, 카네포라종은 일반적으로 로부스타(*Coffea robusta Linden*)로 불린다[표 2-1].

커피나무의 분포도를 보면, 커피나무는 고도 2,300미터에서도 자생하지만 대부분(65%)의

종은 고도 1,000미터 아래에서 잘 자란다. 일례로 코페아 카네포라, 코페아 리베리카, 코페아 살바티릭스(*C. salvatrix*), 코페아 유게노이데스(*C. eugenoides*) 및 코페아 브레비페스(*C. brevipes*)는 재배 범위가 넓어 고도 500~1,500미터에서 자생이 가능하다. 코페아 아라비카종도 그 증식 범위가 넓어 800~2,000미터에서 재배가 가능하다. 반면 코페아 헤테로칼릭스(*C. heterocalix*), 코페아 카파타카(*C. kapakata*), 코페아 세스플로라(*C. sessiflora*) 및 코페아 스테노필라(*C. stenophylla*)는 재배 범위가 좁은 편이다. 또 대부분의 커피 종(카네포라, 유게노이데스, 리베리카)은 아프리카의 습한 지역에서 잘 재배되지만 일부 종(콘젠시스, 라세모사, 슈도장구에바리아)은 특별한 토양과 기후에서만 자라나기도 한다.

[표 2-1] 커피나무의 식물학적 분류

분류	세분류
아계(Subkingdom)	*Angiospermae*
강(Class)	*Dicotyledoneae*
아강(Subclass)	*Sympetalae* 또는 *Metachlamydeae*
목(Order)	*Rubiales*
과(Family)	*Rubiaceae*
속(Genus)	*Coffea*
아속(Subgenus)	*Eucoffea*
종(Species)	*Coffea arabica*, *Coffea canephora*, *Coffea liberica*, *Coffea eugenoides*, *Coffea congensis*, *Coffea salvatrix*, *Coffea racemosa*, *Coffea zanguebariae*, *Coffea pseudozanguebariae*, *Coffea mongensis*, *Coffea humilis*, *Coffea kapakata*, *Coffea betrandi*, *Coffea perrieri*, *Coffea pervilleana*

커피나무의 크기는 커피 종, 자연환경과 관리 상태에 따라 달라진다. 야생에서는 10미터 이상 자라는 때도 있지만 수월한 수확을 위해 주기적으로 가지치기를 하여 나무 키를 2~3미터 정도로 유지시킨다. 잎은 가지나 줄기에서 마주나고 긴 타원 모양이며 두껍고 가장자리가 물결 모양을 한다. 잎 표면은 짙은 녹색이고 광택이 난다. 꽃은 흰색이고 향기가 있으며 잎겨드랑이에 3~7개씩 모여 달린다. 화관은 지름이 1㎝이고 통 모양이며 끝이 5개로 갈라진다. 그리고 수술은 5개이며 암술은 1개이다.

커피나무의 지름은 보통 10cm 정도인데 가지는 옆으로 펴지고 끝은 처지는 형태를 띤다. 그리고 품종과 환경 조건에 따라 다른데 1년생 커피나무는 가지가 6~10단계까지 발달하며 2

년이 지나면 1.5~2미터까지 자라면서 꽃이 피기 시작한다.

한편 꽃이 떨어지면 그 자리에 열매가 맺고 지역과 일조량, 토양 조건에 따라 3~4개월 후 익는데 이것을 커피 열매라고 한다. 열매 안에는 두 쪽이 서로 마주 보고 있는 납작한 모양의 커피콩이 있다. 그러나 열매 안에는 간혹 한 개의 콩을 가진 것이 있는데 이를 피베리(peaberry)라고 한다. 이 콩은 커피 생두 모양이 완두콩으로 보인다고 해서 붙여진 이름이다. 한쪽의 생두가 유전적 결함이나 환경적 요인에 의해 쭉정이가 되어 다른 한쪽의 원두가 기형적 타원형의 통통한 모양으로 자란 것으로 추정하고 있다. 피베리는 일반 커피콩에 비해 크기가 작고 전체 커피콩의 5% 정도 존재하는데 그 희귀성으로 인해 고가에 판매된다. 피베리 커피는 신맛과 바디감이 강하고 꽃 향이 풍부하다. 그러나 생두가 자라는 고도, 토양 상태, 가공방식 및 로스팅 정도에 따라 향미가 달라지기 때문에 피베리 커피가 항상 향미가 우수하다고 판단하기는 어렵다는 견해도 있다.

2. 커피 종

커피 종은 수십 종이 존재하지만 코페아 아라비카와 코페아 카네포라 등 크게 두 종이 대표적이다. 이 책에서는 카네포라종을 일반적인 용어인 로부스타종으로 부르기로 한다. 대부분의 커피 종은 유전적으로 매우 유사하고 자연 돌연변이종이며, 일부는 교잡육종(cross breeding)에 의해 만들어진 것이다. 그리고 일부 종은 종 자체의 특유한 향미를 나타내지만, 일부 종은 산지 특성과 가공 방법에 따라 향미 특성을 나타내기도 한다. 예로서 로부스타종이 쓴맛이 특징이라면 아라비카종은 신맛이 특징적이다. 또한, 향미 개량과 병충해 방지 등을 위해 여러 품종으로 개발되기 때문에 품종마다 그 향미는 다르게 나타난다.

그리고 커피콩의 형태를 비교해 보면, 아라비카 원두는 크기가 비교적 크고 타원형으로 납작하며 센터컷(center cut)이 길고 가운데 S자 홈 형태가 특징적이다. 반면 로부스타종은 비교적 작고 볼록하고 둥근 모양이며 센터컷은 가운데가 직선형 홈 형태이다. 일각에서는 아라비카종은 마일드한 품종(콜롬비아, 탄자니아, 코스타리카 등)과 브라질리안 품종(브라질, 에티오피아 등) 그리고 로부스타 품종(인도네이사, 베트남 등)으로 분류하기도 한다. 주요 커피 종의 재배 지역과 특징을 보면 [표 2-2]와 같다.

[표 2-2] 주요 커피 종의 특성

구 분	아라비카 	로부스타 
기원	1753년	1895년
유전형	4배체(tetraploid)	2배체(diploid)
커피 열매 성숙	9개월 소요	10~11개월 소요
성숙한 커피 열매	땅에 떨어짐	가지에 머무름
수확(kg/ha)	1,500~2,000	2,300~4,000
최적 온도(연평균)	15~24℃	24~30℃
최적 강수량(㎜)	1,500~2,000	2,000~3,000
최적 고도(미터)	1,000~2,000	0~700
카페인 농도(%)	0.8~1.4	1.7~4
콩의 형태	크기가 크고 평평함	크기가 작고 타원형
병충해	민감함	저항성 강함
주요 생산국	브라질, 콜롬비아, 과테말라, 코스타리카, 에티오피아, 케냐, 탄자니아	베트남, 우간다, 인도네시아

가. 아라비카종

아라비카종은 커피 생산권 전역에서 재배되며 고온다습하지 않고 습기와 서리가 적은 고지대(600~2,000미터)에서 재배되는 것이 일반적이다. 또 이 종은 단일 종으로 음용이 가능한 유일한 종으로 알려져 있고 뛰어난 향미를 자랑한다. 최근 세포유전학적 · 분자생물학적 분석을 통해 코페아 아라비카종의 기원이 코페아 유게노이데스와 코페아 카네포라의 자연 교잡에 의한 것으로 밝혀졌다.

전 세계적으로 커피 제조에 사용하는 종은 재래종들이며 티피카와 버번(Bourbon)종 내에서 계통 선발되거나 이들 두 종의 교잡을 통해 개량되어 왔다. 그 외 카투라(Caturra), 파카스(Pacas), 산라몬(San Ramon), 수마트라(Sumatra), 마라고지페(Maragogipe) 품종은 아라비카종의 단일 유전자 변종으로 오리진의 위치를 인정받고 있다. 이들 전통 커피 품종들은 우수한 커피 품질을 나타내지만, 이른바 커피잎녹병(coffee leaf rust)으로 불리는 병충해에 취약해 농약 사용으로 인해 제조 단가 상승과 환경 오염 유발 등의 문제점을 야기하기도 한다. 이러한 문제점을 해결하기 위해 지난 50년간 아라비카종을 육종하여 수확량이 많고 병충해 내성이 강한 새로운 품종들이 등장하기 시작하였다. 예를 들어 콜롬비아, 브라질, 중앙아메리카, 인도 등지에서 재배되는 카티모르(Catimor)와 사치모르(Sarchimor), 브라질의 이카투(Icatu), 케냐의 루이루(Ruiru) 및 에티오피아의 아바분나(Ababuna)는 육종을 통해 개량된 대표적인 새로운 아라비카 품종들이다. 이들 새로운 품종들은 병충해 내성이 크고 기존 재래종과 비교해도 커피 품질면에서 떨어지지 않고, 커피 전문가의 관능 평가에서도 고품질로 인정받으며 스페셜티 커피 제조에도 흔히 사용된다[표 2-3].

[표 2-3] 아라비카 주요 품종의 특징

커피 품종 (coffee variety)	재배 지역	특징
● 병충해 저항이 약한 재래종		
티피카 (Typica)	전 세계	• 예멘의 아라비카 고유 품종이며 16세기 아시아로 전파된 이후 카리비안 및 라틴아메리카로 전해진다. • 대부분의 커피 품종은 티피카 품종에서 파생된 것으로 산업적인 생산은 네덜란드 등에 의해 전 세계적으로 보급되기 시작한다. • 이 품종은 열매가 적색이고 다른 품종에 비해 수확량은 적지만 커피 품질이 우수하다. • 많은 국가에서 재배하며 다른 이름(끄리오요, 수마트라, 아라비고)으로도 알려져 있다.
버번 (Bourbon)	전 세계	• 예멘의 고유 품종으로 1715년에 레위옹섬(이전 명은 부르봉)으로 전파된 이후 라틴 아메리카와 동아프리카로 보급되었다. 이 품종은 수율이 높고 티피카에 비해 생두와 커피 품질이 우수하며 황색 · 적색 타입이 있다. • 티피카 품종에서 자연 돌연변이 된 것으로 티피카보다 수확량이 많고 단맛이 강하다.
테케식 (Tekesic)	중앙아메리카	• 엘살바도르산 적색 버번에서 개량된 고수확 품종이다.
코나 (Kona)	하와이	• 크기가 큰 티피카 품종에서 분리한 품종으로 수확량이 적다.
문도노보 (Mundo Novo)	브라질	• 티피카와 버번의 자연 교잡으로 티피카 대체 종으로 재배되며 다수확 품종이다. • 브라질에서 1940년대에 처음 발견된 이래 문도노보 명칭이 붙여졌고 1,000~1,200미터에서 많이 재배한다.
블루마운틴 (Blue mountain)	자메이카	• 블루마운틴에서 자생하는 티피카 개량 품종으로 커피 품질이 우수하다.
켄트 (Kent)	인도	• 1911년 티피카에서 분리한 품종으로 고지대에서 재배되며 커피 품질이 우수하다.

K7	케냐	• 1936년 켄트 품종에서 분리한 품종으로 고수확이지만 커피 품질은 SL28보다 떨어진다.
SL-28	케냐	• 버번 개량 품종으로 고수확이면서 가뭄에 저항이 강한 품종으로 커피 품질이 우수하다.
SL-34	케냐	• 프렌치 미션(French Mission)에서 분리한 품종으로 고지대에서 재배되며 고수확 품종이다. 또 생두의 크기가 최적이며 커피 품질이 우수하고 과실 향이 특징적이다.
KP-423	탄자니아	• 켄트에서 분리한 품종으로 고수확이며 K7과 유사한 커피 품질이다.
N-39	탄자니아	• 버번에서 분리한 품종으로 생두와 커피의 품질 우수하고 수확량은 중간 수준이다.
짐마 (Jimma)	에티오피아	• 에티오피아에서 유래된 다양한 가든형 아라비카 품종으로 건식으로 가공한다.
하라(Harar), 짐바(Gimba)	에티오피아	• 에티오피아 하라르와 웨일가 지방 유래의 지역 품종으로 건식 가공하며 모카커피 향미를 부여한다.
예가체프 (Yirga Chefe), 리무(Limu)	에티오피아	• 습식 건조 가공을 이용한 고품질 커피 제조에 적합하다.
카투라 (Caturra)	전 세계	• 1935년 브라질 버번 재배 지역에서 발견된 변이종으로 중간 수준의 커피 품질이다. • 콜롬비아와 중앙아메리카에서 주로 재배하는 품종이다. • 높은 고도에서 재배된 커피일수록 품질이 우수하다. • 열매는 적색과 황색 타입이 있고 성장이 느리다.
카투아이 (Catuai)	브라질	• 1949년 카투라와 문도노보의 교잡종으로 카투라보다 커피 품질 우수하며 고수확 품종이다. • 커피 열매는 적색과 황색 타입이 있다.
빌라사치 (Villa Sarchi)	코스타리카	• 버번 재배 지역에서 발견된 변이종으로 카투라보다 생두 크기가 작다.
파카스 (Pacas)	엘살바도르	• 1909년 레드 버번에서 발견된 변이종으로 카투라 품종과 특성이 유사하다.

● 병충해 저항이 강한 개량 품종

카티모르 (Catimor)	전 세계	• 카투라와 카투아이 x 하이브리드 드 티모르 간의 교잡종이며, 카티모르와 유사한 품종으로는 Oeiras(브라질), Cauvery(인도), IHCAFE90, CR95(중앙아메리카) 등이 있다.
사치모르 (Sarchimor)	전 세계	• 비야살치와 하이브리드 드 티모르 간의 교잡종으로 유사 품종으로는 Obata와 IAPAR59(브라질)이 있다.

콜롬비아 (Colombia)	콜롬비아	• 카티모르 계열의 품종으로 구성된 교잡종이며 생두 크기가 크고 커피 품질이 우수하다.
S-795	인도	• 인도에서 가장 주요한 아라비카 품종으로 아라비카와 리베리카의 교잡종이고 고수확이면서 커피 품질이 좋다.
루이루 (Ruiru)	케냐	• 카티모르 계열 품종과 다른 식물과의 교잡종으로 고수확이면서 우수한 커피 품질이다.
아바분나 (Ababuna)	에티오피아	• 에티오피아의 품종과 식물과의 교잡된 품종이다.
이카투 (Icatu)	브라질	• 로부스타 품종과 아라비카 품종(버번)과의 교잡종이며 고수확이면서 우수한 커피 품질이다.
S-28	인도	• 종간 교잡으로 만들어진 품종이며 고수확이면서 우수한 커피 품질이다.

(Espresso Coffee, 2005)

나. 로부스타종

로부스타종은 말뜻대로 강하다·거칠다는 의미인데, 이 종은 본래 콩고가 원산지로서 녹병과 내병성에 강하고 주로 저고도(200~800미터)에서 재배된다. 원래 이 종은 카네포라종이 변종된 아종이다. 이 종은 독특한 아로마와 쓴맛, 흙냄새를 지녀 단품으로 음용이 어려운 단점이 있어 상업적으로는 주로 인스턴트커피, 캔 커피 및 액상 커피 제조 등에 이용되고 있다. 상업적으로 이용되는 대표적인 로부스타 품종은 인도네시아산 BP와 SA 시리즈가 있고, 인도산으로는 S274와 BR 시리즈가 있다. 그 외 코티아부르산 IF 시리즈와 브라질산 아포아타(Apoata)도 잘 알려진 품종들이다[표 2-4].

로부스타종은 열대 아프리카의 저습 지대에서 유래된 것인데 쿠일루와 로부스타 등 두 종류 유전형으로 나뉜다. 쿠일루 타입은 브라질에서 주로 재배되지만 그 아종은 다양하지 않다. 로부스타 타입은 아프리카 등지에서 주로 재배되고 있다. 두 타입은 유전적·형태학적으로 차이가 있고 재배 환경에 적응하는 정도도 다르다.

[표 2-4] 로부스타 주요 품종의 특징

커피 품종 (coffee variety)	재배 지역	특징
BP, SA 시리즈	인도네시아	• 자바의 연구소에서 개발한 중요한 로부스타 품종이다.
S-274, BR 시리즈	인도	• 인도의 주요 로부스타 품종으로 자바산 식물에서 분리한 품종이다,
IF 시리즈	코트디부아르	• 자바 또는 콩고 로부스타 품종에서 분리한 품종이다.
쿠일루 (Kouilou)	브라질	• 브라질의 대표적인 로부스타 품종(95%)이다.
아포아타 (Apoata)	브라질	• 본래 아라비카종으로 현재는 로부스타 품종으로 개종되었다.
아라부스타 (Arabusta)	코트디부아르	• 1960년대에 로부스타종과 아라비카종의 교잡종으로 로부스타보다 우수한 커피 품질이며 생식력이 낮아 크게 상업화되지는 못했다.
CXR 품종	인도	• 1942년 카네포라 품종과 콘젠시스 품종과의 교잡종으로 우수한 커피 품질이다.

(Espresso Coffee, 2005)

3. 커피 종의 개량

이미 언급한 대로 아라비카종은 전체 커피 생산의 약 60~70%를 차지하며 예멘에서 유래된 티피카와 버번이 대표적인 종이다. 이들 종의 변종인 카투라 품종은 수확량이 많고 커피 맛의 표준형으로 오랜 세월 인정받고 있다. 또 라우리나(Laurina), 모카(Moka) 및 블루마운틴(Blue mountain) 등 일부 특수한 아라비카 커피 품종은 시장에서 프리미엄 커피로 대우받고 있다.

아라비카종이 곰팡이에 의해 발생한 커피잎녹병 이후 1980년대 초에 병충해 내성이 강하고 수확량이 많은 품종 개량 연구에 착수하게 된다. 이에 따라 일부 새로운 품종인 카티모르, 사치모르, 카스틸로, 문도노보, 이카투 및 루이루 등을 개발하기에 이르고 이러한 새로운 교잡종은 조상종과 매우 유사한 커피 특성을 나타낸다.

로부스타종의 개량은 아시아 지역에서 아라비카종의 커피잎녹병 발생 이후 19세기 초에 시작됐다. 로부스타종은 콩고가 원조이며 이후 품종 개량으로 특히 코트디부아르에서는 수확량이 30~100% 증가하고 생두의 크기는 50% 커지게 된다. 현재 로부스타 일부 품종은 엠카파

8111(Emcapa 8111), 엠카파 8151(Emcapa 8151), 빅토리아 인카퍼 8142(Victoria Incaper 8142) 및 코닐론(Conilon)이 대표적이며 브라질에서 대량 재배되고 있는 추세이다.

한편 커피의 품질은 물리화학적 · 관능적 평가를 통해 정해지는 것으로 커피나무의 유전적·물리적 특성뿐 아니라 재배 방법 및 수확 전후의 가공 처리 기법 등이 영향을 미치게 된다. 특히 상기 요소들 중에서도 커피 품종의 유전적 특성이 가장 중요하다. 이는 커피의 맛과 향이 재배 환경과의 상호작용, 생두의 크기와 구성 성분에 영향을 미치기 때문이다.

이러한 이유로 아라비카종과 로부스타종을 필두로 일부 다른 종(리베리카, 라세모사, 스테노필라, 험블로티아나)만이 커피 제조용 생두로 사용되는 것이다. 이런 종들은 카페인(caffeine), 트리고넬린(trigonelline)과 자당(sucrose)의 함량이 적절하게 분포되어 있어 커피 제조에 적합하다. 트리고넬린과 자당은 생두 로스팅 과정에서 커피 아로마의 전구물질로서 매우 중요한 성분이다. 이런 이유로 아라비카 생두는 자당과 트리고넬린의 함량이 높지만 카페인의 농도는 적어 커피 시음 때 좋은 평가를 받게 된다. 물론 카페인, 트리고넬린과 자당의 함유량이 높은 것이 반드시 커피 품질을 보증하는 것은 아니다.

4. 커피나무의 재배

가. 재배 조건과 토양

아라비카종은 잘 알려진 대로 적도 지역의 중지대(400~1,200미터)~고지대(1,000~2,100미터)까지 연평균 기온 18~22℃ 근방에서 주로 재배된다. 보통 아라비카종은 기후가 서늘할수록 커피의 품질이 우수한 것으로 알려져 있다. 재배 온도 0℃에서는 잎이 죽게 되고 뜨거운 날씨가 지속돼도 비정상적인 개화나 잎마름병의 원인이 된다. 연평균 강수량은 1,200~1,500㎜가 정상이며, 이때 강수량이 70㎜ 이하가 3개월 이상 지속돼서는 안 된다.

반면 로부스타종은 열대 지역의 따뜻하고 습한 기후가 적당하며 고도는 100~1,000미터, 온도는 22~26℃가 알맞다. 이때 온도는 10℃ 이하면 안 되고 연평균 강수량은 최소 2,000㎜여야 한다.

그리고 커피 재배 지역의 토양은 응회암(케냐), 화산재(인도네시아, 중앙아메리카), 현무암과 화강암(브라질, 서아프리카, 인도) 등 다양하다. 토양은 깊이가 최소 2미터 깊이가 필요하며 배수가 잘되는 양질의 토양이 좋다. 또한, 약산성(pH 5~6)이면서 상층부에 최소 2%의 유기물이 함유되어야 한다.

나. 번식과 심기

아라비카종과 로부스타종은 주로 씨를 통해 번식하며 젖은 모래에 파종 후 4~5주 지나면 발아하기 시작한다. 파종 전 내과피라 불리는 파치먼트(parchment)를 제거하면 발아 시간을 절반으로 줄일 수 있다. 로부스타종의 경우 뿌리나 접붙이기 등의 영양 번식을 하면 수확량이 적게 된다. 일부 지역(브라질, 중앙아메리카)에서는 아라비카종을 로부스타종에 접붙이기하여 기생충 문제가 발생하기도 한다. 최근에는 체세포배 유도 방식을 통한 영양 번식을 아라비카종과 로부스타종에 이용하기도 한다.

커피나무는 12~15개월 후에 개화하기 시작하고 2.5년 후에 첫 수확이 가능하다. 한편 아라비카 나무의 심기 밀도는 1,300~2,600/ha이며, 로부스타 나무는 1,100~1,400/ha 수준인데, 일부 지역(라틴아메리카, 케냐)의 일부 품종(카투라, 카투아이, 카티모르)은 밀도가 3,333~10,000/ha인 경우도 있다.

다. 차광 나무

남아메리카와 동아프리카에서는 커피를 대부분 그늘이 없는 순림에서 재배한다. 하지만 다른 지역(중앙아메리카, 멕시코, 카메룬, 인도네시아, 인도)에서는 커피나무는 그늘을 짓는 나무인 차광 나무(shade tree)가 일시적 또는 지속해서 필요로 하거나 다년생 작물(코코야자 나무, 클로버, 과실나무 등) 또는 가든용 작물(바나나 나무) 등을 필요로 한다. 보통 비료나 특수 농법을 이용하지 않는 재배 지역에서는 그늘이 있는 재배지에서 수확이 더 많다. 그러나 비료나 병충해 예방을 통해 수확량을 늘리는 농법에서는 그늘에서 자란 커피 열매량보다 그늘이 없는 곳에서 자란 커피 열매량이 더 많다.

차광 나무는 다양한 기능이 있는데, 예를 들면 온도가 과도하게 올라가는 것을 막고 몬순비와 바람을 막는 역할을 한다. 또 급경사에서 침식을 예방하며 해충을 막고 잎마름병과 과잉결실을 예방한다. 차광 나무로는 라틴아메리카(*Inga spp, Grevillea robuata*), 아프리카(*Albizzia* spp.), 인도(*Erythrina indica*), 인도네시아(*Leucaena* sp.) 및 파푸아뉴기니(*Casuarina* sp.)가 대표적이다. 중앙아메리카에서는 저지대 재배 지역에서는 차광 나무의 밀도는 156~204/ha, 고지대에서는 83~100/ha 수준이다. 그러나 차광 나무의 그늘로 인해 전체 복사열의 50% 이상이 감소하면 안 된다.

라. 가지치기

커피나무는 그대로 두면 10미터 이상까지 자라기 때문에 필요 이상의 영양분을 소모하여 빨리 노화할 수 있다. 따라서 5~7년 주기로 가지치기를 해야 안정된 수확량을 확보할 수 있다. 가지치기는 원하는 커피나무의 형태 유지와 다음 시즌 수확을 위한 새로운 나무의 양을 최적화하기 위해 중요한 작업이다. 또 잎과 커피 열매 간의 균형 유지와 열매 결실, 뿌리 성장, 빛 투과성 강화 그리고 병충해 예방을 위해서도 중요한 작업이다.

마. 제초

잡초는 커피나무와의 관계에서 영양분과 습도 관련 경쟁 관계이기 때문에 반드시 제거되어야 한다. 넓은 잎을 가진 잡초는 다년생 잡초보다는 그 해로움이 덜한데, 이는 다년생 잡초는 근절시키기가 어렵고 커피나무에 삼출액을 분비하여 커피나무에 독성으로 작용하기 때문이다. 제초는 기경(起耕)하거나 제초제 사용, 멀칭(mulching) 또는 간작(間作)하는 방법이 있다.

바. 시비

시비(施肥)는 커피나무 생육을 위해 토양에 비료를 공급하는 작업이다. 시비 정도는 토양의 영양 상태와 수확량에 따라 다르지만 비료를 통한 영양분 공급은 커피나무 성장 유지에 필요하다. 왕성한 커피나무의 성장에 필요한 연간 영양분은 아라비카 품종의 경우 ha당 1톤 수확을 위해서는 135㎏ 질소, 34㎏ 인산 그리고 145㎏ 산화칼륨이 필요하다. 토양과 커피나무 조직의 영양 상태 모니터링을 위해서는 주기적으로 토양과 잎의 분석도 중요하다.

사. 관개

관개(灌漑)는 커피나무 관리에 있어 필요한 물을 인공적으로 농지에 공급하는 작업이다. 물 공급은 심은 지 초기 1~2년간 특히 건기에 커피나무에 중요하다. 연간 강수량이 1,200mm 미만이면서 건기가 2~3개월 지속되는 지역의 그늘이 없는 커피나무에 물 공급은 수확량에 영향을 미친다. 특히 개화기, 열매 성장 단계와 커피 열매가 여물어 가는 단계에서 관개는 더욱 중요하다.

아. 유기농 커피

최근 인공 비료나 살충제를 사용하지 않은 유기농 커피 재배 농법이 증가하는 추세이다. 특히 미국과 유럽을 중심으로 이러한 친환경적인 농법이 중심으로 이루어지고 있고 프리미엄 커피 제조에 주로 이용되고 있다.

자. 커피 종의 진품 판정

최근 유럽의회는 10대 모조 식품 중 커피와 차를 위조 식품 7번째로 등재한 것으로 발표하였다. 특히 인스턴트 분말 커피의 경우 원두 타입이나 원산지 표기 없이 판매되고 있는 경우도 많다. 희소성과 고가의 원두(자메이카산 블루마운틴, 탄자니아산 피베리, 인도네시아산 코피 루왁 등)는 위조품이 성행하고 있다.

커피 수요가 날로 증가하는 요즈음 커피 소비자는 원두 원산지에 관심이 커지고 있고, 이에 따라 커피 생산자는 분말 커피의 원산지 판정을 위해 다양한 분석법을 이용한다. 분석법 중에 가장 신뢰할 만한 분석법은 안정동위원소 분석법(stable isotope ratio)으로 알려져 있다.

한편, 아라비카종과 로부스타종의 원산지 구분에도 다양한 첨단 분석 기법이 동원되고 있다. 이때 생두, 원두 및 분말 원두를 대상으로 분석하는 방법이 사용된다. 로부스타종은 대표적으로 카웰의 농도가 적게 검출되기 때문에 이 성분을 기준으로 아라비카종과 로부스타종을 판별하기도 한다. 또 16-*O*-메틸카페스톨(16-O-methylcafestol)은 로부스타종에서만 검출되는 성분으로 이 성분 역시 아라비카종과 구분하는 지표로 활용된다.

5. 커피나무의 생리학

이 장에서는 커피나무의 뿌리 발달, 착과 및 열매 발달 과정 등 커피나무의 생리학에 대해 살펴보기로 한다.

가. 뿌리

커피나무는 다년생으로 적절한 뿌리 시스템의 정립은 커피나무의 생육과 생리 활성에 기본이 된다. 뿌리는 다양한 기능을 하는데 그중 나무를 토양에 고정시키는 것 외에 물을 공급하는 역할을 한다. 물은 커피나무에 필요한 가스와 미네랄 등을 이송시켜 세포 성장과 증식에 필수적인 광합성과 팽압을 유지하는 기능을 한다. 또 뿌리는 탄수화물을 저장하고 식물 호르몬(옥신, 아브시스산, 시토킨 등)을 생성 · 축적하는 기능도 한다. 뿌리 시스템의 패턴과 크기는 커피나무의 품종과 재배 방법 등에 따라 달라진다.

나. 줄기

커피나무는 그 줄기가 직립형과 굴곡형 등 두 가지 형태로써 이형성 구조를 띤다. 직립형 줄기는 굴곡형 줄기를 만들고, 굴곡형 줄기는 또 다른 굴곡형 줄기와 열매를 맺는다.

커피나무의 정단분열조직(apical meristem)에는 두 개의 가지 눈(vegetative bud)이 생기는데 꽃눈과 꽃봉오리가 그것이다. 직립형 줄기의 꽃눈은 굴곡형 줄기를 만든다. 반면 직립형 꽃봉오리는 초기 굴곡형 싹과 가지를 만들며 각 꽃봉오리는 한 개의 가지만을 만든다. 굴곡형 줄기 역시 직립형 줄기와 같이 꽃눈과 꽃봉오리를 만든다. 아라비카종은 보통 1년 이내에 6~10개의 굴곡형 가지를 만들고 2년 후에 직립형 줄기가 1.2~2미터가량 성장하며 이때 개화가 시작된다. 3년 후에는 커피나무가 성숙되면서 커피 열매를 수확하게 된다.

다. 잎

기본적으로 아라비카종과 로부스타종은 그 잎이 얇고 왁스처럼 번들거리며 타원형이면서 줄무늬가 두드러진 형태이다. 잎은 가지에 서로 마주 보고 한 쌍으로 자란다. 아라비카와 로부스타종은 서로 잎의 형태가 다른데, 아라비카종은 잎이 작고 윗면이 짙은 색상의 광택이 나는 형태이다. 반면에 로부스타종은 잎이 크며 색이 엷고 광택이 덜 나며 물결 모양을 띤다. 잎의 표피는 왁스 성분으로 주로 큐틴질과 지방으로 구성되어 있고 외부 물질로부터 잎을 보호하고 수분 증발을 막는 역할을 한다.

라. 개화

커피나무의 개화와 착과는 적도 지역(콜롬비아)에서는 일 년 내내 일어나는 반면, 비적도 지역(대부분의 커피 재배지)에서는 연중 한 시즌에만 일어난다. 일반적으로 커피나무의 개화는 두 단계, 즉 꽃눈 형성과 개화 과정이 일어난다. 꽃눈 형성은 굴곡형 가지의 꽃봉오리가 꽃눈으로 유도될 때 일어나고 꽃눈은 4~6㎜ 정도 자라나며 휴면기에 들어가게 된다. 이 시기는 대부분의 커피 재배 지역에서는 건기에 해당한다. 건기가 지난 후 수분이 공급되는 3~4일이 지나면 감수분열이 일어나고 꽃눈 속에서 지베레린산이 활성화된다. 개화는 보통 2일 정도 지속된다.

마. 열매

커피나무의 열매는 핵과류이고 두껍고 열개하지 않는 과피층과 씨앗(커피콩)으로 구성된

폐과(閉果)이다. 커피 열매의 구조를 보면, 과피층은 외과피(skin), 중과피(pulp), 점액질(mucilage) 및 내과피(parchment)로 구성되어 있다[그림 2-1]. 이 과피층은 커피콩을 둘러싸고 있고 그 콩은 배아(embryo), 배유(endosperm)와 은피(silverskin)로 이루어져 있다. 이러한 과피층의 발달과 발달 과정 중의 상호작용 그리고 수확 후 처리 과정이 커피의 질과 향미를 좌우하게 된다.

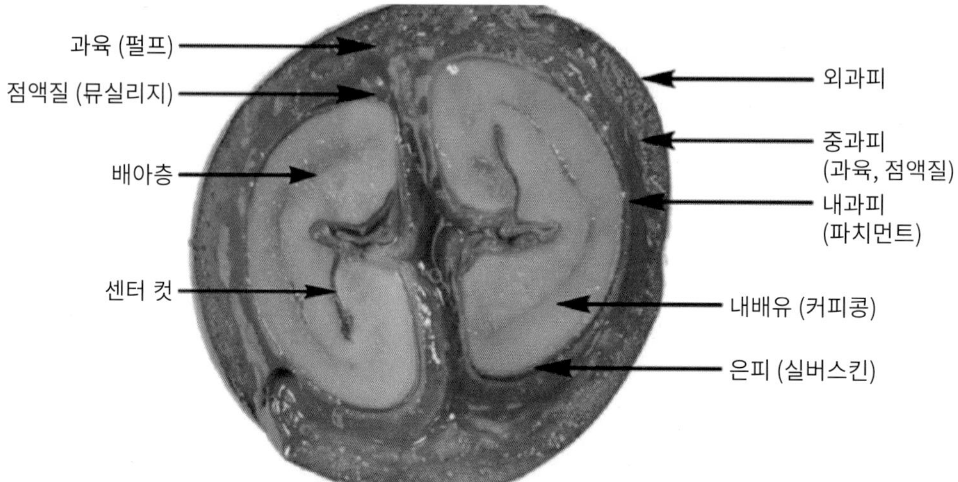

[그림 2-1] **커피 열매의 생태학적 구조**

한편, 개화부터 열매를 맺는 시기는 커피나무의 유전자 특성, 기후 및 재배 방법에 따라 크게 달라진다. 예로서 라세모사 품종은 80~90일, 아라비카종은 220일, 로부스타종은 300일, 듀에브레이종(*C. dewevrei*) 및 리베리카종은 360일이 소요된다. 일반적으로 커피나무가 열매를 맺는 단계는 커피나무의 품종과 재배 방법 등과 관계없이 모두 5단계를 거치게 된다. 아라비카종의 경우 1단계에서는 개화 후 6~10주 후에 열매를 맺는데, 이 열매는 수분(pollination) 후 60일까지 잠재기에 머무른다. 이 단계에서는 성장이 제한적이고 세포 분열이 일어날 뿐 확장되지는 못한다. 2단계는 개화 후 6~16주간 지속되는 시기로 과피의 급속한 성장에 따라 열매의 부피와 무게가 증가하고 세포 확장이 일어나는 시기이다. 특히 열매의 크기는 물 공급 상태에 좌우되는데 건기 때보다 우기일 때 열매는 더 커진다. 그리고 열매의 급속한 성장 후에 3단계로 접어드는데 이 시기는 2주간만 지속되고 열매는 서서히 성장한다. 이 시기에 커피 열매의 크기가 사실상 정해지며 무게는 여전히 적은 상태다. 4단계는 개화 후 17~28주 후에 나타나며, 이 시기에는 내배유(endosperm)가 외배유(perisperm)의 일부를 소비하면서 자실을 채우게 된다. 잔존 외배유는 은피라 불리는 실버스킨이 되고 이것은 후에 생두를 로스팅할 때 껍질로 배출된다. 마지막 5단계에서는 열매의 성숙 단계로 특히 과피 부분의 변화가 가장 크게 나타난다. 즉 열매의 무게가 증가하고 중과피가 파괴되면서 열매가 부드러워지고, 커피종에 따라 외과피의 색상이 녹색에서 적색으로 또는 황색에서 오렌지색으로 변하게 된다.

성숙한 커피 열매는 과피층과 커피콩으로 구성되며 커피콩은 외배유와 내배유로 구분되다. 배유에는 발아하기 위한 양분을 저장하고 있는 조직이며 배아와 더불어 유전자를 보유하고 있다.

외과피는 커피 열매의 겉껍질이며 다각형 실질 세포로 구성되어 있다. 열매 발달 과정에서 외과피는 녹색을 띠다가 성숙기를 거치면 클로로필 색소가 없어지면서 황색이 되고, 안토시아닌이 축적되면서 핑크색 또는 적색으로 변하게 된다. 열매가 황색인 경우는 루테올린 색소가 두드러지기 때문이다.

중과피는 과육(펄프)으로 불리는데 이 과육은 점액질과 외과피 사이에 존재한다. 중과피는 실질 세포와 관다발에 의해 만들어지며 열매의 29%(건량 기준)를 차지한다. 재배지의 고도가 높을수록 중과피의 함량은 증가하게 된다. 그리고 중과피는 미숙성 열매에서는 단단한 구조로 존재하지만 열매가 성숙되면서 펙틴 분해효소 작용으로 불용성인 하이드로겔 형태가 된다.

점액질(뮤실리지)은 내과피에 붙어 있고 단백질, 펙틴과 당분으로 구성되어 있으며 두께는 0.5~2.0㎜ 정도이다. 이 성분은 후막조직 세포로 구성되어 있으며 커피콩을 둘러싸고 있는 미끈거리는 끈적한 물질이다. 이 점액질은 5~6개의 교차 섬유질로 구성되어 있어 강도가 높다. 점액질은 커피콩을 외부의 물리적인 영향으로부터 보호하고 열매 건조 과정에서 커피콩으로부터 수분을 제거하는 통로 역할을 하기도 한다.

커피콩은 타원형 또는 볼록렌즈 형태를 보이며 콩 표면에 세로 방향의 주름이 나 있다. 커피콩은 배아, 배유와 은피(실버스킨)로 구성되어 있는데, 은피는 외배유의 성장으로 생성된 것이며 커피콩의 가장 바깥층으로 후막세포로 구성되어 있다. 은피는 생화학 물질을 저장하거나 과피에서 외배유로 이송하는 기능을 한다. 커피 열매가 성숙되면 외배유는 자라면서 소비되고 얇은 막으로 변하게 된다. 이 막은 아라비카종의 경우 건조 과정에서 떨어져 나가기도 한다. 아라비카종은 이러한 건조 후 은피의 접착성과 색상을 기준으로 생두의 미성숙 정도를 가늠하기도 한다. 반면에 로부스타종은 접착성이 강하고 색상이 갈색으로 아라비카종의 은피 특성과는 차이가 있다.

커피콩의 배유는 발아 후 커피나무의 초기 증식을 위한 주요 저장 조직이다. 배유는 한 개의 정핵 및 두 개의 극핵의 융합으로 생성된 삼배체(triploid)이다. 배유는 초기에 우윳빛 얇은 세포벽이지만, 성숙 과정 중 다당체가 쌓이면서 점차 두껍게 변한다. 이 두꺼운 세포벽은 세포 간의 연결과 수분의 이동 통로 기능을 하는 원형질연락사(plasmodesmata)와 연결되어 있다. 배유의 바깥 부분은 작은 오일 성분이 풍부한 다각형 세포로 구성되어 있다. 반면 배유 안쪽 부분은 연한 배유로써 세포벽이 얇은 직각형 세포로 구성되어 있다.

배아는 아라비카종의 경우 두 개의 자엽에 붙은 배축으로 구성되어 있고 그 크기는 3~4㎜로 작다. 배아는 영양물질을 저장하는 기능이 거의 없기 때문에 성장 초기에는 배유 상태가 더 중요하다.

6. 커피 열매 수확

가. 개요

잘 익은 커피 열매는 생두 제조를 위해 사용되는데 이 열매를 커피 베리 또는 커피 체리라고 한다. 커피 열매는 완숙 막바지 또는 완전 완숙 단계인 개화 후 약 200일 지나면 수확한다[그림 2-2]. 커피 열매는 수확 후 바로 커피 생두를 만들기 위해 열매의 외과피와 과육을 제거하는 펄핑(pulping) 과정을 거친다.

그러나 펄핑 과정을 거친 커피콩은 여전히 점액질과 내과피에 둘러싸여 있어 발효 과정을 거쳐 제거한 후 햇빛 등에 예비 건조한 다음 그늘에서 본 건조 과정을 거쳐 생두를 만들게 된다.

성숙된 열매 훑어따기 수확 수작업 선별 수확

[그림 2-2] 커피 열매(Coffee production, qulity and chemistry, 2019)

나. 커피 열매 수확

커피 열매의 수확은 재배자에게 가장 중요한 시기이고 커피나무에서 열매의 수확 비용은 전체 커피 재배의 40%를 차지한다. 커피 열매의 수확은 커피나무의 개화기가 달라서 나라와 지역마다 그 시기가 각기 다르다. 커피 열매의 성장 시기와 정도가 대체로 일정한 브라질의 경우는 수확 시기를 늦춰 경사굴성 가지의 열매를 한꺼번에 분리가 가능하다.

커피 열매를 수확하는 방법은 손 수확, 훑어따기, 기계 수확 등 3가지가 있다. 손 수확은 습식법을 사용하는 국가에서 사용하며 잘 익은 커피 열매만을 일일이 사람 손으로 수확하는 방법으로 커피 품질이 우수하지만 비용이 많이 드는 것이 단점이다. 훑어따기 방식은 건식법을 사용하거나 로부스타를 생산하는 국가에서 사용한다. 또 커피나무의 줄기를 따라 손으로 훑어 한 번에 수확하는 방법으로 품질은 균일하지 않지만 비용은 줄일 수 있는 장점이 있다. 그리고 기계 수확은 브라질과 하와이 등 인건비가 고가인 지역에서 사용하며 커피나무에 진동을 줘 커피 열매를 떨어뜨리게 하는 방법인데, 선별 수확이 어렵고 사용 가능한 지역이 한정적인 것이 단점이다.

각 커피 열매의 수확 방법 특징을 살펴보면 다음과 같다.

1) 손 수확

수작업을 통해 커피 열매를 수확하는 방법은 매번 잘 익은 열매만을 골라 따는 방식이다. 이러한 수작업은 보통 열매의 익는 정도가 불균일한 적도 재배 지역에서 실시하며, 보통 8~9번에 나누어 잘 익은 열매만을 수확하게 된다. 따라서 손 수확에서는 미숙한 열매, 잘 익은 열매, 과숙한 열매 등을 별도 분리하는 작업은 안 해도 된다. 이 방법은 수확하는 양이 적고 숙련된 노동 인력으로 인해 커피 제조 원가가 올라갈 수밖에 없지만 확실히 좋은 열매만을 수확하기 때문에 커피 품질이 우수하다.

2) 훑어따기

훑어따기는 열매 숙성이 일정한 브라질에서 수확 때 선택적으로 사용하는 방법이다. 보통 훑어따기 수확에서는 미성숙 열매의 비율이 20% 이하여야 하며, 특히 스페셜티 커피의 경우는 수확 때 미숙한 열매 비율이 5% 이하여야 한다.

훑어따기 수확은 잘 익은 열매가 많이 달린 가지를 손가락 사이로 훑어내는 방식으로 수작업보다 수확 작업 속도가 빠르다. 그리고 훑어따기 수확 때 폴리에틸렌 천을 바닥에 까는데,

이는 수확한 열매가 땅바닥과 닿지 않게 하고 수확 전 땅에 떨어진 열매와 섞이지 않게 하기 위해서다. 이때 수확한 열매를 모으려는 목적도 있다. 훑어따기 수확 때에는 사람의 육안으로 열매 성장 정도를 구분해서 작업하지만 미숙한 열매와 마른 열매 등도 섞이기 때문에 고품질 커피 제조를 위해서는 수확 후 잘 익은 열매만을 골라내는 별도 선별 작업을 거쳐야 한다. 수확이 종료되면 땅에 떨어진 열매는 별도 분리하고 바닥에 떨어진 잎과 풀 등은 토양 영양분으로 사용되게끔 바닥에 다시 뿌린다.

3) 기계 수확

최근에는 수확 기계의 발달로 인해 열매를 선택적으로 수확하면서 인건비를 줄이는 대량 수확 방식이 많이 도입되고 있다. 재배 산지가 가파르거나 수작업 수확 때 숙련된 인력이 없을 때 휴대용 수확기를 이용하여 효과적으로 수확할 수 있다. 반면 재배 지역이 넓은 경우에는 대형 트랙터를 이용하여 수확한다.

그러나 이러한 수확 기계를 이용한 열매 수확에는 장단점이 있다. 장점으로는 인건비 절감, 단기간의 수확과 야간 작업이 가능하며 수확을 체계적으로 진행할 수 있다는 점이다. 그러나 기계식 수확은 미숙한 열매와 과숙한 열매가 동시에 수확되고 잔여물 등도 같이 묻어가는 단점도 있다. 이러한 열매들은 커피의 품질을 떨어뜨리는 주요 원인이 된다. 그리고 커피 열매의 성장 단계마다 화학적 구성 성분과 수분 함량 등에서 큰 차이를 보이는데, 수확 때 열매의 성장 정도가 일정할수록 수확 후 가공 과정을 효율적으로 할 수 있다.

CHAPTER 03

커피 열매의 물질대사와 향미 전구물질

1. 개요
2. 열매의 물질대사 및 향미 전구물질

03 커피 열매의 물질대사와 향미 전구물질

1. 개요

커피 열매의 화학 성분은 그 종류가 많으며 그중에는 수용성 성분과 불용성 성분이 혼재되어 있다. 즉 물에 녹지 않는 탄수화물(셀룰로오스, 헤미셀룰로오스)과 물에 녹는 탄수화물(아라비노오스, 과당, 갈락토오스, 포도당, 자당, 라피노오스, 스타키오스)이 존재한다. 그 외 수용성 성분으로는 지질류(트리글리세롤, 스테롤, 토코페롤), 클로로겐산류(카페인, 트리고넬린) 및 질소 함유 성분 등이 있으며 이 성분들은 커피의 맛과 향을 내는 전구물질이 된다.

2. 열매의 물질대사 및 향미 전구물질

가. 탄수화물 대사

일반 식물과 같이 커피나무는 빛 에너지를 이용하여 이산화탄소와 물로부터 당분과 산소를 합성하는 과정을 거치게 된다. 아라비카종과 로부스타종의 성장 단계와 성숙 단계별 열매 과피와 커피콩에서의 당분 변화를 보면 [그림 3-1]과 같다.

먼저 열매 과피와 콩 부분으로의 포도당 흡수와 대사 기전은 성숙 단계에서보다 성장 단계에서 활발히 일어난다. 포도당으로부터 이산화탄소의 방출 역시 열매 과피와 커피콩의 성장 단계에서 높게 나타나다가 방출이 서서히 감소하게 된다. 반면 성숙한 열매에서는 과피와 커피콩 모두에서 포도당으로부터 자당의 합성이 높게 나타난다. 그리고 커피콩의 세포벽에서는 성장 단계에서 포도당과 과당이 많이 형성되고 성숙 단계로 가면서 자당(설탕)으로 축적된다.

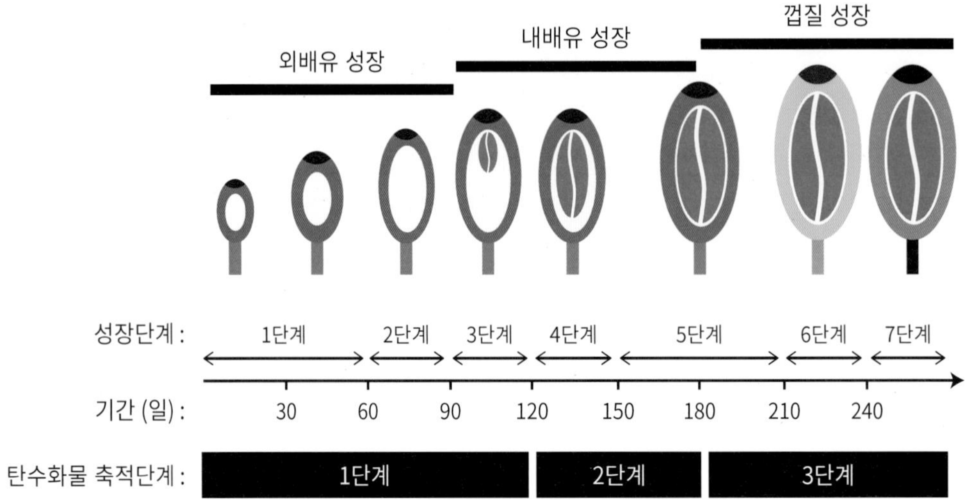

[그림 3-1] **커피콩 성장 중 커피콩 세포벽의 탄수화물 축적 과정**

그리고 커피 열매가 성장하면서 커피콩 내부에는 다당체가 축적되고 커피콩은 점점 두꺼워진다. 동시에 커피콩 내부에는 단백질, 트리아실글리세롤, 카페인, 클로로겐산의 축적이 일어나게 된다. 커피콩의 탄수화물은 50%를 차지하는 갈락토만난, 아라비노갈락탄(15%)과 셀룰로오스로 구성된다[그림 3-2].

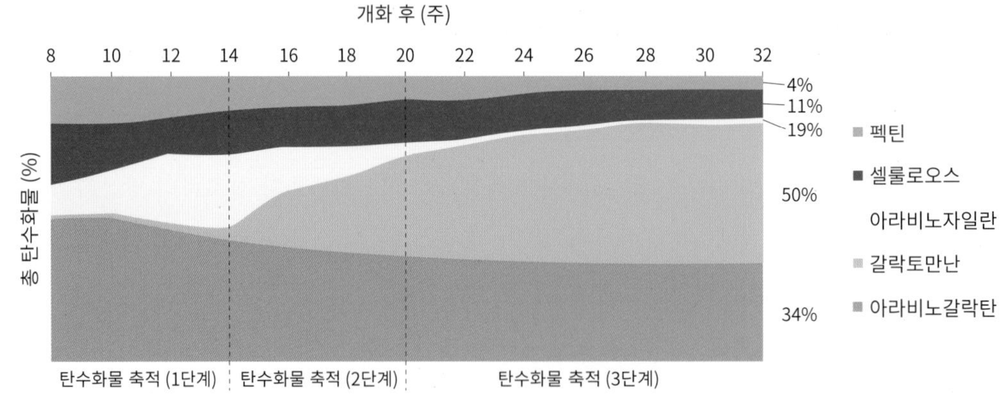

[그림 3-2] **커피콩 성장 기간 중 각 탄수화물의 축적 분포도**

커피 열매의 성장 단계별 당분의 대사를 살펴보면[그림 3-3], 포도당과 과당은 성장 초기 단계에서 약간 형성되고 자당은 거의 형성되지 않는다. 고형분 축적 단계로 접어들면서 커피콩에 자당이 축적되기 시작하며 성숙 단계로 가면서 과피와 커피콩에 당분이 축적된다. 아라비카의 경우 자당이 커피콩의 주요 당분이지만 과피에는 자당, 과당 및 포도당이 균일하게 분포하게 된다. 당분의 합성과 분해는 열매의 과피와 과육에 분포하고 있는 효소(인버타아제, 자당 인산합성효소, 자당 합성효소)에 의해 이루어진다.

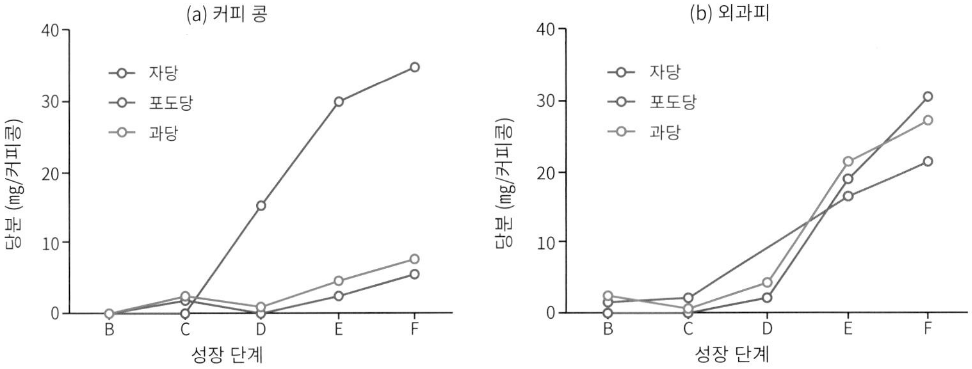

[그림 3-3] 커피 열매의 성장 단계별 당분의 대사(Koshiro et al, Eur. Chem. Bull., 2015)

[그림 3-4]는 커피콩의 다당체 합성 경로를 나타낸 것으로 여러 당분(자당, 포도당, 과당)으로부터 다당체가 생성되는 것을 알 수 있다. 이때 다당체 합성 과정에서 여러 효소가 관여하게 된다.

앞서 설명한 바와 같이 커피콩의 절반가량이 탄수화물로 구성되어 있는데, 그중 3종류의 다당체(만난 또는 갈락토만난, 아라비노갈락탄-단백질, 셀룰로오스)가 주요 성분이다. 그 외 소량의 다당체(펙틴, 자일로글루칸)도 존재한다. 소당류로는 자당이 4~8%, 올리고당(라피노오스, 스타키오스)이 1%, 그리고 단당류(포도당, 과당, 갈락토오스, 아라비노오스)가 1% 미만을 차지한다. 생두의 다당류 중 소량(1.85%)만이 뜨거운 물에 추출되는데 특히 아라비노갈락톤은 57~69%, 갈락토만난은 24% 정도 추출된다. 아라비노갈락톤은 보통 생두에서 단백질과 결합한 아라비노갈락탄-단백질 형태로 존재한다.

또 커피콩에는 배유의 세포벽에 만난(mannan) 계열의 다당체가 다량 분포하며, 만난 합성을 돕는 다양한 효소(만난 합성 효소, 갈락토실전이 효소, α-갈락토시다아제, 만노오스-1-인산 우아닐전이 효소, UDP-포도당- 4′-입체이성 효소)들이 존재한다.

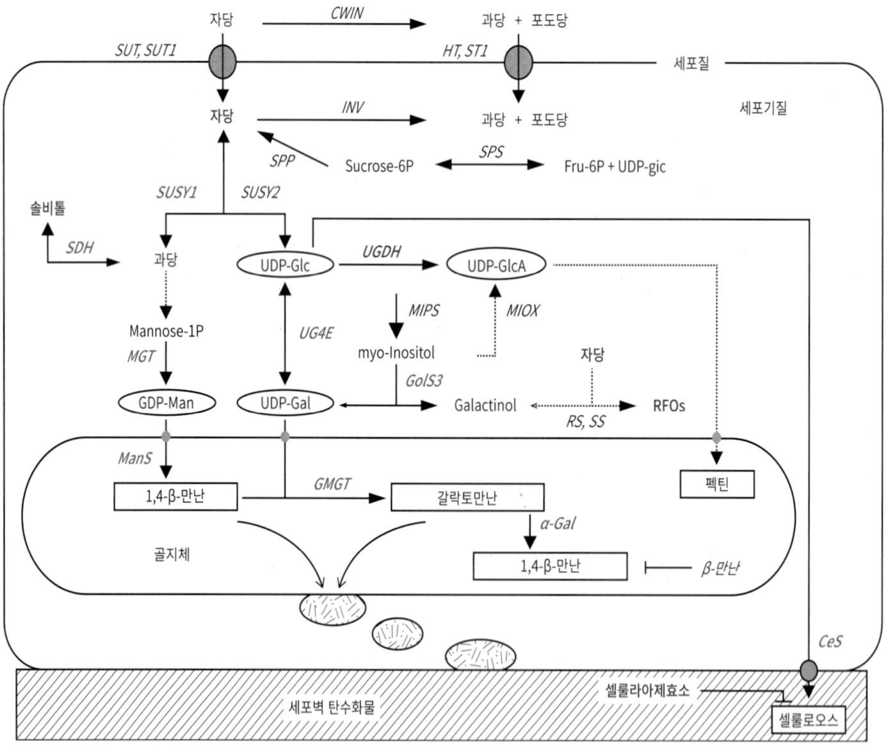

[그림 3-4] 커피콩 세포벽의 다당체 합성 경로

나. 단백질 대사

커피 열매는 아미노산, 뉴클레오티드, 단백질, 핵산 등 질소 함유 물질들을 합성한다. 동물세포와는 다르게 커피나무를 비롯한 식물은 대사에 필요한 모든 아미노산을 생합성이 가능하다. 이때 커피나무의 아미노산 합성은 두 가지 형태로 나타난다. 하나는 잎이나 뿌리의 질산염(NO_3^-)이 암모니아를 거쳐 글루탐산이 합성되는 경로가 있다. 이때 합성 과정에서 잎이나 뿌리의 세포질에 존재하는 두 개의 효소(질산 환원 효소, 아질산 환원 효소)가 관여하게 된다. [그림 3-5]는 질산염으로부터 글루탐산의 합성 경로를 예로서 나타낸 것이다. 글루탐산은 아스파타산과 더불어 커피의 감칠맛을 주는데 글루탐산이 아스파타산보다 감칠맛이 3배가량 더 강하다. 고기가 맛있게 느껴지는 것도 고기 속의 글루탐산과 아스파타산이 주는 감칠맛 덕분이다.

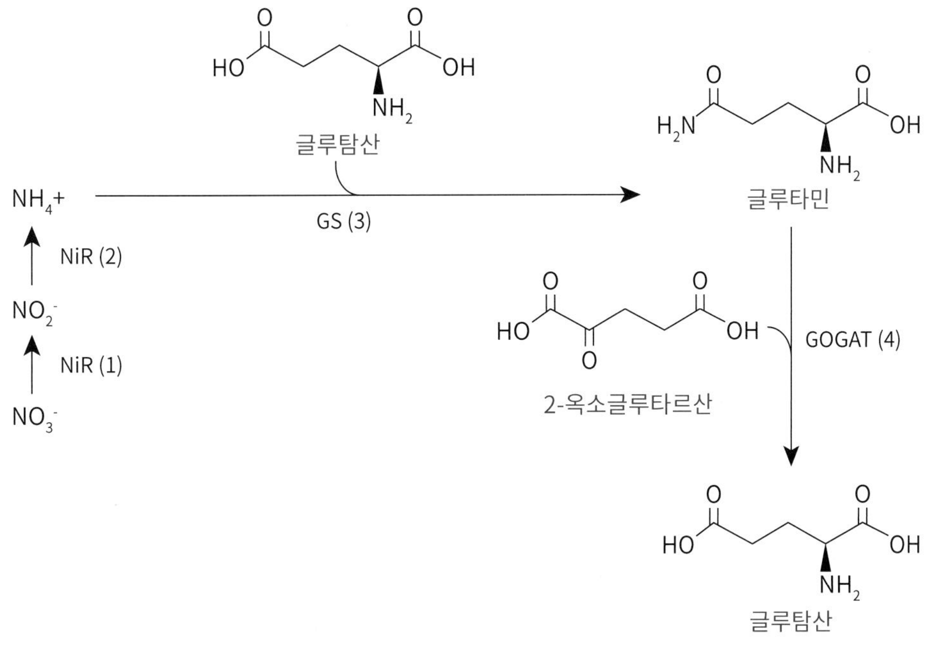

[그림 3-5] **질산염으로부터 글루탐산의 합성 경로**

(Mazzafera et al. Phytochemistry. 1999)

커피나무의 또 다른 아미노산 합성은 해당 과정(glycolysis), 오탄당 인산화 과정 및 구연산 회로를 통해 이루어진다[그림 3-6]. 생합성된 이러한 아미노산들은 2차 대사산물의 전구물질로 이용된다. 예를 들면 글루타민, 아스파라긴산 및 글리신은 카페인의 퓨린을 형성하는데 기여한다. 또 아스파라긴산과 페닐알라닌은 각각 트리고넬린과 클로로겐산의 전구물질이 된다.

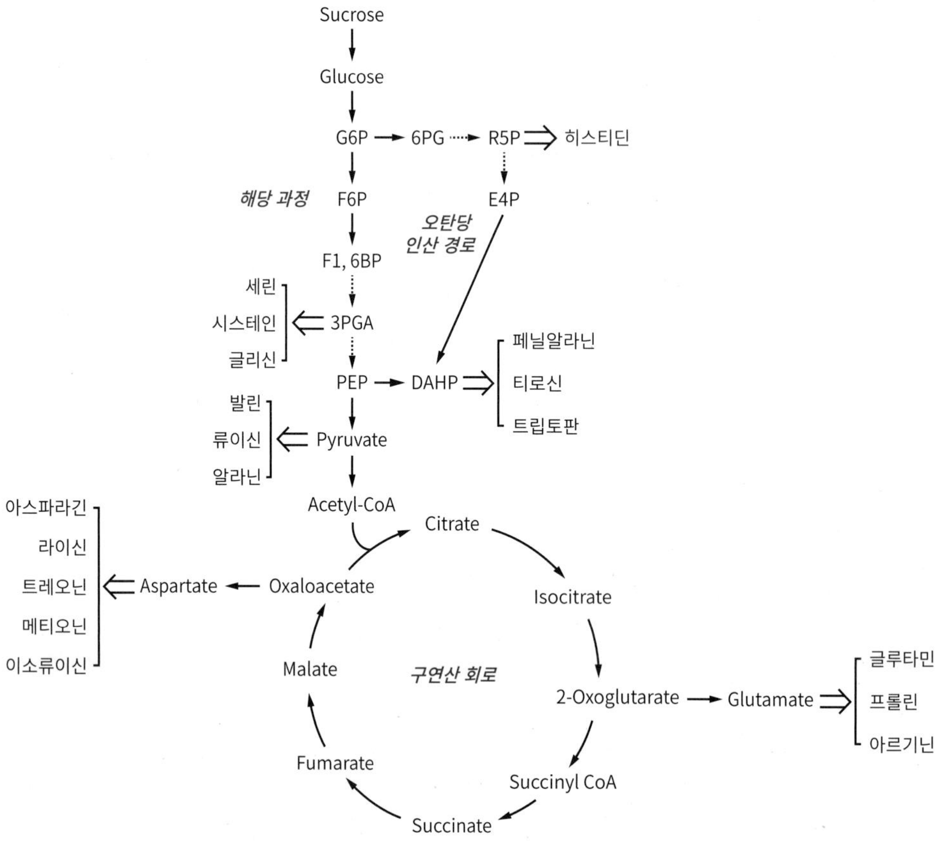

[그림 3-6] 커피 열매의 아미노산 생합성 경로
(Ashihara, Thirty Letures on Metabolism and Biosynthesis, 2011)

단백질, 펩타이드 및 아미노산은 생두의 향미에 영향을 미치는 전구물질이기도 하며 로스팅 과정에서 마이얄 반응에 이용되는 필수 성분이다. 생두에 분포하는 단백질은 11S 저장 단백질(글로불린)로서 커피콩의 배유에 분포하고 있고 전체 수용성 단백질의 45%를 차지한다. 펩타이드는 생두에서 0.4~0.6%를 차지하며 로스팅 과정에서 원두의 향미에 영향을 미친다. 그리고 생두에는 29개 종류의 유리 아미노산이 분포하는데, 아라비카종과 로부스타종 간의 조성이 달라 두 종을 구분하는 척도로 활용하기도 한다.

다. 카페인 대사

1) 대사 기전

카페인(1,3,7-trimethylxanthine)은 퓨린 알카로이드로서 커피콩의 주요 성분 중의 하나이다. 그 외 테오브로민(theobromine)과 테오필린(theophylline)이 소량 함유되어 있다. 이와 같은 퓨린 알카로이드 성분은 카카오, 차에도 함유되어 있다. 커피콩의 카페인 생합성은 여러 경로를 통해 이루어지며, 각 경로는 주로 4단계(잔토신 → 7-메틸잔토신 → 7-메틸잔틴 → 테오브로민 → 카페인)를 거쳐 이루어진다. 일례로 리보오스-5-인산으로부터 생성된 5-포스포 리보실-1-피로인산은 산화적 오탄당 인산 경로와 켈빈-벤슨 회로상에서의 중간 산물이며, 카페인의 퓨린링 생합성의 초기 물질이다. 이 경로에서는 잔토신은 잔토신 인산과 구아노신으로부터 생성되기 때문에 좁은 의미에서 카페인 합성은 잔토신이 카페인으로 전환되는 과정으로 볼 수 있다[그림 3-7].

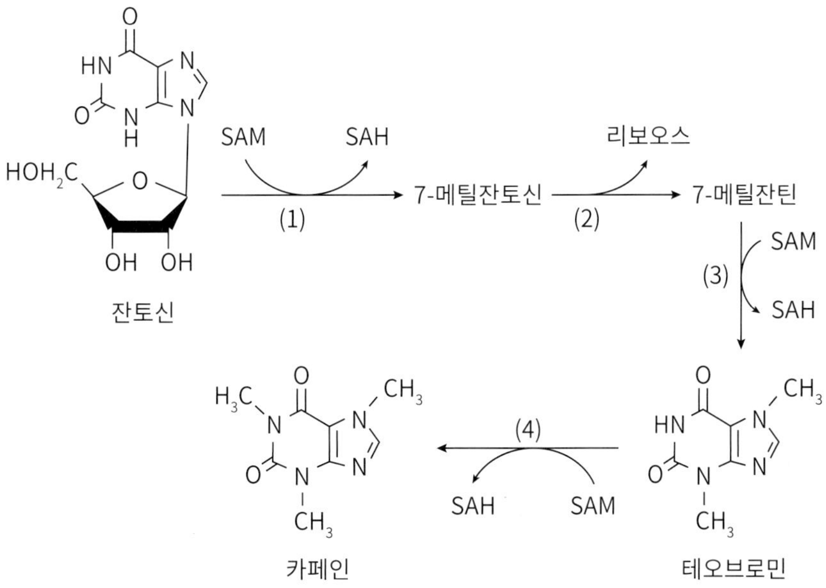

[그림 3-7] 카페인의 합성 경로(I)
(Ashihara, Frontiers in Bioscience 9. 2004)

카페인의 또 다른 합성 경로는 퓨린 뉴클레오티드에 의한 것으로 이 경로에서도 S-아데노실-l-메티오닌 회로에서 방출된 아데노신으로부터 생성된 잔토신이 카페인의 합성에 관여하게 된다[그림 3-8].

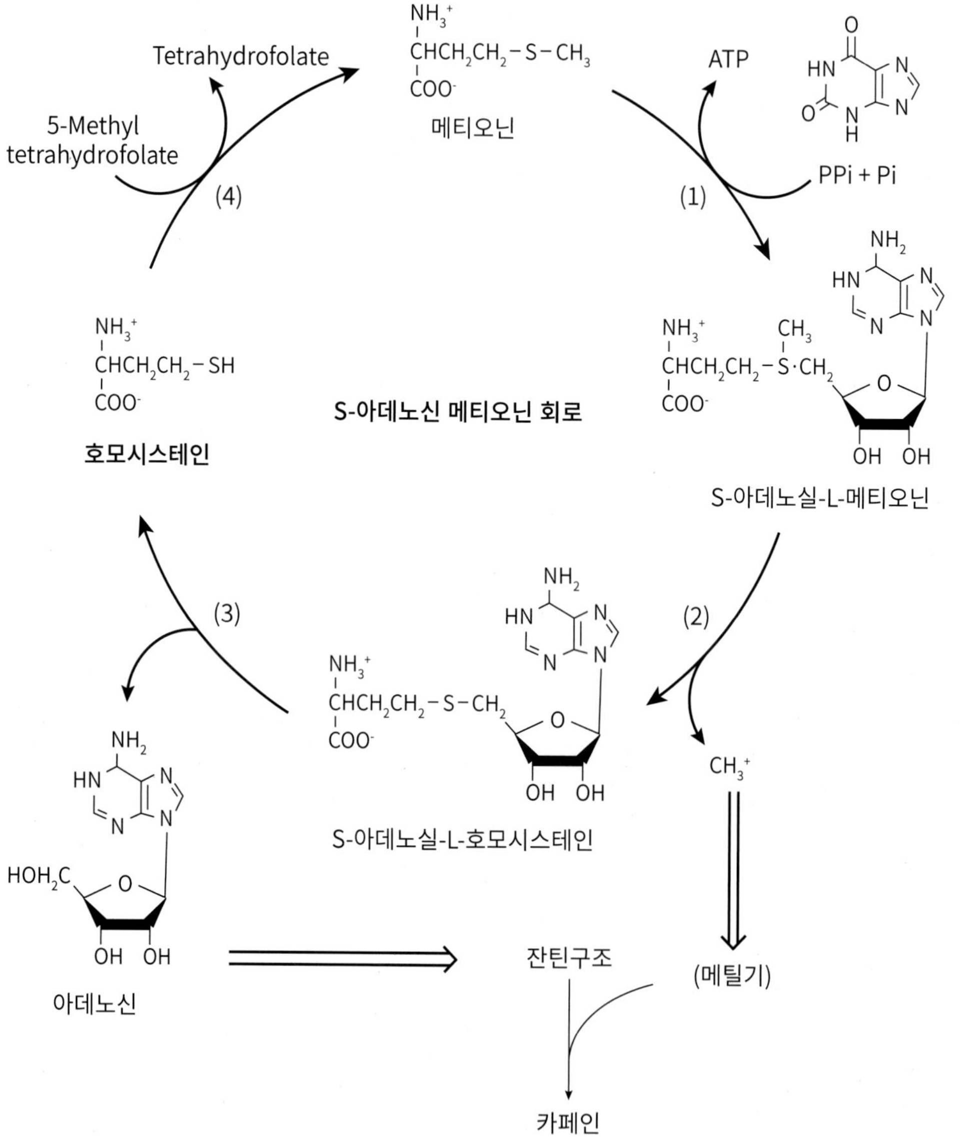

[그림 3-8] 카페인의 합성 경로(II)
(Ashihara, Frontiers in Bioscience 9. 2004)

아라비카종과 로부스타종의 열매 성장 과정 중 형성되는 카페인 함량을 보면[그림 3-9], 카페인 합성 활성은 성장 초기 단계(A~C)에 가장 왕성하고 카페인 함량은 성장 중기 단계(D~E)에서 가장 높게 나타난다. 성장 단계 E를 지나면서 카페인의 70~90%는 커피콩에 분포하고 나머지는 과피에 남게 된다. 성장 마지막 단계인 G 단계에서는 카페인 생성 농도가 1~1.9% 정도로 매우 낮다. 열매 성장 과정 중의 카페인 함량 변화는 커피 품종에 따라 다르다. 아라비카 품종에서도 모카는 성장 초기 단계(A)에 카페인 합성이 없고, 로부스타종에서는 성장 초기에 카페인 전구물질인 테오브로민만 합성된다. 반면에 아라비카 품종 카티모르는 성장 초기에 카페인이 합성되고, 카페인 활성이 B~C 단계에서 가장 활발히 일어나며 F와 G 성장 단계에서는 거의 사라지는 현상이 나타난다.

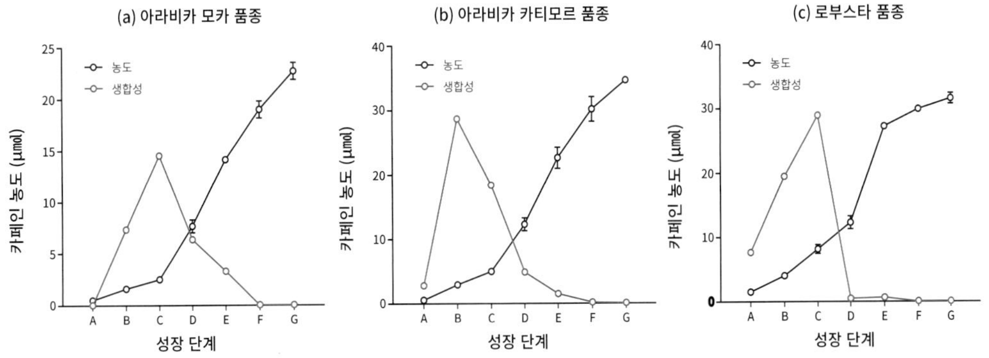

[그림 3-9] 커피 열매 성장 단계별 카페인 함량의 변화
(Koshiro et al. Plant Science 171. 2006)

2) 커피 품종에 따른 카페인 함량

생두에는 커피 품종에 따라 카페인 함량이 0~2.5%(건량 기준)가량 함유되어 있다. 보통 로부스타종(1.7~2.4%)에서 아라비카종(1% 이하)에서보다 카페인 함량이 높게 나타난다. 아라비카종과 로부스타종 외의 다른 커피 종에서도 일부 품종(코페아 유게노이데스, 코페아 살바트릭스, 코페아 라세모사)은 카페인의 함량이 낮지만 일부 품종(코페아 콘젠시스, 코페아 스테노필라)은 높게 나타난다[그림 3-10]. 커피 품종별 카페인 함량 차이는 품종마다 카페인 합성 활성 정도와 분해 정도에 영향을 받는다. 특히 카페인 합성 효소(1*N*-, 3*N*-메틸 전이 효소)의 활성 여부가 카페인 함량 차이의 주원인으로 문헌에 보고되고 있다.

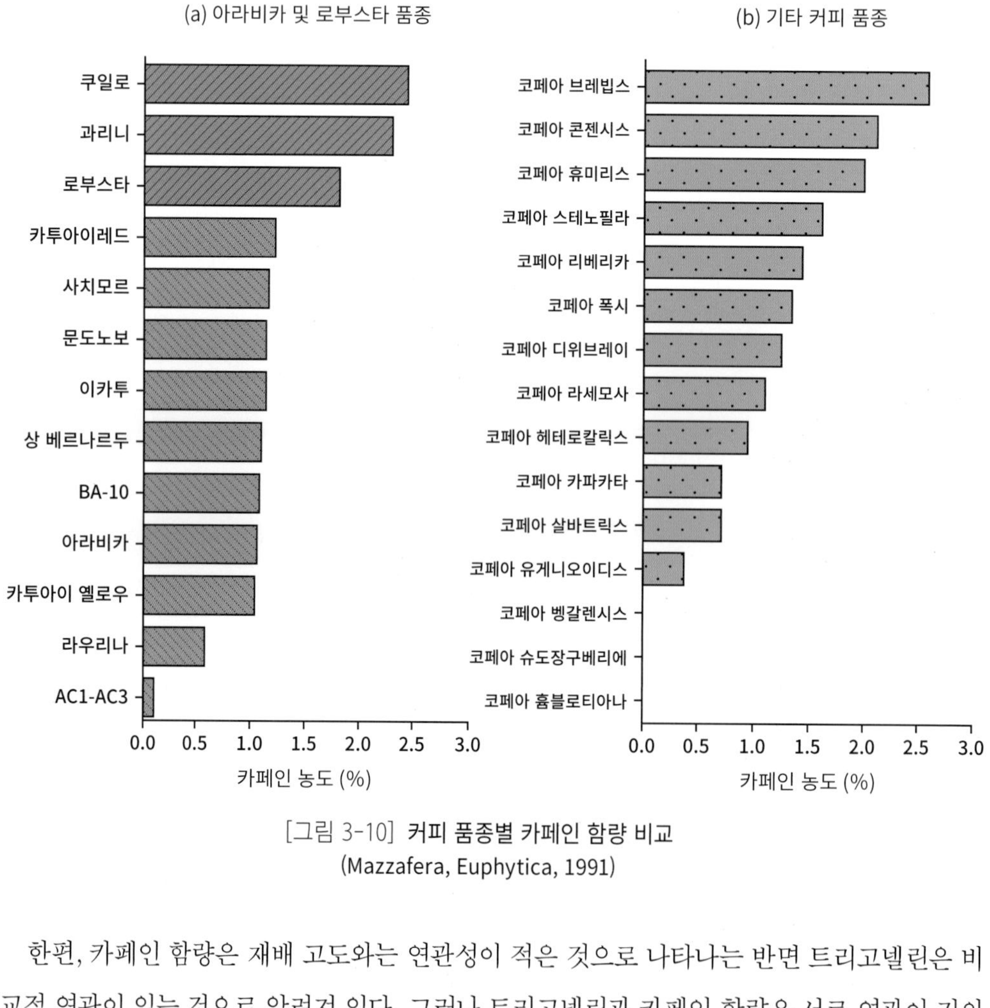

[그림 3-10] **커피 품종별 카페인 함량 비교**
(Mazzafera, Euphytica, 1991)

한편, 카페인 함량은 재배 고도와는 연관성이 적은 것으로 나타나는 반면 트리고넬린은 비교적 연관이 있는 것으로 알려져 있다. 그러나 트리고넬린과 카페인 함량은 서로 연관이 거의 없다.

라. 트리고넬린 합성 대사

트리고넬린(*N*-methyl nicotinic acid)은 알카로이드의 일종이고 커피콩의 주요 성분 중 하나로 질소 화합물이며 커피콩에 카페인과 유사한 1~3%(건량 기준) 정도 함유되어 있다. 이 성분은 로스팅 과정을 거치면서 그 함량이 낮아져 원두와 커피에 약 0.5% 이하로 검출된다. 트리고넬린은 다른 콩과류에도 다량 함유되어 있으나 차, 카카오 등에서는 검출되지 않는다.

커피나무의 트리고넬린 합성은 니콘틴산의 합성과 피리딘 뉴클레오티드 회로와 연계되어 있다. 즉 트리고넬린의 합성은 우선 아스파라긴산 경로상의 아스파라긴산과 글리세르알데히드-3-인산으로부터 퀴놀린산이 생성되고 이후 퀴놀린산으로부터 니코틴산 모노뉴클레오티드가 합성된다. 이때 니코틴산이 합성되는 경로는 두 가지인데, 하나는 피리딘 뉴클레오티드 회로를 통한 경로이고, 다른 하나는 니코틴산 모노뉴클레오티드를 통해 직접적으로 합성되는 경로이다[그림 3-11].

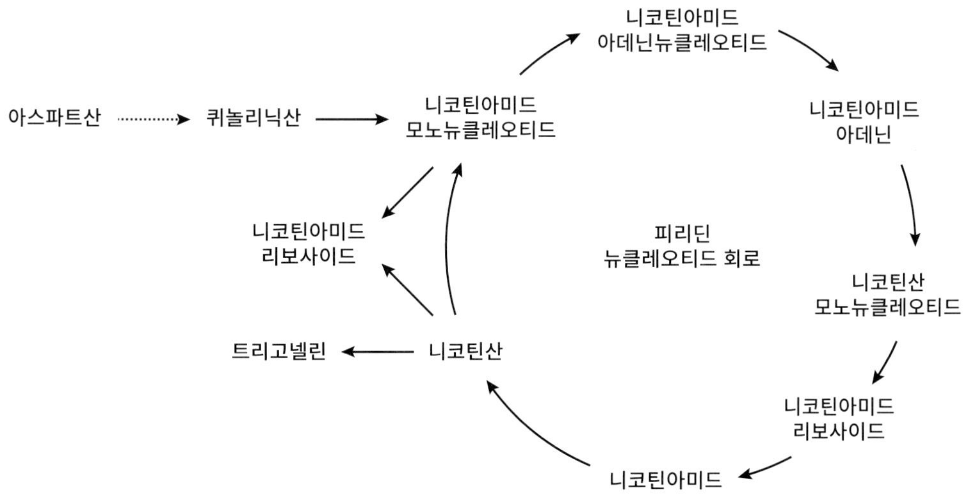

[그림 3-11] 트리고넬린의 합성 경로
(Ashihara, Natural Product Communications 3. 2008)

트리고넬린은 커피 품종에 따라 그 함량이 다르지만 커피콩에는 평균 2%(건량 기준) 정도이고, 아라비카종에서도 그 종류에 따라 함량이 다르게 나타난다. 그 외 품종에서도 종류마다 트리고넬린의 함량은 조금씩 다른데, 예로서 드웨브레 품종과 리베리카 품종은 그 농도가 다른 품종에 비해 상대적으로 낮게 나타난다[그림 3-12].

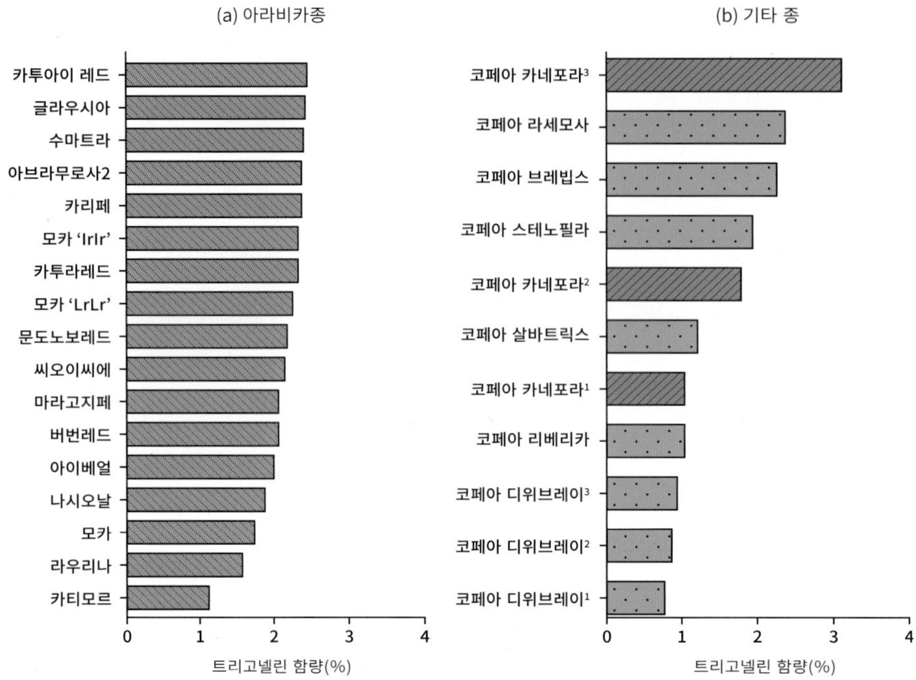

[그림 3-12] 커피 품종별 트리고넬린의 함량 비교
(Farah. Wiley-Blackwell. 2012)

커피 품종별 커피콩의 트리고넬린 합성 활성도와 함량의 차이를 보면 [그림 3-13]과 같다. 커피 열매의 성장 단계를 7단계로 구분했을 때 합성은 성장 구간(A~C)에서 활성화되어 있고 D 단계에서 일시적으로 감소하다 다시 반등하는 현상을 보인다. 반면 트리고넬린의 함량은 축적 단계(D)에서 증가하는 것으로 나타난다.

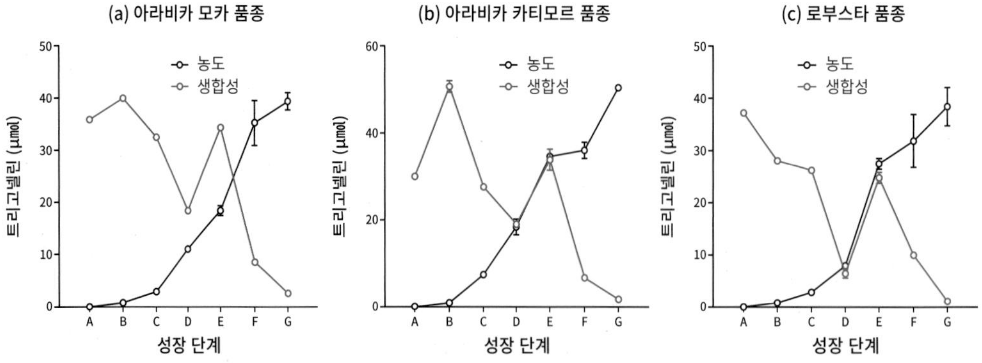

[그림 3-13] 커피 품종별 커피콩의 성장 기간 중 트리고넬린의 함량 변화
(Koshiro et al. Plant Science 171. 2006)

마. 클로로겐산 합성 대사

클로로겐산은 폴리페놀의 일종으로 카페산(caffeic acid)과 퀸산(quinic acid)의 에스터화로 생성된 것으로 카페인과 트리고넬린과 더불어 커피콩의 주요 성분이다. 이 성분은 그 외 사과, 배, 토마토와 자두 등에도 함유되어 있다. 클로로겐산에는 3종류가 있으며 카페오일 퀸산류(caffeoylquinic acids, CQAs), 페룰로일 퀸산류(feruloylquinic acids, FQAs) 및 디카페오일 퀸산류(dicaffeoylquinic acids, diCQAs)가 대표적이다. 보통 로부스타종의 클로로겐산은 7~14%(건량 기준)로 아라비카종(3~8%)에 비해 그 함량이 높게 나타난다.

클로로겐산의 합성은 우선 페닐알라닌이 페닐프로파노이드(phenylpropanoids), 트랜스신남산(trans cinnamic acid), 파라쿠마린산(*p*-coumaric acid) 및 파라쿠마로일 CoA(*p*-coumaroyl CoA)로 전환되면서 시작된다. 이후 효소 참여하에 여러 반응을 거쳐 클로로겐산이 합성된다. 이때 클로로겐산은 3가지 경로를 통해 합성되며 주로 제1합성 경로에 의해 이루어지는 것으로 학계에서는 추정하고 있다[그림 3-14]. 이 경로는 토마토와 감자에서 합성되는 경로인데 커피콩의 경우도 이 경로를 통해 클로로겐산이 합성되는 것으로 추측하고 있다. 제2합성 경로는 고구마에서 합성되는 경로이며, 제3합성 경로는 연구용 식물인 애기장대(*Arabidopsis thaliana*)에서 합성되는 것인데 이때 클로로겐산이 축적되지는 않는다.

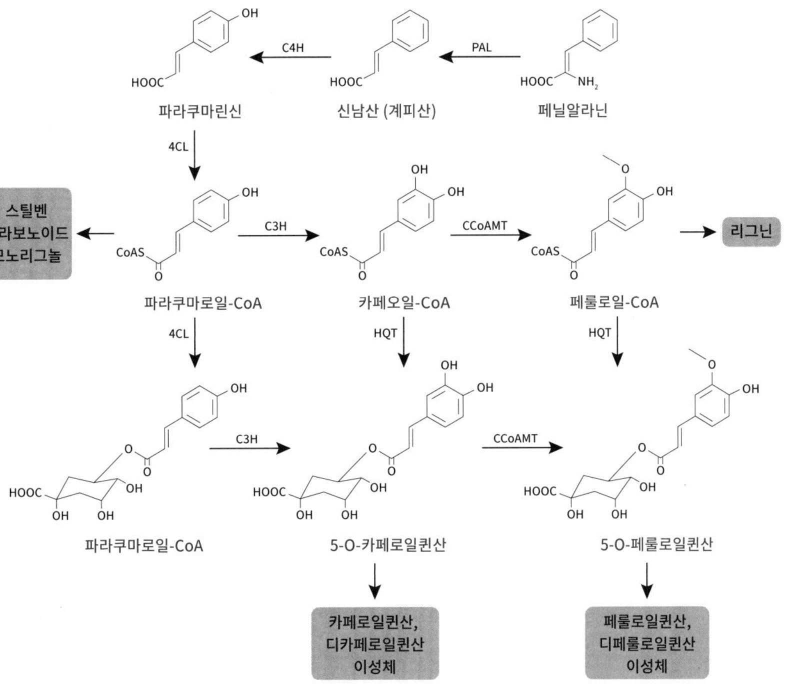

[그림 3-14] 커피콩의 클로로겐산 합성 경로
(Clifford et al. Nat. Prod. Rep. 2017)

그리고 커피콩의 클로로겐산에는 다양한 종류가 있으며, 그중 5-*O*-카페오일 퀸산(5-*O*-caffeoylquinic acid, 5-CQA)이 전체 클로로겐산의 50%를 차지하면서 가장 풍부하게 분포되어 있다. 3-*O*-카페오일 퀸산류와 4-*O*-카페오일 퀸산류가 10%, 디카페오일 퀸산류는 15~20% 그리고 페룰로일 퀸산류가 5~13% 차지한다. 그 외 1% 미만의 파라쿠마로일퀸산(*p*-coumaroylquinic acid) 등이 분포하고 있다.

한편, 클로로겐산의 함량은 커피 품종에 따라 다르게 나타난다[그림 3-15]. 아라비카 품종에서는 카페오일 퀸산, 페룰로일 퀸산류 및 디카페오일 퀸산류의 함량이 각각 4.7~6.1, 0.5~1.2, 0.2~0.5%(건량 기준) 차지하는 반면, 로부스타 품종에서는 각각 4.6~6.6, 0.8~1.6, 0.9~1.0%로 나타난다. 평균적으로 주요 클로로겐산의 함량은 아라비카 품종이 로부스타 품종에서보다 낮게 분포되어 있다. 그 외 일부 커피 품종에서도 클로로겐산의 함량이 낮게 나타난다(코페아 람니폴리아, 코페아 페리에, 코페아 슈도정구에자리에, 코페아 살바트릭스).

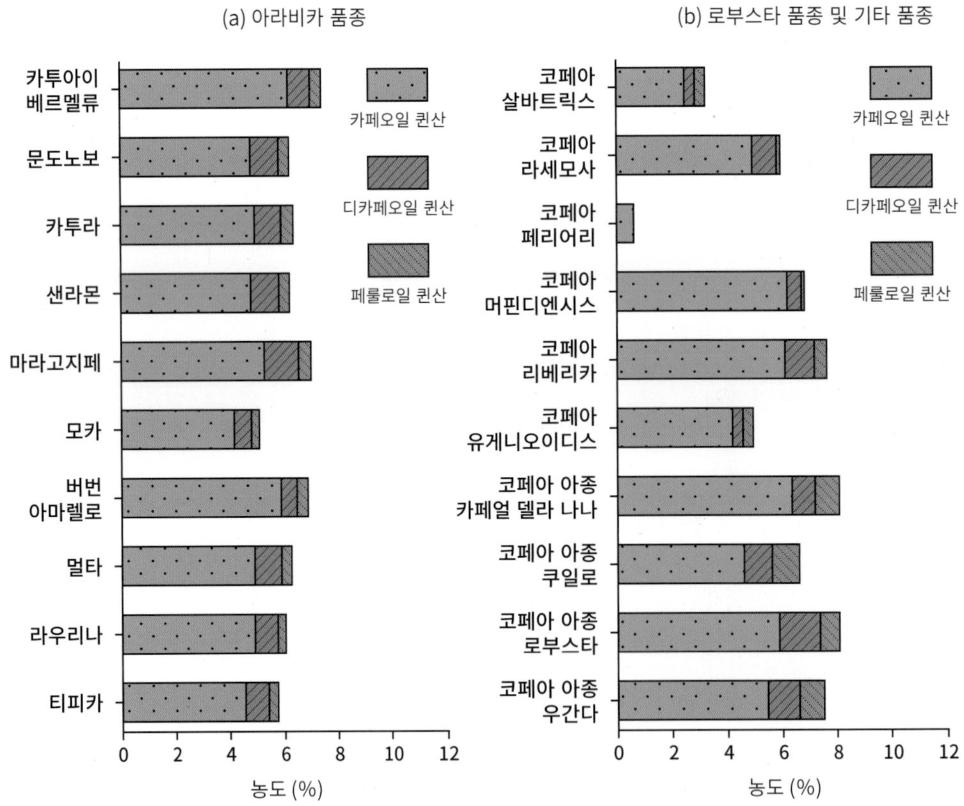

[그림 3-15] 커피 품종별 클로로겐산의 함량 비교
(Anthony et al. Genet. Resour. Crop Evol. 1993)

커피 품종별·열매 성장 단계별 각각의 클로로겐산의 함량(건량 기준)을 보면 다음과 같다[그림 3-16]. 아라비카종의 경우 커피 열매의 성장 기간 중 점차 클로로겐산의 함량이 증가하는 반면, 로부스타종은 성장 단계(D, E)에서 급격히 증가하는 것을 알 수 있다. 성장 C 단계에서는 열매는 주로 외배유와 과피로 구성되어 커피콩을 과피에서 분리하기가 어렵고, 성장 단계 D 이후부터는 커피콩은 커피 열매로부터 서서히 분리되기 시작한다. 그리고 커피 품종과 관계없이 클로로겐산은 주로 커피콩에 함유되어 있는데, 마지막 성장 단계(G)에서는 클로로겐산의 80~90%가 커피콩에 분포하게 된다. 퀸산의 경우는 과피와 커피콩에 함유되어 있고, 로부스타 품종에서는 성장 단계 D에서 일시적으로 증가하다 이후 감소하는 경향을 나타낸다.

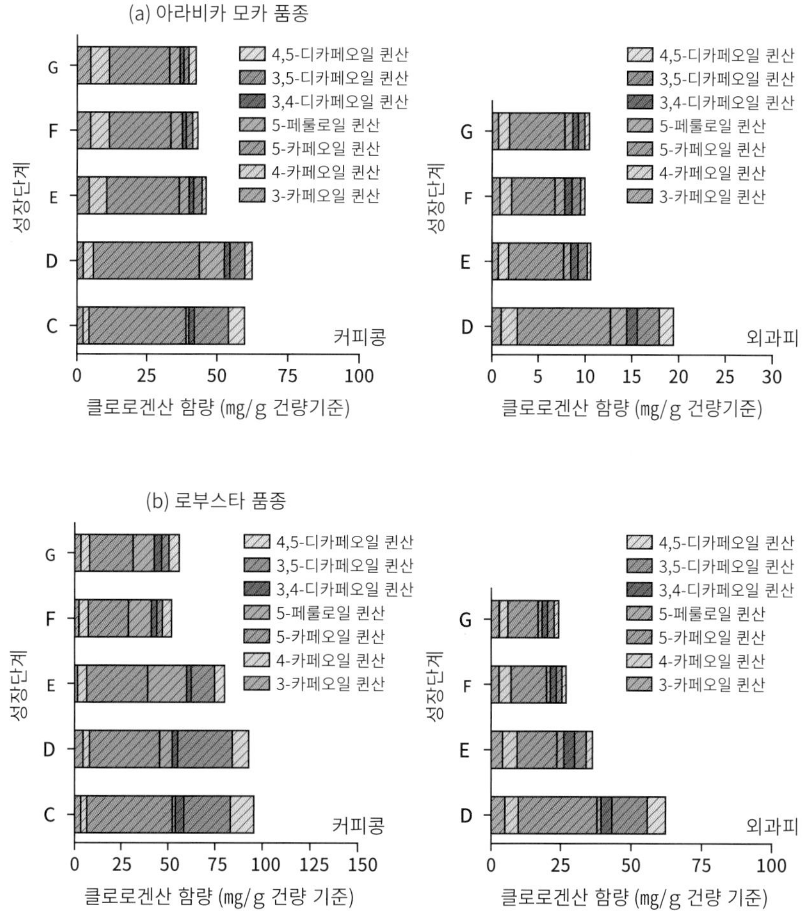

[그림 3-16] **커피 품종별·성장 단계별 클로로겐산의 함량 비교**
(Koshiro et al. Plant Science 171. 2006)

바. 지질 대사

지질은 커피콩 배유 부분에 함유되어 있고 이 중 커피 왁스 성분은 커피콩 외층에 분포하고 있다. 아라비카종과 로부스타종의 생두는 서로 이화학적 구성 성분에서 차이가 나며 지질 함량에서도 차이를 보이는데, 생두에서 각각 약 16.0%, 0.1%(건량 기준)를 차지한다. 지질은 트리아실글리세리드, 스테롤, 토코페롤로 구성되어 있다. 전체 지질의 20%를 차지하는 디털핀류(diterpenes) 외에 카페스톨(cafestol), 카웰(kahweol), 16-메틸카페스톨이 대표적인 지질 성분이다[그림 3-17]. 이 중 16-메틸카페스톨은 생리활성 물질로 관심받는 성분이고 특히 로부스타 생두의 대표적인 성분이기도 하다.

보통 생두의 지질 중에 지방산(트리아실글리세리드)이 75% 정도로 가장 큰 비율을 차지한다. 그중 리놀레산이 분포도가 가장 많고(41.2~42.6%) 그 뒤를 팔미틴산(35.2~36.7%), 올레산(9.5~11.9%), 스테아린산(7.2~9.7%), 리놀레산(1.3~2.0%), 아라키딘산(0.3~1.5%) 및 미리스틱산(0.2%)이 잇는다.

디털핀류의 경우는 커피 품종에 따라 생두 내 분포도가 다르게 나타나는데, 예를 들면 아라비카종은 카페스톨과 카웰이, 로부스타종은 카페스톨과 소량의 카웰(0.1g/kg) 및 16-메틸카페스톨이 검출된다.

그리고 생두에는 그 외 소량의 커피 왁스 성분이 커피콩의 외층에 분포되어 있다. 생두의 왁스 성분은 커피를 마신 후 느끼함을 주는 성분이면서 항산화 물질이다. 스테롤은 주로 데스메틸스테롤, 메틸스테롤과 디메틸스테롤이 주요 성분으로 검출된다.

지방류는 아라비카와 로부스타 생두에서 10~20%를 차지하는 성분이다. 특히 중성지방으로 불리는 트리글리세리드(글리세롤과 지방산의 에스터 결합)의 분해로 지방산이 분리되면서 산화되어 커피에 이미 이취를 유발하여 부정적인 영향을 미치게 된다.

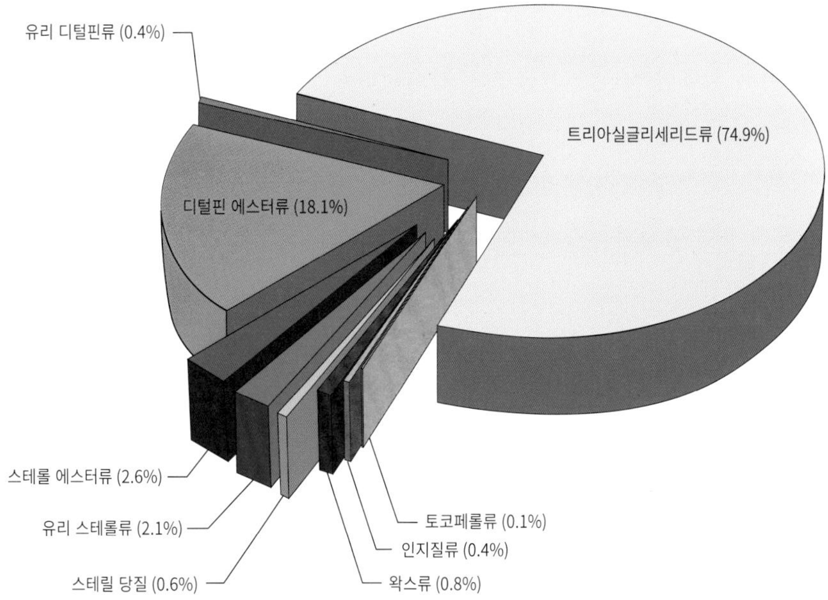

[그림 3-17] **생두의 지질 구성**

지질의 종류별 세부적인 특성을 살펴보면 다음과 같다.

1) 지방산류

생두에 함유된 지방산류는 대부분 지방산 글리세롤에스터, 지방산 디털핀에스터 및 지방산 스테롤에스터 형태로 존재한다. 유리 지방산은 9종류가 확인되며 아라비카종과 로부스타종에 균등하게 함유되어 있다. 이때 주요 지방산으로는 리놀레산과 팔미트산이며 그 외 올레산과 팔미트올레산 등도 검출된다. 로부스타종에는 올레산이 스테아린산보다 많이 함유된 반면 아라비카종에는 균일하게 분포되어 있다. 따라서 스테아린산과 올레산의 비율은 원두를 블렌딩할 때 로부스타종의 함유량을 나타내는 지표로 활용된다.

2) 털핀류

지질은 커피 품질과 향미에 영향을 미치는 성분이며 그중 카웰과 카페스톨과 같은 디털핀류가 커피의 향미와 기능성에 큰 영향을 미친다. 디털핀류는 커피나무를 비롯한 일반 식물에서 2차 대사물질로서 가장 많이 분포하는 성분으로 털핀 경로를 통해 합성된다. 커피나무의 2

차 대사산물은 곤충의 침입이나 동물 퇴치제 등 외부 생물학적 스트레스를 방어하는 과정에서 생성되는 물질이다.

커피나무에서 디털핀류는 3단계를 거쳐 합성되며 두 가지 경로를 통해 합성된다. 즉 세포액 내에서 메발론산 경로(mevalonate pathway)로부터 이소펜틸 이인산과 그의 이성체인 디메틸 알릴 이인산의 축합 반응에 의해 합성된다. 다른 한편으로는 폴리스미드내에서 메틸에리스리톨 인산 경로를 통해 합성되기도 하며 두 경로를 모두 이용하여 합성되기도 한다[그림 3-18].

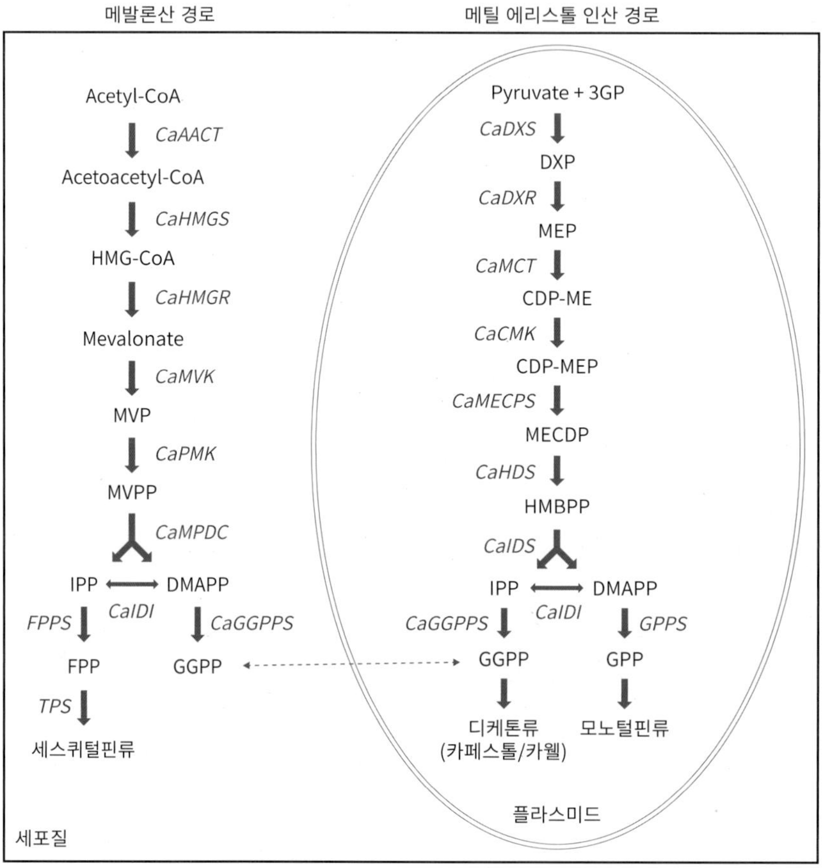

[그림 3-18] **디털핀류의 생합성 경로**

아라비카종은 털핀류 중에 카페스톨(C20H28O3)과 카웰(C20H28O3)이 주로 검출되며, 로부스타 품종에서는 카페스톨과 소량의 카웰 그리고 부가적으로 16-*O*-메틸카페스톨 및 16-*O*-메틸카웰이 확인된다. 특히 16-*O*-메틸카페스톨과 16-*O*-메틸카웰은 로부스타 품종에서만 검출된다. 또 16-*O*-메틸카페스톨의 경우는 열에 강한 특성으로 인해 로스팅 후에도 커피에서 분석된다. 이런 이유로 16-*O*-메틸카페스톨은 아라비카 커피 제조 때 로부스타 품종과 블렌딩했는지 여부를 판단하는 척도로 활용되기도 한다.

디털펀류는 지질로만 구성된 유리 형태와 지방산(팔미틴산, 올레산)과 에스터 결합한 형태가 있는데 대부분은 결합형으로 존재한다. 커피콩에는 현재 6종류의 디털펀류가 확인되었는데, 카웰, 카페스톨, 16-메틸카웰, 16-메틸카페스톨, 디하이드로카웰 및 디하이드로카페스톨이 그것이다. 그중 카페스톨과 카웰이 주요 성분이며 이 성분들은 탄소를 20개 함유된 구조를 띠고 있다. 디털펀류의 함량은 커피 종과 산지에 영향을 받으며 같은 재배 조건에서도 다른 농도를 나타내기도 한다. 디털펀류(카페스톨, 카웰, 16-메가스톨)는 주로 지방산과 에스터화되어 결합한 상태로 존재하며 유리 상태의 디털펀류는 커피 오일에 미량으로 존재한다. 유리 카페스톨과 카웰은 아라비카 커피에 모두 함유되어 있는데, 이 중 카페스톨이 주요 성분으로 존재한다. 로부스타 커피에서는 유리 카페스톨이 16-메가스톨보다 다소 많게 존재하며 카웰은 소량 존재하거나 없는 경우도 있다.

3) 스테롤류

커피콩에는 다양한 스테롤류(콜레스테롤, 베타시토스테롤, 5-아베나스테롤, 2,4-메틸렌콜레스테롤)가 함유되어 있으며, 그 외 4-데스메틸스테롤, 4-메틸스테롤 및 4,4-디메틸스테롤도 검출된다. 커피의 스테롤류는 유리형(40%)과 에스터화형(60%) 두 가지가 있는데, 그중 데스메틸스테롤류가 전체 스테롤의 90%를 차지한다. 아라비카종과 로부스타종의 데스메틸스테롤류의 분포도를 보면, 스테롤류 중에 베타시토스테롤이 두 품종에서 모두 가장 많은 농도(50%)를 차지한다. 그리고 2,4-메틸렌콜레스테롤과 5-아베나스테롤이 아라비카종에서보다 로부스타종에서 더 많이 검출된다. 이에 따라 아라비카종과 로부스타종을 블렌딩하여 제조한 커피에서 로부스타종의 투입량을 판단하는 지표로 활용된다. 다만 2,4-메틸렌콜레스테롤과 5-아베나스테롤의 농도는 편차가 커 로부스타종을 20% 이상 사용할 때만 판단 지표로서 유효하다.

4) 토코페롤류

토코페롤은 커피 오일 성분 중의 하나이며 알파 토코페롤이 오일 ㎏당 89~188㎎으로 주요 토코페롤이며, 베타와 감마 토코페롤은 53~252㎎ 수준으로 확인된다.

5) 왁스류

왁스류는 전체 지질류의 2~3%를 차지하며 생두의 표면에 존재한다. 그중 아라킨산 및 베헨산 5-하이드록시트립타미드가 주요 성분이며 그 외 아미드 성분은 미량 존재한다. 아라비카 생두에는 왁스 성분이 500~2,370 ㎎/㎏, 로부스타 생두에는 565~1,120 ㎎/㎏이 함유되어 있다.

사. 미네랄

생두에 함유된 미네랄 성분은 4% 수준으로 아라비카종(3.6~4.5%)에서보다 로부스타종(3.6~4.8%)에서 더 많이 검출된다. 특히 미네랄 성분 구성은 재배 토양과 환경 등 커피의 원산지를 가늠하는 지표로 활용된다. 미네랄 성분은 칼륨, 칼슘, 마그네슘, 인산과 황산염이 주요 성분인데, 그중 칼륨이 전체 미네랄의 40%를 차지한다. 일반적으로 미네랄은 로부스타종에서는 건식 가공된 생두에서 습식 가공된 생두에서 보다 높게 나타난다.

아. 유기산

생두에 함유된 유기산은 지방족 산류로써 구연산, 퀸산 및 초산 등이 검출된다. 이러한 유기산은 커피 품종과 산지에 따라 다르다. 즉 로부스타종에서보다 아라비카종에서 구연산과 사과산이 더 많이 확인되고, 이에 따라 아라비카종으로 제조된 커피에서도 신맛이 더 많이 느껴진다. 보통 생두의 유기산(건량 기준)은 구연산(0.3~0.5%), 사과산(0.3~0.7%) 및 퀸산(0.3~0.6%)이 가장 많고, 그다음 초산(0.07%), 포름산(0.14%), 옥살산(0.2%)과 호박산(0.15%)은 미량 함유되어 있다[그림 3-19].

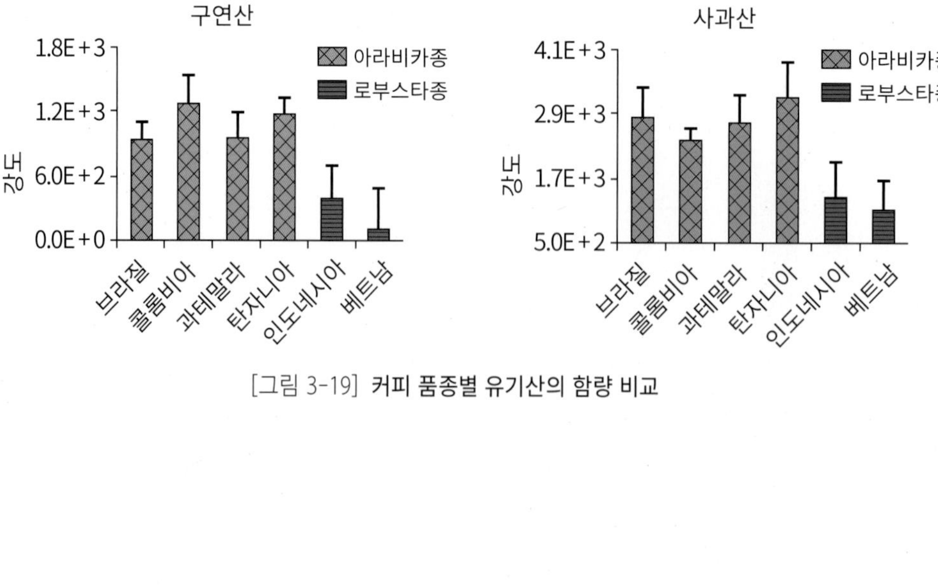

[그림 3-19] 커피 품종별 유기산의 함량 비교

CHAPTER 04

커피 열매 가공과 향미

1. 개요
2. 건식과 습식 가공의 특징
3. 커피 열매 가공과 향미 변화

04 커피 열매 가공과 향미

커피 열매는 수확 후 여러 공정을 거친 뒤 생두가 만들어지고 로스팅을 거쳐 분쇄 후 추출 과정을 거쳐야 비로소 음용 가능한 커피가 만들어진다. 커피 열매 수확 후 커피가 만들어지기까지의 모든 과정은 [그림 4-1]과 같다.

이 장에서는 열매 가공 과정 중 서식하는 미생물들이 거론되는데, 이러한 미생물들은 누룩을 이용한 막걸리 제조나 와인 제조 때에도 흔히 발견되며 그 물질대사는 같다.

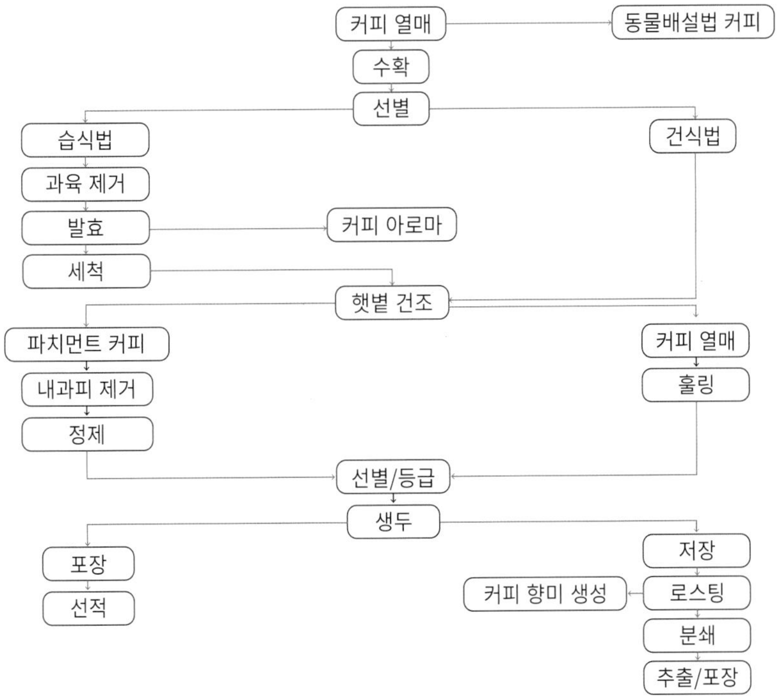

[그림 4-1] 커피의 제조 과정

커피 재배를 거의 하지 않는 우리나라의 경우 커피 재배와 열매 가공 과정이 그다지 큰 의미를 갖지 않는다. 그러나 커피 향미에 관심이 있는 생두·원두 수입 업체, 커피 산업계와 커피 종사자들은 특히 커피열매 가공 과정을 이해해야 각 품종의 특성과 그에 따른 커피 향미와의 연관성을 파악하는 데 도움이 된다. 최근 커피 시장에서는 커피 열매 수확 후 외과피와 내과피를 제거하는 가공 기술에 따라 생두 등급을 구분하는 등 커피 열매 가공과 관련된 생두 품질에 관심이 높아지는 추세이다.

이 장에서는 커피 열매 가공 과정과 특징을 살펴보고 그에 따른 향미와의 연관성에 대해 구체적으로 기술하고자 한다.

1. 개요

커피 열매는 수확 후 바로 가공하지 않고 방치하면 쉽게 부패한다. 따라서 커피 열매의 과육과 커피콩의 껍질을 벗기고 건조 후 생두를 만드는 가공 과정을 반드시 거쳐야 한다. 또 불필요한 발효와 곰팡이 생성 억제를 위해 가능한 한 빨리 가공해야 한다. 커피 열매는 수확 후 가공 방법에 따라 로스팅 후 원두의 향미 성분 패턴과 특성에 큰 영향을 미치는 것으로 다수의 문헌에 보고되고 있다.

생두는 그린빈(green bean)이라 부르기도 하는데, 이는 생두의 색상이 청록색에 가까운 초록색을 띠기 때문이다. 커피 열매로부터 외과피, 과육(펄프), 점액질(뮤실리지), 내과피(파치먼트) 및 은피(실버스킨) 등을 모두 제거해야 비로소 생두가 만들어진다. 그러나 커피 열매의 가공 과정에서 외층(껍질·과육)은 쉽게 제거되지만 점액질, 내과피와 은피는 커피콩에 단단히 붙어 제거가 쉽지 않다.

앞서 기술한 바와 같이 열매 수확 후 커피콩의 성분들을 제거하기 위해 건식법(dry method) 또는 습식법(wet method)을 이용하여 생두를 가공한다. 가공 방법은 지역, 습도, 일조량과 물 공급 여부에 따라 결정된다[그림 4-2].

건식법은 말 그대로 물을 사용하지 않고 이물질만 간단히 제거한 뒤 커피 열매를 그대로 건조하는 방식으로 가공 비용이 저렴하다. 반면 습식법에서는 먼저 커피 열매를 물 수조에 부어 물 위로 뜨는 잘 익지 않은 미성숙 열매는 분리한다. 이후 잘 익은 열매의 껍질, 과육을 벗겨낸 뒤 점액질을 발효시킨 후 내과피만 커피콩에 붙은 채로(일명 파치먼트 커피) 건조하는 것을 말한다. 이 방식은 좋은 품질의 생두를 얻을 수 있다는 것이 큰 장점이지만 생산 비용이 많이 든다.

커피 열매 가공 방법 간의 가장 큰 차이는 과육 제거, 발효 및 세척 방식이며, 이러한 가공 방법 차이가 커피 향미에 영향을 미치게 된다. 즉 건식 가공한 커피는 열매가 품고 있는 다양한 성분들이 생두 속에 그대로 흡수되어 단맛과 의약품 향이 강하고 풍부한 바디감이 특징적이다. 반면 습식 가공한 커피는 건식법보다는 바디감이 덜하고 산미와 향이 강한 것이 특징적이다. 반습식 가공한 커피는 중간 수준의 바디감을 나타낸다.

[그림 4-2] **커피 열매의 가공 과정**

건식법(내추럴, natural)은 특별한 설비가 필요 없는 자연 건조법으로 가장 전통적인 방법이다. 가공 과정을 보면, 우선 커피 열매 수확 후 1차로 키질로 이물질을 제거하고 2차로 물을 이용해 위에 뜨는 불순물을 제거한다. 그 후 잘 익은 열매를 햇빛에서 2~4주간 골고루 건조한 후 생두를 분리해 낸다. 이 방식은 생산 단가가 저렴하고 친환경적이지만 품질이 낮고 생두 표면이 고르지 못한 단점이 있다. 또 제대로 건조가 되지 않으면 생두가 부패하고 맛과 향이 떨어진다.

반면에 습식법(워시드, washed)은 일정한 설비와 기계와 풍부한 물이 필요한 방법으로 발효 과정과 점액질 제거 과정에서 물을 사용하기 때문에 붙여진 이름이다. 이 방법에서는 커피 열매를 수확한 후 우선 이물질을 제거한 후 물로 씻어내며 불순물을 제거한다. 그다음 기계를 이용 커피 열매의 외피와 과육을 벗겨내는데 이 작업을 펄핑이라고 한다. 펄핑 과정을 거친 후에는 물이 담긴 발효 용기로 옮겨 10~24시간의 발효 과정을 거치며, 이 과정에서 끈끈한 점액질이 제거된다. 마지막으로 커피콩에 붙어 있는 불순물 제거를 위해 깨끗한 물로 씻는 과정을 거친다. 건조 과정은 건식법과 유사한데 대규모 농장에서는 열풍기나 대형 건조기를 사용한다. 습식법은 생두의 품질이 높고 표면이 깨끗한 장점이 있지만 물을 많이 사용하게 되어 환경을 오염시킨다는 단점이 있다[그림 4-3].

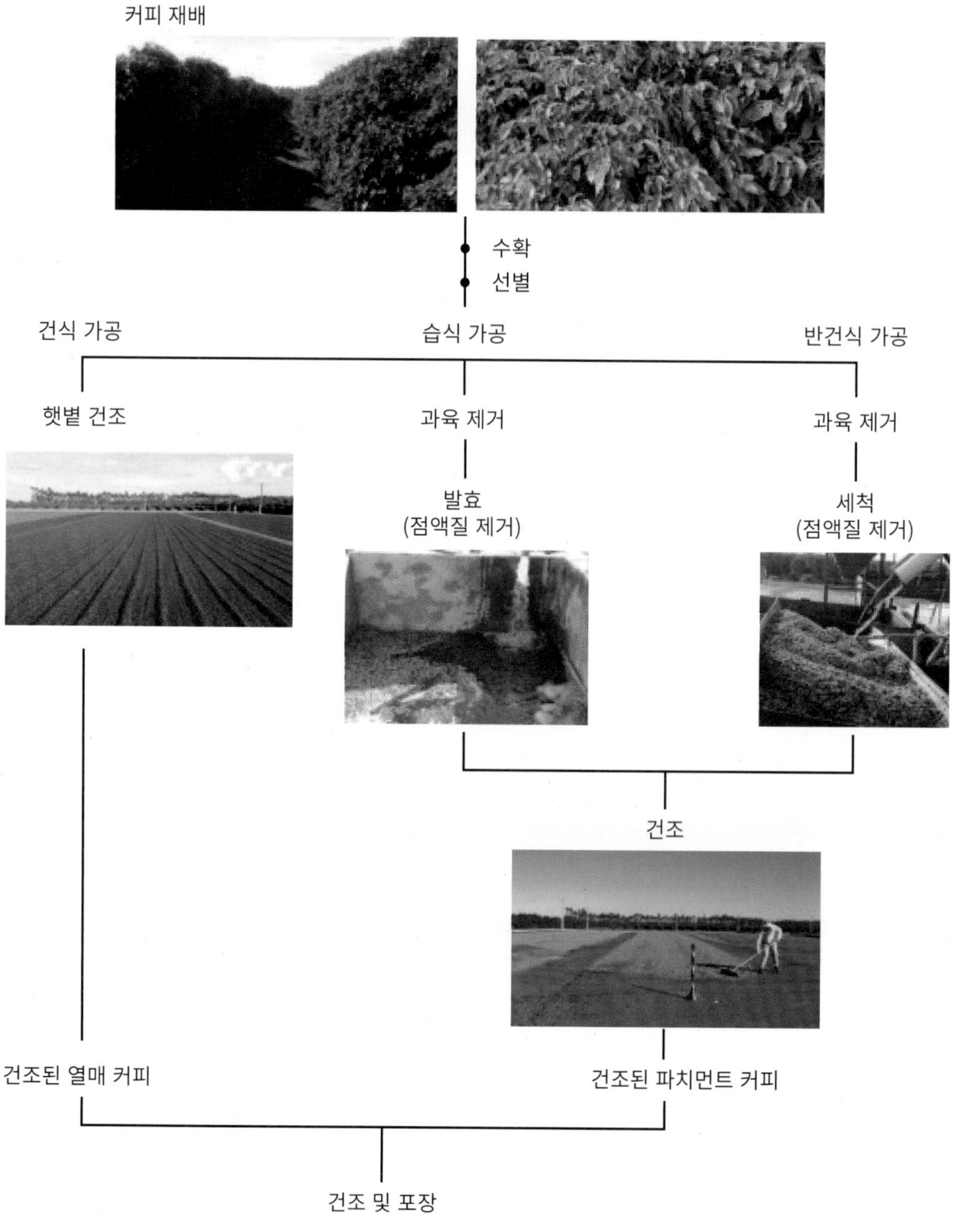

[그림 4-3] 커피 열매의 가공 방법

2. 건식과 습식 가공의 특징

수확된 커피 열매는 생두가 되기 위해서는 여러 가공 단계(외피 · 과육 · 점액질 제거, 발효, 세척, 침지, 건조, 탈각 과정 등)를 거친다. 때로는 세척된 생두를 다시 한번 깨끗한 물에 침지시켜 생두의 외관을 좋게 하고 커피의 질을 높이기도 한다. 상기 과정을 거쳐 생두의 품질과 향미 특성이 정해지고 커피의 맛과 향에 영향을 미치게 된다.

커피 열매 가공 방법은 커피 생산량과 직접적인 관련이 있으며 또 재배 지역의 가공 조건(기후, 자본, 기술력, 설비, 열매 상태, 물 공급 여부, 폐수 처리 능력) 등에 좌우된다. 그중 가공 방법에 따른 비용, 법적 규정 그리고 목표로 하는 커피 품질을 위해 가공 방법을 선택하게 된다.

역사적으로 보면 커피 열매 가공 방법은 대표적으로 건식법과 습식법 등 두 가지 방법을 사용해 왔다. 건식법은 주로 로부스타종을 이용하여 일조량이 많은 브라질, 에티오피아, 예멘과 콜롬비아 등지에서 자연 방식으로 커피 열매를 통째로 14~30일가량 노지에서 건조하는 사용하는 방식이다. 이때 가공 과정 중 자연적인 미생물 발효와 효소작용으로 외피와 과육 부분을 제거하고 가공 과정 말기에 점액질이 제거된다. 건조 후 수분 함량은 10~11%가량 된다.

반면 습식법은 아라비카종을 이용하는 국가(콜롬비아, 코스타리카, 과테말라, 멕시코, 엘살바도르, 중앙아메리카, 하와이, 케냐) 및 인도네시아의 일부 로부스타종에 이용한다. 습식법에서는 잘 익은 커피 열매의 외과피와 과육을 수작업이나 기계를 이용하여 제거하고 커피콩을 둘러싸고 있는 점액질을 발효 용기에 담고 침지시켜 28~48시간 발효를 거쳐 제거하게 된다. 이후 커피콩은 햇빛에 말리거나 기계식으로 건조하여 수분을 11~12% 유지한다. 그러나 습식법은 시간이 많이 소요되고, 물 사용이 많으며 별도의 발효 과정이 필요하고 폐수가 다량 나오게 된다. 이때 점액질 제거 기계를 이용하면 물의 사용과 폐수량을 줄이는 데 효과가 있다.

각 커피 열매 가공 방법들의 특징과 공정을 살펴보면 다음과 같다.

가. 키질

키질은 커피 열매 수확 후 열매에서 잎, 줄기, 불순물 등을 분리하기 위한 작업이다. 수작업 또는 기계식으로 하는데 소규모 농장에서는 키를 이용하여 농장에서 수작업하며, 기계식은 흡입이나 팬 공기를 불어 넣어 불순물을 제거하게 된다. 기계식 키질은 이후 유압 분리기를 이용하여 미숙성 열매를 분리하고 체를 이용 열매 크기에 따라 선별하는 작업을 거치게 된다.

나. 커피 열매 가공

1) 개요

커피 열매는 주로 건식법 또는 습식법을 이용하여 가공되지만 그 외 반건식법, 웻홀링법, 동물배설법, 배양 효모법 등 다양한 방법으로 가공된다. 기본적으로 각 가공 방법은 과육·점액질 제거, 발효 및 세척 과정에서 차이가 있다. 커피 열매는 가공 과정 중에는 발효 과정이 수반되며 가공 방법에 따라 발효 기간은 달라진다. 커피 열매의 발효는 혐기적 또는 호기적 조건하에 미생물이 당분을 이용하여 진행하는 대사 과정이다. 즉 커피의 발효란 미생물을 이용하여 커피콩을 둘러싸고 있는 과육과 점액질을 분해하는 과정을 뜻한다.

커피 열매의 발효는 건식, 습식 또는 반건식법 모두 점액질(뮤실리지)을 제거하는 것이 주목적이다. 점액질은 커피콩의 건조 시간이 늘어지고 곰팡이의 증식 등으로 커피의 질을 떨어뜨리는 원인이 되기 때문에 반드시 제거해야 한다. 점액질은 수분(84.2%), 단백질(8.9%), 환원당(4.1%), 펙틴(0.91%), 회분(0.7%), 셀룰로오스(미량) 및 전분(미량) 등으로 구성되어 있다.

발효 과정은 열매의 효소와 미생물(곰팡이, 효모, 세균)에 의해 점액질이 분해되는 과정이며, 이때 각종 알코올류와 산류 등이 생성된다. 또 발효 중에 커피 열매의 수분과 당분의 감소 및 향미 성분의 전구물질 생성 등의 변화가 나타나며 특히 스페셜티 커피 제조에는 더욱더 중요한 의미가 있다.

[그림 4-4]는 지역의 기후 특징에 따른 커피 열매의 가공 특징을 표현한 것이다. 습식법은 통제된 발효와 더불어 산도를 좀 더 강조한 가공법이며, 건식법은 장기간의 발효를 하는 가공법이다. 반건식(펄프드 내추럴, pulped natural) 가공법은 발효를 거의 하지 않고, 반건식 가공법의 하나인 허니(honey) 가공법은 최소한의 발효와 산도를 유지하는 것을 특징으로 한다.

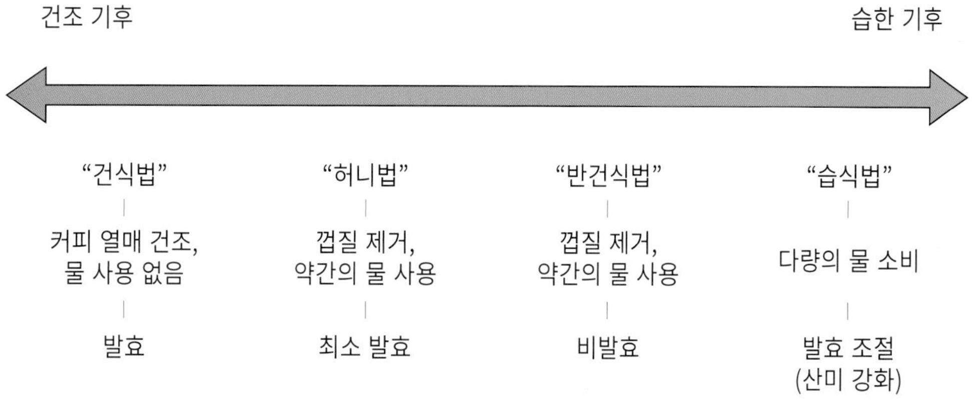

[그림 4-4] 커피 열매 각 가공별 특징

2) 커피 열매 발효와 미생물

커피 열매 발효 중에는 다양한 미생물(효모, 젖산균, 초산균, 곰팡이)이 번식하는데, 이들 미생물들이 발효 중 생성한 2차 대사물질(고급 알코올류, 에스터류, 케톤류, 알데히드류)은 커피콩으로 전이되어 커피 향미에 영향을 미치게 된다. 이때 커피 열매 가공 과정에서 과발효 또는 미발효되는 경우는 이른바 구린내를 내는 스팅커 콩(stinker bean)이 되어 커피에 이취를 주게 된다. 예를 들면 과발효의 경우는 부패균(바실러스균, 초산균, 대장균)이 너무 많이 번식하여 초산, 부탄산과 프로피온산을 과다 생성하기 때문에 이취가 나게 된다. 특히 바실러스 메가테리움(*Bacillus megaterium*)이 프로피온산 생성 원인균으로 지목되고 있다. 반면에 미발효인 경우는 점액질이 완전히 분해되지 못해 커피콩에 남아 있는 당분에 의해 건조 과정 중에 곰팡이가 번식하여 장사슬 카르복실산과 미코톡신을 생성해 이취와 유해 물질을 유발한다.

커피 열매 발효 중에는 약 50여 종류의 미생물이 증식하는데 이러한 미생물들은 당분을 이용하여 에탄올, 젖산, 뷰티르산, 초산 및 카르복실산을 분비한다. 또 바실러스균은 효소(펙틴리아제, 폴리갈락투로나아제, 펙틴메틸에스터라아제)를 분비하여 커피 열매의 껍질, 과육과 점액질 등에 분포하는 셀룰로오스와 펙틴을 분해한다. 그리고 펙틴리아제는 펙틴을 분해하여 갈락투론산을 생성하며, 폴리갈락투로나아제는 배당체를 가수분해하여 펙틴산을 생성한다. 또 펙틴메틸에스터라아제는 펙틴의 메톡실기를 탈에스터화시켜 펙틴산과 메탄올을 생성한다.

[그림 4-5]는 커피 열매 발효에 관여하는 환경 요인을 도식화한 것이다. 장내 세균(*Enterobacteria*)은 커피 열매 발효 때 커피 열매와 토양 또는 물에서 비롯된 것이며, 젖산균과

효모의 경우는 커피 열매에서 비롯된 미생물이다. 대부분의 커피 열매 발효 때 발생하는 미생물은 커피 열매 표면에 서식하는 균으로 볼 수 있기 때문에 커피 재배 지역의 기후가 서식하는 균의 종류와 분포도에 영향을 미친다.

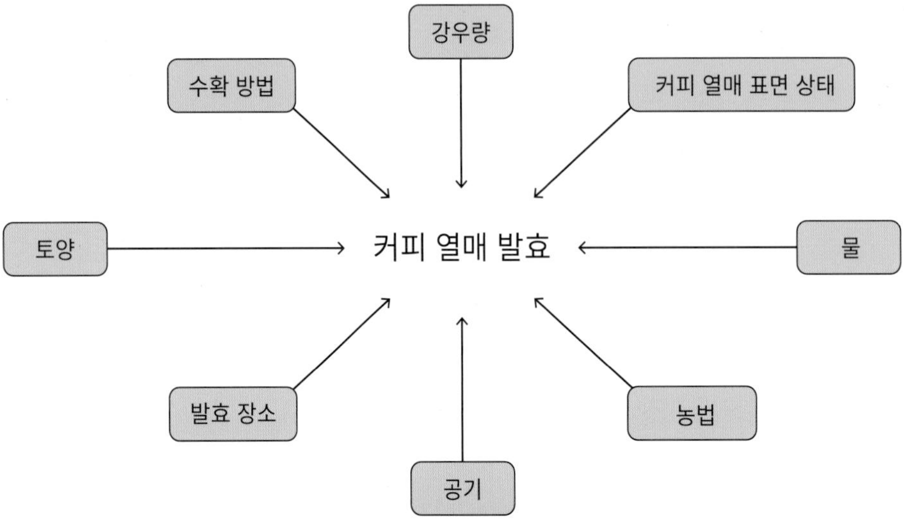

[그림 4-5] **커피 열매 발효와 연관된 환경 요인**

국가별 커피 열매 발효 과정에서 증식하는 각 미생물의 분포도와 그 대사물질을 살펴보면 다음과 같다[표 4-1]. 효모는 커피 열매 발효 때 가장 흔히 검출되는 미생물로서 국가별 · 커피 열매 가공 방식에 따라 다양한 효모들이 분포한다. 보통 커피 열매 발효 14~18일째에 효모 수가 가장 많이 증식하게 되며, 표에서 굵은 글씨체로 표기된 효모들이 지배종이다. 효모는 과육 내 당분을 이용하여 1차 대사물로써 알코올과 이산화탄소를 생성하며, 2차 대사물로써 고급 알코올, 유기산, 에스터, 알데히드, 케톤 및 황 성분 등을 생성한다. 이들 2차 대사물질들은 커피콩으로 전이되어 커피콩의 향기 특성에 큰 영향을 미치게 되는 것이다.

커피 열매 발효 중에 과육(펄프, 점액질)을 구성하는 펙틴은 어떤 메커니즘에 의해 제거되는지에 관해 학계 이견이 분분하다. 예를 들면 펙틴은 그간 커피 내 존재하는 효소(폴리갈락투로나아제, 펙틴리아제, 펙틴메틸에스터라아제) 또는 미생물(효모, 세균)에 의해 분해되는 것으로 알려져 왔으나, 최근 연구 결과에 의하면 유기산(젖산, 초산)의 산 분해에 따른 것으로 보고한 문헌도 있다.

[표 4-1] 국가별 커피 열매 발효 과정 중 서식하는 주요 효모류

국가	가공법	효모류
브라질	건식법	***Arxula adeninivorans, Pichia ofunaensis***, *P. acaciae*, *P. anomala*, *P. ciferii*, *P. jadinii*, *P. lynferdii*, *P. sydowiorium*, *Blastobotrys proliferans*, *Candida auringiensis*, *C. glucosophila*, *C. incommunis*, *C. paludigena*, *C. schatarii*, *C. vartiovaarae*, *Citeromyces matritensis*, *Geotrichum fermentans*, *Saccharomyces cerevisiae*, *Saccharomycopsis*, *fermentans*, *S. fibuligera*, *Schizosaccharomyces pombe*, *Sporopachydermia cereana*, *Trichosporonoides oedocephales*, *Williopsis saturnus var. sargentensis.*
브라질	건식법	***Debaryomyces hansenii***, *D. polymorphus*, *D. polymorphus*, *Pichia guilliermondii*, ***P. guilliermondii***, *P. burtonii*, *P. anomala*, *S. smithiae*, *P. Burtonii*, *P. sydowiorum*, *P. subpelliculosa*, *Candida saitoana*, *C. fermentati*, *C. membranifaciens*, *Stephanoascus smithiae*, *Saccharomyces cerevisiae*, *Arxula adeninivorans. A. adeninivorans.*
브라질	반 건식법	***Pichia anomala***, *P. caribbica*, ***Rhodotorula mucilaginosa***, ***Saccharomyces*** sp., ***S. bayanus***, *S. cerevisiae*, ***Torulaspora delbrueckii***, *Arxula* sp., *Candida ernobii*, *C. fukuyamaensis*, *C. membranifaciens*, *C. carpophila*, *Hanseniaspora uvarum*, *Kloeckera* sp., *Kluyveromyces* sp.
브라질	습식법	***Pichia fermentans***, *P. guilliermondii*, *P. caribbica*, *Hanseniaspora opuntiae*, *Candida glabrata*, *C. quercitrusa*, *Saccharomyces* sp.
멕시코	습식법	***Kloeckera apis apicuata***, *Cryptococcus laurentii*, *C. albidus*, *Candida guilliermondii. Pichia kluyveri*, *P. anomala*, *Hanseniaspora uvarum*, *Candida pseudointermedia*, *Kluyveromyces marxianus*, *Issatchenkia orientalis*, *Torulaspora delbrueckii*, *Eremothecium coryli.*
탄자니아	습식법	***Pichia kluyveri***, ***P. anomala***, ***Hanseniaspora uvarum***, *Candida pseudointermedia*, *Kluyveromyces marxianus*, *Issatchenkia orientalis*, *Torulaspora delbrueckii*, *Eremothecium coryli.*
인도	습식법	Saccharomyces marxianus(Kluyveromyces marxianus), *S. bayanus*, *S. cerevisiae var. ellipsoideus*, *Schizosaccharomyces* spp.
인도	습식법	***Saccharomyces marxianus***(*Kluyveromyces marxianus*), *S. bayanus*, *S. cerevisiae var. ellipsoideus*, *Schizosaccharomyces* sp.
인도	반 건식법	***Saccharomyces*** sp., ***Shizosaccharomyces*** sp.

그리고 커피 열매 발효 중에는 효모뿐만 아니라 젖산균도 서식하게 된다. 젖산균은 당분을 해당 과정을 통해 젖산만을 생성하는 동형 발효 젖산균 및 당분을 이용하여 오탄당 인산 경로를 통해 젖산 외에 초산, 알코올 및 이산화탄소를 생성하는 이형 발효 젖산균으로 구분된다.

따라서 커피 열매 발효 때 증식하는 젖산균의 종류와 분포도에 따라 커피콩에서의 향미 성분은 다르게 나타날 수 있다. 다만 젖산균이 생성한 향미 성분이 커피콩으로의 전이 여부에 대해서는 문헌마다 그 연구 결과가 상이하다.

젖산균의 경우는 습식법과 반습식법을 이용한 커피 열매 가공 방법 중에 증식이 활발한 반면 건식법에서는 거의 증식을 못 한다. 이는 습식법에서와 같이 발효가 혐기성 또는 산소가 적은 환경에서 젖산균의 증식이 더 유리한 것을 알 수 있다. 젖산균도 효모와 마찬가지로 커피 열매에 주로 서식한다. 국가별 · 가공별 젖산균의 분포도를 살펴보면, 브라질에서 건식 가공된 커피콩에서는 락토바실러스, 반건식법에서는 락토바실러스 플란타럼이 지배종으로 나타난다. 반면에 멕시코에서 습식 가공된 커피콩에서는 류코노스톡 메센테로이데스 덱스트라니쿰(*Leuconostoc mesenteroides dextranicum*)이 지배종으로 서식하는 것으로 문헌에 보고되고 있다.

또 커피 열매 발효 중에는 가공 방법에 따라 젖산균과 같은 세균뿐만 아니라 기타 세균들도 증식하여 커피콩의 향미에 영향을 미치게 된다. 예로서 브라질의 건식법에서는 엔터로박터 클로아카(*Enterobacter cloacae*), 슈도모나스 포시모빌리스(*Pseudomonad paucimobilis*), 셀룰로모나스(*Cellulomonas* spp.), 바실러스 세리우스(*Bacillus cereus*) 및 바실러스 서브틸러스(*Bacillus subtilis*)등이 지배종으로 서식하게 된다. 반면 멕시코의 습식법에서는 크렙시엘라 뉴모니아(*Klebsiella pneumoniae*), 크렙시엘라 오자나에(*K. ozaenae*), 크렙시엘라 옥시토카(*K. oxytoca*) 및 엔테로박터 헤르비콜라(*Enterobacter herbicola*)가 지배종으로 서식하는 것으로 학계는 보고하고 있다. 상기 세균들은 대부분 커피콩 발효 초기(24시간 내)에 증식을 하는 것이 특징적이다. 그러나 젖산균 외 기타 세균들이 커피콩 향미에 미치는 영향에 대해서는 과학적으로 밝혀진 것은 없다.

곰팡이의 경우는 건식 가공된 커피콩에 더 많이 번식하는데, 주로 아스퍼질러스 튜빙엔시스(*Aspergillus tubingensis*), 아스퍼질러스 버시콜로(*Aspergillus versicolor*), 클라도스포리움 클라도스포리오이데스(*Cladosporium cladosporioides*), 퓨사리움(*Fusarium*) 및 페니실리움(*Penicillium*) 등이 재배종으로 나타난다. 이중 클라도스포리움 클라도스포리요데스는 커피 향기에 긍정적으로 작용하고 퓨사리움과 페니실리움은 부정적인 향기를 부여하는 것으로 알려져 있다. 곰팡이의 경우는 커피 열매 발효 때 곰팡이가 커피콩에 향기에 영향을 주는지 여부와 미코톡신과 같은 유해 물질을 어느 정도 생성하는지가 중요하다.

커피 열매의 각 가공 과정과 특징을 구체적으로 살펴보면 다음과 같다.

3) 가공 방식별 특징

(1) 건식법

건식법은 이른바 내추럴 커피 제조에 사용되는 방법으로 가장 오래되고 간단한 커피 열매 가공 방식이다. 건식법은 주로 건조한 기후를 가진 지역에서 하는 가공 방식으로써 커피 열매를 평상 또는 땅바닥 등에 고루 펼쳐 바싹 말려 껍질, 과육과 내과피를 굳게 한 다음 한꺼번에 껍질을 벗기는 방법이다. 그러나 이 방식은 향미와 질감이 우수하지만 가공 기간이 길고 생두의 품질의 균일하지 못한 단점이 있다.

이 방식은 주로 수확기가 건기와 맞물린 열대 지역에서 실시하는데, 19세기에 습식법이 출현되기까지 사용했던 방법이다. 건식법은 습식법이 커피 열매 건조 방식의 대세를 이루면서 내추럴 커피가 특성화되는 계기가 되기도 하지만 당시만 해도 커피의 위상은 위축되는 시기였다.

건식법은 과거에 기계화가 안 된 농장 또는 성숙, 미성숙 열매의 선별 작업이 어려운 농장에서 실시하였다. 이로 인해 건식법을 이용한 생두의 품질은 습식법에 비해 질이 열악하여 저가의 커피로 전락하게 된다. 그러나 20세기 말 스페셜티 커피 시장의 확대로 인해 건식법에 대한 관심도가 다시 살아나기 시작하였다. 이러한 스페셜티 커피 시장의 확장에 따라 고유의 향을 지닌 고품질 커피에 대한 수요가 늘어나고, 특히 에스프레소 시장이 확대되면서 건식법을 통한 커피 열매 가공법이 다시 관심을 끌게 된다. 최근 건식 가공 방식은 습식 가공 지역에서도 많이 활용하고 있다.

건식법에 따른 생두의 품질은 열매 수확과 건조 방식에 좌우된다. 예를 들면 마당에서 열매를 건조할 경우 햇빛이 풍부하고 습도가 낮으며 통기가 잘되는 장소에서 하는 것이 가장 좋다. 이때 열매를 한 층으로 펼쳐 건조하는 것이 일반적이다. 이러한 방식이 급격한 습도 감소와 불필요한 발효를 억제하는 데 효과적이다. 열매가 습기가 많을 때는 열매를 이리저리 흩트리면 외과피가 깨지고 불균일한 건조가 되기 때문에 주의해야 한다. 열매가 어느 정도 건조되면 균일한 건조를 위해 하루에 12번씩 뒤집기를 해준다. 물론 온도와 습도에 따라 건조 시간은 달라지며 열매 층은 건조 조건에 따라 점차 5~10cm 수준까지 쌓을 수 있다.

커피 열매가 반 정도 건조되면(열매 수분이 30%) 매일 오후 열매를 굵게 한 줄로 쌓아 올려 덮어 두어 열을 보존하고 습도를 재분배하면 균일한 건조에 효과가 있다. 그리고 다음 날 덮개를 벗기고 뒤집기를 해준다. 이러한 작업은 열매의 수분이 11% 될 때까지 실시하는데 이 습도가 커피 열매 저장을 위한 최적 습도이다.

그리고 건식법에서는 기계를 이용하여 건조하는 경우도 있다. 이 경우 우선 예비 건조기를 이용하여 30분간 열매의 습도를 반으로 감소시킨 후 온도를 45℃ 유지하여 건조 과정을 진행한다. 이때 고품질의 내추럴 커피는 건조 온도를 40℃ 이하로 유지한다.

건식법의 마지막 단계인 건조는 기계식 건조법, 쟁반 건조법 및 햇빛 건조 방식이 있다. 이때 건조 방식에 따라 생두의 품질이 영향을 받는다. 보통 햇빛 건조 방식이 노동비가 많이 들고 건조 시간이 오래 걸리는 단점이 있으나 기계식 건조법보다는 로스팅 후 원두의 품질이 더 우수하다. 이는 햇빛 건조 과정에서 커피콩의 배아가 발아하면서 당분(설탕)을 다량 합성하기 때문이다. 그리고 생성된 이 당분은 햇빛 건조 과정과 로스팅 과정에서 향기 성분의 전구물질로 활용되면서 마이얄 반응과 스트렉커 분해 반응에 따라 다양한 향기 성분을 발현하게 되는 것이다. 반면 기계식 건조에서는 고온에 따라 커피콩의 구성 성분과 구조에 영향을 끼쳐 커피 품질에 부정적인 영향을 미치게 된다.

커피에 쓴맛을 주는 카페인은 건조 방식에 따라 그 농도가 변하지는 않는다. 이는 카페인이 비교적 열에 강하기 때문에 건조 방식과 관계없이 그 함량(0.8~1.4%) 변화는 크게 없다. 건조 방식에 따른 향기 성분 분포와 특성을 보면 [표 4-2]와 같다.

[표 4-2] 건식 가공 시 건조 방식별 향기 성분 농도와 아로마가

향기 성분	역치 (㎍/L)	농도(㎍/L)			아로마가		
		햇빛	기계식	쟁반	햇빛	기계식	쟁반
메탄티올(마늘 향, 유황 향)	0.2	23.7	25.6	24.0	120	130	120
프로판알(로스팅 향, 맥아 향)	10	997	1,120	1,040	100	110	100
2-메틸프로판알(단향, 캐러멜 향)	0.7	2,810	2,440	1,820	4,000	3,500	2,600
2-메틸부탄알(풋내, 맥아 향)	1	1,790	1,430	1,378	1,800	1,400	1,300
3-메틸부탄알(코코아 향, 맥아 향)	0.35	1,370	2,080	1,630	3,900	5,900	4,700
2,3-부탄디온(버터 향)	15	1,730	1,480	1,980	120	99	130
2,3-펜탄디온(버터 향)	30	1,930	1,660	1,420	64	55	47
헥산알(유황 향)	10	2.19	1.54	2.21	0.22	0.15	0.22
2-메틸피라진(견과류 향)	105,000	795	767	686	0.008	0.007	0.006
2,6-디메틸피라진(초콜릿 향)	1,500	1,240	3,120	1,710	0.83	2.1	1.1
2-에틸피라진(땅콩향, 로스팅 향)	21,000	702	589	618	0.033	0.028	0.029
2,3-디메틸피라진(견과류 향)	2,500	932	1,420	856	0.37	0.57	0.34
디메틸트리설파이드(로스팅 향)	0.01	0.138	0.114	0.10	14	11	11

트리메틸 피라진(견과류 향, 흙냄새)	2,500	72.1	53.2	53.9	0.79	0.58	0.58
2,6-디에틸피라진(나무 향)	6	85.8	53.4	52.0	14	8.8	8.6
3-에틸-2,5-디메틸피라진(흙냄새)	8.6	142	98.5	96.2	16	11	11
2-푸르푸릴티올(로스팅 향)	0.01	60.5	64.3	55.4	6,000	6,400	5,500
1-옥텐-3-올(풋내, 오일 향)	1	2.74	2.51	2.50	2.7	2.5	2.5
2-에틸-5-메틸피라진(초콜릿 향)	2	38.0	25.8	25.4	19	13	13
메티오날(감자칩 향)	0.2	30.7	13.1	16.3	150	66	82
2,3-디에틸-5-메틸피라진(흙냄새)	0.09	10.4	4.09	4.03	120	45	45
3-머캅토-3-메틸부틸포름산(유황 향)	0.0035	1.66	1.98	1.69	470	570	480
2-이소부틸-3-메톡시피라진(풋내)	0.005	4.14	4.21	2.66	830	840	530
3-메틸부탄온산(페놀 향, 우유 향)	560	27.2	31.4	2,980	4.9	5.6	5.3
베타다마세논(꿀향, 장미 향)	0.00075	2.87	3.01	2.98	3,800	4,000	3,900
과이어콜(페놀 향, 정향)	2.5	336	355	387	130	140	150
4-에틸과이어콜(정향, 클로버 향)	50	152	152	179	3.0	3.0	3.5
4-비닐과이어콜(페놀 향, 향신료 향)	20	7,010	7,010	7,020	350	350	350
인돌(우롱차 향, 자스민 향)	90	120	119	120	1.3	1.3	1.3
스카톨(유황 향)	3	5.71	4.75	5.86	1.9	1.6	2.0

한편, 내추럴 커피의 품질이 낮아지는 요인은 두 가지다. 즉 열매를 선별하지 않고 수확하거나 과육 부분의 높은 당도로 인한 불필요한 발효와 건조 시간을 느리게 한 경우다. 따라서 건식법에서는 열매 수확을 익은 열매와 덜 익은 열매 등을 선별하여 수확하고, 정상적인 건조 방법을 사용하는 것이 고품질의 생두를 만드는 데 중요한 요소이다. 보통 고품질의 내추럴 커피란 단맛이 나면서 바디감이 강하고, 초콜릿 향과 견과류 향 그리고 과실 향이 어우러진 복합 향을 띠는 것을 말한다. 특히 에스프레소 커피에서 이러한 향미를 더욱 강조하는 추세이다.

(2) 습식법

(가) 개요

습식법은 주로 아라비카종 열매를 가공할 때 이용하는 방법으로 1730년경에 인도네시아에서 처음 알려지게 되었다. 이후 습식법은 연중 강우량이 많고 습하며 건식법이 적당치 않은 적도 지역에서 발달하게 된다. 그러나 적도 지역에서 건식법을 이용해 가공하면 생두의 품질이 저하될 우려도 있다.

습식 가공은 과거부터 고품질 커피와 스페셜티 커피 제조용을 목표로 그 가공법이 발달하여 왔다. 이 가공 방식은 특히 선별적인 열매 수확이 전제 조건이다. 그러나 아라비카종을 사용하는 브라질, 호주 그리고 일부 로부스타종을 이용하는 지역에서는 습식법을 사용하지 않는 경우도 많다.

습식법에서는 커피 열매의 과육을 먼저 제거한 후에 발효 용기에 넣고 미생물을 이용하여 점액질을 발효하고, 커피콩을 물로 세척 후 건조해 내과피만 남기는 방식이다. 내과피만 붙은 커피콩은 커피 열매를 통째로 건조하는 것보다 건조 기간이 짧은 장점이 있다. 이 방식은 물 소비가 많지만 이미 이취 등을 최소화하기 때문에 경쾌한 향미가 특징적인 생두를 만들 수 있다. 또 잘 익은 열매만을 수확하여 껍질과 과육을 적당히 제거 후 발효와 건조 과정을 관리하면 우수한 고품질의 생두 가공이 가능하다.

(나) 습식 가공과 미생물

커피 열매 발효 과정에서는 가공 방식과 관계없이 항상 젖산균이 관여하게 된다. 특히 습식 가공에서 이 균은 다량 증식하여 커피콩과 커피 향미에 영향을 미치게 된다. 젖산균은 6개 과(아에로코카세아, 카노박테리아세아, 엔테로코카세아, 락토바실라세아, 류코노스토카세아, 스트렙토코카세아) 및 40개 속(아에로코커스, 알로이코커스, 카르노박테리움, 도로시그란눌룸, 엔테로코커스, 프럭토바실러스, 락토바실러스, 락토코커스, 락토붐, 류코노스톡, 오에노코커스, 파라락토바실러스, 페디오코커스, 스트렙토코커스, 테트라제노코커스, 바고코커스, 바이셀라 등)으로 분류된다.

젖산균은 커피 열매 발효 과정에서 열매의 과육 부분에 서식하고 발효 시작 후 20시간 이내에 10^8/kg까지 증식하게 된다. 그리고 이 균은 과육의 당분 등을 이용하여 대사하면서 주로 젖산을 생성하고 pH를 낮추게 된다. 이때 생성된 젖산은 과육에 다량 함유된 펙틴을 분해하는데 일정 부분 역할을 하며, 다른 한편으로는 점액질을 효과적으로 제거함으로써 건조 과정에서 걸리는 시간을 단축해 준다.

젖산균은 이미 73년 전부터 커피 열매 발효와 관련해 알려지기 시작했으며, 현재까지 알려진 커피 열매 발효 관련 젖산균은 80여 속이고 국가별 주요 젖산균은 [그림 4-6]과 같다. 그림에서 보듯이 젖산균 중에 류코노스톡 속은 대부분 국가에서 주요 균으로 발견된다. 류코노스톡 속의 젖산균들은 배양하여 커피 열매 발효 때 활용하기도 한다. 그 외 특정 젖산균은 에콰도르(락토바실러스 호르데이, 락토바실러스 바키노스테르쿠스, 락토바실러스 히르실락티스, 류코노스톡 팔락스, 페디오코커스 펜토사세우스), 브라질(엔토로코커스 히라, 프럭토바실러스종, 페디오코커스종, 엑시도락티, 락토바실러스 파라세이 아종 파라세이), 카메룬(류코노스톡 메센테로이데스 아종 덱스트라니쿰, 락토바실러스 퍼멘텀) 및 대만(바이셀라 타일란데시스)에 서식하는 것으로 문헌에 보고되고 있다. 따라서 국가별로 습식 가공 과정에서 발효 때 서식하는 젖산균의 종류가 생두와 커피의 향미 특성에 영향을 미치게 된다[그림 4-6].

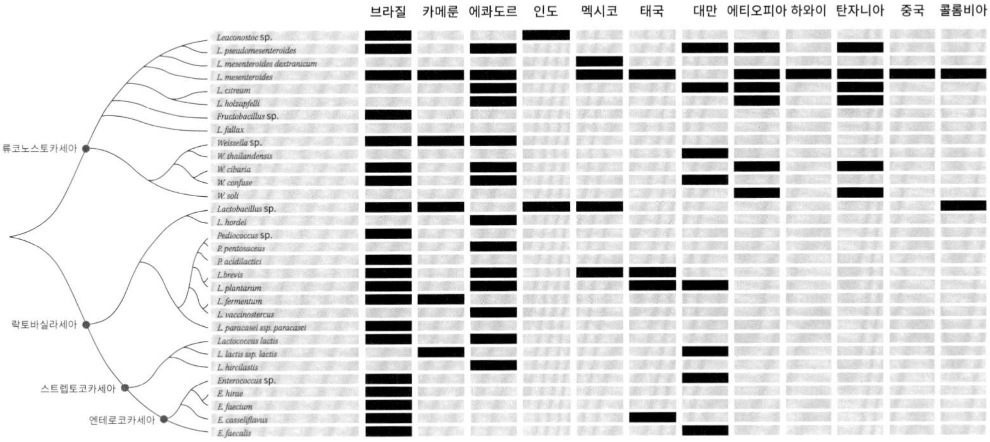

[그림 4-6] **습식 가공 시 발효와 관련된 국가별 주요 젖산균**

습식 가공 발효 과정에서 젖산균은 과육에 함유된 당분(자일로오스, 리보오스, 아라비노오스, 포도당, 과당, 갈락토오스, 만노오스) 및 다당체(펙틴, 셀룰로오스)를 탄소원과 에너지원으로 이용하여 대사를 이어간다[그림 4-7].

앞서 기술한 바와 같이 젖산균은 동형 발효균과 이형 발효균으로 구분한다. 동형 발효균(락토코커스 락티스, 페디오코커스 펜토사세우스, 엔테로코커스 페칼리스, 락토바실러스 호르데이)은 해당 과정을 통해 당분(포도당, 과당)을 발효하여 피루브산을 생성하고 이 피루브산은 젖산 분해 효소에 의해 젖산으로 전환된다. 반면 이형 발효균(류코노스톡 메센테로이데스, 류코노스톡 시트륨, 락토바실러스 브레비스)은 당분(자일로오스, 리보오스, 아라비노오스, 포도당, 과당, 갈락토오스, 만노오스)을 오탄당 인산 경로를 이용하여 발효를 한다. 이때 부산물로서 젖산, 초산, 이산화탄소와 에탄올 등을 생성한다.

또 젖산균은 가수분해 효소(펙틴 리아제, 펙틴 메틸에스터라아제, 엑소 폴리갈락투로나아제) 또는 산성화를 통해 다당체를 분해한다. 이를 통해 포도당, 람노오스, 자일로오스, 갈락토오스, 아라비노오스 및 D-갈락투론산이 생성된다. 그 외 젖산균은 과육에 다량 함유된 구연산을 분해하여 탄소를 4개 가지고 있는 아로마가 강하고 버터 향을 풍기는 물질(디아세틸, 2,3-부탄디올, 아세토인)을 생성한다. 그리고 과육 내 피루브산은 디아세틸(버터 향), 2,3-부탄디올(버터 향)과 아세토인의 전구물질인 알파 아세토락테이트로 분해된다.

과육에는 아미노산(류이신, 발린, 페닐알라닌, 트레오닌, 이소류이신)이 다량 존재하며, 이를 이용하여 저분자 물질(고급 알코올류, 알데히드류, 에스터류, 카르복실산류)을 생성한다. 예를 들면 락토바실러스 플란타럼은 페닐알라닌을 이용하여 페닐아세트알데히드(과실 향), 페닐아세테이트(꿀 향)와 페닐에탄올(장미 향)을 생성하여 커피 향을 강화하는 데 도움을 준다. 또 락토코커스 락티스는 류이신을 이용하여 3-메틸부탄알(견과류 향), 3-메틸부탄올(바나나 향) 및 3-메틸뷰티릭산을 생성한다.

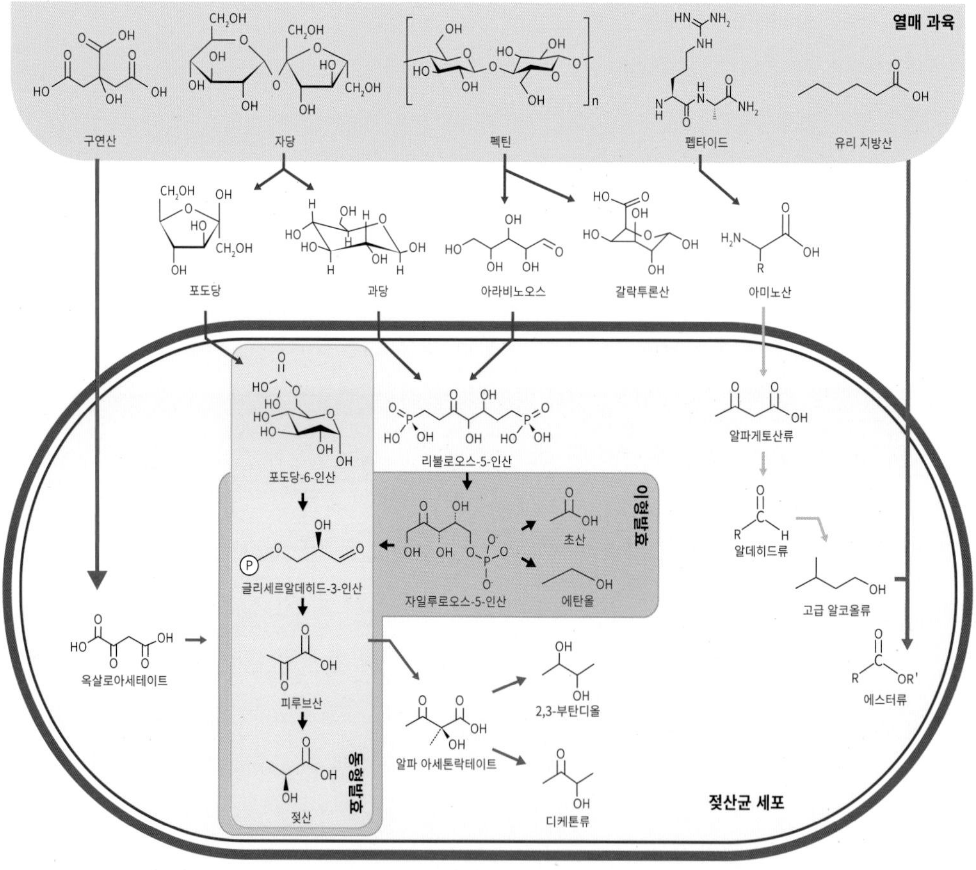

[그림 4-7] 습식 가공 과정 중 발효 시 젖산균의 대사

또한, 젖산균은 커피 열매 발효 과정에서 과육의 당분을 이용하여 젖산 형성 후 젖산을 통해 점액질을 제거하고 곰팡이의 증식을 억제하는 역할을 하기도 한다. 과육이 젖산균에 의해 산성화되면 다당체로 구성된 점액질 내부 층이 느슨해져 과육의 내부 구조가 변하게 된다.

그간 커피 산업계에서는 커피 향미 개선을 위해 다양한 로스팅 기술을 개량하는 데 초점을 맞추어왔다. 그러나 최근에는 커피 열매 발효가 커피 향미에 큰 영향을 미치는 것으로 밝혀져 학계와 산업계의 주목을 받고 있다. 특히 커피 열매 발효 과정에서 젖산균이 커피 향미에 영향을 미치는 다양한 성분들을 분비한다[표 4-3]. 젖산 발효의 대표적인 부산물인 젖산은 커피의 산미와 바디감에 영향을 미친다. 또 젖산 발효 부산물인 구연산 회로(TCA cycle)를 통해 생성된 2,3-부탄디온과 아세토인은 커피에 버터 향을 풍긴다. 그리고 아미노산과 더불어 에틸프로피온산, 에틸아세테이트, 아세트알데히드, 페닐에탄올 및 페닐아세트알데히드 등도 커피에 꽃 향과 과실 향을 풍겨 커피 향미에 영향을 주는 성분들로 주목받고 있다.

[표 4-3] 젖산균과 대사물질

대사물질	관능 특성	대사 경로	관련 젖산균
젖산	신맛	해당 과정 또는 오탄당 인산화 경로	모든 젖산균
벤즈알데히드	과실 향, 체리 향	아미노산 (트립토판 또는 페닐알라닌) 분해	오에노코커스 오에니, 락토바실러스 플란타럼
아세트알데히드	과실 향	아미노산 (트레오닌) 분해	락토바실러스 브레비스, 락토바실러스 카제이,
3-메틸부탄알	초콜릿 향, 견과류 향, 코코아 향	아미노산 분해	락토코커스 락티스, 락토바실러스 헬베티커스
2-노넨알	지방 향, 감귤류 향	지방 산화	락토바실러스 샌프란시스코, 락토바실러스 로이테리
노난알	레몬 향	불포화 유리 지방산의 산화	락토바실러스 샌프란시스코, 락토바실러스 람노수스, 락토코커스 락티스 아종 크레모시스, 락토코커스 락티스 아종 락티스
데칸알	오렌지 껍질 향, 감귤류 향	불포화 유리 지방산의 산화	락토코커스 락티스 아종 크레모시스, 락토코커스 락티스 아종 락티스

에틸아세테이트	과실 향, 포도 향	초산과 에탄올의 에스터화	락토코커스 락티스 아종 락티스, 락토바실러스 람노수스, 락토바실러스 파라제이 아종 파라제이, 락토바실러스 플란타럼, 류코노스톡 락티스, 페디오코커스
에틸부탄온산	파인애플 향	에탄올과 뷰티릭 산의 에스터화	락토바실러스 플란타럼, 락토바실러스 람노수스, 락토바실러스 퍼멘텀, 락토바실러스 헬베티커스, 락토바실러스 카제이, 페디오코커스, 락토바실러스 락티스, 락토코커스 락티스, 아종 락티스, 락토코커스 락티스 아종 크레모시스, 류코노스톡 메센테로이데스 아종 크레모리스, 류코노스톡 락티스
에틸프로피온산	와인 향, 파인애플 향	에탄올과 프로피온산의 에스터화	락토바실러스 플란타럼
에틸카프로산	파인애플 향	에탄올과 헥산온과의 에스터화	락토코커스 락티스, 락토코커스 락티스 아종 락티스, 락토바실러스 람노수스, 락토바실러스 파라제이 아종 파라제이, 락토바실러스 플란타럼, 락토바실러스 헬베티커스, 락토바실러스 카제이, 류코노스톡 락티스, 페디오코커스
3-메틸-1-부탄올	바나나 향	아미노산 분해	락토바실러스 락티스, 락토바실러스 샌프란시스코, 락토코커스 락티스 아종 락티스
2-메틸프로판올	와인 향	아미노산 (발린) 분해	락토바실러스 헬베티커스
페닐에탄올	장미 향	아미노산 (페닐알라닌) 분해	락토바실러스 람노수스
2-메틸부탄올	로스팅 향, 와인 향, 과실 향	아미노산 (이소류이신) 분해	락토바실러스 브레비스
1-헥산올	풋내, 과실 향, 사과껍질 향	3-케토-헥사노일-CoA의 전환	락토바실러스 플란타럼
2,3-부탄디올	과실 향, 버터 향	구연산 또는 아스파라긴산 합성	락토바실러스 플란타럼
페닐아세트알데히드	꿀 향, 장미 향		오에노코커스 오에니, 락토바실러스 브레비스, 락토바실러스 카제이, 락토바실러스 플란타럼, 락토코커스 락티스

2-페닐아세테이트	과실 향, 꿀 향	아미노산 (페닐알라닌) 분해	락토바실러스 플란타럼
디아세틸	버터 향	구연산 또는 아스파라긴산 합성	락토바실러스 플란타럼, 락토바실러스 람노수스
아세토인	버터 향, 발효유 향	구연산 또는 아스파트산 합성	락토바실러스 람노수스

(다) 습식 가공 종류

습식법을 이용한 커피 열매 가공에는 대표적으로 완전 습식법, 반건식법 및 반습식법 등 3가지 방법이 있다(Coffee production, quality and chemistry, 2019).

① 완전 습식법(fully washed method)은 세척한 열매의 껍질과 점액질 일부를 기계적으로 제거하고, 기계로 제거되지 않는 내과피에 달라붙은 불용성 잔여 점액질은 발효와 세척을 통해 제거한다. 발효는 발효 용기에 열매를 방치(건식 발효)하거나 물에 적셔 주거나(습식 발효) 또는 두 가지 방법을 혼합하는 방법을 이용한다. 점액질은 보통 물에 불리는 과정에서 불면서 떨어져 나가게 되고 동시에 발효가 일어나 독특한 신맛과 복합적인 과일 향이 생성된다. 발효는 보통 12~36시간 진행하며 발효 방식은 온도, 발효 조건, 열매의 성숙 정도, 열매 층의 높이 및 커피 품종 등에 따라 달라진다. 발효 후 잔여 점액질은 열매를 비벼서 제거하거나 점액질 제거기(demucilage machine)를 이용한다. 이를 통해 외피와 점액질은 제거되고 내과피(파치먼트)는 붙은 채로 건조된 생두가 만들어진다. 이와 같은 방법으로 제조된 생두는 건식 가공에 비해 산뜻한 커피 아로마와 높은 산도 그리고 바디감이 약한 특성을 나타낸다.

② 반건식법(semi drying method)은 완전 습식법과 같이 열매 껍질과 일부 점액질을 기계적으로 제거한다. 이때 잔여 점액질을 제거하지 않고 내과피에 붙은 상태로 건조하는 것을 특징으로 한다. 이 방식은 1990년대부터 브라질에서 개발된 방식으로 현재는 많은 국가에서 응용하는 방법이다. 이처럼 반건식 가공된 커피를 과육 제거 내추럴 커피(pulped natural coffee) 또는 허니 커피(honey coffee)라 부른다. 허니 커피로 부르는 것은 점액질이 마치 꿀처럼 보인다고 해서 붙여진 이름이다. 과육(껍질·일부 점액질)이 제거된 내추럴 커피는 건조 방법에 따라 커피 품질과 향미에 영향을 주며 건조 방식은

과육의 잔여량 수준과 건조층의 두께 등에 따라 달라진다. 그리고 건조 방식에 따라 생산된 파치먼트 커피 열매는 색상이 황색, 적색, 검은색 등으로 다르게 나타난다. 예를 들면 점액질 90% 정도를 제거 후 건조하면 내과피 색상이 하얗게 보이게 되며, 점액질 70~80% 정도를 제거한 후 건조하면 내과피 색상이 노랗게 보인다. 점액질 40~50% 정도 제거 후 건조하면 내과피가 검붉은색을 띠게 된다. 또 점액질을 10~20%만 제거하여 건조하면 검정 색상을 띠게 된다. 한편, 반건식법으로 제조된 생두의 향미 특징은 완전 습식법과 건식법에 따라 가공된 생두의 중간 수준이며, 완전 습식법에 비해 바디감과 단맛이 강한 것이 특징이다.

③ 반습식법(semi washed method)은 습식법을 간소화한 것으로 열매의 껍질과 점액질 전부를 기계적으로 제거하는 가공법이며 기계식 점액질 제거 커피(mechanically demucilaged coffee)라고도 한다. 즉 열매 수확 후 껍질과 점액질 제거하고 발효 과정을 거치지 않고 세척 후 바로 건조하는 가공법이다. 이 방식은 반건식법보다 폐수량을 적게 사용하는 장점이 있다. 습식법에 비해 커피 향미에 긍정적인 영향을 미치는지에 대한 학술적 결과에는 이견이 많지만 물 사용량이 적고 폐수 처리가 쉬워 점차 사용하는 사례가 증가하는 추세이다.

한편, 상기와 같이 다양한 습식 가공법을 통해 얻은 내과피 커피(파치먼트 커피)는 건조를 위해 단층으로 펼쳐서 내과피 커피 열매 표면과 과육의 수분을 빨리 제거하는 것이 중요하다. 건조 첫날 내과피 커피 열매를 밤에 덮개로 덮지 않아야 하고 건조 2일째 밤부터는 이슬과 서리 방지를 위해 덮개로 덮는다. 이러한 작업은 내과피 커피 열매의 수분이 절반가량 증발할 때까지 하는데 이때 수분은 25%가량 된다. 이 시점에 내과피가 붙은 열매를 밤에는 덮개로 덮고 낮에는 두껍게 쌓아 올린 다음 주기적으로 뒤집기를 해준다. 이때 건조 기계를 이용한 건조 때에는 내과피 커피 열매의 품온이 40℃를 초과하면 안 된다.

(라) 습식 가공과 향미

[표 4-4]는 습식 가공에 따른 아라비카 버번 생두와 원두의 향기 성분 특성을 예로서 나타낸 것이다. 전체적으로 보면 발효 후에 생두 내 향기 성분(알코올류, 에스터류, 유기산류)은 3배가량 증가한다. 이때 알코올류와 에스터류는 발효 후 건조한 생두에서 가장 높은 농도를 보

인다. 자연 발효 후 건조한 생두를 이용한 원두에서는 피라진류가 가장 높고, 그다음 기계식 점액질 제거 후 건조한 원두에서 높게 나타난다. 피라진류는 그 외 다른 타입의 생두에서는 확인되지 않는다. 자연 발효 후 건조한 원두 또는 기계식으로 건조된 원두에서는 케톤류, 퓨란류와 질소 함유 헤테로고리 유기화합물(피리딘, 피라진 등)에서는 농도 차이가 크지 않고 이들 성분은 생두에서는 검출되지 않는다.

생두에는 200여 개, 원두에는 1,000여 개의 향기 성분이 존재한다. 이들 성분은 열매의 발효 또는 로스팅 과정 중에 주로 발현된다. 예를 들어 알코올류(에탄올, 이소아밀알코올)는 발효 또는 로스팅 과정(3-메틸-2-부텐-1-올, 2,3-부탄디올, 푸르푸랄)중 열분해로 생성된다. 알데히드류는 발효 중 미생물(효모, 이형 발효 젖산균)이 당분해 과정에서 생성한 에탄올의 중간산물이다. 초산은 발효 후 증가하는데 이는 초산균, 젖산균과 효모의 영향 때문이며 로스팅 후 감소하게 된다. 초산의 경우 저농도일 때는 깔끔하면서 단맛이 나지만 높은 농도(1㎎/㎖)에서는 식초 맛이 난다.

부탄산은 커피 맛에 부정적인데 일반적으로 기계식 건조 원두에서 자연 발효 후 건조한 원두에서보다 높게 나타난다. 따라서 습식 발효 후 자연 건조법을 통해 부탄산을 제거하거나 부탄산 생성 미생물의 증식 억제를 통해 그 농도를 최소화해야 한다.

그리고 에스터류는 효모 또는 초산균에 의해 생성되어 과실 향을 풍기는데, 특히 습식 발효 후 자연 건조한 생두를 이용한 로스팅하여 만든 원두에서 높게 나타난다. 이는 생두에 함유된 알코올류와 산류의 에스터화 반응에 따른 것이다. 그리고 커피의 단맛은 퓨란류, 피라진류 및 케톤류가 일정 부분 기여한다.

[표 4-4] 습식 가공에 따른 생두와 원두의 향기 성분 특성

향기 성분(㎍/kg)	생두			원두	
	과육 제거 커피 열매	발효 후 생두	기계식 점액질 제거 후	발효 후 원두	기계식 점액질 제거 후
● 산류(쉰 향)					
초산	56.0	383.0	43.0	226.0	25.0
부탄온산	93.5	34.2	71.4	13.0	48.5
소계	149.5	417.2	114.4	239	73.5
● 알코올류(알코올 향 · 단향)					
에탄올	147.0	482.0	150.0	9.8	4.3
2-메틸부텐올	16.2	17.7	18.2	74.9	97.3
이소펜틸알코올	322.1	347.3	464.7	82.3	73.2
이소아밀알코올	27.1	55.8	36.2	1.4	0.4
3-메틸부텐올	190.2	1,823.6	1,779.2	253.7	189.4
3-헥산올	89.1	278.3	280.2	21.8	25.8
2-노난올	미검출	7.2	6.2	3.2	2.9
2,3-부탄디올	미검출	미검출	미검출	72.3	69.1
푸르푸릴 알코올	3.3	1.6	1.0	194.0	176.1
1-노난올	21.6	27.9	19.6	274.0	266.0
2,3-헥산디올	미검출	미검출	미검출	67.2	56.8
페닐에틸알코올	28.0	29.0	35.0	19.7	23.4
1,4-부탄디올	미검출	미검출	미검출	8.1	6.1
소계	844.6	3,070.4	2,790.3	1,082.4	990.8
● 알데히드류(풋내 · 견과류 향)					
아세트알데히드	2.4	5.4	3.5	29.7	21.5
3-메틸부탄알	2.6	40.4	4.2	130.3	38.0
헥산알	24.4	34.6	19.6	19.5	16.9
3-메틸-2-부탄알	66.3	57.1	72.8	29.3	28.2
(*E*)-2-헥센알	411.2	87.0	78.1	미검출	미검출
2,2-디메틸헥산알	189.0	101.3	98.2	37.9	29.2
푸르푸랄	미검출	미검출	미검출	1,412	1,482
벤즈알데히드	14.0	24.8	11.8	99.3	44.4
소계	709.9	350.6	288.2	1,758	1,660

● 에스터류(꽃 향 · 과실 향)					
메틸포름산	13.4	14.1	12.7	94.0	84.3
메틸아세테이트	86.0	360.0	235.0	232.0	119.0
에틸아세테이트	98.0	402.9	7.1	17.1	5.3
메틸부탄온산	13.7	12.4	9.9	10.2	8.7
푸르푸릴포름산	미검출	미검출	미검출	4.3	5.8
푸르푸릴아세테이트	미검출	미검출	미검출	45.7	30.9
푸르푸릴 프로피온산	미검출	미검출	미검출	62.2	41.7
소계	211.1	789.4	264.7	465.5	295.7
● 퓨란류(아몬드 향)					
2-메틸퓨란	미검출	미검출	미검출	127.0	129.0
2,5-디메틸퓨란	미검출	미검출	미검출	10.8	10.7
2-비닐퓨란	미검출	미검출	미검출	37.2	25.7
2-뷰틸퓨란	미검출	미검출	미검출	18.6	18.9
2-알릴퓨란	미검출	미검출	미검출	5.6	4.9
2-아세틸퓨란	미검출	미검출	미검출	54.8	56.1
2-프로피오닐퓨란	미검출	미검출	미검출	46.0	45.0
2-푸르푸릴퓨란	미검출	미검출	미검출	16.2	19.2
2(5*H*)-퓨라논	미검출	미검출	미검출	3.1	4.7
테트라하이드로-2-(메톡시메틸)퓨란	미검출	미검출	미검출	9.9	8.1
소계	미검출	미검출	미검출	329.2	322.3
● 케톤류(버터 향 · 캐러멜 향)					
2-부탄온	25.0	3.6	18.4	52.6	52.9
3-펜탄온	23.0	31.0	24.7	65.0	52.0
2,3-펜탄디온	미검출	미검출	미검출	356.0	285.3
2,3-헥산디온	미검출	미검출	미검출	314.0	284.0
2,3-헵탄디온	미검출	미검출	미검출	16.3	14.7
소계	48	34.6	43.1	803.9	688.9
● 질소 함유 헤테로고리 화합물류(견과류 향)					
1-메틸피롤	미검출	미검출	미검출	3.1	2.2
2-에틸피롤	미검출	미검출	미검출	10.0	15.0
피리딘(캐러멜 향 · 견과류 향)	미검출	미검출	미검출	326.0	267.0
2-메틸피리딘	미검출	미검출	미검출	2.7	2.4
2-아세틸피리딘	미검출	미검출	미검출	10.0	7.8

2-포밀-1-메틸피롤	미검출	미검출	미검출	289.7	268.7
4(*H*)-피리딘 N-아세틸	미검출	미검출	미검출	73.8	64.9
2-포밀피롤	미검출	미검출	미검출	136.8	161.2
소계	미검출	미검출	미검출	852.1	789.2
● 페놀류(페놀 향 · 훈연 향 · 약품 향)					
과이어콜	미검출	미검출	미검출	3.6	3.2
페놀	57.0	75.0	64.0	105.1	97.3
2-메틸페놀	미검출	미검출	미검출	48.9	52.3
2-메톡시-4-비닐페놀	미검출	미검출	미검출	4.3	3.2
소계	57	75	64	161.9	156
● 피라진류(로스팅 향 · 견과류 향)					
피라진	미검출	미검출	미검출	0.6	0.2
2-메틸피라진	미검출	미검출	미검출	3,010	2,827
2,5-디메틸피라진	미검출	미검출	미검출	2,888	1,750
2,6-디메틸피라진	미검출	미검출	미검출	116	70.0
2-에틸피라진	미검출	미검출	미검출	81.3	77.6
2,3-디메틸피라진	미검출	미검출	미검출	453.2	478.3
2-에틸-6-메틸피라진	미검출	미검출	미검출	179.0	98.0
2-에틸-5-메틸피라진	미검출	미검출	미검출	97.0	60.0
2-에틸-3-메틸피라진	미검출	미검출	미검출	72.3	35.2
3-에틸-2,5-디메틸피라진	미검출	미검출	미검출	21.6	10.2
2-아세틸피라진	미검출	미검출	미검출	4.5	6.4
2-아세틸피라진	미검출	미검출	미검출	23.6	29.6
2-아세틸-3-메틸피라진	미검출	미검출	미검출	9.2	7.8
2-메틸-5-(1-프로페닐)피라진	미검출	미검출	미검출	6,949	5,451
소계	미검출	미검출	미검출	13,905	10,901
● 황화합물류(유황 향)					
메탄티올	미검출	미검출	미검출	2.4	4.6
디메틸설파이드	11.9	5.8	7.7	27.8	34.5
디메틸디설파이드	미검출	미검출	미검출	101.0	99.0
디메틸트리설파이드	미검출	미검출	미검출	32.1	27.9
푸르푸릴메틸설파이드	미검출	미검출	미검출	14.5	19.7
비스-2-(푸르푸릴)-디설파이드	미검출	미검출	미검출	1.7	1.6
소계	11.9	5.8	7.7	179.5	187.3

습식법에서 열매 가공 방식, 발효 및 침지 조건에 따른 생두의 향미 특성을 아라비카 카티모르 품종으로 예로서 살펴보면 다음과 같다[그림 4-8]. 이미 설명한 바와 같이 습식법에서는 발효 전 과육을 제거하며 발효가 진행되면서 증식하는 미생물군이 다르게 나타난다. 젖산균 특히 중온균(25~40℃)에 속하는 균들이 발효 초기부터 우점종으로 자리를 잡게 된다. 이로 인해 생두에서 다양한 향미 성분이 확인되며, 특히 지방족 알코올류와 알칸류, 벤젠 유도체가 주요 성분으로 검출된다. 그 외 지방족 알데히드류, 헤테로고리 화합물과 지방족 케톤류가 검출된다. 털핀류, 황화합물 및 락톤류는 매우 적은 농도로 확인된다.

생두 향미에 미치는 영향은 열매 가공 과정(점액질과 과육 제거)이 가장 크고(43개 아로마 성분) 그 뒤를 발효 기간(40개 아로마 성분)과 침지 단계(13개 아로마 성분)가 영향을 주는 것으로 문헌에 보고되고 있다. 과육 제거 과정을 통해 생성된 3,5-옥타디엔-2-온(3,5-octadien-2-one, 과실 향), 2-메틸-1-부탄올(2-methyl-1-butanol, 과실 향), 5-에틸-2(5*H*)-퓨라논(5-ethyl-2(5*H*)-furanone), 3-메틸페놀(3-methyl phenol, 나무 향) 및 트랜스 라나룰 산화물(trans-linalool oxide, 꽃 향)은 생두에 긍정적인 향을 미친다. 반면 벤젠아세트알데히드(benzene acetaldehyde, 꽃 향), 3,7-디메틸-1,6-옥타디엔-3-올(3,7-dimethyl-1,6-octadiene-3-ol, 꽃 향)과 6-메틸-3,5-헵타디엔-2-온(6-methyl-3,5-heptadiene-2-one, 풋내)은 부정적인 영향을 미친다.

다른 한편으로는 발효 기간이 늘어나면 트랜스 라나룰 산화물, 3,5-옥타디엔-2-온, 1-노난올(1-nonanol, 꽃 향), 에탄올, 3-메틸페놀 및 라나룰(꽃 향)등 긍정적인 향과 1-메틸-1*H*-피롤(1-methyl-1*H*-pyrrole, 나무 향)과 2-메틸프로피온산(2-methylpropionic acid, 버터 향) 등 부정적인 향기 성분도 검출된다. 물론 침지 과정에서도 긍정적인 성분(라나룰)과 부정적인 성분인 6-메틸-3,5-헵타디엔-2-온, 6-메틸-5-헵텐-2-온(6-methyl-5-hepten-2-one, 과실 향) 및 프로피온산(propionic acid, 부패취)이 확인된다.

반면 커피 관능 평가에서는 발효 기간이 커피 향미에 가장 큰 영향을 미치며, 그다음 가공 과정과 침지 과정이 영향을 미치는 것으로 나타난다. 그리고 발효 기간을 연장하면 긍정적인 향미로서 꽃 향과 산미를, 부정적인 향미로는 곡류취를 꼽는다. 침지 과정은 모든 관능 지표에 긍정적이지만 향신료 향은 부정적으로 나타난다.

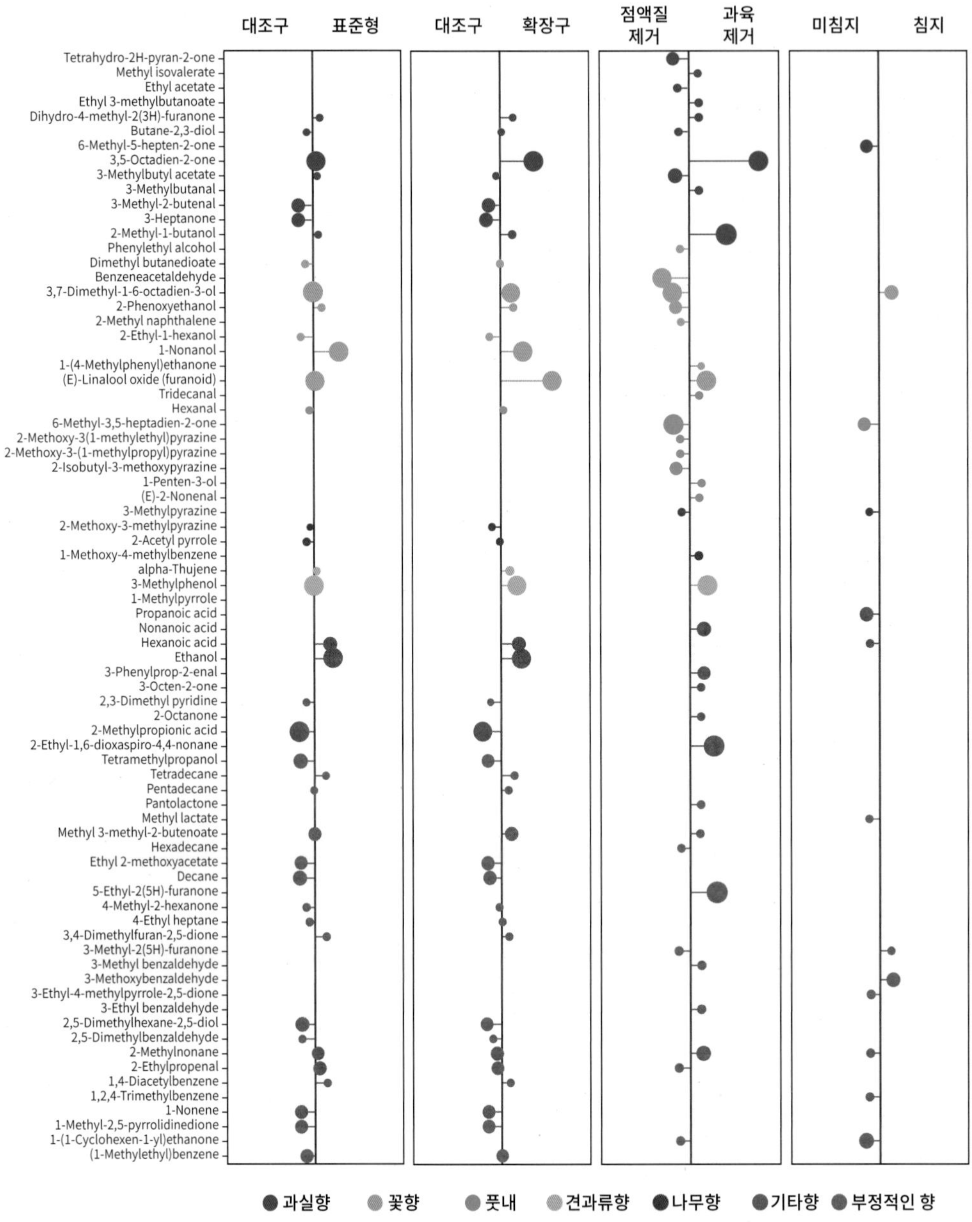

[그림 4-8] 습식 가공 조건에 따른 아라비카종의 생두 향미 특성

콜롬비아산(시에라 네바다 지역) 아라비카종을 습식법을 이용 발효할 때 미생물과 스페셜티 커피 간의 연관성을 연구한 결과를 살펴보면 다음과 같다[그림 4-9].

우선 습식 발효 과정에서 나타나는 미생물은 주로 695개의 세균과 156개의 균류(곰팡이,

효모)가 대표적이다. 이는 다른 지역(브라질, 에콰도르, 호주, 중국)에서도 이와 같은 패턴이 확인된다. 또 발효 초기에 다양한 미생물들이 존재하다가 발효가 진행되면서 미생물의 분포도는 단순화되는 경향을 보인다. 이는 발효가 진행되면서 산도 증가에 따라 내산성이 높은 미생물들만이 살아남기 때문이다. 발효 과정에서 젖산균(류코노스톡)이 가장 많이 검출되고 그 다음 일부 효모류(카자흐스타니아 가모스포라, 카자흐스타니아 휴밀리스)가 지배종으로 나타난다. 특히 카자흐스타니아는 발효 중에 이소아밀 알코올, 프로피온산, 이소뷰티릭산 및 카프로산을 분비하여 커피에 꽃 향, 과실 향과 캐러멜 향을 부여한다.

그 외 세균으로는 초산균류(아세토박터, 글루코노박터) 및 효모류(한세니아스포라, 비커하모마이세스, 피치아)가 확인된다. 효모류 중에는 다른 국가에서는 피치아가 가장 많은 분포도를 나타낸다. 곰팡이류(아스퍼질러스 속, 페니실리움 속)는 다른 미생물에 비해 그 분포도가 비교적 적은 것으로 학계는 보고하고 있다. 비커하모마이세스 효모는 누룩 막걸리 제조 때에도 우점종으로 흔히 발견되는 균이다.

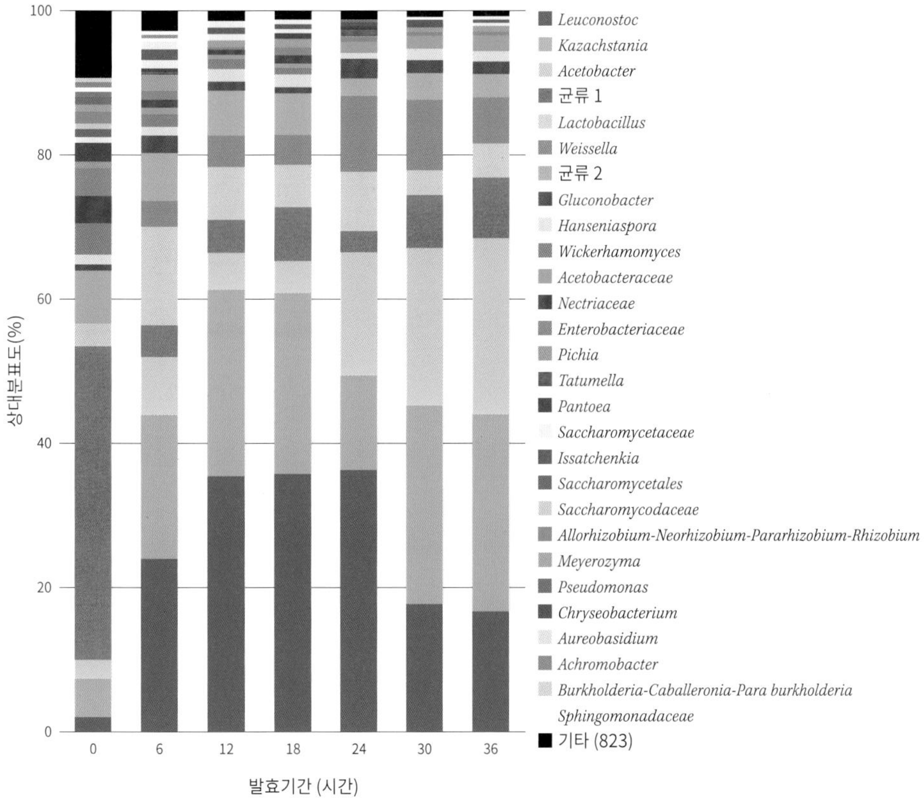

[그림 4-9] 습식 가공 발효 과정 중 서식하는 미생물의 분포도

습식 가공 발효 때 서식하는 미생물 간에는 공생 또는 배척 관계의 생태계가 조성된다. 이러한 미생물 내 생태계 환경 조건에서 발효 과정 중 일부 미생물은 지배종으로, 일부는 비지배종으로 남게 되고 그에 따라 커피 향미 특성에도 영향을 미치게 된다. 특히 효모류와 일부 젖산균류가 커피 품질과 연관성이 깊은 것으로 나타난다. [그림 4-10]은 미생물과 커피 향미와의 연관성을 시각화한 것으로 황색 원 미생물(효모류, 젖산류)들은 커피 향미와 연관성이 깊은 반면, 녹색 원 미생물인 아크로모노박터(*Allorhizobium-Neorhizobium-Pararhizobium-Rhizobium, Achromobacter, Stenotrophomonas*)들은 연관성이 없는 것으로 나타난다. 그리고 원이 클수록 그 영향 정도가 큰 것이고 중심축과 거리가 가까울수록 연관성이 큰 것으로 해석할 수 있다. 효모류(피치아, 카자흐스타니아)와 젖산균류(락토바실러스, 류코노스톡)의 경우는 꽃 향과 과실 향을 풍기는 물질을 분비하여 커피 품질에 긍정적으로 작용하게 된다.

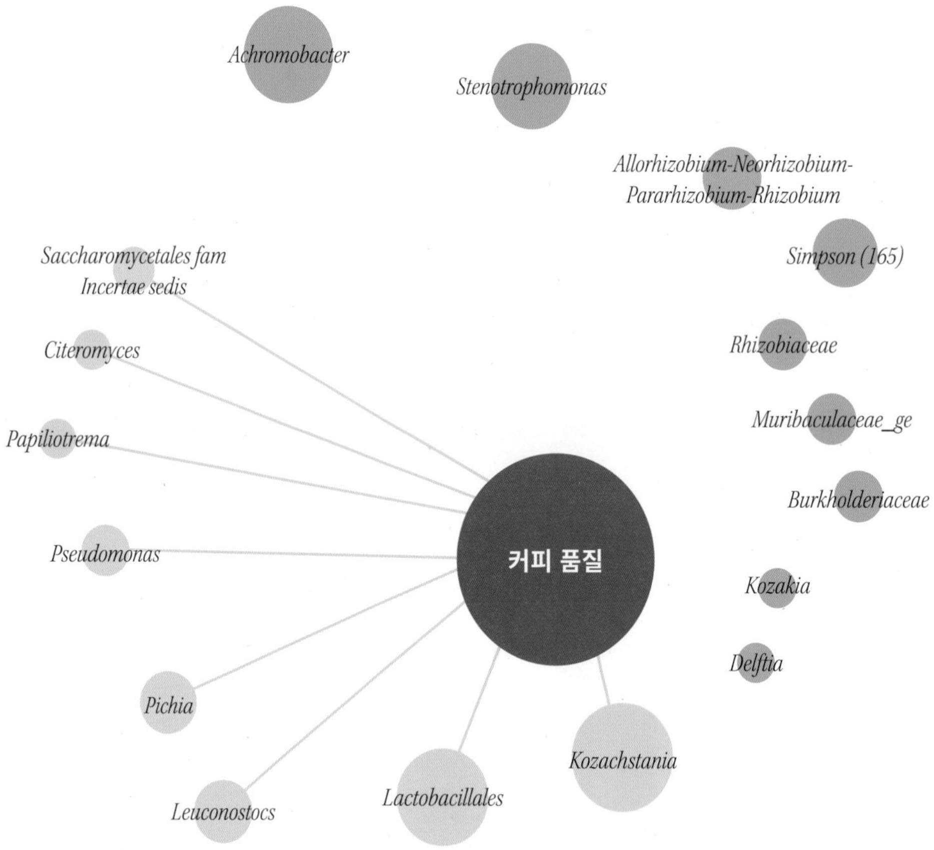

[그림 4-10] 습식 가공 발효 시 커피 품질에 영향을 미치는 주요 미생물

각 가공 방법에 따른 아라비카종의 향기 성분 차이를 보면, 가공 방법에 따라 같은 커피 품종이라도 아미노산류, 환원 당류 및 페놀류의 농도가 다르게 나타난다. 이때 커피 품종 간 커피 열매에 함유된 단당류(람노오스, 아라비노오스, 갈락토오스, 만노오스)의 농도 차이가 있기 마련이다. 이런 차이로 인해 가공 방법에 따라 생두에 함유될 탄수화물과 갈락토만난의 구성에 영향을 미치게 된다. 또 가공 방법에 따른 생두 간의 화학적 구성 차이는 커피 열매 세포의 대사 활동과 연관이 있다. 이때 세포 분열을 유도하는 효소(이소시트르산 분해효소, 베타투불린)가 주요 역할을 하는 것으로 알려져 있다.

(3) 웻훌링법

웻훌링법(wet hulled method)은 길링바사법(giling basah method)이라고도 하며 인도네시아에서 사용하는 독특한 커피열매 가공법이다. 이 방식에서는 커피 열매 세척 후 기후상 완전 건조가 어렵기 때문에 수분(25~35%)이 많은 상태에서 껍질을 벗겨야 한다. 이러한 생두는 흙맛이 강하고 발효 과정이 짧아 산미가 약한 것이 특징이다. 또 불량두가 비교적 많아 스페셜티 커피 트렌드에 부합되지 않은 생두 품질이 대부분이다.

웻훌링법의 가공 단계를 보면 보통 2단계에 걸쳐 진행된다. 우선 습식 가공과 마찬가지로 열매 수확 후 과육과 점액질 제거를 위해 1~2일 정도 건조하거나 물에 담가둔 후 열매의 껍질을 제거한 뒤 커피콩을 완전히 건조하는 과정을 거친다. 이 방식으로 가공된 생두의 향미 관련 학술적인 결과는 현재 별로 없으나 푸르스름한 색상을 띠는 것이 특징적이다.

(4) 동물 배설물법

동물 배설물법(animal processing)은 동물이 커피 열매를 먹고 소화하면서 과육과 점액질이 제거된 파치먼트 커피콩을 배설물로 내놓아 쌓아 놓는 방식을 말한다. 일례로 인도네시아에서 나무 위에 사는 사향고양이인 팜시벳(palm civet) 또는 브라질의 멸종 위기 새인 자쿠버드(jacu bird)의 배설물로 만든 커피가 대표적인 예이다. 그 외 태국의 코끼리와 인도의 붉은털원숭이는 열매를 먹고 배설물이 아닌 커피콩을 내뱉는다. 이처럼 동물들의 배설물을 이용한 고가의 커피 제조 여부를 떠나 전 세계 커피 품종이 다양한 것은 공기에 의한 전파보다는 동물 등에 의해 전파된 것으로 보아야 한다.

동물 배설물에 의한 커피 열매 표면에 서리 형상(micropitting)이 나타나고 딱딱하지만 잘 부서지는 특성이 있다. 또 단백질 분해 효소가 커피 열매 내부에 풍부하여 열매의 단백질 분해가 잘 일어난다. 그리고 동물 배설물에 의한 커피는 바디감과 산도가 약해 다른 커피와는 향미 측면에서 그 특성이 쉽게 구별된다.

인도네시아는 아시아 최대 커피 생산국으로 유일하게 습식법으로 고품질의 로부스타종을 경작하며, 그 희귀성으로 인해 세계에서 가장 값비싼 커피인 코피 루왁(Kopi Luwak) 생산으로 유명하다. 코피 루왁 커피는 인도네시아의 대표적인 커피로 로부스타 또는 아라비카 열매를 먹은 사향고양이의 배설물에서 커피콩을 채취하여 가공하는 커피이다. 습식 가공에 준하는 과정을 사향고양이의 소화기관에서 거치게 되므로 독특한 향과 맛을 지니게 되고 화학 변화로 생두의 색은 더욱 짙어지고 단단해진다. 이 커피는 일반적으로 풀시티 로스팅을 하며 캐러멜 향, 초콜릿 향 및 곰팡이취 등이 특징적이다. 또 씁쓸하며 신맛이 적절히 조화된 시럽 같은 중후한 바디감을 가진 것으로 알려져 있다.

(5) 배양균을 이용한 발효법

(가) 개요

최근 커피 열매 발효 과정에서 건조 과정을 7~8시간 내로 단축하고 병원성균을 차단하는 발효법이 시도되고 있다. 특히 과실 향과 꽃 향 등 향기 강화를 통해 커피의 질을 높이려는 목적으로 배양 효모를 이용한 커피 열매 가공법 응용 사례가 증가하는 추세이다.

커피 열매 발효 관련 그간 연구 역사를 살펴보면, 커피 열매 발효에 관여하는 미생물에 관한 연구는 지난 100년간 탐구되어 왔던 분야이다. 커피콩 발효 미생물에 관한 최초 연구는 뢰브(1907년)로서 당시 효모가 알코올, 이산화탄소 및 초산을 생성에 관한 것이었다. 그 이후 많은 학자에 의해 최근까지 건식법, 습식법 및 반건식법 발효 과정에서 미생물 특성을 연구하였고, 요즘은 배양 효모를 이용한 커피 열매 발효 연구가 가장 활발히 진행 중이다.

(나) 배양 효모와 커피 열매 발효

앞서 언급된 커피 열매 가공법에서 나타나는 자연 발효균 외에 배양 효모인 사카로마이세스 막시아누스(*S. marxianus*), 사카로마이세스 바야누스(*S. bayanus*), 사카로마이세스 엘립소이되스(*S. ellipsoideus*), 칸디다 파라프실로시스(*Candida parapsilosis*), 피치아 귈러몬디(*Pichia guillermondii*) 및 피치아 퍼멘탄스(*Pichia fermentans*) 등을 인위적으로 배양하여 단일 균 또는 혼합 균 형태로 투입하는 커피 열매 발효 과정을 진행한다. 이 경우 열매에 존재하는 균을 살균시킨 후 배양 효모를 접종해야 한다[표 4-5].

배양 효모를 이용한 발효 후에는 2-퓨란메탄올(2-furan methanol, 훈연 향), 프로판온산(propanoate, 불쾌취) 및 2-에틸-3,5-디메틸피라진(2-ethyl-3,5-dimethylpyrazine, 견과류 향)이 생성되는 것으로 학계는 보고하고 있다. 또 배양 효모를 이용한 커피에서는 커피 아로마의 전구물질인 헵타데칸올(heptadecanol), 4-하이드록시-2-메틸아세토펜온(4-hydroxy-2-methylacetophenone), 7-메틸-4-옥탄올(7-methyl-4-octanol) 및 과이어콜 등도 확인된다.

그리고 투입된 미생물의 종류에 따라서도 커피에서 검출되는 아로마 성분이 달라진다. 일례로 세균을 이용한 발효에서는 2-메틸-1-부탄올(2-methyl-1-butanol, 과실 향)이 확인된다. 배양 효모를 이용한 커피에서는 4-하이드록시-2-메틸아세토펜온과 4-에테닐-1,2-디메톡시벤젠(4-ethenyl-1,2-dimethoxybenzene, 꽃 향, 과실 향)이 검출된다. 특히 습식법에서 야생 효모인 피치아 퍼멘탄스는 에탄올, 아세트알데히드, 에틸아세테이트와 이소아밀 아세테이트를 증가시키는 반면 젖산은 감소시키는 것으로 확인된다.

그러나 다른 한편으로는 커피열매 건조 과정이 늘어지면 피로피온산과 초산 등이 과다 생성되면서 과발효 생두가 되어 생두의 질을 저하시킬 수 있다. 그 외 단사슬 지방산과 그의 에스터류(2-메틸부탄산 에틸에스터; 1.8 ㎎/㎏, 3-메틸부탄산 에틸에스터; 13.9 ㎎/㎏, 사이클로헥산 에틸에스터; 14 ㎎/㎏)의 생성으로 생두와 커피에 이취를 나타내기도 한다. 그 외 곰팡이류의 증식으로 미코톡신이 생성될 경우 생두의 질을 저하시키는 것으로 다수의 문헌에 보고되고 있다.

[표 4-5] 배양 효모를 이용한 발효를 통해 생성된 커피 향미 성분

효모	커피 품종	유기산	아로마 성분	관능
M. caribbica CCMA 0198 *S. cerevisiae* CCMA 0543 *C. parapsilosis* CCMA0544 *T. delbrueckii* CCMA 0684	*C. arabica* var. *Canário Amarelo Bourbon*	구연산, 사과산, 호박산, 젖산, 옥살산, 이소뷰티르산, 이소발레르산	라나룰, 헥산알, 1-헥산알, 2-헵탄알, 벤질알코올, 벤즈알데히드, 벤질안식향산, 에틸 팔미틴산, 메틸피라진, 2-에틸-5-메틸피라진, 2-아세틸-6-메틸피라진, 에틸페닐아세테이트	달콤한 향, 과실 향, 민트 향, 초콜릿 향, 견과류 향, 감귤류 향

S. cerevisiae UFLA YCN727 *S. cerevisiae* UFLA YCN724	*C. arabica* var. *Acai*	사과산, 젖산, 초산, 뷰티르산, 프로피온산, 구연산, 옥살산, 호박산, 이소뷰티르산, 주석산	1-펜탄올, 2-페닐에탄올, 아세트알데히드, 헥산알, 에틸아세테이트, 푸르푸릴알코올, 푸르푸랄, 2,3-부탄디온, 이소부틸아세테이트, 3-메틸-1-부탄올	캐러멜 향
S. cerevisiae UFLACN 727 *S. cerevisiae* UFLACN 724	*C. arabica*, var. *Acaiá*	사과산, 이소뷰티르산, 카프로산, 데칸온산, 노난온산	에탄올, 2-페닐에탄올, 아세트알데히드, 1,2-프로판디올, 에틸아세테이트	달콤한 향
S. cerevisiae CCMA 0543 *C. parapsilosis* CCMA 0544 *T. delbrueckii* CCMA 0684	*C. arabica* var. *Catuaí Amarelo*	구연산, 사과산, 호박산, 젖산, 초산, 프로피온산, 이소뷰티르산, 클로로겐산	2,3-부탄디올, 2,5-디메틸피라진, 2,3-디메틸피라진, 글리세롤, 에탄올, 헥산알, 2-옥텐알, 5,9-운데카디엔-2-온	과실 향, 꽃 향, 달콤한 향, 캐러멜 향, 견과류 향
S. cerevisiae CCMA 0200 *T. delbrueckii* CCMA 0684	*C. arabica* var. *Catai Mundo Novo*	사과산, 젖산, 초산, 뷰티르산, 프로피온산, 구연산, 옥살산, 호박산, 주석산	2-퓨란메탄올, 프로판온산, 2-에틸-3,5-디메틸피라진	캐러멜 향, 과실 향
S. cerevisiae CCMA 0543	*C. arabica* var. *Catuaí Vermelho*	구연산, 호박산, 이소발레르산, 이소뷰티르산, 호박산, 구연산, 이소발레르산	헵타데칸올, 4-하이드록시-2-메틸아세토펜온, 4-에테닐-1,2-디메톡시벤젠, 페닐에틸알코올, 1-헵타데칸올, 2,3-디하이드로-7-메틸-4-옥탄올	
S. cerevisiae CCMA 0543	*C. arabica* var. *Mundo Novo*, *Ouro Amarelo*	구연산, 사과산, 호박산, 초산, 카프로산	베타 리나룰, 1-헥산올, 노난알, 3-메틸벤즈알데히드, 2-펜틸퓨란, 3-에틸-2-하이드록시-2-사이클로펜텐온, 푸르푸릴메틸에테르, 2,5-디메틸-4-하이드록시-3(*H*)-퓨라논, 2,3-디메틸피라진	허브 향, 과실 향, 캐러멜 향, 견과류 향, 달콤한 향

Pichia fermentans YC5.2 *Saccharomyces* sp. YC9.15	*C. arabica* var. *Mundo Novo*	초산, 젖산, 카프릴산	이소아밀아세테이트, 에틸아세테이트, 아세트알데히드	파인애플향, 바나나 향, 꽃 향
Pichia fermentans YC5.2	*C. arabica* var. *Catuí*	구연산, 사과산, 초산, 호박산, 푸마르산	에탄올, 아세트알데히드, 에틸아세테이트, 이소아밀아세테이트	바닐라 향, 꽃 향
S. cerevisiae *Pichia kluyveri*	*C. arabica*	구연산, 사과산, 퀸산, 호박산, 젖산, 포름산	3-메틸부탄올, 2-페닐에탄올, 2-페닐에틸아세테이트, 2,3-부탄디온, 4-비닐과이어콜	스모키 향, 과실 향, 캐러멜 향
S. cerevisiae CCMA 0543 *C. parapsilosis* CCMA 0544 *T. delbrueckii* CCMA 0684	*C. arabica* var. *Catuaí Amarelo*	초산, 구연산, 사과산, 호박산, 젖산, 이소뷰티르산, 프로피온산, 펜탄온산, 부탄온산	클로로겐산, 트리고넬린, 벤질알코올, 1-노난올, 헥산알, 2-펜틸퓨란, 5,9-운데카디엔온, 6,10-디메틸-*H*-피롤, 2-퓨란메틸, 2,3-펜탄디엔, 푸르푸릴알코올, 2-헵탄온	초콜릿 향, 크림 향, 아몬드 향, 과실 향
S. cerevisiae	*C. arabica*	부탄온산, 3-메틸부탄온산	에틸팔미트산, 2-퓨릴메탄올, 옥타데칸알, 아세틸-3-메틸피라진, 5-메틸푸르푸릴	스파이시향, 감자 향, 라스베리향, 탄 냄새
T. delbrueckii CCMA 0684	*C. arabica* var. *Bourbon amarelo,* *Catucaí amarelo* *Rubi*	초산, 구연산, 사과산, 젖산, 호박산	피롤, 퓨란 1-(3-메틸피라진) 에탄온, 메틸페놀, 2,3-디메틸-2-사이클로펜탄온, 디하이드로-3-메틸렌-2,5-퓨라디온, 4-메톡시 벤젠아민, 2,6-디메틸-3-옥타락테이트, 1,2-에폭시-3-프로필아세테이트, 포름산, 1-(2-하이드록시-5-메틸페닐)에탄온, 2-퓨란메탄올	장미 향, 스모키 향, 헤이즐럿향, 로스팅 향, 꽃 향

한편, 다른 종류의 효모류(사카로마이세스 세레비지에, 피치아 클루이베리)를 이용하여 커피 아로마를 강화하는 방법에 활용하기도 한다. 이러한 방법을 통해 특히 장미 향인 2-페닐에틸 아세테이트(2-phenylethyl acetate)를 강화하는 효과를 보게 된다. 또 사카로마이세스 세레비지에는 생두 내에 꽃 향인 에틸카프릴산(ethyl caprylate, 0.51 ㎎/㎏)의 함량을 증가시키고, 피치아 클루이베리는 바나나 향인 이소아밀 아세테이트(isoamyl acetate, 1.69 ㎎/㎏)를 강화한다. 이러한 생두를 로스팅하면 원두에 꿀 향과 장미 향을 풍기는 2-페닐 아세테이트(2-phenyl acetate)가 더 많이 검출된다. 그리고 사카로마이세스 세레비지에가 질소 함유 헤테로고리 유기화합물(피리딘, 피라진 등)을 생성시켜 견과류 향과 로스팅 향을 강화하는 효과가 나타난다[그림 4-11].

다른 한편으로는 커피 열매 발효 때 곰팡이를 이용하여 특히 로부스타종의 커피 향미(당분, 아미노산, 폴리페놀, 아로마 등)를 강화하는 기술을 응용하기도 한다. 예를 들면 아스퍼질러스(*Aspergillus* spp.)를 이용한 발효에서는 원두에서 피라진류를, 무코어(*Mucor*)는 퓨란류를 강화하는 것으로 문헌에 보고되고 있다.

그리고 점액질을 신속히 효율적으로 제거하기 위해 배양 젖산균을 접종하는 연구가 진행되고 있는데, 아직은 배양 효모처럼 상품화된 배양 젖산균은 시중에 없다. 최근에는 건식법에서 추출한 락토바실러스 플란타럼(꽃 향·과실 향)과 락토바실러스 람노수스(캐러멜 향·탄 냄새)가 점액질 제거에 효과가 큰 것으로 알려져 주목받고 있다.

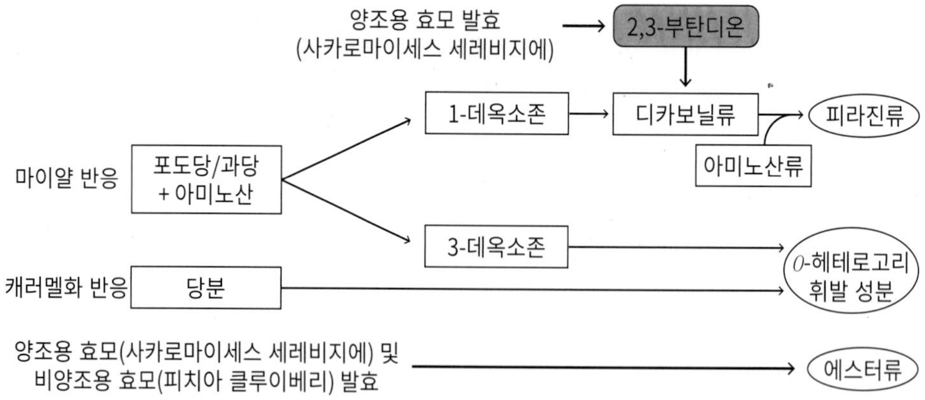

[그림 4-11] 사카로마이세스 세레비지에와 피치아 클루이베리를 이용한 커피 열매 발효에 따른 아로마 생성 기전

(6) 특수 발효법

최근에는 아로마를 강화하고 독특한 향을 내는 스페셜티 커피 제조를 위해 무산소 발효(anaerobic fermentation) 또는 탄산 침용법(carbonic maceration) 등 특수 발효법을 이용하기도 한다. 기존 커피 열매 가공 방식에서는 효율적인 점액질 제거에 초점을 맞춘 반면, 무산소 발효 또는 탄산 침용법은 특정 미생물(절대 혐기성 또는 통성 혐기성)을 이용하여 점액질 제거뿐 아니라 커피콩에 독특한 아로마를 추가로 발현시키는 데 목적이 있다. 이 특수 발효법은 물 공급이 필요 없는 방법이기도 하다. 또 두 공법은 발효 과정에서 산소가 매우 제한적인 환경을 인위적으로 만들어 주는 공통점이 있다. 이러한 방식은 발효 과정을 인위적으로 통제가 가능하여 커피콩의 질을 균일화하는 데 도움이 된다. 이때 온도와 pH 등을 조절하여 좀 더 정밀한 발효를 진행하기도 한다.

일반적으로 무산소 발효나 탄산 침용법을 이용하여 가공된 열매로 제조된 커피는 기존 열매 가공으로 제조된 커피보다 pH는 높고 산도는 낮게 나타난다. 이는 무산소 발효와 탄산 침용법에서는 열매 가공 과정에서 미생물 증식이 제한되기 때문이다.

(가) 무산소 발효

무산소 발효는 열매를 오존 살균 후 과육을 제거한 파치먼트 커피콩을 플라스틱 통 또는 비닐에 넣어 산소가 없는 환경에서만 서식하는 미생물만으로 발효를 진행하여 계피 향 등 독특한 커피 향을 발현시키는 것을 목적으로 한다.

커피 농장에 따라 무산소 발효 방식이 세분되어 있다. 예를 들면 무산소 발효가 끝난 커피 열매는 물로 깨끗이 세척 후 건조하면 무산소 발효 워시드가 되며, 무산소 발효를 마친 그대로 건조하면 무산소 발효 내추럴이 된다.

무산소 발효 전 커피 열매는 건조 후 열매 통째로 발효해도 되고 펄핑 상태 또는 반건식 가공된 상태로 발효 용기에 담아 무산소 발효를 진행할 수도 있다. 또 발효 온도 역시 12~48℃로 적용할 수 있다. 이러한 무산소 발효 전 열매 가공 방식이나 무산소 발효 온도가 커피콩과 커피 아로마에 영향을 주며, 무산소 발효 시 커피 품종에 따라 발효 전 적합한 가공 방식 선택이 중요한 것으로 알려져 있다. 예로서 인도네시아 가요 품종의 경우 반건식 가공한 열매를 무산소 발효한 생두를 로스팅 후 원두를 갈아 커피를 만들면 유기산(구연산, 사과산, 젖산)과 꿀 향을 풍기는 베타다마세논의 함량이 높아져 커피 향미와 커피 질이 개선되는 것으로 문헌에 보고되고 있다. 유기산의 경우 커피에 1㎖당 1㎎ 수준으로 함유되면 이상적인 신맛을 주는 것으로 알려져 있는데, 무산소 발효 시 유기산이 1㎎ 수준으로 함유된 것으로 나타난다. 그리고 무산소 발효 시 서식하는 주요 균으로는 젖산균, 사카로마이세스 속, 피치아 속이며 이들 균은 무산소 발효 과정에서 유기산, 알코올 및 다양한 아로마를 생성한다.

(나) 탄산 침용법

탄산 침용법은 와인 탄산 침용법을 응용한 것으로 커피 열매만 통째로 또는 점액질과 함께 스테인리스 용기에 담고 탄산 주입 후 산소가 없는 환경을 만들어 발효를 진행하는 방식이다. 이 방법은 껍질째 발효하기 때문에 무산소 발효법보다는 발효 기간이 다소 길어져 보통 5~7일이 소요되며, 발효 온도와 기간에 따라 발현되는 향기 성분 종류와 농도는 다르게 나타나는 것으로 문헌에 보고되고 있다.

탄산 침용법은 적용하는 온도와 시간에 따라 커피 향미에 영향을 미친다. 와인에서의 탄산 침용은 보통 15~25℃ 범위에서 5~10일간 진행하지만 커피 열매의 탄산 침용은 38℃에서 120시간 진행하는 것이 커피 향미에 최적인 것으로 학계는 보고하고 있다. 이는 탄산 침용 발효 시 다양한 유기 물질(트리고넬린, 포름산, 하이드록시메틸푸르푸랄, 지질, 감마뷰티로락톤)들이 미생물들에 의해 생성되어 커피 향미를 개선시킨 결과이다. 탄산 침용 발효 시 관여하는 미생물은 효모 사카로마이세스 쿠드리아브제비(*Saccharomyces kudriavzevii*)와 사카로마이세스 우바리움(*Saccharomyces uvarum*), 세균류이며, 특히 세균류(락토바실러스, 류코노스톡, 스트렙토코커스, 엔테로박테리아세아)는 효모보다 서식하는 분포도가 더 다양하며 이에 따라 커피 후미와 아로마 증진에 더 큰 영향을 미치게 된다. 그러나 탄산 침용법을 이용하여 가공한 열매로 제조한 커피에서는 무산소 발효법이나 기존 열매 가공법에 비해 주요 향기 성분인 초산, 2-메틸피라진(로스팅 향), 2-퓨란카르복스알데히드(스모키 향), 2-퓨란메탄올(꽃 향), 2,6-디메틸피라진(견과류 향), 5-메틸푸르푸랄(캐러멜 향) 및 2-메톡시-4-비닐페놀(스모키 향)의 함량이 적게 검출된다. 이는 탄산으로 인해 미생물들의 효소 활성이 감소하여 물질대사가 저해되기 때문이다.

일부 남미 농장에서는 탄산 침용 가공 중에 허브나 열대 과일을 첨가하여 인위적으로 독특한 아로마를 발현시키기도 한다.

3. 커피 열매 가공과 향미 변화

가. 일반적인 변화

수확 후 커피 열매 가공은 앞서 설명한 바와 같이 건식법 또는 습식법 등을 이용하는데, 이때 커피 열매가 스트레스를 받아 열매의 대사가 달라진다. 예를 들어서 아라비카종은 가공 중에 이른바 가바로 불리는 감마 아미노뷰티르산(GABA)이 축적된다. 물론 가바 물질은 로부스타종과 리베리카종의 가공 과정 중에도 형성된다. 가공 과정 중에 가바 물질이 형성되는 원인은 학술적으로 아직 규명되지 않았으나 글루타민산염으로부터 형성된 것으로 추정하고 있다 [그림 4-12].

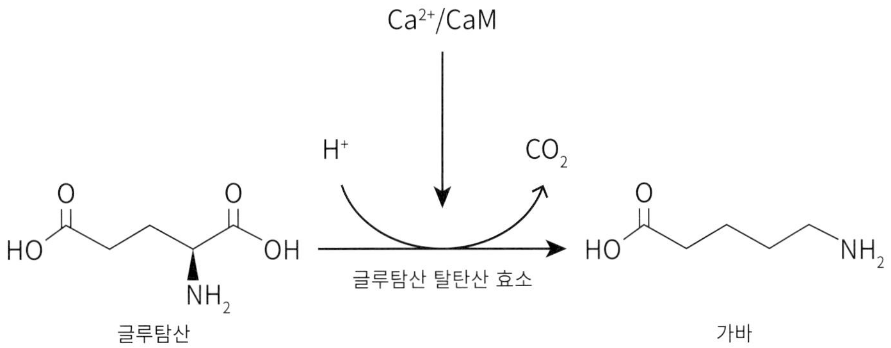

[그림 4-12] **글루탐산으로부터 가바 생성 대사**

보통 미성숙 커피 열매에서 아미노산(아스파라긴)의 함량이 매우 높게 나타나는데, 커피 열매 가공 중에도 질소 화합물의 변화가 나타난다. 특히 습식 가공된 생두에는 아스파라긴의 함량이 많다. 이 성분은 로스팅 과정에서 생성되는 불쾌취의 원인인 아크릴아미드의 전구물질이다. 바이오제닉 아민류의 경우는 건식 가공에 의한 생두 제조를 통해 더 많이 생성된다. 그리고 11s 글로불린(단백질)의 함량은 건조 과정에 영향을 받는다.

또 커피 열매 가공 중에는 탄수화물의 변화도 생기며, 건식 가공된 생두로 만든 커피는 습식 가공된 생두로 만든 커피보다 바디감이 더 강하게 나타난다. 이는 커피의 당분과 탄수화물의 차이가 주요 원인이다. 그리고 아라비카종이 로부스타종보다는 자당이 두 배 많은데, 그 이유는 아라비카종은 커피 열매 성장 마지막 단계에서 자당 합성 효소가 더 활성화되기 때문이다. 물론 생두의 자당 함량은 재배 환경(햇빛, 그늘, 온도, 고도 등)에도 영향을 받는다.

결론적으로 건식과 습식 가공에 따른 생두의 탄수화물 함량 차이는 기본적으로 포도당과 과당 함량의 차이에 따른 것이다. 포도당과 과당은 건식 가공에서 습식 가공에서보다 더 많이 생성되며, 아라비카종과 로부스타종 모두에서 동일하게 나타나는 현상이다.

나. 점액질과 내배유의 변화

수확된 커피 열매의 점액질과 커피콩 내배유의 수분은 각각 85%와 51%이다. 점액질은 건량 기준으로 과당(27%), 포도당(21%), 자당(9%) 및 유기산류(7.3%)로 구성되어 있고, 이 중 유기산류로는 사과산, 퀸산과 글루콘산이 가장 풍부하게 분포한다.

반면 커피콩 내배유에는 자당(8%)과 일부 단당류가 소량 함유되어 있고 유기산류 중에는 구연산, 사과산과 퀸산이 대부분을 차지한다. 그리고 내배유에는 트리고넬린(1.0%)과 카페인(0.9%)의 함량이 점액질에서보다 더 많이 함유되어 있으며 초산은 적게 분포되어 있다.

점액질의 자당은 건식법과 습식법 모두에서 발효 말기까지 완전히 소진되며, 포도당과 과당 역시 감소하는 경향을 보이지만 건식 가공에서 더 많이 감소한다. 습식 가공에서의 변화를 보면, 우선 상기 당분이 소비되면서 미생물이 생성하는 물질은 초산, 에탄올, 글리세롤, 젖산 및 만니톨이다. 이러한 물질들은 과육 제거 후에 증가하기 시작하며 특히 발효가 진행되면서 더욱 늘어나게 된다. 또 점액질에서는 유기산의 변화도 일어나는데, 글루콘산, 사과산과 퀸산은 감소하고 그 외 유기산(프로피온산, 뷰티르산, 이소뷰티르산, 발레르산, 이소발레르산, 카프로산, 옥살산)들 역시 감소하게 된다. 이때 카페인과 트리고넬린도 줄어든다. 그러나 내배유에서의 구성 성분 변화는 점액질에서의 변화보다는 전반적으로 적게 나타난다.

그리고 발효 후에 내배유의 과당, 포도당, 자당 및 카페인의 함량은 크게 줄어든다. 발효 기간이 늘어나면 자당은 지속해서 감소하지만 초산, 에탄올, 글리세롤, 글루콘산, 젖산, 만니톨 및 호박산이 증가하는 현상이 나타난다. 습식 가공이 열매를 물에 침지 후 24시간이 지나면 에탄올, 과당, 포도당, 글루콘산, 젖산 및 만니톨은 감소하며, 구연산, 퀸산, 카페인 및 트리고넬린은 침지 과정을 계속 거치면서 점차 줄어든다. 그리고 내배유에서는 건식과 습식 가공 모두 자당, 포도당, 과당, 에탄올, 카페인 및 트리고넬린의 농도는 적어지고 카페산과 에리스리톨은 다소 증가한다.

습식 가공이 점액질의 신맛이 증가하는 것은 젖산균인 락토코커스(*Lactococcus*), 류코노스톡(*Leuconostoc*) 및 바이셀라(*Weissella*)에 의한 초산과 젖산균에 의한 것이고, 만니톨의 증가는 해당 젖산균인 류코노스톡에 의한 것이다. 젖산균은 당분을 이형 또는 동형 발효를 통해 분해한다.

발효 과정 중 미생물은 내배유의 자당을 이용하여 해당 과정을 통해 당분을 지속해서 분해한다. 다른 한편으로는 침지 중에 삼투압의 발생으로 발효 중 생성된 대사물질의 배출이 쉬워진다. 또 건식과 습식 가공에 따라 열매의 수분량은 달라짐에 따라 증식하는 미생물군이 다르게 나타나고, 용존 산소량에 따라서도 미생물의 분포도 역시 달라진다. 따라서 증식한 미생물군의 분포에 따라 생성한 대사물질이 다르므로 커피의 품질과 향미 또한 다르게 나타난다.

보통 커피 열매를 쌓아 올리는 건식 가공에서는 아세토박터(*Acetobacter*), 글루코노박터(*Gluconobacter*) 및 사카로마이세스 크라테겐시스(*S. crataegensis*)의 증식이 쉽다. 특히 사카로마이세스 크라테겐시스균은 균사를 형성하여 마치 곰팡이가 핀 것처럼 보이며, 이 효모균은 포도당 분해력이 약하지만 초산균이 생성한 글루콘산은 잘 분해한다. 또 아세토박터, 글루코노박터 및 사카로마이세스 크라테겐시스는 초산, 에탄올, 글리세롤 및 글루콘산을 더 많이 생성한다. 글리세롤과 글루콘산은 커피 바디감 강화에 효과가 있다. 그리고 건조 과정 중에 곰팡이의 증식은 커피의 곰팡이취나 흙냄새를 유발하여 커피의 질을 떨어뜨리는 요인이 된다.

일반적으로 건식 가공된 생두에서 카페산, 카페인, 과당, 포도당, 트리고넬린 및 클로로겐산이 습식 가공한 생두에서보다 더 많이 확인된다. 생두의 이러한 이화학적 성분이 자연히 커피의 품질과 향미에 영향을 미치게 된다. 또 카페인, 클로로겐산과 트리고넬린은 커피의 쓴맛과 떫은맛을 주는 성분인데, 건식 가공된 생두에서 카페인, 클로로겐산과 트리고넬린이 더 많이 검출된다[그림 4-13].

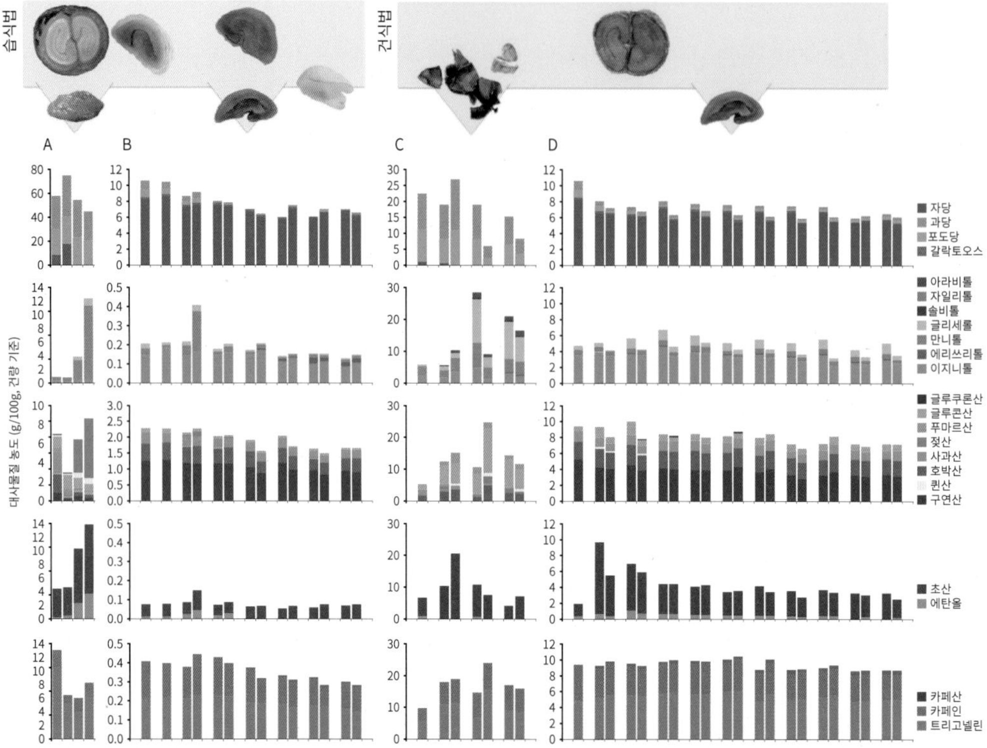

[그림 4-13] 열매 가공 중 점액질과 내배유에서의 구성 성분 변화 및 대사물질 생성 비교
상기 그림은 각 가공 단계별(열매 수확, 가공 후 펄핑, 발효, 침지, 건조, 건조시간 연장 등)로 샘플을 채취하여 그때 나타나는 대사물질을 분석한 것임

다. 향미 변화

커피 열매 가공 과정 중 향미 변화를 보면, 습식 가공된 커피가 건식 가공된 커피에 비해 과실 향과 산미가 조화롭고 쓴맛과 탄내가 덜하며 향미가 풍부하다. 이는 습식 가공 발효 과정 중 미리 점액질을 제거했기 때문인데 반대로 발효 과정을 잘못 관리하면 커피에 이미 이취가 발생하게 된다.

[표 4-6]은 커피 열매 가공 방식에 따른 아라비카 품종별 아로마 전구물질을 비교한 것이다. 아라비카 품종 티피카를 이용하여 연구한 바에 따르면, 습식 가공된 생두에는 단당류(과당, 포도당, 아라비노오스, 갈락토오스)가 많지만 건식 가공된 생두에는 글루타민산과 아스파라긴산이 많다.

그리고 열매 가공 방식에 따라 아로마 전구물질인 당분, 유리 아미노산 및 페놀 성분의 차이는 크게 나타난다. 또 다른 당류(람노오스, 아라비노오스, 갈락토오스, 만노오스)에서도 차이는 나타나며 이러한 차이는 커피 아로마에도 영향을 미치게 된다. 열매 가공 방식에 따라 아로마 전구물질의 차이는 각 가공 과정 중 생두 내 대사 활성이 다르기 때문이며, 특히 생두 세포 발아에 필수적인 이소시트르산 분해 효소와 베타투불린 효소의 활성에 좌우된다. 습식 가공 발효 과정에서 이러한 효소들의 발현은 최대치로 증가하며 발효 과정이 진행되면서 그 농도는 줄어들게 된다. 반대로 건식 가공에서는 이소시트르산 분해 효소와 베타투불린 효소의 발현은 초기에 낮고 발효 6일째가 돼서야 증가하는 경향을 보인다.

[표 4-6] 열매의 가공 방식에 따른 아라비카 품종별 아로마 전구물질의 비교

아로마 전구물질		품종	생두 내 함량 (g/100g, 건량 기준)		
			건식법	반건식법	습식법
당분	자당	옐로우 버번	-	10.0	10.9
		레드 카투아이	-	11.7	9.9
		루비	-	12.0	9.2
		토파즈	-	12.7	8.5
	환원당	옐로우 카투아이	0.94	0.52	0.14
	총 당분	옐로우 카투아이	7.98	7.54	8.98
질소 화합물	카페인	옐로우 버번	-	1.13	1.05
		레드 카투아이	-	1.13	1.26
		루비	-	1.21	1.19
		토파즈	-	1.43	1.16
	트리고넬린	옐로우 버번	-	0.09	0.89
		레드 카투아이	-	0.78	0.92
		루비	-	0.74	0.80
		토파즈	-	0.92	0.85
		레드 카투아이	1.17	1.13	1.37
	총 유리 아미노산	레드 카투아이	1.15	0.76	0.67
	총 단백질	레드 카투아이	10.6	11.7	12.5
폴리페놀	3-카페오일 퀸산	옐로우 버번	-	0.40	0.50
		레드 카투아이	-	0.44	0.53
		루비	-	0.45	0.42
		토파즈	-	0.54	0.38
		레드 카투아이	0.42	0.41	0.49
	총 폴리페놀	레드 카투아이	3.49	3.64	3.81

라. 발효 미생물과 향미 변화

커피 열매 가공 과정 중 서식하는 미생물을 세부적으로 살펴보면, 습식법이든 건식법이든 가공 과정 중에 다양한 미생물이 관여하게 된다. 이때 주로 장내세균류, 초산균류, 젖산균류, 효모류 및 곰팡이류가 증식하게 된다. 이러한 미생물들은 가공 과정 중에 커피 열매의 펙틴질과 점액질의 탄수화물(당분)을 이용하여 대사를 이어간다. 이때 다양한 대사물질들이 분비되어 생두와 커피의 향미에 때로는 부정적, 때로는 긍정적 영향을 미치게 된다.

[그림 4-14]는 습식과 건식 가공 시 커피 열매 단계별 미생물의 분포도와 변화를 나타낸 것이다. 그림에서 보듯이 수확된 커피 열매 표면에 서식하는 미생물은 대부분 호기성 그람 음성 세균류가 지배종으로 나타난다. 이때 장내세균류(*Klebsiella pneumoniae*), 초산균류(*Gluconobacter* spp.)와 토양세균류(*Dyella kyungheensis*)가 주를 이루고, 그 외 소수의 젖산균인 류코노스톡 메센테로이데스(*Leuconostoc mesenteroides*) 및 류코노스톡 슈도메센테로이데스(*L. pseudomesenteroides*)가 분포한다. 효모류에는 피치아 클루이베리와 피치아 퍼멘탄스가 가장 많이 분포하는 것으로 나타난다. 그러나 발효 과정을 거치면서 미생물 천이(succession)가 일어나 상기 미생물의 분포도가 달라져 류코노스톡 메센테로이데스, 류코노스톡 슈도메센테로이데스 및 효모류가 지배종으로 나타난다. 그 외 효모류(칸디다, 한세니아스포라, 피치아, 사카로마이세스 바실라시스)는 적게 나타난다.

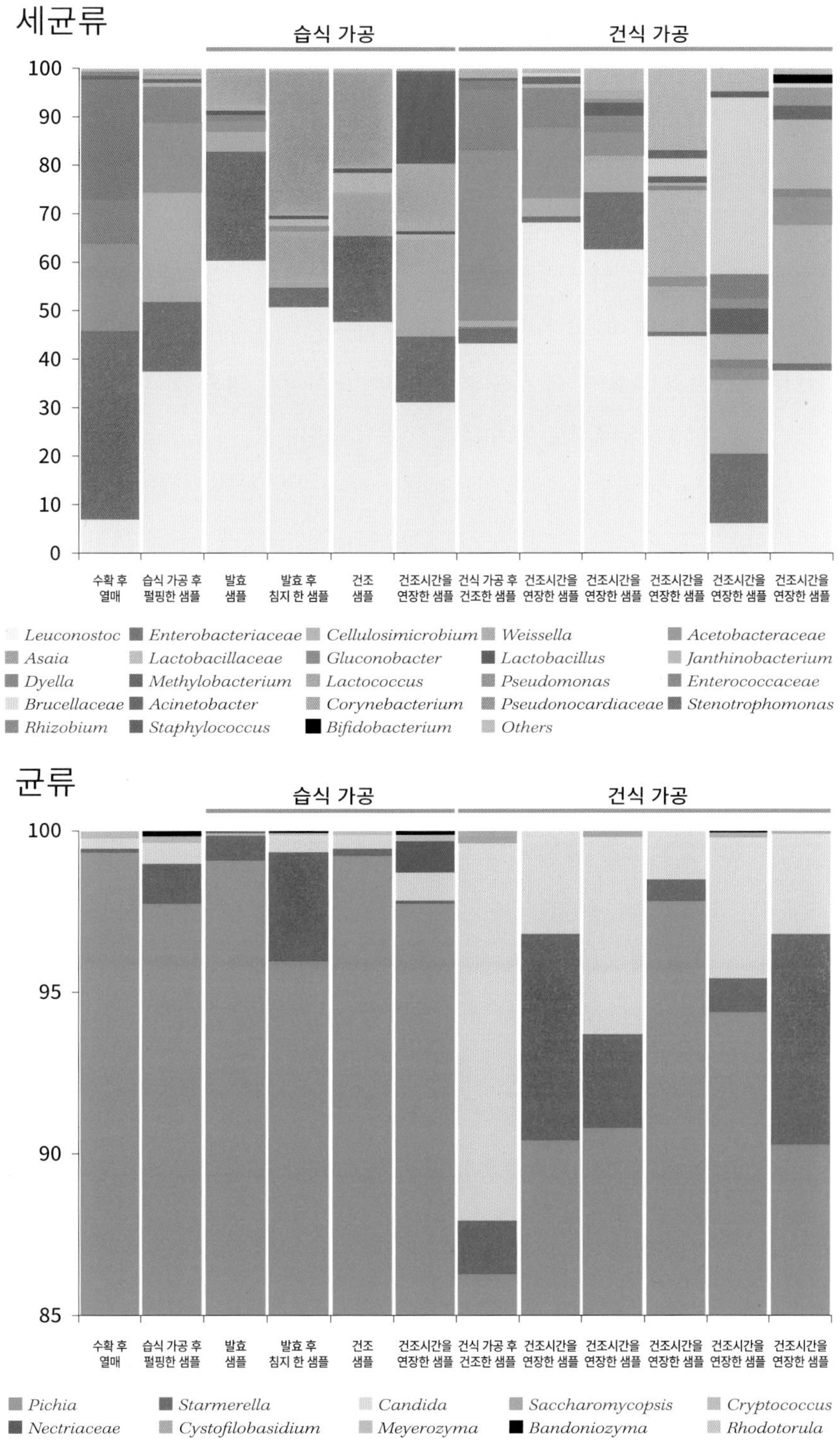

[그림 4-14] 커피 열매 가공 과정 중 미생물의 분포도

[그림 4-15]는 커피 열매 가공 과정과 효모 대사물질의 변화를 나타낸 것이다. 주요 미생물은 효모류(피치아 귈리아몬디, 피치아 아노말라, 클루이베르마이세스 막시아누스, 사카로마이세스 세레비지에)와 젖산균류(류코노스톡 메센테로이데스, 락토바실러스 플란타럼, 락토바실러스 브레비스) 등이다. 이러한 미생물들이 대사 과정 중 분비하는 향기 성분들이 커피의 향미에도 영향을 미친다.

상기 언급된 효모류는 자신의 효소(펙틴 메틸에스터라아제, 펙틴 리아제, 폴리갈락투로나아제)들을 이용하여 점액질에 분포하는 주요 탄수화물인 펙틴을 포도당, 람노오스, 아라비노오스와 갈락투론산으로 분해 후 이 성분을 이용하여 대사를 통해 향기 성분을 발현시킨다. 물론 단백질과 자당 분해를 통해서도 향기 물질을 생성시킨다.

점액질 성분을 이용한 발효를 통해 일차적으로 생성되는 성분은 에탄올, 아세트알데히드와 초산 등이다. 그 외 에스터류, 고급 알코올류, 알데히드류, 케톤류와 털핀류도 생성되며, 이 중 에스터류가 가장 많이 생성된다. 에스터류는 커피에 꽃 향과 과실 향을 풍기는 성분으로 특히 일부 효모류(피치아 퍼멘탄스, 피치아 귈리아몬디, 칸디다 파랍실로시스, 사카로마이세스 세레비지에, 토룰라스포라 델부뤼키, 야로리아 리포리티카)가 에스터를 많이 생성한다. 에스터류 중에 일부(에틸 아세테이트, 이소아밀 아세테이트, 프로필 아세테이트, 에틸 카프로산, 노르말 부틸 아세테이트)는 커피에 열대과실 향을 풍긴다. 젖산균 역시 에스터류(에틸 아세테이트, 에틸 이소뷰티르산, 헥실 아세테이트)를 분비하여 커피의 아로마에 영향을 미친다.

그리고 효모는 발효 중에 에얼리히(Ehrlich) 대사 경로 중 아미노산 대사를 통해 다양한 고급 알코올류(1-부탄올, 이소부탄올, 1-프로판올, 2-페닐에탄올, 이소아밀알코올, 2,3-부탄디올, 2-메틸-1-부탄올)도 생성한다. 그리고 점액질에는 다양한 아미노산류(류이신, 발린, 페닐알라닌, 트레오닌, 이소류이신)가 존재한다. 그러나 고급 알코올류는 일반적으로 역치가 높아 커피 향미와의 연계성은 아직 명확히 밝혀진 바는 없다.

커피 열매 발효 중에 생성되는 케톤류 중 디아세틸이 대표적이며, 이 성분은 커피에 버터 향을 부여한다. 털핀류(베타시트로네올, 라나룰, 게라니올, 알파털피네올)는 커피 열매 발효 중에 효모의 배당체 분해 효소(베타글루코시다아제)에 의해 생성된다. 일부 효모(사카로마이세스 세레비지에, 토룰라스포라 델부뤼키, 한세니아스포라 우바리움)는 메발론산 대사 경로를 통해 털핀류를 생성하기도 하며 이 물질은 원두에서도 확인된다. 알데히드류는 고급 알코올류와 에스터류의 전구물질로서 중요한데, 특히 아로마가 강한 2-메틸-2-부텐알과 아세트알데히드는 효모가 사멸하면서 분비되는 물질로 커피에 꽃 향과 과실 향을 풍긴다.

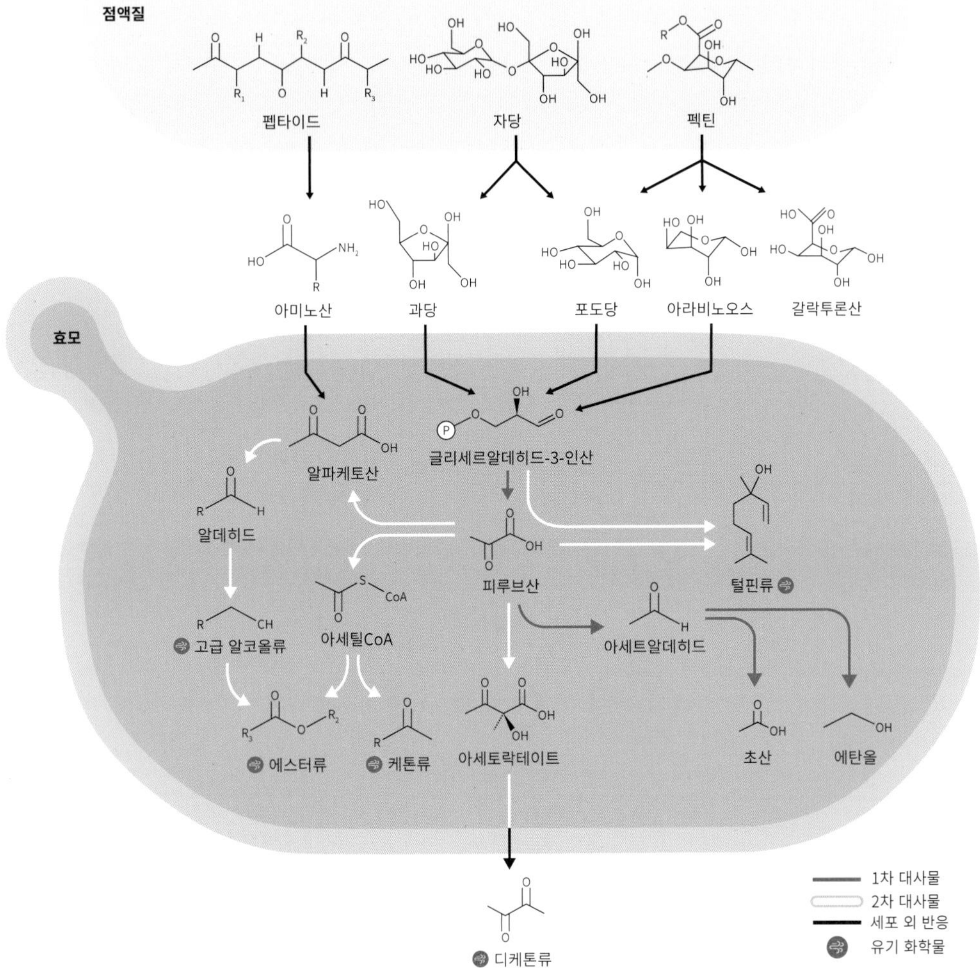

[그림 4-15] **커피 열매 가공 과정과 효모의 대사물질**

마. 커피 열매의 아로마와 생두·원두·커피 아로마와의 연관성

커피 열매의 주요 아로마 성분은 탄화수소류, 고급 알코올류, 알데히드류, 케톤류, 산류, 에스터류, 락톤류, 황화합물류, 퓨란류 및 페놀류 등이다. 이 중 알데히드류와 알칸류가 가장 풍부하게 함유되어 있다. 물론 산지에 따라 알데히드류와 알칸류의 구성 비율은 다르게 나타난다.

생두는 다소 불쾌한 맛을 부여하고 커피 아로마는 주로 로스팅 과정을 통해 발현된다. 그리고 커피 아로마 중에 일부만이 커피 열매에서 확인된다. 특히 원두의 주요 아로마인 헤테로고리 유기화합물은 커피 열매에서는 검출되지 않는다. 350종류의 헤테로고리 유기화합물(피롤류, 퓨란류, 피라진류, 티아졸류, 옥사졸류, 티오페놀류, 이미다졸류) 중에 2-메톡시-3(2-메틸프로필) 피라진만이 커피 열매에서만 검출된다. 로스팅 과정에서 생성된 아로마 성분은 대부분 생두의 아로마 전구물질(탄수화물, 지질, 단백질, 유리 아미노산)에서 유래된 것이다 [그림 4-16].

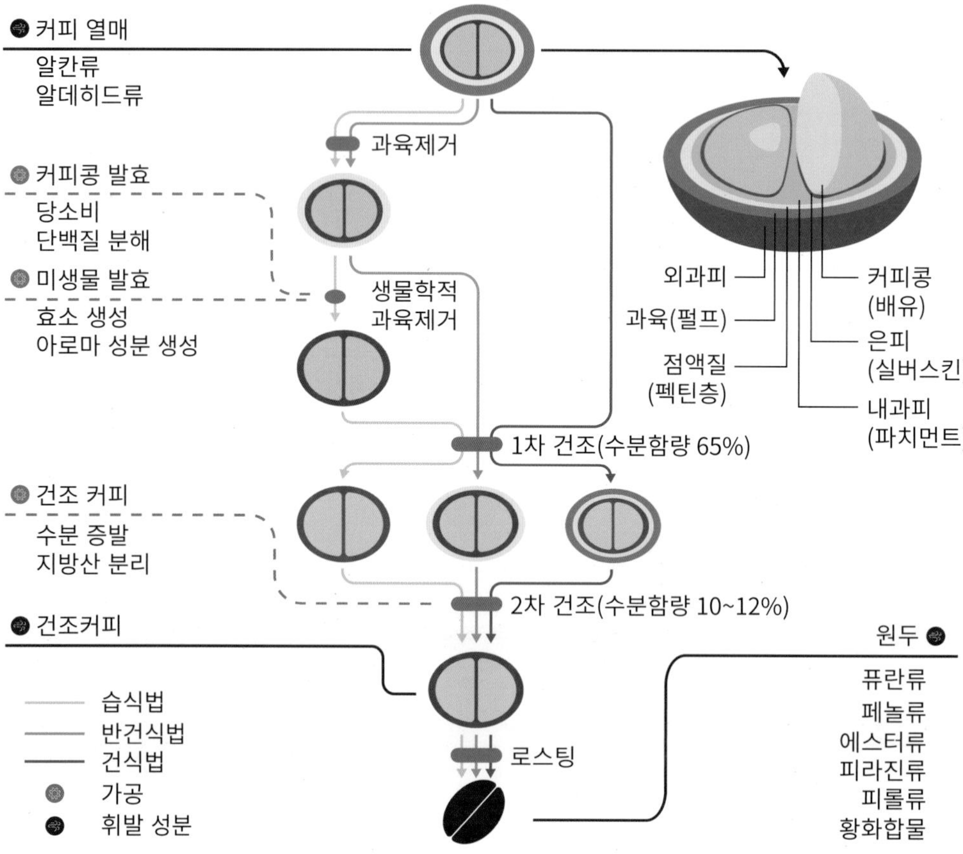

[그림 4-16] **열매, 생두, 원두의 대사와 생성 아로마**

[표 4-7]은 커피 열매, 생두와 원두에 함유된 향기 성분을 나타낸 것이다. 생두의 일부 성분(헥산알, 이소아밀 알코올, 1-헥산올, 1-펜탄올, 2-헵탄올, 1-옥텐-3-올, 벤질알코올, 벤즈알데히드)은 로스팅 과정에서 손실된다. 또 일부 성분(감마 뷰틸로락톤, 리나룰, 과이어콜, 피리딘, 푸르푸랄, 5-메틸 푸르푸랄, 1-메틸피롤, 베타다마세논)은 커피 열매, 생두와 원두에 공통으로 존재한다. 이들 성분은 커피에 풋내를 나타낸다. 그리고 열매에서 나타나는 일부 성분(지오스민, 2,4,6-트리클로로아니졸, 페놀, 4-헵텐알)은 미성숙 열매에서만 확인된다.

앞서 언급한 바와 같이 아라비카 커피와 로부스타 커피 간의 가장 큰 차이점은 카페인 함량이며, 향기 성분으로는 로부스타 품종 특유의 2-메틸이소보르네올(흙냄새) 성분이다. 또 습식 가공된 커피는 건식 가공된 커피보다 산미가 높고 아로마가 강하며 당도(포도당, 과당)는 낮은 것이 특징이다. 이는 습식 가공은 혐기적 조건에서 발효되기 때문에 당 대사(알코올 발효, 젖산 발효)가 다르고 커피 열매 발효 과정에서 미생물 대사산물이 다르기 때문이다. 또 습식 가공에서는 아미노산(아스파라긴산, 글루탐산, 알라닌) 함량이 많은데 이는 발효 과정 중 단백질의 분해에 따른 것이다. 반면에 감마 아미노뷰티르산은 건식 가공을 통해 더 많이 축적되는데 이는 건조 과정 중 건조 시간이 길어 건조 스트레스 때문에 생성된 것이다. 이런 이유로 건식 가공과 습식 가공에 따른 향미 특성 차이를 아미노산과 당 농도의 함량으로 구별하기도 한다.

전반적으로 생두와 원두에는 알데히드류, 케톤류, 알코올류, 유기산류, 에스터류 및 털핀류는 공통으로 검출되지만 질소(피라진류, 피롤류 등) 또는 황 함유 화합물(티올류 등)은 대부분 원두에서만 확인된다. 이는 질소 또는 황 함유 화합물은 로스팅 과정을 거쳐야 다량 생성되는 물질이기 때문이다.

[표 4-7] 커피 열매·생두·원두에 함유된 향기 성분

향기 성분		관능	출처
산류	초산	신맛	열매, 생두, 원두
	뷰티르산	신맛, 치즈 향	원두
	이소뷰티르산	신맛, 치즈 향	열매, 원두
	헥산온산	지방 향, 치즈 향	생두, 원두
	노나온산	왁스 향, 치즈 향	열매, 생두, 원두
	데카온산	곰팡이취, 지방취	원두
	안식향산	페인트취, 발사믹 향	생두, 원두
	이소발레르산	신맛, 유제품 향	열매, 원두
	발레르산	신맛, 부패취	생두
알데히드류	아세트알데히드	과실 향	생두, 원두
	벤즈알데히드	과실 향, 견과류 향	열매, 생두, 원두
	헥산알	풋내, 지방 향	열매, 생두, 원두
	옥탄알	감귤류 향	생두, 원두
	노난알	감귤류 향	열매, 생두

	2-메틸부탄알	풋내, 맥아 향	열매, 원두
	뷰티르알데히드	코코아 향	생두, 원두
	3-메틸부탄알	코코아 향, 맥아 향	열매, 원두
	바닐린	단향	생두, 원두
	2-페닐-2-부탄알	곰팡이취, 꽃 향	원두
	2-페닐 아세트알데히드	꿀 향, 단향	생두
에스터류	에틸 아세테이트	과실 향, 포도 향	생두, 원두
	이소아밀 아세테이트	바나나 향	생두, 원두
	에틸 카프로산	파인애플 향, 단향	생두
	헥실 아세테이트	배향, 사과 향	생두
	에틸 뷰티르산	과실 향	생두, 원두
	이소부틸 아세테이트	사과 향, 바나나 향	생두
	에틸 이소뷰티르산	과실 향	생두
	에틸 옥타논산	크림 과실 향	생두, 원두
	프로필 아세테이트	과실 향	생두, 원두
	프로필 뷰티르산	과실 향	원두
	페닐 아세테이트	꽃 향	원두
	디에틸말론산	파인애플 향	원두
	에틸 옥탄온산	크림 과실 향	생두, 원두
	메틸 아세테이트	과실 향	열매, 원두
	메틸 살리실산	민트 향	생두, 원두
	메틸 팔미트산	왁스 향	생두, 원두
	에틸 팔미트산	과실 향, 발사믹 향	생두, 원두
퓨라논류	3-하이드록시-4,5-디메틸-2(5*H*)-퓨라논	커리 향	열매, 원두
	4-하이드록시-2,5-디메틸-3(2*H*)-퓨라논	캐러멜 향, 과실 향	열매, 원두
	2,5-디메틸-4-하이드록시-3(2*H*)-퓨라논	캐러멜 향	원두
	4-메틸-5-에틸-3-하이드록시-2(5*H*)-퓨라논	조미료 향, 버터 향	원두
	5-메틸-2(5*H*)-퓨라논	-	생두, 원두
	디하이드로-2-메틸-3(2*H*)-퓨라논	과실 향	원두
퓨란류	푸르푸랄	아몬드 향, 빵 향	생두, 원두
	5-메틸푸르푸랄	캐러멜 향, 단향	열매, 생두, 원두

	푸르푸릴 알코올	캐러멜 향, 단향	열매, 생두, 원두
	푸르푸릴 아세테이트	단향, 바나나 향	생두, 원두
	푸르푸릴 프로판산	-	원두
	푸르푸릴 포름산	에테르 향	원두
	푸르푸릴 프로피온산	단향, 풋내	원두
고급 알코올류	이소아밀 알코올	바나나 향	열매, 원두
	이소부틸 알코올	에테르 향	열매
	1-옥텐-3-올	풋내, 오일 향	열매
	벤질 알코올	꽃 향, 과실 향	열매, 생두, 원두
	2-페닐에틸 알코올	장미 향	열매, 생두, 원두
	1-펜탄올	단향, 발사믹 향	열매
	1-헥산올	과실 향, 알코올 향	열매
	2-헵탄올	레몬 향, 허브 향	열매, 생두
	노르말 부탄올	오일 향	열매, 생두, 원두
	3-메틸-1-펜텐올	과실 향, 코코아 향	생두
	트랜스-3-헥센올	풋내	원두
	2,3-부탄디올	크림 향, 버터 향	원두
	1-데칸올	오렌지 향	원두
	1,2-프로판디올	단향	원두
	1-프로판올	코코넛 향	생두, 원두
탄화수소류	펜탄	휘발류취	열매
	톨루엔	단향	열매, 생두, 원두
	에틸벤젠	휘발류취	열매, 생두
	스틸렌	꽃 향, 단향	열매
	테트라데칸	왁스 향	열매, 생두
	펜탄데칸	왁스 향	열매, 생두
케톤류	아세토인	버터 향, 크림 향	열매, 생두, 원두
	2-부탄온	에테르 향, 과실 향	원두
	2,3-부탄디엔온	버터 향, 크림 향	열매, 생두, 원두
	2-메틸-3-펜탄온	민트향	생두, 원두
	2-펜탄온	단향, 과실 향	원두
	2,3-펜탄디엔온	버터 향	원두
	1-하이드록시-2-프로판온	캐러멜 향	생두, 원두
	1-하이드록시-2-부탄온	맥아 향	생두, 원두

	1-(아세틸옥시)-2-프로판온	우유 향, 견과류 향	생두, 원두
	1-(아세틸옥시)-2-부타판온	-	생두, 원두
	2-노난온	코코넛 향	열매, 생두, 원두
	3-하이드록시-2-부탄온	크림 향, 버터 향	열매, 원두
	2-헵탄온	과실 향, 허브 향	생두
락톤류	감마 뷰티로락톤	지방 향, 버터 향	열매, 생두, 원두
	베타 뷰티로락톤	지방 향, 버터 향	원두
	감마 헥사노락톤	크림 향, 바닐라 향	생두
	감마 노나노락톤	코코넛 향	생두
페놀류	과이어콜	페놀 향, 향신료 향	열매, 생두, 원두
	4-비닐과이어콜	정향, 밤꽃 향, 클로버 향	열매, 원두
	4-에틸과이어콜	정향, 밤꽃 향, 클로버 향	생두, 원두
	4-비닐페놀	약품취, 페놀 향	생두, 원두
	페놀	고무 향, 플라스틱취	열매, 생두, 원두
	3-메틸페놀	나무 향, 고무 향	생두, 원두
	4-메틸페놀	약품취	생두, 원두
피라진류	피라진	자극적인 향	생두, 원두
	2-메틸피라진	견과류 향, 볶은 향	열매, 생두, 원두
	2,5-디메틸피라진	견과류 향, 볶은 향	생두, 원두
	2,6-디메틸피라진	볶은 향, 견과류 향	열매, 생두, 원두
	2-디에틸피라진	볶은 향, 견과류 향	생두, 원두
	2,3-디메틸피라진	볶은 향, 견과류 향	생두, 원두
	2-에틸-6-메틸피라진	볶은 향, 헤이즐넛 향	생두, 원두
	2-에틸-5-메틸피라진	커피 향	원두
	2-에틸-3,5-디메틸피라진	로스팅 향, 흙냄새	원두
	2-메톡시-3-이소부틸피라진	곰팡이취, 견과류	생두, 원두
	2-에테닐-3,5-디메틸피라진	곰팡이취, 흙냄새	원두
	2,3-디에틸-5-메틸피라진	볶은 향, 코코아 향	원두
	2,3-디에틸피라진	녹색피망 향, 견과류 향	원두
	2,3,5-트리메틸피라진	견과류 향, 흙냄새	원두
피리딘류	피리딘	쉰 향, 생선 향	열매, 원두
	3-에틸피리딘	캐러멜 향, 볶은 향	원두
	2-메톡시피리딘	차 향, 풋내	생두
	2-아세틸피리딘	옥수수 향, 견과류 향	생두, 원두

	2-아미노-5-메틸피리딘	-	원두
	3-피리디올	-	원두
피롤류	1-메틸피롤	나무 향, 허브 향	열매, 원두
	2-아세틸피롤	곰팡이취, 견과류 향	생두, 원두
	2-포밀피롤	곰팡이취, 커피 향	생두, 원두
	3-메틸피롤	나무 향, 허브 향	생두, 원두
	2-메틸피롤	나무 향, 허브 향	생두
	1-푸르푸릴피롤	곡류 향, 빵 향	생두, 원두
	2-포밀-1-메틸피롤	로스팅 향	원두
	인돌	좀약취	생두, 원두
	1-*H*-피롤	단향, 견과류 향	원두
	1-*H*-피롤 카르복시알데히드	견과류 향	원두
티올류	메탄티올	마늘 향, 유황 향	원두
	2-퓨란메탄티올	볶은 향	원두
	3-메틸-2-부텐티올	아민 향	원두
	2-메틸-3-퓨란티올	고기 향	원두
	2-푸르푸릴티올	로스팅 향, 깨볶은 향	원두
	디메틸 설파이드	토마토 향	열매
	벤조티아졸	볶은 향, 견과류 향	생두
	푸르푸릴 메틸설파이드	마늘 향	원두
	3-에틸-2-포밀티오펜	견과류 향, 단향	원두
	2-포밀티오펜	-	원두
털핀류	라나룰	오렌지 향, 레몬 향	생두, 원두
	리모넨	단향, 오렌지 향	열매, 생두, 원두
	알파 털피네올	감귤류 향, 레몬 향	열매, 원두
	베타시트로네올	풋내, 장미 향	원두
	베타미어신	망고 향, 나무 향	생두, 원두
	베타다마세논	꿀 향, 과실 향	열매, 생두, 원두
	게라니올	꽃 향, 장미 향	원두
	멘톨	멘톨 향	생두, 원두

CHAPTER 05

생두의 물리화학적 특성

1. 개요
2. 생두의 물리화학적 특성과 영향 요인
3. 불량 생두의 이미 이취
4. 생두의 보관과 향미 변화
5. 생두의 등급

05 생두의 물리화학적 특성

1. 개요

커피 열매는 다양한 가공 처리 방식에 따라 생두가 만들어지게 된다. 생두는 일차적으로 커피 열매의 대사 과정 중에 생성된 물질들이며 그 조성이 다양하다. 또 아라비카종과 로부스타종의 생두는 재배 환경, 물리화학적 성분 등에서 서로 차이가 난다. 일반적으로 아라비카 품종은 단맛과 부드러운 맛이 특징적이고 로부스타 품종에 비해 품질이 더 우수하게 평가된다.

[표 5-1]은 가공 방식에 따른 아라비카종과 로부스타종 생두의 주요 조성 변화를 나타낸 것이다.

[표 5-1] 아라비카와 로부스타종 생두의 구성 성분

구성 성분	함량(%, 건량 기준)		가공 방식에 따른 구성 성분 변화
	아라비카종	로부스타종	
카페인	0.6~1.5	2.2~2.8	변화 없음
트리고넬린	0.8~1.05	0.3~0.7	습식법에서 다소 감소
클로로겐산류	5~7.5	7~10	구성 성분과 함량의 변화
아민류	0.007~0.011	0.002	가공법에 따라 다소 차이
펩타이드류	8.7~9.6	9.2~9.7	변화 없음
단백질	0.34~0.95	0.30~0.59	-
지방	15.0	10.0	습식법에서 증가
탄수화물(합계)	56.0	55.5	
-자당	6.2~8.3	1.3~4.9	변화 없음

-포도당	0.01~0.45	0.01~0.5	습식법에서 매우 감소
-과당	0.02~0.4	0.2~0.55	
-만난	22.0	22.0	습식법에서 증가
-셀룰로오스	6.7~7.8	7.8~8.7	
-아라비노갈락탄	14.0	17.0	

커피 열매 가공 후 생두의 각 조성을 살펴보면, 탄수화물의 경우는 만난, 갈락탄, 글루칸 및 아라반으로 구성되어 있으며 전체 생두 무게의 50%를 차지한다. 그리고 아라비카종에서는 지질, 단백질, 당분(주로 자당)과 산분(주로 클로로겐산)이 각각 16%, 11%, 8%, 7%를 차지하는 반면, 로부스타종에서는 각각 10%, 11%, 4%, 10%를 차지한다. 또 생두는 카페인과 트리고넬린을 1~2%가량 함유하고 있다.

한편, 생두의 구성 성분은 열매가 7단계(꽃대 · 팽창 · 과피 성장 · 배유 형성 · 고형분 축적 · 성숙) 성장을 거치면서 생성된 물질들이다. 성숙 단계에서는 열매의 색상이 녹색, 핑크색 또는 적색 등으로 구분된다. 열매의 과피는 클로로필 색소로 인해 미성숙 시기에는 녹색을 띠지만 클로로필 색소가 분해되고, 카로티노이드 색소가 많아지면서 황색으로 변하게 된다. 이후 열매가 성숙 단계에 접어들면 안토시아닌 색소가 축적되면서 적색으로 변하게 된다.

보통 5㎏의 커피 열매에서 약 1㎏의 생두를 얻을 수 있다. 그리고 건식 또는 습식 가공된 생두의 수분 함량은 9~13% 수준이며, 생두 보관 중에 수분 활성도와 안정성에 영향을 미친다. 보통 건식 가공 로부스타종(베트남)에서 수분 함량이 높게 나타난다. 일반적으로 보관과 수송에 적합한 생두의 수분 함량은 12.5%가 최적이며 그 이상이면 미생물 오염에 노출되기 쉽다.

아라비카종(브라질, 콜롬비아, 과테말라, 탄자니아)과 로부스타종(인도네시아, 베트남)생두의 조성 차이를 예를 들어 살펴보면 [그림 5-1]과 같다.

잘 알려진 대로 아라비카종은 로부스타종보다 자당이 많고 이 자당은 커피 향미 성분의 전구물질로서 중요한 역할을 한다. 이런 이유로 커피 애호가는 아라비카 커피가 로부스타 커피보다 쓴맛이 덜하고 맛이 좋아 선호한다. 아라비카종 중에서도 특히 콜롬비아와 탄자니아 품종이 자당이 더 많은 것으로 나타난다. 로부스타종은 커피 열매 형성 초기 단계에서 자당 분해 효소와 산 분해 효소의 활성이 강해 열매 성숙 단계에서 자당을 합성하는 능력이 떨어지고 산이 많이 분해된다.

그리고 구연산, 사과산 및 트리고넬린은 로부스타종에서보다 아라비카종 생두에서 더 많이 확인된다. 로부스타종 중에 구연산은 베트남 품종에서보다 인도네시아 품종에서 더 많이 검출되기 때문에 구연산은 인도네시아와 베트남산 로부스타 품종을 구별하는 기준이 된다. 카페인, 콜린과 클로로겐산은 로부스타종에서 더 많이 검출되며, 인도네시아 품종에서 베트남산 품종보다 카페인이 더 많이 확인된다.

또 카페인은 중미(과테말라) 지역에서보다 남미(브라질, 콜롬비아)와 아프리카(탄자니아) 지역의 생두에 더 많이 함유되어 있다. 남미 지역에서도 브라질산 생두가 과테말라산보다 카페인이 더 많이 확인된다. 콜린 성분은 커피에 비교적 다량 함유된 물질로 아라비카종 생두에 더 많다. 이 성분은 메틸그룹의 대사에 필요한 성분이며 유방암 감소에도 효과가 있는 것으로 알려져 있다.

카페오일 퀸산은 아라비카종에서보다 로부스타종 생두에서 더 많이 분석된다. 특히 5-카페오일 퀸산의 경우 아라비카종에서는 브라질산 생두에서 가장 많이 검출되고 콜롬비아산에서 가장 낮게 확인된다.

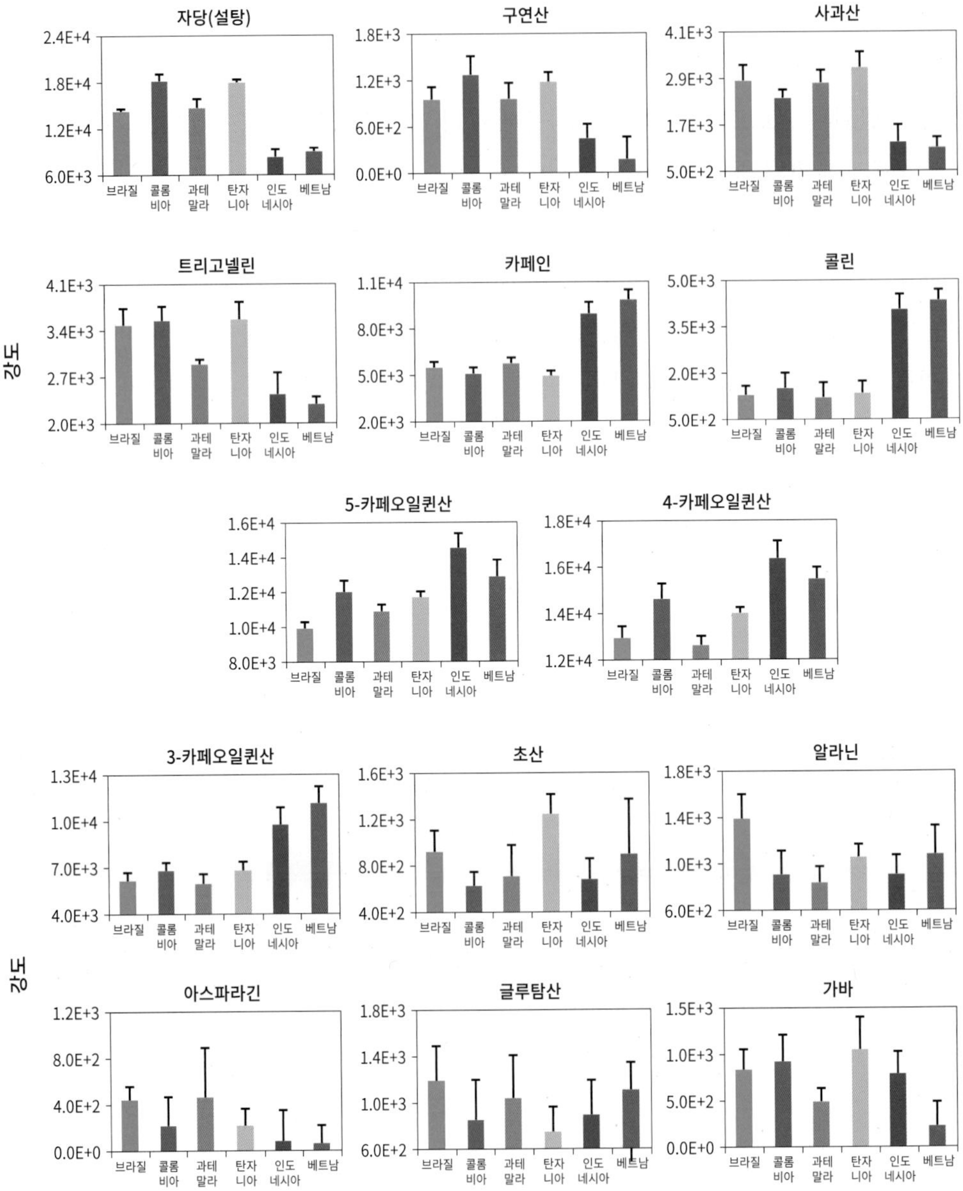

[그림 5-1] 원산지별 생두의 조성 특징

2. 생두의 물리화학적 특성과 영향 요인

최근 소비자의 커피 품질에 관한 관심이 증가하는 반면 커피 시장은 전체적으로 공급 과잉과 품질 저하로 요약된다. 그간 대규모 커피 농장들이 소규모 농장으로 전환되고 새로운 커피의 과도한 재배 및 중간 유통 업체들의 등장이 커피의 질과 가격을 저하시키는 요인으로 지목된다. 따라서 가성비 좋은 커피 구매를 위해서는 생산자와 소비자 모두 생두의 품질 지표와 평가 방법에 대해 이해가 필요하다.

생두 품질에 영향을 미치는 주요 요소는 유전자 형질, 환경, 재배 방법 및 저장 조건 등이며, 각 요인의 주요 특성을 살펴보면 다음과 같다.

가. 유전적 요인

유전적 요인은 생두의 크기, 형태, 색상, 화학적 구성 성분 및 향미 특성에 가장 큰 영향을 미친다.

1) 크기·모양

각 생두마다 크기, 형태와 밀도는 다르다. 예로서 아라비카 생두는 로부스타 생두보다 크기가 크고 밀도가 높다. 100개의 아라비카 생두는 18~22g, 로부스타 100개는 12~15g 수준이다. 이와 같은 생두마다 크기와 모양이 다른 것은 생두가 보유하고 있는 유전자 형질과 환경에 영향을 받은 것이다. 비정상적인 생두는 콜롬비아 생두의 경우 커피 품종에 따라 0.7~8.7%까지 다양하게 나타난다.

보통 생두 가격은 생두 크기와 연관이 있어 크기가 작은 생두는 저가에 판매된다. 그러나 크기가 큰 생두가 커피 품질이 반드시 좋다는 의미는 아니다. 오히려 로스팅 시 생두 크기보다는 생두의 크기 균일성이 더 중요하다. 즉 작은 생두는 타기 쉽고 반대로 큰 생두는 제대로 볶아지지 않는다. 그늘진 재배지에서 자란 커피콩의 크기가 큰 것이 일반적이지만 같은 그늘진 곳에서 재배된 품종이라도 품종의 유전자 특성에 따라 커피콩 크기가 다르다. 예를 들면 카티모르 품종이 카투라 품종보다 커피콩이 20%가량 더 크다. 이는 카티모르 품종이 그늘진 재배 환경에 더 잘 적응한 것으로 추정하고 있다.

2) 색상·조성

각 생두는 다른 색상을 띠는데 로부스타는 짙은 갈색을 띠는 반면 아라비카는 푸르스름한 색상을 띤다. 그러나 아라비카 품종 간에는 색상 차이가 거의 없다.

그리고 로부스타종은 카페인이 1.6~2.4%, 아라비카종은 0.9~1.2%를 함유하며, 최대 함량은 로부스타종은 2.5% 이하, 아라비카종은 1.3% 이하가 좋다.

3) 향미

커피 품종 간에는 향미 차이가 크며 이러한 차이는 유전 형질보다는 환경에 더 큰 영향을 받는다. 순수 육종된 커피 품종 간에는 유사한 재배 환경에서는 커피 향미 차이가 거의 없다.

나. 환경적 요인

1) 기후·고도·밀도

커피 재배를 위한 적당한 기후는 위도와 고도에 달려 있다. 고도가 100미터 높아질수록 온도는 0.6℃씩 낮아진다. 또 습도와 강수량 역시 커피나무의 성장에 영향을 준다. 해일과 냉해도 생두의 품질에 영향을 미치며, 가뭄과 병충해도 생두 품질을 떨어뜨리는 요인이 된다. 그리고 높은 온도와 습도 환경에서 열매의 급격한 성장은 커피 향미와 열매 성분 구성에 부정적인 영향을 준다.

고도가 커피 품질에 영향을 미치는 사실은 이미 잘 알려져 있다. 특히 아라비카 커피의 산미는 고도와 밀접한 연관이 있는데, 이는 온도가 낮고 고도가 높을수록 자외선을 더 강하게 받을 수 있기 때문이다.

일부 국가(과테말라, 코스타리카, 엘살바도르, 온두라스, 멕시코)에서는 높은 고도에서 커피를 재배하며 이러한 커피는 산미가 높고 향기가 풍부하다. 그리고 높은 고도에서 재배된 생두는 푸르스름한 녹색을 띠며 크기가 크고 센터컷은 로스팅 후 좁아지는 형태를 띤다. 한편으로는 너무 높은 고도는 커피 열매의 은빛 녹색을 띠는 껍질과 산미가 낮은 열매가 되어 커피 잎이 일그러지고 탈색의 원인이 되기도 한다.

2) 밀도

생두의 조직이 치밀하고 밀도가 높을수록 고품질이며 커피 향미가 풍부한 좋은 커피가 만들어진다. 생두의 밀도는 재배 지역의 고도와 밀접한 관계가 있는데, 예를 들어 고도 1,000~1,800미터 정도의 높고 서늘한 고지대에서 자란 생두의 조직은 단단하고 치밀하여 밀도가 높다. 반면 온난한 기후에서 자란 저지대 생두 조직은 덜 단단하고 밀도가 낮다. 대부분의 생두의 밀도는 1.10~1.30g/ml 수준이다.

3) 수분

커피 열매는 수정 후 6~16주 기간 동안 수분이 충분히 공급되지 못하면 빈 생두(empty bean)가 형성되며 생두 역시 그 크기가 매우 작게 된다.

4) 토양·서리·해일

토양은 커피 품질과 생두 크기에 영향을 미친다. 즉 블루마운틴을 우간다 또는 케냐에서 재배하면 자메이카에서와 같은 커피 품질이 나타나지 않는다. 이는 토양 등의 환경적 요인이 영향을 미치기 때문이다. 따라서 새로운 커피 품종을 재배할 때는 지역의 토양 등 환경에 적합한지 사전에 시험 재배가 필요하다. 그리고 생두의 조직은 서리와 해일에 영향을 받으면 검은 색상의 생두가 되기 쉽고 상품 가치가 떨어지게 된다.

다. 재배 방법

생두의 품질은 생두의 평균 무게가 주요 지표인데 비옥한 토양은 생두의 크기가 크고 우수한 커피 품질이 된다. 그러나 재배 시 질소를 과도하게 사용하면 수확량은 높일 수 있으나 생두의 밀도와 질이 떨어지게 된다. 또 과도한 질소 시비는 카페인 함량을 늘려 커피의 쓴맛이 강해진다. 그러나 카페인과 클로로겐산의 함량은 토양의 미네랄 성분(인, 칼슘, 칼륨, 마그네슘)과는 관련이 없다. 아연이 적은 생두는 커피의 색상이 회색을 나타낸다. 그리고 생두 내 과도한 칼슘과 칼륨의 농도는 쓴맛과 거친 맛을 유발할 수 있다. 또 생두 내 칼륨의 농도가 0.11%를 초과하거나 칼륨의 농도가 1.75%를 초과하면 커피 품질에 부정적인 영향을 미치는 것으로 알려져 있다.

라. 차광

그늘진 재배지에서 자란 생두는 품질이 우수한데 이는 생산량이 적기 때문이다. 커피나무는 다른 식물과는 다르게 과도하게 열린 열매를 주기적으로 제거하지 않는다. 그래서 과도하게 열린 열매로 인해 영양분이 부족하게 되고 곤충이 열매를 공격하여 미성숙 생두가 되기 쉽다. 커피나무가 햇빛에 과도하게 노출되면 과숙 열매의 원인이 된다. 한편 그늘진 곳에서 재배된 생두가 커피 품질에 미치는 영향이 제한적이라는 일각의 견해도 있다.

마. 수확 방법

커피 열매의 성장 마지막 단계에서는 클로로필 색소가 감소하고 다른 색소(카로티노이드, 안토시아닌)가 합성되며, 떫은맛을 부여하는 페놀 성분은 감소한다. 반면 향기 성분(에스터류, 알데히드류, 케톤류, 알코올류 등)이 증가하는 현상이 나타난다. 즉 성숙한 열매만이 최적의 커피 향과 맛, 품질에 유리하다.

미성숙 또는 녹색 열매는 무게가 적게 나가고 지방 성분이 적어 수확량이 줄고 향미가 약해진다. 또 이러한 열매들은 탈색된 색상을 나타내고 커피에 거친 쓴맛을 주며, 성숙한 열매에서보다 카페인의 함량이 높게 나타난다. 그리고 미성숙 열매와 부분적으로 성숙한 열매 등을 서로 섞어 커피를 만들면 품질이 떨어지므로 반드시 피해야 한다.

커피 열매 수확 시 성숙한 열매(적색·황색)를 먼저 선별 수확한다. 그다음 부분적으로 성숙한 열매를 수확 후 녹색 열매는 마지막에 수확하는 것이 올바른 수확 방법이다. 수확된 커피 열매는 기후 조건에 따라 다르지만 쉽게 변질되므로 수확 후 이른 시일 안에 적절한 가공 방법으로 처리해야 품질 저하를 막을 수 있다.

바. 수확 후 커피 열매의 가공 방법

이미 설명한 바와 같이 수확 후 열매를 가공하는 방법은 건식, 습식 및 반습식법 등이 대표적이다. 습식 가공의 경우는 사전에 가공할 열매를 선별해야 하고 성숙한 열매만을 골라 과육질과 점액질을 제거 후 세척 과정을 거쳐야 한다. 이를 통해 커피의 쓴 성분을 줄일 수 있다. 건식법의 경우는 열매 선별 작업 없이 가공이 이루어져 잡균 번식으로 인해 향미에 부정적인 영향을 미치기도 한다. 반습식법은 물 사용을 최소화하면서 생두의 질을 높이는 장점이 있다.

1) 과육 제거

커피 열매에서 기계적으로 과육을 제거하는 작업은 열매 수확 후 재배지 기후에 따라 다르지만 보통 8~20시간 내에 가능한 한 빨리하는 것이 중요하다. 이때 적절한 과육 제거 장비를 사용하여 열매의 이화학적, 생리적 특성을 유지하여 생두의 정상적인 품질을 유지할 수 있다.

2) 점액질 제거

내과피에 부착된 점액질 제거는 발효를 통해 이루어지는데 그 기간은 열매 가공 방법(건식·습식)에 따라 다르다. 그러나 발효 기간이 너무 길면 미생물 오염에 따라 프로피온산과 뷰티르산이 생성되어 양파취를 유발하고 불량두(stinker bean)가 생길 수 있다. 물론 이러한 불량두는 과육 제거가 늦거나 더러운 물을 사용했을 경우에도 생긴다. 점액질 제거는 발효법 외에 기계적(점액질 제거기) 또는 화학적(수산화나트륨) 방법을 이용하기도 한다. 습식법을 이용하면 생두 내 쓴 성분이 제거돼 커피의 향미가 개선되는 것으로 여러 문헌에 보고되고 있다.

3) 세척·침지

커피 열매는 발효 후 점액질 찌꺼기 등 부유물 제거를 위해 세척 과정을 거친다. 이때 발효 과정이 완전히 이루어지지 않으면 내과피의 잔류물이 남아 미생물 오염을 유발하여 얼룩진 커피콩이 되며 곰팡이취를 풍긴다. 점액질이 제거된 열매는 반드시 청결한 물로 씻어야 미생물 오염을 방지할 수 있다.

세척된 커피콩은 이후 침지 과정을 거치는데, 이때 폴리페놀류와 디털핀류 제거로 인해 쓴맛을 부분적으로 저감화할 수 있어 습식 가공이 생두 품질에 유리할 수 있다.

4) 건조

건조 과정은 생두 보관 중에 미생물 오염 방지를 위해 생두의 수분을 52%에서 12% 수준으로 감소시키는 꼭 필요한 과정이다. 이때 커피 열매는 햇빛이나 기계적인 방법으로 건조한다. 햇빛 건조는 보통 열매를 바닥에 2.5~5cm 두께로 쌓아 말리며, 기계를 이용할 경우에는 가스불 대신 열교환기를 사용하여 생두의 스모키 향을 방지한다.

고품질의 케냐산 생두는 열매의 수분이 20% 될 때까지 햇빛에 예비 건조한 후 나머지 수분은 기계적인 방법으로 건조하는 방식을 이용한다. 이와 같은 햇빛 건조는 열매를 자외선에 일정 시간 노출시켜 생두 품질을 높이고 원하는 색상을 얻기 위해서다. 이때 햇빛 건조는 강력한 햇빛이 드는 지붕 위는 피하며 쟁반을 이용하는 것이 일반적이다.

기계식 건조 때에는 아라비카의 경우 열매의 효소와 화학적 반응으로 인한 품질 저하 방지를 위해 45℃를 초과하면 안 된다. 반대로 로부스타의 경우는 초기 건조 온도를 85~95℃에서 시작하여 건조 말기에는 50~60℃에 낮춰 좀 더 어두운 색상을 띠게 한다.

5) 훌링·탈곡·선별

훌링(hulling)은 내과피를 제거하는 과정이며, 탈각(husking)은 건조된 열매의 모든 껍질을 제거하는 과정이다. 훌링 과정에서는 건조가 과도하게 건조되거나 훌링 장비가 올바로 조절되지 않으면 열매가 깨지기 쉽다. 또 열매의 수분도가 너무 높으면 커피 열매에 상처가 날 수도 있다. 그리고 불량두를 선별하는 방법(수작업, 기계 작업, 자외선법)에 따라 문제 있는 생두를 골라내는 과정을 거치게 된다. 선별 작업 시 약간의 물을 이용하여 특수 장비를 이용하는 방식이 있는데, 이를 통해 생두의 쓴맛을 감소시키고 외관을 개선하는 효과를 볼 수 있다. 일본 커피 시장에서는 이러한 생두를 선호하는 것으로 알려져 있다.

3. 불량 생두의 이미 이취

가. 개요

커피 열매 가공 과정을 통해 얻은 생두에는 일부 불량두가 생기게 된다. 이 불량두는 결함이 있는 생두이며 그 원인은 한 가지 이상인 경우도 많고 산지마다 그 원인도 제각각이다. 불량두는 로스팅 시작 전 수작업이나 기계를 이용하여 선별하지 않으면 커피 향미에 부정적인 영향을 미치므로 정상두에 흡입되지 않도록 주의해야 한다. 정상두는 소비자가 커피를 마실 때 만족감을 느끼지만, 수확 과정과 가공 과정(발효·건조·탈곡·보관)에서 발생하는 이러한 불량두는 커피 맛이 좋지 않다. 불량두는 가공 과정에서도 발생하지만, 대부분 수확 과정에서 발생한다.

시장에서 커피의 가치는 여러 요소에 의해 좌우되며 특히 물리적 가치와 관능적 가치가 가장 중요하다. 물리적 가치란 생두의 품질을 말하는 것으로 불량두는 물리적 가치와 관능적 가치를 모두 떨어뜨리는 요인이 된다. 따라서 재배 방법부터 건조 과정까지 표준화된 매뉴얼에 따라 생두를 만들지 않으면 불량두는 항상 발생할 수 있다. 각 불량두의 종류와 생성 요인을 살펴보면 보면 다음과 같다[그림 5-2].

① 흑두: 대표적인 결점두로 커피 생두가 무광택의 검은색으로 변한 것으로 재배 지역의 기후 또는 잘못된 수확 방법을 사용할 때 발생한다. 그 외 수확 후 급격한 발효, 잘못된 건조 또는 건조 후 수분이 재흡수되면 발생한다.

② 쉰 생두: 발효를 과도하게 하면 커피콩이 짙은 갈색으로 변하면서 쉰생두가 된다. 이러한 과발효는 커피열매가 수확 전 땅에 떨어졌을 때나 수확 후 과도한 열에 노출되었을 때 또는 건조 시간이 과도할 때도 나타날 수 있다.

③ 미성숙 생두: 미숙성 생두는 은피가 배유에 강하게 붙어있는 상태로 광택 나는 녹색을 띤다.

④ 벌레 먹은 생두: 이 불량두는 벌레 먹은 생두로 곰팡이의 침투가 쉬워 보통 땅에 떨어지는 경우가 많다.

⑤ 깨진 생두: 이 불량두는 수확 후 이송하면서 깨진 것으로 생두의 수분이 11% 이하일 때 더 쉽게 깨질 수 있다.

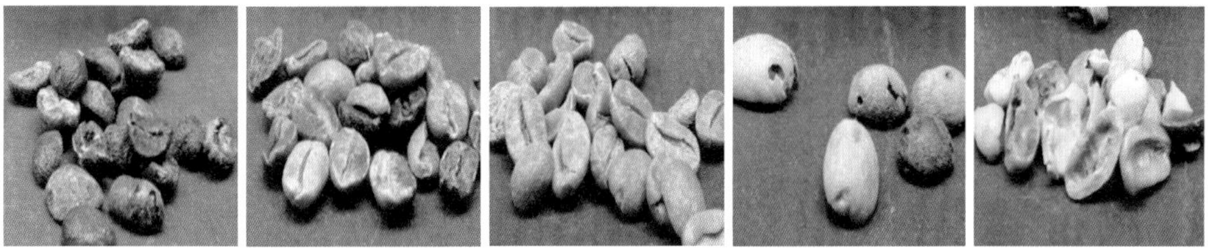

흑두 쉰 생두 미성숙 생두 벌레 먹은 생두 깨진 생두

[그림 5-2] **불량 생두의 종류**

일반적으로 불량두는 생두 1,000개(300~500g)를 표본으로 불량두와 이물질의 개수를 기준으로 분류한다. 나라마다 생두의 분류 기준이 다른데, 주로 불량두를 기반으로 결정하고 상품성을 판단한다. 불량두에서 나타나는 일반적인 이취 성분은 2,4,6-트리클로로아니졸(역치 0.001μg/L, 곰팡이취), 2-메틸이소보르네올(역치 0.0025μg/L, 곰팡이취) 및 지오스민(역치 0.005μg/L, 흙냄새)이 대표적이다. 이들 물질은 역치가 매우 낮아 적은 농도로도 쉽게 감지된다. 생두 불량두의 형태는 보통 5가지 유형으로 구분한다. 불량두의 세부적인 특징을 세부적으로 살펴보면 다음과 같다.

① 이물질

생두에 이물질(돌멩이, 잔가지, 흙덩어리, 금속 등)이 섞여 있는 상태로 생두 세척 과정이나 체질 또는 금속 제거기를 통해 미리 제거해야 한다.

② 겉껍질 · 외피

이 성분은 내과피 조각, 껍질 조각, 말라 버린 열매 등이며 보통 체질이나 공기를 통해 제거한다.

③ 온전치 않은 생두 형태

이 불량두는 파인 생두, 파편 조각 생두, 깨진 생두 등을 말하며 육안이나 밀도계를 이용하여 분리한다.

④ 외관상 비정상적인 생두 모양

이 불량두는 흑두, 주름진 미성숙 생두 및 연한 녹색 생두 등을 말하며 육안으로 확인 후 수작업으로 분리가 가능하다.

⑤ 이미 이취 유발 불량두

이 불량두는 로스팅된 커피 관능상의 결점을 나타내며 다른 정상적인 생두의 오염을 유발할 수 있다. 썩은취, 악취와 곰팡이취를 풍기는 생두 등이 대표적이다.

나. 불량두의 생성 원인과 물질

불량두의 주요 생성 원인과 물질 그리고 불량두가 커피 향미에 미치는 영향을 살펴보면 다음과 같다(Espresso Coffee, 2005).

1) 연한 녹색 미성숙 불량두

연한 녹색과 금속색을 띠는 불량두는 미성숙 열매 수확이 원인이다. 이러한 불량두는 정상두와 같은 형태를 보이지만 미성숙한 생두이다. 아라비카종과 로부스타종 모두에서 떫은맛과 금속취를 동반한 쓴맛이 두드러지게 나타나게 된다. 미성숙 불량두의 쓴맛과 떫은맛의 원인 물질은 각각 과도한 디클로로제닉산과 5-카페오일 퀸산으로 문헌에 보고되고 있다.

한편으로는 미성숙 커피 열매는 생두 내 트립토판의 함량이 많은 것이 특징적이다. 이 성분은 여러 과정을 거치면서 인돌(좀약취)과 메틸인돌로 변환되어 커피에 부정적인 아로마를 풍긴다[그림 5-3].

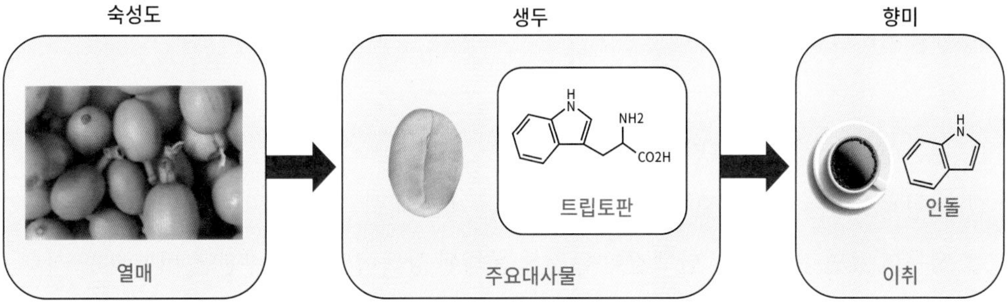

[그림 5-3] 미성숙 커피 열매와 이취 생성

보통 한 녹색 미성숙 불량두가 15% 이상 혼입되면 커피 맛을 저해하는 것으로 알려져 있다. 이러한 불량두는 건조 과정이 40℃에서 진행되면 발효가 쉽게 일어나 검정~녹색 미성숙 생두로 변하기도 한다. 연한 녹색 미성숙 불량두의 특성을 세부적으로 살펴보면 다음과 같다.

① 연한 금속 녹색을 띠는 은피 색상
② 금속 맛과 떫은맛이 특징적이고 일부 아미노산 맛을 내기도 한다. 에스프레소 커피에서는 이러한 불량두가 1% 이상 혼입되면 커피 마실 때 부정적인 맛을 느낌
③ 커피콩 표면에 은피가 잘 부착된 형태
④ 성숙한 생두보다 세포벽이 얇고 셀룰로오스 함량이 낮음.
⑤ 성숙한 생두에 함유된 자당이 없음.
⑥ 성숙한 생두에 함유되어 있지 않은 아라비노오스의 존재
⑦ 성숙 과정에서 트립토판으로부터 생성되는 세로토닌의 부재
⑧ 성숙한 생두(7%)보다 클로로겐산의 함량이 높음(17%).
⑨ 지질 함량의 감소
⑩ 올레산의 감소 및 리놀레산의 증가
⑪ 올레산/스테아린산의 비율이 1 이하

2) 검정~녹색 미성숙 불량두

검정~녹색 미성숙 생두는 미성숙 생두를 높은 온도(40℃ 이상)에서 건조하거나 노출시켰을 때 나타나는 현상이다. 이러한 생두는 검은 은피 색상과 떫은맛을 동반한 부패한 생선취를

풍기게 된다. 주원인 물질은 시스-4-헵탄알(*cis*-4-heptanal)이며 이는 리놀레산의 자동산화로 생성된 것이다.

① 검은 은피 색상과 주름진 형태
② 외형적으로는 미생물 오염이 없는 상태지만 세포 내의 구성 성분은 엉겨 있는 상태
③ 생두의 표면층 세포 내 단백질이 완전히 분해된 상태이며 중심 부분은 비어 있는 상태
④ 지방 분해 효소의 활성화에 따른 세포 내 지질의 부재
⑤ 낮은 밀도

3) 흑두

흑두는 커피콩의 배유가 부분적으로 또는 완전히 검게 된 생두를 말한다. 이러한 불량두는 커피나무에서 열매가 과숙되거나 낙화한 열매에서 나타나는 현상이다. 그 외 생두 가공 과정에서도 나타날 수 있으며 이때 효모 또는 곰팡이(아스퍼질러스, 페닐실리움)가 영향을 미친다. 흑두가 10% 이상 함유되면 커피 맛은 거칠고 재 냄새가 나게된다. 이 불량두는 현미경으로 관찰하면, 생두의 표면은 셀룰로오스의 효소적 분해에 따라 미네랄성 크리스털로 둘러싸인 미세한 기공으로 덮인 것을 알 수 있다. 또 은피가 쉽게 벗겨지고 로스팅 과정에서 2차 크랙이 진행되지 않고 이취와 신맛을 동반하게 된다.

4) 쉰내 불량두

쉰내를 내는 불량두는 과발효로 인해 생성된 것으로 신맛이 강하게 나타난다. 이 불량두는 다양한 색상을 띠는데 보통 커피콩의 내외부가 전체적으로 황색 또는 적색을 띠게 된다. 이러한 불량두는 로스팅이 균일하지 못하게 된다.

5) 구린내 불량두

구린내 나는 생두는 과발효된 생두에서 나타나는 현상으로 형태는 정상으로 보이지만 부패취를 풍기게 된다. 이 불량두의 일부는 커피콩의 배아 부분이 손실된 상태이고 세균과 곰팡이에 오염된 경우가 많다. 구린내를 풍기는 대표적인 원인 물질인 디메틸 설파이드와 디메틸 디설파이드는 아라비카종의 경우 그 농도가 각각 0.60㎎/kg, 0.40㎎/kg 수준으로 정상두(0.30㎎/kg, 0.15㎎/kg)에 비해 높게 나타난다. 또 젖산균 발효 시 생성되는 단 사슬 지방족 에스터

류와 산류도 구린내와 관련이 있다. 이때 젖산균 수는 106/g 수준이다.

6) 리오이 불량두

리오이(Rioy) 불량두는 재배 시 곰팡이나 세균에 오염된 경우 또는 수확 후 건조 과정이 너무 느리게 진행된 경우 발생한다. 또 건조 장소의 토양이 미생물이나 2,4,6-트리클로로아니졸(2,4,6-trichloroanisole, TCA)에 오염된 경우에도 나타나는 현상으로 약품취 또는 요오드취를 풍긴다. TCA는 2,4,6-트리클로로페놀(2,4,6-trichlorophenol)에서 생성된 것이다. 이 불량두는 브라질 리오이 지역에서 자란 커피 품종에서 처음 발견된 이래 다른 지역과 품종에서도 발견되곤 한다. 주요 원인 물질은 2,4,6-트리클로로아니졸로서 보통 역치(1~8ng/L) 이상으로 존재하며 그 농도도 매우 낮아 적은 농도로도 쉽게 느껴진다. 리오이 불량두에는 다양한 곰팡이류(아스퍼질러스, 퓨사리움, 페니실리아, 라이조푸스)와 세균류(락토바실러스, 스트렙토코커스)가 서식하며 이로 인해 생두의 세포 구조도 변하게 된다. 리오이 불량두의 특징은 다음과 같다.

① 외관상으로는 정상두와 차이가 없음.
② 미성숙 열매에서는 리오이 불량두는 나타나지 않음.
③ 곰팡이와 세균에 의한 셀룰로오스의 분해
④ 정상두보다 콩의 부피와 두께는 작고 밀도는 낮음.
⑤ 생두 내부(퓨사리움, 슈도모나스, 효모)와 외부에는 곰팡이류(아스퍼질러스 베르시컬러, 왈레미아 세비)가 서식함.
⑥ 폴리페놀 산화효소의 활성이 낮음.
⑦ 용해성 페놀류와 단백질의 함량이 낮음.
⑧ 고분자 단백질(64,000~150,000 달톤)은 없는 반면 저분자 단백질(9,000 달톤) 농도는 높음.

7) 흰색 얼룩 불량두

흰색 얼룩 불량두는 일종의 백화 현상으로 스트렙토코커스 세균에 의한 발효가 원인이며 저장 기간이 너무 길거나 과도한 습도 조건에서 발생할 수 있다. 이러한 불량두는 아로마가 약하고 쓴맛과 나무취를 풍긴다.

8) 곰팡이 불량두

곰팡이 불량두는 부적절한 습기가 많은 상태에서 건조하거나 저장할 때 발생할 수 있다. 보통 곰팡이 또는 효모가 105/g 존재하면 퀴퀴한 냄새를 유발하며 지오스민(흙냄새, 곰팡이취)이 주요 원인 물질로 알려져 있다. 이러한 불량두는 회백색을 띠며 콩 표면, 은피와 센터컷 부분이 곰팡이(아스퍼질러스 타마리, 아스퍼질러스 나이거, 아스퍼질러스 오크라셔스, 아스퍼질러스 플라버스)로 덮여 있는 것을 알 수 있다. 공생균으로 슈도모나스 세균도 동반되어 나타나기도 한다.

9) 흙 맛 불량두

흙 맛 불량두에서 흙 맛을 풍기는 물질로는 2-메틸이소보르네올(2-methylisoborneol)이며, 이 성분은 방선균인 악티노마이세스, 남세균인 시아노박테리아, 효모류 및 곰팡이류(퓨사리움, 지오트리쿰, 유로티쿰, 아스퍼질러스)에 의해 생성되는 대사물질이다. 특히 로부스타 커피에서 흙냄새를 풍기는 원인 물질이다. 이러한 불량두는 갈색부터 검은색까지 다양하게 나타나며, 미생물에 의한 오염은 콩 표면이나 센터컷에서는 나타나지 않고 항상 은피 부분에서만 발생한다.

이 성분의 역치는 물에서 1~100ng/L로 매우 낮다. 보통 아라비카 커피에서보다 로부스타 커피에서 2-메틸이소보르네올의 농도가 3배가량 높게 나타난다. 이는 로부스타 커피에서 풍기는 아로마가 품종 자체도 영향을 미치지만 악티노마이세스, 시아노박테리아 및 곰팡이류 등에 의한 오염 요소가 큰 영향을 미치게 된다. 최근에는 로부스타 품종에서 2-메틸이소보르네올을 제거하는 방법이 개발되어 있다.

10) 콩 냄새 불량두

이 불량두는 중앙아프리카 아라비카종에서 나타나는 것으로 2-이소프로필-3-메톡시피라진(2-isopropyl-3-methoxypyrazine)이 원인 물질이다. 이 성분은 물에서 역치가 0.1㎎/L이며 커피 열매가 장내 세균(엔테로박테리아세아)에 오염되면 나타난다. 정상두에서는 2-이소프로필-3-메톡시피라진의 농도가 70~90㎎/L인 반면, 불량두에서는 2,500㎎/L까지 검출되기도 한다. 이 불량두는 외관상 정상두와 유사하지만 풋내 등 이취가 강하게 풍기는 것이 특징이다.

11) 브라질산 불량두

이 불량두는 브라질산 미성숙 생두, 시큼한 생두 및 흑두 등을 말한다. 미성숙 콩은 미성숙 열매에서 비롯되며, 시큼한 콩은 성숙 열매, 미성숙 열매를 노지 또는 부적절한 가공 과정에서 비롯된다. 시큼한 생두는 미생물 증식이 원인이고, 흑두는 과숙된 열매를 발효하면서 생겨나는 현상이며 부적절한 커피 재배로 인해 탄수화물의 부족으로 발생하기도 한다. 흑두는 불량두에서 차지하는 비율이 적은 편이지만, 커피의 품질 저하와 높은 오클라톡신 A로 인해 건강상의 문제를 유발하기 때문에 불량두로서 특별히 주의해야 한다.

불량두 중에 리오 이미 이취(Rio off flavor)를 풍기는 성분(2-메틸이소보르네올, 2,4,6-트리클로로아니졸, 2,4,6-트리클로로페놀, 2-메톡시-3-이소부틸피라진, 지오스민, 2-메톡시-3-이소피로필피라진)은 커피 열매의 발효 과정 중에 미생물 발효에 의해 생성된 것이다. 이 성분들은 약품취, 페놀취 또는 곰팡이취를 풍기며 거친 커피 맛을 내게 하여 커피의 질을 떨어뜨린다. 또 불량두 중에 구린내를 풍기는 성분으로는 에틸 이소부탄온산(ethyl isobutanoate), 이소아밀 아세테이트(isoamyl acetate), 이소부틸아세테이트(isobutyl acetate), 에틸 부탄온산(ethyl butanoate), 에틸-2-메틸 부탄온산(ethyl-2-methyl butanoate), 노르말 헥실 아세테이트(*n*-hexyl acetate), 2-아세틸피라진(2-acetylpyrazine) 및 베타 리나룰(β-linalool)이 대표적이며 열매 발효 중에 부적절한 과육 제거 과정에서 발생한다. 다른 한편으로는 구린내를 풍기는 성분은 그 농도가 적을 때는 유쾌한 향을 내기도 한다.

그 외 생두 불량두에서 확인되는 성분은 2-메틸피라진(2-methylpyrazine), 2-푸릴메탄올 아세테이트(2-furylmethanol acetate), 뷰틸로락톤(butyrolactone), 벤즈알데히드(benzaldehyde) 및 2,3,5,6-테트라메틸피라진(2,3,5,6-tetramethylpyrazine) 등이다.

[표 5-2]는 브라질의 지역별 정상두와 불량두 간의 향기 성분의 차이를 나타낸 것이다. 불량두에서 두드러지게 높게 나타나는 성분은 알코올류, 카르복실산류, 에스터류 및 케톤류이며 전체 향기 성분의 함량도 정상두에 비해 높게 확인된다. 불량두에서 향기 성분이 더 많이 검출되는 이유는 생두의 생리적 변화, 기계적인 쇼크 및 미생물 작용에 따른 효소 반응 때문이다. 미성숙 생두는 정상두에 비해 성숙도만 다른 것이지만 검정 불량두는 정상두와는 가장 많이 다른 향기 성분 패턴을 보인다. 흑두와 시큼한 생두는 노지에서 건조할 때 미생물 감염으로 발생한 것이다.

[표 5-2] 정상두와 불량두 간의 향기 성분 비교

구분	지역 A(mg/L)				지역 B(mg/L)			
	정상두	흑두	미성숙두	쉰두	정상두	흑두	미성숙두	쉰두
● 알코올류(알코올 향 · 단향)								
3-메틸부탄올	9.3	미량	14.4	미량	7.6	-	37.8	5.9
펜탄올	-	7.7	미량	2.0	미량	6.6	미량	1.6
5-메틸헥산올	10.7	4.1	8.1	6.9	-	3.2	7.4	9.9
헥산올	3.9	10.3	4.6	1.9	1.9	4.8	3.0	0.7
3-옥탄올	-	-	미량	-	-	-	미량	-
1-옥텐-3-올	-	15.1	2.1	미량	-	14.7	2.1	3.0
2,3-부탄디올	32.2	미량	13.8	171	20.7	34.0	0.2	59.4
베타 리나룰	-	미량	9.9	3.9	-	23.1	4.0	2.4
사이클로헥산메탄올	-	-	-	3.3	-	-	-	-
2,3-부탄디올	27.1	미량	58.7	198	-	30.5	32.4	65.3
벤젠메탄올	미량	-	2.3	3.9	-	-	3.1	0.1
페닐에탄올	2.2	-	7.7	32.2	-	-	7.8	1.8
● 산류(쉰 향)								
초산	11.5	12.8	13.8	61.6	-	14.5	12.1	18.3
2-메틸프로판산	-	-	미량	14.1	10.4	-	-	미량
부탄온산	-	-	-	13.5	-	미량	-	-
3-메틸부탄온산	11.2	-	11.5	34.7	-	9.3	10.6	13.5
헥산온산	-	12.2	미량	10.1	-	11.6	미량	11.8
사이클로헥산카르복실산	-	-	-	11.6	-	-	-	-
● 에스터류(꽃 향 · 과실 향)								
2-메틸-3-메틸부틸부탄온산	-	-	-	3.8	-	-	미량	미량
살리실산 메틸	-	-	0.5	2.2	-	-	1.2	0.5
에틸-2-하이드록시벤젠산	-	-	미량	1.0	-	-	0.7	미량
2-페닐에틸아세테이트	-	-	-	0.8	-	-	-	미량
모노에틸 프탈레이트	-	-	-	-	-	-	-	-
디에틸 프탈레이트	1.9	-	0.9	0.6	-	미량	미량	미량
케톤류(버터 향)								
2-헵탄온	미량	10.0	미량	2.8	-	미량	미량	미량
1-메톡시프로판온	미량	-	1.6	3.7	-	미량	미량	미량

2-노난온	-	0.9	1.0	101	0.9	3.2	미량	미량
3-옥텐온	-	5.1	-	-	-	4.5	-	미량
2-운데칸온	-	-	-	3.2	-	미량	-	-
피라진류(로스팅 향 · 견과류 향)								
2,3,5-트리메틸피라진	-	-	-	2.7	-	-	-	2.0
2,3,5,6-테트라메틸피라진	-	7.9	미량	15.7	-	미량	-	3.7
2-메톡시-3-메틸피라진	미량	-	3.3	9.1	4.5	-	2.0	2.2
6-에테닐테크라하이드로-2,2,6-트리메틸-2*H*-피라놀	-	-	-	2.6	-	-	-	-
● 퓨란류(로스팅향)								
2-펜틸퓨란	-	294	-	43.2	-	189	-	76.4
5-에테닐테트라하이드로-α,α,5-트리메틸-2-퓨릴메탄올	미량	-	미량	133	미량	-	7.0	20.2
2-퓨릴메탄올	29.5	34.7	32.4	28.8	-	26.1	미량	-
알데히드류(풋내 · 견과류 향)								
헥산알	미량	175	미량	미량	18.6	219	미량	49.5
2-옥텐알	-	9.7	-	-	-	7.0	-	0.2
벤즈알데히드	미량	1.8	2.4	11.7	-	6.9	1.7	4.3
● 기타								
1-메틸-4-(1-메틸에틸)벤젠	-	-	미량	6.1	-	미량	-	-
3-에틸-2-메틸-1,3-헥사디엔	-	4.1	-	-	-	1.9	-	-
감마 뷰틸로락톤	-	-	17.0	42.2	-	미량	13.2	16.7
알코올류 합계	85.3	37.2	121.6	423.1	30.2	116.8	97.6	150.0
산류 합계	22.7	25.0	25.3	145.6	10.4	35.5	22.7	43.6
에스터류 합계	1.9	-	1.4	8.4	-	-	1.9	0.5
케톤류 합계	-	16.0	2.6	111.1	0.9	7.6	-	-
피라진류 합계	-	7.9	3.3	30.1	4.5	-	2.0	8.0
퓨란류 합계	29.5	329.2	32.4	204.5	-	214.9	7.0	96.6
알데히드류 합계	-	186.2	2.4	11.7	18.6	232.9	1.7	54.0
기타 합계	-	4.1	17.0	48.3	-	1.9	13.2	16.7

12) 불량두의 이미 이취 성분

각 불량두에서 확인된 이미 이취 성분의 특성을 살펴보면 다음과 같다.

피라진류는 로스팅 과정 중 마이얄 반응 또는 열분해에 따라 생성되는 물질이기 때문에 생두에서는 일반적으로 검출되는 성분은 아니다. 생두에서 이 성분이 검출되면 열매 건조 과정에서 햇빛에 노출이 된 것이다. 피라진류 중에 3-메톡시-3-메틸피라진은 정상두와 불량두 모두에서 확인되고 불량두에서만 일부 검출되는 경우도 있다. 2,3,5,6-테트라메틸피라진(장류 향)은 산지와 관계없이 흑두에서 공통으로 확인되는 물질로 흑두의 지표 성분이며 커피 품질을 저하하는 물질로 해석할 수 있다. 그 외 피라진류는 산지와 불량두 종류에 따라 검출 여부와 농도는 다르게 나타난다.

퓨란류의 경우는 정상두에서는 최대 41㎎/L가 검출되는 반면 흑두에서 215~329㎎/L로 가장 높은 농도를 보인다. 이는 건조 과정 중 노지에서 열매가 햇빛에 노출되어 지방산이 산화돼 다량 생성된 것이다. 퓨란류 중에 특히 2-펜틸퓨란(2-penthylfuran, 풋내)은 모든 검정 불량두에서 189~295㎎/L 수준으로 확인되며, 시큼한 불량두에서는 43~76㎎/L 수준으로 검출된다.

케톤류는 커피 아로마에 중요한 성분인데 불량두에서 검출되는 성분은 주로 지방산의 자동 산화에 의해 생성되는 지방족 케톤류이며 일부는 하이드로케톤(hydroketone)이다. 흑두에서 특히 지방족 케톤류가 높게 확인되며, 그중 3-옥텐-2-온(3-octen-2-one)은 시큼한 불량두의 지표 성분으로 판단한다.

피롤류와 피리딘류는 불량두에서 확인된 바가 없다. 페놀류는 불량두에서 검출되는 농도가 매우 적어 불량두의 특성을 나타내는 지표로 볼 수 없다.

알코올류는 정상두와 불량두 모두에서 확인되는 성분인데, 정상두(18~119㎎/L)에 비해 불량두(37~423㎎/L)에서 그 농도가 높게 확인된다. 알코올류 중에 고급 알코올 생성은 가공 과정 중 비정상적인 발효가 주요 원인이다. 알코올류 중에는 불량두의 지표 물질로 특정할 만한 성분은 없으나 리나룰(고수 향, 장미 향)이 정상두에 비해 그 농도가 높으면 불량두의 지표 성분으로 볼 수 있고 구린내 불량두에서 나타나는 성분 중 하나이다.

카르복실산류는 불량두에서 카프로산이 확인되며 특히 흑두와 시큼한 불량두에서 두드러지게 나타난다.

알데히드류는 정상두(1~21㎎/L)에 비해 흑두(160~233㎎/L)와 시큼한 불량두(11~54㎎/L)에서 높게 검출된다. 알데히드류는 알코올류의 산화에 의해 생성되는 물질이다.

에스터류는 불량두에서 확인되지만 그 농도가 미량이고 2-메틸-3-메틸부틸 부탄온산(2-methyl-3-methylbutyl butanoate)과 2-페닐에틸 아세테이트(2-phenylethyl acetate)는 불량두에서만 검출되는 성분으로 불량두의 지표 물질로 볼 수 있다.

그 외 불량두에서 검출되는 성분은 3-에틸-2-메틸-1,3-헥사디엔(3-ethyl-2-methyl-1,3-hexadien)이며, 흑두에서만 확인되기 때문에 흑두의 지표 물질로 간주할 수 있다.

4. 생두의 보관과 향미 변화

가. 개요

생두 보관은 생두가 지닌 본래의 특성을 최대한 보존하여 상품 가치를 극대화하는 데 그 목적이 있다. 생두는 보통 사일로나 보관 창고에서 포대(자루)에 보관한다. 저장 중의 생두는 살아 있는 생물체이기 때문에 호흡을 하게 된다. 올바른 생두 보관은 생두 본연의 특성을 일정 기간 유지하는 데 중요한 요소이다. 생두는 저장 시 적정 수분 함량 유지와 습도, 온도가 적당하면 안정적인 품질을 유지하기 때문에 품질 변화는 매우 느리게 진행된다. 이때 저장 공간은 환풍이 잘 되는 장소여야 하며 온도와 습도는 각각 20℃, 60%를 초과하지 않는 것이 이상적인 보관 조건이다. 햇빛은 가능한 차단되는 것이 좋으며, 형광등은 공간 환경에 따라 조절할 필요가 있다. 우리나라는 온도와 습도 변화가 다양하여 생두 보관에 주의해야 할 요소들이 많고, 특히 여름 장마철과 겨울철에는 습도 조절 문제가 있을 수 있다.

보통 보관할 생두는 내과피와 은피로 둘러싸여 있는데 대형 바이어나 도매업자는 생두를 내과피·은피가 붙어 있는 상태로 보관하다가 출하 시 탈곡·선별하여 재포장 후 소매업자나 소비자에게 판매하게 된다. 내과피는 생두의 건조를 방지하고, 주위 환경 스트레스 및 병해로부터 생두를 보호하는 역할을 한다. 따라서 장기 보관 때 내과피가 붙은 채로 생두를 보관하는 것이 품질 변화가 적다.

생두는 보관·운송, 편리성을 위해 일반적으로 포대로 포장하는데, 자메이카 블루마운틴의 경우는 실용적이지 않지만 브랜드 가치 관리 차원에서 나무통 포장을 하기도 한다. 생두 한 포대의 무게는 보통 60㎏짜리를 사용하지만, 콜롬비아 경우는 45~70㎏까지 다양하다. 포대에는 생두 품질을 판단할 수 있는 다양한 정보(농장 명칭, 상표, 품종, 등급, 생산 연도, 가공법·장소, 국가별 코드, 하역 장소 등)를 표시하며, 스페셜티 커피는 국가 명칭 뒤에 고유 브랜드

명을 부가적으로 표기하기도 한다.

생두 보관 시 상대 습도, 수분도, 온도 및 가스 구성 등 환경적 요인들이 생두 품질과 커피 향미에 영향을 미치는데 각 환경 요인을 살펴보면 다음과 같다.

나. 생두 생리 특성과 환경 영향

생두는 생리적 활성을 저장 중에도 유지하고 있고 저장 조건이 생두 생존력에 큰 영향을 미친다. 또 저장 중에 생성될 수 있는 독성 성분에 주의해야 하고 부적합한 저장은 커피 향미에 영향을 미치며, 소비자는 미세한 향미 변화에 민감하게 반응하므로 최적 조건에서 생두를 보관해야 한다.

1) 생두 생리

생두는 보관 과정에서 대기 중의 산소와 생두 내 영양소를 이용하여 호흡작용을 한다. 또 생두 내 수분을 이용하여 증산을 통해 휴면 기간 중에도 생리 활성을 유지하며, 이러한 활성은 가능한 보관 중에도 오래 유지되는 것이 중요하다. 이때 생두 내 수분과 보관 온도가 높아지면 생두 내에서 호흡이 가속화되며, 특히 생두 내 지방 성분이 변하면서 생두에 이취를 유발하게 된다.

2) 수분

생두의 수분 함량은 생두 보관 중 품질의 저하 속도를 좌우하는 첫 번째 요소이다. 생두의 수분 함량이 적다고 해도 생두가 주위의 습도를 흡수하는 특성 및 상대 습도와 균형을 맞추려는 특성(습도 평형)으로 인해 생두의 습도는 보관 과정에 항상 영향을 미치는 요소이다. 따라서 생두 보관 시 상대 습도와 생두의 수분 함량을 고려해서 보관 조건을 최적화하는 것이 중요하다. 생두의 수분 함량은 건식 가공된 경우와 습식 가공된 경우가 각각 11%, 12%가 적당하다. 수분 함량이 12% 이상일 경우 곰팡이와 세균의 번식 가능성이 커서 나무 맛 등 이미 유발과 탈색 등의 문제가 발생하게 된다. 보통 습도가 1% 증가할 때마다 생두의 수분 함량은 0.18% 증가하게 된다. 수분 함량이 9% 이하면 생두 색상에 변화가 나타나고 커피 향미에도 부정적인 영향을 미친다.

그리고 보관 공간의 바닥에 위치하는 생두 포대의 변질을 방지하려면 바닥을 방수 처리하는 것이 좋다. 또한, 저장 공간에는 생두 외 식품이나 화학물질을 같이 저장하면 안 된다. 생두 포댓자루는 폴리프로필렌 재질로 무취이면서 장기간의 저장에 유용하다. 그리고 생두 보관 때 상대 습도가 75%이면 생두 내 수분 함량이 15~16%가 되어 곰팡이가 번식하므로 상대 습도는 60% 이하를 유지해야 한다. 보통 아라비카종이 로부스타종보다 습기를 더 빨리 흡수하는 것으로 알려져 있다.

생두는 수분도에 따라 로스팅 때 발현되는 향기 성분의 종류와 농도는 달라진다. 보통 로스팅이 진행되면서 N-메틸피롤, 피리딘(로스팅 향), 3-머캅토-3-메틸부틸포름산(유황 향), 2,3,5-트리메틸피라진(로스팅 향), 2-에틸-3,5-디메틸피라진(감자 향)의 농도는 증가하는 현상을 보인다. 이러한 성분들은 특히 생두를 라이트 로스팅할 때 수분도가 낮을수록 그 농도가 높아지게 된다. 반면 다크 로스팅에서도 수분도가 낮을수록 2-에틸-3,5-디메틸피라진과 2,3,5-트리메틸피라진의 농도는 높아지지만 나머지 성분은 변화가 나타나지 않는다. 일반적으로 라이트 로스팅이 생두의 수분 함량에 따라 발현되는 향기 성분의 종류와 패턴이 다크 로스팅에서보다 영향을 더 많이 받는다. 이처럼 생두의 수분 함량과 로스팅 정도는 커피의 향기 성분 발현에 미치는 영향이 크기 때문에 실무에서는 생두 내 수분 함량에 따라 목표로 하는 커피 아로마 발현을 위해 로스팅 정도를 조정할 필요가 있다.

3) 온도

온도는 생두 보관 시 생두 품질을 좌우하는 두 번째 중요한 요소이다. 생두 수분 함량이 11% 이하라도 보관 온도가 35℃ 이상이면 6개월 후에 생두 품질은 저하된다. 반대로 수분 함량이 15% 이상이라도 보관 온도가 10℃이면 생두 품질은 일정 기간 유지된다. 따라서 생두의 보관 온도는 낮게 유지하여 생리대사와 호흡대사를 줄이는 것이 중요하다. 이때 생두 내 온도와 보관실의 온도 모두 중요하며 보관실 온도가 20℃ 이하면 생두 품질이 일정 기간 유지되는 것으로 문헌에 보고되고 있다.

생두 저장 초기(30~40일)에 발생할 수 있는 일부 변화는 생두의 풀 맛을 제거하는 데 유용하다. 특히 젖은 상태에서 내과피를 제거하여 건조한 습식 훌링 생두의 경우는 장기 저장(192일) 중에 생두 색상이 녹색에서 백색으로 탈색되는 경우가 있다. 이 경우 외관상 좋지 않고 커피 품질을 나쁘게 한다. 이때 저장 공간의 상대 습도가 80%를 초과하면 탈색은 더 빠르게 진행된다. 생두 탈색은 저장 온도, 습도, 빛 그리고 생두 수분 함량과 저장 기간이 영향을 미친다. 장기 저장 중의 생두 탈색을 예방하려면 생두 저장 온도는 10℃, 습도는 52~67% 유지돼야 하는 것으로 알려져 있다.

그러나 생두의 이러한 탈색 현상은 저장 기간보다는 포장 형태가 더 큰 영향을 미친다. 또한, 생두의 탈색은 생두 내 효소(폴리페놀 산화효소, 단백질 분해 효소)에 의해 물질의 효소적 분해도 관련이 있다.

일반적으로 생두는 1년 저장 후에는 흰색~황색으로 색상 변화가 나타나며 나무 향과 곰팡이취가 나며 신맛은 증가하게 된다. 이는 저장 중에 아미노산과 당분의 분해와 지질의 산화가 원인이며, 일부는 미생물(스트렙토코커스)에 의해 기인한 것이다. 습식 가공 생두나 반습식 가공 생두는 건식 가공 생두보다 저장 중 생두 품질의 변화가 크기 때문에 6개월 내 소진하는 것이 가장 좋다.

생두 저장 중 페니실리움과 아스퍼질러스 등 곰팡이 오염이 가장 큰 문제이다. 그중 페니실리움, 아스퍼질러스 오클라세스, 아스퍼질러스 나이거, 아스퍼질러스 카보나리우스, 아스퍼질러스 푸미가투스, 아스퍼질러스 타마리, 아스퍼질러스 플라버스, 발레미아 세비 및 유로튬이 대표적인 오염균이다.

이미 언급한 바와 같이 생도 저장 중에 영향을 미치는 요소는 습도, 온도와 저장 기간이며, 저장 기간이 짧을수록 불리한 저장 조건에서 품질 변화를 최소화할 수 있다. 예를 들면 저장 기간이 100일일 경우는 습도는 75% 이하, 온도는 30℃ 이하여야 한다.

4) 고도

낮은 고도(600미터)에서 보관된 생두는 높은 고도(1,600미터)에서 보관된 생두에 비해 저장 기간이 3개월가량 짧기 때문에 산업계에서는 고도에서 보관된 생두를 선호한다.

5) 저장 기간

생두 보관 기간은 그 기간이 길수록 생두 특성이 감소하는 현상이 나타나며 보통 생두 보관 기간은 1년 정도로 잡는다. 브라질산 생두는 경우에 따라서는 보관 기간이 4년가량 되는 것도 있는데 이러한 생두는 상품 가치가 현저히 떨어진다. 로부스타종의 경우 거친 향과 나무취 제거를 위해 6개월 보관 후 출하하는 경우도 있다.

다. 생두 보관 중의 문제점

생두에는 보통 해충이나 곰팡이가 번식하기 쉽다. 이로 인해 상품 가치가 떨어지고 소비자 건강상의 문제점을 유발하기도 한다. 해충은 생두 보관 시 가장 흔히 나타나는 문제점으로 커피 천공충(*Hypothnemus hampei Ferrari*)이 대표적이다. 이 해충은 생존력이 강하며 생두를 자연 건조 후 보관 시 수분 함량(13%)이 높을 경우에 흔히 생긴다. 특히 로부스타종을 자연 건조 후 보관하면 발생 빈도가 높다. 반면 습식 가공과 기계식 건조를 통해 만든 생두를 보관하면 번식을 현저히 줄일 수 있다. 커피 비구미(*Aracerus fasciculatus*)는 상대 습도가 80%, 온도가 25℃일 때 번식한다. 또 이 해충은 아라비카종에 번식을 더 쉽게 하는데 보통 생두 보관 3개월 후에 나타나며 로부스타종의 경우는 9개월 후에 나타난다.

생두 보관 중 나타나는 곰팡이는 주로 아스퍼질러스나 페니실리움 베루코섬(*Penicillium verrucosum*)이다. 이러한 곰팡이 번식은 보통 수분 함량이 15% 이상, 상대 습도 75% 이상일 때 나타난다. 그리고 곰팡이 번식에 따라 커피 향미의 질이 떨어지고 아플라톡신 또는 오클라톡신 등 독성 성분을 유발할 수 있다. 곰팡이 독소는 생두가 손상되었거나 과숙한 생두를 자연 건조하는 경우 발생 빈도가 높은 것으로 알려져 있다. 따라서 곰팡이 번식을 예방하기 위해서는 생두 가공 시 기계식 건조를 이용하며 자연 건조 때에는 생두를 얇게 펼치고 자주 섞어 주어야 한다. 그리고 생두 수분 함량을 15% 이하로 낮추고 상대 습도는 70% 이하로 유지해야 한다. 또한, 보관실의 통풍이 가능하게 하는 것도 중요하다.

라. 커피 품질에 미치는 영향

생두 보관이 부적절할 경우 발생하는 커피 이미 이취는 다양하며, 특히 생두 수분 함량이 13%인 생두를 장기간 마대(자루)를 재사용한 경우 나타난다. 이때 커피 맛은 변질된 맛이 특징적이다. 그 외 발생하는 커피 이취는 곰팡이취, 흙냄새, 양파취(프로피온산) 등이며 생두의 색상 변화도 나타난다. 생두 보관 시 용기는 마대, 사일로 및 컨테이너 등을 사용하는데, 각 용기는 장단점이 있기 때문에 생두 보관 공간의 상황에 따라 적절히 선택해야 한다.

마. 향기 성분 변화

생두 저장 기간 동안 이취가 발생할 수 있으며 이는 커피의 향기에 부정적인 영향을 미치게 된다. 콜롬비아산 아라비카 원두(수분 함량 11.75%)를 9개월 동안 저장한 연구 결과를 보면 다음과 같다.

우선 베타다마세논(꿀 향), 2-메톡시-4-비닐 페놀(정향), 메틸-2-메틸 및 메틸-3-메틸 부타탄온산(과일 맛)의 농도는 증가하는 현상을 보이지만 3-이소프로필-2-메톡시피라진(흙냄새), 2-페닐에탄올 및 3-메톡시페놀은 저장하는 동안 변화가 없는 것으로 문헌에 보고되고 있다. 또한, 이전에 알려지지 않은 커피 냄새 물질인 2-메톡시-5-비닐페놀(강렬한 스모키 냄새) 보관 중 크게 증가한다. 생두의 저장 온도, 수분 함량 및 산소 농도에 따라 특히 2- 및 3-메틸부탄산의 메틸 에스터(과실 향)의 농도가 상당히 증가하며, 2-메톡시-4-비닐페놀과 2-메톡시-5-비닐페놀의 농도 증가는 스모키 향을 더 뚜렷하게 드러내게 하는 것으로 학계는 보고하고 있다.

따라서 생두의 수분을 적게 하고 저온 저장하는 것이 생두의 향미 변화를 피하기 위한 올바른 방법이다.

5. 생두의 등급

가. 개요

생두의 품질은 여러 요소(품종, 토양, 기후, 고도, 위도, 열매 가공 방법, 보관 조건 등)에 의해 좌우된다. 보통 최상품의 생두는 자외선이 강하고 점진적인 열매 성장이 가능한 높은 고도에서 재배된 것이다. 생두 품질은 생두 등급, 관능 평가와 이화학적 분석 등을 통해 정하는 것이 일반적이다. 생두 등급은 보통 생두 크기, 불량두 개수 및 색상을 통해 정한다. 그리고 관능 평가는 향미 특성을 위주로 평가하며 이화학적 분석은 수분, 카페인 함량 및 잔류 농약 등을 기준으로 평가한다.

생두는 그 품질 평가하고 등급을 매겨 분류하며 등급 분류는 국가마다 각기 다른 기준을 설정해 놓고 있다. 즉 품종, 재배고도, 생두 크기(두께), 불량두 갯수, 생두의 밀도, 외형, 건조 방법, 색상 및 커피 시음(cup quality) 등으로 판단한다. 예를 들면 브라질의 경우 불량두와 커피 시음으로 판단하며, 콜롬비아에서는 커피 농장, 고도, 생두 크기 및 원산지 등을 고려하여 등급을 매긴다. 중앙아메리카의 경우는 고도를 가장 중요한 등급 지표로 삼고 그 외 외형, 생두 크기와 커피 시음 평가를 고려하여 판단한다. 아프리카의 경우는 나라마다 등급 분류 기준이 다른데, 앙골라, 카메룬 및 코트디부아르에서는 브라질과 유사한 등급 분류 체계를 이용한다. 케냐와 탄자니아는 생두 크기와 커피 시음을 기준으로, 인도네시아의 경우는 커피 품종, 건조 방법, 원산지 및 불량두를 기준으로 등급을 매긴다.

결론적으로 보면, 색상이 청록색일수록 재배지는 고지대일수록, 밀도는 높을수록 그리고 생두 크기는 균일하면서 클수록, 불량두는 적을수록 좋은 생두로 판정한다.

나. 생두 등급

미국 스페셜티커피협회(SCAA)에서는 1995년 Speciality Coffee Institute(SCI)를 산하 조직에 설립하여 커피 품질을 평가하여 등급을 매겼다. 그러나 1998년 커피 가격 폭락에 따라 그 임무와 이름을 Coffee Quality Institute(CQI)로 명칭을 변경하게 된다. 중앙아메리카와 남미에서는 이런 CQI 평가 시스템을 통해 아라비카 커피의 품질을 높여 더 나은 가격에 커피를 판매할 수 있는 계기가 마련되게 된다. 이를 통해 한편으로는 커피 품질을 평가하는 큐그레이더(Q-grader)를 육성하는 계기도 되었다.

한편 낮은 로부스타 가격이 아라비카 가격을 억제하기 때문에 CQI는 이미 상용화된 Q 아라비카 모델을 기반으로 로부스타 커피를 위한 Q 프로그램을 개발하였다.

생두의 일반적인 등급 분류는 보통 3가지 기준에 의해 정해진다. 국제표준화기구(ISO), 국가 표준 그리고 상품거래소가 대표적이다. 상품거래소는 이른바 Coffee C 규칙을 적용하는데 350g 생두에 이물질과 불량두의 함유율을 기준으로 판정한다. 생두를 생산하는 각국은 자국의 등급 기준을 설정하고 있지만, 국제 표준에서는 커피 열매, 생두, 원두 및 로스팅 공정에 관한 기준을 통해 등급을 설정하고 있다. 커피 산업계에서 통용되는 등급 기준을 정하는 데 사용되는 요소는 다음과 같다.

1) 커피 품종·원산지

이 지표는 커피 품종을 기준으로 생두 등급을 분류하는 것으로 아라비카와 로부스타종으로 분류한다. 아라비카종이 로부스타종보다 섬세한 맛을 주고 재배가 까다로우며 커피 향미가 좋아 고가에 판매된다. 반면 로부스타는 낮은 생산 단가로 인해 가격이 저렴하지만 커피 품질이 떨어진다. 원산지는 지리적 특성, 품종, 가공 특성, 수확 연도 및 재배 고도 등을 말하며 등급을 정하는 척도가 되는 주요 요소이다.

2) 구성 성분

생두의 구성 성분은 화학적인 물질을 말하는 것으로 일반적으로 생두 등급 분류에는 수분을 제외하고는 다른 이화학적인 성분은 포함하지 않는다. 생두의 수분은 국제 표준에는 105℃에서 16시간 기준으로 분석한 수분으로 규정하고 있고, 그 함량은 12~13% 이하로 정의하고 있다. 보통 산업체에서는 수분 측정기를 이용하는 경우가 많다.

3) 불량두 개수

불량두의 개수는 생두 질과 직접적인 관계가 있는데 불량두가 적으면 커피 질에 직접적인 영향이 없으나 불량두가 많으면 커피에서 이취와 불균일한 커피 맛의 원인이 된다. 또 불량두의 종류에 따라 커피 질에 미치는 영향도 다른데, 예를 들면 속이 빈 콩은 정상두에 비해 1/5 정도의 영향을 미친다. 대부분 국가에서는 생두 등급을 불량두 수를 기준으로 매긴다. 이때 흑두를 기준으로 불량두를 환산하여 평가한다. 즉 1/2로 표기한 것은 2개의 불량두는 1개의 흑두를 의미한다.

국제표준기구에서의 생두 불량두는 이물질을 포함한 불량두의 함량으로 정의하는데, 각국에서는 이러한 기준보다는 불량두 유형으로 분류하는 것이 일반적이다. 일례로 브라질의 경우 생두 300g을 기준으로 불량두 유형에 따라 등급을 매긴다.

커피 재배 과정이나 가공 과정 중에서 생긴 불량두로 인해 전체적인 커피 품질을 떨어뜨린다. 앞서 기술한 바와 같이 불량두는 커피 가공 시 나타나는 검은콩, 발효 콩, 부서진 콩, 벌레 먹은 콩 외에 외부 물질(껍질, 나뭇가지, 돌 등)들도 포함한다.

이러한 불량두는 수확 시기에 잘못된 가공 방법으로 인해 생기게 되며, 뉴욕상업거래소(NYBOT)에서는 생두 샘플 300g에 포함된 불량두 수량에 따라 아라비카 커피 등급을 분류하고 있다. 로부스타 커피 등급은 런던증권거래소(LIFFE)에서 생두 샘플 500g에 포함된 불량두 수에 따라 분류하고 있다.

4) 생두 크기·형태

생두의 형태는 평평한 것(일반 생두)과 둥근 것(피베리 생두)이 있다. 평평한 것은 스크린 사이즈가 19~10, 피베리는 13~8 수준이다. 스크린 사이즈는 생두의 크기를 분류하는 도구이며, 균일한 로스팅을 위해 중요한 척도가 된다. 콜롬비아의 경우 생두 등급을 수프레모(Supremo), 엑셀소(Excelso) 및 파실라(Pasila)로 구분하며 엑셀소 이상이 수출용이고 파실라는 수출 불가용이다. 케냐의 경우는 AA, AB, PB, C, E, TT, T, UG 등으로 구분하는데, 이는 생두 크기와 모양을 기준으로 나타낸 등급이다.

생두의 크기는 생두 등급 분류에 주요한 지표이며 국가마다 크기에 기준을 다르게 적용한다. 생두의 크기는 소비자로서는 원두 품질에 좋은 영향을 준다는 인식이 많으나 사실은 생두 크기는 원두 품질을 보증하는 것은 아니다. 즉 생두 크기가 클수록 고급이며 가격이 비싼 편이나 항상 품질과 비례하는 것은 아니며, 또 커피 향미를 결정하는 밀도가 낮은 생두도 일부 포함되어 있으므로 주의해야 한다.

로스팅에 적합한 생두는 로스팅 과정에서 열전달이 생두에 균일하게 전달되는지가 중요하기 때문에 생두 크기 자체보다는 생두 크기가 일정한지가 더 중요하다. 보통 크기를 분류할 때는 스크리너(일정한 크기 구멍이 뚫린 체)로 쳐서 작은 생두를 밑으로 빠지게 하여 체 위에 생두가 남도록 하여 분류한다. 1 스크린은 0.4㎜ 크기이다. 생두 크기는 길이가 아니라 두께를 기준으로 하며 스크린(#20), 스크린(#19) 등으로 표시한다. 예를 들면 콜롬비아 수프리모(supremo, #17 이상), 엑셀소(excelso, #15 이상), 케냐 AA(#18), A(#17)로 구분한다. 대륙간 거래소(ICE)에서는 6.00㎜ 크기가 50% 이상이어야 하며 5.60㎜ 이하의 크기는 5% 미만으로 정의하고 있다.

미국 스페셜티커피협회 기준에 의하면, 생두 표준 수분 함량은 13% 미만이어야 하고, 그 이상이면 곰팡이가 번식하기 쉽고 나쁜 냄새가 스며들 수 있는 것으로 판단하고 있다. 반면 수분 함량이 10% 미만인 생두는 오래되어 수분이 증발한 것일 가능성이 크다. 수분 함량은 커피 로스팅과 저장 품질에 직접적인 영향을 미치므로 국제적으로 거래 규격에 명시하게 되어 있다. 또 수분 함량은 생두 크기나 밀도 분류에 앞서 측정하는 것이 일반적이며, 보관 상태에 따라 그 함량이 수시로 변하기 때문에 특히 주의를 요한다. 수분 함량이 너무 적거나 많게 되면 커피 로스팅 과정 시 영향을 미치게 되고 불쾌한 향미가 발생한다.

5) 색상

색상은 생두의 신선감, 수분도 및 균일성을 판단하는 주요 지표가 된다. 일부 국가(브라질, 케냐)에서 생두 등급을 색상으로도 판정한다. 즉 푸르스름한 색상, 녹색을 띤, 회녹색, 올리브색을 띤 녹색, 희끄무레한, 황색을 띤 갈색 등으로 구분한다.

아라비카종은 맑고 투명한 느낌이 나며 청록색을 띨수록 고급이고, 색깔이 탁하고 황색에 가까울수록 낮은 등급의 로부스타종으로 판정한다. 커피 열매를 수확하여 가공한 후 오래 보관할수록 색상은 청록색에서 황갈색으로 변하고 온도와 습도에 많은 영향을 받는다. 여름철 온도와 습도가 높은 곳에서 저장하면 백화 현상이 일어나며, 생두 색깔 분류는 사람이 직접 하기 때문에 세밀히 구분하기는 쉽지 않다.

6) 가공 방법

생두는 커피 열매 가공 방법에 따라 등급을 매기기도 하는데, 가공 방법에 따라 생두 색상과 은피의 외형이 다르게 보인다. 일례로 습식법으로 건조된 생두는 반짝거리고 투명한 청록색을 띠지만 건식법은 반투명의 황색~갈색을 띤다. 반습식 생두는 건식법과 습식법의 중간 색상이 나타난다.

7) 로스팅 특성

일부 국가에서는 로스팅 특성(외관, 센터컷 색상, 덜 익거나 병든 생두 등)을 기준으로 생두 등급을 매기는 경우도 있다.

8) 컵 테이스팅

커피의 최종 품질은 시음에 크게 영향을 받기 때문에 컵 테이스팅은 매우 중요하다. 컵 테이스팅의 목적은 객관성과 재연성을 기반으로 커피의 질(아로마, 향미, 바디감, 산도)을 평가하는 것이다. 컵 테이스팅은 생두를 로스팅하여 분쇄 후 뜨거운 물을 부어 평가하는 침지법(infusion)을 이용한다.

컵 테이스팅 시 주안점은 이취의 존재 여부, 각 로트별 균일한 품질 여부 및 향미 특성 존재 여부이다. 에티오피아의 경우는 컵 테이스팅을 기준으로 생두 등급을 매기기도 한다. 스페셜티 커피로 구분할 때 컵 테이스팅의 결과를 중시하며 이때 평가는 공인된 큐그레이더가 담당한다.

일반적인 농산물은 농산물의 손상 정도와 이물질 혼입 정도를 기준으로 등급을 판정한다. 그러나 커피 생두의 경우는 원산지, 유통 경로, 시장 가격 및 이화학적 특성이 달라 등급 판정이 간단치 않다. 다만 아라비카종의 경우 품질 등급 체계가 잘 구축되어 있고, 커피 품질과 등급은 커피 커핑을 통한 관능 평가 시스템이 점진적으로 개발되면서 날로 진화하고 있다. 커피의 품질과 향미를 평가하는 일을 커핑(cupping)이라 하고 이 일에 종사하는 사람을 커퍼(cupper)라 부른다.

생두 등급의 기준은 전통적인 등급 분류와 스페셜티 등급 분류가 있다. 전통적인 등급 분류는 일반적인 커피 시장에서 통용되는 등급 분류로서 20세기 초에 각국에서 정한 기준에 의한 것이다. 이에 반해 스페셜티 커피의 경우는 20세기 후반에 미국 스페셜티커피협회에서 정한 기준이며 전 세계적으로 통용되는 등급 분류이다.

미국 스페셜티커피협회에서는 본래 커피 품질을 브라질 아라비카 품종을 기반으로 설정하였고 커피 시음 테스트는 100점 만점에 10개 항목을 평가한다.

① 분말 커피 향 · 아로마(fragnance · aroma), ② 향미(flavor) ③ 후미(aftertaste), ④ 산미(acidity), ⑤ 질감(body), ⑥ 균일성(uniformity), ⑦ 균형감(balance), ⑧ 이미 이취 없는 향미(clean cup), ⑨ 단맛(sweetness), ⑩ 전체적인 향미(overall)

이 중에 1~5번까지 항목은 커피의 물리화학적인 평가이며 균일성, 클린업, 단맛은 수확과 수확 후 가공 방법에 따른 생두의 품질을 평가하는 항목이다. 균일성은 원두 분쇄 전 원두를 5개 커피 시음 테스트하여 평가하여 이취를 풍기는 원두를 분리하여 평가한다. 클린 컵은 5개 컵을 기준으로 5개에서 커피와는 관련 없는 이미 이취가 없는지를 평가한다. 이러한 이미 이취는 커피 열매의 가공 과정 또는 생두를 분리·수송하는 과정에서 오염물질에 노출되었을 때 주로 발생한다. 또 포대(자루)가 비식품 재질로 된 황마 또는 대마 자루를 수송 과정에서 사용했을 때 발생한다.

단맛은 고품질의 커피에서는 주요한 요소이며 신맛과 짠맛이 적을 때 더 달게 느껴진다. 균형 잡힌 맛은 커피의 특성을 나타내면서 소비자가 선호할 만한 향미가 적절히 분포되어 있는지를 평가하는 항목이다.

CHAPTER 06

로스팅과 향미

1. 개요
2. 로스팅 기술
3. 로스팅 정도와 생두 변화
4. 로스팅과 생두 성분의 변화
5. 로스팅과 향미
6. 로스팅 설비
7. 로스팅 조건과 향미
8. 불량 원두와 이미 이취
9. 원두의 보관과 향미 변화

06 로스팅과 향미

1. 개요

커피 애호가들 중에는 커피를 와인과 비교하는 경우가 많다. 이것은 커피와 와인 모두 그 향미가 산지와 품종에 영향을 받기 때문이다. 특히 커피나 와인 애호가들은 개인 취향과 기호에 맞는 품종을 매우 중요하게 여긴다. 그러나 커피는 와인과 다르게 그 외에도 맛과 향에 영향을 주는 또 다른 중요한 요소가 있는데 다름 아닌 로스팅(roasting)이다. 본래 생두는 녹색을 띠며 맛이 없고 딱딱한 콩이다. 이러한 생두가 오묘하면서 다채롭고 그윽한 커피 향미를 발현하는 갈색 원두로 변하는 것은 바로 로스팅 덕분이다. 로스팅 후 원두 색상이 갈색으로 변하는 것은 마이얄 반응의 최종 산물인 멜라노이딘(melanoidin) 성분 때문이다.

로스팅은 생두를 볶아 원두를 만드는 것이며 커피의 향미와 품질 그리고 생리 활성 물질 생성을 결정하는 매우 중요한 과정이다. 그리고 로스팅은 로스터를 이용하여 생두가 타지 않게 시간과 온도 조절을 통해 생두 특성을 살려 커피 타입에 맞는 성분을 얻는 것이 목적이다. 커피 산업계에서는 로스팅 기술에 대한 많은 이론과 실무에 관해 설명하지만 대부분은 참고용이다. 최적의 로스팅 조건은 정해진 것은 없고 생두 특성을 미리 파악하고 목표로 하는 커피 타입에 맞춰 로스팅 조건을 스스로 설정해야 한다. 이때 좋은 생두를 선택하고 스스로 정한 로스팅 프로파일에 따라 항상 일정한 맛과 향을 재현해 내는 기술과 노하우가 중요하다. 물론 커피 품종과 산지 특성을 고려하여 커피 본연의 향미를 극대화하기 위해 특정 로스팅 조건을 설정하는 경우도 있다.

생두는 로스팅 과정을 통해 물리화학적 변화를 거치게 되고 향미를 결정짓는 성분들이 형성된다. 물리적 변화로는 생두의 형태, 수분량, 밀도, 색상 및 내부 구조 등이 있다. 화학적 변화로는 마이얄 반응과 캐러멜화 반응이 대표적이고, 이러한 반응으로 인해 발현된 성분은 좋은 향미 또는 일부는 이미 이취로 나타나 커피의 품질에 영향을 미치게 된다.

커피의 향미 성분은 휘발성 및 비휘발성 물질을 포함하여 1,000여 개 이상으로 알려져 있다. 이미 언급한 바와 같이 로스팅은 생두의 특성을 최대한 끌어내 최상의 원두로 만드는 과정이며, 이때 커피 향미의 재현성이 담보되어야 정상적인 로스팅으로 볼 수 있다.

로스팅은 생두에 열을 가하는 과정으로 겉보기에는 그 공정은 단순해 보이지만, 온도와 생두 특성 및 기하학적(geometry) 측면이 서로 연계되어 있어 복잡한 과정이다. 또한, 원두에 골고루 향미가 스며들고 목표로 하는 원두가 만들어지려면 피크 로스팅(peak roasting), 즉 적기에 최적의 온도 설정을 해야 하고 로스팅을 적기에 중단하는 경험과 노하우도 필요하다.

한편, 로스팅은 열 이동, 압력 상승, 수분 증발, 밀도 변화와 다양한 화학 성분이 발현되는 과정이다. 그리고 생두는 기하학적으로 복잡한 형태를 띠고 있고 내부 구조는 균일하지 않기 때문에 열을 가하면 부풀면서 구조는 변하게 된다.

또 생두에 열이 가해지면 우선 생두 표면 온도가 올라가고, 생두 내 수분이 증발하는 온도에 도달하면 증기는 생두 중심부로 이동하게 된다. 이때 생두의 표면은 견고하기 때문에 증기가 빠져나가지 못해 생두 내 압력이 증가하면서 팽창하게 된다. 이후 열이 계속 생두 내 중심부로 이동하게 되고 생두 표면이 약해지면서 생두의 장력이 약해져 생두 표면(특히 센터컷 부분)에 균열이 생겨 갈라지는 크랙(crack)이 발생하게 된다.

균일한 원두를 만들기 위해서는 로스팅 과정을 정교하게 관리해야 하고 생두 내부에 골고루 열이 가해져야 한다. 그리고 로스팅을 너무 빨리하면 수분 증발과 로스팅 단계가 겹쳐져 불균일한 원두가 만들어지기 때문에 온도를 천천히 올리는 것이 중요 포인트다.

생두는 앞서 설명한 바와 같이 셀룰로오스, 갈락토만난, 아라비노갈락탄, 리그닌, 결합수 및 탄수화물로 구성된 세포 간 매트릭스(intercelluar matrix)로 되어 있다. 이러한 매트릭스 내에는 세포 주머니가 있는데 그 안에 물, 오일 성분, 단백질 및 당분 등이 함유되어 있다. 이 세포 주머니는 로스팅 과정 중에 파괴되어 그 안에 있던 성분들은 마이얄 반응에 따라 많은 향미 성분으로 발현된다. 특히 생두의 세포벽은 헤미셀룰로오스로 구성되어 있어 생두는 매우 단단한 구조를 이루게 된다. 그리고 대부분의 생두 아로마는 전자 코로도 분석하기가 쉽지 않을 정도로 향의 강도가 매우 약하다.

2. 로스팅 기술

가. 개요

로스팅 기술은 그간 많은 발전을 거듭하였고 특히 독일 로스팅 설비를 중심으로 과학화·현대화된 설비가 산업용과 매장용으로 보급되고 있다. 로스팅은 공학적인 측면에서 보면 기계적·열역학적·기술적인 측면으로 구분할 수 있다. 로스팅 기술은 기본적으로 열이 생두 전체에 강제적으로 퍼지는 대류 흐름을 기반으로 한다. 이때 생두의 움직임은 로스터의 회전 또는 뜨거운 가스를 불어 넣음으로써 진행된다.

나. 로스팅과 생두의 외형·성분 변화

로스팅 과정 중 온도에 따른 생두의 외형상의 변화를 보면 [표 6-1]과 같다. 온도 단계별 생두 내에서 물리화학적 변화가 나타나고 이에 따라 커피 향미에 영향을 미치는 향기 물질들이 생성된다.

[표 6-1] 로스팅 과정 중 온도별 생두의 변화

생두 품온 온도	생두 변화
20~130℃	• 수분 증발 및 색상이 바래는 단계
130~140℃	• 흡열 반응이 진행되고 색상이 황색으로 변하며 마이야 반응과 함께 생두 팽창이 시작되는 단계
140~160℃	• 흡열 반응과 발열 반응이 동시에 일어나는 단계로서 색상은 엷은 갈색으로 변하고, 부피는 더 팽창하고 은피가 제거되는 단계 • 생두는 부서지기 쉬운 상태이며 아로마가 형성되는 단계
160~190℃	• 로스팅 반응이 생두 내부로 이동하는 단계
190~220℃	• 연기가 날리고 이산화탄소가 탈기되는 단계 • 생두는 다공질로 변하고 독특한 향미가 생성되는 단계

커피의 향미는 우선 생두가 가지고 있는 특성(맛의 질과 폭, 아로마 강도와 질, 불량두로 인한 이취 등)에 좌우된다고 봐야 한다. 즉 생두 로스팅 방법과 기술을 달리한다 해도 케냐산이 브라질산으로 변화될 수 없고, 이취가 발현된 생두를 정상적인 원두로 더더욱 변화시킬 수는 없다. 따라서 로스팅은 생두가 가지고 있는 본래 특성 범위 내에서 특정 향미를 발현시키는 과정으로 이해해야 한다. 물론 일부 향기 성분은 로스팅을 통해서만 발현되기도 한다.

무엇보다 로스팅 과정을 통해 생두가 본래 지닌 물리화학적 특성을 파악하는 것이 중요하다. 즉 어떤 향미를 부각하고 어떤 향미는 약하게 하며 각각의 향미를 어느 정도로 끌어낼지, 그리고 최종적으로 커피의 향미를 어디에 초점을 둘지에 따라 생두 로스팅의 방법은 다양하게 적용될 수 있다.

최근 국내에서는 차세대 신소득 작물로 커피를 제주도, 전라남도 고흥, 화순 등의 지역에서 비닐하우스 등의 시설을 이용해 일부 커피 재배하고 있다. 그러나 커피 재배나 생두를 거의 직접 생산하지 않고 수입에 의존하는 국내 상황에서는 커피 향미의 최적화를 위해 생두의 로스팅 원리와 과정에 대한 이해가 더 중요하다.

열매 가공 과정을 거친 생두는 단단하기 때문에 바로 분쇄나 추출할 수 없고 로스팅 과정을 반드시 거쳐야 원두 분쇄와 커피 추출이 가능하게 된다. 이때 휘발 성분과 비휘발 성분이 생성되어 커피의 향미가 발현되게 된다.

로스팅 과정은 보통 3~20분간 진행되며 3단계에 걸쳐 진행된다. 1단계에서는 수분을 제거하는 단계로 온도를 180℃에 맞추며 이때 수분 함량은 12%에서 2.5%로 감소한다. 2단계에서는 200~250℃에서 진행되는 단계로 물리화학적 변화가 나타나며 원두의 아로마가 생성된다. 3단계는 냉각 단계이다.

생두에는 200여 종류의 향기 성분이 함유되어 있는데 주로 녹색 피망 향을 풍긴다. 그러나 생두는 로스팅 과정을 통해 생두의 구성 성분(탄수화물, 단백질, 저분자 산류, 카페인, 트리고넬린, 지질)이 변화되면서 멜라노이딘 및 1,000여 종류의 휘발 성분이 발현된다. 그러나 그중에서 5%인 약 50여 종류만이 커피 아로마에 영향을 미치며, 특히 피라진류(2-에틸-3-메틸피라진, 2,3-디메틸피라진, 2-아세틸피라진, 2,3,5-트리메틸피라진)와 티올류(2-푸르푸릴티올, 메티오날)가 커피의 주요 아로마로 다수의 문헌에 보고되고 있다.

아라비카종 원두에는 비휘발 성분으로써 수분(12%), 셀룰로오스(50%), 단백질(10%), 단당류, 올리고당(10%), 유리 아미노산(1%), 클로로겐산(7%) 및 지방족 산류(구연산, 사과산, 주석산)가 7% 함유되어 있다. 그 외 지질이 15%가량 함유되어 있지만 로스팅에 영향을 상대적으로 덜 받는다.

[표 6-2]는 생두와 원두의 성분 차이를 나타낸 것이다. 기본적으로 생두와 원두 성분의 차이는 커피 품종과 산지 그리고 로스팅 정도 등에 영향을 받게 되는데, 로스팅 과정을 통해 특히 다당류, 올리고당류, 클로로겐산 및 트리고넬린의 감소가 뚜렷이 나타난다. 또한, 로스팅 후의 원두의 향미와 색상은 생두의 자당, 유리 아미노산, 클로로겐산, 트리고넬린의 감소와 다당류와 단백질의 분해에서 비롯된 것이다.

[표 6-2] 생두와 원두의 성분 차이

구분		아라비카종(%)		로부스타종(%)	
		생두	원두	생두	원두
탄수화물	다당류 (40~3,000개의 당)	50~55	24~39	37~47	-
	올리고당류(3~10개의 당)	6~8	0~3.5	5~7	0~3.5
지질	지방	12~18	14.5~20.0	9~13	11~16
	지방산	1.5~2.0	1.0~1.5	1.5~2.0	1.0~1.5
단백질	유리 아미노산	2	0	2	0
	단백질	11~13	13~15	11~13	13~15
질소화합물	카페인	0.9~1.2	0~1.0	1.6~2.4	0~2.0
	트리고넬린	1.0~1.2	0.5~1.0	0.6~0.8	0.3~0.6
미네랄	칼륨	3.0~4.2	3.5~4.5	4~4.5	4.6~5.6
색소	멜라노이딘	-	16~17	-	16~17
유기산	클로로겐산	5.5~8.0	1.2~2.3	7~10	3.9~4.6
유기산	초산, 젖산, 구연산 등	2~2.9	1.6	1.3!2.2	1.6
휘발 성분	에스터류, 피라진류 등	미량	0.1	미량	0.1

다. 로스팅의 분류

로스팅의 분류는 국가나 단체별로 여러 차이가 있으며 보통 3가지 분류 방식이 널리 알려져 있다. 이때 숫자가 높을수록 강하게 볶은 것이다. 우리나라에서는 일본의 영향으로 이 8단계 분류법이 보편적으로 사용한다.

- SCAA(9단계): ① extra light ② very light ③ light ④ medium light ⑤ medium ⑥ medium dark ⑦ dark ⑧ very dark ⑨ extra dark
- 북미 · 유럽 지역(6단계): ① cinnamon light ② medium ③ american light ④ high american light ⑤ full city ⑥ espresso europian
- 한국 · 일본(8단계): ① light ② cinnamon ③ medium ④ high ⑤ city ⑥ full city ⑦ french ⑧ italian

일반적으로 로스팅 정도는 우선 원두 색깔로 구분한다. 로스팅이 진행될수록 녹황색을 띠던 생두의 색상은 노란색에서 갈색을 거쳐 점차 검은색으로 변하게 된다. 이러한 변화마다 단계별 명칭이 있는데, 이 명칭은 국가나 지역마다 차이가 있고 커피 산업계에서 통용되는 규격화·표준화된 것은 특별히 없다.

각 로스팅 분류 방식에 따라 생두 특성을 세부적으로 구분하면 다음과 같다. 우선 8단계 분류 방식은 국가마다 선호하는 로스팅 정도에 따라 그 국가 혹은 도시 이름을 각 단계에 따서 붙였다. 가장 낮은 로스팅 단계부터 높은 로스팅 단계 순으로 각각 라이트(Light), 시나몬(Cinnamon), 미디움(Medium), 하이(High), 시티(City), 풀시티(Full City), 프렌치(French), 이탈리안(Italian)으로 불린다. 라이트는 가장 약하게 볶은 것으로 밝고 연한 황색인 반면 가장 강하게 볶은 이탈리안은 검은색에 가깝다.

그러나 이 8단계 분류법은 과거 북미의 커피 거래상들이 사용하던 관용적 이름이며 명칭 구분 관련 특별한 기준이 있었던 것은 아니다. 따라서 그 분류 기준이 명확하지 않고 색상을 모호하게 표현했기 때문에 로스팅 정도를 정확히 파악하는 게 쉽지 않다.

또 다른 분류법인 미국 스페셜티커피협회(SCAA) 분류 방식은 좀 더 정교하게 구분할 수 있도록 한 것이다. 즉 커피 색도계(에그트론사의 M-basic)를 기준으로 하여 총 8단계로 구분하는데, #95~#25까지 9단계가 있고 숫자가 높을수록 원두 로스팅 단계가 낮고 색상이 밝다. 가장 밝은 색상부터 #95(매우 밝음), #85(밝음), #75(적당히 밝음), #65(적당히 중간 밝음), #55(중간 밝음), #45(적당히 어두움), #35(어두음), #25(매우 어두움) 순이다.

이처럼 로스팅 단계를 8~9단계로 구분한다는 점에서 언뜻 상기 두 방법은 유사해 보일 수 있지만 결과는 좀 다르다. 예를 들어 두 방법 똑같이 미디움(medium)으로 표현되어 있지만 8단계 분류법의 미디움의 경우 SCAA 분류법으로는 #75(moderately light) 정도로 측정되어 미디움보다 이전 단계로 볼 수 있다.

또 다른 로스팅 분류법은 라이트, 미디움, 미디움~다크, 다크 등 4단계로 구분하는 것이다. 라이트 로스팅은 180~205℃에서 진행하고 원두는 약한 바디감과 높은 산도가 특징적이며 특별한 아로마는 없다. 미디움 로스팅은 210~220℃에서 진행하며 높은 산도와 약간의 향미가 풍겨진다. 미디움~다크 로스팅은 225~230℃에서 진행하며 쓰고 단맛을 풍기는 향미가 특징적이고 로스팅 특유의 검은 색상을 드러낸다. 그리고 다크 로스팅은 240~250℃에서 진행하는데 생두의 특징이 없고 다만 로스팅 특유의 검은 색상을 나타낸다.

마지막으로 북미·유럽 지역에서 사용하는 6단계 법이 있다. 이 분류 방식에서는 시나몬 라이트부터 에스프레소 유로피언 단계가 있다.

이처럼 나라마다 로스팅 분류법을 다르게 적용하는데 이 장에서는 8단계 분류법과 SCAA

분류법을 기준으로 로스팅 단계별 생두의 변화 과정을 기술하고자 한다. 기본적으로 로스팅 단계는 목표로 하는 원두 특성에 맞추어야 하며 생두의 물리적·화학적 특성을 함께 고려해야 한다. 예로서 열전달이 쉬운 생두의 경우는 약한 로스팅이, 반대로 열전달이 어려운 생두는 강한 로스팅이 적합하다고 볼 수 있다.

3. 로스팅 정도와 생두 변화

이 장에서는 로스팅 정도(roasting degree)에 따른 생두의 성분 변화와 원두에 형성되는 향미 성분들을 중점적으로 다루고자 한다. 국내에서는 로스팅을 배전(焙煎) 그리고 로스팅 정도를 배전도(焙煎度)로 표현하기도 하는데, 이 용어는 일본식 용어이므로 이 책에서는 배전을 로스팅, 배전도를 로스팅 정도라 표기하기로 한다.

가. 개요

로스팅 정도는 원두 품질에 미치는 영향 요소 중 단일 요소로는 가장 중요하다고 볼 수 있다. 소비자가 흔히 알고 있는 커피의 향미는 일차적으로 생두 로스팅을 통해 발현된 것이다. 그리고 예상하는 바와 같이 로스터에서 오래 로스팅할수록, 로스팅 온도가 높을수록 원두의 색상은 진해진다. 로스팅 정도는 육안이나 색도계를 이용한 색상 또는 원두의 수분 손실량을 측정하여 판단한다.

로스팅 정도가 강할수록 색상 값은 낮아지고 수분 손실량은 많아지는데, 생두의 물리화학적 특성을 고려해 로스팅 정도를 선택하는 것이 바람직하다([표 6-3], [그림 6-1]). 그리고 생두에는 라이트 로스팅에 적합한 생두가 있고 다크 로스팅에 적합한 생두가 있다. 예로서 다크 로스팅용 생두는 수분이 많으면서 두껍고 둥글며 그해에 수확한 것을 사용한다. 반면에 라이트 로스팅용 생두는 신맛과 떫은맛이 적고 부드러우며, 두께가 얇고 크기가 작은 것이 적합하다.

[표 6-3] 로스팅 정도에 따른 원두의 색상과 생두의 수분 변화

로스팅 정도 (성분 손실)	로스팅 단계(온도)	색상	커피 맛	비고
라이트 (3~5%)	라이트 로스팅(190℃)	밝고 연한 황갈색	신맛	1차 크랙 (6~8분)
	시나몬 로스팅(196℃)	연한 황갈색	신맛	
	미디움 로스팅(205℃)	밤색	신맛+약한 쓴맛	
미디움 (5~8%)	하이 로스팅(210℃)	연한 갈색	신맛+쓴맛 조화	
	시티 로스팅(219℃)	갈색	균형 잡힌 향미	2차 크랙 (9~12분)
	풀시티 로스팅(225℃)	짙은 갈색	약한 신맛+쓴맛	
다크 (8~14%)	프렌치 로스팅(240℃)	흑갈색	쓴맛 (에스프레소용)	
	이탈리안 로스팅(245℃)	흑색	매우 쓴맛 (진한 에스프레소용)	

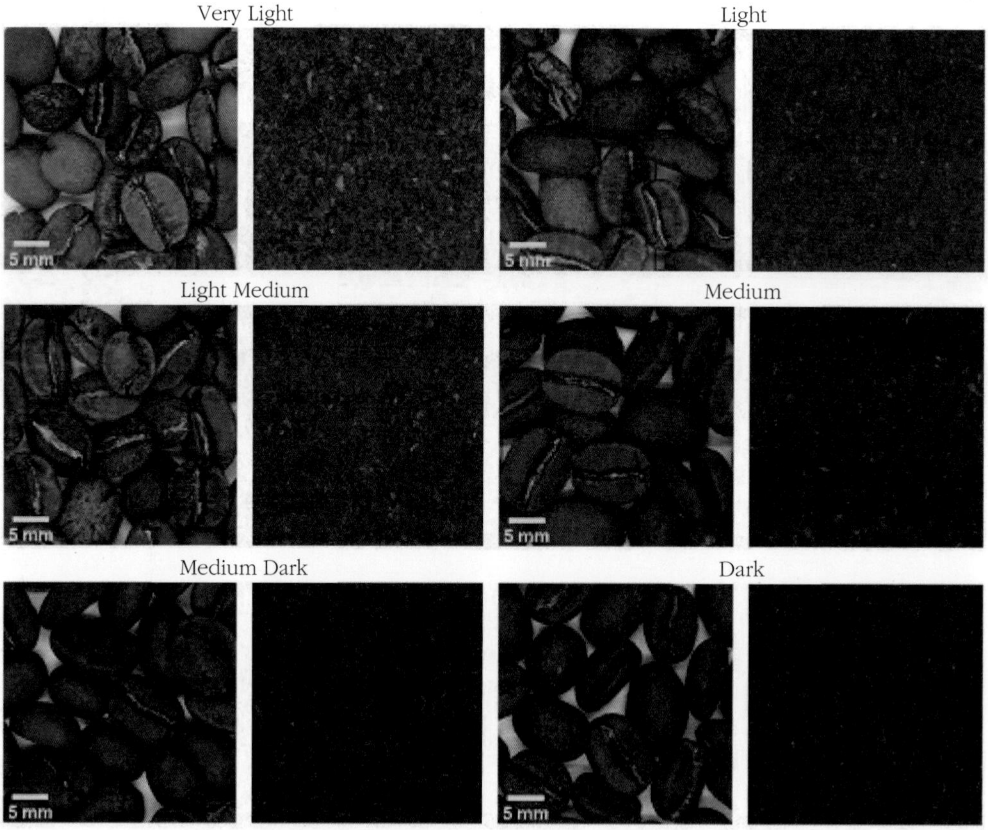

[그림 6-1] 로스팅 정도별 원두의 색상 차이

[그림 6-2]는 생두를 로스팅할 때 나타나는 일반적인 전개 과정을 나타낸 것이다. 로스팅 예비 단계인 건조 단계는 생두의 내부 온도가 물의 끓는점인 100℃에 도달할 때까지 진행된다. 생두는 7~12%의 수분을 포함하고 있으며, 그 수분은 촘촘한 구조의 생두 안에 균일하게 퍼져 있다.

생두를 예열된 로스터에 투입하면 로스터 온도와 생두 온도가 서로 열평형(thermal equilibrium)을 이룰 때까지 온도는 계속 감소한다. 이후 온도가 하강한 한 지점을 딛고 온도가 다시 상승하는데 이 지점을 터닝 포인트라고 한다. 건조 단계에서는 생두가 로스터에 들어간 후 열을 흡수하여 수분 증발이 되기까지 일정 시간이 걸리기 때문에 높은 열과 전력이 필요하다.

원두의 향기 성분 발현은 로스팅 과정 중 물리화학적 변화 시기(development time)에 대부분 발생한다. 이 기간은 로스팅 시작 후 1차 크랙 단계부터 로스팅이 끝나는 시점까지의 구간을 말한다. 로스팅 초반부는 1차 크랙이 발생하기까지의 단계로서 수분이 제거되기 때문에 흡열 반응(endothermic)이 일어나며, 이때 열 공급이 많이 필요로 하는 시기이다. 반면 로스팅 후반부로 가면 자체적으로 열이 발생하여 발열 반응(exothermic)이 일어나 열 공급이 적게 필요하게 된다. 이 과정에서 부가적으로 공급되는 열에 의해 생두 성분들은 열분해가 일어나며 특히 마이얄 반응이 활성화되어 향기 성분이 다량 생성되게 된다. 따라서 원두와 커피의 향기 성분 발현에는 1차 크랙에서 2차 크랙으로 넘어가는 시기(아로마 발현 기간)가 가장 중요하다.

그리고 1차 크랙까지는 관능 평가 지표 9가지 중에서 5가지에만 영향을 미치지만 아로마 생성 기간은 모든 지표에 영향을 미친다. 다른 한편으로 커피 맛 측면에서 보면, 1차 크랙까지 지점과 아로마 생성 기간 모두 커피 산도에 부정적인 영향을 미치며 쓴맛도 증가하게 된다. 또 아로마 생성 기간에는 단맛에는 부정적인 영향을 미치지만 질감은 모든 기간에서 영향을 받지 않는다.

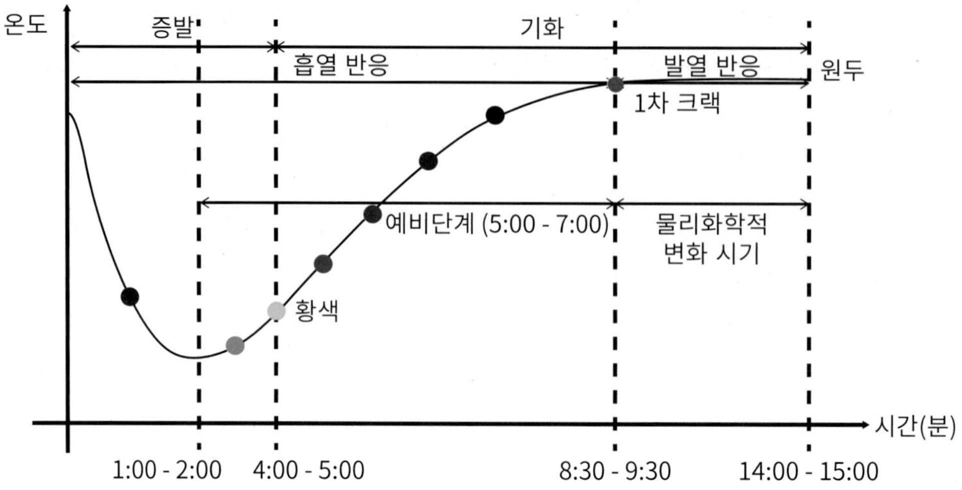

[그림 6-2] 생두 로스팅 전개 과정

나. 로스팅 단계

앞서 기술한 바와 같이 생두 로스팅 과정은 건조 단계, 로스팅 단계(향미·색상 발현) 및 냉각 단계 등 3단계로 나눌 수 있다.

건조 단계는 흡열 반응으로 수분이 제거되는 단계이며 생두에 풋내가 나기 시작한다.

로스팅 단계는 발열 반응으로 온도가 200℃에 도달하면 마이얄 반응이 시작되고, 열분해(pyrolysis)도 일어나며 생두 구성 성분의 변화가 크게 나타난다. 또 이산화탄소를 비롯한 다양한 향미 성분이 발현된다. 이때 생두 색상은 검게 변하게 된다.

냉각 단계는 공기나 냉각수를 이용하여 발열 반응을 중지하여 로스팅 과정을 종료하는 단계이다. 로스팅 시간은 로스팅 정도에 따라 90초에서 40분까지 다양하다. 로스팅 과정 중에 1차 크랙과 2차 크랙이 발생하는데, 2차 크랙 시 특히 색상이 검게 변하고 오일 성분이 유출되는 현상이 육안으로 보인다[그림 6-3].

[그림 6-3] 로스팅 단계별 생두의 형태 변화
(① 생두, ② 1차 크랙 시작, ③ 1차 크랙 종료, ④ 2차 크랙 시작, ⑤ 2차 크랙 종료)

로스팅 온도별 생두의 색상 변화를 보면 [그림 6-4]와 같으며 온도 차이에 따른 색상 차이를 쉽게 구별할 수 있다.

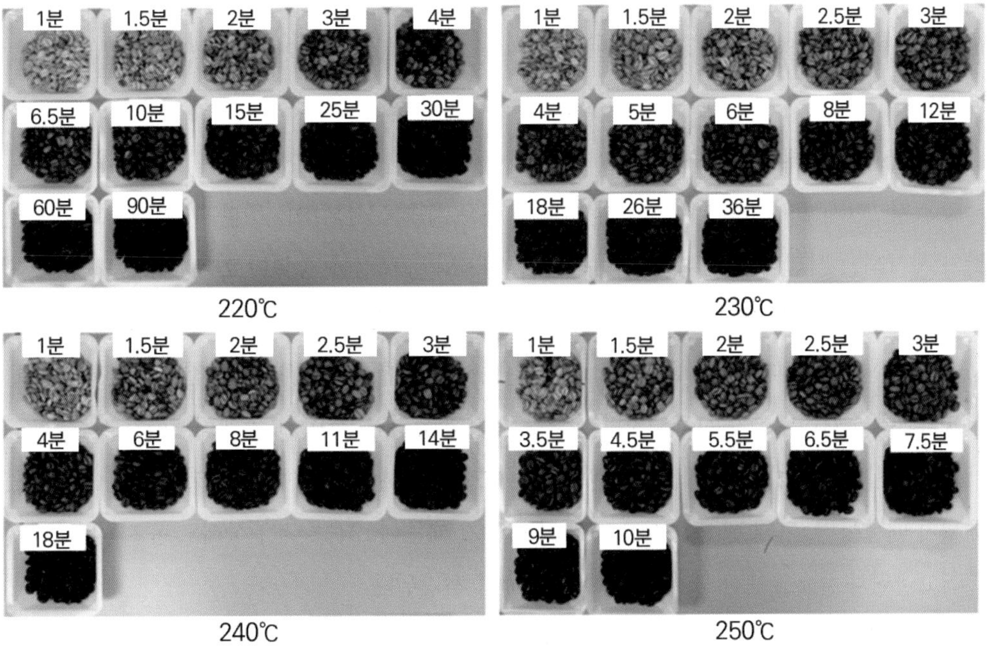

[그림 6-4] 로스팅 온도별 생두의 색상 변화

각 로스팅 단계별 생두의 이화학적 특성 및 향미 변화를 구체적으로 살펴보면 다음과 같다(Adriana, Coffee production, quality and chemistry, 2019).

1) 건조 단계

건조 단계(150℃)는 로스팅 전(煎) 단계로서 생두 내 수분 증발을 목적으로 하며 대부분의 수분은 150℃ 이전에 증발한다. 물론 로스팅 과정이 종료된 후에도 일부 수분은 여전히 생두 내에 남아 있게 된다. 일반적으로 수분은 100℃에서 끓고 휘발되지만 생두에 열을 가하면 생두 수분은 기화되어 생두 내 압력이 높아진다. 보통 건조 단계 이후 생두의 무게는 8~12% 정도 줄어들게 된다. 건조 단계에서는 열분해가 일어나기에는 온도가 여전히 낮기 때문에 일부 마이얄 반응 외에 생두의 다른 물리화학적 변화는 거의 없다. 그러나 이 단계에서는 아로마가 생성되기 시작하고 색상이 변화는 시점이다. 한편으로는 아미노산(아스파라긴)과 환원당과의 반응으로 커피의 이취 성분인 아크릴아미드가 생성되는데, 이 성분은 로스팅 초기 단계에서 가장 많이 생성되고 이후 점차 줄어든다.

한편, 생두 분자 내에 수산기(OH)와 카르복실기(COOH)를 갖는 물질을 존재한다. 이들 물질을 가열하면 분자 내 에스터를 만들게 되는데 이를 락톤화(lactonization)라고 한다. 그리고 이성화(isomerization)란 화합물을 형성하고 있는 분자를 이성체로 변화시키는 화학 반응을 말한다. 건조 단계에서는 주로 클로로겐산의 락톤화와 이성화가 나타난다.

2) 로스팅 1단계

로스팅 1단계(150~180℃)에서는 마이얄 반응은 계속 진행되며 색상은 더 검어지고 캐러멜화가 시작되는 시점이다. 이 단계에서는 생두의 자당을 포함한 당분이 열에 의해 분해되는 지점이고 보통 약 160℃에서 열분해가 시작된다. 캐러멜화가 시작되는 정확한 온도는 로스팅 온도 증가율에 좌우된다. 예를 들면 로스팅 과정에서 온도를 1분에 몇 도씩 천천히 올리면 자당은 160℃에서 캐러멜화가 시작되지만 온도를 급격히 올리면 180℃에서 캐러멜화가 시작된다.

또 이 단계에서는 생두의 산도가 증가하는데 이는 생두의 탄수화물이 카르복실산으로 분해되기 때문이며, 이때 생성된 산은 분해되지 않기 때문에 pH는 낮은 상태로 유지된다. 그 외 트리고넬린과 클로로겐산 역시 열에 의해 분해가 시작된다.

3) 로스팅 2단계

로스팅 2단계(180~230℃)에서는 생두의 색상이 더 검어지는데, 이 단계에서는 팝콘 튀길 때 나는 볶는 소리가 나며 생두가 갈라지는 크랙 현상이 관찰된다. 이러한 1차 크랙은 로스팅 과정에서 보통 온도가 190℃ 되면 생두 내에 가스(이산화탄소·수증기·휘발 성분)가 형성되어 생두가 팽창·파열되면서 나타나는 현상이다. 이 크랙은 나중에 커피를 추출할 때 원두 내 성분들이 쉽게 유출되게 한다. 1차 크랙 시 생두의 가장 약한 부분인 센터컷이 먼저 벌어지면서 파핑 소리가 나게 된다. 그리고 1차 크랙은 로스팅의 과정 중 종료 시점을 정하는 기준점이 되기 때문에 중요한 의미를 갖는다. 그리고 1차 크랙 후에 생두 향미의 잠재력이 나오며 커피 원두의 신맛이 두드러지게 된다.

그리고 로스팅 2단계에서는 커피 원두의 표면 온도는 잠시 낮아지게 되는데, 이 현상은 순간적인 흡열 현상으로 커피 원두에서 상당량의 수증기가 증발하면서 순간적으로 냉각되기 때문이다. 또 이 단계에서는 열분해 현상도 일어나며 이 현상은 저농도의 산소 환경에서 열을 받은 유기물의 분해를 말한다. 즉 로스팅 과정 중에 열분해로 발생하는 화학적 반응에 따른 생두 내에서 별도의 열이 발생하는 이른바 발열 반응이 나타난다. 로스팅 과정 중에 각 온도 단계마다 열이 달리 공급되기 때문에 열에 의한 유기물의 분해물과 정도가 다르게 나타나 최종 커피의 품질 특성이 상이하게 나타나게 된다.

또 이 단계에서는 캐러멜화가 진행되며 이를 통해 최종 커피에서 단맛과 유쾌한 향미를 부여한다. 다만 캐러멜화가 과도하게 진행되면 쓴맛이 두드러지게 된다. 로스팅 온도가 높을수록 생두의 산도는 점점 낮아지게 되는데 이는 산이 분해되면서 휘발되기 때문이다. 따라서 로스팅 과정 초기에는 산도가 증가하다 이후 산도는 줄어들고 pH는 7 수준으로 중성으로 가게 된다.

일반적으로 로스팅 과정을 통해 수분 증발로 인해 생두의 무게는 줄어든다. 그 외 로스팅 정도에 따라 이산화탄소와 수분 증발 및 휘발 성분의 증발로 인해 4~6%의 무게가 추가로 감소하기도 한다. 그리고 로스팅 과정 중 생두의 고분자 물질이 열에 의해 저분자 물질로 분해되면서 물과 이산화탄소도 같이 생성된다.

그리고 이 단계에서는 로스팅 과정 중 수분 증발로 생두의 무게는 감소하지만 가스 생성으로 인해 생두의 부피는 40~60%가량 증가하게 된다. 로스팅 온도가 230℃ 되면 그 부피는 두 배로 더 증가하게 된다. 로스팅 과정은 2단계에서 실질적으로 종료되며 최종적인 로스팅 종료는 실무에서는 원두의 색상으로 판단한다. 이때 원두 색상은 원두 분쇄 후 색도계를 이용하여 측정한다. 그러나 기존 색도계는 색상 구분을 위해 표준화가 되지 않아 스페셜티커피협회는 자체적으로 에그트론(Agtron) 시스템을 개발하여 원두의 색상을 측정한다. 이 기기는 원두의 특정 파장에서 적외선 반사광의 양을 재는 원리를 이용한 것으로 산업에 가장 많이 이용하는 방법이다.

그리고 기존 색도계는 커핑을 통해 커피의 밝은색부터 어두운 색상까지 눈금으로 표시한다. 그러나 에그트론은 자당의 캐러멜화를 측정하는 방식이며 에그토론 숫자는 로스팅 강도의 지표로 활용되기도 한다. 예로서 라이트~미디움 로스팅의 경우 에그토론 숫자는 90~45 수준이다. 약한 불에서 볶아 시나몬과 같이 옅은 갈색이 나도록 로스팅한 생두(시나몬 로스팅)는 에그트론 숫자가 90 수준이다. 이 생두는 아직 오일 성분이 생두 표면에 형성되어 있지 않고 신맛과 아로마가 풍부하게 발현되지 않은 특성이 있다. 생두 색상이 다소 짙은 아메리칸 로스팅의 경우는 에그토론 숫자가 70~60 정도이며, 미디움 갈색으로 오일 형성이 안 되고 단맛과 약한 산도가 특징적으로 나타난다. 로스팅 정도(230℃)가 아주 강할 때는 에그트론 숫자는 50~45 정도로 나타난다.

4) 로스팅 3단계

로스팅 3단계(230℃ 이상)에서는 생두의 2차 크랙이 발생하는 단계이다. 생두 세포의 세포벽은 셀룰로오스 섬유질로 이루어져 있는데 2차 크랙은 이 세포벽이 깨지면서 세포벽의 용해성이 좋아진다. 이에 따라 1차 크랙의 효과가 증대되면서 생두의 수용성 물질들의 용출이 쉬워진다. 이때 로스팅 연기도 진해지고 자극적으로 된다. 또 이 단계에서는 생두의 부피가 더욱 팽창하게 되면서 생두 중심에 위치에 있는 중성 오일 성분이 생두 표면으로 이동하는 현상이 나타난다. 생두의 부피가 커질수록 생두 내 휘발 성분과 비휘발 성분의 발현이 더욱 커지게 된다. 그러나 2차 크랙이 너무 오래 지속되면 원두 맛이 쓴맛으로 인해 풍미가 마스킹 되면서 신맛과 일부 향기 성분은 손실이 나타날 수 있다. 또 2차 크랙 후에는 커피 바디감이 감소하면서 탄 맛이 나기 시작한다.

보통 로스팅 3단계는 일부 생두만 실시한다. 프렌치 로스팅의 경우 원두의 에그트론이 45~40 수준이며 아메리칸 원두에 비해 신맛이 덜하고 싸한 맛이 더 강하게 나타난다. 이탈리안 로스팅의 경우는 에그트론이 40~35 수준으로 산미는 없고 오일 성분이 많으며 탄화로 인해 싸한 맛이 느껴진다. 열분해는 250℃ 이상에서는 그 효과가 떨어지며 이 온도에서는 생두의 유기산은 탄화가 되고 색상 역시 검은색으로 변화된 상태가 된다. 탄화된 원두는 불쾌한 쓴맛을 주며 건강에도 해로운 암 유발 고리형 탄화수소 성분이 함유될 가능성이 있다.

로스팅의 마지막 단계로서 로스팅된 원두는 물질 간의 반응을 정지시키기 위해 빨리 냉각해야 하며 이때 물을 이용한 수냉 방법이 가장 효율적이다. 그러나 스페셜티 커피의 경우는 찬 공기를 이용하여 냉각하는데 이는 원두의 수분 증가와 불필요한 화학 반응을 막기 위해서다. 최종적으로 로스팅 종료 시점이 중요한데 원두의 온도, 색상, 향기, 소리, 모양, 시간 및 윤기 등으로 판단하며 이 중 원두의 색상이 가장 중요한 기준점이 된다.

다. 로스팅과 생두의 조직 변화

보통 생두 로스팅은 200~240℃에서 10~15분간 진행하며 로스팅 과정에서 생두의 미세 조직 변화는 커피의 품질에 영향을 미치게 된다. 특히 외부 온도, 로스팅 시간, 생두의 크기, 수분량 및 형태 등이 생두의 미세 조직과 화학적 변화에 영향을 미치는 요소이며 그에 따라 향미 발현과 용출에 영향을 주게 된다.

생두는 그 세포벽이 유난히 두껍고 세포 간의 조밀한 배열에 따라 매우 단단한 상태다. 이러한 생두의 조직 특성으로 인해 로스팅 과정 중 가스 등의 압력에 견디는 요인이 된다.

로스팅 과정 중 향미 성분의 전구물질인 당류, 아민류 및 클로로겐산 등의 분해가 일어난다. 또 로스팅 온도가 154℃에 도달하면 당류와 아미노산류 간의 마이야 반응이 일어나고 멜라노이딘으로 인해 색상의 변화도 나타난다. 로스팅 과정 중 휘발 성분과 이산화탄소의 생성으로 생두 내 압력이 높아지는데 생두는 보통 16bar까지 견디는 것으로 문헌에 보고되고 있다. 그러나 증기압이 생두 내 일정 부분 형성되면 1차 크랙이 발생하며, 그 조직은 느슨해지고 이때 생긴 이른바 블로우 구멍(blow holes)을 통해 생두 내 향미 성분이 유출된다. 이때 크랙 사이로 작은 오일 방울이 맺히는 현상을 관찰할 수 있다.

로스팅 과정 중에 발생하는 연소로 인해 이산화탄소는 지속해서 발생하며, 이로 인해 일정 압력에 도달하면 2차 크랙이 발생하고 탄화되기 시작한다. 2차 크랙 후 생두의 크랙 블로우 구멍 크기는 큰 변화가 없으나 중간 부분의 크랙이 길어지는 형태가 나타나고 생두 표면에 오일 성분이 증가하는 현상이 나타난다. 반면 생두 중심부의 세포는 파괴된 상태가 된다.

라. 로스팅과 생두의 물리화학적 변화

로스팅 과정 중에 일어나는 생두 내 주요 물리화학적 변화는 마이야 반응(maillard reaction), 스트렉커 분해 반응(strecker degradation), 가수분해(hydrolysis), 열분해(pyrolysis) 및 캐러멜화 반응(caramelization reaction)이 대표적이다. 이 중 마이야 반응과 캐러멜화 반응은 원두와 커피에 다양한 향미(단맛, 캐러멜 향미, 훈연 향, 과실 향, 향신료 향 등)를 부여하는 물질을 발현하기 때문에 가장 중요한 반응이다. 그 외 비휘발 성분, 즉 커피에 쓴맛을 부여하는 멜라노이딘과 퀸산, 카페산도 향미에 영향을 준다. 보통 로스팅 과정을 통해 생두의 무게는 15~22% 줄어드는 반면 부피는 50~100%가량 증가하게 된다.

그리고 로스팅 과정 중 탄수화물의 분해에 따라 포름산, 글리콜산 및 젖산 등도 생성되어 커피의 신맛에 영향을 미친다. 그러나 커피에 쓴맛을 부여하는 또 다른 성분인 카페인은 비교적 열에 강하기 때문에 생두에 함유된 카페인은 로스팅 과정을 통해 약간의 변화만 나타난다.

[그림 6-5]는 생두 내 커피 아로마 전구물질들이 로스팅 과정에서 물리화학적 반응에 따라 아로마 성분으로 전환되는 반응을 도식화한 것이다. 이때 점선은 생두의 성분으로 인한 2차 대사물 생성을 나타낸 것이다. 로스팅 과정 중에 먼저 생두의 탄수화물, 질소화합물, 클로로겐산, 유기산 및 소량의 지질 등 비휘발 성분들이 열에 의해 분해되어 다양한 휘발 성분으로 발현된다. 그림에서 보듯이 로스팅 과정은 생두의 향미 전구물질을 목표로 하는 커피 향미에 따라 로스팅 정도를 조절하는 로스터의 경험과 노하우가 중요한 요소임을 알 수 있다.

마이얄 반응을 통해 생성되는 주요 성분은 환원당과 질소화합물 등 전구물질로부터 발현된 디케톤류(버터 향), 피라진류(흙냄새, 로스팅 향, 견과류 향, 티아졸류(로스팅 향, 팝콘 향), 에놀론류(캐러멜 향), 티올류(유황 향, 커피 향), 지방족 산류(신맛), 피롤류(곡류 향), 퓨란류, 퓨라논류, 피라논류(단맛, 캐러멜 향) 및 옥사졸류(견과류 향, 단맛)가 대표적이다.

그 외 마이얄 반응으로 생성된 카보닐 유도체는 아미노산과 반응(스트렉커 분해 반응)하여 알데히드, 암모니아와 이산화탄소 등을 생성하게 된다. 즉 스트렉커 분해는 아미노산류와 마이얄 반응으로 생성된 디케톤류가 시발점이며, 로스팅 과정을 통해 스트렉커 알데히드(맥아 향, 꿀 향)를 발현한다.

캐러멜화 반응에서는 당분을 이용하여 에놀론류(캐러멜 향)를 발현한다. 또 클로로겐산은 페놀류(훈연 향, 나무 향, 페놀 향), 락톤류(버터 향)와 당류(단맛)도 생성한다. 그리고 불포화 지방산은 알데히드류(지방 향, 비누 향, 풋내)로 변환된다.

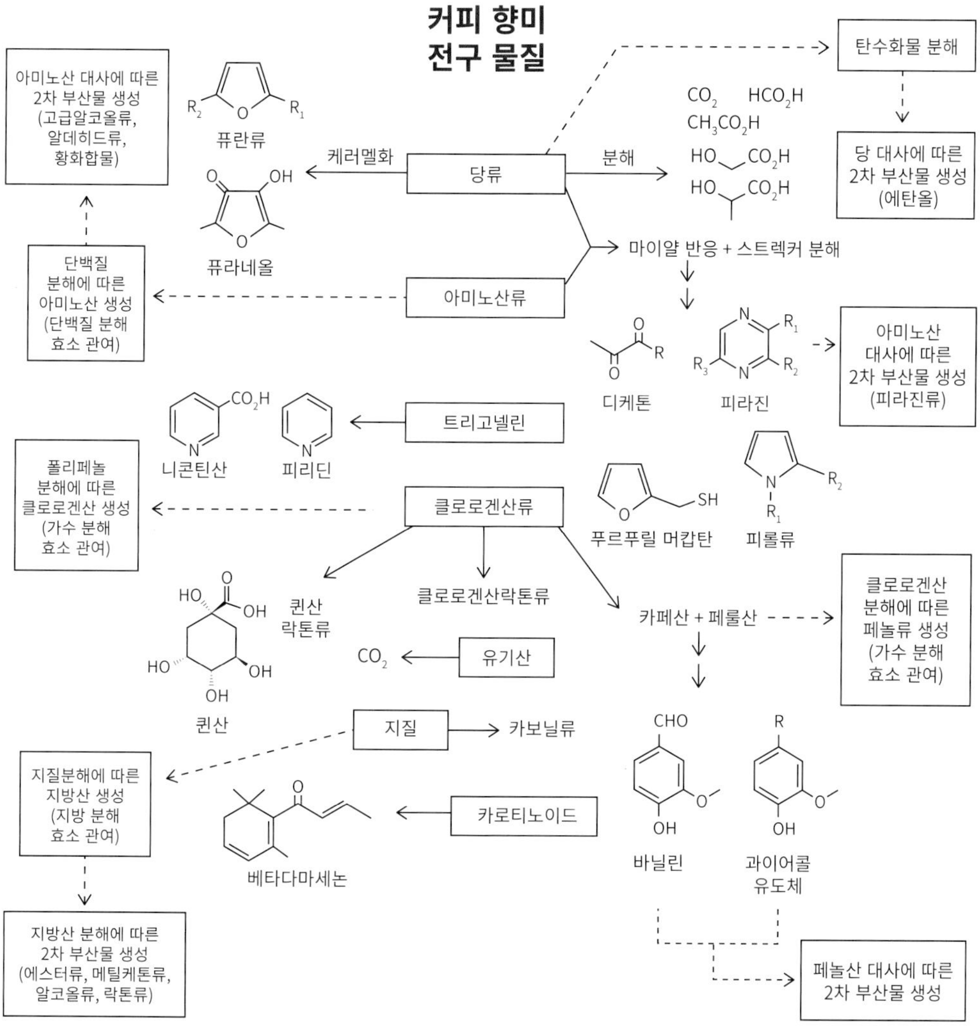

[그림 6-5] **생두의 전구물질이 로스팅 과정 중 향기 성분으로 발현되는 반응 기전**

로스팅 과정에서 일어나는 각 물리화학적 반응을 구체적으로 살펴보면 다음과 같다.

1) 마이얄 반응

로스팅 과정 중 생두의 전구물질(당분, 아미노산, 클로로겐산, 트리고넬린)은 마이얄 반응을 통해 향기 성분으로 전환된다. 마이얄 반응은 로스팅 과정 중에 일어나는 모든 물리화학적 반응 중에 가장 핵심이 되는 반응이다. 이 반응은 비효소적 갈색화 반응으로서 효소가 관여하지 않고 화학 반응만으로 일어나는 연쇄적인 반응이며, 낮은 온도(10℃)에서도 발생하지만 130~200℃에서 가장 활발히 일어난다.

이 반응은 커피 아로마 형성에 중요한 역할을 하며 피라진류, 피롤류, 티올류, 퓨란논류, 피리딘류, 티오펜류 및 티케톤류가 주요 생성 물질이다[그림 6-6]. 아로마 성분 중에 2-푸르푸릴티올은 커피 향기에 가장 임팩트가 강한 황 함유 물질인데, 로스팅 과정에서 오탄당(리보오스, 자일로오스) 또는 육탄당(포도당, 람노오스)이 아미노산(시스테인)과 결합할 때 가장 많이 생성되는 것으로 문헌에 보고되고 있다. 그리고 마이얄 반응 과정에서 당분(단당류, 이당류, 올리고당)과 아미노산(글리신, 알라닌) 간의 반응으로 디케톤류도 생성된다.

마이얄 반응 기전을 보면, 이 반응은 우선 환원당(포도당, 과당, 맥아당)의 카보닐기(carbonyl group)와 질소 함유 물질(단백질, 펩타이드, 트리고넬린, 아미노산)의 아민기(amine group)가 결합하여 글리코실아민(glycosylamine)과 물을 생성하는 것으로부터 시작한다. 특히 아미노산 중 글리신과 알라닌 및 환원당이 많을수록 알킬피라진류가 많이 생성된다. 이후 불안정한 글리코실아민은 아마도리 재배열(amadori rearrangement)을 거쳐 아민기와 케톤기를 가지는 케토사민(ketosamine)을 생성한다. 그다음 케토사민은 다양한 유기 반응을 통해 카보닐기와 연결된 이중 결합 양쪽에 하이드록시기(hydroxyl group)가 존재하는 리덕톤(reductone)을 생성하거나 디아세틸 또는 피루브알데하이드와 같은 분해물을 생성한다. 다른 한편으로는 이와 같은 분해물은 하이드록시산(글리콜산, 구연산, 젖산, 사과산)과 페놀 간의 반응으로 생성되기도 한다.

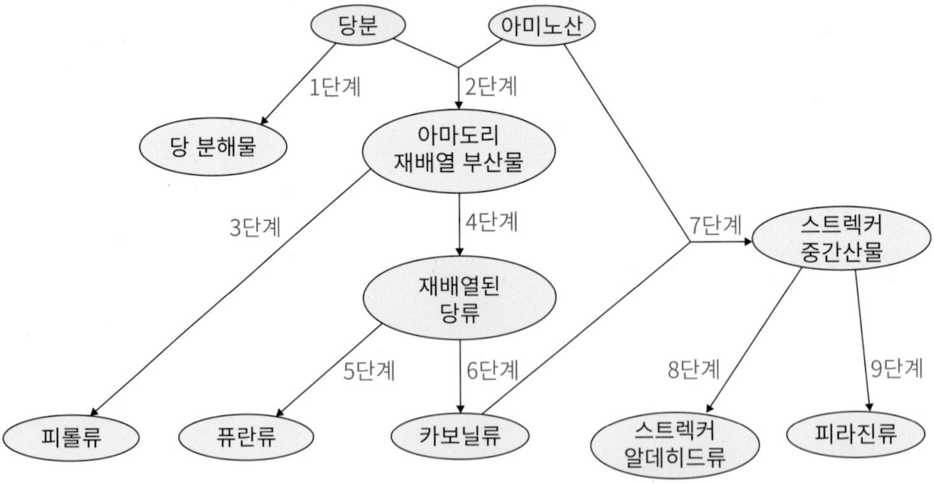

[그림 6-6] 마이얄 반응에 따른 향미 성분 발현

[그림 6-7]은 로스팅 과정 중 마이얄 반응 단계별 발현되는 생성물의 분포도를 나타낸 것이다. 이때 생성물은 아마도리 성분, 데옥시존 성분과 그에 상응하는 반응물 및 향기 성분 순으로 적게 나타난다. 마이얄 반응은 비교적 낮은 온도에서도 진행되며 로스팅 온도가 증가할수록 마이얄 반응은 그 속도가 더 빨리 진행된다. 그러나 로스팅 온도가 160℃ 이상 올라가면 캐러멜화 반응이 진행되면서 당류가 소비되어 마이얄 반응량은 점차 감소하게 된다.

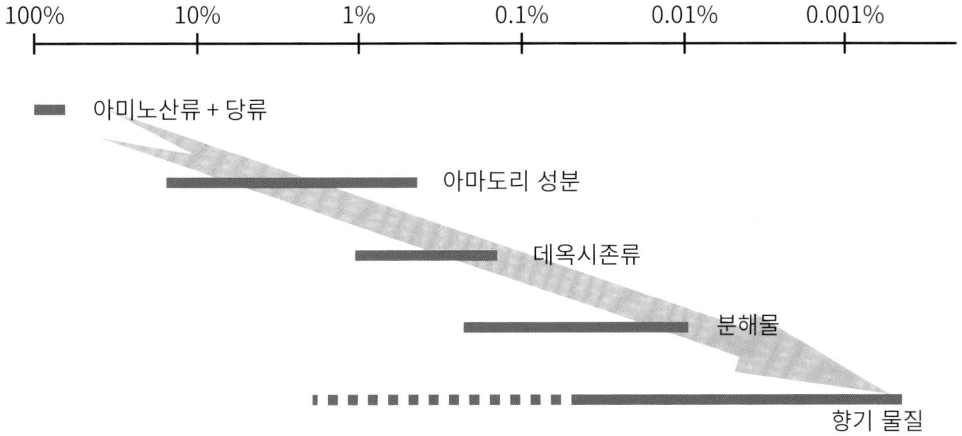

[그림 6-7] 마이얄 반응 단계별 향기 성분 분포도

2) 스트렉커 분해 반응

스트렉커 분해 반응은 마이얄 반응 과정에서 생성된 α-디케톤류(닌히드린, 이사틴, 알로크산틴, 알파 퀴논, 메틸글리옥살, 인디고)가 아미노산(알라닌, 글리신)과 반응 후 암모니아와 이산화탄소를 방출하여 탄소수가 하나 적은 알데히드와 포름알데히드 등으로 분해되는 반응이다[그림 6-8]. 이러한 알데히드는 이른바 스트렉커 알데히드로 지칭하는데, 이 성분은 휘발성이 매우 강한 물질로 커피 아로마에 영향을 크게 미치게 된다. 스트렉커 알데히드는 이후 아미노케톤류(아미노아세톤)와 반응하여 다양한 방향족 향기 물질(피라진류, 피리딘류, 피롤류, 티아졸류, 옥사졸류) 등을 원두에 발현시켜 준다. 이때 방향족 향기 물질 종류는 어떤 아미노산이 반응에 관여하느냐에 따라 달라진다.

커피에 흙냄새를 풍기는 향기 성분인 알킬피라진류(2-에틸-3,5-디메틸피라진, 2,3-디에틸-5-메틸피라진) 역시 스트렉커 반응물의 대표적인 성분이다.

일반적으로 스트렉커 알데히드류와 알파디케톤류는 미디움 로스팅 단계에서 가장 많이 형성되는 것으로 알려져 있다.

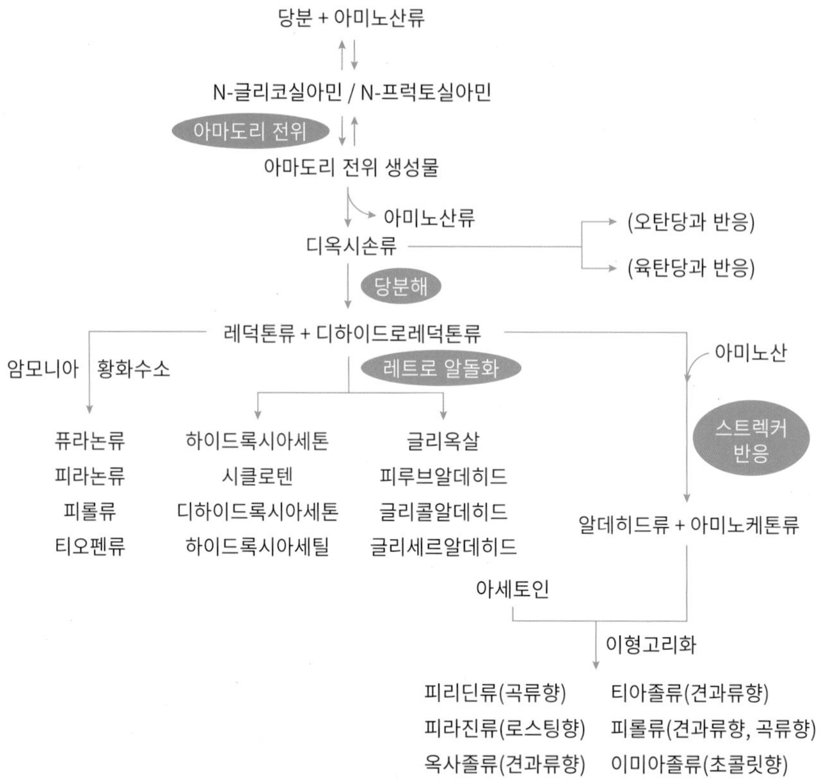

[그림 6-8] **스트렉커 분해 반응과 생성물**

3) 캐러멜화 반응

캐러멜화 반응은 마이야 반응과 같이 비효소적 반응이며 최종 산물로서 갈색의 착색 물질이 생성되는 점은 같다. 그러나 마이얄 반응과는 다르게 이 반응은 산화 반응이면서 당분(주로 환원당)이 열에 의해 분해되는 열분해라는 점이다.

열분해 과정을 보면[그림 6-9], 로스팅 과정에서 생두 내 설탕이 먼저 열에 의해 포도당과 과당으로 분해되고, 이후 축합 반응 또는 이성화 과정을 거쳐 최종적으로 중합체, 색소, 방향족과 지방족 성분들이 생성된다. 마이얄 반응의 최종 갈변 물질은 멜라노이딘이다. 반면에 캐러멜화 반응의 최종 갈변 물질로서는 고분자 성분인 카라멜란($C_{24}H_{36}O_{18}$), 카라멜린($C_{125}H_{188}O_{80}$)과 카라멜렌($C_{36}H_{50}O_{25}$) 등이며, 이 중 카라멜란과 카라멜렌은 물에 녹는 성분으로 커피에 쓴맛을 부여하기도 한다. 그리고 캐러멜 반응의 최종 산물 중에는 방향 성분인 하이드록시푸르푸랄(HMF)과 하이드록시프로익산(HMFA) 등도 생성되고, 그 외 디아세틸(버터 향), 에스터류(꽃 향, 과실 향), 락톤류(유지 향), 퓨란류(고소한 향) 및 말톨(구운 향) 등이 생성된다.

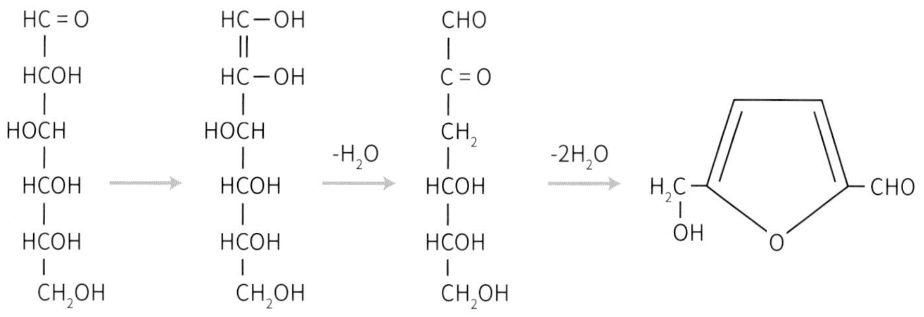

포도당 1,2-엔디올 HMF(하이드록시 메틸 푸르푸랄)

[그림 6-9] **포도당의 캐러멜화 반응(Hydroxymethyl furfural, HMF)**

또 캐러멜화 반응으로 인해 산류(초산, 포름산)도 생성된다. 그리고 로스팅 과정에서 캐러멜화 반응은 온도, pH와 생두 내 당 종류에 따라 그 반응 속도와 폭이 다르게 나타난다. 예로서 과당은 110℃, 포도당과 설탕은 160~170℃에서 캐러멜화가 가장 활발하게 진행된다. 또한, 캐러멜화 속도는 보통 중성에 가까운 산도(pH 약 7)에서 가장 낮고 산성 환경(pH 3 이하) 및 염기성 환경(pH 9 이상) 조건 모두에서 가속화되는 것으로 문헌에 보고되고 있다.

한편, 당류와 단백질류, 아미노산류 및 페놀류는 커피 아로마 생성을 위한 생두에 함유된 주요 전구물질이다. 특히 로스팅 과정 중에 다당체와 이당류는 열분해에 따라 캐러멜화 반응 생성물 형성에 주요 역할을 한다. 로스팅 과정에서 당의 열분해로 발현되는 성분은 [그림 6-10]과 같다.

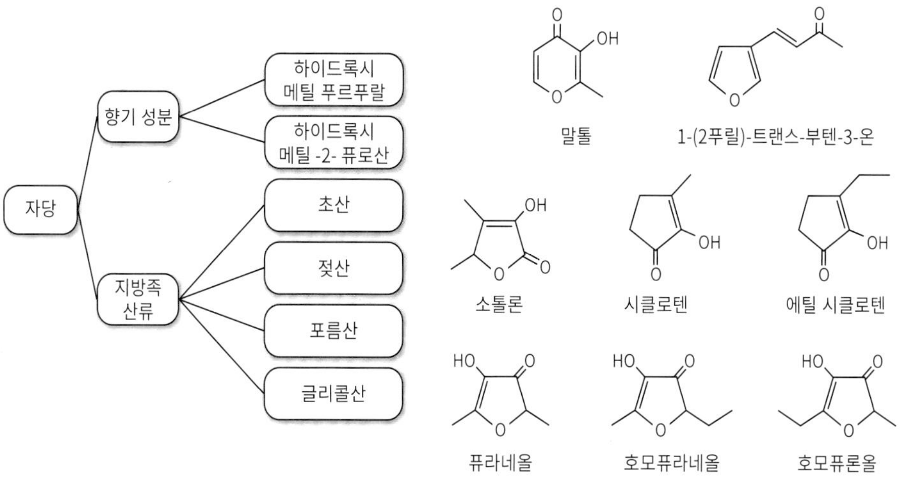

[그림 6-10] **캐러멜화 반응에 따른 생성물**

4. 로스팅과 생두 성분의 변화

가. 개요

생두는 향미가 거의 없지만 로스팅 과정(150~240℃)을 거치면서 생두의 구성 성분이 분해되어 커피 특유의 향미를 비로소 발현하게 된다. 즉 풋내 또는 허브 향을 나타내는 생두 아로마는 로스팅 후 원두가 되어 볶은 향을 나타내며 색상도 갈색에서 검게 변하게 된다. 생두는 로스팅 과정을 거치면서 원두가 된 후 추출 과정을 거치면서 또 한 번 구성 성분의 변화를 거치게 된다.

나. 물리적 변화

1) 색상

로스팅 초기 단계에 생두는 백황록색으로 변하며 온도가 상승하면서 색상은 점차 검게 변한다. 건식 가공한 아라비카와 로부스타 생두는 습식 가공된 생두와 유사한 색상 유지를 위해서는 로스팅 최종 단계에서 온도를 높게 설정해야 한다. 로스팅 온도가 높으면 원두 표면은 오일 성분으로 인해 밝게 보이기 때문이다.

커피의 검은 색상은 로스팅 과정 중에 형성된 멜라노이딘 성분 때문이며, 생두에 단백질 또는 클로로겐산이 많을수록 증가하게 된다. 또 이 성분은 커피의 향미 성분을 결합하는 특성도 있고 항산화 물질이기도 하다.

멜라노이딘은 생두의 갈락토만난, 아라비노갈락탄-단백질, 단백질, 클로로겐산 및 자당이 로스팅 과정 중에 탈분지(debranching), 해중합(depolymerization), 중합(polymerization), 탈탄산(decarboxylation), 산화(oxidation) 및 고리화(cyclization)를 통해 생성한 물질들이 복합체를 이루어 만든 성분이다.

2) 수분·무게·밀도

생두의 밀도는 550~700g/L인 반면 로스팅 후 원두의 밀도는 300~450g/L로 감소한다.

또 생두의 수분은 로스팅을 빨리하면 증발이 느려지며 자유수와 결합수 모두 100℃에서 증발하게 된다.

3) 이산화탄소

생두 내 이산화탄소는 아로마에는 영향이 없는 휘발 성분이다. 이 성분은 로스팅 과정에서 열분해와 스트렉커 분해 반응으로 생성되며 보통 커피 1g에 10*ml*가 함유되어 있다.

다. 이화학적 변화

1) 당류의 변화

생두에 함유된 자당은 로스팅 과정을 통해 카르복실산류, 퓨란류 및 알데히드류로 전환되기 때문에 결과적으로 커피 아로마에 영향을 미치게 된다. 자당은 로스팅 초기 단계에 급격히 감소되며 이때 구연산, 사과산도 감소하고, 젖산, 초산 및 포름산은 증가하는 현상이 나타난다. 즉 지방족 산류(포름산, 초산, 젖산)는 자당으로부터 로스팅을 통해 생성된 성분이다[그림 6-11].

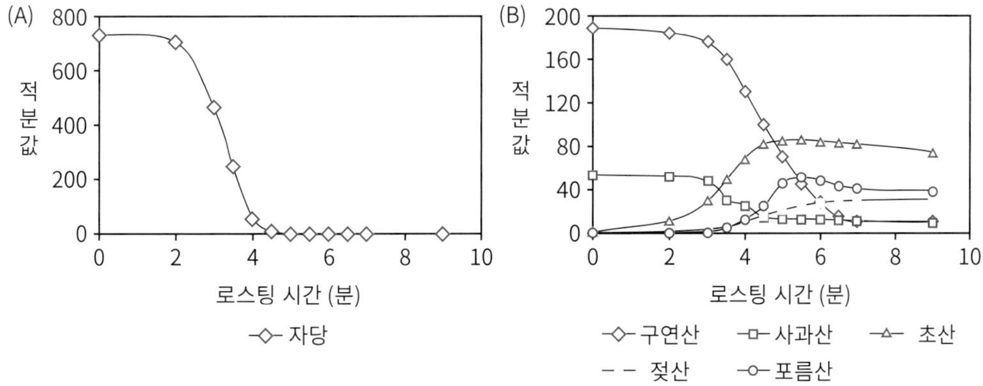

[그림 6-11] **로스팅 과정 중 자당과 유기산의 변화**

한편 단당류의 종류에 따라 생성되는 지방족 산류는 그 농도가 다르게 나타난다. [그림 6-12]에서 보듯이 로스팅 과정에서 포도당과 과당은 열에 의한 분해가 일어난다. 이때 중간산물로 1,2-엔디올(1,2-endiol)이 생성되며 각각 초산, 글리콜산 및 젖산 등으로 분해된다. 물론 다당류(아라비노갈락탄) 역시 지방족 산류 생성에 일부 기여한다.

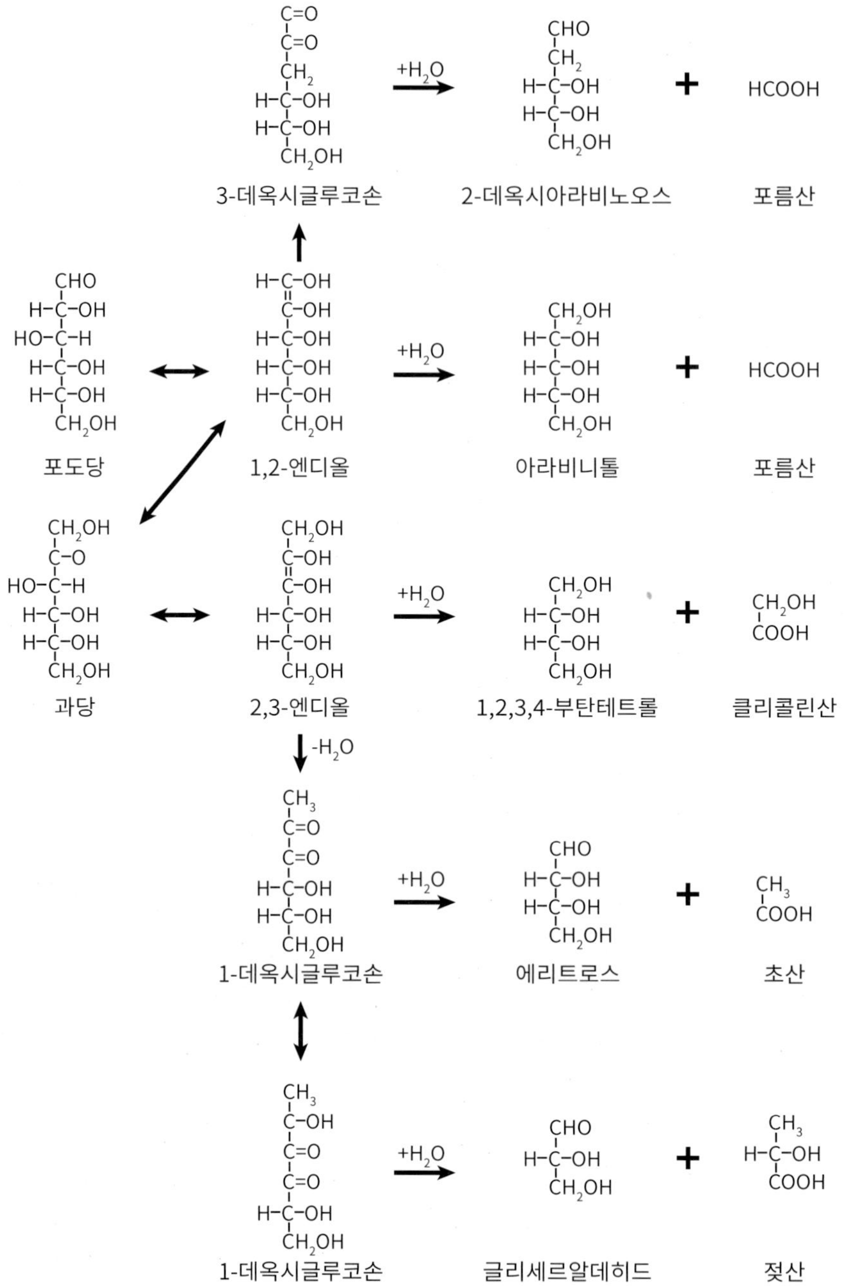

[그림 6-12] **로스팅 과정 중 열분해에 따른 단당류로부터 지방족 산류의 생성 경로**

5-하이드록시메틸-2-푸르푸랄은 탄수화물의 열분해로 생성되는 주요 성분이다. 일반 가공식품에서도 열처리 과정과 저장 조건 관리 지표로 활용되는 물질이다. 물론 5-하이드록시

메틸-2-푸르푸랄의 형성 정도는 로스팅 시간, 생두의 수분 함량, 로스팅 온도와 당분의 종류 등에 좌우된다. 생두 로스팅 과정에서 자당은 열에 의해 단당류로 분해되고 단당류는 다시 글리세르알데히드와 메틸글리옥살로 전환된다. 그 외 로스팅 과정에서 5-하이드록시메틸-2-푸로산도 생성된다.

생두의 탄수화물 중 절반을 차지하는 다당류(셀룰로오스, 만난, 아라비노갈락탄)는 배유의 세포벽을 구성하는 불용성 성분이다. 그러나 로스팅 과정 중에 만난과 아라비노갈락탄은 세포벽이 부풀어 느슨해지면서 단당류로 전환되어 용해도가 증가하게 된다. 예로서 아라비노갈락탄의 열분해에 따라 생성된 성분은 알파-(1→3)-1-아라비노퓨라노오스, 알파-(1→5)-1-아라비노퓨라노오스, 베타-(1→3)-델타-갈락토피라노오스 및 베타-(1-6)-델타-갈락토피라노오스이며, 이 성분들은 라이트 로스팅에서는 열에 견뎌 원두에 함유될 수 있다. 반면 만난의 열분해로 생성된 마노피라노오스는 다크 로스팅에서도 열에 강해 원두에 함유될 가능성이 크다. 이와 같은 탄수화물은 커피의 점성을 높여 커피의 바디감을 증가시키며, 에스프레소 커피에서는 거품의 안정성에도 긍정적인 영향을 미친다[그림 6-13].

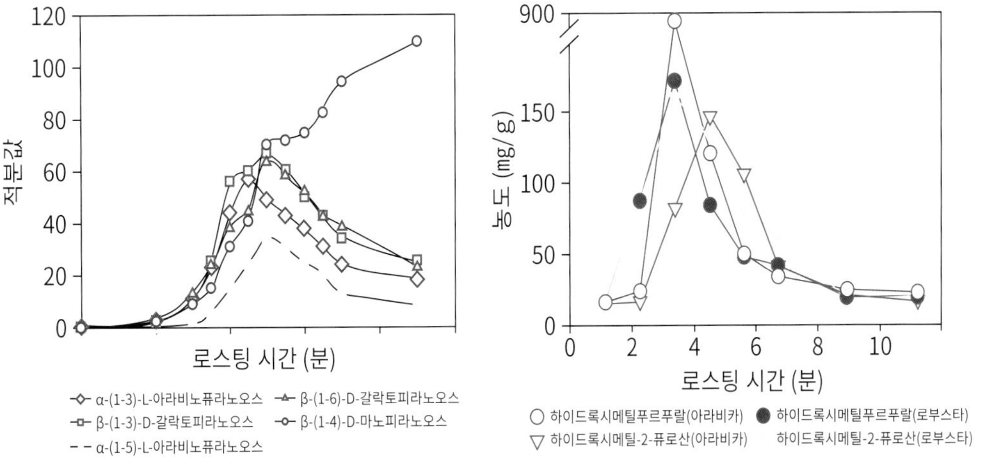

[그림 6-13] **로스팅 과정 중 다당류의 변화**

2) 카페인의 변화

생두 원산지와 더불어 로스팅 과정은 카페인 농도에 영향을 미치는 요소이다. 일반적으로 생두 내 카페인의 농도는 1.1%로 적지만 로스팅 과정을 거치면서 함량은 다소 1.2~1.3%로 증가하게 된다. 라이트 로스팅의 경우 카페인의 농도가 가장 많지만 로스팅 정도가 강해질수록 커피콩 세포벽으로의 유출이 많아져 카페인의 농도는 줄어들게 된다. 일례로 에티오피아 생두의 경우 카페인 함량이 1.5~1.6%로 높지만, 다크 로스팅을 하는 스페셜티 커피의 경우는 카페인 함량이 오히려 낮아진다.

3) 클로로겐산의 변화

앞서 설명한 바와 같이 생두에는 카페오일 퀸산, 디카페오일 퀸산 및 페룰로일 퀸산 등 최소 30여 종류 이상의 클로로겐산류가 존재하며 생두 내 클로로겐산의 함량은 많다. 그러나 로스팅 과정을 거치면서 그 농도는 전반적으로 현저히 줄어들며 로스팅 정도가 강할수록 더욱 더 감소하게 된다[그림 6-14].

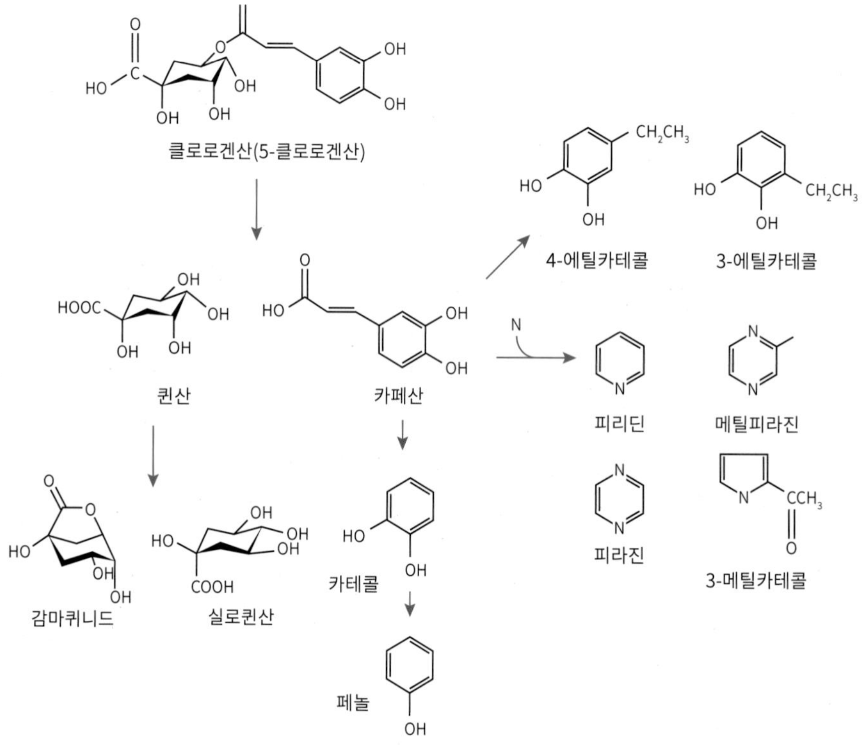

[그림 6-14] **로스팅 과정 중 카페오일 퀸산의 분해**

그리고 클로로겐산 중에도 로스팅 과정을 거치면서 카페오일 퀸산의 농도는 급격히 줄어들면서 퀸산, 감마 퀴니드(γ-quinide) 및 실로퀸산(*syllo*-quinic acid)의 함량은 증가하게 된다. 보통 클로로겐산류의 분해 정도는 로스팅 정도의 지표로 활용되기도 한다. 퀸산의 경우 생두의 주요 산으로서 이 역시 클로로겐산의 분해에 따라 생성된 물질이다. 감마 퀴니드는 퀸산의 에스터화에 따라 생성된 것이고, 실로퀸산은 퀸산의 이성질체로서 일반적인 로스팅 조건에서도 잘 생성된다[그림 6-15].

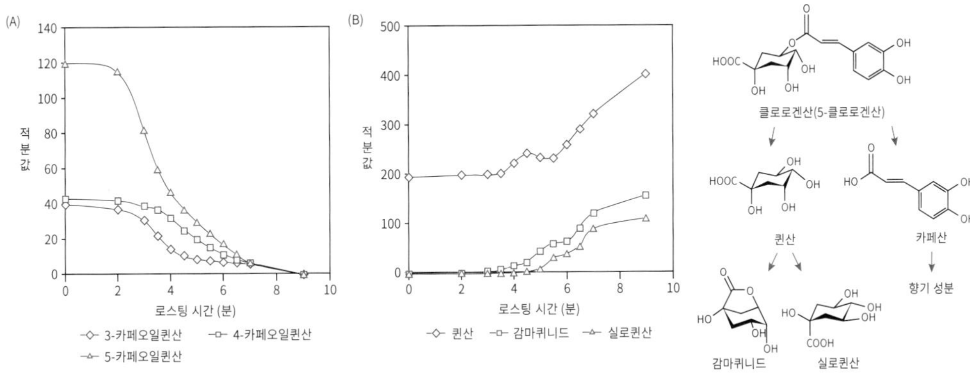

[그림 6-15] **로스팅 과정 중 클로로겐산류의 변화**

또 로스팅 과정에서 클로로겐산의 락톤류가 생성되는데, 페룰로일퀸산 락톤류, 카페오일퀸산 락톤류 및 파라쿠마로일 퀸산 등이 대표적이다. 이 성분들은 로스팅 정도에 따라 그 생성 정도가 달라지며 다크 로스팅보다 라이트 또는 미디움 로스팅일 때 더 많이 생성된다. 그 외의 계피산으로 불리는 신남산 역시 로스팅 과정 중에 클로로겐산의 분해에 따라 생성되는 물질이다.

4) 트리고넬린의 변화

트리고넬린은 피리딘 유도체 성분이며 로스팅 과정 중에 바람직한 향(퓨란, 피라진, 알킬피리딘, 피롤) 형성에 간접적인 영향을 미친다. 이 성분은 커피의 향미뿐 아니라 영양학적 가치가 높은 것으로 잘 알려져 있다. 또 이 성분은 로스팅 과정 중에 열에 의해 분해되어 니콘틴산, 니코틴아미드 및 *N*-메틸피리디늄 등을 생성한다.

[그림 6-16]에서 보는 바와 같이 트리고넬린은 생두에서 가장 많은 함량을 나타낸다. 이때 로스팅 과정 중에 함량은 줄어드는 반면 니콘틴산과 *N*-메틸피리디늄은 지속해서 증가한다. *N*-메틸피리디늄은 열분해에 따른 부산물이다. 로스팅 7분 이후 *N*-메틸피리디늄의 함량이 줄어드는 것은 이 성분이 열분해 되거나 다른 물질과의 반응이 원인인 것으로 문헌에 보고되고 있다.

그리고 비타민 B_3 또는 나이아신으로 불리는 니콘틴산은 트리고넬린의 2차 열분해 부산물이며 로스팅 강도에 따라 생성되는 그 농도는 다르게 나타난다. 트리고넬린은 로스팅 과정을 다양한 열분해물을 생성시켜 원두와 커피의 향미에 직간접적으로 영향을 미친다.

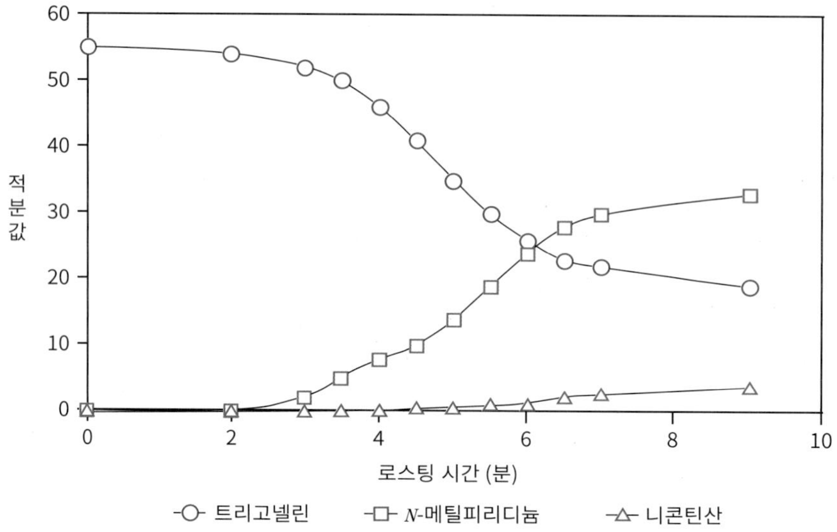

[그림 6-16] **로스팅 과정 중 트리고넬린의 변화**

5) 단백질과 아미노산의 변화

이미 기술한 바와 같이 마이얄 반응은 환원당과 아미노산, 펩타이드 또는 단백질과의 비효소적 반응이다. 이 반응은 식품을 가열할 때 일반적으로 나타나는 현상으로 식품에 독특한 향미를 부여하게 된다. 로스팅 과정 중에 생두 단백질의 구성 성분 변화가 나타나며, 생두의 단백질은 보통 그 분자량이 58과 38킬로달톤(KDa) 수준이다. 그러나 로스팅 후 단백질의 분자량은 14킬로달톤 이하 또는 200킬로달톤 이상으로 나타난다. 이는 로스팅 과정 중에 단백질이 변성된 것을 의미한다. 또 단백질 성분은 마이얄 반응의 최종 산물인 질소를 함유한 멜라노이딘 형성에 기여하게 된다. 커피의 멜라노이딘은 당분과 아미노산의 반응 외에 클로로겐산과 아미노산(단백질) 간의 반응에 의해서도 생성되는 것으로 최근 문헌에 보고되고 있다.

아미노산의 경우는 생두에 0.3~0.6%(건량 기준)가량 함유되어 있는데, 커피 향미에 영향을 미치는 여부에 대해 학술적인 해석은 아직 없다. 다만 일부 아미노산(L-글루탐산, L-알라닌, L-아스파라긴, 감마 아미노뷰티르산)은 로스팅 과정 중에 감소하는 것으로 알려져 있다[그림 6-17].

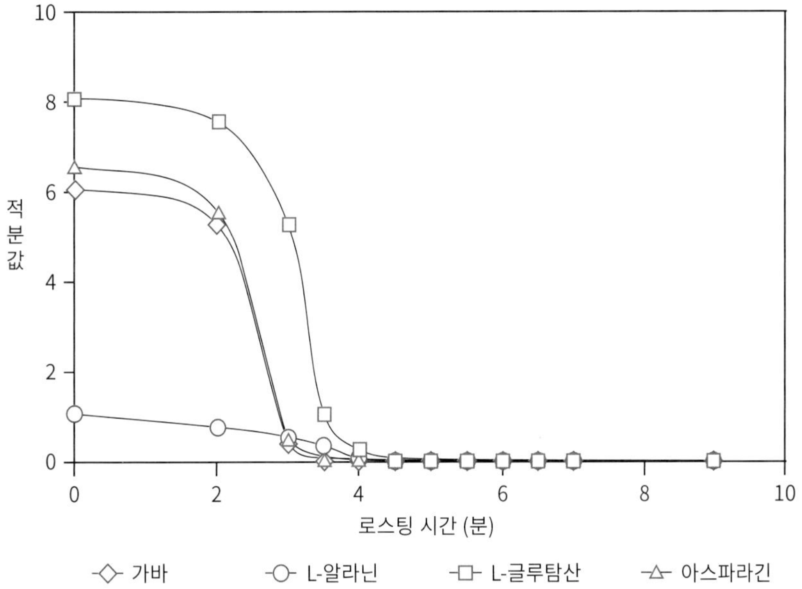

[그림 6-17] **로스팅 과정 중 아미노산의 변화**

6) 지질·향기 성분의 변화

지질은 로스팅 과정 중에 열분해에 따라 알데히드류를 생성하고 이들 알데히드류는 다른 향미 성분을 발현하게 된다. 한편, 로스팅이 진행되면서 강해질수록 *N*-메틸피롤, 피리딘, 3-머캅토-3-메틸뷰틸포름산, 2,3,5-트리메틸피라진 및 2-에틸-3,5-디메틸피라진 등의 향기 성분 농도는 증가하는 것으로 나타난다.

5. 로스팅과 향미

가. 개요

로스팅 과정 중 가장 큰 변화는 향미 성분의 발현과 분해이다. 일반적으로 라이트 로스팅 커피는 단맛, 꽃 향, 빵 향과 견과류 향이 특징적이고, 미디움 로스팅 커피는 향기 패턴이 좀 더 복합적이다. 그리고 다크 로스팅 커피는 코코아 향, 매운 향, 페놀 향 및 구운 향이 특징적으로 나타난다. 쓴맛은 로스팅 정도가 강할수록 증가하는 반면 신맛은 감소하며, 바디감과 아로마 농도는 로스팅이 진행되면서 최적 농도를 나타내다가 감소하는 경향을 보인다.

로스팅은 단계마다 생성되는 향기 성분과 그 농도는 다르지만 과도한 로스팅은 부정적인 향미를 나타낸다. 예로서 과도한 로스팅을 하면 디케톤류, 푸르푸랄류와 4-비닐과이어콜의 농도는 감소한다. 이들 성분은 미디움 로스팅 과정에서 가장 많이 형성된다. 또 과실 향을 나타내는 3-머캅토-3-메틸부틸 포름산(3-mercapto-3-methylbutyl formate)은 과도한 로스팅 때 완전히 분해된다. 흙냄새, 로스팅 향과 견과류 향을 풍기는 알킬피라진류 역시 로스팅 정도가 과도하면 점차 사라진다.

반면 2-푸르푸릴티올(2-furfurylthiol), 트리고넬린의 분해물(피라진류, *N*-메틸피롤류) 및 디메틸트리설파이드류는 로스팅 정도가 강해지면서 지속해서 증가한다. 전체적으로 로스팅 초기에 발현되었던 단맛과 흙맛은 로스팅 과정에서 생성되는 물질에 의해 마스킹 되면서 점차 이 물질들은 로스팅 향과 탄 냄새가 두드러지는 특성으로 변한다. 스트레이트 커피로 이용하는 고급 아라비카 커피는 시티 로스팅이나 풀시티 로스팅 단계에서 이상적인 맛과 향을 내는 것으로 알려져 있다.

일반적으로 생두에서는 풋내와 완두콩 향이 나고 단맛과 떫은맛이 특징적이다. 생두 내 일부 아로마는 로스팅에 영향이 없는 성분(3-이소부틸-2-메톡시피라진)들도 있고, 휘발되어 감소하는 성분(에틸-3-메틸뷰티르산)과 분해되는 물질들도 있다.

커피의 쓴맛은 로스팅 과정을 통해 발현되며 생두 내 함유된 클로로겐산은 로스팅 과정을 거치면서 많이 감소하게 된다. 특히 클로로겐산, 락톤류(모노카페오일 퀸산락톤, 디카페오일 퀸산), 클로로겐산의 분해물인 1,3-비스(3,4-디하이드록시페닐)부탄, 트랜스-1,3-비스(3,4-디하이드록시페닐)-1-부텐 및 하이드록실 페닐인단(hydroxyl phenylindan)이 쓴맛의 주요 물질이다. 이들 성분은 다크 로스팅 과정에서 느껴지는 끌리는 쓴맛의 주요 원인 물질로 지목된다. 페닐인단은 알츠하이머와 파킨슨병의 원인 물질인 베타 아밀로이드 단백질 생성을 억제하는 물질로 문헌에 보고되고 있다.

잘 알려진 대로 카페인 역시 쓴맛의 원인이며 전체 쓴맛의 10~20% 정도 차지하고, 로스팅 과정 중에 그 농도가 크게 변하지는 않는다. 그 외 아미노산 축합 반응물인 디케토피페라진(diketopiperazine) 역시 커피 쓴맛에 영향을 미친다.

그리고 각 쓴맛의 역치는 다르게 나타난다. 예로서 카페인은 물에서 750 μmol, 디케토피페라진은 190~400 μmol, 페닐인단은 30~150 μmol, 벤젠디올은 190~400 μmol 수준이다.

커피의 신맛은 생두에 함유된 구연산과 사과산이 주요 원인이며 이들 성분은 로스팅 과정에서 감소하게 된다. 초산과 포름산은 생두에는 매우 적은 농도로 존재하지만 로스팅 과정을 통해 탄수화물이 분해되면서 다량 생성된다. 라이트 로스팅은 다크 로스팅보다 커피의 신맛이 더 강하다. 로스팅 과정을 통해 생성되는 주요 아로마 그룹은 [표 6-4]와 같다.

[표 6-4] 원두의 주요 아로마 성분

구분	전구물질	원두 아로마
피롤류와 알킬피롤류	• 아미노산 + 탄수화물 • 하이드록시 아미노산	질소 함유 메틸피롤
퓨라논류	• 자당	디하이드로-2-메틸-3(2*H*)-퓨라논
푸르알데히드	• 자당 • 아라비노갈락탄	2-푸르알데히드
알킬 퓨란	• 아라비노갈락탄 • 아미노산 + 탄수화물	5-메틸-2-비닐퓨란
피라진류 및 알킬피라진류	• 하이드록시 아미노산	메틸피라진
아실 피롤류	• 아미노산 + 탄수화물	2-아세틸-1-메틸피롤
탄소고리 화합물	• 자당	3-메틸-1,2-사이클로펜탄디온
피리딘류	• 트리고넬린 • 하이드록시 아미노산	피리딘
페놀류	• 클로로겐산	페놀

한편, 아라비카 원두에는 많은 종류의 향기 물질들이 함유되어 있고 로스팅 정도에 따라 그 농도도 달라지지만 대체로 아로마가가 높은, 즉 향이 매우 강한 물질들이 있다. 원두 내 아로마가가 가장 높은 물질 순으로 보면, 베타다마세논(아로마가: 270,000)이 아로마가가 가장 높고 그 뒤를 2-푸르푸릴티올(170,000), 3-머캅토-3-메틸부틸포름산(37,000), 5-에틸-4-하이드록시-2-메틸-3(2*H*)-퓨란(15,000), 4-하이드록시-2,5-디메틸-3(2*H*)-퓨라논(10,000), 과이어콜(1,700), 4-비닐과이어콜(1,100), 메탄티올(1,100), 2-에틸-3-디메틸피라진(120), 2,3-디에틸-5-메틸피라진(95), 3-하이드록시-4,5-디메틸-2(5*H*)-퓨라논(74), 바닐린(48), 4-에틸과이어콜(32), 5-에틸-3-하이드록시-4-메틸-2(5*H*)-퓨라논(21)이 잇는다. 물론 상기 향기 성분들은 원두 분쇄와 커피 추출 방식에 따라 커피에 함유되는 농도는 달라진다. 커피 향기에 관심이 있는 사람은 아로마가가 높은 향기 물질들을 기억해 두면 커피 관능 평가 때 도움이 된다,

나. 로스팅과 향미 발현

이미 언급한 것처럼 로스팅 정도에 따라 원두 향미 발현 정도는 다르게 나타난다. 즉 라이트 로스팅(230℃, 12분) 원두에서는 5-하이드록시 메틸푸르푸랄(캐러멜 향), 푸르푸릴 알코올(과실 향) 및 6-메틸-3,5-디하이드록시-*4H*-퓨라논(훈연 향)이 생성된다. 그리고 미디움 로스팅(240℃, 14분) 원두에서는 푸르푸릴 알코올, 5-하이드록시 메틸푸르푸랄 및 감마 뷰틸로락톤(크림 향)이 발현된다. 시티 로스팅(250℃, 17분)의 경우는 푸르푸릴 알코올, 2-아세틸피롤(견과류 향) 및 감마 뷰틸로락톤이 생성되며, 프렌치 로스팅(250℃, 21분)에서는 푸르푸릴 알코올, 카테콜(페인트 향)과 감마 뷰틸로락톤이 주요 향기 성분으로 확인된다.

로스팅 정도별 생성되는 주요 향기 성분을 살펴보면 아세트알데히드(풋내), 부탄디온(버터 향), 푸르푸랄(아몬드 향) 및 펜탄디온(버터 향)은 미디움 로스팅에서 가장 높은 수치를 보인다. 메탄올의 경우는 로스팅 정도가 강해질수록 감소하는 반면 피롤류(로스팅 향)는 꾸준히 증가하는 경향을 보인다[그림 6-18].

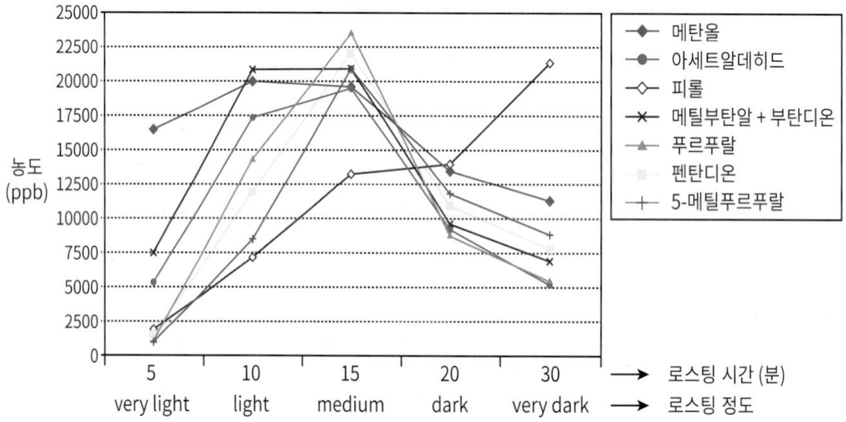

[그림 6-18] **로스팅 정도에 따른 주요 아로마 성분 변화**

로스팅에 따른 커피 아로마 형성에 대한 화학 반응 메커니즘은 아직 완전히 규명되지 못한 상태이다. 최근에는 로스팅과 커피 향미와의 연관성 관련 연구는 주로 생두의 어떤 물질이 로스팅 과정을 통해 향기 성분으로 전환되는지 또는 로스팅 조건(온도·시간)이 커피 향미에 어떤 영향을 주는지에 대해 초점이 맞추어져 있다.

생두는 아로마와 색상이 약하지만 로스팅 과정을 통해 향미와 색상이 달라진다. 그중 커피 오일 성분은 원두의 10%가량 차지하며 커피 아로마의 대부분을 나타낸다. 반면 비휘발 성분은 신맛, 쓴맛 및 떫은맛에 영향을 준다. 커피의 대표적인 아로마는 알킬피라진류, 퓨라논류, 페놀류, 2-푸르푸릴티올(로스팅 향), 메티오날(감자칩 향) 및 3-머캅토-3-메틸부틸 포름산(유황 향)이다. 이때 메티오날과 3-머캅토-3-메틸부틸 포름산의 농도가 높을수록 4-비닐과이어콜(클로버 향)의 아로마는 낮아지는 경향이 나타난다.

그리고 커피 아로마에 영향을 미치는 성분은 대부분 1차와 2차 크랙 사이에 발생한다. 로스팅 과정 중 마이얄 반응으로 피라진류와 트리고넬린의 분해에 따라 피리딘류가 생성된다. 또 페룰산의 분해로 커피의 주요 아로마인 4-비닐과이어콜이 생성된다. 로스팅 과정 중 이와 같은 화학 반응은 생두의 수분량, 로스팅 온도, 압력 그리고 생두 내 평형 상태에 따라 달라지며 특히 평형 상태는 생두마다 다르게 나타난다.

로스팅 과정에서 생성된 향미 성분과 관능과의 상관관계를 클러스터 히트맵을 통해 살펴보면 다음과 같다[그림 6-19 a]. 그림에서 보듯이 색상이 진할수록 향미 성분과 관능과의 상관관계가 강한 것을 의미한다. 이때 상관관계 0.0 이하는 관계가 거의 없는 것으로 판정한다. 그리고 향미 네트워크 분석에서는 선이 굵을수록 향미 성분과 관능과의 상관관계가 크고 상관관계가 약한 것은 회색으로 표기되어 있다. 상관관계가 매우 큰 것은 파란색으로, 상관관계가 전혀 없는 것은 적색으로 표기되어 있다. 또 당분은 커피의 질감과는 상관관계가 전혀 없고 후미, 향미, 균형감과는 상관이 없는 것으로 나타난다. 이는 당분의 마이얄 반응에 이용되지 못하고 잔당으로 남아 커피 향미 영향을 주는 성분을 생성하지 못했기 때문이다.

콜린 역시 당분과 같은 상관관계를 보인다. 트리고넬린, 클로로겐산 및 카페인은 관능 평가와의 상관관계에서 유사한 클러스터 패턴을 나타낸다. 카페인과 트리고넬린과 클로로겐산은 커피의 쓴맛과 관련이 있는 것으로 알려져 있다. 클로로겐산은 로스팅 과정 중 열에 의해 분해되어 쓴맛을 나타내는 클로로겐산 락톤류(5-*O*-카페오일-무코-감마-퀴니드, 3-*O*-카페오일-감마-퀴니드, 4-*O*-카페오일-감마-퀴니드, 5-*O*-카페오일-에피-델타-퀴니드, 3,4-*O*-디카페오일-감마-퀴니드, 4,5-*O*-디카페오일-무코-감마 퀴니드, 3,5-*O*-디카페오일-에피-델타-퀴니드)로 전환된다. 클로로겐산은 커피 향미에도 영향을 미치지만 균형감과는 상관관계가 없다. 또 트리고넬린, 클로로겐산 및 카페인은 커피의 질감과는 상관관계가 전혀 없는 것으로 나타난다.

그 외 향미 성분(포름산, 구연산, 사과산, 2-퓨릴메탄올, 지질, 감마 뷰티로락톤, 퀸산, 초산, *N*-메틸피리디늄)은 유사한 상관관계 클러스터를 보이며, 이 성분들은 특히 미디움 커피와 다크 로스팅 커피에서 확인된다. 또 이 성분들은 커피 질감과 상관관계가 매우 높은 것으로 나타난다. 그중 2-퓨릴메탄올, 지질, 감마 뷰티로락톤, 퀸산 및 *N*-메틸피리디늄은 매우 밀접한 상관관계를 나타낸다. 반면 이러한 성분들은 균형감, 향미, 후미, 아로마 및 전반적인 관능 평가 항목과는 상관관계가 매우 약한 것으로 나타난다.

그리고 초산 함량은 라이트 로스팅 커피에서 증가하는 경향을 보이지만 신맛에는 영향이 없다. 커피의 쓴맛을 부여하는 성분들이 신맛을 마스킹하기 때문에 나타나는 현상이다. 예를 들어 로스팅 과정에서 당분과 퀸산의 분해에 따라 생성된 2-퓨릴메탄올의 경우 디하이드록시벤젠 또는 트리하이드록시 메틸벤젠과의 반응으로 쓴맛을 나타내어 신맛을 마스킹하는 효과를 내게 된다. 그 외 5-하이드록시메틸-2-퓨란알데히드, 피라진류, 디케토피페라진류 및 트리고넬린의 열분해물 역시 커피의 쓴맛에 영향을 미치는 성분들로 신맛을 마스킹한다.

그리고 커피 균형감과 향미 간, 균형감과 후미 간, 향미와 후미 간에는 매우 깊은 상관관계가 있는 것으로 나타난다[그림 6-19 b]. 반면 질감과 산도는 다른 요소들과는 약한 상관관계를 보이는데 이들 요소는 커피 품질에는 매우 중요한 요소이다. 그리고 커피 색상은 지질과 초산을 제외하곤 모든 향미 성분과 매우 강한 상관관계를 나타내고 질감과도 긍정적인 상관관계를 보인다.

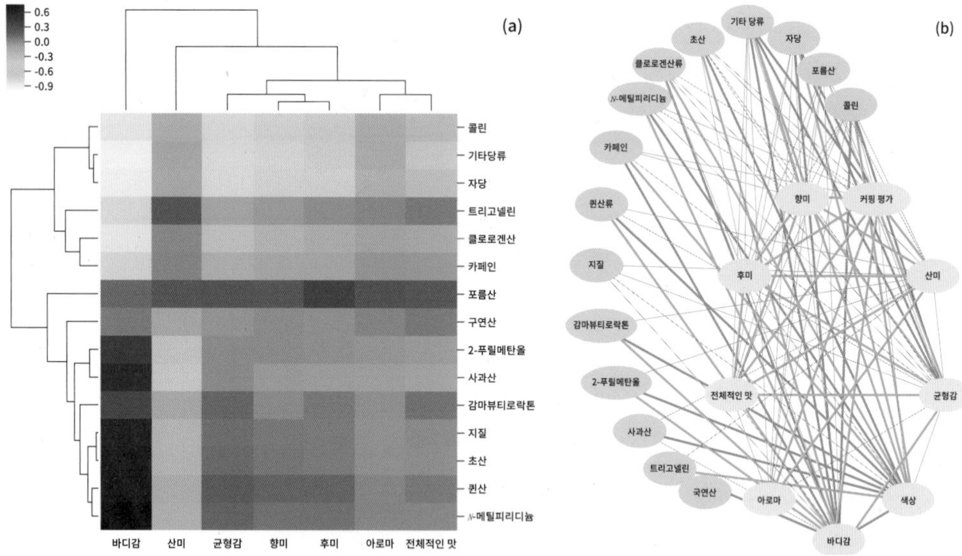

[그림 6-19] **향미 성분과 관능과의 상관관계**

생두와 미디움 로스팅한 원두의 주요 향기 성분을 비교해 보면 [표 6-5]와 같다. 3-이소부틸-2-메톡시피라진(풋내)의 아로마가가 490으로 생두에서는 가장 강한 향기를 나타내는 성분이며, 그 뒤를 2-메톡시-3,5-디메틸피라진(흙냄새) 및 에틸-3-메틸뷰티르산(과실 향)이 잇는다. 3-이소프로필-2-메톡시피라진(풋내)과 3-이소부틸-2-메톡시피라진 성분은 생두와 원두에서 차이가 없어 로스팅에 영향이 없는 성분으로 나타난다. 이는 메톡시피라진의 경우 열에 안정하여 로스팅에 영향을 받지 않기 때문이다. 반면 메티오날, 퓨라논 및 페놀은 생두보다 로스팅 후 원두에서 더 많이 발현되어 원두의 주요 향기 성분으로 분류된다. 베타다마세논(꿀 향, 장미 향)의 경우는 생두에서 극소량 검출되지만 로스팅 후 원두에서는 그 농도가 증가하여 원두의 주요 향미 성분으로 분류된다.

[표 6-5] 생두와 원두의 향기 성분 비교

향기 성분	농도(㎍/kg)		역치	아로마가 (생두)
	생두	원두		
에틸-2-메틸뷰티르산(과실 향)	2.4	3.9	0.5	4.8
에틸-3-메틸뷰티르산(과실 향)	22	14	0.6	37
메티오날(감자칩 향)	22	213	9	2.4
2-메톡시-3,5-디메틸피라진(흙냄새)	0.5	1.1	0.006	83
3-이소프로필-2-메톡시피라진(풋내)	2.3	2.4	0.1	23
3-하이드록시-4,5-디메틸-2(5*H*)퓨라논(캐러멜 향)	0.7	1,870	2.1	〈1
(*Z*)-2-노넨알(오이 향)	〈0.3	〈0.3	-	-
(*E*)-2-노넨알(마분지 향)	12	19	15	〈1
3-이소부틸-2-메톡시피라진(풋내)	97	97	0.2	490
4-에틸과이어콜(향신료 향)	21	4,060	35	〈1
4-비닐과이어콜(정향, 클로버 향)	117	39,000	80	1.5
바닐린(바나나 향)	82	3,290	100	〈1
베타다마세논(장미 향, 꿀 향)	〈0.3	255	0.15	〈2

티올류는 로스팅 과정에서 생성되는 물질로 머캅탄(mercaptan)으로도 불리며 화학 구조식에 SH기를 함유하는 유기물이다. 이 성분은 끓는점이 매우 낮고 역치가 낮아 적은 농도로도 원두와 커피의 향미에 큰 영향을 미친다. [표 6-6]은 로스팅 후 원두의 티올류를 나타낸 것이다. 로스팅 후 원두의 티올류는 생두 산지와 품종 그리고 로스팅 조건에 따라 농도의 편차가 매우 크게 나타난다. 또한, 분석 방법에서도 농도의 차이는 크게 다르게 나타나기도 한다. 2-푸르푸릴티올은 커피에 구수한 향과 로스팅 향을 나타내는 대표적인 성분으로 그 농도가 커

피에서 0.5~1㎍/L 이하일 때 신선한 커피 향을 부여하고, 농도가 높을 때는 유황 향 또는 곰팡이취를 풍긴다. 2-푸르푸릴티올은 깨 볶을 때 나타나는 향이기도 하며 중국 백주(장향, 농향, 청향)에서도 흔히 검출되는 성분이다. 2-메틸-3-퓨란티올은 농도가 0.5~1㎍/L 이하일 때 고기 향을, 농도가 높을 때는 유황 향이 난다. 3-메틸-2-부텐-1-티올은 동물취를 풍기는데 적은 농도가 커피에서 확인되지만 역치가 가장 낮다. 메탄티올(유황 향)은 티올류 중 농도가 가장 높게 나타나며 커피 향에 기여한다.

[표 6-6] 로스팅 후 원두와 커피의 티올류 함량

구분	원두 (㎍/kg)	커피 (㎍/L)	역치 (㎍/L)
2-푸르푸릴티올(커피 향)	0.06~5,080	0.002~39	0.01
2-메틸-3-퓨란티올(견과류 향)	60~104	1.1	0.05
3-메틸-2-부텐티올(스컹크취)	0.08~31.8	0.6~0.12	0.0002
메탄티올(유황 향)	3,500~6,400	170~600	0.0035
3-머캅토-3-메틸-1-부틸포름산(로스팅 향)	0.005~304	0.011~5.7	0.002
3-머캅토-3-메틸-1-부틸아세트산(로스팅 향)	0.006~7.5	0.017~0.058	-
3-머캅토-3-메틸-1-부탄올(양파 향)	0.17~1.3	0.11~0.22	2~6
4-머캅토-1-부탄올	0.002~0.013	0.001~0.002	-
2-메틸-3-테트라하이드로퓨란티올(고기 향)	0.014~0.047	0.001~0.002	-

그리고 티올류는 로스팅 과정 중에 당분(람노오스, 포도당 등)과 아미노산 간의 반응에 따라 생성된 것이다. 따라서 원두와 커피의 티올류 농도는 로스팅 조건(온도 · 시간)에 좌우된다. 예를 들어 메탄티올은 로스팅 초기에 다량 발현되는 반면, 2-푸르푸릴티올(커피 향)과 3-머캅토-3-메틸-1-부틸포름산(로스팅 향)은 더 높은 온도에서 생성되기 때문에 로스팅 후반기에 대부분 발현된다. 또한, 티올류의 생성은 같은 로스팅 온도에서도 열전달률에 따라서도 다르게 나타난다. 일례로 메탄티올(성냥취)과 3-메틸-2-부텐-1-티올(스컹크취)은 고온 단시간 로스팅(HTST)에서 가장 많이 생성되지만 2-푸르푸릴티올은 저온 장시간 로스팅(LTST)에서 가장 풍부하게 발현된다.

한편 로스팅 커피는 튀긴 감자와 제빵과 더불어 아크릴아미드(C_3H_5NO)를 생성하는 대표적인 식품이다. 이 물질은 독성을 나타내기 때문에 잠재적 암 유발 성분으로 분류되어 있고, 다른 식품(감자칩, 크래커, 쿠키, 시리얼 등)에도 함유되어 있다. 보통 생두에는 아크릴아미드가 매우 소량 함유되어 있으며 로스팅 과정을 거친 원두에는 0.1~2.2㎎/L가 함유되어 있다. 아크릴아미드는 로스팅 과정(200℃ 이상)을 통해 생성된다. 이 물질은 주로 마이얄 반응 때 생두의 아미노산(아스파라긴)과 당분(포도당, 과당) 간의 반응으로 생성된 것이며, 그 외 화학 반응들로부터도 생성된다.

① 마이얄 반응 때 유리 아미노산과 환원당 간의 반응
② 아스파라긴의 탈 탄산화 및 탈아미노와
③ 암모니아와 아크롤레인(또는 아크릴산) 간의 반응
④ 마이얄 반응 때 5-하이드록시메틸푸르푸랄과 아스파라긴 간의 반응
⑤ 열분해

아크릴아미드 생성 경로 중 가장 큰 영향을 주는 요소는 로스팅 과정이며, 특히 로스팅 정도에 따라 아크릴아미드의 농도는 영향을 받는다. 생두의 로스팅 정도는 나라마다 소비자들의 취향에 맞게 조절된다. 예를 들어서 유럽 남부 국가들의 소비자들은 미디움 로스팅 정도 선호하는 반면 북유럽과 미국 소비자들은 라이트 로스팅 정도를 선호한다. 일반적으로 로스팅 초기(5~10분)에 아크릴아미드의 농도는 급격히 증가하다 로스팅 시간과 정도가 늘어나면서 그 농도는 감소하는 경향이 있다. 이때 로스터의 종류는 아크릴아미드의 함량에 영향이 없는 것으로 나타난다. 로스팅 정도별 아크릴아미드의 생성 수준을 보면, 로부스타 생두의 경우 오븐에서 260℃에서 15분 로스팅한 경우가 아크릴아미드의 농도가 가장 적은 것으로 문헌에 보고되고 있다.

아크릴아미드의 함량을 저감화하는 방법은 우선 불량두가 없는 우수한 생두가 필요하다. 또 로부스타종보다는 아라비카종이 좋고 두 종을 혼합할 경우 아라비카종을 더 많이 투입하는 것이 중요하고 커피 추출은 가능한 단시간에 하는 것이 좋다.

6. 로스팅 설비

가. 개요

생두 로스팅에 사용되는 로스터는 기본적으로 회분식(batch process) 또는 연속식

(continuous process)으로 운영된다. 회분식은 생두 투입과 로스팅을 일회성으로 종료하며 커피숍에서 사용하는 방식이다. 반면 연속식은 생두 투입을 연속적으로 하여 원두가 지속해서 배출되는 방식을 말하며 대형 상업용 로스터가 이에 해당한다. 최근에는 로스팅 과정에서 에너지를 절감하고 폐수를 사용하는 등 설비가 진화하고 있다.

생두 로스팅에 사용되는 로스터 종류는 다양한데, 상업적으로 주로 사용하는 로스터는 직화식 로스터(conventional roaster), 반열풍식 로스터(semi roasting fluidized bed roaster), 접선식 로스터(tangential roaster), 원심 분리식 로스터(centrifugal roaster), 열풍식 로스터(roasting fluidized bed roaster), 숯불 로스터(charcoal roaster) 및 디지털 로스터(digital roaster) 등이 대표적이다. 로스터는 열전달이 비효율적일 경우 원두의 색상과 품질 그리고 커피의 향미에 부정적인 영향을 미치게 된다. 로스팅 설비마다 열전달 방식이 다른데, 예로서 열풍식 로스터는 대류가 주된 열 방식이며 직화식 로스터는 전도가 주된 방식이다. 커피숍에서는 수망 로스터 또는 샘플 로스터를 사용하기도 한다.

한편, 열전달 방법에는 대표적으로 3가지 종류가 있다. 로스터 과정에서 열전달은 항상 대류, 복사, 전도 등 세 가지 원리가 동시에 작용하면서 이루어진다.

① 전도(conduction): 분자 간의 직접 충돌로 인해 에너지가 전달되는 현상
② 대류(convection): 유체에서 열을 가진 분자들이 확산 혹은 이동을 통해 열이 전달되는 현상
③ 열복사(thermal radiation): 열이 전자기파의 형태로 전달되는 현상

대류식은 생두가 부력에 의한 상하운동으로 열을 전달하는 것으로써 아랫부분이 가열되면 대류에 의해 생두 전체가 골고루 가열된다. 따라서 대류식 열전달을 통한 로스팅 방식이 균일한 로스팅을 위해서는 가장 효율적이고 적합하다. 특히 수평으로 누운 드럼 로스터가 대류식 열전달이 서서히 진행되고 효율적이다.

대부분의 로스팅사는 로스팅 전 다양한 커피 품종을 혼합한 후 로스팅한다. 이는 로스팅 작업이 단순해지고 경제적이지만 로스팅 후 원두의 균일하지 못한 색상이 단점이다. 반면 아라비카와 로부스타 품종을 각각 로스팅한 후에 블렌딩하는 방법도 사용한다. 이 방식은 각각의 품종이 지니는 아로마 특성을 발현시킬 수 있는 장점이 있지만 사일로가 별도 필요하고 운영이 복잡한 단점이 있다.

나. 로스터 종류와 특징

1) 커피숍 로스터

커피숍 로스터는 소량(1~60㎏)의 생두를 로스팅할 때 사용하는데 전시용 또는 마케팅용 목적으로도 활용되기도 한다. 보통 커피숍 로스터는 드럼 로스터가 사용되며, 대형 로스팅 설비에서보다 소량의 단품 생두 로스팅은 생두가 지닌 향미 특성과 개성을 부각하는 장점이 있다.

2) 산업용 로스터

산업용 로스터는 원두 판매 목적의 설비이며 로스팅 분량은 일반적으로 생두 60㎏를 최소량으로 하여 원두를 만드는 설비이다. 이 설비는 자동화되어 있어 균일한 원두 제조가 가능하며 로스팅에 필요한 다양한 부속 설비가 구축되어 있다.

산업계에서 이용하는 대표적인 로스터의 종류와 특성을 살펴보면 다음과 같다.

① 드럼 로스터

드럼 로스터는 디자인이 단순하고 로스팅 시간이 긴 산업용이며 일반적으로 사용되는 설비이다. 이 로스터는 직화식 로스터로써 금속 드럼통에 구멍이 나 있어 생두를 직접 불로 가열하고 회전시키면서 로스팅하는 방식이다. 이 방식은 커피의 향미 특성을 부각하는 데 유용하고 경제적인 장점이 있지만, 생두의 팽창이 적고 일정한 로스팅을 유지하는 데 어려움도 따른다.

이 설비의 구조를 보면 로스팅 통은 비스듬히 눕혀 있는 실린더 형태이고 타입은 천공형, 평기통형 등 다양하다. 드럼 로스터는 우선 뜨거운 열이 드럼통을 관통하여 흐르며 드럼통 내부에 물갈퀴가 부착되어 뜨거운 열과 역방향으로 움직이게 구성되어 있다. 또 이 설비는 열이 주로 대류(70%)를 통해 생두에 전달되며 일부는 전도(30%)를 통해 열 이동이 되도록 설계되어 있다.

소규모 드럼 로스터의 경우는 로스팅이 끝나면 원두를 냉각 망으로 이송 후 찬 공기를 순환시켜 원두를 냉각한다. 그러나 대규모 로스터의 경우에는 찬 공기 순환 방식으로는 부족하기 때문에 원두에 물을 분사하여 예비 냉각 후 원두를 냉각하는 방식을 이용한다.

그리고 드럼 로스터는 고품질의 에스프레소 커피 또는 필터 커피를 제조하는 데 적합한 것으로 알려져 있다. 또 다른 로스터보다 비교적 로스팅 시간이 더 소요되는데 이를 통해 복합적인 아로마가 형성되는 효과가 있다. 드럼 로스터는 샘플 로스터, 매장용 로스터 및 산업용 로스터 등 그 용도에 따라 크기가 다양하다. 한꺼번에 로스팅할 수 있는 생두량은 24~600kg까지 다양하며 보통 8~20분 소요된다.

② 접선식 로스터

접선식 로스터는 고정식 드럼(fixed drum)이라고도 하며 독일 프로밧(probat)사에서 개발한 로스터가 대표적이다. 이 로스터는 고정된 열 절연 로스팅 통이며, 안쪽에는 커피 원두를 회전시키고 혼합하기 위한 물갈퀴가 설치되어 있다. 생두는 호퍼에서 로스팅 통으로 투입되며 뜨거운 열의 이동은 물갈퀴로 접선되어 커피 원두로 흐르도록 설계되어 있다.

접선식 로스터는 드럼 로스터와 같이 열전달이 주로 대류에 의해 이루어지며 전도에 의해서도 열전달이 되도록 설계되어 있다. 로스팅 과정이 끝나면 로스팅 통의 아래쪽 뚜껑이 열리고 로스팅된 원두가 냉각기로 이송된다. 이때 차가운 공기가 유입되면서 원두를 회전시켜 냉각을 효과적으로 하게 된다. 물론 로스팅 과정에서 물을 이용 예비 냉각이 접선식 로스팅 시스템에서도 가능하다.

접선식 로스터는 한꺼번에 로스팅할 수 있는 생두량은 23~750kg이고, 시간당 500~5,000kg의 원두를 생산 가능하며 로스팅 시간은 보통 1.5~18분 정도 소요된다.

③ 원심 분리식 로스터

원심 분리식 로스터는 원심 분리기의 원리를 이용한 방식으로 생두를 깔때기 모양의 로스터 통에 투입하면 회전하는 로스터의 내부 벽면을 타고 생두가 돌면서 열이 전달되는 방식이다. 이때 생두는 가운데 아래로 내려갔다가 다시 벽면을 타고 돌아 올라오는 이동을 계속 반복하면서 매우 빠르게 로스팅되기 때문에 단시간에 대량의 생두를 대류 열에 의해 균일하게 로스팅할 수 있는 장점이 있다. 32~640kg의 투입이 가능하고 시간당 300~4,000kg 원두 생산이 가능하며 로스팅 시간은 약 1.5~15분가량 소요된다.

④ 열풍식 로스터

열풍식 로스터는 열풍을 생두 사이로 순환시켜 로스팅하는 원리이며 단시간에 균일한 로스팅이 가능하다. 이 로스터는 회전 장치가 별도 설치되어 있지 않고 열을 생두 사이로 고속으로 쏘아 올려 열을 전달하는 방식으로 커피 생두를 움직이게 한다.

열풍식 로스터는 드럼 로스터에 비해 열전달이 많아 로스팅 시간이 빠르고 원두의 부피도 더 커지는 경향이 있다. 또 드럼 로스터보다 균일한 원두 제조가 가능하며 대량으로 생두를 로스팅할 때 사용하는데 주로 인스턴트커피 제조용으로 사용한다. 열풍식 로스터는 25~400㎏의 생두를 투입할 수 있고 시간당 500~4,000㎏의 원두 생산이 가능하다. 로스팅 시간은 1.5~8분이 소요된다. 그러나 이 로스터는 드럼 로스터보다 생두의 향미 특성을 부각하는 데 다소 어려움이 있을 수 있다.

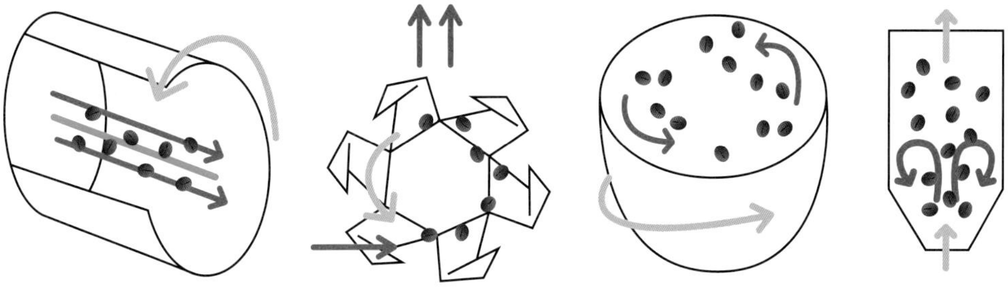

[그림 6-20] **드럼 로스터, 접선식 로스터, 원심 분리식 로스터, 열풍식 로스터**
(Hoffman. World Atlas of Coffee. 2018)

그 외 숯불 로스터의 경우는 숯의 강한 열을 이용해 로스팅하는 것으로 숯이 발산하는 원적외선이 생두를 골고루 가열하여 균일한 로스팅되는 특징이 있다. 또한, 숯이 탈 때 발생하는 연기가 생두에 녹아들어 훈연 향을 나타낸다. 디지털 로스터는 전기를 이용하여 복사열과 적외선으로 로스팅하는 것으로 자동 프로그래밍 기술을 이용해 로스팅이 가능하기 때문에 초보자도 쉽게 로스팅할 수 있도록 세팅되어 있다.

최근에는 마이크로웨이브 로스팅(microwave roasting), 리브테크 로스팅(revtech roasting), 과열 증기 로스팅(superheated steam roasting), 강제 대류 연속식 텀블 로스팅(forced convection continuous tumble roasting), 적외선 열풍 로스팅(infrared hot air roasting) 등 다양한 로스팅 기술들이 커피 산업계에 적용되고 있다.

다. 로스터와 향미 특성

로스팅 설비 종류와 운영 조건은 원두 품질과 커피 향미 특성에 영향을 미치게 된다. 일례로 소규모 로스터와 산업용 대형 로스터 간의 커피 아로마 생성 관련 그 차이가 매우 크게 나타난다. 따라서 로스팅 조건은 각 로스터 특성과 로스팅의 양에 맞게 조정하여 최적의 커피 향미를 나타내는 최상의 조건을 찾는 것이 중요하다. 일반적으로 고품질 커피에서는 피라진류와 페놀류가 저품질 커피에서 보다 적게 확인된다. 또 로스팅 후 아크릴아미드, 퓨란과 디메틸 설파이드 등의 성분도 주목되는 물질이다.

로스팅 정도와 설비에 따라 커피 품질과 향미 패턴은 다르게 나타난다. 이와 관련 에티오피아의 아라비카종 스페셜티 커피인 예가체프(Yirgacheffe), 하라(Harar), 시다모(Sidama) 간의 품질(카페인, 트리고넬린, 클로로겐산)과 생리 활성 물질의 변화를 로스팅 단계별(라이트·미디움·다크)로 예를 들어 비교한 결과는 [그림 6-21], [그림 6-22], [그림 6-23]과 같다. 이들 커피 품종은 우선 재배 환경(고도·온도)이 유사하다는 공통점이 있다. 사용된 로스팅 방식은 드럼 로스터, 열풍식 로스터 및 재래식 로스터이며 로스팅 온도는 150~200℃, 시간은 7~15분이다.

각 커피 품종의 생두 수분 함량은 시다모(10.3%), 하라(10.0%), 예가체프(9.8%) 순으로 나타난다. 반면 로스팅 후 수분은 열풍식 로스터를 이용한 라이트 로스팅에서 가장 높은 수분량(3.7%)을, 다크 로스팅 방법에서 가장 낮은 수분량(1.3%)을 보인다. 이는 열풍식 로스터의 열풍에 의해 수분량이 급격히 감소했기 때문이다.

로스팅별 관능 평가를 통한 커피 품질을 보면, 예가체프 품종은 열풍식 로스터를 이용한 커피가 가장 우수한 것으로 평가되는 반면, 하라와 시다모 품종은 드럼 로스터 이용 때 가장 우수한 것으로 평가된다. 그러나 재래식의 로스터는 모든 관능 평가 항목에서 가장 나쁘게 평가된다. 시다모 품종은 드럼 로스터 이용 때 특히 향미와 질감에서 우수하게 평가되고, 예가체프 품종은 후미, 향미, 균형감 측면에서 열풍식 로스터를 이용한 커피가 우수한 것으로 평가된다. 그러나 로스팅별·품종별 관능 평가에서는 통계적으로 유의적 차이가 거의 없어 로스터 종류와 로스팅 정도가 커피 맛과 향에는 큰 영향이 없는 것으로 평가된다.

한편, 생리 활성 물질인 트리고넬린과 클로로겐산의 함량은 로스팅 과정 중에 유의적으로 감소하는 경향을 보이며 특히 다크 로스팅 시 가장 낮은 농도를 보인다. 드럼 로스터의 경우 스페셜티 커피를 위해서는 미디움 로스팅이 가장 우수한 것으로 평가되며, 아크릴아민 생성도 가장 적게 확인된다. 반면 재래 방식 로스팅의 경우 관능 평가에서 가장 낮게 평가된다. 열풍식 로스터를 이용한 예가체프 커피는 컵 테스트에서 가장 높게 평가되지만 하라와 시다모 품종은 드럼 로스터를 이용한 커피 컵 테스트에서 가장 높은 점수를 받았다. 그러나 재래방식으로 오븐에 로스팅한 커피는 가장 낮은 평가를 받은 것으로 나타난다.

그리고 상기 3품종의 카페인 농도는 0.8% 이상이며, 이는 아라비카 품종의 일반적인 농도이다. 3품종의 생두에서는 카페인의 차이가 있는데 이는 품종과 재배 산지 차이에서 비롯된 것이다. 트리고넬린과 클로로겐산의 농도는 로스팅 정도가 증가하면서 감소하는 경향을 나타낸다.

결론적으로 드럼 로스터를 이용한 미디움 로스팅 커피는 스페셜티 커피의 품질과 기능성 성분을 극대화하고 아크릴아민은 최소화하는 데 최적 조건으로 문헌에 보고되고 있다.

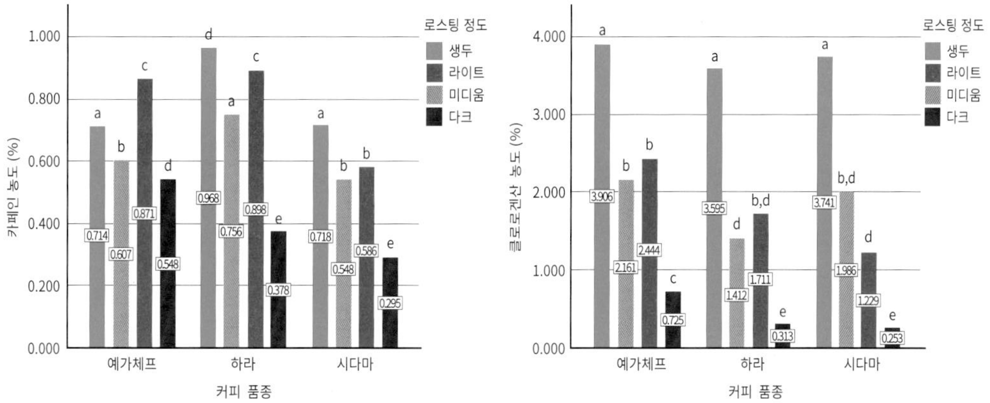

[그림 6-21] **카페인 농도(좌: 드럼 로스터, 우: 열풍식 로스터)**

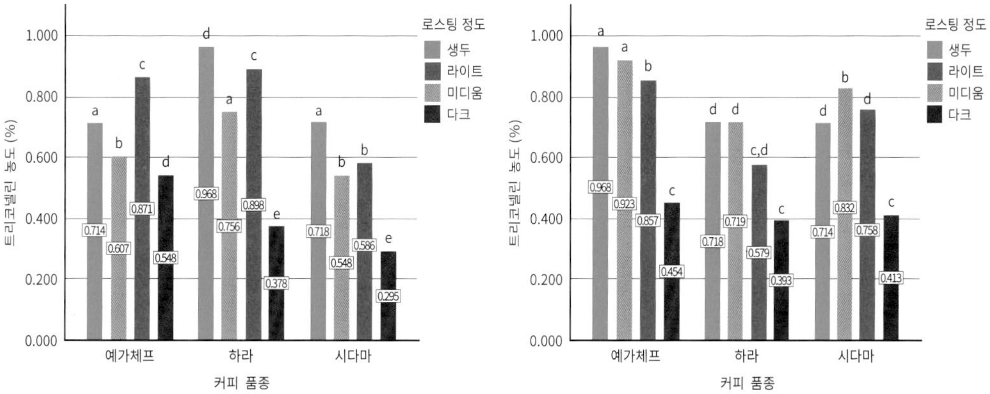

[그림 6-22] **트리고넬린의 농도(좌: 드럼 로스터, 우: 열풍식 로스터)**

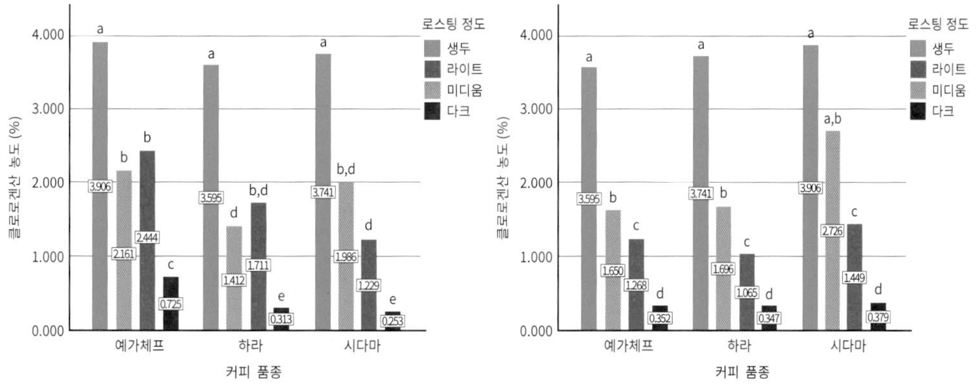

[그림 6-23] **클로로겐산의 농도(좌: 드럼 로스터, 우: 열풍식 로스터)**

7. 로스팅 조건과 향미

가. 로스팅 시간과 온도

[그림 6-24]는 일정한 온도에서 로스팅 시간·온도·속도별 드럼 로스팅 정도별 1차 크랙 이후 아로마 변화를 그래프로 나타낸 것이다. 그림에서 보는 바와 같이 1차 크랙까지는 로스팅 정도는 일정하게 유지하고, 1차 크랙 이후 로스팅 온도를 달리하여 각 원두의 이화학적 변화에 차이를 관찰한 것이다. 이때 로스팅 종료 온도는 단시간 로스팅은 204.1℃, 중간시간 로스팅은 201.2℃, 장시간 로스팅은 198.4℃ 그리고 태운 로스팅(baked)은 198.4℃이다. 태운 로스팅이란 로스팅 온도는 유지한 채 시간을 연장하여 겉은 타고 속은 잘 익지 않은 원두를 말하며 일반적으로 로스팅 불량두로 불린다.

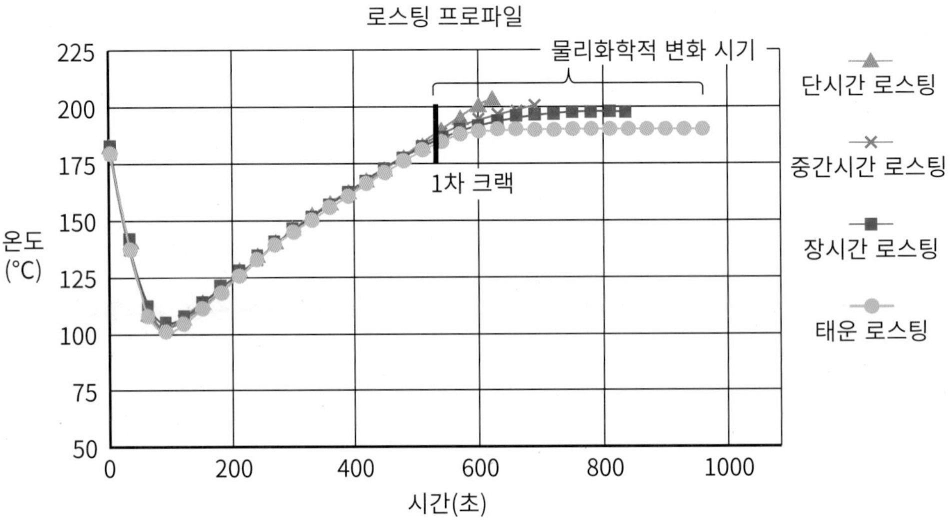

[그림 6-24] **로스팅 시간·온도별 아로마 변화**

각 로스팅 시간별 아로마 생성 기간을 보면, 단시간 로스팅에서는 90초 동안, 태운 로스팅에서는 390초 동안 발생한다. 반면 중간시간 로스팅과 태운 로스팅에서는 각각 143초, 266초 동안 발생한다. 즉 1차 크랙은 570초에서 발생하며 1차 크랙 발생 후 생두의 모양은 비슷해 보이지만 로스팅 시간과 속도에 따라 화학적 변화는 매우 다르게 나타나게 된다.

로스팅 정도는 생두의 수분 손실량, 색상 및 화학 변화를 통해 구분된다. 각 로스팅 시간·온도별 커피 향미를 보면, 단시간 로스팅 커피가 높은 신맛, 과실 향 및 이미 이취가 없는 깔끔함(clean cup) 그리고 단맛이 특징적이다. 반면에 장시간 로스팅과 태운 로스팅의 경우는 떫은맛, 쓴맛, 초콜릿 향 및 탄내가 두드러진다. 그러나 원두 로스팅 속도는 커피 질감에는 영향을 미치지 않는다. 최근의 스페셜티 커피 트렌드는 신맛과 과실 향이 강한 것이 추세인 점을 감안하면 빠른 로스팅 방식이 적합하다고 볼 수 있다. 예전에는 로스팅을 빨리하면 로스팅 불량두가 많이 생기는 것으로 여겼다. 그러나 실제로는 로스팅 시간을 연장한 로스팅 원두에서 쓴맛과 탄 냄새가 더 많이 생성되는 것으로 여러 문헌에 보고되고 있다.

그리고 신맛 관련 각각의 로스팅 속도별 차이를 보면, 신맛에 영향을 미치는 물질(초산, 포름산, 구연산, 젖산 등)이 로스팅을 빨리한 원두를 이용한 커피에서 가장 높게 나타나고, 태운 로스팅 커피에서 가장 낮게 나타난다.

이화학적 차이를 보면, 단시간 로스팅과 태운 로스팅 커피 간의 차이는 매우 크게 나타나지만, 중간시간 로스팅과 장시간 로스팅 커피 간의 차이는 거의 없는 것으로 확인된다. 그리고 1차 크랙 후 높은 농도에서 로스팅을 빨리한 원두에서 휘발 성분(알코올류, 알데히드류, 에스터류, 퓨란류, 케톤류, 피라진류, 피리딘류, 락톤류 등)이 더 많이 생성된다.

각 로스팅 온도별 · 속도별 이화학적 차이를 세부적으로 PLS 분석(부분 최소 제곱법)으로 살펴보면 [그림 6-25]와 같다. 그림에서 보듯이 단시간 로스팅 커피에서 풋내, 과실 향과 꽃향을 부여하는 알데히드류 성분[헥산알, (*E*)-2-펜탄알, 벤즈아세트알데히드]이 더 많이 생성되는데, 이 성분들은 높은 로스팅 온도에서 더 많이 발현된다. 또한, 2,3-부탄디온과 2,3-펜탄디온 역시 단시간 로스팅에서 더 많이 생성되기 때문에 버터 향을 더 풍부하게 내게 된다. 생두의 주요 성분인 클로로겐산 역시 빠른 로스팅에서 더 많이 확인되는데, 이 성분은 로스팅 과정에서 퀸산과 퀴니드로 분해되어 커피에 쓴맛을 준다. 특히 퀸산은 카페인보다 쓴맛이 10배 이상 강한 물질이다. 또 클로로겐산은 로스팅 시간을 연장하면 5-카페오일 퀸산과 3-카페오일 퀸산으로 분해되어 태운 로스팅이 되어 커피에서 쓴맛을 더 많이 낸다.

또 장시간 로스팅 또는 태운 로스팅 커피에서는 마이얄 반응이 더 진행되어 견과류 향을 나타내는 피라진류가 더 많이 생성된다. 예로서 로스팅 향과 헤이즐넛 향을 나타내는 2,5-디메틸피라진의 경우 장시간 로스팅에서 다량 검출되어 커피 아로마에 영향을 크게 미친다. 트리고넬린의 경우는 피리딘의 전구물질로서 로스팅 시간이 연장될수록 피리딘이 더 많이 생성되기 때문에 태운 로스팅 커피에서 더 많이 확인된다. 피리딘과 더불어 일부 알코올류(2-메틸-1-프로판올, 3-메틸-1-부탄올, 3-헥산온)가 태운 로스팅 커피에서 많이 검출되어 고급 알코올 향과 로스팅 향을 더 많이 풍기게 된다. 태운 로스팅 커피에서 신맛이 적은 것은 로스팅 시간이 늘어나면서 산 분해에 따른 것이며, 생두의 산류는 종류와 관계없이 일정하게 줄어드는 것으로 문헌에 보고되고 있다.

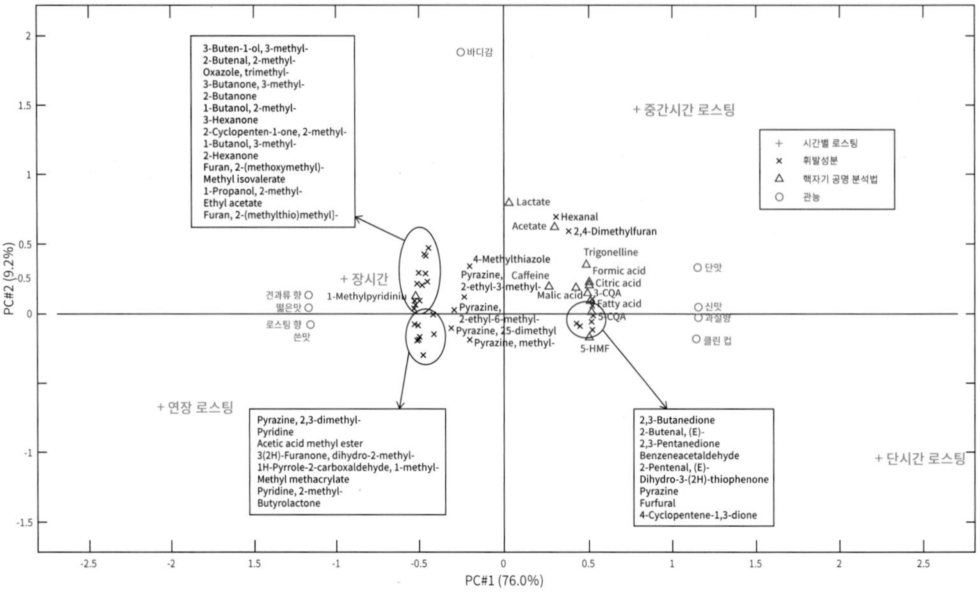

[그림 6-25] **전자 코를 이용한 시간별·온도별 로스팅에 따른 향기 성분 차이**

한편, 커피 로스팅 실무에서 관심을 두는 분야는 로스팅 과정에서 온도 조건을 달리했을 때 원두 향미에 미치는 영향일 것이다. 각 로스팅 온도 방식에서 적용 온도는 고정된 것이 아니라 사용자가 설정하는 것이고, 또한 로스터 종류에 따라 원두의 향미 결과가 다르게 나타날 수 있다. 일반적으로 로스팅 초기 단계에서는 생두 내 수분이 많아 수분증발량이 가장 많고 아로마 발현이 약하며 수분이 5% 이하로 줄어드는 시점부터 아로마가 본격적으로 증가한다. 로스팅 온도 조건은 다음과 같이 구분된다.

① 고온 단시간 방식(HTST, high temperature short time): 고온에서 짧게 로스팅하는 방식(예: 260℃, 160초)

② 저온 장시간 방식(LTLT, low temperature long time): 저온에서 길게 로스팅하는 방식(예: 220℃, 600초)

③ 고온 저온 방식(HL, high temperature reduced final temperature): 고온에서 시작하여 로스팅 종료 단계에서 온도를 낮추는 방식(예: 240℃, 150초; 220℃ 210초)

④ 저온 고온 방식(LHC, low to high temperature): 저온에서 시작하여 온도를 점차 올리는 방식(예: 150~240℃, 270초)

⑤ 예비 저온 고온 방식(PLHC, preheating and low to high temperature): 예비 로스팅 후 온도를 저온에서 시작하여 온도를 점차 올리는 방식(예: 150℃, 180초; 150~240℃, 270초)

⑥ 예비 고온 저온 방식(PHL, preheating and high temperature reduced temperature): 예비 로스팅 후 고온에서 시작하여 온도를 점차 내리는 방식(예: 150℃, 90초; 240℃, 140초; 220℃, 210초)

보통 고온에서 단시간 로스팅을 하면 저온 장시간 로스팅에 비해 수용성 성분이 많아지고 클로로겐산의 분해가 적어지며, 휘발 성분의 손실이 적게 나타난다. 또 생두 내부로부터 생두 표면으로 오일성분의 이동에 따라 지방산화가 쉽게 일어나며 생두 부피가 커지고 성분 손실이 적으며 수분 함량도 적게 나타난다.한편 열풍식 로스터를 이용한 로스팅에서 상기 로스팅 온도별 원두(콜롬비아산 아라비카 워시드) 아로마에 미치는 영향을 예를 들어 살펴보면 다음과 같다. 고온 단시간과 저온 장시간 방식에서는 주요 아로마 성분으로 각각 11개와 6개가 검출된다. 고온 단시간 방식의 주요 아로마로는 디아세틸(버터 향), 2-에틸-3,5-디메틸피라진(감자 향), 2-푸르푸릴티올(로스팅 향), 퓨라네올(딸기 향), 2-2-하이드록시-3-메틸-2-사이클로펜텐-1-온(셀러리 향), 메티오날(삶은 감자 향), 3-메틸뷰티릭산(발효 향), 3,3-메틸머캅토-3-메틸뷰틸포름산(허브 향) 및 프로필피라진(채소 향)이 확인된다. 반면 저온 단시간 방식의 주요 아로마로는 베타다마세논(꿀 향), 2-에틸-3,5-디메틸피라진, 2-푸르푸릴티올, 과이어콜(정향), 메티오날, 3,3-메틸머캅토-3-메틸뷰틸포름산 및 3-메틸뷰티릭산이 검출된다. 이처럼 일부 성분은 공통으로 나타나는 성분들이며, 이 중에 디아세틸, 프로필피라진, 퓨라네올 및 2-2-하이드록시-3-메틸-2-사이클로펜텐-1-온은 고온 단시간 방식에서만 검출되고, 과이어콜과 베타다마세논은 저온 장시간 방식에서만 확인되는 아로마 성분이다. 이러한 로스팅 온도 방식별 특이하게 나타나는 성분들을 로스팅 온도 조건 지표 물질(process indicator)이라 한다.

각 로스팅 온도 조절 방식별 아로마 특성을 살펴보면, 우선 예비 고온 저온 방식에서는 아로마 증가에 전혀 효과가 없다. 그리고 저온 고온 방식과 예비 저온 고온 방식은 일종의 예비 건조를 거치는 방식인데, 이 방식에서는 원두의 아로마를 늘리는 데 큰 효과는 없는 것으로 문헌에 보고되고 있다.

고온 저온 방식도 저온 고온 방식과 마찬가지로 원두 아로마 증가에 큰 영향이 없는 것으로 나타난다. 이 경우는 로스팅 중간 또는 마지막 단계에서 온도를 높여야 원두 내 아로마를 늘릴 수 있다.

원두를 온도 방식별 드럼 로스터를 이용하여 로스팅 후 추출한 커피에서의 비휘발성 물질 변화에 관한 연구 결과를 보면 다음과 같다. 우선 원두(콜롬비아 아라비카 나리뇨)의 고형분, 추출율, 5-클로로겐산 및 4-클로로겐산의 함량이 고온 단시간 방식에서는 높게, 저온 장시간 방식에서는 낮게 나타난다. pH는 반대로 고온 단시간 방식(216~195℃, 5분)에서 낮게, 저온 장시간 방식(140~184℃, 15분)에서는 높게 확인된다. 고온 단시간 로스팅에서 상기 비휘발 성분들의 농도가 증가하는 것은 고온에 따른 원두의 기공 크기와 부피가 증가하면서 원두 내 비휘발 물질이 쉽게 유출되기 때문이다. 같은 이유로 유기산의 유출이 쉽게 되어 커피의 산도 역시 증가하는 현상을 보인다. 로스팅 과정 중 유기산으로는 포름산, 초산, 글리콜산, 젖산이 생성되며, 이들 성분은 커피의 산미에 영향을 미치게 된다. 물론 로스팅 조건에 따라 일부 유기산은 줄어들기도 한다.

온도 방식별 아로마 성분의 차이를 보면, 고온 단시간 로스팅 커피에서는 피라진류, 페놀류 및 퓨란류가 가장 풍부하게 확인되는 반면, 저온 장시간 로스팅 커피에서는 적게 검출된다. 피라진류 중 대표적인 성분인 2-에틸-2,5-디메틸피라진은 로스팅 초기에 다량 증가하다가 온도가 증가하면서 감소하는 현상을 보인다. 페놀류 중에는 4-에테닐-2-메톡시페놀(클로버 향)과 2-메톡시-4비닐페놀(의약품 향)이 주요 아로마이다. 2-메톡시-4비닐페놀은 고온 단시간 로스팅 커피에서는 높게, 저온 장시간 로스팅 커피에서는 낮게 검출된다. 퓨란류는 커피에 캐러멜 향과 버터 향을 부여하며 저온 장시간 로스팅 커피에서 다량 검출되고, 로스팅 온도가 250℃를 넘으면 그 농도는 감소하는 것으로 문헌에 보고되고 있다. 다른 한편으로는 고온 단시간 로스팅 커피는 높은 고형분으로 인해 바디감이 상대적으로 높다. 이처럼 커피 아로마에 영향을 미치는 아로마들은 로스팅 온도 조건에 따라 그 농도가 다르게 나타나며, 이는 각 아로마 성분이 열에 대한 안정성 정도에 차이가 있기 때문이다.

최근 브라질 아라비카 여러 생두를 열풍식 로스터와 반열풍식 로스터를 이용하고 로스팅 속도 조건을 달리하여 발현되는 향기 물질 관련 연구 결과는 다음과 같다. 로스팅 조건과 관계없이 스페셜티 생두는 저품질 생두에 비해 향기 물질의 농도가 적게 발현되며, 저품질 커피에는 특히 피라진류와 페놀류가 다량 함유되어 커피 맛에도 부정적인 것으로 나타난다. 각 생두 브랜드는 사용한 로스터 종류와 로스팅 온도 조건(고온에서 짧게 로스팅하는 방식, 저온에서 길게 로스팅하는 방식, 저온에서 시작하여 온도를 점차 올리는 방식)에 따라 발현되는 향기 물질이 서로 다르게 나타나는 것으로 보고하고 있다. 즉 반열풍식 로스터에서는 생두 종류와 로스팅 속도는 피라진류를 포함한 대부분의 향기 물질 발현 정도에 영향을 미치는 반면, 열풍식 로스터는 페놀류에만 영향을 주는 것으로 보고하고 있다.

로스팅 과정에서 발현되는 향기 물질은 3그룹으로 분류하는데, 이는 같은 그룹에 속한 물질들은 서로 화학적으로 연관성이 깊고 전구물질이 같기 때문이다. 즉 1그룹은 피라진류, 피리딘류, 뷰틸로락톤이며, 2그룹은 퓨란류, 피롤류이고 그리고 3그룹은 페놀류로 분류한다. 로스팅 과정에서 각 그룹별 향기 성분의 변화와 특징을 살펴보면 다음과 같다.

① 1그룹: 피라진류·피리딘류·뷰틸로락톤

피라진류와 피리딘류는 견과류 향과 볶은 향을 나타내며 로스팅 과정 중 마이얄 반응에 의해 주로 발현되는 성분들이며 특히 피라진의 경우 커피 향미에 영향을 크게 미친다. 피라진류의 경우 마이얄 반응 때 아미노산의 농도가 당분의 농도에 비해 과도할 때 더 많이 생성되어 커피 아로마에 부정적인 영향을 주게 된다. 예를 들면 미성숙 생두의 경우 정상두에 비해 아미노산 함량이 당분에 비해 과도하여 로스팅하면 피라진이 다량 생성되어 커피 향미에 부정적이다. 그리고 원두의 피라진류와 피리딘류의 농도는 로스팅 속도와 품종에 따라 각기 다르게 나타나지만 저품질 생두는 보통 로스팅 후 피라진류와 피리딘류의 함량이 높게 검출된다.

뷰틸로락톤은 크림 향과 오일 향을 풍기는 성분으로 저품질 원두 특히 쉰 생두에서 다량 검출되는 성분이며, 뷰틸로락톤의 발현은 고품질 생두와 저품질 생두에서 로스팅 온도와 속도에 따라 각기 다르게 나타나는 것으로 문헌에 보고되고 있다.

② 2그룹: 퓨란류·피롤류

로스팅 과정에서 퓨란류와 피롤류의 발현은 반열풍식의 경우 로스팅 속도에 영향을 받는데, 이때 고품질 생두와 저품질 생두에 따라 그 발현 정도는 다르게 나타난다.

예로서 퓨란류는 고품질 생두의 경우 저온에서 느리게 한 로스팅에서 다량 생성되지만 저품질 생두에서는 고온에서 빠르게 로스팅하면 많이 생성된다. 퓨란류는 로스팅 온도가 높지 않은 로스팅 초기 단계, 즉 아마도리 재배열 단계에서 당분(자당)이 분해되어 생성되는 물질이다. 고품질의 생두는 대부분 완숙된 생두이기 때문에 자당이 저품질 생두에 비해 많아 로스팅 과정에서 더 많이 생성되는 이유이다. 만일 고온에서 빠르게 로스팅하면 자당이 부분적으로만 분해되기 때문에 퓨란류는 적게 생성된다.

피롤류는 로스팅 과정에서 아미노산 또는 트리고넬린이 열분해되어 생성되는 물질이다. 쉰 생두 또는 흑두와 같은 불량두는 정상두에 비해 다른 세포벽 구조와 기공을 띠기 때문에 생두 내 향기 성분들이 정상두에 비해 분해 반응에 더 쉽게 민감하다. 예로서 저품질 생두는 고품질 생두에 비해 트리고넬린의 분해가 더 많아 원두 내 피롤류의 함량이 높게 나타난다. 반면 열풍식 로스팅의 경우 퓨란류와 피롤류의 로스팅 과정에서 고품질과 저품질 생두 간 차이가 거의 없고 다만 로스팅을 고온에서 빠르게 진행하면 그 농도는 높아진다.

③ 3그룹: 페놀류

반열풍식 로스팅의 경우 페놀류는 로스팅 속도에 영향을 받는데 생두 품질과 관계없이 저온에서 느리게 로스팅하면 그 농도는 가장 높게 나타난다. 페놀류는 로스팅 과정에서 주로 클로로겐산의 분해로 발현되는 물질이다. 페놀류 중에는 2-메톡시페놀, 4-에틸-2-메톡시페놀 및 4-비닐-2-메톡시페놀이 주요 성분이다. 이 중 4-에틸-2-메톡시페놀(약품 향)과 4-비닐-2-메톡시페놀(페놀 향)은 아로마가가 1 이상이며 로스팅 속도와 생두 품질과 관계없이 로스팅 과정에서 발현되는 물질이다. 열풍식 로스팅의 경우는 로스팅 속도와 생두 품질에 따라 발현되는 페놀류의 종류가 매우 다르게 나타나는데, 예를 들면 저품질 생두의 경우 고온에서 빠르게 로스팅하면 페놀류의 농도가 높게 검출된다.

한편, 향기 성분 발현 정도는 로스팅 때 온도와 속도 그리고 사용하는 로스팅 설비에 좌우되기 때문에 생두 종류에 따라 적정한 로스팅 설비와 로스팅 조건을 선택해야 하고, 생두 간 블렌딩은 로스팅 후에 하는 것이 바람직하다.

그리고 커피의 단맛은 당분에 의해 느껴지는 것으로 생각할 수 있으나 실제로는 커피에는 당분(포도당, 과당, 자당)이 거의 없다. 오히려 케톤류(디아세틸, 2,3-펜탄디온)가 커피 단맛에 일부 영향을 주는 것으로 알려져 있고 고온에서 빠르게 한 로스팅 커피에서 이들 성분이 다량 검출되는 것으로 여러 문헌에 보고되고 있다. 이러한 케톤류는 당 분해로 형성된 것으로 로스팅 시간을 연장할수록 그 함량은 줄어들게 된다. 특히 디아세틸은 높은 로스팅 온도에서도 비교적 안정적이지만 과도한 로스팅 시간 연장 시 그 농도는 감소하게 된다. 현재까지 커피의 단맛 원인 성분이 다 밝혀진 것은 아니며, 알려지지 않은 물질 추적은 아직도 진행형이다.

나. 로스팅과 커피 품종

1) 개요

기본적으로 로스팅 과정을 통해 생성되는 아로마 패턴은 아라비카종과 로부스타종 간의 차이는 거의 없다. 그러나 생성되는 향기 물질의 농도에는 그 차이가 크다. 예를 들면 아라비카 생두는 올리고당류, 지질, 트리고넬린 및 유기산이 많지만 로부스타종은 카페인과 클로로겐산, 아미노산의 농도가 높다. 따라서 아미노산(류이신, 이소류이신)의 함량이 적은 아라비카종은 로스팅 후 원두에 스트렉커 알데히드류(2-메틸부탄알, 3-메틸부탄알)가 적게 함유되게 된다. 반면 생두에 아미노산이 풍부한 로부스타종의 경우는 로스팅 후 원두에 스트렉커 알데히드류와 피라진류(흙냄새, 로스팅 향, 견과류 향)가 풍부하게 된다. 또 로부스타종은 페놀과 클로로겐산이 생두에 풍부하여 로스팅 후 원두에 훈연 향, 로스팅 향과 흙냄새가 많이 난다.

특히 로부스타종에 다량 함유된 아미노산(트립토판)으로 인해 동물취, 변 냄새를 나타내는 스카톨(skatol)이 생성되어 아로마에 부정적이다. 이 성분은 아라비카종에서는 검출되지 않는다. 그리고 아라비카 원두에 디케톤류, 푸르푸랄류와 퓨라네올이 풍부한데 이는 아라비카 생두에 자당이 풍부하기 때문이다. 또한, 동일 커피 품종이라도 산지에 따라 향기 패턴은 다르게 나타나며, 이는 산지별 커피 품종의 물리화학적인 구조가 다르기 때문이다.

커피 아로마와 품질은 여러 요인(품종별 유전자 차이, 생산 단위별·계절별 원두 품질 차이, 원산지, 생두 가공·건조·숙성 과정, 불량두의 존재 여부, 커피 로스팅 조건) 등에 영향을 받는다. 그 외 커피 추출법 또한 큰 영향을 미친다.

2) 로스팅과 산지별·품종별 향기 특성

커피 생두의 산지별·품종별 커피 아로마의 특성 차이를 보면 다음과 같다. 로스팅 후 커피 품종별 차이는 크기, 색상, 형태 및 다양한 성분(토코페롤류, 미네랄, 당류, 지방산류, 클로로겐산류, 카페인, 트리고넬린, 디털핀류 등)을 통해 구분된다. 그러나 상기 성분 중 일부는 열에 약해 로스팅 후 쉽게 변하기 때문에 원두와 인스턴트 분말을 혼합하여 제조한 커피에서는 커피 품종의 유래를 구별하기 어렵다. 그리고 어느 한 커피 품종의 특정 성분만을 가지고 그 품종의 특성을 정의하는 데도 한계가 있다. 예를 들면 16-*O*-메틸카페스톨은 그간 로부스타 품종에만 존재하는 것으로 알려져 왔지만, 최근에는 아라비카 품종에서도 확인되어 이 물질로는 커피 품종을 구별하는 데 어려움이 있다. 그러나 카페인과 트리고넬린의 경우 로스팅 과정에서 열에 덜 민감하여 성분 변화가 적기 때문에 로스팅 후 커피 품종 구별에 좋은 척도가 된다. 예로서 로부스타 품종의 카웰(0.1g/kg)은 아라비카 품종에 비해 2~3배가량 적지만 카페인은 60~90%가량 많다. 또 카페인과 디털핀과의 비율 역시 커피 품종 구별에 활용되는 지표가 될 수 있다.

이와 관련 최근 연구에 의하면, 아라비카 품종의 경우 카웰과 카페스톨의 함량 비율이 0.50 이상, 카페인과 카웰의 함량 비율이 5.50 이하 그리고 카페인과 디털핀류의 합의 비율이 2.50 이하로 나타나 로부스타 품종과 구별되는 것으로 문헌에 보고되고 있다.

13개국의 아라비카종과 로부스타종 총 25종을 싱글 생두를 대상으로 열풍식 로스터 방식을 이용하여 210℃에서 수분간 로스팅한 원두커피의 대표적인 이화학적 특성 및 품질을 비교한 결과는 [표 6-7]과 같다.

[표 6-7] 원두 아로마 특성

구분	아로마 성분	역치 (㎍/L)	관능
알데히드류	아세트알데히드	80	풋내, 톡 쏘는 맛
	3-메틸부탄알	1.2	과일 향, 맥아 향
	헥산알	5	풋내, 과일 향
	푸르푸랄	3,000	아몬드 향, 단맛
	5-메틸푸르푸랄	6	감귤류 향, 캐러멜 향
퓨란류	2-메틸퓨란	4,000	풋내, 톡 쏘는 맛
	2-아세틸퓨란	10,000	아몬드 향, 단맛
케톤류	디아세틸	15	버터 향
	2,3-펜탄디온	30	버터 향, 오일 향
	3-하이드록시-2-부탄온	800	버터 향, 크림 향
	아세톨	100,000	단맛, 캐러멜 향
	1-하이드록시-2-부탄온	-	단맛, 커피 향
	아세톡시아세톤	-	과일 향, 버터 향
	3-메톡시-4,5-디메틸-2(5*H*)-퓨라논	50	향신료 향, 버터 향
	3-메톡시-5-메틸-2-사이클로펜텐-1-온	-	-
	3-메틸-1,2-사이클로펜탄디온	300	캐러멜 향, 단맛
	감마 뷰틸로락톤	1,000	크림 향, 캐러멜 향
	퓨라네올	32	딸기 향
	2-(1*H*-피롤일)-에탄온	170,000	스모키 향, 향신료 향

N-헤테로고리 유기화합물	1-메틸-1*H*-피롤	37	훈연 향, 허브 향
	피리딘	2,000	쓴맛, 로스팅 향
	3-에틸피리딘	-	가죽 향, 오크 향
	N-아세틸-4(*H*)피리딘	20	-
	1*H*-피롤-2-카르복시알데히드	-	곰팡이취, 커피 향
피라진류	피라진	177,000	삶은 시금치 향
	2-메틸피라진	60	견과류 향
	2,5-디메틸피라진	2,600	로스팅 향, 견과류 향
	2,6-디메틸피라진	3,100	초콜릿 향, 코코아 향
	에틸피라진	6,000	견과류 향, 버터 향
	2,3-디메틸피라진	250	견과류 향, 로스팅 향
	2-에틸-6-메틸피라진	30	꽃 향, 과실 향
	2-에틸-5-메틸피라진	100	커피 향
	2-에틸-3-메틸피라진	130	견과류 향, 땅콩 향
	2,3-디에틸피라진	-	녹색 피망 향, 견과류 향
	3-에틸-2,5-디메틸피라진	1	흙 냄새, 로스팅 향
	2-에틸-3,5-디메틸피라진	1	흙 냄새, 로스팅 향
산류	초산	34,000	식초 향
	3-메틸부탄온산	400	치즈 향, 크림 향
	3-메틸-2-부탄온산	14,000	페놀 향, 우유 향
	2-퓨란메탄올 아세테이트	100	허브 향, 꽃 향
	프로판산	20,000	식초 향
페놀류	과이어콜	3	페놀 향, 훈연 향
	4-에틸과이어콜	50	향신료 향, 페놀 향
	4-비닐과이어콜	3	정향, 클로버 향
	페놀	2,400	페놀 향, 고무 향
황화합물류	푸르푸릴메틸 설파이드	-	양파 향. 마늘 향
에스터류	에틸 프로판산	10	단맛, 과일 향
알코올류	2,3-부탄디올	75,000	과일 향, 버터 향
	2-퓨란메탄올	2,000	훈연 향, 탄 냄새
피롤류	2-포밀-1-메틸피롤	40	로스팅 향, 견과류 향

[그림 6-26]은 로스팅 후 품종별 각 휘발 성분의 분포도와 함량을 나타낸 것이다. 그림에 나타난 바와 같이 2-퓨란메탄올(로스팅 향), 초산 및 2-메틸피라진(견과류 향)이 아라비카종과 로부스타종 모두에서 그 함량이 가장 많이 확인된다. 그중 아라비카 품종에서 2-퓨란메탄올과 초산이 로부스타 품종에서보다 더 많이 검출된다. 피리딘은 휘발 성분 중 가장 넓은 분포도를 보이며, 아라비카종과 로부스타종은 유사한 농도를 나타내지만 아라비카 품종이 더 넓은 분포도를 보인다. 이때 일부 아라비카종은 매우 높은 피리딘의 함량이 확인된다.

평균적으로 보면 피라진류[(2-메틸피라진, 2,6-디메틸피라진(초콜릿 향), 2,5-디메틸피라진(로스팅 향), 에틸피라진(견과류 향), 2-에틸-6-메틸피라진(로스팅 향), 2-에틸-5-메틸피라진(커피 향), 3-에틸-2,5-디메틸피라진(로스팅 향)]는 로부스타 품종에서 그 함량이 많이 검출되고, 그 뒤를 알데히드류와 산류가 잇는다. 그리고 헤테로 질소 화합물은 비교적 그 농도가 적으며 케톤류와 페놀류는 평균적으로 그 농도가 가장 낮게 나타난다.

반면 아라비카 품종에서는 푸르푸랄(아몬드 향), 1-(아세토일)-2-프로판온, 2-아세틸퓨란(아몬드 향), 에틸 프로피온산, 퓨라네올, 2,3-부탄디올 및 아세톤 및 1-하이드록시-2-부탄온이 더 많이 검출된다. 또 아라비카종에서 디아세틸, 2,3-펜탄디온 및 3-메틸부탄알이 더 많이 검출되지만 로부스타 품종에서는 페놀, 1-메틸피롤(스모키 향)과 2,5-디메틸피라진이 더 많이 확인된다.

이미 언급한 바와 같이 로스팅 후 휘발 성분은 대부분 마이얄 반응에 따른 성분들이다. 또 초기 마이얄 반응으로 생성되는 아마도리 생성물이 탈수·축합 반응을 통해 계속 분해된다. 예를 들면 푸르푸랄은 당이 오탄당(리보오스, 아라비노오스 등)일 경우 아마도리 생성물인 데옥시존(deoxyzone)로부터 생성된다. 물론 푸르푸랄은 푸르푸릴 알코올로부터 생성되기도 한다. 그러나 만약 당이 육탄당(포도당, 과당 등)이면 아마도리 생성물, 특히 데옥시존으로부터 하이드록시메틸푸르푸랄과 5-메틸푸르푸랄이 생성된다.

그리고 피롤류, 피라논류 및 퓨라논류는 데옥시존의 당 분해로 생성되는데, 이때 아미노산이 이 반응에 참여하면 스트렉커 분해 반응으로 이어져 피리딘류, 피라진류, 티아졸류 및 피롤류 등이 생성된다.

과이어콜은 카페산과 페룰산으로부터 생성되고, 페놀과 2,5-디메틸퓨란은 로스팅 과정에서 5-카페오일 퀸산이 분해되면서 발현된다. 4-비닐페놀은 산성 조건에서 5-카페오일 퀸산이 분해되어 생성된다. 그리고 퓨라네올은 생두와 원두 모두에서 검출되는 성분이다. 버터 향을 풍기는 디아세틸과 2,3-펜탄디온은 그 생성 메커니즘이 밝혀지지 않았으나 당 분해 또는 당과 아미노산과의 반응으로 생성되는 것으로 추정하고 있다.

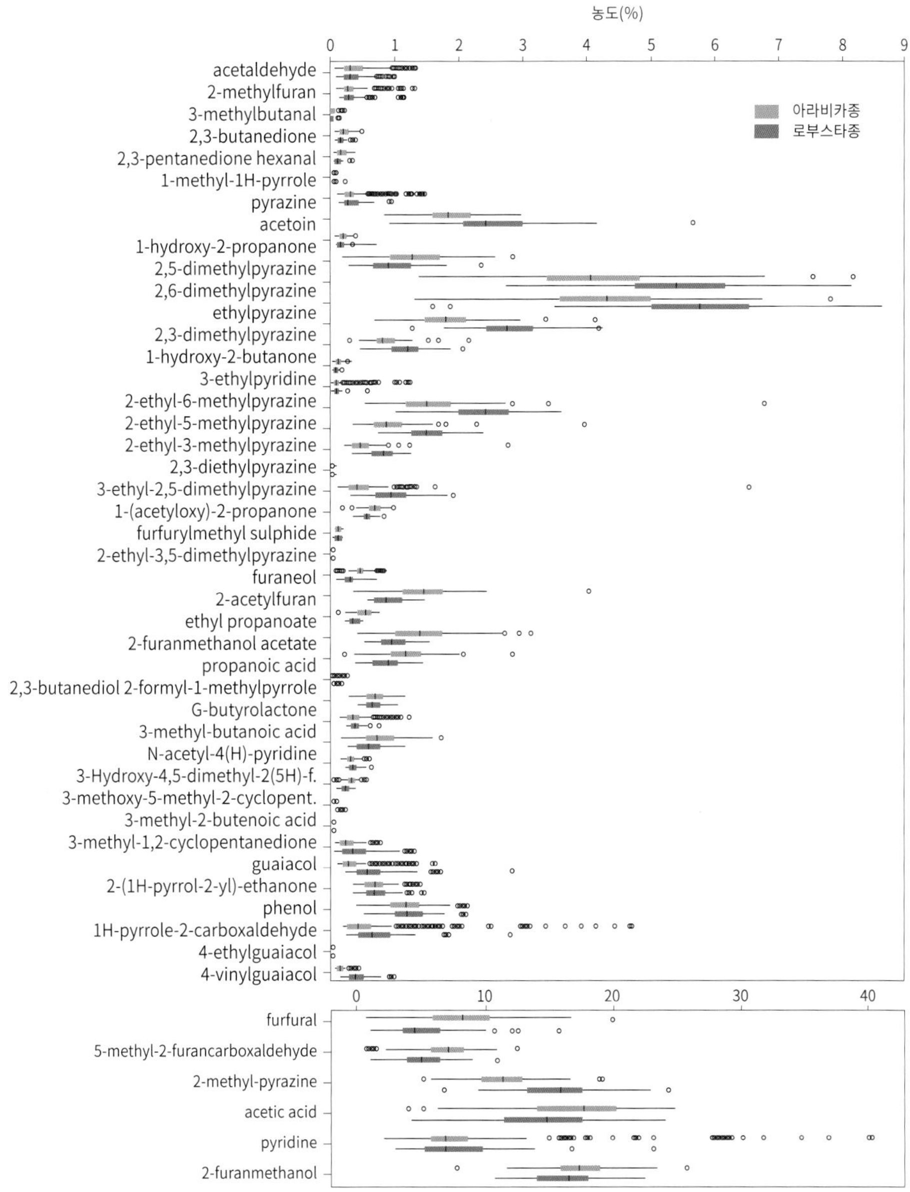

[그림 6-26] **로스팅 후 커피 품종별 주요 휘발 성분별 분포도와 함량 차이**

아라비카와 로부스타 품종 간의 아로마 관련 가장 큰 차이는 피라진류(2-에틸-5-메틸피라진, 2,5-디메틸피라진, 2-에틸-6-메틸피라진, 2-에틸-3-메틸피라진, 에틸피라진)이다. 그 외 4-비닐과이어콜, 2-하이드록시-2-부탄온 및 3-에틸피라진 역시 두 종 간에 차이를 보이는 성분들이다. 아라비카와 로부스타 원두 간의 구별은 우선 4-에틸과이어콜(향신료 향)

과 2-에틸-3,5-디메틸피라진(견과류 향)으로 판별이 가능하다. 즉 4-에틸과이어콜은 로부스타종이 아라비카종에서보다 더 많이 검출되지만 2-에틸-3,5-디메틸피라진은 아라비카종에서 더 많이 확인되기 때문이다. 4-에틸과이어콜과 2-에틸-3,5-디메틸피라진은 두 커피 중에서 소량 검출되어 품종 간의 차이를 보이지는 않지만 역치가 낮아 커피 아로마에는 영향을 준다. 그 외 에틸피라진, 2,3-부탄디올, 4-에틸과이어콜 및 2,3-펜탄디온은 농도가 매우 낮아 품종 간에 차이가 없다.

원두 품종별 평균 향기 성분 특징을 또 다른 연구 결과를 통해 살펴보면[그림 6-27], 로부스타종은 피라진류가 가장 높게 나타나고 알데히드류와 산류가 그 뒤를 잇는다. 케톤류와 페놀류는 농도가 가장 낮다. 질소 함유 헤테로고리 화합물(피리딘, 피라진 등)은 일부를 제외하고 전반적으로 농도가 적게 나타난다. 커피 샘플 21은 인도산 아라비카(Monsoon Malabar)로서 독특한 수확 방법을 이용한 것인데, 가공 방법(습식·건식)에 따라 아로마 성분의 차이가 큰 것을 알 수 있다. 아로마 성분 중에 알데히드류와 케톤류는 연관성이 큰 반면, 알데히드류와 피라진류 그리고 알데히드류와 페놀류 간의 연관성은 없는 것으로 나타난다. 샘플 2는 브라질산으로 건식법으로 만들어진 커피이다.

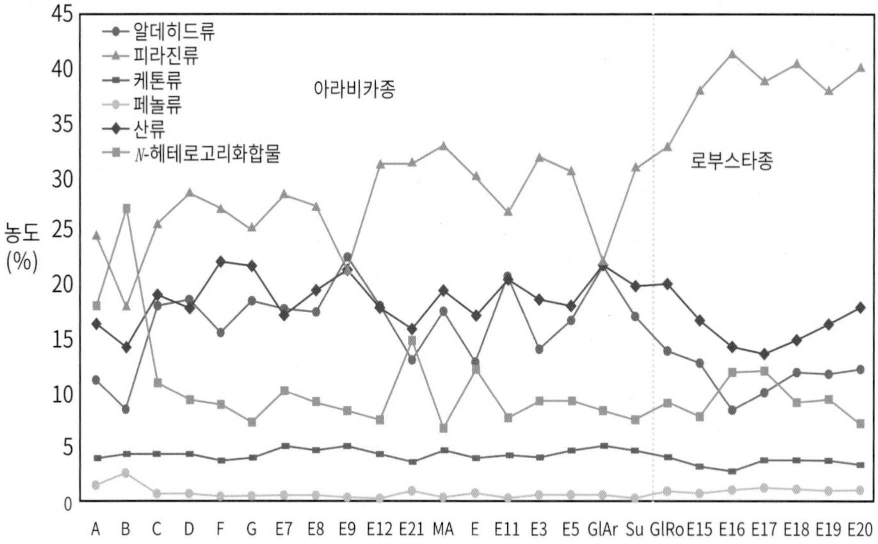

[그림 6-27] **원두 품종별 아로마 특성 비교**

몬순 생두, 루왁 생두 및 원두의 아로마 특성을 비교를 보면 다음과 같다. 루왁 생두는 헵탄과 3-메틸-1-부탄올(견과류 향)이 주요 향기 성분이다. 반면에 몬순 생두는 향기 패턴이 더 다양하며 알킬부탄알, 피넨, 벤즈알데히드(견과류 향) 및 부탄디올(흙냄새)이 주요 성분으로 나타난다. 그러나 로스팅 후 푸르푸랄, 피넨 및 3-케렌은 루왁 원두에서만 다량 검출된다. 그리고 루왁 원두와 몬순 원두의 주요 향기는 피라진류, 알킬피라진류, 피리딘류 및 알킬피리딘류로 확인된다.

로스팅 정도 역시 로스팅 과정에서 변화가 생기는데, 라이트 로스팅의 경우는 푸르푸랄(단향, 아몬드 향)과 2-메틸부탄알(버터 향)이 대표적인 아로마 성분으로 나타난다. 일부 향기 성분(휘발산, 퓨란류)은 라이트 로스팅에서 미디움 로스팅으로 가면서 대부분 휘발되기 때문에 커피 아로마에 미치는 영향은 별로 없다.

로스팅 과정에서 원두의 비휘발 성분 변화를 보면, 우선 단백질은 로스팅 과정에서 비교적 변화가 없는 안정적인 물질이다. 단백질은 특히 에스프레소 커피의 크림 층 형성에 중요하다. 반면 아미노산은 로스팅 과정 중에 30%가량 감소하게 되고 다크 로스팅의 경우 50%까지 감소한다. 아미노산의 경우 로스팅 과정에서 열 안정성에 달려 있으며 글루탐산의 경우 그 농도 감소가 비교적 덜한 반면, 시스테인과 아르기닌은 마이얄 반응에 소요되어 농도가 크게 줄어든다.

탄수화물의 경우는 특히 단당류와 이당류의 일부만이 로스팅 후 원두에 남게 된다. 셀룰로오스, 헤미셀룰로오스, 아라비노갈락탄 및 펙틴은 로스팅 과정에서 향기 성분으로 전환되며 커피 점성에 영향을 미친다. 갈락토만난과 아라비노갈락탄은 에스프레소 커피의 크림 층 형성에 영향을 미치는 것으로 다수의 문헌에 보고되고 있다.

지질 중에는 트리글리세리드, 털핀, 토코페롤 및 스테롤은 커피 점성에 영향을 주는데, 지방은 대체로 로스팅 과정에서 일부만이 전환되고 대부분 안정한 상태로 유지된다. 커피의 주요 지방산은 리놀레산과 팔미틴산이며 디털핀류인 카페스톨과 카웰은 로스팅 과정 중에 전환된다. 커피에 질감과 쓴맛을 부여하는 카페인은 로스팅 과정 중에 그 농도가 거의 변하지 않는다. 커피의 산류는 대부분 구연산, 사과산, 초산이며 아라비카종에서 로부스타종에서보다 산미가 더 강하게 나타난다.

3) 원두의 주요 향기 성분

[표6-8]은 원두의 주요 아로마 성분과 역치를 나타낸 것이다. 분석 기법의 발전에 따라 원두의 아로마 성분 분석 항목이 늘어나 원두의 아로마 특성을 특정하는 데 도움이 된다. 원두 내 아로마 물질이 커피 추출 과정을 통해 커피로 이행되지만 그 농도는 매우 적다. 즉 분쇄 원두 내 아로마 총 농도는 1g/kg인 데 반해 커피에서는 ㎎/L 수준으로 검출된다.

[표 6-8] 원두의 주요 아로마 성분

아로마 성분	농도 (㎎/kg)	역치(물) (㎍/kg)	아로마가	관능
● 쉰 향				
2-메틸부탄산	2.5~4	740	3~5	쉰 향, 톡 쏘는 향
3-메틸부탄산	21	540	13	쉰 향, 단 향
초산	2,520	-	-	쉰 향, 식초 향
● 버터 향, 캐러멜 향				
2-메틸프로판알	0.76	0.1~2.3	76~330	맥아 향, 과실 향
2-메틸부탄알	0.87	1.9	460	버터 향
3-메틸부탄알	0.57	0.4	1,430	버터 향
2,3-부탄디온	2.10	15	140	버터 향
2,3-펜탄디온	1.60	30	53	버터 향, 크림 향
핵산알	0.53	4.5~5.5	96~117	지방 향, 풋내
부탄산	3.5	240	14	버터 부패취
퓨라네올	7.2	10	720	캐러멜 향
(*E*)-2-노넨알	0.040	0.5	80	마분지취
호모퓨라네올	0.8	1.15	695	캐러멜 향
2-하이드록시-3-메틸-2-사이클로펜탄온	0.21	300	1	캐러멜 향
푸르푸랄	60	3,000	20	캐러멜 향
말톨	40~400	20,000~35,000	2~11	캔디 향
● 흙 냄새				
2-에틸-3,5-디메틸피라진	0.017	0.16	106	흙냄새
2-메톡시-3-(1-메틸에틸)피라진	0.0024	0.1	24	풋내~흙냄새
3-에틸-2,5-디메틸피라진	0.80	43,000	1 이하	흙냄새
3-이소프로필-2-메톡시피라진	0.024	0.01	2,400	흙냄새

2-메톡시-3-(1-메톡시프로필)피라진	0.0004	0.001	400	풋내~흙냄새
2-에테닐-3-에틸-5-메틸피라진	0.002	-	-	흙냄새
2-이소부틸-3-메틸피라진	0.001	0.005	300	흙냄새
2-에테닐-3,5-디메틸피라진	0.001	-	-	흙냄새, 견과류 향
● 로스팅 향				
2,3-디메틸피라진	2.48	2,500	1	헤이즐넛, 로스팅 향
2,5-디메틸피라진	30	3,500	9	헤이즐럿, 로스팅 향
2-에틸피라진	13.5~16.5	62	217~266	땅콩 향, 로스팅 향
2,3,5-트리메틸피라진	8~10	9	890~1,100	구운 견과류 향
2-에틸-3,6-디메틸피라진	2	86	23	로스팅 향, 탄 향
2-에틸-6-메틸피라진	7.53	-	-	땅콩 향, 로스팅 향
6,7-디하이드로-5*H*-사이클로펜타피라진	0.50	6,000	1 이하	헤이즐럿 향, 로스팅 향
2,3-디에틸-5-메틸피라진	0.0036	0.09	40	헤이즐럿 향, 로스팅 향
3-메틸-2-부텐티올	0.0006	0.0003	2,000	스모키 향, 로스팅 향
2-푸르푸릴티올	0.017	0.01	1,700	커피 향, 로스팅 향
● 삶은 야채 향				
2-메틸-3-퓨란티올	0.001	0.007	143	고기 향, 생선 향
메티오날	0.01~0.06	0.2	50~300	삶은 감자 향
3-(메틸티오)프로판알	0.213	0.2	1,065	간장 향
2-(메틸티오 메틸)퓨란	0.35	-	-	로스팅 향
3-머캅토-3-메틸부탄올	0.0057	0.0035	1,630	헤이즐럿 향, 로스팅 향
5-디메틸트리설파이드	0.001~0.1	0.01	100~10,000	신선한 양파 향
메탄티올	0.17~0.21	0.2	850~1,050	유황 향
● 페놀 향				
과이어콜	0.12~0.17	3~25	7~40	페놀 향
4-메톡시페놀	0.7	68	10	페놀 향
4-에틸과이어콜	0.048	50	1	페놀 향
4-에테닐 과이어콜	0.02	-	-	페놀 향
3-메틸-1*H*-인돌	0.10	-	-	페놀 향
4-비닐과이어콜	0.16~0.74	20	8~40	페놀 향, 정향

● 과실 향 · 꽃 향				
아세트알데히드	4.7	10	470	풋내, 과실 향
바닐린	0.210	25	8	바닐라 향
프로판알	6~11	10	600~1,100	로스팅 향, 과실 향
(*E*)-2-메틸-2-부텐알	-	500	-	꿀 향, 과실 향
2-메틸프로판알	0.20~0.80	0.9	220~890	코코아 향
라나룰	-	6	-	꽃 향
(*E*)-베타다마세논	0.0013	0.001	1,300	꽃 향, 단 향
(*E,E*)-2,4-다카디엔알	-	0.07	-	감귤 향, 풋내
3-메틸-3-설파닐부틸 포름산	0.0055	0.0035	1,570	풋내, 카시스 향
3-메틸-1-부탄올 포름산	0.13	2.5	52	사과 향, 과실 향
소톨론	0.08	20	4	향신료 향
5-에틸-3-하이드록시-4-메틸-2(5*H*)-퓨라논	0.008~0.16	7.5	1~21	향신료 향

8. 불량 원두와 이미 이취

앞서 살펴본 바와 같이 불량 생두는 대부분 생두 가공 과정이나 저장 중에 발생한 것이다. 반면 불량 원두는 로스팅 과정에서 발생한 것으로 커피의 이미 이취에 직접적인 영향을 미친다. 불량 원두는 일반적으로 5개 유형(라이트 · 그을린 · 다크 · 태운 · 덜 익은)으로 나타난다. 생두와 원두에서 생성되는 주요 아로마 성분은 보통 10개 그룹으로 나뉜다. 즉 유기산류(4종), 알코올류(2종), 에테르류(2종), 알데히드류(4종), 케톤류(5종), 페놀류(2종), 퓨란류(3종), 황화합물류(4종), 피라진류(7종) 및 질소 함유 헤테로고리 화합물(4종) 등으로 구분된다. 이들 아로마 성분들은 맥아 향, 풋내, 쉰 향 및 훈연 향 등으로 다양하게 느껴진다.

불량 원두 유형별로 나타나는 이미 이취에 대해 표준형 로스팅 유럽커피협회(SCAU)를 통해 제조된 표준형 원두와 비교한 결과는 다음과 같다.

가. 라이트 로스팅 불량두

라이트 로스팅(light roasting) 불량두는 로스팅 온도를 140℃에 맞추고 4분 일찍 로스팅을 종료한 반면, 정상두는 로스팅 온도를 120℃에 맞추고 표준형으로 로스팅하여 비교한 것이다

[그림 6-28 a]. 앞서 설명한 바와 같이 아로마 물질 형성은 대부분 1차 크랙에서 2차 크랙으로 넘어가는 단계(아로마 생성 시간)에서 발생하며 이때 발현된 아로마를 [그림 6-28 b]에 나타내었다. 라이트 로스팅 불량두에서는 대부분의 아로마 성분 감소가 나타나는데, 이는 아로마 생성 시간이 짧아 아로마 발현이 조기에 종료된 것이 원인이다.

그리고 생두에 비해 라이트 로스팅 후 원두에서 두드러지게 생성된 물질은 인돌(좀약취)로서 라이트 로스팅 불량두 주요 성분으로 볼 수 있다. 인돌은 생두를 둘러싸고 있는 왁스층에서 비롯된 물질이다. 또 디푸르푸릴 에테르와 피리딘은 감소하는 경향을 보인다. 디푸르푸릴 에테르는 로스팅 시간이 늘어남에 따라 증가하는 성분이고, 피리딘은 트리고넬린의 분해에 따라 생성되는 물질로 로스팅 시간이 증가하면서 그 함량은 늘어나게 된다. 이 성분들 역시 라이트 로스팅 시 아로마 발현 기간이 짧아 나타나는 현상으로 볼 수 있다.

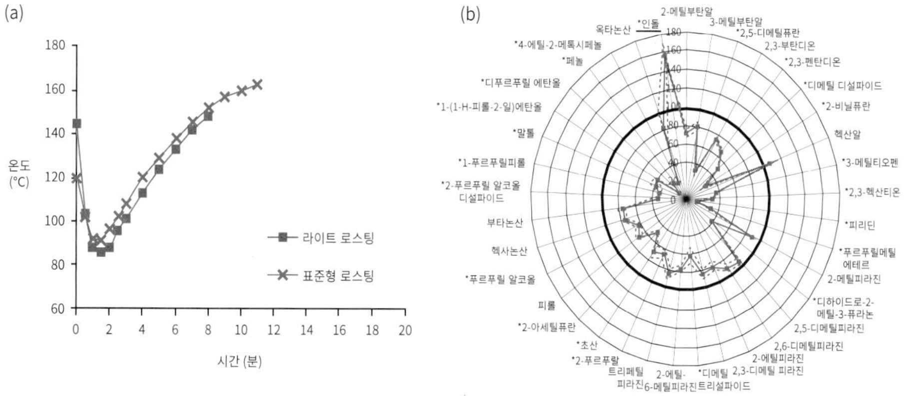

[그림 6-28] 라이트 로스팅 불량두와 정상두 간의 향기 성분 비교
(* 표기 물질이 표준형 로스팅과의 차이 물질임)

나. 그을린 로스팅 불량두

그을린 로스팅(scorched roasting) 불량두는 로스팅 온도를 180℃에 맞추고 4분 일찍 로스팅을 종료한 반면, 정상두는 로스팅 온도를 120℃에 맞추고 표준형으로 로스팅하여 비교한 것이다[그림 6-29 a]. 이 불량두는 로스팅 과정을 높은 온도에서 생두를 너무 빨리 볶으면 캐러멜 화합물이 충분히 생성되지 않고 생두 표면이 부분적으로 타기 때문에 나타나는 현상이다. 이 불량두는 커피에서 연기 냄새(페놀 향)가 나타난다.

그리고 이 불량두는 높은 온도와 짧은 온도로 인해 정상두에 비해 아로마 패턴이 매우 다르게 나타난다. 그을린 로스팅 불량두에서 두드러지게 확인되는 아로마 성분은 4-에틸-2-메톡시페놀(훈연 향)로 이 성분은 페룰산의 열분해로 생성되는 물질이다. 그 외 성분(피리딘, 페놀, 디푸르푸릴에테르)은 정상두에 비해 6배가량 더 많이 생성된다. 2-푸르푸랄은 반대로 그을린 로스팅 불량두에서 감소하는 것으로 나타나며, 이 성분은 로스팅 온도 230℃에서 5분 경과 후 열분해로 생성되는 것으로 문헌에 보고되고 있다. 그을린 로스팅 불량두에서는 주로 훈연 향, 탄 냄새, 로스팅 향, 쓴맛과 떫은맛이 특징적으로 나타난다[그림 6-29 b].

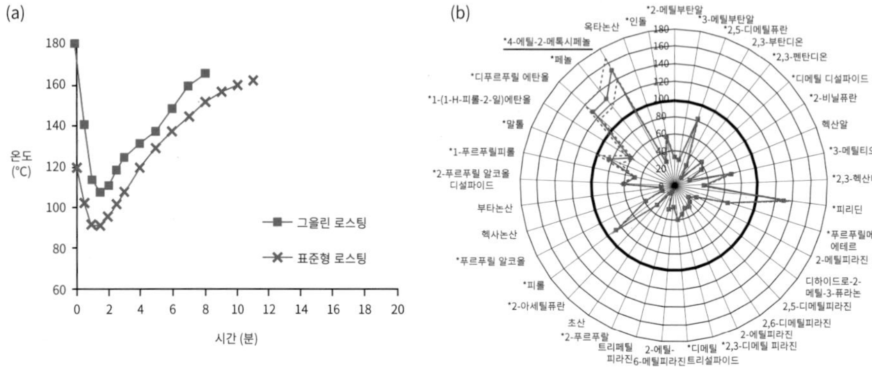

[그림 6-29] 그을린 불량두와 정상두 간의 향기 성분 비교
(* 표기 물질이 표준형 로스팅과의 차이 물질임)

다. 다크 로스팅 불량두

다크 로스팅(dark roasting) 불량두는 같은 로스팅 온도하에 정상두에 비해 로스팅 시간을 2분가량 더 연장한 것으로 표준형 로스팅보다 아로마가 전반적으로 더 많이 생성되지만 그을린 로스팅과는 별 차이는 없는 것으로 나타난다. 다크 로스팅을 통해 생성된 두드러진 성분은 인돌(탄 냄새), 4-에틸-2-메톡시페놀(훈연 향) 및 페놀(탄 냄새)이다. 또 로스팅 시간 연장에 따라 마이얄 반응으로 인해 대부분의 피라진류도 증가하는 현상도 보인다. 다크 로스팅 불량두는 정상두에서 보다 헥산알을 제외하곤 대부분의 아로마 성분이 더 많이 확인된다[그림 6-30].

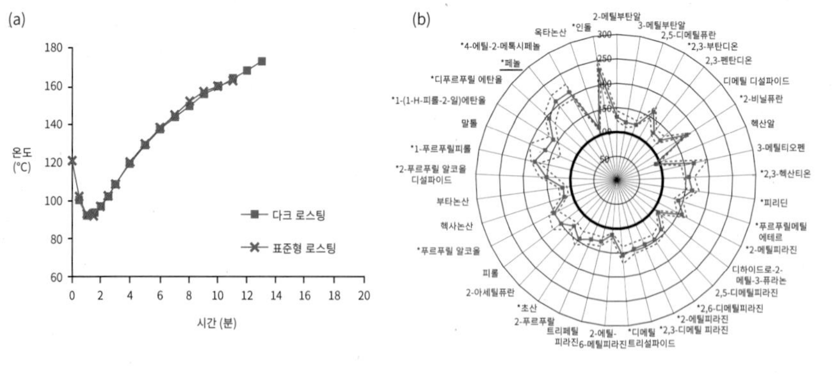

[그림 6-30] 다크 로스팅 불량두와 정상두 간의 향기 성분 비교
(* 표기 물질이 표준형 로스팅과의 차이 물질임)

라. 태운 로스팅 불량두

태운 로스팅(baked roasting) 불량두는 로스팅 온도(160℃)가 표준형 로스팅(120℃)보다 높게 설정하고, 시간도 6분가량 더 늘려 로스팅을 한 것이다[그림 6-31]. 태운 로스팅을 통해 생성된 아로마는 정상두에서 보다 전반적으로 다소 높게 나타난다. 이 중 말톨, 디푸르푸릴 에테르 및 피리딘은 표준형 로스팅 원두에서보다 두드러지게 높게 확인된다. 이 불량두 성분으로 말톨(캐러멜 향)이 지목되는데 이 성분은 말토오스와 아마도리 생성물의 분해에 따라 생성된 물질이다. 또 일부 퓨란류(2-비닐퓨란, 2,5-디메틸퓨란)도 정상두에서 보다 더 많이 생성된다. 이러한 퓨란류는 포도당과 당분이 열에 의해 분해되어 생성되며 그 외 지질의 열 산화(thermal oxidation), 티아민과 뉴클레오티드의 분해에 따라 생성되기도 한다. 열 산화란 지질을 공기가 존재하는 상태에서 고온으로 가열할 때 일어나는 산화 반응으로 튀김 기름의 질이 나빠지는 것도 이 반응에 의한 것이다. 열 산화 반응 메커니즘은 저온에서의 자동 산화와 같이 자유 라디칼(free radical) 반응이지만 고온 때문에 하이드로 과산화물이 축적되지 않고 계속 진행되어 중합과 분해가 일어난다.

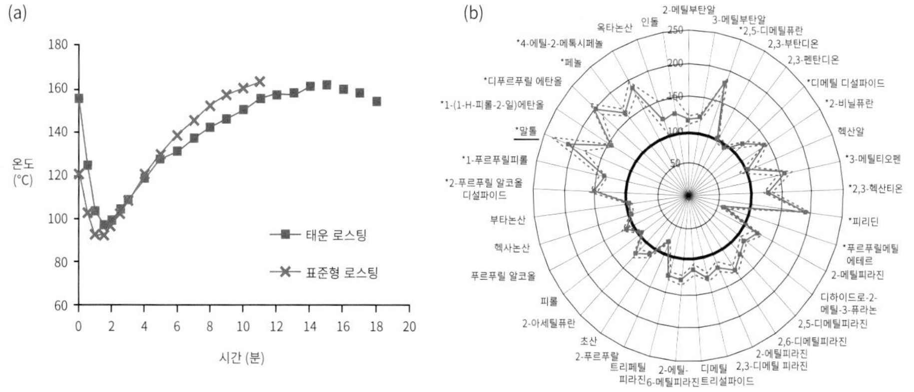

[그림 6-31] 태운 로스팅 불량두와 정상두 간의 향기 성분 비교
(* 표기 물질이 표준형 로스팅과의 차이 물질임)

마. 덜 익은 로스팅 불량두

덜 익은 로스팅(underdeveloped roasting) 불량두의 경우는 로스팅 조건을 낮은 온도(80℃)에서 로스팅 시간을 표준형 로스팅보다 8분가량 더 연장한 것이다. 아로마 성분 중에는 덜 익은 로스팅 후 원두에서 2,5-디메틸퓨란(에테르취)이 정상두에서 보다 두드러지게 높게 나타난다. 이 성분은 포도당이 열에 의해 분해되어 발현되는 성분으로 보통 다크 로스팅 때 많이 확인되며 용매취를 내어 불량두의 원인이 된다. 그 외 피라진류(트리메틸피라진, 2-에

틸피라진, 2,3-디메틸피라진, 2-메틸피라진)의 함량은 다소 감소하는 경향을 보이지만 유의적 차이는 없다[그림 6-32].

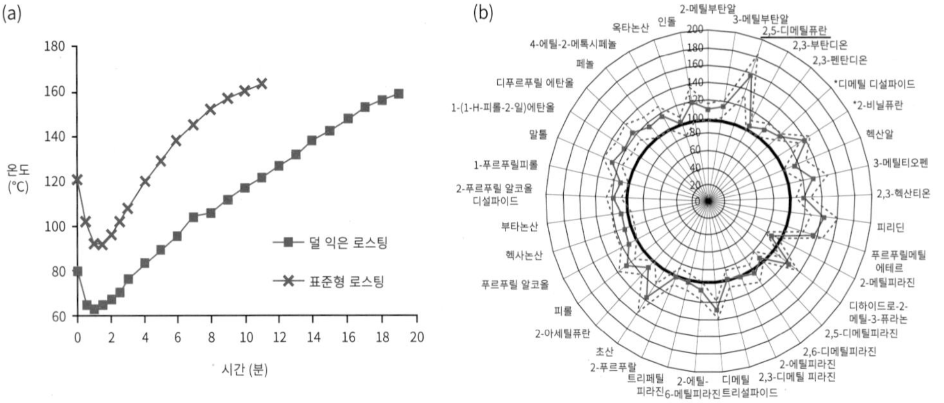

[그림 6-32] 덜 익은 로스팅 불량두와 정상두 간의 향기 성분 비교
(* 표기 물질이 표준형 로스팅과의 차이 물질임)

일부 브라질산 원두의 품질이 낮은 이유는 불량두가 많은 것이 문제인데, 특히 쉰 불량두, 흑두 및 미성숙 불량두가 대표적이다. 이러한 원두 불량두는 정상두와 비교해 불량두에서만 검출되는 성분들이 있으며, 쉰 불량두에서 향기 성분 농도가 가장 높게 나타나며 그다음 흑두 및 미성숙 불량두 순으로 높다. 쉰 불량두에서 성분이 많이 검출되는 것은 생두 발효 과정과 연관이 있다.

정상두에서는 검출되지 않고 쉰 불량두, 흑두 및 미성숙 불량두에서만 확인되는 대표적인 물질은 벤젠초산, 메틸에스터, 2-이소아밀-6-메틸피라진, 1*H*-피롤, 4-메틸티아졸 및 1,5-디메틸-2-피롤카본니트릴 등이다. 그리고 흑두와 쉰 불량두에서는 4종류의 피리딘류(볶은 향)가 검출되는 반면 미성숙 불량두에서는 한 종류가 검출된다. 피롤류는 흑두와 쉰 불량두에서 미성숙 불량두에서보다 많이 검출되며 알데히드류(풋내)는 흑두와 쉰 불량두에서만 확인된다.

9. 원두의 보관과 향미 변화

가. 개요

원두는 보관 중에 산화가 자연적으로 진행되고 산화가 일단 진행된 원두는 그 진행을 더 이상 막을 수 없다. 따라서 원두의 커피 향미 보존을 위해서는 가능한 한 로스팅 일자가 최근인 것을 구매해야 향미 손실이 덜하다. 또 소비자 입장에서는 소량씩 구매하는 것이 좋고, 분쇄되지 않은 원두를 사서 마시기 바로 직전에 분쇄하여 소비하는 것이 바람직하다. 그리고 사용하고 남은 커피는 공기, 햇빛, 습기가 차단된 밀봉이 가능한 용기에 담아 두는 것이 좋다. 또 원두를 냉장고에 보관하는 것은 냉장고 내 다른 식품으로의 교차오염이 발생할 수 있어 주의가 필요하다. 그리고 원두를 장기 보관 시 공기가 밀폐된 용기에 담아 냉동고에 보관하면 원두의 향미와 신선감을 오랜 기간 유지할 수 있고 필요 시 사용할 만큼만 해동하여 사용하는 것이 커피 향미 유지에 도움이 된다. 특히 스페셜티 커피는 원두의 신선감 유지가 최우선이다. 다만 원두를 냉동고에 보관 후 해동이 제대로 안 되면 커피 분쇄와 추출이 원활하지 못해 커피 향미에 부정적 영향을 미칠 수 있다.

한편, 원두 보관 중 커피가 산패되면 단맛이 느껴지면서 이미이취를 강하게 풍기게 된다. 원두 보관 시 나타나는 대표적인 물리화학적 현상은 향기 성분 휘발, 이산화탄소 방출, 커피 성분 간의 화학 반응, 원두 표면으로의 오일 성분 이동 및 산화 반응 등이다. 보통 보관 온도가 10℃ 증가하면 휘발 성분이 1.5배 방출된다.

기본적으로 향기 성분 휘발과 산화 반응은 포장지 선택에 따라 일정 부분 막을 수 있다. 또 커피 성분 간의 화학 반응은 막을 수 없으나 보관 온도를 낮추면 어느 정도 화학 반응을 늦출 수는 있다.

인스턴트커피는 보관 중 품질 변화가 거의 없고 이산화탄소 배출 등의 문제는 없으나 산화 반응에 따라 향기 성분의 변화는 나타날 수 있다. 그리고 인스턴트커피는 수분 흡수성이 강하고 그 흡수율에 따라 분말이 덩어리지는 현상도 나타날 수 있다. 따라서 인스턴트커피는 산소와 수분 흡수를 차단하는 포장지를 사용하는 것이 중요하다.

나. 원두 보관과 향미 변화

1) 개요

생두는 로스팅 과정을 거치면서 원두가 되면 수분 활성도가 낮아지고 효소가 불활성 되어 미생물 오염이 방지되기 때문에 안정적 보관이 가능한 상태가 된다. 그러나 원두 보관 때 원두가 노화되면서 물리화학적 · 생화학적 변화가 나타난다. 즉 원두 보관 중에는 아로마 성분의 휘발과 산화(노화)가 진행된다. 원두의 이러한 변화는 저장 온도, 습도, 산소, 노출된 표면적 및 포장 형태에 따라 다르게 나타난다. 특히 분말 형태의 원두는 포장 조건에 큰 영향을 받으며 포장지 개봉 후 품질 변화가 나타나게 된다.

그리고 로스팅 후 원두 내 이산화탄소와 휘발 성분이 남아 있고 대부분 원두 내 오일에 용해된 상태로 남는다. 물론 원두에는 수분도 여전히 많이 남아 있다. 그러나 로스팅 후 48시간이 지나면 이산화탄소와 수분은 휘발되며, 특히 원두 저장 중에 가장 민감하게 변하는 성분은 지질과 향기 성분이다.

원두 보관 중에 변하는 휘발 성분은 케톤류(2,3-부탄디온, 2,3-펜탄디온), 알데히드류(헥산알, 2-메틸부탄알, 5-메틸푸르푸랄, 푸르푸랄), 티올류(메탄티올, 디메틸 설파이드, 메티오날, 2-메틸퓨란티올, 2-푸르푸릴티올), 카르복실산류(초산, 글리콜산, 젖산, 포름산) 및 2,6-디에틸피라진 등이 대표적이다. 이 중 알데히드류(헥산알, 2-메틸부탄알, 푸르푸랄) 및 2,6-디에틸피라진은 보관 중 산소 농도에 따라 그 함량이 달라지는 것으로 문헌에 보고되고 있다. 전형적인 커피 향을 나타내는 2-푸르푸릴티올의 경우는 적당한 농도로 유리형으로 존재해야 좋은 향을 풍기며, 원두 보관 중에 퀴논 등과 같은 성분과 결합형으로 존재하면 원두의 신선감이 떨어지고 부정적인 향기를 나타낸다.

곰팡이취, 채소 향를 내는 헥산알과 일부 알데히드류는 리놀레산과 같은 불포화지방산의 산화에 의해 생성된 것이다. 이러한 성분은 산소가 존재하는 보관 환경에서는 기하급수적으로 증가하게 된다. 따라서 헥산알은 원두 보관 시 검출되는 대표적인 성분으로 여긴다. 반면 산소가 존재해도 피라진류, 페놀류와 퓨란류는 증가하지는 않는다. 그리고 원두 보관 시 산소가 없는 환경에서는 원두에 부정적인 향미를 나타내는 성분들은 매우 적게 생성된다.

원두는 산소 존재하에 수분이 많거나 저장 온도가 높으면 산화가 촉진되지만, 원두의 수분 활성도가 0.5 이하일 때는 원두의 보존 기간이 늘어나게 된다. 또 수분 활성도가 높으면 디메틸디설파이드(양배추 향)와 디메틸트리설파이드(양파 향)가 증가하여 커피 향에 부정적인 영향을 미친다. 이때 메탄티올도 빠르게 산화되어 원두의 신선감이 떨어지게 된다.

2) 마이얄 반응 생성물과 원두 안정성

보관 과정에서 원두의 변화는 우선 로스팅 과정 중 생성된 생성물과 연관이 깊다. 로스팅 과정 중 마이얄 반응과 열분해로 생성된 물질들은 불안정하고 재반응이 쉬운 성분들이다. 특히 마이얄 반응물 대부분은 커피 아로마에 영향을 미치는 성분(메탄티올, 스트렉커 알데히드, 알파 디카보닐)이며, 저분자이고 끓는점이 낮은 물질로서 신선한 커피를 나타내는 중요 성분들이다. 그러나 이러한 성분들은 대부분 쉽게 산화된다.

반면 멜라노이딘은 항산화 물질로 원두의 산화 방지 역할을 하는데 이러한 원두 항산화 역할은 로스팅 정도에 달려 있다. 예로서 다크 로스팅된 원두가 보관 시 가장 큰 항산화 기능을 나타낸다. 또 지방과 결합한 멜라노이딘의 경우는 지방의 산화를 방지하는 역할을 하여 원두의 포장지 재질과 용존 산소에 따라 25℃에서 4~10개월간 원두의 신선도가 계속 유지된다.

3) 가스 배출과 원두 보관

가스(이산화탄소)는 로스팅 과정 중에 생성되어 원두 세포에 갇히게 되고 로스팅이 끝나고 가스가 완전히 배출되면 원두의 무게는 1.5~1.7%가량 감소하게 된다. 이때 방출되는 이산화탄소의 양은 로스팅 정도에 달려 있는데 다크 로스팅 원두 1킬로그램당 보통 6~10리터 수준이다. 이산화탄소는 로스팅 후 몇 시간 내 서서히 방출되며 모든 이산화탄소가 방출되는 데는 몇 달이 소요된다. 이산화탄소는 부분적으로는 지방 또는 물과 결합 상태로 존재하며 일부는 원두 기공 내에 갇혀 존재하기도 한다. 즉 대부분의 이산화탄소는 원두 내 물질들과 이렇게 결합 상태로 존재하기 때문에 서서히 방출되는 것이다.

4) 수분·산소와 원두 보관

원두의 수분은 품종에 따라 다르며 로스팅 과정 초기 대부분의 수분이 휘발되지만 마이얄 반응을 거치면서 새로운 물 분자가 형성된다. 또 보관 중에 수분이 흡수되기도 한다. 특히 분말 원두가 분쇄하지 않은 원두보다 표면적이 크기 때문에 수분 흡수율이 높다.

한편, 원두의 수분 활성도가 일정 수준을 초과하면(aw 0.85) 원두의 용해성이 떨어진다. 또 원두 보관 때에는 수분량도 중요하지만 원두 보관 중 미생물 생육 측면에서 보면 수분활성도 기준으로 보는 것이 더 정확하다. 즉 수분활성도는 미생물이 이용 가능한 자유수를 나타내는 지표인데, 수분활성도가 높을수록 미생물 번식 가능성이 커진다. 다른 물질들과 결합되어 있는 결합수의 경우는 미생물이 흡수하지 못한다. 보통 세균은 수분활성도가 0.9, 효모는 0.8 그리고 곰팡이는 0.6 이상에서 생육이 가능하다. 따라서 원두의 수분활성도를 측정하면 원두의 품질 유지 기한을 예측할 수 있고, 이때 0.6 이상이면 미생물의 증식이 가능한 것으로 판단한다.

일반적으로 원두 보관 온도보다도 수분 함량이 원두 보관 수명에 영향을 더 많이 끼치게 된다. 이미 언급한 바와 같이 산화 반응은 보관 중에 원두의 품질을 저하시키는 원인이 된다. 보통 원두 내 산화 반응은 원두의 보관 온도, 수분활성도 및 용존 산소가 높을수록 증가하게 된다.

5) 지질

원두를 보관하는 동안 지질의 변화가 나타나 커피 품질에 영향을 미치게 된다. 원두 100g에는 11~20g의 지질이 함유되어 있고 트리아실글리세롤과 유리지방산이 주요 지질 성분이다. 원두 저장 시 트리아실글리세롤은 화학적 또는 효소적으로 분해되어 디아실글리세롤, 모노아실글리세롤, 유리지방산 및 글리세롤로 가수분해된다. 이때 가수분해 반응률은 원두 내 수분뿐 아니라 환경적 요인(온도, 습도, 산소)과 기술적 요인(포장 재질)에 따라 다르게 나타난다. 원두는 다공성 구조로 인해 주위 습기를 쉽게 흡수하는 흡습성이 강하기 때문에 저장 온도와 관계없이 저장 중에 원두 내 수분 함량은 자연스럽게 증가하게 된다. 특히 다크 로스팅 원두가 라이트 로스팅 원두보다 다공질이 더 많고 밀도도 약해 보관 중 산패가 더 쉽게 된다.

로스팅 과정을 통해 생두 내 효소는 열에 의해 이미 불활성된 상태이기 때문에 원두 보관 중 지질의 변화는 온도, 수분과 산소 농도에 따라 달라진다. 원두 내 수분이 많으면 지질과 산소와의 접촉이 줄어들어 산화 반응은 감소하지만 가수분해 반응을 촉진하게 된다. 반대로 원두 내 수분이 적으면 에너지 운동이 감소하여 화학 반응들이 줄어들게 된다. 또 원두의 저장 온도가 높으면 운동에너지가 활성화되어 화학 반응들이 활성화되어 지질의 분해를 촉진하게 된다. 그리고 원두 내 산소 농도가 높으면 산화 반응이 촉진되며, 특히 불포화지방산(올레산, 리놀산, 리놀레산)은 화학 구조상 이중 결합 형태를 띠고 있어 산소에 민감하게 반응하게 된다. 이로 인해 커피 향미에 부정적 영향을 주는 다양한 휘발 성분을 발현시켜 커피의 신선감은 줄고 산패취가 증가하는 현상이 나타난다.

다른 한편으로는 저장 중 수분 흡수로 인해 원두 내 수분이 많아지면 커피 추출률이 감소한다. 이는 수분이 많은 원두는 분쇄 시 입도가 커지면서 추출 때 원두 입자의 표면적이 작아진 것이 원인이며 그에 따라 커피의 맛과 향에도 영향을 미치게 된다. 특히 오래된 원두는 페놀 성분의 산화로 쓴 성분의 생성되어 신선한 원두에서보다 쓴맛이 더 강해진다.

6) 기타

원두 보관 중 변화하는 성분 중에 휘발 성분 일부는 안정적이라 커피 아로마에 영향을 미치는 성분들은 아니다. 커피 아로마에 영향을 주는 휘발 성분들은 대부분 불안정하여 산화가 쉬운 물질들이다. 일례로 알데히드류, 케톤류, 알코올류, 페놀류 및 티올류 등이 대표적인 물질들이다. 이러한 성분들은 로스팅 후 원두 보관 중 산소의 영향 아래 다른 휘발성 또는 비휘발성 물질로 변하게 된다. 특히 티올류는 보관 중 디설파이드로 변하여 커피 맛에 부정적인 영향을 미치게 된다.

[그림 6-33]은 원두 보관 중 성분 변화를 나타낸 것으로 보관 3주 정도에 성분의 변화를 알 수 있으며, 이중 특히 메탄티올의 감소가 뚜렷이 나타난다. 이 성분은 커피의 신선함을 나타내는 대표적인 지표 물질이다.

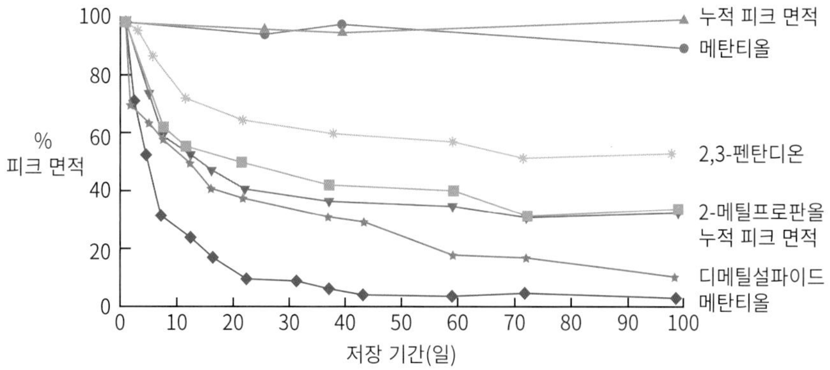

[그림 6-33] **원두 보관 중 주요 아로마 변화**(Espresso Coffee, 2005년)

원두의 휘발 성분은 각 성분의 휘발도와 원두 세포 내에서 갇힌 상태에 따라 휘발된다. 원두의 세포벽은 극성 다당체와 멜라노이딘으로 구성되어 있는데 이 세포벽에 대부분의 휘발 성분들이 위치하고 있다. 따라서 원두 내 휘발 성분이 휘발되기 위해서는 세포벽을 통과해야 가능하다. 이런 이유로 분쇄되지 않은 원두보다는 분말 원두에서 아로마가 더 많이 발현되고 휘발되는 이유이다. 따라서 포장을 하지 않고 보관 후 분쇄한 원두는 분쇄 후 몇 시간 내에 아로마가 휘발되고 산화되어 커피에 이취와 무겁고 텁텁한 맛을 내게 된다.

커피의 이취는 원두 보관 중 이취를 나타내는 물질이 새로 생성된 것이 아니라 원두의 알데히드류, 알파 디카보닐 및 2-푸르푸릴티올이 보관 중 분해되어 생성된 물질이 원인으로 볼 수 있다. 이는 포장에 산소가 투과되어 나타나는 현상이다.

로스팅 과정 중 생성된 이산화탄소는 원두의 중요한 비아로마 휘발 성분이며 원두 1g에 10*ml* 정도 함유되어 있고 원두 전체 무게의 2% 정도 차지한다. 이산화탄소는 원두 보관 중 산소의 침투를 어느 정도 차단하여 산화를 지연시키는 역할을 한다. 그러나 이산화탄소 배출이 진행되면서 지방의 산화 진행을 더 이상 로스팅 과정 중 생성된 항산화 물질로는 지연시킬 수 없게 된다. 결국 원두 보관 몇 달 후에는 이산화탄소 배출이 종료되면서 원두는 부패하기 시작한다.

게다가 분말 원두는 이산화탄소의 배출로 인해 산화되기가 쉬워지면서 산소 흡수가 쉽게 되어 지방 성분과 공기와의 접촉이 증가하게 된다. 지방산 중 포화지방산(스테아릭산)은 원두 보관 중에 산화되지 않고 불포화지방산(리놀레산)이 산화되기 쉽다. 특히 불포화지방산의 분해물인 트랜스-2-노넨알(마분지취, 노인 냄새)이 원두 이취의 주요 원인 물질이며 이 성분은 물에서의 역치가 0.08㎍/L로 매우 낮다.

이산화탄소의 배출은 로스팅 정도가 강한 원두일수록 배출률이 더 높아지며, 고온 단시간 로스팅 방식이 저온 장시간 방식에서보다 이산화탄소의 배출이 빠르다. 분말 원두의 경우는 이산화탄소의 배출률은 로스팅 온도와 분쇄 입도에 따라 다르게 나타나고 로스팅 정도는 영향이 없는 것으로 학계는 보고하고 있다.

그리고 로스팅 과정과 가스 배출 과정 중에 원두의 오일 성분은 이산화탄소에 의해 세포 미세 구멍을 통해 밖으로 밀려 나가는 현상이 나타난다. 이때 원두 보관 온도가 낮으면 이러한 현상은 느리게 진행된다. 오일 성분이 원두 표면으로 밀려 나오는 현상은 산화될 위험이 있고, 특히 에스프레소 원두처럼 미세한 분말인 경우 더욱 그러하다. 또 오일 성분으로 인해 원두 분말 입자가 끈적거림과 분말이 뭉치는 현상이 발생하면 커피 추출이 균일하지 않아 커피 맛에 부정적인 영향을 미치게 된다. 그래서 덩어리진 원두 분말은 보관 중에 수분 흡수로 품질이 더 나빠지게 된다. 따라서 원두 보관 중에 햇빛은 불포화지방산의 자동 산화를 유발하므로 차단하는 것이 바람직하다.

다. 포장과 원두 품질

1) 개요

포장 형태는 원두의 향미에 영향을 미치는데, 보통 상업적인 일반 포장지가 진공 포장지로 포장한 원두에서보다 아로마가 더 강하게 나타난다. 이는 진공 포장지의 경우 공기를 제거하면서 일부 아로마 성분들도 같이 제거되기 때문이다. 물론 높은 습도, 산소 및 온도는 커피의 질과 아로마에 가장 나쁜 영향을 미친다.

로스팅 후 원두는 아로마 성분 손실과 산화 방지를 위해 가능한 한 빨리 포장해야 한다. 또 로스팅 후 생성된 이산화탄소에 의해 커피 포장지가 부풀어지거나 터지는 현상을 방지해야 한다. 이를 위해 이산화탄소를 2~8시간 동안 미리 배출시킨 후 포장하거나 원두를 포장 후 저장하면서 가스가 빠져나가도록 포장을 한다. 로스팅 후 발생하는 가스 성분은 마이얄 반응, 스트렉커 분해 및 열분해에 따라 발생한 것이며 그중 80%는 이산화탄소이다.

이미 언급한 바와 같이 원두 성분 중에 티올류, 디온류, 알데히드류 및 비닐 유도체는 원두 보관 중에 변화가 나타나는 대표적인 물질이다. 이러한 성분들은 보관 중에 증가하거나 감소하는 현상이 나타난다. 원두에 함유된 지방은 10% 수준인데 지방 성분은 보관 중에 공기 중에 노출되면 산화에 의해 산패취(staling)를 풍기게 된다. 이는 노르말 헥산알이 주원인 물질로 알려져 왔으나 최근 연구에 따르면 원두의 신선감 손실 원인으로 다른 성분들도 지목되고 있다.

[그림 6-34]는 포장 용기 종류에 따른 원두를 57주 동안 보관 때 변화하는 휘발 성분의 차이와 신선도 지수를 나타낸 것이다. 먼저 2-부탄온과 2-메틸퓨란의 비율을 보면 원두의 저장 상태와 유통 기한을 알 수 있다. 이 두 성분은 원두의 산패 정도를 나타내는 지표 성분으로 그 비율이 높을수록 커피의 산패취가 크게 나타난다. 즉 보관 중에 2-부탄온의 농도가 증가하고 2-메틸퓨란의 농도가 감소할수록 산패가 심해진다는 의미이다. 2-메틸퓨란은 커피의 아로마 성분 중 휘발성이 강한 성분 중의 하나인데, 원두 포장 종류에 따라 그 농도가 급속히 감소하게 된다. 따라서 원두의 산패 정도는 포장 종류로 인해 2-메틸퓨란의 휘발 정도에 영향을 크게 준다. 반대로 2-메틸퓨란의 휘발이 적은 포장 종류는 2-부탄온과의 비율이 낮아 산패가 적게 나타난다. 알루미늄층이 없는 포장지 형태는 2-부탄온과 2-메틸퓨란의 비율이 크게 나타나 산패취를 강하게 풍기게 된다. 원두 포장 2주 후 알루미늄 포장지와 비알루미늄 포장지 간 2-부탄온과 2-메틸퓨란의 비율은 뚜렷이 차이가 난다.

한편 2,3-부탄디온(버터 향)과 2-메틸퓨란과의 비율을 보면 포장지 종류에 따라 두 성분 간의 비율 차이가 나타나는데, 비알루미늄 포장지를 이용한 원두 보관 시 두 성분 간의 비율은 더 커지게 된다. 이 경우는 2,3-부탄디온은 산소에 의한 산화가 아닌 저장 중에 원두 성분 간의 화학 반응으로 증가하는 것이다. 즉 원두 보관 중의 2-부탄온과 2-메틸퓨란의 비율과 2,3-부탄디온과 2-메틸퓨란의 비율이 원두의 신선도 지수가 되며, 이때 2-메틸퓨란이 신선도 지수에 주요 지표 물질이 된다.

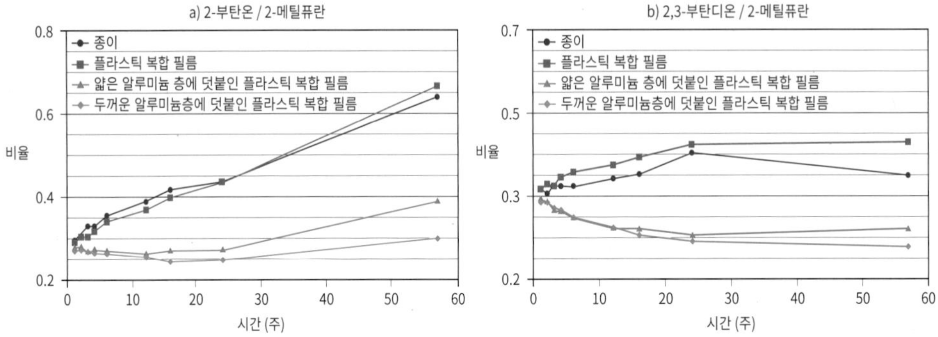

[그림 6-34] **원두 보관 중 2-부탄온과 2-메틸퓨란의 변화**

[그림 6-35]는 원두의 또 다른 신선도 지표로서 싱글 오리진 커피의 캡슐을 대상으로 한 연구 결과이다. 디메틸디설파이드와 메탄티올 간의 비율에서는 메탄티올이 주요 물질이다. [그림 6-34]에서 보듯이 캡슐 원두 중 비알루미늄 재질로 포장한 원두(C1, C2)는 메탄티올의 감소로 인해 상기 성분 간의 비율이 크게 나타난다. 반면 알루미늄 포장(C4)에서는 46주가 지나도 그 신선도가 유지된다. C3(비알루미늄 재질에 포장지 겉만 얇은 알루미늄층을 입힌 것)는 중간 정도의 신선감을 유지하는 것으로 나타난다. 즉 원두 보관 시 디메틸설파이드의 농도가 증가하고, 메탄티올의 농도가 감소할수록 신선도가 떨어지기 때문에 적절한 포장지 선택이 중요하다는 의미이다. 이때 원두 성분 간의 반응은 수분 함량이 높을수록 더 많이 진행되기 때문에 원두 보관 때 수분 관리가 매우 중요하다.

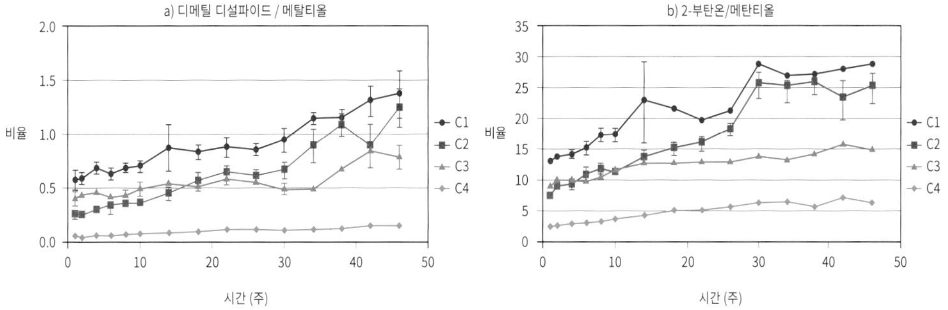

[그림 6-35] 원두 보관 중 디메틸설파이드와 메탄티올의 변화

메탄티올은 휘발성이 매우 강한 물질 중 하나이며, 이 성분은 원두 내 아미노산(메티오닌)이 보관 중에 메티오날 전환된 후 원두의 다른 성분과의 반응으로 산화되어 디메틸디설파이드가 생성된다. 반대로 디메틸디설파이드와 2-부탄온은 휘발성이 약하고 다른 물질과의 반응이 크지 않다.

보통 원두의 보관 기간은 12~24개월로 본다. 앞서 언급한 바와 같이 원두 저장 때 수분, 공기, 빛 그리고 외부 물질에 의해 원두의 품질은 변하게 된다. 원두 저장 9개월부터 관능 특성이 달라지며 이때 커피 향미에 긍정적인 특성은 감소하는 반면 부정적인 특성은 증가하는 현상을 보인다. 저장 18개월 후에는 산화에 의한 부패취를 풍기며 진공 포장의 경우에도 원두의 향미는 변할 수 있다. 커피 종과 관계없이 원두 보관 기간이 늘어나면서 관능 점수가 낮아지고 전체적으로 맛과 향의 질이 떨어지게 된다.

2) 포장 재질

보통 로스팅 후 보관된 원두는 바로 여러 물리화학적 변화가 일어난다. 그러나 원두의 물리화학적 변화는 피할 수 없지만 포장 재질과 방법에 따라 품질과 향미를 더 오래 보존할 수는 있다. 따라서 포장 재질은 원두의 향미와 품질 유지에 매우 중요한 요소이다. 포장 재질은 무엇보다도 외부 산소나 수증기가 포장 내부로 침투하여 원두의 산화 반응을 유도하기 때문에 이를 차단하고 보호할 수 있는 포장 재질을 선택하는 것이 중요하다. 포장 재질은 기본적으로 원두의 부패 방지가 목적이다.

커피 품질을 유지하기 위해서는 포장 재질은 기본적으로 다음과 같은 조건을 충족해야 한다. 우선 물, 습도, 산소, 빛과 기름기가 차단되며 화학적으로 불활성 포장 재질이어야 한다.

그리고 커피 아로마가 보존되고 이취 발생이 없어야 한다. 또 이산화탄소 방출이 쉬워야 하고 위생적으로 안전하며 식품용으로서 압력에 견뎌야 한다. 그리고 친환경적이면서 형태나 기능이 소비자가 편리하도록 해야 한다.

포장 재질의 특성을 살펴보면, 알루미늄 포장 재질은 두께가 1.0㎜ 이상 정도면 산소를 거의 차단하지만 유연성이 없기 때문에 원두 포장 재질로는 부적당하다. 요즘은 이러한 단점을 보완하기 위해 알루미늄을 페트에 증착한 알루미늄 증착 필름이 상용화되어 있다. 이 필름은 외부 산소와 수증기 차단성이 좋아 때문에 원두 품질과 향미를 더 오래 보존할 수 있다.

한편, 로스팅 후 원두는 계속 가스(이산화탄소)를 방출하는데, 그로 인해 밀폐된 포장인 경우 부풀어 올라 종종 포장지가 터지는 현상이 발생하는 경우도 있다. 이러한 포장지 부피 팽창을 막으려면 이산화탄소가 배출될 수 있도록 가스 배출 밸브가 장착된 포장재를 사용해야 한다. 가스 배출 밸브의 작동 원리는 원두 포장지 내부의 압력이 외부의 압력보다 커지면 밸브 속 케이스와 밀착된 고무 디스크가 들리면서 가스가 그 사이로 빠져나가게 된다. 그리고 가스가 빠져나가 내외부의 압력이 같으면 고무 디스크가 다시 케이스에 밀착되어 외부 산소 진입을 차단하게 된다.

분말 원두 보관 때 기간과 포장 재질에 따른 분말 원두의 품질 변화를 보면, 포장 재질은 주로 알루미늄 투명 포장 폴리에틸렌(aluminium laminated polyethylene) 또는 폴리에틸렌 테레프타레이트(polyethylene terephthalate) 등 두 종류가 상업적으로 사용된다. 두 포장 재질 모두 보관 1년 후에도 커피 품질(회분 함량, 카페인 농도, pH 등)에 부정적인 영향을 미치지는 않는다. 그러나 분말 원두의 수분은 보관 초기에 2.05%를 나타내지만, 실온에서 분말 원두 보관 시 보관 기간에 따라 포장 내 수분은 알루미늄 폴리에틸렌 포장에서는 3.38%, 폴리에틸렌 테레프타레이트 포장에서는 4.15%로 증가하게 된다. 분말 원두의 수분이 증가한다는 것은 미생물의 증식 가능성이 크다는 것을 의미한다. 분말 원두의 보관은 알루미늄 폴리에틸렌 포장이 폴리에틸렌 테레프타레이트 재질보다는 우수한 것으로 알려져 있다.

그리고 원두 포장 종류와 포장 재질에 따라 수분, 가스(산소, 이산화탄소) 및 향기 성분의 투과율이 달라진다. 포장 용기로는 강판(tinplate) 및 알루미늄 캔이 일반적으로 사용되는데, 캔 재질의 용기는 수분, 가스 및 향기 성분의 방출을 막는 역할을 한다. 그러나 캔은 가격이 비싸고 유통 중에 공간 활용성이 떨어지며, 병 용기의 경우는 깨지는 문제점이 있다.

최근에는 가격이 저렴하고 관리가 쉬운 폴리머 알루미늄 멀티플리 투명막 같은 포장 재질이 개발되어 있다. 이 용기는 포장 중앙에 알루미늄 포일이 내장되어 있고 안쪽으로는 수분 흡수를 막고 외부 층에는 충격에 견디게 되어 있다. 커피포트에 적합한 커피 캡슐(5~7g) 등도 개발되어 있다. 이러한 캡슐 커피의 내장은 알루미늄으로 코팅되어 있고 질소를 충진하여 원두 보관 기간을 늘릴 수 있다.

실온에서 포장하는 형태는 가장 오래된 방법이고 간편하고 수분 흡수와 향기 휘발을 막을 수 있으나 산소 유입에 따른 산화를 막을 수 없어 보관 기간이 짧은 단점이 있다. 실온 포장은 이산화탄소를 방출시켜 포장지가 부푸는 것을 막는 데 사용하는 방법이고 보관 기간이 보통 1개월 정도이다.

그리고 원웨이 안전밸브(one way safety valve) 포장은 공기 유입 없이 이산화탄소만을 방출하는 기능을 하며 보관 기간이 3개월 수준이다. 이때 이산화탄소가 산소보다 무거우므로 우선 산소가 방출되고 이산화탄소가 방출되어 포장 내 용존 산소 농도를 감소시킨다. 이러한 포장 기술은 다른 한편으로는 향기 성분도 동시에 배출되므로 진공 포장을 하면 향기 성분의 유출을 막을 수 있다. 진공 포장 기술로 원두 보관 기간은 4~6개월로 늘릴 수 있고 캔 용기나 유연한 포장 재질에 사용이 가능하다. 그리고 질소 포장 기술은 원두 보관 기간을 6~8개월로 늘릴 수 있으며, 포장 전 이산화탄소를 배출시켜야 한다. 질소 포장은 캔이나 라미네이트 재질(비닐에 종이를 덧붙인 것)에 사용이 가능하다. 최근에는 진공 포장 기술과 질소 충진 기술을 접목한 포장 기술을 사용하기도 한다. 그리고 가압 포장은 원두 보관 기간을 18개월까지 연장할 수 있고 향미 성분의 유출을 최소화할 수 있다.

최근 문헌에 의하면, 스크류 캡 포장이 원두 저장 중에 2-부탄온의 농도 증가를 막고 2-메틸퓨란의 농도를 유지하여 원두의 아로마를 보존하는 가장 좋은 방법으로 보고하고 있다.

CHAPTER 07

원두 분쇄와 향미

1. 개요
2. 분쇄 방법
3. 분쇄 방식과 향미

07 원두 분쇄와 향미

1. 개요

원두의 분쇄(grinding)는 커피 추출을 위한 예비 과정으로 커피 향미와 품질에 매우 중요한 과정이다. 원두 분쇄는 분쇄기를 이용하여 원두를 가루로 만들어 커피 추출 때 추출 면적을 높여 주려는 것이 주목적이다. 즉 추출 과정에서 물과 원두 가루 간 접촉면을 넓혀줘 원두의 수용성 성분 용출을 쉽게 하려는 것이다.

분쇄 과정은 생두의 원산지, 원두 수분량 및 로스팅 정도에 영향을 받는다. 즉 생두 원산지와 각국의 품종에 따라 생두의 단단함과 수분량이 각기 다르다. 또 생두 세포의 세포벽이 탄력성을 잃거나 부서짐이 증가할수록 로스팅 과정 중에 가스 생성으로 인한 원두 팽창이 증가하게 된다.

보통 원두를 너무 곱게 갈면 추출률은 감소하고 쓴맛 성분 추출은 적게 된다. 이때 분말이 뭉치고 충분히 적셔져 있지 않아 물에 대한 저항력이 높아져 추출 시간이 길어짐에 따라 과대 추출이 되기 쉽다.

반대로 원두를 너무 굵게 갈면 원두 층을 통과하는 물의 속도가 빨라져 추출은 빠르게 진행된다. 그러나 추출률은 마찬가지로 감소하고 분말 표면적이 작아져 커피 성분이 에멀션화(emusification)에 의해 분산되는 현상이 나타나면서 추출 시간이 짧아져 과소 추출이 된다. 이때 커피 맛이 밍밍하고 신맛이 두드러지게 나타난다.

따라서 에스프레소 커피를 추출할 때는 단시간에 고온·고압으로 물을 밀어내므로 물이 원두 층에 머무르면서 원두 성분을 충분히 추출할 수 있도록 드립 커피보다 분쇄 입자를 미세하게 하는 것이다. 또 에스프레소 커피는 드립 커피와 비교해 가용성 성분(카페인, 당분, 산분, 단백질 등)이 더 많이 추출되어 커피의 향미와 바디감을 더 강하게 만들어 준다. 결론적으로 추출 방법에 적합한 최적의 분쇄를 통해 원두 가루가 물에 최대한 노출되는 것이 중요 포인트이다.

원두 분쇄는 추출 방법과 원하는 커피 종류와 향미 특성에 맞게 분쇄도를 조절하는 것이 중요하다. 추출 시간이 길어지면 클로로겐산 등 탄닌 성분이 과도하게 추출되어 쓴맛이나 떫은 맛을 준다. 따라서 에스프레소 커피는 고운 분쇄로, 종이 드립이나 융 드립은 중간 굵기로 그리고 워터 드립은 굵게 분쇄하는 것이 바람직하다.

원두 분쇄 때 중요한 것은 분쇄 입자 크기, 즉 입도(粒度)의 편차가 없도록 하고 열 발생을 최소화해야 한다. 또 미분이 발생하지 않도록 하고 추출 방식에 적합한 입도로 분쇄하는 것이 바람직하다. 미분(0.1㎜ 이하 크기)이 많으면 큰 입자 공간을 막거나 뭉쳐져 물의 흐름을 저해할 수 있으며 필터 구멍을 막을 수도 있다.

또 입도 편차가 크면 물이 흐름이 한쪽으로 쏠려 추출이 일정치 않아 커피의 향미가 불균일해지며, 분쇄 때 열이 발생해 향미 손실의 원인이 된다[그림 7-1]. 그리고 미분이 많으면 추출액이 혼탁해지고 불쾌한 쓴맛이 나타나게 되므로 분쇄기에 붙은 미분은 제거해야 한다. 특히 고속으로 회전하는 분쇄기 칼날은 깊은 홈이 파여 있기 때문에 커피 찌꺼기와 기름 성분이 묻어 있기 마련이다. 이러한 물질이 산화되면서 이취를 발생시키므로 칼날을 자주 청소해 주는 것이 중요하다. 이때 칼날은 물로 닦는 것이 아니라 솔로 청소하는 것이 바람직하다.

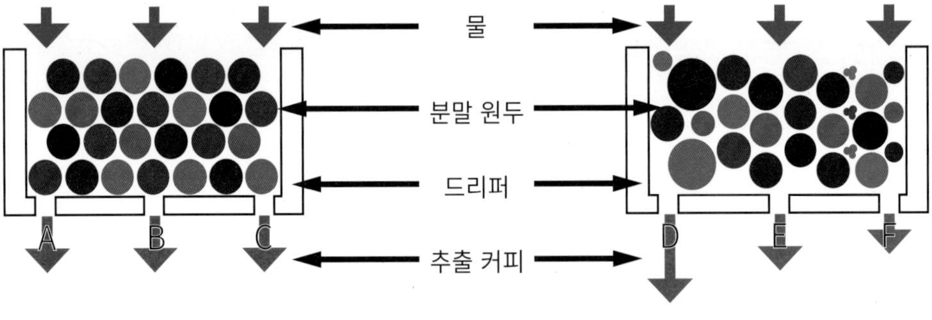

[그림 7-1] 원두 분쇄 상태 비교 [균일한 분쇄(좌), 불균일한 분쇄(우)]

분쇄 때 원두에 함유된 아로마 성분들은 신선감을 주는 성분들이다. 그러나 이러한 물질들은 대부분 휘발성이 매우 강해 분쇄 15분 후에 커피의 신선함을 50%가량 잃게 되어 아로마 손실이 발생하게 된다. 디케톤류[메틸프로판알(맥아 향), 2-메틸부탄알(아몬드 향), 3-메틸부탄알(맥아 향), 2,3-부탄디온(버터 향) 및 2,3-펜탄디온(버터 향)]가 분쇄 때 손실되는 대표적인 성분이다. 따라서 원두는 추출 직전에 분쇄해야 일정 부분 아로마 손실을 막을 수 있다. 시중에 판매되는 가정용 커피 머신은 대부분 분쇄와 추출 사이의 시간을 최소화하도록 제작되어 원두의 신선감이 커피에 최대한 옮겨지도록 한 것이다.

커피의 신선도를 판단하는 대표적인 지표 물질로는 디메틸디설파이드와 메탄티올을 꼽는다. 디메틸디설파이드는 다양한 향(유황 향, 양파취, 마늘 향, 탄고무 향 등)을 나타내며 휘발도와 산도는 중간 수준이다. 반면 메탄티올은 유황 향, 마늘 향, 치즈 향 등이 두드러지고 휘발도와 산화도가 높다. 특히 휘발도와 산화도가 높은 메탄티올은 신선도를 나타내는 핵심 물질로 문헌에 보고되고 있다. 보통 메탄티올은 원두 저장 중 급격히 감소하며 반대로 디메틸디설파이드는 증가하는 현상을 보인다.

일반적으로 분쇄된 원두는 산화되기 쉬우며 오일 성분이 산소와 접촉이 급속도로 증가하여 산화를 더욱더 촉진하고 무겁고 텁텁한 커피 맛의 원인이 된다. 또 원두 내 이산화탄소는 오일 성분을 분말 커피 표면으로 밀어내는 경향이 강해져 산화를 촉진하는 요인이 된다. 그 외 오일 성분들은 분말 원두를 끈적거리고 뭉치게 하여 균일한 커피 추출을 방해하게 된다.

한편, 원두 분쇄에는 전동식 분쇄기 또는 수동식 분쇄기가 사용된다. 전동식 분쇄기는 원터치 방식으로 원두를 자동으로 분쇄하는 방식이며, 가정용과 커피 전문점에서 사용하고 원두 분쇄 입자 조절이 가능하다. 반면 수동 분쇄기(핸드밀)는 원두를 직접 손으로 갈아내는 방식으로 핸드드립 또는 홈 카페에서 사용하며 주로 1~4인용이 많다.

커피 분쇄기는 크게 커피를 담는 호퍼, 커피를 가는 칼날, 분쇄한 커피를 보관하는 도저, 분쇄 입자를 조절하는 조절기와 모터 등으로 구성된다. 물론 수동 핸드밀의 경우에는 모터가 없다. 모터와 칼날은 분쇄기의 구성 요소 중 가장 중요하다. 원두의 균일한 분쇄는 우선 칼날 상태에 좌우되며, 이때 칼날을 움직이는 모터의 힘이 균형을 잡아 주는 기능을 한다.

그리고 커피의 맛을 좌우하는 것 중의 하나가 바로 원두의 분쇄 입자 크기이다. 원두 분쇄 입자 크기에 따라서 커피가 쓰거나 싱거울 수 있다. 이미 언급한 바와 같이 커피 입자가 아주 고운 경우에는 물이 통과하는 데 시간이 많이 소요되어 쓴맛이 두드러지며, 반대로 입자가 굵은 경우에는 추출 시간이 짧아서 커피의 성분이 우러나지 않아 맛이 밍밍한 경우가 많다.

보통 원두 분쇄 크기는 원두 〉 프렌치 프레스(1㎜ 이상) 〉 핸드드립(커피메이커, 0.5~1㎜) 〉 더치커피(0.5~0.7㎜) 〉 모카포트(0.4㎜) 〉 에스프레소 머신(0.2~0.3㎜) 순으로 분쇄 입자가 작다[그림 7-2].

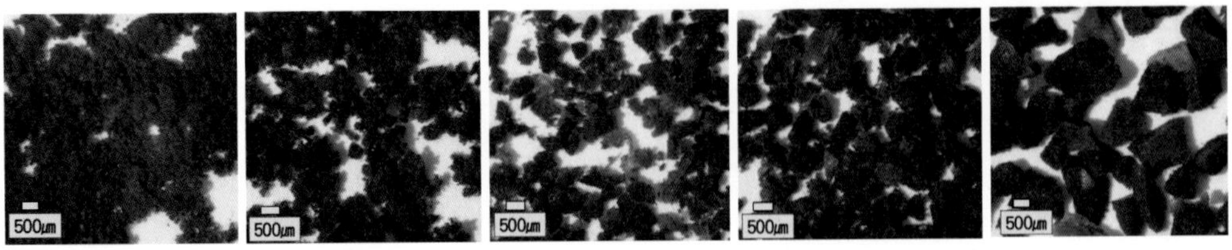

0.3㎜ 0.3~0.6㎜ 0.6~0.8㎜ 0.8~1㎜ 1㎜

[그림 7-2] **원두 입도에 따른 분류**

2. 분쇄 방법

원두 분쇄는 압쇄(壓碎, crushing), 문지르기(rubbing), 비비기(grating), 자르기(cutting), 찢기(tearing) 및 압축(compressing) 등의 원리를 이용한 것이다. 원두 분쇄 방식은 크게 충격식 분쇄(impact grinding)와 간격식 분쇄(gap grinding)로 구분한다.

좋은 커피를 만들려면 좋은 원두를 커피 타입에 맞게 분쇄 입자 크기를 조절하여 분쇄하는 것이 중요하다. 가정에서 많이 마시는 드립 커피용 분쇄기는 충격식인 칼날형 분쇄기(blade grinder)이고, 에스프레소용은 간격식인 버형 분쇄기(burr grinder)를 사용한다. 칼날형 분쇄기는 믹서기와 같이 중간에 날이 하나 더 있는 구조로 분쇄를 오래 할수록 분쇄 입자 굵기가 가늘어진다. 반면 버형 분쇄기는 두 개의 날이 맞물려 있는 구조로 두 개의 날이 동시에 맞물려 원두를 분쇄하는 방식이다. 이 방식은 한꺼번에 소량의 원두만을 분쇄할 수 있다. 버형 분쇄기에는 절삭기 형태에 따라 원추형, 평면형, 롤형 등 3가지 종류가 있다.

가. 충격식 분쇄

충격식 분쇄는 고속 회전하는 여러 칼날을 이용하여 원두에 순간 충격을 가하여 파쇄하는 방식이다. 이 분쇄기는 대부분 전동식으로 커피숍이나 가정에서 주로 사용하며 가볍고 간편하면서 가격도 저렴한 것이 장점이다. 그러나 충격식 분쇄기는 칼날을 이용하여 원하는 원두 입도 조절이 쉽지 않고 칼날의 회전수가 늘수록 원두 입자의 크기도 작아져 미분이 많이 발생할 수 있다. 또 버형 방식과 비교했을 때 입도가 불규칙하다. 분쇄도를 고르게 하기 위해서는 분쇄기 작동 중 분쇄되는 원두의 입도 상태에 따라 흔들어서 섞어 주어야 한다. 그리고 이 방식에서는 분쇄기를 오래 작동시킬수록 열이 더 많이 발생한다.

나. 간격식 분쇄

간격식 분쇄는 절단기 사이로 원두를 낙하시켜 자르거나 깎는 방식이다. 간격식 분쇄기의 절삭기의 종류는 크게 롤형, 원추형 및 평면형 등 3가지 형태로 구분한다[그림 7-3]. 기본적으로 원두 분쇄기는 커피의 향과 맛 손실을 최소화하는 방식으로 제작되어 있다.

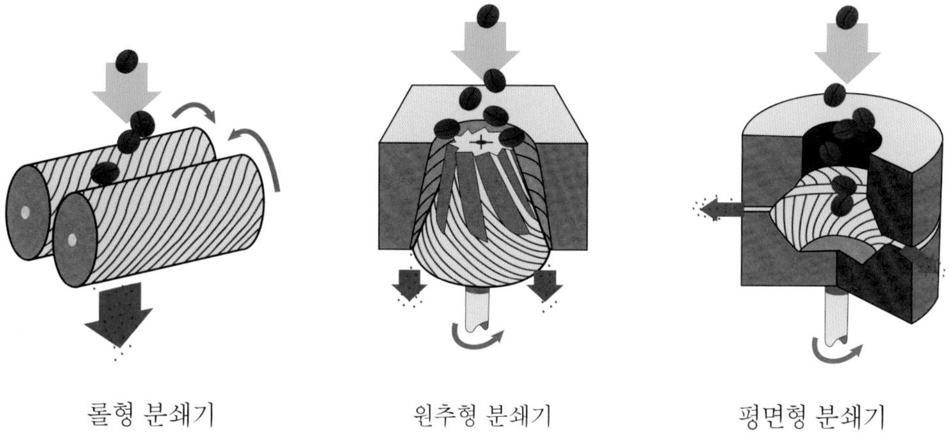

[그림 7-3] **분쇄기의 종류**

1) 롤형 분쇄기

롤형 분쇄기(roll burr)는 평행 축을 가진 두 개의 실린더가 역회전하고 거의 서로 라인에 닿는 듯하게 작동한다. 원두는 절단기 사이의 간격을 막지 않도록 적기에 떨어뜨리는 방식으로 장치에 공급되며, 주로 대용량을 분쇄하는 산업용으로 사용된다.

2) 원추형 분쇄기

원추형 분쇄기(conical burr)는 원두가 중력에 의해 절단기로 흡입되며 원추 형태의 바퀴가 회전하면서 원두를 절단하는 방식이다. 이 절삭기는 3단계로 절단한다.

3) 평면형 분쇄기

평면형 분쇄기(flat burr)는 두 개의 원반 형태 원판 사이에 원두를 통과시켜 원두를 파쇄하는 원리로 분쇄 입도 조절이 비교적 쉽고 입자 크기도 균일한 편이다. 이 분쇄기는 바닥에 거의 닿을 정도로 병치된 원추 모양의 구멍이 있는 두 개의 원반 형태로 그중 하나는 보통 아래쪽에 있으며 동축으로 회전한다. 분쇄된 커피 가루는 중력에 의해 나오는 것이 아니라 회전하는 원심력 힘으로 나온다. 평면형 절단기도 3단계로 절단하는 방식이며, 보통 커피 전문점이나 핸드드립용으로 많이 사용하는 분쇄기이다.

원두 분쇄 과정에서는 분쇄 방식과 관계없이 열이 항상 발생하며 특히 많은 양의 원두를 분쇄하면 더욱 많이 발생하게 된다. 이러한 열 발생은 커피 구성 성분과 향미에 영향을 미치므로 관리가 필요하다. 다만 커피 전문점이나 가정에서는 소량의 원두를 분쇄하기 때문에 열에 의한 커피 향미 손실에 대한 우려는 없는 편이고 오히려 미분 관리 차원에서 분쇄기 청소에 주의하면 된다. 그러나 대용량 분쇄 시에는 열이 많이 발생하므로 산업용 분쇄기에는 열을 냉각시키는 보조 장치가 갖춰져 있다.

앞서 기술한 바와 같이 원두 가루의 크기 작을수록 전체 표면적이 커져 추출 시간은 빨라진다. 원두 가루 크기는 밀리미터 단위로 표시하며 그라인더의 숫자는 원두 가루 실제 크기의 숫자가 아니다. 그라인더의 숫자가 클수록 원두 가루의 크기는 커진다. 원두 가루의 굵기는 사용하려는 추출 방식과 적합한 크기가 되어야 좋은 커피를 만들 수 있다. 원두 가루 크기는 추출 방식과 추출 시간과도 밀접한 상관관계가 있다. 미국 스페셜커피협회에 따른 원두 가루의 크기는 아래 [표 7-1]과 같이 분류한다.

[표 7-1] **원두 가루의 크기 분류**

구분	크기(㎜)	입자 수(개)	표면적(m^2/g)	비고
온전한 콩	6.0	6	8	-
크랙콩	3.0	48	16	-
굵게	1.5	384	32	바닷소금 크기
보통	1.0	1,296	48	모래 크기
드립	0.75	3,072	64	정제 설탕 크기
곱게	0.38	24,572	128	분말 설탕 크기
에스프레소	0.20	491,440	240	밀가루 크기

3. 분쇄 방식과 향미

원두는 분쇄 직후에 가장 신선하고 강한 커피 향기를 맡을 수 있다. 따라서 커피의 가장 향기로운 순간을 놓치지 않는 좋은 방법은 커피를 추출하기 직전에 분쇄하는 것이다. 이 장에서는 원두 분쇄에 영향을 주는 요인을 살펴보기로 한다.

가. 절단기의 종류

원두 절단기는 주로 버형 또는 칼날형 절단기를 사용한다. 버형 절단기가 원두를 파쇄하는 방식이라면 칼날형 절단기는 자르는 방식이라고 할 수 있다.

일반적으로 버형 절단기가 분쇄 입도 선택의 폭이 넓고 마찰열이 적다. 반면 칼날형 절단기는 원두를 칼날로 자르는 방식으로 버형 절단기에 비해 원두를 고르게 절단하는 데 한계가 있다. 또 발생하는 마찰열이 커서 버형 절단기보다 커피 품질을 유지하는 데 어려움도 있다. 그리고 칼날로 절단하면서 톱밥 같은 커피 먼지도 발생하고 과잉 추출로 이어지면 불쾌한 쓴맛을 유발할 수도 있다. 그러나 버형 절단기보다 훨씬 더 빠르고 소음이 작다.

나. 분쇄 입도

원두의 분쇄 입도는 커피 향미에 영향을 미친다. 분쇄 입도에 따른 커피 유형별로 보면, 침지법(아메리카 커피), 달임법(터키식 커피), 고압식(에스프레소 커피) 등 추출 방법에 따라 커피의 특성과 개성이 달라진다.

원두를 분쇄하면 입자 크기가 ~1,000㎛까지 세분화된다. 일반적으로 분말 입도는 매우 굵게(coarse), 중간 굵게(medium), 곱게(fine), 미분(micro) 등 4단계로 구분한다. 분말 입도는 커피 추출 정도를 좌우하기 때문에 커피 타입에 따라 분쇄 입도를 조절해야 한다. 미국식 커피 제조에 원두 한 개는 분쇄 후 500~800개 입자가 되지만, 에스프레소(200㎛)와 터키식 커피를 위한 입자는 각각 3,500개, 15,000~35,000개가 된다. 원두의 분쇄 입도 크기는 일정하지 않고 그 크기가 다르다. 이러한 분쇄 입도의 차이는 커피 추출 과정에서 투과율과 추출 시간에 영향을 미친다. 특히 추출 시간은 커피의 향미에 직접적인 영향을 미친다. 에스프레소의 경우 추출 시간이 짧으면 원두 분말에 함유된 향미 성분의 추출이 적지만 추출 시간이 길면 오일 성분의 추출이 많아진다. 즉 분말 입도의 분포도가 달라지면 추출 시간이 달라지고 결국 커피의 향미가 달라진다.

[그림 7-4]는 설탕을 첨가하여 로스팅한 원두(토르펙토 커피)와 일반 원두(일반 커피)를 분쇄 조건에 따라 입도의 분포도를 예로써 나타낸 것이다. 이때 일반 커피는 20%의 아라비카 품종과 80%의 로부스타 품종을 혼합하여 제조하고, 토르펙토 커피는 상기 혼합 원두에 설탕을 원두 대비 50% 첨가한 후 로스팅한 원두로 제조한 커피이다. 토르펙토는 커피의 색상을 갈색으로 변화시키고 이취를 마스킹할 목적으로 로부스타 품종에 설탕을 첨가하여 로스팅하는 방식을 말한다. 또 로스팅 과정에 설탕 첨가는 원두의 부서짐과 분쇄에 영향을 미친다. 이 커피는 스페인, 아르헨티나, 포르투갈 등지에서 사용하는 방법으로 일반 로스팅한 원두와 블렌딩하여 커피를 제조한다.

그림에서 보듯이 분쇄 입도 분포도는 두 원두 간에 701㎛까지는 유사하지만 굵은 분쇄 입도(710㎛ 이상)는 일반 원두가 토르펙토 원두보다 입자 크기의 분포도가 넓다. 즉 일반 원두에서는 입도 분포도가 다양한 입자 크기로 분포하는 반면, 토르펙토 원두에서는 입자 크기의 분포가 고운 분쇄에서만 나타난다. 이는 토르펙토 원두는 로스팅 과정에서 설탕을 첨가하여 캐러멜화로 인해 균일하게 분쇄되기 때문이다.

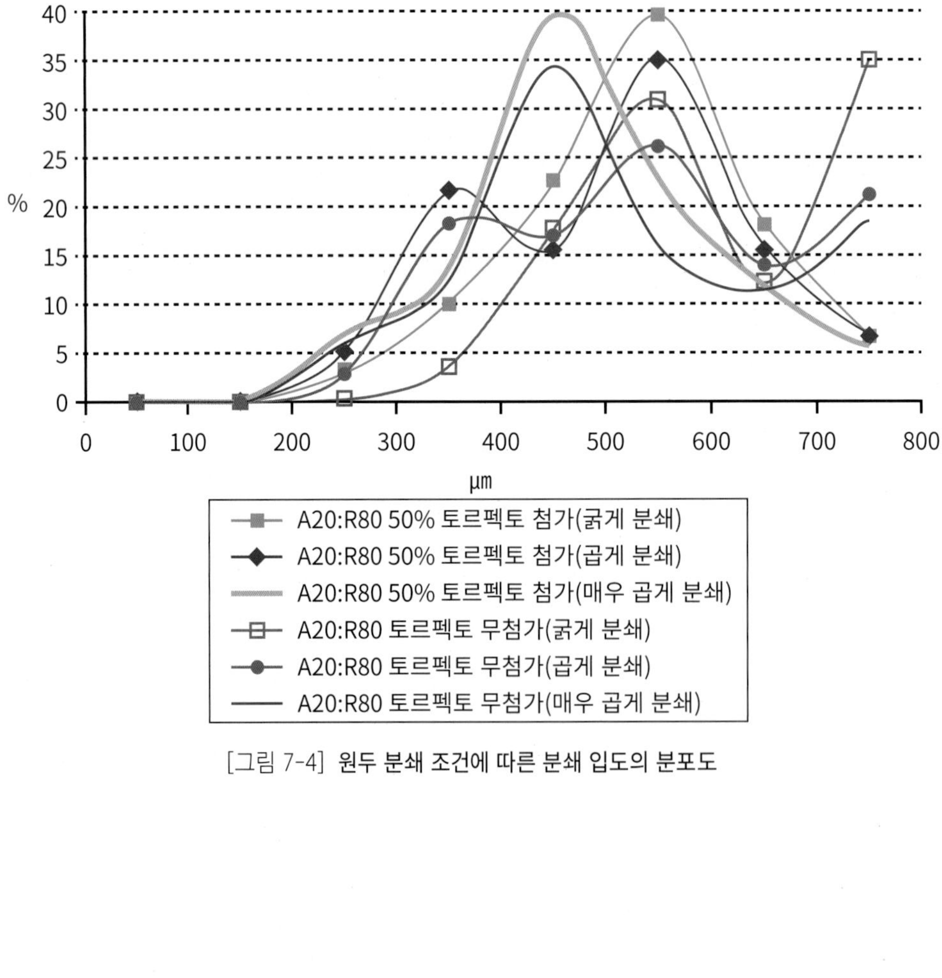

[그림 7-4] 원두 분쇄 조건에 따른 분쇄 입도의 분포도

토르펙토 에스프레소 커피와 일반 에스프레소 커피 간 분쇄 입도에 따른 에스프레소 커피의 이화학적 특성은 다음과 같다[표 7-2]. 에스프레소 커피의 견고한 크림은 에스프레소 커피의 특징을 나타내는 현상이며 이는 분쇄도와 직접적인 연관이 있다. 에스프레소 커피의 크림 형성과 유지력은 멜라노이딘과 당류(다당체)가 긍정적인 영향을 미친다. 이는 토르펙토 커피에서 크림 층 지수가 높게 나타나는 이유이다. 표에서 보듯이 에스프레소 커피의 거품지수가 10% 이상, 거품 유지력은 2분 이상으로 나타나는 것을 알 수 있다. 다만 크림 층 유지력은 두 커피 간에 유의적 차이가 없는 것으로 나타난다.

일반적으로 커피 추출률은 18~22%가 정상인데, 16% 이하는 과소 추출된 것이고 24% 이상은 과대 추출된 것이다. 토르펙토 커피의 추출률이 일반 커피보다 높은 것은 캐러멜화된 당분이 용해되었기 때문이다. 따라서 토르펙토 커피에서 추출률이 25% 이상인 것은 정상적인 수치로 볼 수 있다. 그리고 토르펙토 커피를 곱게 분쇄하여 제조한 커피의 경우 과다 추출에 따라 예상과는 달리 에스프레소 커피의 쓴맛이 나타나지 않는다. 이는 로스팅 과정에서 첨가된 설탕이 캐러멜화되고 멜라노이딘이 증가했기 때문이다.

그리고 일반 커피에서 분쇄 입자가 작을수록 트리고넬린, 지질, 클로로겐산의 추출이 많아지고, 카페인의 경우는 두 커피 군에서 분쇄 입자가 작을수록 증가하는 현상을 볼 수 있다.

[표 7-2] 분쇄 입도에 따른 에스프레소 커피의 이화학적 특성

구분	아라비카(20%):로부스타(80%) (일반 에스프레소 커피)			아라비카(20%):로부스타(80%) + 50% 토르펙토 첨가 (토르펙토 에스프레소 커피)		
	굵게	곱게	아주 곱게	굵게	곱게	아주 곱게
pH	5.7	5.7	5.6	5.7	5.7	5.6
밀도(g/㎖)	1.010	1.011	1.014	1.010	1.012	1.013
점성(mN/m²s)	1.18	1.29	1.22	1.19	1.24	1.30
표면장력(mN/m)	46.9	45.8	50.5	51.6	46.9	46.3
크림 층 지수(%)	15.5	18.1	20.8	23.1	26.5	27.0
크림 층 유지력(min)	18.3	30.0	30.0	30.0	30.0	30.0
총 용존 고형분(㎎/㎖)	35.5	39.2	45.3	38.5	45.9	47.4
추출률(%)	19.0	20.9	24.2	20.5	24.5	25.3
총지질량(㎎/㎖)	3.65	3.80	4.62	3.57	43.9	43.7

카페인(mg/ml)	3.05	3.19	3.80	2.43	2.80	1.61
트리고넬린(mg/ml)	1.19	1.02	1.43	1.16	1.43	1.61
클로로겐산(5-CQA, mg/ml)	0.98	1.10	1.35	0.89	0.84	0.95

원두 분쇄 입도에 따른 에스프레소 커피의 향기 성분과 그에 따른 관능 차이를 살펴보면 [표 7-3]과 같다. 일반적으로 관능 평가에서는 전반적으로 분쇄도가 높은 커피일수록 향미가 우수한 것으로 판정하고 있다.

일반 에스프레소 커피의 경우 원두를 곱게 또는 매우 곱게 분쇄하여 제조한 커피가 관능상 좋게 평가된다. 이는 아미노산(발린, 이소류이신, 류이신)의 스트렉커 부산물(2-메틸프로판알, 2-메틸부탄알, 3-메틸부탄알)이 풍기는 맥아 향 때문이다. 반면 거칠게 분쇄한 원두로 만든 에스프레소 커피는 탄 고무 향과 아크릴 냄새 등을 풍겨 부정적이다.

토르펙토 에스프레소 커피에서는 탄 고무 향이 느껴져 커피 맛에 부정적이지만 이때 입도를 아주 곱게 하면 이러한 부정적인 향미를 다소 줄일 수 있다.

또 입도를 곱게 하여 만든 일반 에스프레소 커피에서는 버터 향을 풍기는 2,3-부탄디온과 2,3-펜탄디온의 농도가 높게 검출되는 것으로 나타나지만 관능상 느껴지지 않은 경우도 많다. 이는 피라진류와 같은 아로마 물질이 버터 향을 마스킹하기 때문으로 문헌에 보고되고 있다.

피라진의 경우는 로스팅 과정 중 마이얄 반응에 따라 생성되는 물질로 커피에서 로스팅 향과 흙냄새를 풍긴다. 이 성분은 토르펙토 커피에서 전반적으로 높게 검출되는데, 특히 아주 곱게 분쇄한 원두로 만든 토르펙토 에스프레소 커피에서 그 농도가 더 높게 확인된다. 이는 설탕 첨가에 따라 마이얄 반응물인 피라진이 더 많이 발현된 것으로 해석할 수 있다. 다른 한편으로는 아주 곱게 분쇄한 원두로 만든 토르펙토 에스프레소 커피에서는 과실 향, 경쾌한 향과 버터 향(알데히드류, 케톤류)이 강하게 나타난다.

결론적으로 일반 에스프레소 커피에서는 최적의 향미를 위한 가장 좋은 입도는 고운 입도이다. 왜냐하면 아주 굵은 입도는 향미가 약하고 매우 고운 입자는 과추출되어 좋지 않은 향미가 나타나기 때문이다. 반면 토르펙토 에스프레소 커피에서는 아주 굵게 분쇄하여 만든 커피가 곱게 분쇄하여 만든 커피와는 아로마 패턴이 유사하지만, 관능상 더 우수한 것으로 평가된다. 즉 일반 커피와 토르펙토 에스프레소 커피 제조 시 그 입도에 따라 이화학적·향미적 특성이 다르지만 관능상 각 커피 타입별 어느 입도가 최적인지 판단 여부가 중요하다는 것을 의미한다.

[표 7-3] 분쇄도에 따른 에스프레소 커피의 향기 성분 특성

구분(㎎/L)	아라비카:로부스타 (20%:80%) (일반 에스프레소 커피)			아라비카:로부스타 (20%:80%) + 50% 토르펙토 (토르펙토 에스프레소 커피)		
	아주 굵게	곱게	매우 곱게	아주 굵게	곱게	매우 곱게
● 황화합물						
메탄티올(삶은 감자 향)	0.14	0.12	0.13	0.16	0.16	0.19
● 알데히드류						
아세트알데히드(풋내, 견과류 향)	0.35	0.40	0.38	0.36	0.39	0.40
프로판알(풋내, 견과류 향)	0.50	0.55	0.55	0.46	0.50	0.49
2-메틸프로판알(아몬드 향, 부패취)	1.97	2.83	3.04	2.38	2.26	2.38
3-메틸프로판알(버터 향)	1.07	1.63	1.83	1.42	1.23	1.59
3-메틸부탄알(맥아 향)	2.26	3.38	3.16	2.84	2.94	2.95
핵산알(풋내, 과실 향)	0.05	0.08	0.08	0.07	0.14	0.09
● 케톤류						
2,3-부탄디온(버터 향)	0.24	0.32	0.32	0.34	0.35	0.35
2,3-펜탄디온(버터 향, 오일 향)	0.37	0.52	0.52	0.43	0.47	0.50
피라진류						
에틸피라진(견과류 향, 버터 향)	0.08	0.11	0.14	0.15	0.15	0.18
2-에틸-6-메틸피라진(로스팅 향, 과실 향)	0.02	0.04	0.04	0.07	0.05	0.06
2-에틸-3,5-디메틸피라진(로스팅 향)	0.03	0.05	0.06	0.07	0.07	0.08
● 페놀류						
과이어콜(페놀 향, 훈연 향)	0.01	0.01	0.01	0.05	0.04	0.05

다. 로스팅 과정

로스팅 직후 원두 냉각은 물 또는 공기를 이용하는 방법이 있는데, 물 냉각법이 공기 냉각법보다 원두가 더 연하게 된다. 따라서 물 냉각법 원두를 분쇄하면 공기 냉각법보다 원두가 삐뚤어지고 불균일한 분말이 될 수 있다. 또 로스팅 정도가 분쇄와 연관이 있으며, 라이트 로스팅한 원두가 다크 로스팅한 원두보다 질기고 탄력성이 강하며, 다크 로스팅한 원두는 수분이 적어 분쇄 시 라이트 로스팅한 원두보다 더 조밀하게 분쇄된다.

라. 열매 가공 방법

커피 열매 가공 방법에 따라 분쇄도가 달라지며 새로운 커피 재배된 작물이 항상 오래된 작물보다 덜 곱게 분쇄된다. 고도 역시 분쇄도에 영향을 미치는데 고지대 커피 원두가 더 곱게 분쇄된다.

CHAPTER 08

커피 추출과 향미

08 커피 추출과 향미

1. 개요

커피 추출(coffee extraction)은 커피 브루잉(coffee brewing)이라고도 하며 커피 제조의 마지막 단계이다. 원두 성분은 추출 과정을 통해 물에 녹는 수용성 성분과 물에 녹지 않는 불용성 성분 등이 혼재되어 커피에 남게 된다.

커피 추출에 영향을 미치는 요소로는 분말 원두의 입도와 양, 물의 온도와 양 그리고 추출 시간이다. 일반적으로 사용하는 드립 커피의 추출 조건을 보면, 추출용 원두 분말은 미디움 또는 다크 로스팅하며, 입도는 중간 굵기로 하고, 원두 분말량은 2인분 기준 18g, 물의 온도는 83℃ 그리고 추출량은 300㎖ 정도로 한다. 또 커피 추출은 향미 손실 방지와 불쾌한 성분 유출을 최소화하기 위해 가능한 한 빨리하고 커피 베드 주변에는 물을 붓지 않는 것이 바람직하다. 추출 시 물의 온도는 83~90℃ 범위를 유지해야 원두 아로마 손상과 손실을 줄일 수 있다.

추출 방식은 크게 두 가지로 나뉘는데 침지식(infusion)과 달임식(decoction)이 대표적이다. 침지식은 드립 방식이 대표적이며 분쇄한 원두 분말을 거름망을 장치한 깔때기(dripper)에 담고 온수 또는 냉수를 통과시켜 커피를 여과한 것을 말한다. 즉 핸드드립(hand drip) 또는 푸어오버(pour over)와 같이 물이 원두 가루를 통과하여 중력의 힘으로 커피 성분들이 추출되거나 에스프레소처럼 압력을 가하여 추출하는 방식을 말한다. 이 방식에서는 커피가 추출되면서 남은 커피 베드의 농도는 점차 약해지게 된다.

반면 달임식은 터키식, 프렌치 프레스 또는 에어로프레스처럼 원두 가루가 끓는 물에 담겨 접촉 시간이 긴 달이기 방식인데, 추출 후반부에서는 추출되는 커피의 농도와 남아 있는 커피

베드의 농도가 거의 유사하게 된다. 따라서 커피 수율 측면에서는 침지식이 효율적이다.

추출 방식에는 정답이 없고 개인이 선호하는 향미를 최적화하는 추출 방식이 가장 좋은 방법이다. 원두 추출 방식은 다양하며 그에 따라 다른 스타일의 향미가 만들어지므로 추출 방식은 개인 취향 영역으로 이해해야 한다.

최상의 커피 맛을 위해서는 추출량이 어느 정도가 최적인지 문헌상 또는 실무 차원에서 어느 정도 알려져 있다. 일반적으로 추출은 적게 하면 커피 맛이 약하고 신맛과 떫은맛이 특징적으로 나타나는데, 이는 신맛과 떫은맛이 추출 초기에 잘 우러나기 때문이다. 반대로 과하게 추출하면 쓴맛, 거친 맛과 재맛이 나타난다. 보통 드립 커피 기준으로 추출률이 18~20%일 때 커피 향미에 가장 이상적인 것으로 문헌상 보고되고 있다.

보통 추출 상태가 불량한 커피는 쓴맛이 강하고 단맛이 약하게 나타난다. 이때 커피의 음용성 개선 목적으로 우유와 설탕을 첨가하여 상기 문제점을 마스킹하는 경우도 있다. 그러나 기본적으로 좋은 커피는 커피 본연의 향미와 특성이 나타나야 하므로 첨가물 없이 좋은 커피를 만들기 위해서는 추출 경험과 노하우가 필요하다.

한편, 국가별로 추출 방식과 음용 방법이 다른데, 예를 들어서 우리나라는 일부 커피 마니아들이 에스프레소를 그대로 마시거나, 드립 커피 또는 기타 추출법을 이용하여 커피를 즐긴다. 그러나 국내에서는 대부분 미국과 스타벅스의 영향을 많이 받아 에스프레소에 물을 타 희석한 아메리카노와 우유를 첨가한 베리에이션 커피를 선호하는 문화가 자리 잡고 있다.

반면 일본에서는 핸드 드립 커피를 선호하며 커피숍에서 커피를 주문하면 기본적으로 핸드 드립 커피나 사이폰 커피를 준다. 그리고 에스프레소 커피머신은 스타벅스 같은 매장에서나 볼 수 있으며, 오래된 카페 중에는 아메리카노 커피를 잘 모르는 사람들도 많다고 한다.

북유럽에서는 커피를 물처럼 하루 내내 자주 마시는 문화로 인해 라이트 로스팅 스페셜티 커피의 메카로 발전했으며 드립 커피가 대중화되어 있다. 유럽 내에서 프랑스는 다른 나라보다 커피 맛이 다르다는 평가가 있기도 하다. 에스프레소의 종주국인 이탈리아에서는 아메리카노와 드립 커피를 비롯한 다른 추출 방식을 잘 모르는 경우가 많다고 한다.

2. 물

물은 커피 추출 때 두 번째로 필수적인 성분이며 에스프레소 커피에는 90%, 드립 커피에서는 98.5%를 물이 차지한다. 커피 추출 때 물은 다음의 이유로 중요한 의미가 있다.

첫째, 물에 함유된 염소는 커피에 이취를 나타내므로 염소취는 사전에 반드시 제거되어야 한다. 염소취는 활성탄을 이용하여 제거가 가능하다.

둘째, 물은 커피 추출 과정과 향미에 영향을 미치며 특히 커피 추출 때 사용되는 물의 경도(hardness)가 중요하다. 물의 경도가 높으면 추출이 균일하지 못하고 추출 시간도 길어지기 때문에 이온 교환 수지를 사용하여 이온(칼슘, 마그네슘)을 제거 후 연수를 만들어 사용해야 한다. 여기서는 물의 경도와 커피 향미와의 연관성에 관해 설명하고자 한다.

25℃ 순수한 물(증류수) 1L에는 10-7 H 이온(천만분의 1g H)과 10-7 OH 이온(천만분의 1g OH)이 평형을 이루고 있다. 그러나 수돗물, 지하수 등의 물은 양이온(H^+, Na^+, K^+, NH_4^+, Ca^{2+}, Mg^{2+}, Mn^{2+}, Fe^{2+}, Fe^{3+}, Al^{3+})과 음이온(OH^-, Cl^-, HCO_3^-, CO_3^{2-}, NO_3^-, NO^{2-}, SO_4^{2-}, PO_4^{2-}) 등의 이온 형태로 존재하고 염의 형태로도 존재한다.

물의 경도란 물의 세기를 나타내며 총경도, 칼슘 경도, 마그네슘 경도로 구분된다. 총경도(total hardness)는 물에 함유된 칼슘과 마그네슘의 양을 탄산칼슘으로 환산하여 ppm으로 나타낸 수치를 말한다. 또 칼슘 경도와 마그네슘 경도는 각각 물의 칼슘 이온과 마그네슘 이온에 의한 경도를 뜻한다. 총경도 수치에 따라 물과 커피 맛에 영향을 주며 배관의 물때에도 영향을 준다. 일반적으로 석회질이 많은 토양에서 나온 물은 경수이다. 물의 경도는 일시적 경도와 영구적 경도로 구분하며 두 경도를 합하면 총경도가 된다.

일시적 경도(temporary hardness, carbonate hardness)란 pH를 상승시키는 이온(CO_3^{-2}, HCO_3^-)을 말하며, 물속의 칼슘, 마그네슘 이온이 중탄산염(베이킹소다, bicarbonate, hydrogen carbonate) 등의 탄산염으로 존재하며, 끓여서 탄산염으로 침전시켜 연수로 만들 수 있는 경수를 말한다.

$$Ca(HCO_3)_2 \rightarrow CaCO_3\downarrow + CO_2 + H_2O$$

$$Mg(HCO_3)_2 \rightarrow MgCO_3\downarrow + CO_2 + H_2O$$

영구 경도(permanent hardness, non carbonate hardness)란 pH를 저하시키는 이온(SO_4^{-2}, NO_3^-)을 말한다. 즉 물속의 칼슘, 마그네슘 이온이 황산염, 염산염 등 비탄산염으로 존재하며, 끓여도 연수가 될 수 없는 경수이므로 화학적 방법(수산화칼슘, 탄산나트륨)으로 처리해야 하는 물을 말한다. 침전 시간이 오래 걸리고 쉽게 제거되지 않는 특성이 있다.

$$MgSO_4 + Ca(OH)_2 \rightarrow Mg(OH)_2\downarrow + CaSO_4$$

$$CaSO_4 + Na_2CO_3 \rightarrow CaCO_3\downarrow + Na_2SO_4$$

알칼리도(alkalinity)는 강산을 중화하는 물의 능력을 측정하는 척도로서 물에 함유된 알칼리 농도를 탄산칼슘으로 환산하여 ppm으로 나타낸 수치를 말한다. 여기서 물의 알칼리도는 일반적으로 말하는 물의 알칼리성을 지칭하는 것과는 다른 개념이다. 물의 주요 알칼리 이온은 탄화수소이온(HCO^{3-}), 탄산이온(CO_3^{2-}), 수산화물(OH^-) 등이다. 이와 같은 알칼리 이온이 물속에 많으면 알칼리도가 높아진다. 또한 커피에 사용되는 물에서는 특히 알칼리도가 커피 맛에 매우 중요하다. 일반적으로 경도와 알칼리도가 낮은 물일수록 커피 관능 평가에서 우수한 평가를 받는다. 경도는 추출률에 영향을 미치고 알칼리도 100ppm당 pH는 0.02 높아져 커피의 산미가 줄어드는 것으로 문헌에 보고되고 있다.

수돗물의 경우는 정수기를 이용 필터 처리하면 커피 향미에 부정적인 영향을 미치지는 않는다. 또 커피 추출에 사용되는 물이 약 경수일 경우는 커피 추출 때 문제가 없으나 경수일 경우에는 생수를 사용하여 추출하는 것이 좋다. 왜냐하면 중경수나 경수인 경우에는 커피의 단맛과 복합 향이 줄어들기 때문이다. 또 에스프레소 또는 커피 필터 머신을 사용할 경우에는 석회질이 기계에 끼기 때문에 연수를 사용하는 것이 바람직하다. 그리고 물의 경도는 커피 머신의 열전도율을 저하시키는 원인이 된다.

또 물에 함유된 칼슘과 마그네슘은 불용성염(탄산염)을 형성하여 열교환 장치 표면에 끼게 된다. 이때 약산(식초)을 이용하여 이러한 탄산염을 제거할 수 있다. 그리고 경수로 에스프레소 커피를 만들면 거품 크기가 커져 거품이 쉽게 꺼지는 현상이 발생한다. 다른 한편으로는 물의 경도는 커피 향미에 영향을 미친다. 즉 물에 탄산염이 많으면 커피 맛이 밋밋하며 쓴맛이 두드러진다.

한편, 물은 극성 특성으로 인해 원두 가루의 극성 성분들을 용해하는데 원두 가루에는 10% 이상의 비극성 물질(지방, 오일)들도 함유되어 있어 물에 용해가 잘 안 된다. 그러나 에스프레소 또는 모카 추출처럼 고압 조건하에 또는 프렌치 프레스처럼 장시간의 추출을 하면 비극성 물질들도 용해도가 증가한다.

그리고 원두에는 이산화탄소가 4.0~8.6mg/g 함유되어 있어 특히 에스프레소 커피 크림 층 형성에 일차적으로 중요한 역할을 한다. 그러나 물의 탄산염과 비탄산염이 과도하게 존재하면 원두 내 이산화탄소를 방출시켜 에스프레소 커피의 크림 층 형성을 방해하게 된다.

일반적으로 수돗물은 연수로서 커피 제조에 문제가 없으나 칼슘과 마그네슘이 많은 경수인 경우에는 연수기를 설치하면 된다. 또 정수기 통해 염소취를 제거하면 커피의 이취를 예방할 수 있다. 알칼리도가 높은 경우에는 염화칼슘(Calcium chloride, $CaCl_2 \cdot 2H_2O$) 또는 황산마그네슘(Magnesium sulfate, $MgSO_4 \cdot 7H_2O$)을 첨가하거나 젖산을 첨가하여 낮출 수 있다.

미국 스페셜티커피협회에서 추천하는 커피 제조에 적합한 물의 기준을 보면, 우선 냄새가 없어야 하며 색상은 투명해야 한다. 또 물의 총경도는 17~85ppm $CaCO_3$, 총알칼리도는 40ppm, 그리고 pH는 6.5~7.5 수준을 유지할 것을 권장하고 있다. 물의 pH는 에스프레소 커피의 추출률과 거품에 영향을 미치는 요소이다.

3. 추출 방식과 향미

가. 개요

커피 추출 방식은 그간 비약적인 발전을 거듭해 왔다. 예로서 수동 터키식 달임법부터 핸드 드립, 기계 드립, 모카포트, 프렌치 프레스와 사이펀 등 추출 기구들이 개발되었다. 그 외 레버식, 피스톤식과 스프링식 등의 에스프레소 커피 머신 등도 등장하고 있다. 게다가 디지털 기술을 이용한 전자동 커피 머신이 편리성으로 인해 커피숍과 일반 가정에까지 보급되고 있다. 이렇게 꾸준히 이어져 온 추출 방식의 발전은 곧 커피 산업 발전의 견인차이자 동력원이기도 하다.

원두의 향기 성분 추출은 각 성분의 휘발도(volatility)와 극성도(polarity)가 중요하며, 이때 극성도가 높을수록 추출이 빨리 되기 때문에 극성도가 더 중요하다. 예를 들면 휘발도는 높으나 극성도가 낮은 메탄티올(유황 향)은 휘발도는 낮지만 극성도가 높은 2,3-부탄디온(버터 향)보다 추출이 늦다. 따라서 균형 잡힌 커피 아로마를 위해서는 원두 가루와 물의 양 그리고 추출 시간을 감안하여 추출해야 한다.

보통 카페스톨이 많은 커피를 마시면 혈중 콜레스테롤이 증가하는 것으로 알려져 있다. 추출 시 달임법을 이용하면 카페스톨이 더 많이 추출되지만 드립 커피는 필터에 걸러져 그 농도가 감소하게 된다.

나. 커피 추출 원리

커피 추출은 입상 또는 분말상 형태의 원두에 물을 부어 원두에 함유된 물질들을 용출하는 것을 말한다. 커피 추출에는 여러 방법이 이용되고 있으며, 추출 과정은 추출 방식과 관계없이 기본적으로 원두 가루의 물 흡수 과정, 원두 가루에서 커피로의 수용성 성분의 이동 및 원두 가루로부터 커피 추출물의 분리 등 3단계를 거치게 된다.

커피 추출 과정 중에 휘발 성분과 비휘발 성분이 원두 가루로부터 추출된다. 추출은 원두 가루 내 수용성 성분의 표면적이 넓을수록 그리고 가루 간의 반경 거리가 줄어들수록 쉬워진다. 즉 원두의 입자 크기가 작을수록 커피 추출은 쉽게 되는 것이다. 추출 방법에 따라 원두 내 이화학적 성분들의 추출 운동(extraction kinetic) 상태가 달라진다. 추출 과정은 비록 수분 내에 종료되지만 추출 방법에 따라 커피의 향미는 큰 영향을 받는다.

커피 추출 방식은 원산지, 문화, 사회 환경 및 개인 취향에 따라 다르다. 그러나 커피 추출 방식과 관계없이 원두와 물과의 접촉을 통해 분쇄된 원두의 향미를 커피로 이동시켜 원하는 향미를 만들어 내야 한다. [그림 8-1]은 커피 추출에 영향을 미치는 주요 인자를 나타낸 것이다. 이때 생두와 원두 특성이 가장 큰 영향을 미치고, 그 외 추출 시간, 물의 온도, 압력, 원두와 물의 비율, 원두 입자 크기와 물의 질 등이 영향을 미친다.

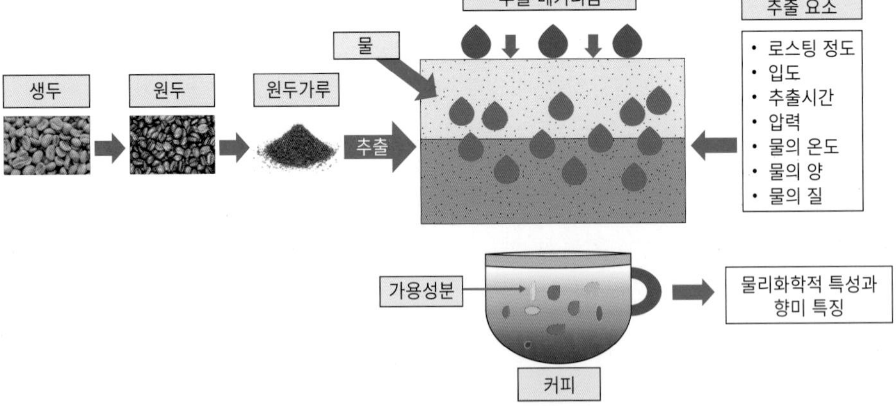

[그림 8-1] **커피 추출 시 주요 인자**

다. 추출 방법과 향미

[그림 8-2]는 커피 추출 방법과 원리를 나타낸 것으로 일반적으로 커피 추출은 달임법, 침지법, 가압 추출법 등 3가지로 분류한다.

① 달임법(decoction method): 터키식 커피, 피콜레이터 커피, 진공식 커피

② 침지법(infusion method): 드립(필터) 커피, 커피메이커, 나폴레타나 커피

③ 가압 추출법(pressure method): 프렌치 프레스 커피, 모카 커피, 에스프레소 커피

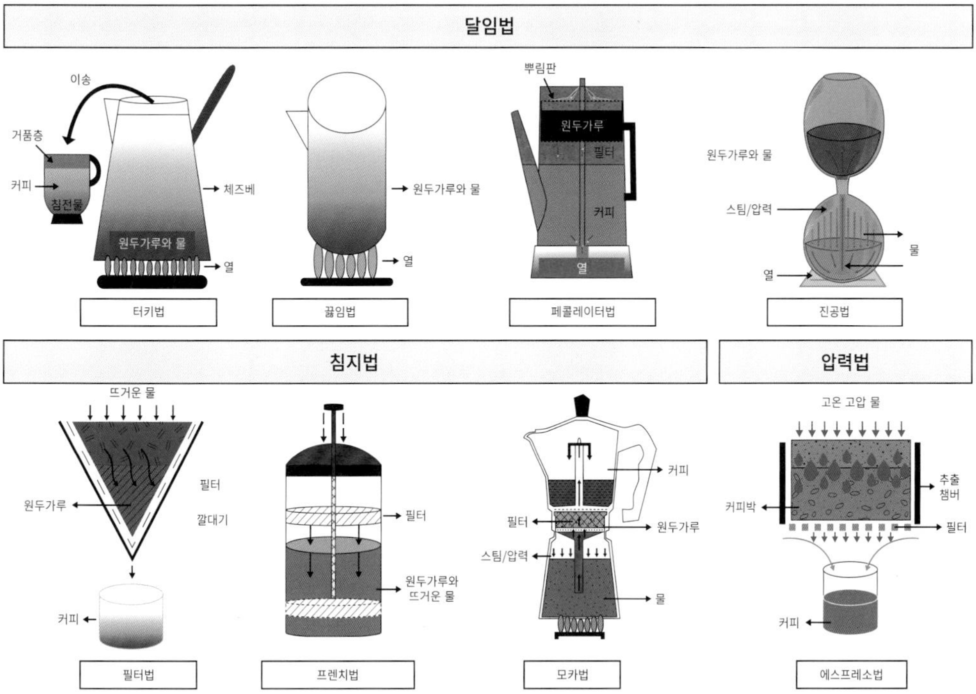

[그림 8-2] **주요 커피 추출법**

달임법은 분말 원두와 물을 주어진 시간과 온도에서 일시적 또는 연속적으로 환류시키는 방법이다. 이 방식은 커피 추출을 다른 추출법에 비해 빠르게 진행할 수 있지만 열을 직접 가하거나 고온 추출로 인해 향미가 다소 손실되는 커피가 될 수 있다.

침지법은 분말 원두를 여과 전 뜨거운 또는 차가운 물로 적셔 우려내는 방식으로 끓임법보다 산미와 향이 강화된 마일드한 커피가 된다.

가압 추출법은 원두 분말에 물을 침투시키거나 고압과 열에 의해 추출하는 것을 말하며 바

디감이 강한 커피가 만들어진다.

보통 커피 추출 방식 중에서 침지법(필터 커피)과 고온·고압 방식(에스프레소 커피)을 사용하며, 터키 방식과 프렌치 프레스 방식은 일부 지역에서만 사용하는 방법이다. 에스프레소 추출 방식에서는 다양한 요소(온도, 추출 시간, 로스팅 정도, 압력, 원두 분말과 물의 비율, 물의 질, 분쇄도)에 의해 커피의 품질과 향미는 영향을 받게 된다.

최근에는 에스프레소 커피 추출 방식 트렌드가 바뀌고 있으며, 캡슐머신을 이용한 캡슐용 분말이나 파드 커피(pod coffee)가 대표적인 예이다. 이 방식은 실시간 커피 향기 성분을 체크할 수 있는 기능을 장착하고 있다.

커피의 주요 성분인 카페인과 클로로겐산은 보통 에스프레소 커피가 모카나 필터 커피에서보다 많이 검출된다. 그리고 커피 추출은 보통 뜨거운 물로 하지만 최근에는 콜드브루 방식을 이용한 커피 시장도 확대되고 있다. 콜드브루 추출은 보통 20~25℃에서 3~24시간이 소요되며 침지식 또는 프렌치 프레스식을 이용하기도 한다. 콜드브루 방식은 추출 시 시간과 온도만이 변수이며 기존 추출 방식보다는 단맛과 초콜릿 향이 특징적이다. 물론 콜드브루 추출 방식과 시간에 따라 향기 패턴이 다르게 나타나기는 한다.

각 원두 추출 방식의 특징을 세부적으로 살펴보면 다음과 같다.

1) 달임법

달임법은 분쇄한 원두를 끓여 가라앉힌 후 마시는 고전적인 추출법으로 끓임식 커피(boiled coffee)와 터키식 커피가 대표적이다.

끓임식은 커피 추출의 가장 기본적인 방법이며, 굵게 분쇄한 분말 원두에 뜨거운 물(100℃)을 부은 후 거름망을 통해 부유물을 제거하면서 커피를 우려내는 방식이다. 이 추출법은 노르딕 국가(노르웨이, 덴마크 등)에서 주로 이용하는 방법이며, 이때 디털핀류(카페스톨, 카웰)가 많이 추출돼 콜레스테롤 농도가 높아져 최근에는 잘 사용하지 않는 방식이다.

터키식 커피는 세계에서 가장 오래된 추출법으로 알려져 있다. 이 방법은 이브릭이라는 전용 주전자를 이용하여 추출하는 데 시간이 오래 걸린다. 원두를 밀가루처럼 아주 곱게 갈아 진한 맛을 우려내는 것이 특징이며, 커피 마실 때 거품에 의해 커피 본연의 향미가 더욱더 그윽하게 느껴진다. 일부 커피 애호가는 커피가 식었을 때 나타나는 부드럽고 진한 향미를 즐기기도 한다. 터키식 커피는 마실 때 보통 설탕과 향신료를 첨가하거나 버터, 소금을 입에 머금고 마신다. 커피를 마시고 난 뒤 커피잔을 받침 위에 엎어 놓는데 받침 위에 생긴 모습으로 점을 보는 옛 풍습이 지금까지도 전해지고 있다고 한다. 터키식 추출법에서는 고온 추출로 인해 물에 잘 녹지 않는 성분들이 잘 추출돼 쓴맛과 초콜릿 향이 강하게 나타나는 것이 특징이다.

터키식 추출법을 이용한 미디움과 다크 로스팅 커피 간의 주요 아로마를 비교하면 다음과 같다[표 8-1]. 미디움과 다크 로스팅 커피에서 주요 아로마로 각각 26개와 28개가 확인된다. 이때 바닐린의 경우 미디움 로스팅 커피에서만 검출되며, 피리딘, 1-(아세틸옥시)-2-프로판온, 푸르푸릴 프로판온 및 5*H*-5-(메틸)-6,7-디하이드로사이클로펜타피라진(로스팅 향)은 다크 로스팅 커피에서만 확인된다. 그 외 성분들은 공통으로 검출된다. 특히 2-에틸-3,5-디메틸피라진(로스팅 향), 2,3,5-트리메틸피라진(로스팅 향), 3-에틸-2,5-디메틸피라진(과실 향), 2-아세틸퓨란(로스팅 향) 및 2,3-메틸부탄온산(치즈 향)은 아로마가 매우 강한 물질이다.

피라진류의 경우는 미디움과 다크 로스팅 커피 모두에서 가장 많이 검출되는 성분이며, 낮은 역치로 인해 로스팅 향과 견과류 향을 풍기는 주요 아로마 성분이다. 이 성분은 코코아 또는 열처리한 다른 식품에서도 흔히 발견되는 물질이다. 그리고 피라진류 중에서도 2-에틸-3,5-디메틸피라진(미디움: FD 2,048, 다크: FD 1,024), 2-에틸-3-메틸피라진(미디움: FD 64, 다크: FD 2,048), 3-에틸-2,5-디메틸피라진(미디움: FD 1,024, 다크: FD 512), 2,3,5-트리메틸피라진(미디움: FD 512, 다크: FD 1,024), 2-아세틸피라진(미디움: FD 256, 다크: FD 512) 및 2-에틸피라진 (미디움: FD 256, 다크: FD 512)이 아로마가 가장 강하다. 이때 FD(flavor dilution factor, 향미 희석 인자계수) 값이 클수록 아로마가 강한 물질이다.

이 중에서 미디움 로스팅 커피에서는 2-에틸-3,5-디메틸피라진(로스팅향)이, 다크 로스팅 커피에서는 2-에틸-3-메틸피라진(로스팅 향, 견과류 향)이 낮은 역치로 인해 가장 아로마가 강한 것으로 확인된다. 코코아(2.2㎍/kg)에서도 이들 성분은 아로마가 가장 높게 나타난다.

로스팅 과정 중 당분의 열분해로 형성되는 퓨란류 역시 미디움과 다크 로스팅 커피 모두에서 검출되며, 그중 2-아세틸퓨란(아몬드 향, 코코아 향)이 가장 강한 아로마를 나타낸다. 케톤류 중에는 2-하이드록시-3-메틸-2-사이클로펜텐-1-온(캐러멜 향)이 가장 강한 아로마로 확인된다. 과이어콜(스모키 향)은 특히 다크 로스팅 커피에서 높은 아로마를 나타내며 콜롬비아산 커피에서 두드러지게 나타난다. 클로로겐산의 경우는 미디움 로스팅 커피에서 더 많이 검출된다.

[표 8-1] 미디움·다크 로스팅 커피의 터키식 추출에 의한 아로마 특성

향기 성분	관능	FD	
		미디움 로스팅 커피	다크 로스팅 커피
2,3-부탄디온	버터 향, 기름 향	16	32
2,3-펜탄디온	지방 향, 과실 향	8	8
피리딘	탄냄새	-	8
피라진	헤이즐럿 향	8	32
디하이드로-2-메틸-3(2*H*)-퓨라논	과실 향	4	16
2-메틸피라진	헤이즐럿 향	32	32
2,5-디메틸피라진	로스팅 향	32	64
2-에틸피라진	헤이즐럿 향	256	256
2,3-디메틸피라진	로스팅 향	32	64
2-에틸-5-메틸피라진	코코아 향	32	32
2-에틸-3,5-디메틸피라진	로스팅 향	2,048	1,024
2,3,5-트리메틸피라진	로스팅 향	512	1,024
2-에틸-3-메틸피라진	견과류 향	64	2,048
푸르푸랄	캐러멜 향, 견과류 향	64	16
1-(아세틸옥시)-2-프로판온	과실 향	-	32
3-에틸-2,5-디메틸피라진	헤이즐럿 향	1,024	512
2-아세틸퓨란	로스팅 향	512	1,024
푸르푸릴 프로판산	과실 향, 꽃 향	-	64
감마 뷰틸로락톤	기름 향	512	512
2-아세틸피라진	팝콘 향	256	512
5*H*-5-(메틸)-6,7-디하이드로사이클로펜타피라진	로스팅 향	-	256
푸르푸릴 알코올	탄냄새, 과실 향	64	256
2-, 3-메틸부탄온산	단향, 치즈 향	512	1,024
2-하이드록시-3-메틸-2-사이클로펜텐온	캐러멜 향, 단향	64	128
과이어콜	페놀 향, 탄냄새	8	512
3-하이드록시-2-메틸-4*H*-피라논	단향, 캐러멜 향	8	32
1*H*-피롤-2-카르복스알데히드	팝콘 향	32	32
바닐린	바닐린 향	4	-

2) 침지법

침지법은 여과법의 일종으로 워터 드립, 핸드 드립, 커피 메이커와 드립백이 대표적이다. 이 방법에서는 중력에 의해 커피가 걸러져야 하기 때문에 일반적으로 원두 분말을 굵게 분쇄한 것을 사용한다.

침지법에서는 원두를 곱게 갈수록 추출이 더 많이 되며 물을 보통 2회에 걸쳐 천천히 부어 가능한 추출이 많이 되게 한다. 이때 1차로 물을 부으면 원두 내 이산화탄소가 휘발되면서 커피 상부가 부풀어 오르는 현상이 나타나고 이후 2차 물을 붓는다. 보통 물 1리터당 60g의 분말 원두를 넣는 것이 일반적이다. 이때 커피가 쓴맛이 강한 경우는 굵게 분쇄된 원두를 사용하고, 반대로 원두가 신맛과 떫은맛이 나면 더 곱게 갈아 추출하는 것을 권장한다.

손으로 직접 커피를 내리는 핸드 드립을 위해선 드리퍼라는 도구가 필요하며, 커피 메이커 등의 머신을 이용하는 방법은 오토 드립이라 한다. 드리퍼에는 재질에 따라 플라스틱, 도기, 금속 재질 등 여러 종류가 있다. 플라스틱은 가장 흔히 사용되는 드리퍼로 취급이 편리하고 가격이 저렴하며 추출 시 물이 통과되는 과정을 관찰할 수 있다. 다만 보온성이 좋지 않고 오래 사용 시 형태가 변형될 수 있는 단점도 있다. 도기의 경우 보온성이 우수하고 형태가 변형될 우려는 없으나 깨질 염려가 있으며, 추출하기 전에 예열하여 사용하는 것이 바람직하다. 금속의 경우는 온도 유지에는 유리하지만 가격이 다른 드리퍼에 비해 상대적으로 비싼 것이 단점이다.

그리고 드리퍼의 형태에 따라서도 추출되는 시간과 양이 달라진다. 또 드리퍼 내부에는 요철을 일컫는 리브(rib)가 있는데, 이는 추출 시 물을 부었을 때 공기가 빠져나가도록 하는 일종의 통로 역할을 한다. 드리퍼 종류에 따라 리브의 개수와 높이가 다른데, 리브의 개수가 많고 높이가 높을수록 물이 더 잘 통과되어 추출이 빠르다. 고노의 경우 원추형에 추출구가 커서 물이 통과하는 시간이 빨라 신맛이 강한 커피가 만들어진다. 이렇게 드리퍼의 종류에 따라 커피의 향미 특성이 다르게 나타나므로 커피 특성에 맞는 드리퍼의 선택이 중요하다. 드리퍼에는 대표적으로 4종류가 가장 많이 사용된다.

① 칼리타(추출구가 3개, 리브가 촘촘하게 구성됨)

② 멜리타(추출구가 1개, 전체 폭이 넓으며 칼리타에 비해 경사가 급함)

③ 고노(추출구가 1개, 리브가 칼리타에 비해 적고 드리퍼의 중간까지만 있음)

④ 하리오(고노와 유사한 모양이나 리브가 나선형으로 드리퍼 끝까지 있음)

그리고 침지법에는 다양한 필터가 이용되며 금속 필터, 천 필터와 종이 필터 등이 대표적이다. 각각의 필터 특징을 살펴보면 다음과 같다.

① 금속 필터는 프렌치 프레스 방법과 같이 추출 시 원두 분말의 큰 입자를 걸러내고 커피에는 미세한 입자는 남아 약간 탁해진다. 이러한 커피는 질감이 강하고 오일 성분이 많은 커피가 된다. 이 필터는 장기간 재사용이 가능한 장점이 있다.

② 천 필터는 커피 오일 성분의 일부만이 추출되기 때문에 투명하고 질감이 강한 커피가 된다. 사용 후에는 가능한 한 빨리 씻어 커피에 이취를 내는 것을 방지하는 것이 좋다. 천을 정기적으로 사용하는 경우 물컵에 적신 채로 냉장고에 보관하는 것이 좋다.

③ 종이 필터는 가장 흔히 사용되는 방법으로 커피의 오일 성분뿐 아니라 모든 부유물을 걸러내며 깔끔한 커피가 추출되는 장점이 있다. 이때 무표백된 종이 필터는 이취를 유발할 수 있기 때문에 표백된 종이 필터 사용하는 것이 바람직하다.

한편, 커피의 주요 성분인 카웰과 카페스톨은 추출 방식(필터 커피, 에스프레소 커피, 인스턴트커피)에 따라 그 농도가 달라지는데, 인스턴트커피에는 카웰의 농도가 가장 낮고 카페스톨은 검출되지 않는다. 에스프레소 커피와 종이 필터 커피 간에는 두 성분의 차이는 없다. 천 필터 커피에는 고형분이 가장 적으나 카웰과 카페스톨의 농도는 높게 나타난다. 그리고 커피 필터가 좁은 것과 넓은 것에 따라 커피 추출률은 다르게 나타나는데 이는 물과 원두 분말의 접촉 시간이 다르기 때문이다.

드립 커피 추출은 침지법의 일종으로 흔히 사용되는 추출법이다. 커피 추출 정도를 측정하는 지표로서 총 용존 고형분과 추출수율과의 관계가 중요하다. 커피 추출 정도를 나타내는 추출 지표 차트(coffee brewing control chart)는 이미 1950년대에 개발되어 최근까지 이용됐으나, 현대 추출법에 응용하는 데는 한계가 있다. 왜냐하면 당시 개발된 차트는 설정된 용어에 대한 정의가 요즘 시대에 맞지 않고 쓴맛에 대한 인식 역시 당시와 현재 커피 소비자들 간의 차이도 크다. 이 장에서는 이러한 문제점을 보완한 새로운 커피 추출 차트를 이용하여 로스팅 정도와 향미 패턴 특성에 관해 설명하고자 한다. 이때 아라비카 품종을 이용한 드립 추출 과정이 총 수용성 고형분과 추출수율 및 향미와의 연관성에 중점을 두고 기술하고자 한다.

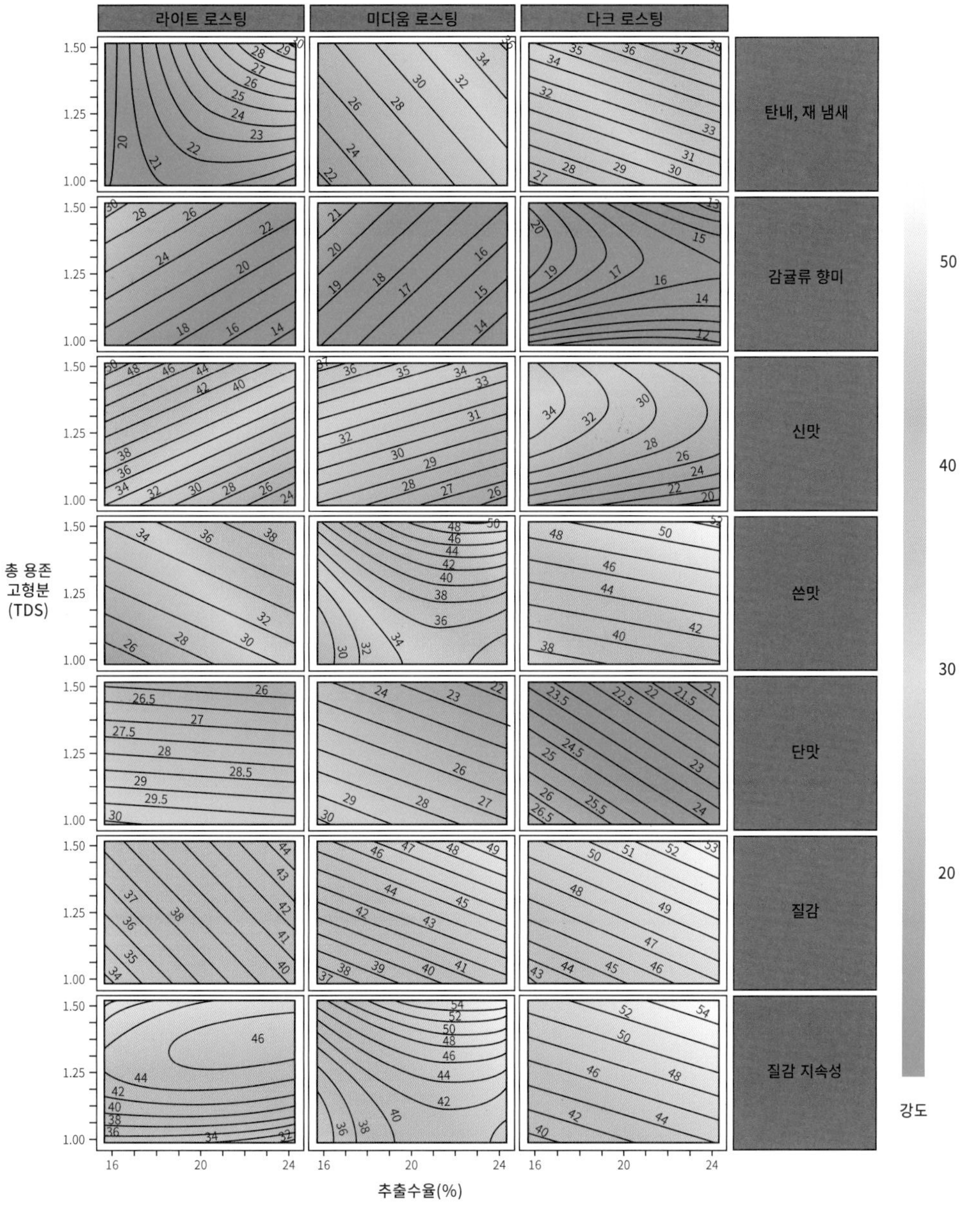

[그림 8-3] 반응 표면 분석법을 이용한 로스팅 정도, 고형분과 추출수율 관계에 따른 커피의 향미 변화

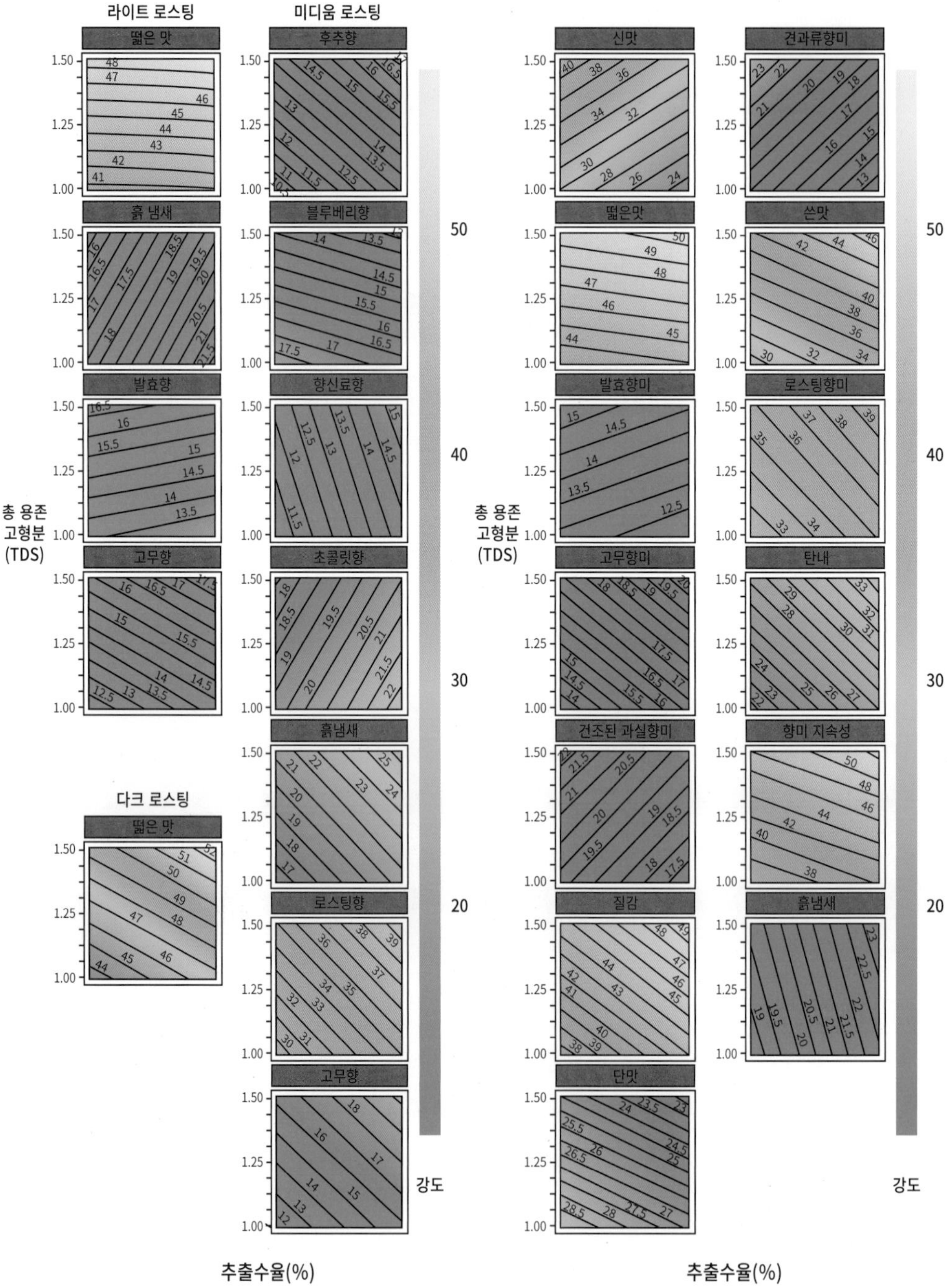

[그림 8-4] 반응 표면 분석법을 이용한 로스팅 정도, 고형분과 추출수율 관계에 따른 커피의 향미 변화

[그림 8-3]과 [그림 8-4]는 습식 아라비카 커피 품종의 로스팅 정도를 라이트, 미디움, 다크 등 3단계로 구분하여 커피 추출 후 커피 고형분과 추출수율이 클린 커피(clean coffee) 관능 특성과 향미에 미치는 효과를 차트화하여 도식한 것이다. 차트의 주요 내용은 다음과 같이 요약된다.

첫째, 로스팅 정도와 관계없이 관능 특성은 총 용존 고형분과 추출수율에 영향을 받는다. 우선 단맛, 신맛과 쓴맛의 경우 각각의 최고 강도(intensity)는 총 용존 고형분과 추출수율 반응 표면 분석(response surface)에서 각기 다른 선상에 위치하고 있는 것을 알 수 있다. 그러나 단맛, 신맛과 쓴맛의 최고 강도 위치는 각 로스팅 정도마다 유사한 관능 특성을 보인다. 그리고 로스팅 정도에 관계없이 총 용존 고형분과 추출수율이 높을수록 쓴맛은 증가한다. 반면에 신맛은 고형분이 많을수록 강해지고 추출수율이 높을수록 약해진다. 단맛은 고형분과 추출수율이 높을수록 감소하게 된다. 하지만 감귤류 향, 탄 냄새, 질감 및 향미 지속성은 로스팅 정도 모두에서 일정하게 나타난다. 상기 관능 특성은 특정 향미 성분 추출을 위해 새로운 가이드로 활용 가치가 있다.

둘째, 로스팅 정도와 커피 추출과의 연관성을 보면, 커피의 향미의 강도는 추출 상태에 따라 증가하거나 감소하게 된다. 커피의 거친 향미는 로스팅을 통해 조절 가능한 반면, 추출 과정은 향미 패턴을 미세하게 조율하는 과정으로 이해해야 한다. 그리고 감귤류 향기와 신맛은 고형분이 높고 추출수율이 낮을수록 강해지는 경향을 나타낸다. 감귤류 향과 신맛은 유기산에 의한 것인데 유기산은 로스팅 과정 중에 감소하게 된다.

그리고 커피의 단맛은 로스팅 정도가 강할수록 감소하며 고형분이 적고 추출수율이 낮으면 단맛을 가장 강하게 느끼게 된다. 그러나 커피에서는 일반적으로 단맛을 감지할 정도의 당분이 함유되어 있지는 않다. 따라서 커피에서 느껴지는 단맛은 당분 유래의 단맛보다는 단맛 향기를 풍기는 성분(블루베리 향, 로스팅 향, 초콜릿 향, 과실 향)들에 의한 것으로 이해해야 한다. 물론 이러한 단향은 추출 과정에서 고형분과 추출수율이 높아지면 쓴맛이 강해지면서 마스킹되기도 한다.

커피의 점성은 단맛과는 다른 패턴을 보이는데, 예컨대 총 용존 고형분과 추출수율이 높을수록 증가하는 경향을 보이며 로스팅 정도가 강할수록 증가하게 된다. 추출수율이 높을수록 점성이 강해지는 현상은 학술적으로 명확히 밝혀진 바가 없으나 추출 과정에서 추출된 비수용성 고형분이 영향을 미친 것으로 추정하고 있다.

다크 로스팅의 경우 추출 시 오일 성분이 더 많이 용출되기 때문에 로스팅 정도가 강할수록 커피의 점성이 강해질 수 있다.

그리고 물과 원두 가루 양의 비율 및 수용성 고형분을 일정하게 유지한 채 추출수율을 높이려면 추출 시간과 분쇄 입도를 달리해야 한다. 그러나 비록 총 수용성 고형분을 일정하게 유지한다 해도 입도가 작은 원두 가루로 추출할 경우 비수용성 고형분(콜로이드 성분)의 함량이 높아질 수도 있다. 또 로스팅 정도에 따라 커피의 구성 물질을 달리할 수 있고 그에 따라 커피의 입안 촉감(mouthfeel)을 다르게 할 수 있다. 최근 비수용성 물질과 오일 성분 그리고 기타 화학 물질들이 입안 촉감에 미치는 영향 연구가 진행되고 있다.

셋째, 각각의 로스팅 정도에서는 추출 방법을 달리해도 관능 특성(스모키 향, 나무 향, 담배 향, 매캐한 향)의 패턴 변화는 크게 영향을 미치지 못하는 것으로 문헌에 보고되고 있다. 그러나 고무 향은 보통 다크 로스팅 커피에서 나타나는 향이지만 추출 방법에 따라 라이트 또는 미디움 로스팅 커피에서도 나타날 수 있다. 따라서 다크 로스팅에 특징적으로 나타나는 상기 4가지 향(스모키 향, 담배 향, 매캐한 향, 나무 향)은 커피 추출 방식에 따라 다르게 발현될 수 있고 그에 따라 소비자의 선호도에 따라 커피 선택에 영향을 미칠 수 있다.

일부 문헌에서는 로스팅 정도가 생두 원산지보다 커피 향미 특성에 더 큰 영향을 미치는 것으로 보고하고 있다. 그러나 스페셜티 커피의 경우는 이국적인 향미 특성이 두드러진다. 예로서 부룬디 커피는 블루베리 향이 특정적이고 파나마 게이샤(Geisha) 커피는 재스민차 향, 꽃향, 과실 향, 부드러운 맛과 경쾌한 산미가 도드라진다. 이와 같은 스페셜티 커피에서 나타나는 특유의 향을 정량적으로 특정하고 추출 과정에서 수용성 고형분과 추출률 변경을 통해 향의 특성을 조절하는 연구에 최근 관심이 커지고 있다.

그리고 게이샤 생두는 다른 생두와는 다르게 생두가 길고 굽어 있고 얇은 편이다. 또 생두 내 센터컷이 콩 안쪽으로 깊이 파여 있어 로스팅 과정에서 1차 크랙 발생 후 중간 열로 로스팅을 빠르게 진행하여 커피에 특유의 감귤류 향 또는 레몬 향과 같은 아로마를 발현시키는 것이 특징이다. 게이샤 커피의 이러한 특이한 향은 리나룰 또는 모노털핀류 계통의 성분으로 학계에서는 추정하고 있다.

3) 진공 흡입식 추출법

진공 흡입식 추출법은 달임법의 일종으로 1840년대에 감압으로 커피의 추출 속도를 빨리 하는 여러 가지 머신들이 개발되었다. 추출 속도는 곧 판매량과도 직결되기 때문에 분쇄된 입자들 사이로 뜨거운 물을 빠르게 통과시킬 방법이 필요하였다. 대표적인 것이 진공 포트(사이펀) 방식이다. 진공 흡입식 추출법은 1830년대 독일에서 처음 고안된 방법이며, 사이펀 커피는 증기의 압력, 물의 삼투압 현상을 이용해 추출하는 진공식 추출 방식으로 해양학자인 로버트 나피어에 의해 발명되었다.

진공 흡입식 추출법은 밀폐된 용기에 물을 담고 끓이면 끓는 물이 증기 압력에 의해 다른 용기로 이동하게 되고 가열을 멈추면 압력이 떨어지면서 다시 원래의 용기로 복귀하는 원리를 응용한 여과 방식이다. 이 방식은 드립 방식에 비해 추출력이 강할 뿐만 아니라 시각적 효과도 있어 한때 인기가 많았다. 추출 방식은 다르지만 증기압을 이용한다는 측면에서 이후 에스프레소 커피 머신의 탄생을 예고하는 신호탄이기도 했다.

사이펀 추출의 가장 큰 특징은 커피 맛이 깔끔하고 진공 추출로 인해 아로마가 휘발되지 않아 풍부한 향을 느낄 수 있는 점이다. 또 매장에서는 소비자에게 추출을 보여 줄 수 있는 연출 효과도 부수적으로 거둘 수 있다.

4) 가압 추출법

가압 추출법은 원두 추출 때 압력을 가하는 것으로 에스프레소 커피, 모카 커피 및 프렌치 프레스 커피가 대표적이다.

(1) 모카 추출법

모카 추출법은 이탈리아에서 흔히 사용하는 방법으로 압력을 이용하여 추출하는 방식이지만, 에스프레소보다는 압력이 약하고 거품 형성이 없는 것이 차이점이다. 이 방식은 알루미늄 또는 스테인리스 재질의 모카포트를 이용하여 추출하는 방법이다. 모카 추출법은 커피의 쓴 맛이 최대한 우러나도록 뜨거운 물을 붓는 것이 특징이다. 모카포트는 하부 포트에 담겨 있는 물이 증발하면서 증기가 되어 바스켓 필터에 담긴 원두 가루를 통과하여 상부 포트에서 커피가 추출되는 원리를 이용한 것이다. 이때 커피 원두를 필터에 채워 열원에 직접 가열해 발생하는 증기의 압력으로 진한 커피(에스프레소 타입)가 추출된다. 그리고 에스프레소 머신에 비해 압력이 낮아 옅은 에스프레소가 추출되지만 가격이 저렴한 편이다. 모카 커피에 이용되는 커피 품종은 저지대에서 재배된 생두이며 라이트 로스팅한 원두가 적합한데, 이는 쓴맛을 줄여 주는 효과가 있기 때문이다. 모카 커피 추출에서는 물 1리터당 원두 분말 200g을 첨가하여 물과 분말의 비율이 크기 때문에 추출 시간이 빠른 편이다.

(2) 프렌치 프레스 추출법

프렌치 프레스 추출법은 카페띠에레(cafetière) 또는 커피 플런저(coffee plunger)로도 알려진 방법이다. 이 방식은 침지식과 가압 방식이 혼용된 방식으로 유리관 내에 분쇄된 원두를 넣고 뜨거운 물을 부어준 후 금속식 필터를 이용하여 눌러서 짜내는 수동식 방법이다.

이 방식은 가정에서도 저렴한 가격에 쉽고 재연성 좋은 커피를 만들 수 있다. 우선 원두 분말을 다소 굵게 분쇄하고 뜨거운 물을 부어 일정 시간(2~5분) 방치한다. 이때 담금 시간을 길게 하면 쓴맛이 강한 커피가 되고 짧게 하면 신맛과 단맛이 강하게 된다.

이 방법에서는 불림 과정이 동시에 일어나 일정한 추출이 가능하다. 이때 사용하는 금속 필터의 그물망의 크기가 커 비용해성 성분이 더 많이 추출된다. 원두 오일 성분 역시 잘 추출되어 커피 질감이 증가하는 장점이 있다. 단점으로는 커피잔 바닥에 미세한 찌꺼기가 남아 불쾌하고 모래 씹는 느낌이 난다. 이 방법에서는 물 1리터당 분말을 75g 정도 첨가하여 추출하는 것이 일반적이다.

아라비카 품종을 이용한 터키식과 프렌치 프레스 방식 간 커피 아로마 차이를 보면 [표 8-2]와 같다. 우선 퓨란류는 터키식 추출법(17,628㎍/kg)에서 프렌치 프레스 추출법(17,426㎍/kg)에서보다 다소 많이 확인된다. 퓨란류 중에는 푸르푸릴 알코올의 농도가 두 방법 모두에서 가장 많이 검출되고 그다음 푸르푸릴 아세테이트가 그 뒤를 잇는다. 푸르푸릴 알코올은 과실, 커피와 코코아 등에 함유된 성분으로 빵 향과 캐러멜 향을 풍긴다. 이 성분은 산의 가수분해 또는 당(아라비노오스, 포도당, 과당 등)을 함유한 다당체에 열을 가하면 생성되는 물질이다. 또 이 성분은 아로마가가 매우 높아 커피 아로마에 미치는 영향이 매우 크다.

락톤류(감마 뷰티로락톤, 델타 발레로락톤)는 두 커피에서 두 번째로 큰 그룹을 차지하는데, 터키식 추출 커피(8,880㎍/kg)에서 프렌치 프레스 추출 커피(8,761㎍/kg)에서보다 다소 높게 확인된다. 락톤류 중에는 감마 뷰티로락톤은 가장 많은 농도를 보이고 역치도 높은 편이며 클로로겐산의 분해에 따라 생성된 것이다. 이 성분은 버터 향과 코코넛 향, 크림 향을 풍기며 향수나 식품 방향제로 널리 사용되고 있다.

피라진류, 피리딘류 및 피롤류는 질소를 함유한 헤테로고리 유기화합물로서 터키식과 프렌치 프레스식 모두에서 유사한 농도로 확인된다. 이들 성분은 로스팅 과정 중 마이얄 반응으로 생성되는 물질이므로 로스팅 조건에 영향을 많이 받는다. 이들 성분 중에는 피리딘류가 가장 많이 확인되고 그다음 피라진류와 페놀류가 그 뒤를 잇는다.

케톤류는 버터 향, 캐러멜 향 및 과실 향을 풍기는 성분으로 두 추출법 커피에서 확인되는데, 터키식 커피(1,328㎍/kg)에서 프렌치 프레스 추출 커피(1,174㎍/kg)에서보다 더 많이 검출된다. 케톤류 중에는 2,3-부탄디온(버터 향)과 2,3-펜탄디온(버터 향)이 역치가 낮아 높은 아로마가를 보이기 때문에 커피 아로마에 영향이 큰 성분이다.

[표 8-2] 터키식과 프렌치 프레스식 추출법에 따른 주요 향기 성분 비교

향기 성분	역치 (㎍/kg)	아로마가		관능 특징
		터키식	프렌치 프레스식	
2,3-부탄디온	15	22.9	21.7	버터 향, 과실 향, 캐러멜 향
2,3-펜탄디온	30	5.26	3.5	버터 향, 캐러멜 향
1-메틸피롤	40	3.6	5.15	커피 향
피리딘	2,000	1.95	2.18	탄냄새, 스모키 향
2-아세틸피리딘	20	6.8	5.85	지방 향, 견과류 향
감마 뷰티로락톤	1,000	8.47	8.17	크림 향
2-아세틸-3-메틸피라진	20	4.47	4.6	구운 감자 향, 견과류 향
푸르푸릴 알코올	2,000	7.34	6.89	빵 향, 캐러멜 향
푸르푸릴 아세테이트	100	10.26	11.97	과실 향
과이어콜	7	83.14	76.28	페놀 향, 탄냄새
4-에틸과이어콜	35	7.37	5.85	단향
4-비닐과이어콜	80	9.87	8.07	정향, 클로버 향
바닐린	100	1.89	1.34	바닐라 향, 단향

(3) 에스프레소 추출법

에스프레소 추출법은 대표적인 가압 추출법으로 카페에서 가장 흔히 사용하는 방법이다. 이 방법에서는 곱게 분쇄한 원두 분말과 물이 상대적으로 적게 소요되며 소량의 진한 커피가 제조된다. 에스프레소 커피 5잔은 플라스마 글루타치온 농도를 높여 주는데 이는 디털핀류

특히 카페스톨 성분 때문이다.

에스프레소 커피의 특징은 커피의 질감, 크림 층 형성 및 균형 잡힌 향미다. 크림 층은 물이 고압 상태에서 이산화탄소가 더 많이 생성되어 형성된 것이다. 크림 층 형성 상태는 우선 원두의 신선감을 나타내는 척도이기도 하며 원두가 오래된 것일수록 이산화탄소가 덜 생성되어 거품이 적게 형성된다. 물론 크림 층 형성 상태로는 생두의 품질과 로스팅의 상태를 정확히 알 수는 없다.

에스프레소 추출 시 주의 사항은 다음과 같다. 추출량이 많다는 것은 추출 유속이 너무 빠른 것을 의미하며, 이때는 원두 분말을 더 가늘게 분쇄하여 물이 천천히 내려오도록 한다. 반대로 추출량이 너무 적으면 추출 유속이 너무 느리기 때문인데, 이 경우는 원두 분말을 더 굵게 분쇄하여 추출 유속을 증가시켜야 한다.

에스프레소 커피 추출에 사용되는 원두는 일반적으로 다크 로스팅 원두를 사용한다. 이는 다크 로스팅 원두가 기공이 많고 쉽게 부서지기 때문에 추출이 쉬워 물이 적게 필요하기 때문이다. 질감이 강한 에스프레소 커피를 원하면 다크 로스팅 원두를 사용하고 원두 분말과 물의 비율은 1:1.5가 적당하다. 반면에 단맛과 깔끔한 향미를 원하면 라이트한 다크 로스팅 원두를 사용하고 원두 분말과 물의 비율은 1:2로 조정하는 것이 좋다.

에스프레소 커피 추출법에서는 보통 7~9g의 원두 분말을 9~10bar 압력하에 92~95℃의 뜨거운 물로 25~35㎖의 커피를 20~30초 이내에 추출한다. 에스프레소 커피 제조를 위해 다양한 추출 방법이 이용되며 보통 3가지 추출 방식이 이용된다. 바 머신, 캡슐 커피 머신 및 파드(pod) 머신이 대표적이다. 캡슐과 파드 머신은 원두 분말을 개별 포장으로 미리 포장한 형태로 만들어진 것이고 추출 조작이 비교적 손쉬운 방법이다. 이 머신들은 모두 분쇄된 원두에 고압의 뜨거운 물을 통과시켜 커피를 추출하는 원리이다. 특히 캡슐 머신을 이용한 에스프레소 커피 추출 방식에서는 분말 원두의 산화와 수분 침투를 막고 원두 분말 주입량, 토르크 응용 및 물 투입량 등이 자동 조절되는 것이 특징이다.

라. 커피 추출과 물리화학적 특성

커피 추출은 커피의 특성과 품질에 영향을 주는 주요한 과정으로 특히 물에 잘 녹는 수용성 성분(클로로겐산, 카페인, 니콘틴산, 수용성 멜라노이딘, 친수성 휘발 성분) 등이 주로 추출된다. 지방 성분은 물에 잘 녹지 않지만 고온에서 압력을 가하면 추출하는 데 문제는 없다.

1) 총 용존 고형분·추출수율

총 용존 고형분(Total Dissolved Solid)은 원두분말에서 커피로 추출되는 모든 성분(불용성, 가용성)을 말하여 추출 커피의 농도를 나타낸다. 총 용존 고형분율(total dissolved solid ratio)은 전체 원두 중량에서 고형분이 차지하는 비율을 말한다. 그리고 추출수율(percent extraction)은 원두 대비 추출 후 커피의 총 용존 고형분율과 추출량이 차지하는 정도를 말한다.

커피의 총 용존 고형분의 이화학적 구성은 생두의 품질, 로스팅 과정 및 추출 방법에 따라 달라진다. 원두 분쇄물은 그 용해도가 성분마다 다르기 때문에 추출수율은 커피 향미에 직접적인 영향을 미치게 된다. 보통 드립 커피 기준 추출수율은 18~22%, 총 용존 고형분율이 0.79~1.38% 수준일 때 커피 향미에 최적인 것으로 평가한다. 이때 추출수율은 총 용존 고형분율×추출량/원두량으로 계산된다. 총 용존 고형분율은 TDS 분석 기기로 측정하며, 굴절 당도계(refractometer)로 측정하는 경우도 있는데 이때 드립 커피는 보통 1.15~1.35% 내외의 수치를 보인다.

2) pH·총산도

총산도와 pH는 커피의 산미를 나타내는 지표로써 커피의 산미는 기본적으로 카르복실산(초산, 사과산, 구연산, 포름산, 젖산, 클로로겐산, 퀸산)에 의한 것이며, 클로로겐산을 함유하는 일부 멜라노이딘도 산미에 영향을 준다. 일반적으로 커피 추출 온도가 낮을수록 산미는 강해지는 것으로 알려져 있다

3) 비휘발 성분

커피의 비휘발 성분은 탄수화물, 클로로겐산, 지질, 유기산, 멜라노이딘, 미네랄 및 질소화합물(카페인, 트리고넬린)이 대표적인 물질이다. 에스프레소 커피는 드립 커피보다 지질의 농도가 높으며 필터 커피의 경우 필터 종이에 지질 성분이 남게 된다. 지질은 커피에서 현탁액(emulsion)을 형성하여 커피 향미에 영향을 미치며 질감에도 영향을 준다. 갈락토만난과 아라비노갈락탄은 커피의 주요 다당체인데, 이들 성분은 커피의 향기 성분을 결합하는 특성이 있고 거품 안정성에 기여하며 점성을 증가시키는 역할도 한다. 그리고 커피의 다양한 유기산은 커피 산미에 영향을 미치며 떫은맛과 쓴맛에도 일부 영향을 미친다. 그러나 일부 유기산(카페오일 퀸산, 페룰로일 퀸산)의 경우 그 농도가 과도하면 커피에 이취를 나타내기도 한다.

4) 휘발 성분

커피 추출 방식에 따른 아로마 성분 특성을 살펴보면, 커피에 함유된 향기 성분은 주로 피라진류(28개), 퓨란류(23개), 알데히드류(13개), 케톤류(14개) 및 피롤류(10개)로 구성되어 있다[그림 8-5 a]. 이들 성분이 전체 향기 성분의 70%가량을 차지한다. 물론 이들 성분 모두가 커피 향미에 영향을 미치는 것은 아니며 각 성분의 농도가 역치 이상일 때 향기에 영향을 주게 된다. [그림 8-5 b] 는 커피 추출법에 따라 생성된 향기 성분을 나타낸 것으로 퓨란류는 모카 커피 추출 방식에서 적게 검출되며, 커피 향미에 큰 영향을 주는 티올류는 터키식과 프렌치 추출 방식에서는 검출되지 않는다.

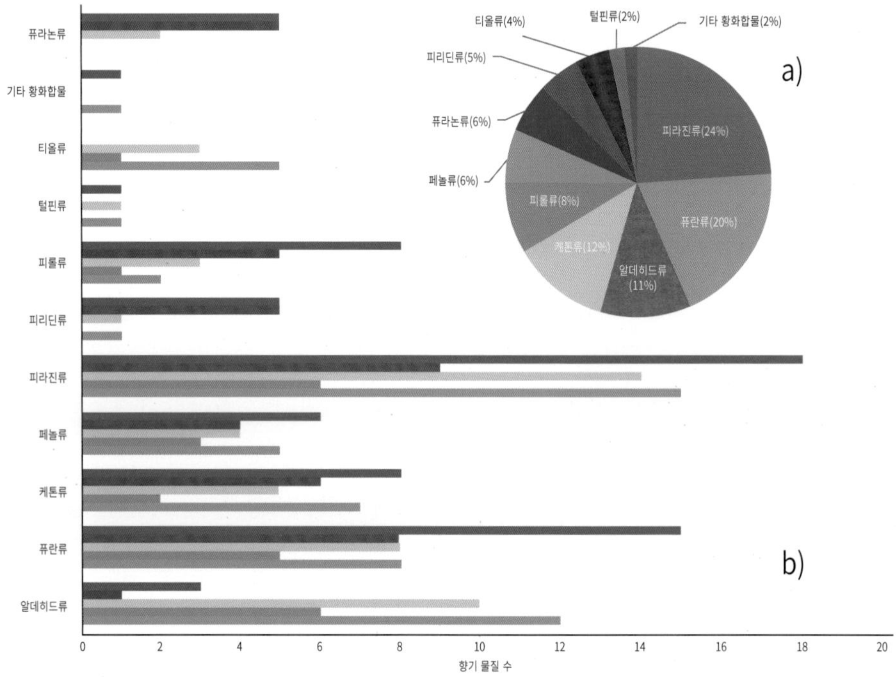

[그림 8-5] 커피 추출 후 휘발 성분(a)과 각 추출법에 따른 아로마 성분 구성(b)

마. 추출 주요 인자와 커피 향미

[그림 8-6]은 커피 추출 과정 중 크고 작은 물질의 이동 현상을 나타낸 것이다. 추출 때 우선 수용성 성분, 저분자 성분과 휘발 성분들이 추출된다. 동시에 원두 분말 층은 추출 과정에서 부풀게 된다. 이는 원두 분말 내 물에 녹지 않은 다당체가 원인이며, 물의 유속과 압력에 따라 다당체가 기하학적으로 재배열이 되기 때문이다. 그리고 원두 분말 층이 낮을수록 추출 압력은

강해지며 이에 따라 추출 속도가 느려져 추출 시간이 늘어남에 따라 과 추출이 되기 쉽다.

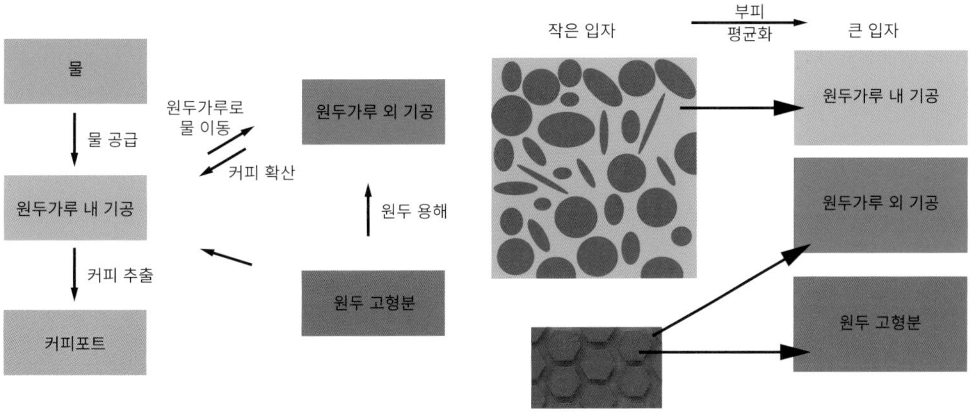

[그림 8-6] **커피 추출 과정 중 원두 입자의 물질 이동 현상**

커피 추출 인자는 서로 상호 영향을 미친다. 따라서 한 요소만을 지표로 하여 커피 향미와 품질에 영향을 미치는 정도를 가늠하기 어렵기 때문에 추출에 영향을 미치는 요인들을 종합적으로 판단해야 한다. 각 주요 요인들을 구체적으로 살펴보면 다음과 같다.

1) 추출 시간

추출 시간은 커피 향미와 품질에 연계된 주요한 요소이며, 이때 원두 분말에서 일정 시간 내 추출된 성분들의 함량을 나타내는 추출률이 중요하다. 당분, 유기산 및 카페인은 추출률이 90% 이상이며 그 외 성분들은 추출하는 데 시간이 더 많이 소요된다. 이때 떫은맛과 쓴맛을 부여하는 성분들이 포함될 수 있다. 에스프레소 커피 추출에서는 추출 시간 8초 안에 디카페오일 퀸산과 같은 항산화 물질의 70% 이상이 추출되는 것으로 문헌에 보고되고 있다.

드립 추출에서는 추출 2분 내에 수용성 성분이 빠르게 추출되며 향미 성분의 65~75% 정도가 추출된다. 추출 5분 후에는 수용성 성분의 80% 이상이 추출된다. 따라서 추출률이 낮은 경우는 산미와 감미가 뚜렷한 커피가 되고 추출률이 높은 경우는 산화와 분해에 민감한 성분들이 추출된다. 콜드브루 추출법에서는 클로로겐산과 카페인의 농도가 3시간까지는 빠르게 증가하다가 7시간 정도에서 최대치를 나타낸다.

커피 추출 과정에서는 각 이화학적 성분들의 용해도와 휘발도가 중요하며 그 구성 역시 주요한 요소이다. 특히 용해도는 물질의 극성과 관련이 있으며 극성이 강한 물질은 추출 초기 과정에서 추출되지만 극성이 약한 물질은 추출 후반기에 추출된다. 예컨대 극성이 강한 2,3-부탄디온(버터 향)은 극성이 약한 베타다마세논(꿀 향)보다 빠르게 추출된다. 극성 물질은 물과 잘 섞기는 성질이고 비극성은 그 반대다. 예로서 물과 알코올은 대표적인 극성(polar) 물질이며, 지방은 비극성(non polar) 물질로 물과 섞이지 않는 성질이다.

추출 시간은 헥산알과 메탄티올 함량에 영향을 미치며 각각 풋내와 마늘 향을 부여한다. 에스프레소 커피 추출법에서는 휘발 성분은 대부분 2~24초 사이에 추출되는데 그중 95%는 10초 이내에 추출된다.

2) 물의 온도

커피 추출 시 물의 온도가 높을수록 비휘발 성분(고형분, 카페인, 지질 등)과 일부 휘발 성분(피라진)이 많이 추출된다. 그러나 과추출의 경우는 나무 향, 매캐한 향과 탄 냄새 등이 생성되어 부정적인 향미를 나타내게 된다. 또 추출 압력이 11bar에서는 관능상 부정적이며 7~9bar 수준이 가장 이상적인 향미를 부여한다.

커피 추출 시 물의 온도는 원두 분말의 추출을 쉽게 하는 원동력이 된다. 고온에서는 물 분자의 운동 에너지가 활발해지면서 물리적 힘이 강해져 원두 분말 층으로부터 물질의 추출이 증폭되게 된다. 또한, 온도가 높을수록 원두 분말 성분의 용해성이 좋아진다. 반면에 물의 높은 온도는 휘발 성분을 휘발되게 하기도 한다. 그리고 물의 온도가 높을수록 원두 분말 층 성분의 용해도에 차이가 크게 나타난다. 예를 들면 물의 온도가 110℃일 때 고형분과 카페인의 농도는 높게 확인된다.

한편, 물의 온도가 88℃에서 98℃로 증가하면 지질의 추출이 쉬워진다. 에스프레소 커피 추출 과정에서 일정 시간 내에 온도를 88℃에서 추출하다가 93℃로 올리면 카페인, 일부 유기산 및 클로로겐산의 추출이 증가한다. 이런 식으로 온도 조절을 하면 균형 잡힌 떫은맛, 쓴맛, 색상 및 최적의 질감과 향미를 발현시킬 수 있다. 반면에 추출 온도를 93℃에서 88℃로 내리면 5-카페오일 퀸산의 추출이 감소하게 된다. 물의 온도가 96℃ 이상이면 과이어콜과 피라진류가 추출되어 훈연 향과 견과류 향을 커피에 부여하게 된다. 그리고 물의 온도 100℃에서는 퓨란류의 추출이 감소하는 경향이 나타난다.

핫브루의 경우 산도가 높고 항산화 물질이 더 많이 추출된다. 콜드브루의 경우 25℃에서 추출하면 고형분, 카페인, 카페오일 퀸산 및 5-카페오일 퀸산이 4℃에서 추출한 것보다 더 많이 추출된다. 그리고 22℃에서 추출하면 단맛과 과실 향 등이 발현되는데, 이러한 커피에서는 다양한 향기 물질(퓨란류, 피라진류, 케톤류, 알데히드류, 피롤류, 에스터류, 락톤류, 퓨라논류, 페놀류)도 동반 검출된다.

3) 압력

에스프레소는 고온·고압으로 단시간에 추출한 커피이며 이때 압력은 에스프레소 커피 추출 시 중요한 요소이다. 상기 조건하에 추출된 에스프레소 커피는 생리 활성 물질(카페인, 트리고넬린, 니콘틴산)이 가장 효율적으로 추출된다. 추출 시 압력을 9bar에 맞추면 거품 유지력과 그윽한 아로마 추출 그리고 이취를 최소화하는 데 이상적인 조건이 된다. 물론 압력을 11 bar로 증가시키면 질감, 점성도와 아로마를 강화하는 효과가 있지만 음용하기에 부적당한 커피가 된다. 12bar에서는 지질의 추출이 특히 두드러진다.

추출 압력의 관점에서 추출 방법을 보면, 물 온도는 93℃에서 30초 이내에 30ml 용량을 만들 수 있을 정도의 압력을 가해야 한다. 에스프레소에서 커피 추출 압력은 물과 커피의 접촉 시간, 즉 추출 시간을 조절하는 역할을 하게 된다.

그리고 압력을 이용하면 향기 성분이 쉽게 휘발되지 않는 장점이 있고 그 향기는 커피에 남게 된다. 또한, 원두 분말에 압력을 가하면 원두 분말 내에 존재하는 이산화탄소가 액상으로 전환되어 크림 층을 형성하게 된다.

4) 원두 분말과 물의 비율

에스프레소 커피 추출에서는 원두 분말과 물의 비율이 높을수록, 즉 물 대비 분말의 양이 많을수록 카페인, 클로로겐산, 쓴맛, 떫은맛과 연관된 성분들의 추출이 강해지는 것으로 문헌에 보고되고 있다. 또 에스프레소 추출에서는 원두 분말의 양이 6.5~9.5g일 때 디털펀의 함량(32~42㎎/L)이 높아진다. 일반적으로 원두 분말 대비 물이 너무 적을 때는 향미 발현이 안 되지만 원두 분말 대비 물의 양이 과다할 때는 쓴맛이 강해지거나 약한 향미가 나타난다. 따라서 원두 분말과 대비 물의 양은 목표로 하는 커피 타입에 맞게 최적의 비율을 스스로 찾아야 한다.

5) 원두 분말의 입도

원두 분말의 입자 크기 역시 커피 향미와 품질에 영향을 미친다. 원두를 분쇄하면서 분말의 표면적이 넓어져 수용성 성분의 추출이 쉽게 되고 동시에 이산화탄소와 향기 성분도 휘발된다. 원두 분쇄 때 커피 입자 크기와 모양은 다르게 나타난다. 분말의 입자 크기는 원두의 수분량과 로스팅 정도에 영향을 받는데, 예로서 로스팅 정도가 강할수록 원두 분말의 기공이 커지고 부서짐이 증가하게 된다. 특히 생두를 단시간에 분쇄하면 원두의 세포벽 탄력이 감소하기 때문에 분쇄 때 더 곱게 갈린다. 따라서 다크 로스팅한 원두가 라이트 로스팅한 원두보다 더 곱게 분쇄된다. 그리고 로스팅을 서서히 한 분말의 입자는 크기가 균일하며 밀도도 강해진다.

보통 원두의 수분 함량이 높으면 분말 입자의 크기가 커지고 낮으면 입자 크기가 작아진다. 입자가 큰 분말의 경우는 추출이 빠르지만 추출률은 낮아진다. 반대로 입자 크기가 너무 작으면 필터가 막히면서 과다 추출이 될 수 있다. 그리고 커피 추출 시 원두 분말의 습윤성 정도가 클수록 추출률과 커피로의 성분 확산이 증가하게 된다. 예를 들면 원두 분말을 추출 전에 10~15분가량 미리 불리면 카페인 추출이 증가하는 것으로 알려져 있다.

6) 물의 질

물에 미네랄 성분(나트륨, 마그네슘, 칼슘)이 적정량이 있어야 원두의 향미 성분의 추출이 쉬워진다.

마. 커피 추출법과 추출 성분

1) 카페인

카페인은 퓨린 알카로이드 성분으로 잘 알려진 대로 뜨거운 물에 쉽게 추출되는 성분이다. 로부스타 커피에는 아라비카 커피에서보다 카페인이 2배가량 더 함유되어 있지만, 커피 추출 방식과 응용 기술에 따라 카페인 함량은 달라진다. 일례로 모카 커피 메이커는 카페인 대부분을 추출하며, 필터 커피, 에스프레소 커피 및 프렌치 프레스 커피 메이커는 총 카페인의 66~76% 정도만 추출한다.

2) 페놀 성분

클로로겐산은 커피의 주요 페놀 성분으로 카페인과 마찬가지로 모카 커피 메이커를 이용한 추출에서 카페오일 퀸산이 가장 많이 추출된다. 반면 필터 커피, 에스프레소 커피 및 프렌치 프레스 커피 메이커는 디카페오일 퀸산은 소량 추출된다. 필터 커피 메이커와 에스프레소 커피 메이커 간의 페놀 성분 추출을 전체적으로 비교해 보면, 필터 커피 메이커에서 더 많이 추출되는 것으로 문헌에 보고되고 있다. 이는 분말 원두와 물의 비율 및 추출 시간 등이 영향을 미친 결과이다.

3) 탄수화물·멜라노이딘

원두 가루의 경우 탄수화물 중에 갈락토오스와 만노오스처럼 물에 녹는 성분들만 추출된다. 인스턴트커피의 경우는 탄수화물이 이미 당으로 분해되어 있어 추출이 잘된다. 그리고 커피에는 일정량의 식이섬유도 함유되어 있으며 멜라노이딘도 식이섬유의 일종으로 간주한다.

4) 지질

보통 지질은 원두 가루에 상당량 함유되어 있지만 필터 추출을 통해서는 소량이 추출된다. 에스프레소 커피의 경우는 필터 커피에 비해 많은 지질 특히 디털핀류(카페스톨, 카웰)가 많이 추출된다.

바. 콜드브루와 핫브루

1) 개요

콜드브루(cold brew)는 차가운 물로 커피를 우려내고, 핫브루(hot brew)는 뜨거운 물로 우려내는 것을 말한다. 콜드브루 커피 시장은 전 세계적으로 소비가 증가하는 추세이며, 이에 따라 던킨도너츠의 도넛, 스타벅스 및 기타 커피 브랜드에서는 RTD(Ready To Drink, 바로 마실 수 있게 포장된 액상 커피) 콜드브루 시장에 투자를 가속하는 추세이다.

콜드브루의 인기 비결은 열을 가하지 않고 상온 추출을 통해 커피 본연의 풍부한 맛과 부드러운 향을 즐길 수 있기 때문이다. 한때 커피 마니아층만 즐겨 찾던 콜드브루 커피는 이제 아이스 아메리카노와 같이 누구나 즐겨 마시는 커피 메뉴다. 콜드브루 커피는 분쇄한 원두를 상온이나 차가운 물에 장시간 우려내 원두 본연의 깔끔한 맛을 살리고 쓴맛이 덜하여 부드러운 맛이 특징이다. 우유나 연유, 박하 시럽 등 다양한 음식 재료를 더하면 다채로운 맛과 향을 느낄 수 있어서 소비자의 각양각색 입맛을 사로잡고 있다.

콜드브루 커피는 실온(20~25℃)에서 보통 8~24시간에 걸쳐 추출한다. 이때 핫브루 커피와 콜드브루 커피의 추출 온도 차이가 두 커피 간의 특성 차이에 영향을 미친다. 콜드브루 커피는 얼음 커피(최고 브루 커피에 얼음을 첨가한 것)와는 다른 것이다.

콜드브루는 더치커피(Dutch coffee)라고도 하는데, 더치커피는 네덜란드 상인으로부터 커피 제조 방법을 배운 일본인들이 네덜란드풍(Dutch)의 커피라 하여 붙여진 일본식 이름으로 알려져 있지만 그 어원에 대해서는 이견이 많다. 보통 동양권에서는 더치커피라 불리지만 서구권에서는 콜드브루 또는 워터 드립(water drip)이라고 부른다.

그리고 매장별로 콜드브루 커피 맛이 다른데, 예컨대 스타벅스 콜드브루 커피는 핫브루 커피보다 더 달고 부드러우며 바디감과 향미가 풍부한 것이 특징적이다. 반면 던킨도넛츠 콜드브루 커피는 신맛이 덜하고 달달하여 마시기 편한 것이 특징이다.

2) 콜드브루 커피의 향미 특징

콜드브루는 차갑다는 의미의 콜드(cold)와 끓이다·우려내다는 의미의 브루(brew)의 합성어로 차가운 물을 이용해 커피를 추출하는 모든 방법을 포괄하는 용어이다.

이 추출 방법은 뜨거운 물을 사용하는 일반 커피와 달리 차가운 물을 사용하는 것으로 쓴맛이 덜하고 부드러운 풍미를 특징으로 한다. 콜드브루 커피는 냉수로 우려내 그 맛이 연할 것 같지만 원두의 향미가 살아 있어 사실은 그 맛이 매우 진하다. 개인 취향에 따라 다르지만 일반적으로 1:3~1:5(커피:물) 정도로 희석해서 마시는 것이 보편적이다. 이때 커피 원액은 보통 물이나 얼음, 우유 등을 타서 희석해 마신다. 냉수로 희석하면 향이 더 강한 냉커피가 된다. 그리고 추출된 커피 원액은 일주일 정도 냉장 보관할 수 있으며, 1~2일 정도 저온 보관하면 와인과 같은 숙성된 맛을 느낄 수 있다. 콜드브루 커피의 경우 추출은 차가운 물을 이용하지만 차갑게 또는 뜨겁게 마신다. 콜드브루 커피는 개인 간 취향 차이가 커 호불호가 크게 갈린다. [그림 8-7]에서 보듯이 콜드브루와 핫브루의 이화학적 특성은 확연히 다른 것을 알 수 있다.

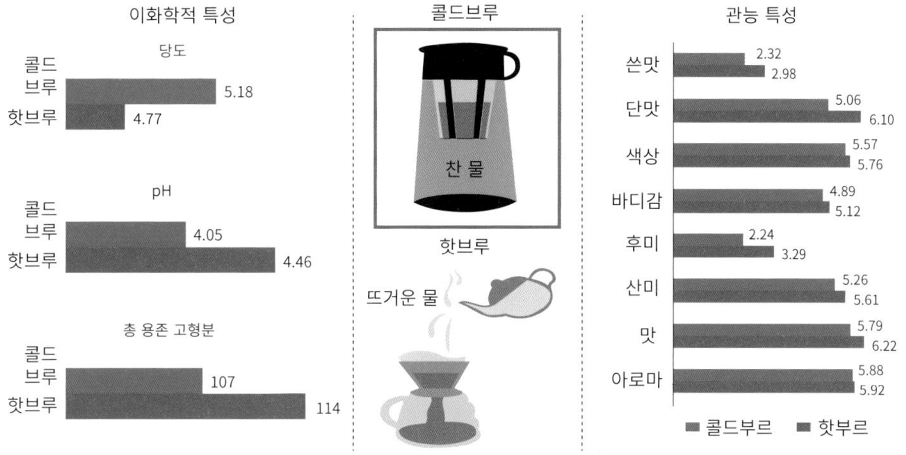

[그림 8-7] 콜드브루와 핫브루의 이화학적 특성 차이

3) 콜드브루 추출법

콜드브루 추출에는 침지식, 점적식과 프렌치 프레스식이 있다. 침지식은 찬물에 분쇄 원두를 오랜 시간 담가 두는 방식이며, 점적식은 분쇄한 원두에 차가운 물을 긴 시간 동안 조금씩 떨어뜨려 서서히 커피 액을 추출하는 방식이다. 프렌치 프레스식은 분쇄된 원두와 찬물을 담고 냉장고에 넣고 시간이 흐른 뒤에 프렌치 프레스의 거름망을 이용해서 커피를 추출하는 방식이다.

콜드브루 커피에 사용하는 원두는 필터 커피나 에스프레소 커피용 원두보다는 로스팅을 빨리하고 과도한 마이얄 반응을 피하기 위해 로스팅 후반에 온도를 서서히 내린다. 콜드브루 추출 시간은 필터 커피에서보다 오래 걸리는데 보통 실온(20℃)에서 2시간가량 소요된다. 콜드브루 추출은 로스팅 정도, 물과 원두 분쇄의 비율, 물의 온도·경도 그리고 원두 분쇄 정도 등이 영향을 미친다[그림 8-8].

일반적으로 콜드브루 커피의 이상적인 추출률은 70%가 적당한데, 이 비율은 원두 분말의 수용성 성분 대비 추출되는 커피 비율을 말한다. 이 추출률이 콜드브루 커피의 오염을 최소화하면서 맛을 극대화하는 방법으로 알려져 있다.

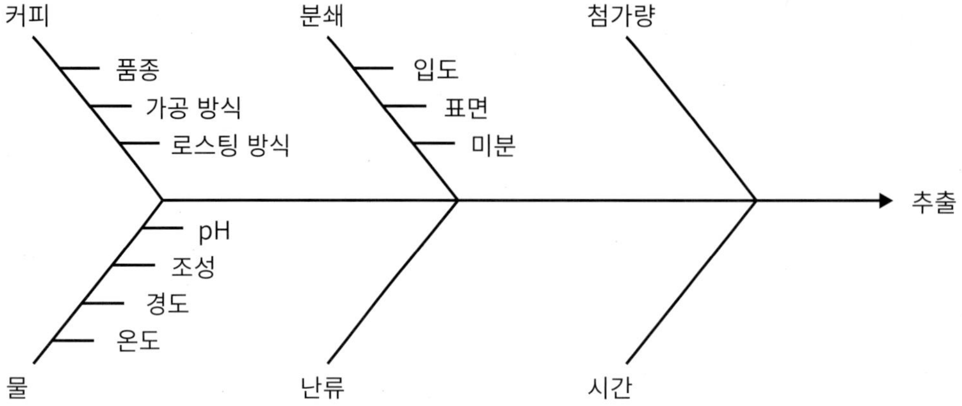

[그림 8-8] 콜드브루 추출 과정

커피의 쓴맛에 영향을 미치는 성분은 앞서 언급한 바와 같이 클로로겐산, 카페인 및 페놀 성분이며 커피에 풍부하게 함유되어 있다. 이러한 성분들은 커피 추출 방식에 따라 달라진다. 예로서 카페인의 경우 미디움 또는 다크 로스팅 원두를 이용한 콜드브루 커피에서 더 많이 추출된다.

[그림 8-9]는 콜드브루 추출 때 로스팅 정도에 따른 클로로겐산과 카페인의 농도 변화를 나타낸 것이다. 클로로겐산은 실온에서도 비교적 용해가 잘되는 성분인데, 콜드브루 추출 때 로스팅 정도와 관계없이 3시간까지 급속히 추출되고 이후 7시간경 최대치를 나타낸다. 클로로겐산이 콜드브루 초기에 다량 추출되는 이유는 원두 분말 표면에 클로로겐산이 다량 함유되어 있기 때문이다. 반면 원두 분말 기공에 함유된 클로로겐산은 3시간 이후 서서히 추출된다. 추출 7시간 이후에는 클로로겐산은 더 이상 추출되지 않는다. 클로로겐산의 추출률은 로스팅 정도에 영향을 받으나 원두 가루 입도와는 관련이 없다. 그리고 과도한 콜드브루는 카테콜의 농도를 증가시켜 거친 쓴맛을 부여하여 커피 맛에 부정적인 영향을 미친다.

카페인은 클로로겐산과는 다르게 실온에서 용해가 잘 안 되지만(16㎎/*ml*), 클로로겐산과 같이 로스팅 정도와 관계없이 추출 7시간경에 최대치를 나타내며 이후에는 추출이 거의 안 된다. 또한, 카페인의 농도는 클로로겐산과는 다르게 로스팅 정도에 영향을 받지 않는 것으로 문헌에 보고되고 있다.

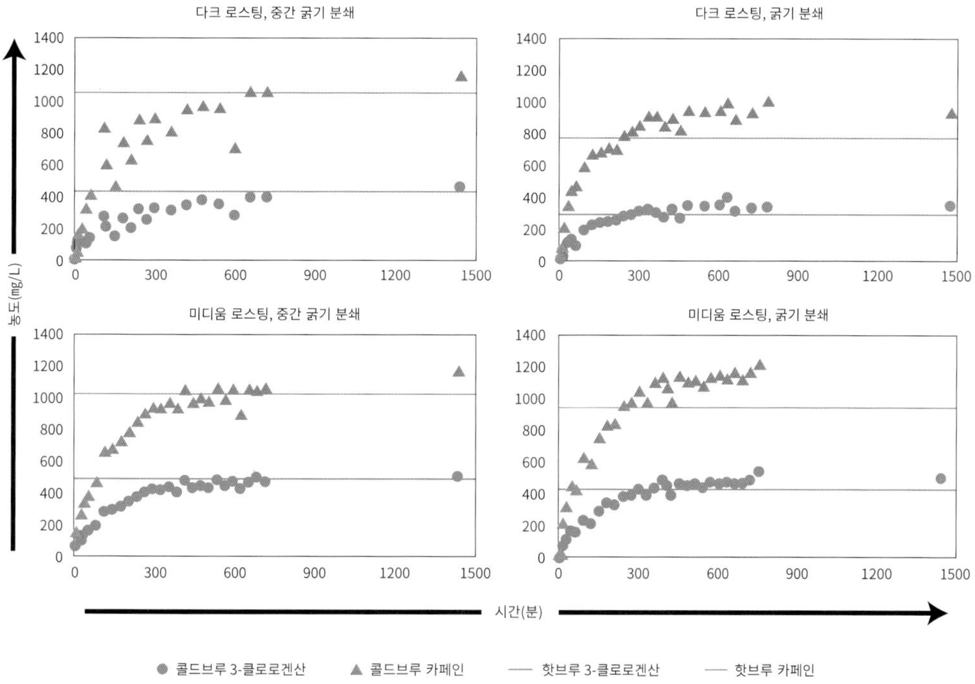

[그림 8-9] **콜드브루와 핫브루 추출 시 3-클로로겐산과 카페인의 농도 변화**

한편, 콜드브루 과정에서 미생물적 오염 위험이 존재하며 커피 추출을 오래 하면 그 위험도는 더욱 커진다. 콜드브루와 연관된 대표적인 위험 미생물은 살모넬라, 리스테리아 모노사이토제니스(*Listeria monocytogenes*) 및 대장균(*Escherichia coli*) 등이며, 특히 리스테리아 모노사이토제니스의 오염에 주의해야 한다. 그 외 효모, 초산균과 젖산균 역시 콜드브루 커피의 오염 요인이다. 이에 따라 요즘은 추출 시간을 줄이는 기술과 콜드브루 기계가 시장에 선보이고 있다.

콜드브루 커피 중 캔 커피와 병 커피는 살균이나 보존제 첨가를 통해 미생물 오염을 예방할 수 있으나 향미가 저하되는 문제점이 있을 수 있다.

4) 콜드브루와 핫브루 커피의 향미 특성

콜드브루 커피와 핫브루 커피 간의 향미 차이를 보면 두 커피 간에 그 차이가 크게 나타난다[그림 8-10]. 그림에서 녹색 처리된 부분이 콜드브루 커피에서 나타나는 향미 특성이다. 일반적으로 오일을 기반으로 하는 향기 성분(허브, 향신료, 견과류)은 물과 잘 섞이지 않는 소수성 특성으로 인해 차가운 물로는 추출이 잘 안 된다. 그러나 라이트 로스팅 원두를 통한 콜드브루 커피에서는 꽃 향, 과실 향 및 식물 향이 많이 검출되며, 다크 로스팅 원두를 이용한 콜드 브루 커피에서는 미네랄과 아로마가 더 많이 추출된다. 물 대신 우유를 이용하여 추출할 경우는 친유성 성분과 극성 성분이 더 많이 추출된다. 물에 잘 녹는 카페인의 경우는 콜드브루와 핫브루 모두에서 추출되는 정도가 유사한 것으로 문헌에 보고되고 있다.

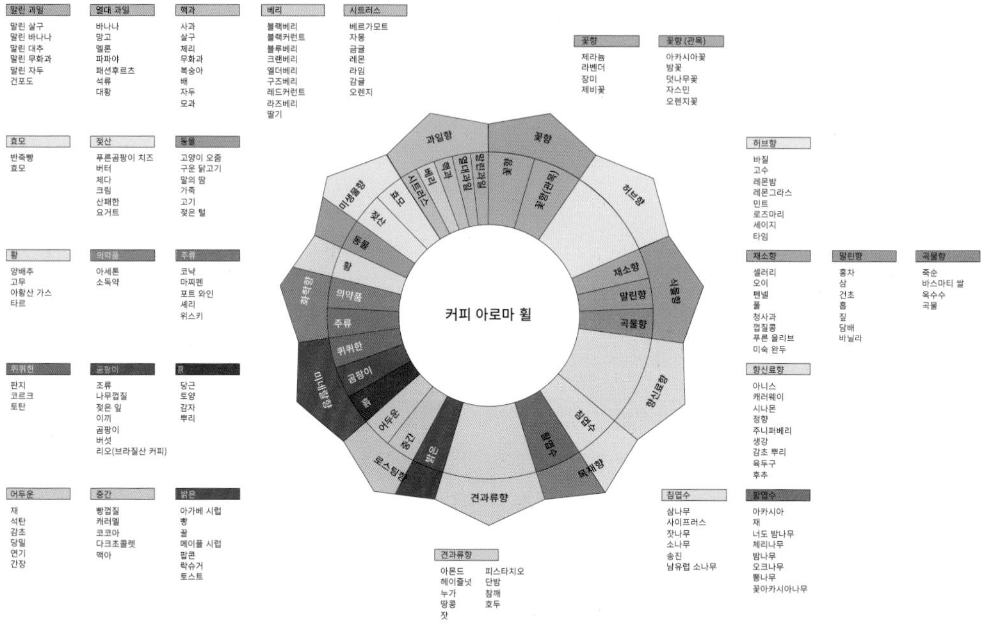

[그림 8-10] **콜드브루와 핫브루 커피의 아로마 휠**

콜드브루 커피와 필터 커피의 향미 특성을 비교해 보면[그림 8-11], 콜드브루 커피는 오렌지 향, 레몬 향과 오이 향이 주요 향기 성분인 반면, 필터 커피는 복숭아 향과 향신료 향이 특징적으로 나타난다. 그리고 콜드브루 커피는 바디감이 약하지만 신선감이 강한 것이 또 다른 특징이다.

핫브루 커피와 콜드브루 커피 간의 맛에서도 차이가 나는데 이는 산도와 카페인 농도 차이가 주요 요인이다. 앞서 언급한 바와 같이 핫브루는 추출 시간이 보통 6분, 콜드브루는 약 24시간이 소요된다. 그러나 핫브루처럼 빠른 추출 때에는 원두 가루의 표면에 있는 성분들이 빠르게 추출되지만 가루 내부 기공에 있는 성분들의 추출에는 한계가 있기 마련이다.

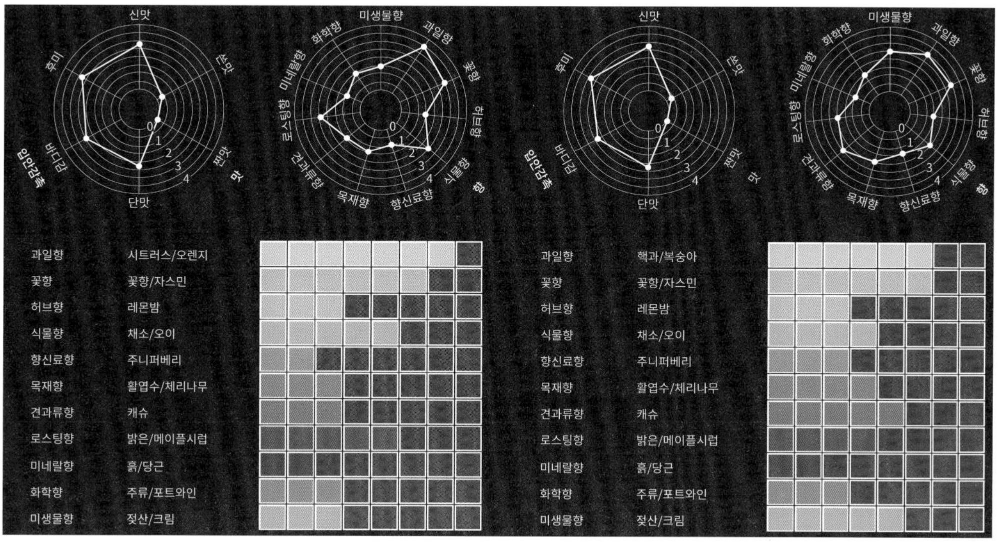

[그림 8-11] **콜드브루 커피(좌)와 필터 커피(우) 향미 특성**

콜롬비아산 스페셜티 커피인 우일라(Huila)와 나리뇨(Nariño) 원두를 굵게 분쇄 후 콜드브루로 추출한 커피의 향기 성분을 예를 들어 분석해 보면 다음과 같다[그림 8-12]. 추출된 성분 중에는 푸르푸랄이 가장 높은 함량을 나타내며 이 성분은 로스팅 과정 중 포도당의 열분해로 발현된 것이다. 대부분의 향기 성분은 후일라와 나리뇨 커피에서 공통적으로 검출된다. 그러나 콜드브루 커피에는 특히 퓨란류가 주요 향기 성분으로 나타나기 때문에 맥아 향과 달콤한 로스팅 향을 풍긴다. 이 성분들은 대체로 역치가 다른 향기 성분에 비해 낮은 편이다. 이러한 이유로 콜드브루 커피에서는 맥아 향과 달콤한 향미가 두드러지게 나타나게 된다. 피라진류는 퓨란류 다음으로 많은 분포도를 보이는 물질로 이 성분 역시 역치가 낮아 콜드브루 커피 아로마에 미치는 영향이 크다. 그리고 피라진류는 견과류 향, 흙냄새와 로스팅 향을 풍기며 서빙 온도가 높을수록 더 강하게 느껴진다.

그 외 케톤류와 피롤류 역시 콜드브루 커피에서 검출되며 아로마에 영향을 미친다. 또 콜드브루 커피에는 에스터류(메틸에스터, 에틸에스터)도 확인되며, 이 성분은 과실 향을 풍기고 커피 열매를 가공할 때 건식법 또는 반건식법으로 가공하면 더 많이 생성된다. 그리고 산류와 피리딘류는 후일라 콜드브루 커피에서만 검출되고 피리딘류는 날카로운 향을 부여하므로 저급 커피에 많다. 반면 페놀류는 나리뇨 커피에서만 검출되는데, 이때 과이어콜과 비닐과이어콜은 스모키 향과 로스팅 향을 부여한다. 2-메틸-3-(2*H*)-퓨라논은 나리뇨 커피에서만 확인되는 성분으로 달콤한 캐러멜 향을 부여한다.

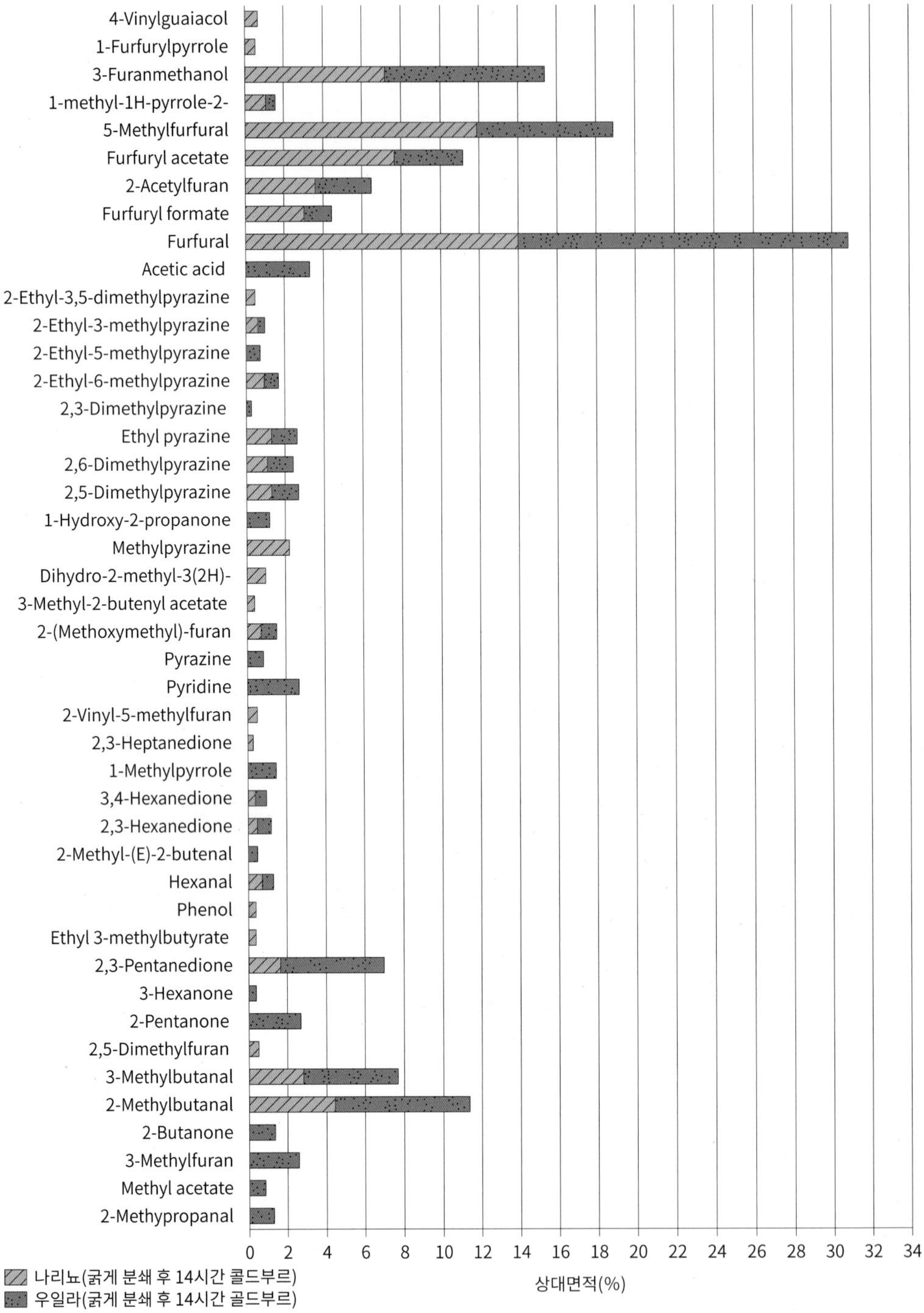

[그림 8-12] **스페셜티 콜드브루 커피의 향기 특성**

콜드브루 커피의 향미 특성을 커피콩 품질과 추출 방식(침지식·프렌치 프레스식)을 달리하여 연구한 결과를 살펴보면 다음과 같다.

우선 원두의 품질과 관계없이 핫브루 커피에서는 종이 맛, 채소 향, 로스팅 향, 떫은맛과 쓴맛이 더 많이 느껴지지만 꽃 향은 콜드브루 추출법에서 더 많이 감지된다. 콜드브루와 핫브루 커피의 아로마 관련 가장 큰 차이는 퓨란류와 피라진류이다. 그 외 아세톤류, 피롤류, 알데히드류, 퓨라노이드류 및 페놀류는 두 커피 간 농도 차이가 비교적 적은 물질들이다. 퓨란류는 다른 향기 성분에 비해 역치가 낮은 물질로서 커피에서 다양한 향미(단맛, 견과류 향, 맥아향, 로스팅 향, 꽃 향, 과실 향)를 나타낸다. 반면에 피라진류는 견과류 향, 흙냄새, 로스팅 향 및 풋내를 부여한다.

그리고 콜드브루 커피에서는 2-퓨릴메틸 포름산이 특히 많이 검출되지만 핫브루 커피에서는 2,2′-비퓨란, 2,2′-메틸렌 비스 퓨란, 2-(2-퓨라닐메틸)-5-메틸퓨란, 2,7-디메틸옥세핀, 2-[(메틸티오)메틸]퓨란, 2-메톡시-4-비닐페놀 및 1*H*-인돌이 더 많이 확인된다. 다만 상기 물질들은 그 농도에 따라 커피 향미에 경쾌한 향 또는 불쾌한 향으로 나타나기도 한다. 2,2′-메틸렌 비스 퓨란 및 비퓨란(bifuran)은 풋내와 의약품 향을 풍기는 반면, 2-[(메틸티오)메틸]퓨란은 유황 향, 마늘 향, 스모키 향과 로스팅 향을 풍긴다. 1*H*-인돌은 탄 냄새, 향수 향, 페놀 향 및 약품 향이 특징적이다. 그리고 2-메톡시-4-비닐페놀은 향신료 향과 클로버 향을 풍긴다.

커피 추출 과정에서 원두 가루 내 물질들의 용해성 및 극성 특성에 따라 추출되는 성분이 다르게 나타난다. 즉 핫브루에서는 극성이 높은 물질은 추출 초기에 극성이 낮은 물질은 추출 후기에 추출된다. 그러나 핫브루 시 사용되는 뜨거운 물은 극성과 용해도가 낮은 물질들을 쉽게 추출한다. 따라서 핫브루 커피에는 페닐인단류 및 클로로겐산 락톤류의 추출이 쉬워 커피의 쓴맛과 떫은맛이 콜드브루 커피에서보다 두드러진다. 또 뜨거운 물은 물 분자의 운동성 증가로 인해 원두 분말 층을 쉽게 침투하여 바디감을 부여하는 지방질과 탄수화물의 추출이 쉬워지는 효과도 있다. 따라서 핫브루 커피가 전반적으로 콜드브루 커피에서보다 쓴맛, 바디감 및 입안 촉감 등이 더 강하게 된다.

커피 향미에 영향을 미치는 총 용존 고형분, 카페인, 트리고넬린과 카페오일 퀸산은 핫브루와 콜드브루 커피 간에 차이가 없는 것으로 문헌에 보고되고 있다. 그러나 산미는 핫브루 커피에서 더 많이 느껴진다. 결론적으로 핫브루 커피와 콜드브루 커피 간의 향미 특성은 커피 추출 방식이 원두의 품질보다 더 큰 영향을 미치는 것으로 봐야 한다. [표 8-3]은 커피 추출 방식과 원두 품질에 따른 핫브루와 콜드브루 커피의 향미 특성을 상대 피크 %로 나타낸 것이다.

[표 8-3] 커피 추출 방식과 원두 품질에 따른 콜드브루와 핫브루 커피의 향미 특성 비교

향기 성분	콜드브루 커피 (% 피크 면적)		핫브루 커피 (% 피크 면적)	
	스페셜티	일반	스페셜티	일반
2-메틸부탄알(버터 향, 과실 향, 맥아 향)	3.4	4.42	2.74	2.63
2,7-디메틸 옥세핀	0.23	0.18	0.32	0.74
2,3-펜탄디온(버터 향, 크림 향, 캐러멜 향)	1.68	1.53	1.24	1.17
2-(메톡시메틸)퓨란(탄냄새, 화학품 향)	0.56	0.61	0.54	0.49
디하이드로-2-메틸-3(*2H*)-퓨라논(견과류 향)	1.13	1.10	1.05	0.84
메틸 피라진(흙냄새, 로스팅 향)	2.50	2.42	1.93	1.58
2,5-디메틸 피라진(헤이즐럿 향, 견과류 향)	1.67	1.68	1.52	1.68
2,6-디메틸 피라진(초콜릿 향, 코코아 향)	1.40	1.41	1.26	1.54
에틸 피라진(로스팅 향, 견과류 향)	1.66	1.70	4.13	1.49
2-에틸-6-메틸 피라진(곡류 향, 꽃 향)	1.33	1.42	1.22	1.51
2-에틸-5-메틸 피라진(로스팅 향, 과실 향)	1.21	1.27	1.06	1.09
2-에틸-3-메톡시피라진(견과류 향, 과실 향)	0.73	0.77	0.68	0.84
2,6-디에틸 피라진(로스팅 향)	-	0.10	0.07	0.17
3-에틸-2,5-디메틸 피라진(흙냄새, 로스팅 향)	0.70	0.84	0.60	0.87
3-에틸-3,5-디메틸 피라진(흙냄새, 로스팅 향)	0.16	0.15	0.24	0.30
1-(아세틸옥시)-2-프로판온(과실 향, 버터 향)	0.76	0.79	0.87	1.05
푸르푸랄(풋내, 허브 향)	13.7	14.3	12.7	11.4
2-[(메틸티오)메틸]퓨란(마늘 향, 양배추 향)	0.35	0.36	0.91	0.70
2-퓨릴메틸 포름산(에테르 향)	2.62	2.45	1.25	1.24
1-(2-퓨라닐)-에탄온(단향, 아몬드 향)	3.73	3.86	3.71	3.39
1-(2-퓨릴)-2-프로판온(과실 향, 캐러멜 향)	0.73	0.40	0.86	0.71
1-(아세틸옥시)-2-부탄온(커피 향)	0.34	0.24	0.20	0.40
2-퓨란메탄올 아세테이트(커피 향, 허브 향)	10.50	13.38	11.12	9.87
5-메틸 푸르푸랄(캐러멜 향, 곡류 향)	14.49	14.68	15.78	13.12
2-퓨란메탄올 프로판온산(배 향, 풋내)	0.41	0.40	0.73	0.56
2,2′-비퓨란(의약품 향)	0.46	0.52	1.40	1.12
2,2′-메틸렌 비스 퓨란(풋내)	0.51	0.56	1.50	1.28
1-메틸-*1H*-피롤-2-카르복스알데히드(견과류 향)	1.35	1.20	1.35	1.25
2-퓨란메탄올(캐러멜 향)	8.67	8.79	6.78	9.97
2-(2-퓨란메틸)-5-메틸퓨란(마늘 향)	-	0.11	0.41	0.43

3-메틸-4-(메틸티오)페놀(달걀 향, 마늘 향)	-	-	-	0.19
1-(*1H*-피롤-2-일)에탄온(과실 향, 견과류 향)	0.27	0.29	0.39	0.34
1H-피롤-2-카르복스알데히드(채소 향)	0.41	0.43	0.49	0.41
2-메톡시-4-비닐페놀(클로버 향, 페놀 향)	0.49	0.49	1.17	0.97
1H-인돌(탄냄새, 향수 향, 페놀 향)	-	-	0.10	0.09

CHAPTER 09

커피의 향미

1. 개요
2. 커피 향미의 생성과 발현
3. 커피의 향미 성분
4. 커피 향미에 영향을 미치는 요소
5. 커피 타입별 향미 특성
6. 국가별·원산지별 커피 향미 특성

09 커피의 향미

1. 개요

커피에는 많은 향이 존재하는데 이 중 일부만이 커피 향으로 남는다. 이 향기를 최대한 보존할 방법을 찾아온 게 커피 레시피의 역사라고도 할 수 있다. 한 설문조사에 의하면 커피를 마시는 이유에 대해 대다수가 향이라고 대답할 정도로 커피 향은 커피 품질에 가장 핵심 요소이다. 그리고 커피의 향기는 생두가 일차적으로 중요한 역할을 하지만 원두 역시 커피 향기와 품질에 큰 영향을 미친다.

앞서 서술한 바와 같이 커피는 이른바 커피벨트라 불리는 적도 지역을 중심으로 많은 국가에서 널리 재배되고 있다. [그림 9-1]은 전 세계 주요 커피 생산지별 커피 향기 특성을 나타낸 것인데, 나라별, 지역별 커피 향기 특성이 다르게 나타나며 이에 따라 각 커피의 특징 역시 다르다.

커피 향미를 결정하는 요소와 그 비중을 보면, 생두의 품질과 신선도가 60%, 로스팅 정도의 적합성이 20%, 분쇄 및 추출 기술 숙련도가 각각 10%를 차지하는 것으로 알려져 있다.

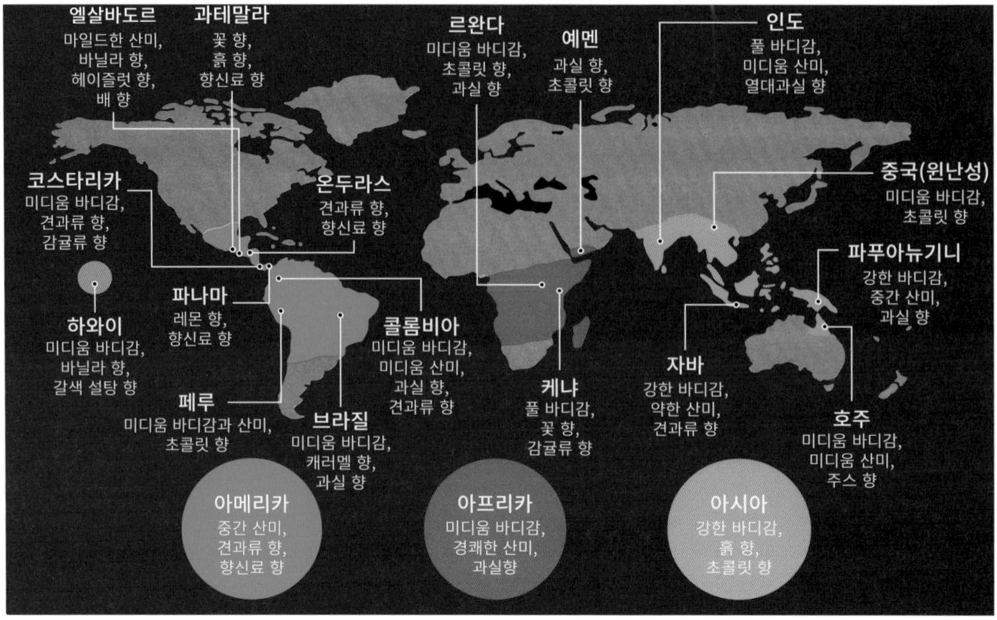

[그림 9-1] 세계의 커피 향미 특성

커피 향미에 영향을 미치는 요소를 개괄적으로 살펴보면 [표 9-1]과 같다. 주요 성분으로는 커피 열매와 커피 가공 중에 발생한 물질들로 구성되어 있다. 이들 성분의 농도는 원산지, 열매 가공 과정, 로스팅 방식, 원두 분쇄와 추출 방식에 따라 달라지며 이에 따라 커피의 향미 특성도 다르게 나타난다.

[표 9-1] 커피 향미에 영향을 미치는 주요 성분

구분	주요 성분
쓴맛	카페인, 트리고넬린, 클로로겐산
떫은맛	피롤류, 피리딘류, 클로로겐산(계피산, 카페산, 페룰산, 쿠말린산, 퀸산)
신맛	카르복실산(사과산, 구연산), 클로로겐산(퀸산)
단맛	탄수화물(포도당, 과당), 케톤류(디아세틸, 2,3-펜탄디온)
마이얄 반응과 캐러멜화 반응	탄수화물, 단백질, 펩타이드, 아미노산
산화 반응 (이취)	지질(트리글리세롤, 디털펀류, 알코올류, 유리 지방산류, 스테롤류, 토코페롤류)

커피 향미는 원료부터 여러 가공 단계들이 관여하여 발현되지만, 우선 생두의 유전적 특성과 가공 과정 그리고 음용 형태에 따라 그 특성이 달라진다. 생두의 유전적 특성은 커피 향미로 발현되는 성분의 전구물질이기 때문에 중요하고, 가공 과정(로스팅·분쇄·추출)은 생두가 지닌 향미 전구물질을 발현시키는 과정이기 때문에 중요하다. 마지막으로 음용 형태는 서빙 온도, 커피잔의 크기와 모양, 첨가물의 사용 여부 등이 커피 향미에 영향을 미치기 때문에 또한 중요한 요소이다.

커피가 오늘날 음료로서 소비자들에게 빠르게 진입한 것은 커피의 독특한 향미 매력 때문이므로 커피의 향미 특성 파악은 커피 종사자뿐 아니라 커피 애호가들에게도 관심 있는 주제이다. 일반적으로 소비자가 커피를 마실 때 다음 4가지 요소가 주로 영향을 미친다.[그림 9-2]

① 물리화학적 특성

커피 소비 방식과 관계없이 커피 자체의 물리화학적 특성이 커피를 마시는 데 중요한 요소가 된다. 각각의 커피의 물리화학적 특성은 커피의 향미 성분의 농도를 기기 분석을 통해 객관적·과학적으로 그 특성(점도, 고형분, 색상 등)을 특정할 수 있다. 특히 커피의 향미에 직접적인 영향을 미치는 특정 향미 성분 파악이 중요하다.

② 소비 특성

커피가 지닌 향미 특성은 기기 분석을 통해 파악할 수 있지만, 커피를 마시면 그 향미 성분은 입에서 다르게 발현되며 개인마다 또 다르게 느껴진다. 일례로 같은 커피라도 마시는 양, 호흡과 삼키는 정도, 입안에서의 움직임, 비강 구조 및 침의 구성 등이 커피 향미를 느끼는 정도에 영향을 미치게 된다.

③ 감각 특성

개인마다 커피 소비 패턴과 비강 구조에서 오는 커피 향미를 느끼는 차 이외에 사람마다 감각과 생리적 차이도 커피 향미를 다르게 느끼게 하는 요소가 된다. 예를 들어서 커피의 쓴맛을 나타내는 6-노르말 프로필티오우라실(6-*n*-propylthiouracyl) 또는 페닐티오카바미드(phenylthiocarbamide) 성분은 개인마다 감지하는 정도가 매우 다르다. 이는 혀의 용상유두 차이에서 비롯된 것이다. 일부 소비자는 무후각증(anosmia)으로 인해 특정 냄새를 감지 못하는 경우도 많다.

④ 심리적 특성

커피를 마신 개인적인 경험과 심리적인 차이에서도 커피 향미를 다르게 느끼게 된다[그림 9-2].

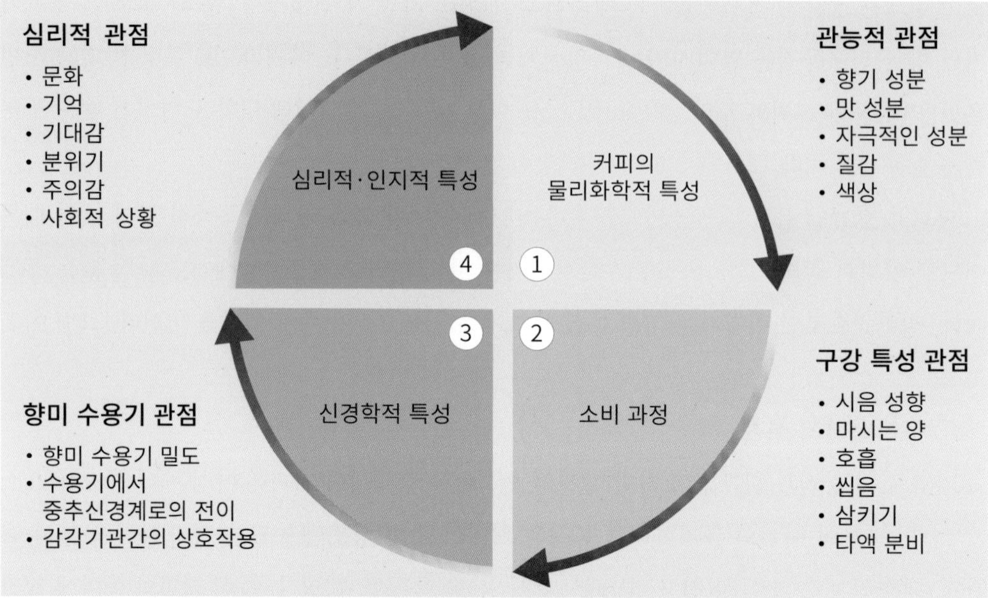

[그림 9-2] 커피를 마시는 요인(Springer Handbook of odor, 2017)

커피 한 모금으로 커피의 모든 향미를 파악하기는 쉽지 않다. 왜냐하면 커피의 향미는 맛, 향, 촉각, 시각 등 모든 감각이 포함된 복잡한 감각을 통해 나타나기 때문이다. 아로마라는 것은 냄새를 의미하는 것이며 후각을 통해 느껴진 감각을 말한다. 아로마에는 들숨 아로마인 비선 향(鼻先香, orthonasal)과 날숨 아로마인 구중 향(口中香, retronasal)으로 구분된다. 들숨 아로마는 커피의 향이 공기 중으로 휘발되어 코로 감지되는 아로마를 말하며, 들숨 아로마는 커피를 마실 때 입안에서 발현되어 코를 통해 다시 발산되어 느껴지는 아로마를 말한다.

맛은 단맛, 신맛, 쓴맛, 감칠맛 등을 말하며 향미라는 것은 커피의 맛, 향 그리고 질감을 종합적으로 느끼는 감각을 말한다[그림 9-3].

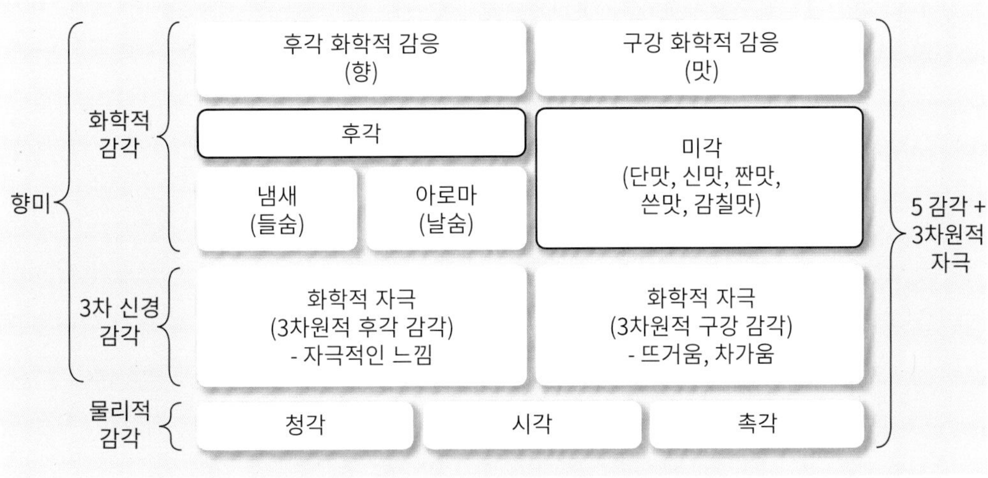

[그림 9-3] 커피의 향미 특성(Springer Handbook of odor, 2017)

커피를 마시는 이유(습관, 필요성, 건강, 편리함, 즐거움, 전통 음료, 관심, 사회성, 가격, 시각, 사회규범, 사회적 이미지 등)는 매우 다양하다. 그 외 커피를 마시면서 느끼는 여유로움, 머리를 식힐 때, 편안함, 건강 등도 커피 소비의 이유이다.

2. 커피 향미의 생성과 발현

커피 향미는 기본적으로 커피 품종에 따라 향미가 다르게 나타나며, 커피 품종의 재배 방법과 지역적 · 환경적 요소(기후, 고도, 온도 등)에 좌우된다. 앞서 언급한 바와 같이 수확된 열매는 생두로 만드는 가공 과정(건식법, 습식법, 반건식법)을 거치게 된다. 기본적으로 가공 방법 간의 가장 큰 차이는 과육·점액질 제거, 발효 및 세척 방식 등에 있다. 건식 가공된 커피는 페놀 향이 두드러지며 습식 가공된 커피는 건식법 커피에서보다 약한 바디감, 높은 산미와 강한 아로마를 특징으로 한다. 이에 반해 반건식 가공된 커피는 건식 가공과 습식 가공의 중간 수준의 바디감을 나타낸다.

그 외 일부 생두는 스페셜티 스타일의 커피 제조를 위해 이른바 소화 바이오 가공법(digestive bio processing)을 이용하여 제조되기도 한다. 몬순 커피, 루왁 커피, 시벳 커피 및 포유동물 커피 등이 대표적인 예이다. 인도 커피 중 유명한 몬순 커피는 습한 남서 계절풍에 열매를 건조하여 인위적으로 숙성시킨 것이다. 이 커피는 황색을 띠며 독특한 향미를 갖고 있고 진한 쓴맛으로 인해 에스프레소용으로 적합하다는 평가를 받는다.

또 커피 향미에 영향을 미치는 요소는 생두 원산지, 로스팅, 분쇄 및 커피 추출 과정이다. 그중 로스팅 과정은 커피 아로마에 가장 큰 영향을 미친다. 로스팅은 보통 180~240℃에서 8~15분 진행한다. 그리고 로스팅 정도에 따라서도 커피 향미가 달라진다. 일례로 라이트한 커피는 단맛, 코코아 향, 견과류 향이 두드러지지만, 미디움 로스팅 시에는 아로마가 더 강한 커피가 되며, 다크 로스팅 커피는 탄 냄새와 로스팅 향이 강하게 나타난다. 따라서 미디움 로스팅 커피가 다크 로스팅 커피보다 산지 특성을 더 발현시킬 수 있는 로스팅 방법이다.

커피 향미는 열매가 익어가면서 형성한 향미 전구물질에서 유래된 것이기 때문에 기본적으로 커피나무에서부터 발현된 것이다. 커피 아로마는 열매부터 커피 제조까지 여러 변형을 거쳐 만들어지게 된다. 그리고 커피의 향미는 열매의 가공 과정과 여러 과정을 통해 더욱 복합적으로 발현되게 된다. 보통 커피의 향미를 나타내는 성분들은 주로 로스팅 과정을 통해 생성되지만, 원두 분말(가루)에서 가장 많이 커피 향미를 느끼게 된다[그림 9-4].

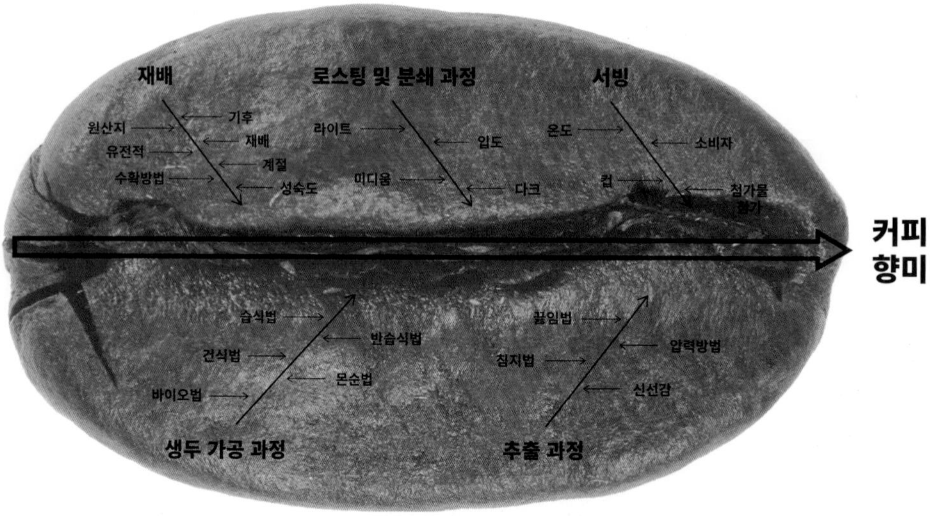

[그림 9-4] 커피의 향미 발현 과정과 영향 요소
(Sunarharum et al. Food Research International 62, 2014)

커피 향미는 크게 3단계의 변형 과정을 거쳐 최종 소비자에게 전달된다. 각 단계는 각각의 커피 향미에 영향을 미치는 성분을 발현하게 된다.

① 원료 단계: 생두 성분들은 커피 아로마 발현 물질이 되는 전구물질을 함유하고 있다. 재배 방법, 기후와 수확 후 가공 과정을 통해 생두 내 아로마 전구물질이 로스팅 과정에서 향기 성분으로 발현된다.

② 변형 단계: 생두가 최적의 상태라도 변형 단계가 최적이 아니면 최적의 커피가 만들어지기 어렵다. 변형 단계에서 가장 중요한 단계는 로스팅 과정이며 그 외 분쇄 과정, 탈기 과정 및 저장 조건 역시 커피 향미 변형 정도에 영향을 미친다. 로스팅 과정을 거친 원두에는 향기 물질이 다량 분포되어 있지만 원두를 분쇄해야 아로마를 가장 강하게 느낄 수 있다.

③ 발현 단계: 이 단계에서는 추출 과정이 중요하며 소비자에게 커피의 최종 향미를 발현시키는 과정이다. 그러나 추출 후 커피의 아로마의 강도는 분말 원두에서보다는 적게 나타난다.

3. 커피의 향미 성분

가. 개요

커피 향미에 관한 연구는 19세기부터 진행되었으나 본격적인 발달은 분석 기술이 발달하면서 20세기 중반에 시작되었다. 현재는 다양한 분석 기기 발달로 24만 2,000여 개의 성분 분석이 가능하다. 그리고 커피 향기 물질은 대부분 휘발성이 강한데, 이 중에 휘발성 가장 강한 물질은 메탄티올이며 그다음 아세트알데히드가 그 뒤를 잇는다[그림 9-5].

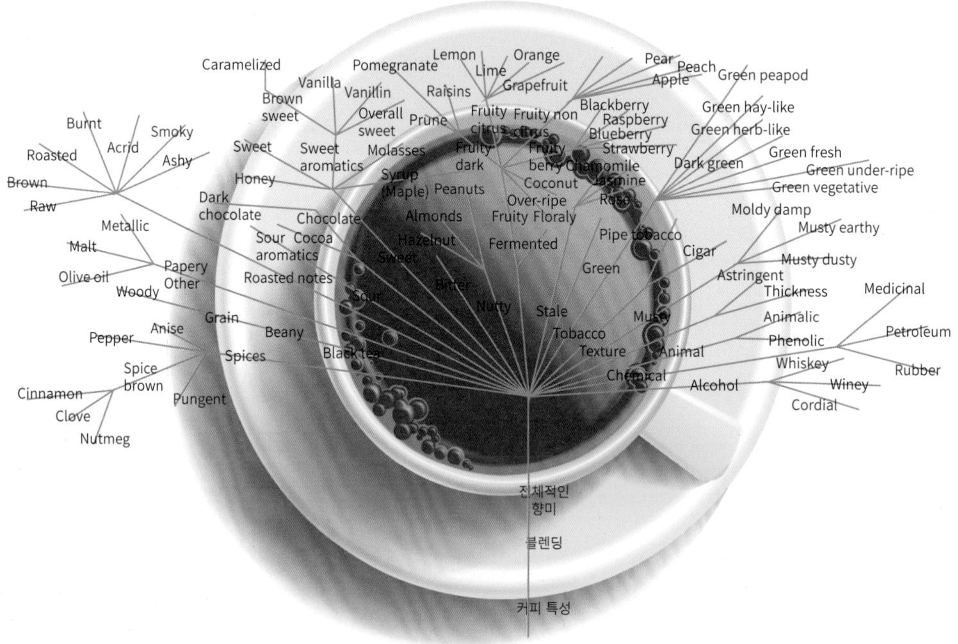

[그림 9-5] **커피 아로마**

커피에 함유된 아로마는 1,000여 종류로 그 분포도를 보면 퓨란류(150종), 피라진류(100종), 페놀류(90종), 피롤류(80종), 탄화수소류(76종), 카르복실산류(60종), 에스터류(55종), 알코올류(50종), 알데히드류(45종) 등이다. 그 외 티오펜류(thiolphenes), 티아졸류(thialzols), 옥사졸류(oxazoles), 아민류(amines), 피리딘류, 락톤류 및 황과 질소를 함유한 기타 성분이 215종으로 분석된다. 앞서 기술한 바와 같이 커피 아로마 중에 5%에 해당하는 50여 개 성분(피라진류, 퓨란류, 알데히드류, 케톤류, 페놀류, 황 성분)만이 커피의 아로마에 영향을 미치는 것으로 다수의 문헌에 보고되고 있다. 그리고 커피의 아로마 성분의 총 농도는 845~1,239㎎/L 수준으로 비율로 보면 전체 커피 성분 중에 0.1% 정도로 미량이다. 이들 소량의 아로마 성분 간의 균형과 상호작용이 커피 향을 좌우하게 된다.

커피의 아로마를 인지하는 데는 우선 각 성분의 역치(사람이 후각으로 느낄 수 있는 최소 농도)가 중요하고 더불어 아로마가(aroma value)가 중요하다. 아로마가란 향기 물질의 농도를 역치로 나눈 값을 말한다. 즉 아로마가 1 이상은 물질만이 사람이 후각으로 인지할 수 있는 성분이며, 아로마가가 클수록 휘발도가 높고 향기가 강하다는 의미이다.

나. 비휘발 성분과 커피 향미

커피 향미에 영향을 주는 원두의 비휘발 성분은 알카로이드류(카페인, 트리고넬린), 클로로겐산, 카르복실산, 탄수화물, 지질, 단백질, 멜라노이딘 및 미네랄 등이다. 이 성분들의 농도는 커피 재배 방법과 가공 과정에 따라 원두 간 크게 다르게 나타난다. 예로서 아라비카 품종은 로부스타 품종보다 생두와 원두에서 카페인 함량이 높아 커피의 질감과 쓴맛에 영향을 미친다. 각각의 비휘발 성분이 커피 향미에 미치는 영향을 살펴보면 다음과 같다.

트리고넬린과 그 유도체(니코틴산, 질소 함유 메틸니코틴아미드)는 커피에 함유되어 있고, 이들 성분은 카페인과는 다르게 아라비카 품종에 많으며 원두와 커피 아로마에 영향을 미친다.

클로로겐산은 원두에서는 떫은맛을 커피에서는 쓴맛을 나타낸다. 이 성분은 식물에서 가장 많이 분포하는 폴리페놀 성분 중의 하나이다. 아라비카 커피 한 잔(200㎖)에는 클로로겐산이 70~200㎎, 로부스타 커피에는 70~350㎎이 함유되어 있다.

카페인은 커피의 질감과 쓴맛에 영향을 미치며 다당류는 커피의 점도와 휘발 성분의 전구물질로서 중요하다. 카르복실산(구연산, 사과산, 초산)은 신맛에, 클로로겐산(신남산, 페룰산)은 퀸산으로 분해되면 커피에 떫은맛을 준다.

신맛은 단맛과 반비례하는데 보통 아라비카 커피가 로부스타 커피보다 신맛이 더 강하다. 생두의 신맛 농도는 11% 수준이며 주로 구연산, 사과산, 클로로겐산과 퀸산으로 구성되어 있다. 그러나 로스팅한 원두에서는 신맛 함량은 구연산, 사과산 및 클로로겐산의 감소로 인해 6% 수준으로 줄어든다. 즉 이들 신맛 성분들은 로스팅 과정에서 클로로겐산과 퀸산의 반응으로 인해 락톤류와 휘발성 페놀 성분(과이어콜, 4-비닐과이어콜)으로 전환된다. 이에 반해 일부 산류(포름산, 초산, 글리콜산, 젖산)는 로스팅 과정에서 증가하는 현상을 보이기도 한다. 따라서 로스팅 관점에서 보면 다크 로스팅이 신맛을 감소시키는 데 가장 효율적인 방법이다.

비휘발 성분 중에 다당체는 생두와 원두의 주요 성분으로 아라비노갈락탄, 만난 및 셀룰로오스로 구성되어 있다. 다당체는 향기 성분을 유지하는 역할을 하기 때문에 향미에 영향을 미치는 성분이며 커피 점성에도 영향을 미친다. 그중 단당류(포도당, 과당)는 그 농도는 매우 적지만 잔존하면 커피에 단맛을 부여한다.

지질은 커피 오일이라고도 하며 생두에서 가장 많은 함량을 보이며, 에스프레소 커피의 크림 층 형성에도 영향을 미치고 질감과 입안 촉감에 영향을 준다. 단백질의 경우는 아라비카종이 로부스타종에서보다 적지만 아미노산 분포도에서는 두 종 간에 차이가 거의 없다.

커피의 비휘발 물질은 품질에 긍정적 또는 부정적으로 작용한다. 예로서 탄수화물은 단맛과 마이얄 반응을 통해 캐러멜 향을 나타내며, 카페인과 클로로겐산은 쓴맛을 준다. 비휘발 성분 중에 트리고넬린과 3,4-디카페오일 퀸산은 고품질 브라질 커피의 지표가 되기도 한다. 반면 클로로겐산(5-카페오일 퀸산)은 의약품취와 페놀취를 풍겨 품질이 낮은 커피가 된다.

다. 휘발 성분과 커피 향미

1) 개요

그간 문헌에 보고된 연구 결과에 따르면, 커피 아로마에 가장 큰 영향을 미치는 성분으로 2,3-펜탄디온(버터 향), 2,3-부탄디온(버터 향), 2-메틸부탄알(아몬드 향) 및 2-에틸-6-메틸피라진(로스팅 향)을 꼽으며, 이들 성분은 공통적으로 아로마가가 매우 높다.

[표 9-2]는 아라비카 커피의 주요 아로마 성분을 나타낸 것이다. 우선 각 성분은 그 농도에서 차이가 크게 나타나는데, 이는 커피 재배 방법, 생두와 원두의 특성 그리고 가공 과정이 각기 다르기 때문이다. 물론 아로마 성분 분석 방법에 따라 그 함량이 다르게 나타나기도 한다.

커피 아로마에 영향을 미치는 휘발 성분 중에서 피라진류는 알킬피라진류와 메톡시피라진류로 구분된다. 알킬피라진류의 경우는 커피에 고기·생선 구울 때 향 또는 간장·된장에서 나는 구수한 향과 견과류 향을 나타내고 대체로 긍정적인 향을 풍긴다. 반면 메톡시피라진류는 피망, 생감자, 콩 또는 흙냄새를 연상시키며 일반적으로 부정적인 향으로 평가된다.

일부 문헌에서는 아라비카 커피의 주요 아로마로서 2-푸르푸릴티올, 알킬피라진류, 퓨라논류, 페놀류, 메티오날 및 3-머캅토-3-메틸부틸포름산을 보고하고 있다.

또 커피 휘발 성분 중에 특히 2-에틸-3,5-디메틸피라진(흙냄새, 로스팅 향)을 원두와 커피의 가장 중요한 아로마로 지목하기도 한다. 3-머캅토-3-메틸부틸포름산, 2-푸르푸릴티올(커피 향) 및 (*E*)-베타다마세논(꿀 향)은 원두 분말에서만 확인되는 성분으로 알려져 있다.

반면 메티오날(감자칩 향), 소톨론(향신료 향), 4-하이드록시-2,5-디메틸-3(*2H*)-퓨라논(캐러멜 향) 및 바닐린(바닐라 향)은 커피에서만 검출된다.

커피 원산지와 로스팅 과정 역시 커피 향미에 영향을 준다. 예를 들면 2,3-부탄디온(버터 향), 2,3-펜탄디온(버터 향), 3-이소부틸-2-메톡시피라진(풋내), 4-하이드록시-2,5-디메틸-3(*2H*)-퓨라논(캐러멜 향), 3-비닐과이어콜(정향), 4-에틸과이어콜(클로버 향), 2-푸르푸릴티올(로스팅 향), 3-머캅토-3-메틸부틸포름산(블랙커런트 향) 및 3-메틸-2-부텐티올(아민 향)은 원산지에 영향을 받는다. 반면 프로판올, 2(5)-에틸-4-하이드록시-5(*2H*)-퓨라논, 과이어콜, 4-에틸과이어콜, 2-푸르푸릴티올, 3-메틸-2-부텐-1-티올 및 메탄티올은 로스팅에 영향을 받는 성분으로 학계는 보고하고 있다.

[표 9-2] 아라비카 커피의 아로마

아로마 성분		함량 (μg/L)	역치 (μg/L)
알데히드류	2-메틸부탄알(부패취, 아몬드 향)	20,700	1.3
	2-메틸프로판알(버터 향)	-	-
	3-메틸부탄알(맥아 향)	18,600	0.35
	(*E*)-2-노넨알(마분지취)	19	0.08
	3-메틸프로판알(코코아 향)	-	-
	아세트알데히드(풋내)	139,000	0.7
	메틸프로판알(맥아 향, 과실 향)	32,300	0.7
	파라아니스알데히드(민트 향)	-	-
	페닐아세트알데히드(단과일 향)	-	-
	프로판알(로스팅 향, 과실 향)	17,400	10
산류	2-메틸뷰티르산(단향)	25,000	10
	3-메틸뷰티르산(단향)	18,060~32,180	70
에스터류	에틸-2-메틸뷰티르산(과실 향)	3.9	0.5
	에틸-3-메틸뷰티르산(과실 향)	14	0.6
퓨란류	푸르푸랄(캐러멜 향, 빵향, 풋내)	5,880~19,370	280
	2-(메틸티오)메틸퓨란(훈연 향)	-	-
	2-퓨란메탄올 아세테이트(허브 향)	24,520-40,040	-
	2-메틸퓨란(풋내)	-	-
	5-메틸-2-퓨란카르복시알데히드(캐러멜 향, 단향)	-	6,000
	푸르푸릴포름산(에테르 향)	4,060~6,420	-

황함유 성분	디메틸트리설파이드(양배추 향)	28	0.001
	비스(2-메틸-3-푸릴)디설파이드(고기 향)	-	0.0076
	메티오날(삶은 감자 향)	213~240	0.2
티올류	3-머캅토-3-메틸부틸 포름산(녹색 블랙커런트 향)	130	0.0035
	2-푸르푸릴티올(로스팅 향)	1,080~5,080	0.01
	2-메틸-3-퓨란티올(고기 향)	60~68	0.007
	3-머캅토-3-메틸뷰틸 아세트산(로스팅 향)	7.5	-
	3-메틸-2-부텐티올(아민 향)	13	0.0003
	메탄티올(삶은 감자 향)	4,550	0.02
퓨라논류	디하이드로-2-메틸-3(*2H*)-퓨라논(견과류 향)	7,580~30,000	0.005
	2-에틸-4-하이드록시-5-메틸-3(*2H*)-퓨라논(캐러멜 향)	16,800	20
	소톨론(캐러멜 향)	1.1~1,470	20
	퓨라네올(캐러멜 향)	10,930~12,000	10
	5-에틸-3-하이드록시-4-메틸-2(*5H*)-퓨라논(캐러멜 향)	104~160	7.5
	5-에틸-4-하이드록시-2-메틸-3(*2H*)-퓨라논(캐러멜 향)	17,300	1.15
케톤류	1-옥텐온(버섯 향)	-	0.0036
	2,3-부탄디온(버터 향)	48,400~50,800	0.3
	2,3-펜탄디온(버터 향)	3,540~39,600	20
	3,4-디메틸사이클로로펜탄올-1-온(캐러멜 향)	-	-
	4-(4 '-하이드록시페닐)-2-부탄온(과실 향)	1	1~10
비이소프레노이드	(*E*)-베타다마세논(꿀 향)	195~255	0.00075
페놀류	과이어콜(페놀 향)	2,000~17,970	2.5
	4-에틸과이어콜(정향, 밤꽃 향, 클로버 향)	800~24,800	25
	4-비닐과이어콜(정향, 밤꽃 향, 클로버 향)	8,000~64,800	0.75
	바닐린(바닐라 향)	2,290~4,800	25
피라진류	2,3-디메틸피라진(견과류 향, 로스팅 향)	2,580~6,100	800
	2,5-디메틸피라진(견과류 향, 로스팅 향)	4,550~11,730	80
	2,3-디메틸-5-메틸피라진(견과류 향)	73~95	0.09
	2-에테닐-3,5-디메틸피라진(흙 냄새)	52	0.000012
	2-에테닐-3-에틸-5-메틸피라진(흙 냄새)	18	0.000014
	2-에틸-3,5-디메틸피라진(견과류 향)	55~330	0.04
	2-에틸-3,6-디메틸피라진(로스팅 향)	2,570~5,980	8.6
	2-메톡시-3,5-디메틸피라진(흙 냄새)	1.1	0.006

	2-메톡시-2,3-메틸프로필피라진(흙 냄새)	-	-
	2-메톡시-3-이소프로필피라진(흙 냄새)	2.4	0.002
	3-이소부틸-2-메톡시피라진(흙 냄새)	59~97	0.002
	에틸피라진(버터 향, 견과류 향)	-	4,000
피리딘류	피리딘(생선 향)	21,280~65,520	77
	피롤(단맛, 견과류 향)	-	-
	1-메틸피롤(스모키 향, 허브향)	-	-
털핀류	라나룰(꽃 향, 장미 향)	-	0.17
	리모넨(감귤류 향, 허브 향)	-	4
	게라니올(단맛, 꽃 향, 과실 향)	-	1.1

아라비카 원두 분말 및 커피에서의 주요 휘발 성분은 [표 9-3]과 같다. 이 중 12개의 성분, 즉 2-메틸프로판알(버터 향), 2-메틸부탄알(맥아 향), 3-메틸부탄알(맥아 향), 2-에틸-3,5-디메틸피라진(흙냄새), 2-에테닐-3,5-디메틸피라진(흙냄새), 2,3-디에틸-5-메틸피라진, 3-이소부틸-2-메톡시피라진(흙냄새), 2-푸르푸릴티올(로스팅 향), 4-비닐과이어콜(정향, 클로버 향), 아세트알데히드(풋내), 프로판알 및 퓨라네올(딸기 향)이 아라비카 커피 아로마에 영향을 가장 크게 미치는 것으로 다수의 문헌에 보고되고 있다.

[표 9-3] 아라비카 분말 원두와 커피에서의 주요 휘발 성분

구분	분말 (㎍/kg)	커피 (㎍/kg)	추출률(%)
● 단맛, 캐러멜 향			
2-메틸프로판알	24,000	14,000	59
2-메틸부탄알	26,000	16,000	62
3-메틸부탄알	17,000	11,000	62
2,3-부탄디온	49,000	39,000	79
2,3-펜탄디온	35,000	30,000	85
4-하이드록시-2,5-디메틸-3(2*H*)-퓨라논	140,000	130,000	95
2(5)-에틸-4-하이드록시-5(2)-메틸-3(2*H*)-퓨라논	16,000	15,000	93
바닐린	4,100	3,900	95
● 흙냄새			

2-에틸-3,5-디메틸피라진	400	310	79
2-에테닐-3,5-디메틸피라진	53	19	35
2,3-디에틸-5-메틸피라진	100	67	67
2-에테닐-2-메톡시피라진	15	4	25
3-이소부틸-2-메톡시피라진	120	28	23
● 볶은 향, 유황 향			
2-푸르푸릴티올	1,700	320	19
2-메틸-3-퓨란티올	60	20	34
메티오날	250	185	74
3-머캅토-3-메틸부틸포름산	130	105	81
3-메틸-2-부텐티올	13	11	85
메탄티올	4,400	3,100	72
다메틸트리설파이드	28	-	-
● 페놀 향			
과이어콜	2,400	2,200	73
4-에틸과이어콜	1,800	900	49
4-비닐과이어콜	45,000	14,000	30
● 과실 향, 꽃 향, 풋내			
아세트알데히드	120,000	87,000	73
프로판	17,400	-	-
(*E*)-베타다마세논	260	30	11
● 날카로운 향			
소톨론	1,900	1,500	78
퓨라네올	104	-	-

2) 티올류

앞 장에서 서술한 바와 같이 커피에는 많은 휘발 성분이 존재하는데, 커피 향미에 직접적인 영향을 미치는 성분은 그중 일부이며 이들 성분은 그 농도가 mg/L~ng/L로 미량이다. 이 중에 특정 티올류는 커피 향미에 매우 큰 영향을 미치며 역치도 매우 낮아 미량으로도 커피 향미에 미치는 영향이 크다.

티올류는 분자에 SH기를 함유한 유기물이며 분자 구조상 알코올과 유사한 구조를 띤다.

다만 알코올의 분자식 중 OH기가 SH기로 치환된 구조여서 쉽게 산화되는 성질을 띠며 끓는 점이 알코올류보다 낮고 휘발성이 매우 강하다. 티올류는 커피뿐 아니라 맥주와 와인에서도 검출되며, 2-푸르푸릴티올(전형적인 커피 향, 로스팅 향, 캐러멜 향, 쓴맛), 3-메틸-2-부텐-1-티올(향신료 향, 고기 향)과 메탄티올(신선한 커피 향)이 대표적인 성분이다.

(1) 생성 경로

티올류는 기본적으로 생두를 로스팅할 때 마이얄 반응으로 발현되는 물질이다. 그중 2-푸르푸릴티올과 3-퓨란티올은 람노오스 또는 포도당이 황 함유 아미노산류(시스테인)와 반응하여 생성된 것이다. 또 로스팅 과정 중에 포도당과 시스테인 또는 람노오스와 시스테인의 반응에 따라 황화수소, 메탄티올, 에탄티올, 3-머캅토-2-부탄온, 3-머캅토-2-펜탄온과 5-메틸-2-푸르푸릴티올 등이 발현된다. 메탄티올은 아미노산(메티오닌)이 열 분해되어 생성되기도 하며, 3-메틸-2-부텐-1-티올은 황 함유 아미노산과 3-메틸-2-부텐-1-올과의 반응으로 발현된 것이다.

(2) 로스팅 조건과 티올류의 생성

로스팅 조건은 티올류의 생성 정도에 영향을 미치는데 특히 로스팅 온도와 시간이 큰 영향을 끼친다. 티올류는 보통 로스팅 과정 중에 증가하며 다크 로스팅 시점에 그 농도는 최대치에 달하고, 로스팅을 그 이상 진행할 때는 농도는 오히려 감소하는 경향을 보인다.

보통 메탄티올의 농도는 로스팅 과정 초기에 크게 증가한다. 반면에 2-푸르푸릴티올과 3-머캅토-3-메틸부틸 포름산은 그 생성을 위해서는 더 높은 온도를 필요로 하기 때문에 로스팅 후반부에서 더 많이 생성된다. 3-머캅토-3-메틸-1-부탄올(견과류 향)과 3-머캅토-3-메틸-1-부틸포름산(로스팅 향)의 농도는 로스팅 정도에 따라 비례하여 증가한다. 반면에 머캅토-3-메틸-1-부틸아세트산은 로스팅을 과도하게 할 때만 생성된다. 그리고 생두의 초산 농도는 항상 포름산보다 다소 높게 검출되는데 이는 각 산류가 나타내는 반응 온도가 다르기 때문이다.

한편 로스팅 과정 중의 열 전달률이 생두 내 티올류의 생성에 영향을 미친다. 즉 같은 로스팅 정도에서 로스팅 온도·시간 조건이 다르면 티올류의 생성 농도도 다르게 나타난다. 예컨대 고온에서 단시간 로스팅할 때는 메탄티올, 3-메틸-2-부텐-1-티올 및 3-머캅토-3-메틸-1-부틸포름산이 많이 생성되지만 저온에서 장기간 로스팅하면 2-푸르푸릴티올이 더 많이 확인된다.

(3) 커피 품종·재배 산지와 티올류의 생성

로스팅 조건을 동일하게 했을 때 티올류의 생성은 품종과 산지에 따라 그 농도가 다르게 나타난다. 예로서 로부스타종은 2-푸르푸릴티올과 메탄티올의 농도가 아라비카 종보다 훨씬 많이 검출된다. 한편으로는 커피 품종과 재배지에 따른 티올류의 생성과의 연관성이 크지 않다는 일부 문헌 보고도 있다.

(4) 커피 추출 조건과 티올류의 생성

커피의 티올류 농도는 분말 원두에 함유된 농도뿐 아니라 추출 조건에 따라서도 달라진다. 기본적으로 티올류의 추출률은 각 티올 성분의 극성 정도에 따라 달라지지만, 극성 정도와 추출률이 항상 비례하지는 않는다. 그러나 추출 과정과 같이 물리적인 조건, 즉 물과 분말의 비율, 추출 온도와 압력 그리고 추출 시간에 따라 티올류의 농도는 다르게 나타난다. 그리고 티올류는 필터 커피 추출법보다 에스프레소 추출법에서 그 농도가 더 많이 확인된다. 이는 에스프레소 커피 추출 때 분말 원두 분말과 물의 비율 및 추출 압력이 영향을 미치기 때문이다. 또 에스프레소 추출법에서 추출 온도가 커피 향미에 영향을 미치며 특히 96℃에서 추출 때 메탄티올의 농도가 높게 나타난다.

(5) 커피의 티올류 감소

일반적으로 티올류의 감소는 커피 품질 저하의 원인이 된다. 보통 원두 보관 또는 커피 추출 과정 중에 커피 아로마는 불안정한 상태가 된다. 특히 유황 향이 커피 추출 직후 많이 감소하는 현상이 나타나며 티올류가 대표적인 성분이다. 일부 티올류는 추출 후 산화되기 시작하는데 2-푸르푸릴티올은 디푸르푸릴 디설파이드로 산화되어 퀴퀴한 냄새를 풍기게 된다. 그리고 로스팅 후 원두는 하루 지나면 메탄티올이 감소하여 커피의 신선감이 떨어지게 된다. 커피의 신선감은 메탄티올의 농도, 메탄티올과 다른 티올류와의 비율, 2-푸르푸릴티올의 농도, 2-푸르푸릴티올과 헥산알과의 비율이 영향을 미친다.

3) 페놀류

커피의 페놀 성분은 와인, 차에서도 흔히 검출되는 성분으로 커피의 경우 클로로겐산이 주요 페놀 성분이다. 클로로겐산은 커피 종, 원산지와 재배 조건(토양, 기후 등)에 따라 달라지며, 아라비카 생두에 4~8%, 로부스타 생두에는 7~14%(건량 기준) 정도 함유되어 있다. 일부

아프리카 지역의 카페인이 매우 적은 품종의 경우는 클로로겐산의 농도가 1% 수준으로 검출되는 경우도 있다.

또 클로로겐산은 로스팅 과정 중에 원두 색상과 향미에 영향을 미친다. 그리고 이 성분은 열에 불안정하여 대부분(95%)은 이성화 또는 퀴노락톤류로 전환되거나 가수분해되어 저분자 물질로 분해된다. 또 멜라노이딘을 형성하는 일부 물질로도 작용한다.

원두커피에는 클로로겐산이 0.5~7%가량 함유되어 있고, 디카페인 커피에는 보통 카페인 함유 커피에서보다 적게 함유되어 있다. 그리고 인스턴트커피에는 3.6~10.7%(건량 기준) 함유되어 있다.

잘 알려진 대로 클로로겐산은 커피 향미에 영향을 크게 미치는 성분으로 특히 커피의 신맛, 떫은맛과 쓴맛에 영향을 미친다. 로스팅 정도가 강할수록 클로로겐산의 분해물(카페산, 락톤류, 페놀류)이 많이 생성되어 쓴맛이 강해진다. 일반적으로 클로로겐산의 농도가 높을수록 커피의 품질은 낮은 것으로 평가한다. 특히 클로로겐산의 대부분을 차지하는 카페오일 퀸산과 페룰로일 퀸산 함량이 많을수록 커피 품질에 부정적인 영향을 미친다. 또 클로로겐산의 산화물인 오르토퀴논(orthoquinone)에 의해서도 커피의 품질은 저하되는 것으로 문헌에 보고되고 있다. 오르토퀴논은 커피 생두에 함유된 폴리페놀 산화 효소에 의해 생성되는 물질이므로 효소의 활성화가 이 성분의 농도와 연관이 있다.

한편, 아라비카종이 로부스타종보다 클로로겐산이 적어 커피 품질에 유리한 측면도 있다. 또 생두 불량두(깨진 콩 제외)의 경우는 대부분 클로로겐산의 함량이 높은 것이 특징이다. 특히 미성숙 불량두에서는 5-카페오일 퀸산의 농도가 확연히 높게 나타난다. 쉰 불량두 또는 흑두에는 3-카페오일 퀸산, 4-카페오일 퀸산 및 4-페룰로일 퀸산이 정상두에서보다 25%가량 높게 확인된다.

4. 커피 향미에 영향을 미치는 요소

가. 개요

커피의 맛과 향을 결정짓는 요소(커피 종, 원산지, 열매 가공 방식, 커피 타입, 원두 신선도, 로스팅 정도, 분쇄, 추출 시 원두 분말량, 물의 비율과 질, 추출 온도 · 시간, 추출 방법)는 매우 다양하다. 즉 어느 특정 요소에 커피 향미가 결정되는 것이 아니라 원료부터 가공 과정까지 모든 과정이 영향을 미친다.

커피 향미에 영향을 미치는 주요 요인들을 구체적으로 살펴보면 다음과 같다.

나. 주요 영향 요인

1) 커피 종

커피 종은 수백 종이 존재하지만 상업적으로 사용하는 커피 종은 아라비카종과 로부스타종이다. 두 종의 향기 성분 차이는 퓨란류, 카르복실산류, 피라진류, 케톤류, 페놀류, 피롤류, 유황류, 탄화수소류 및 피리딘류 함량에서 알 수 있다.

보통 아라비카종은 퓨란류, 산류, 알데히드류 및 피리딘류가 풍부하여 캐러멜 향이 풍부하다. 반면 로부스타종은 피라진과 그의 유도체가 풍부하다.

아라비카 품종으로 제조된 커피의 주요 아로마는 2,3-펜탄디온, 소톨론, 퓨라네올 및 애백슨 등이다. 이 중에 소톨론, 퓨라네올 및 애백슨은 커피의 캐러멜 향과 향신료 향이 특징적이지만 2,3-펜탄디온은 버터 향을 풍긴다. 페놀 성분 중에는 과이어콜(과이어콜, 4-에틸과이어콜, 4-비닐과이어콜)이 아라비카 품종보다는 로부스타 품종으로 제조된 커피에서 더 많이 확인된다. 그러나 로부스타종에서는 커피 향에 부정적인 영향을 미치는 2-에틸-5-메틸피라진(흙냄새)과 3-에틸-2,5-디메틸피라진(흙냄새)이 많아 커피 블렌딩 때 로부스타의 비율이 높을수록 커피 아로마에 부정적이다.

그리고 이소부틸 아세테이트, 카리오필렌 및 휴물렌은 아라비카 카투아이 품종에서만 확인되는 성분이다. 반면 로부스타 피에르(pierre) 품종으로 제조된 커피에서는 2-펜탄온(과실 향)과 2-펜탄올(바나나 향)만이 검출된다.

전 세계적으로 재배를 가장 많이 하는 커피 품종은 티피카와 버번이며 국가별로 특정 아라비카 품종(브라질: 문도노보, 카투아이; 에티오피아: 지만, 하라; 코스타리카: 빌라사치)을 재배하는 경우도 있다. 로부스타 품종의 경우는 상업적으로 많이 재배하는 품종(인도: BP, SA, S274, BR; 코티디부아르: IF; 브라질: 아포아타)이 있다.

이미 언급한 바와 같이 아라비아 생두는 로부스타 생두보다 자당(설탕)이 많아 로스팅 과정을 통해 원두 향미에 영향을 미치게 된다. 아라비카 커피가 로부스타 커피에 비해 향미가 좋은 것은 이러한 영향을 일부분 받은 측면이 있다. 수용성 다당체를 비롯한 탄수화물은 로스팅 과정을 거치면서 퓨란류를 다량 생성하여 단향, 캐러멜 향 및 탄냄새를 발현시킨다. 또한,

젖산과 초산은 과실 향, 와인 향 및 발효 향을 풍긴다. 그리고 고분자 탄수화물이 많은 원두는 커피의 질감에 효과적이다.

그리고 2-메톡시이소보르네올, 지오스민 및 2,4,6-트리클로로아니졸이 아라비카종에서보다 로부스타종에서 높게 확인되며, 이들 성분은 주로 먼지 냄새, 흙냄새와 곰팡이취를 풍겨 아로마에 부정적이다.

한편, 로부스타종 콜드브루는 아라비카종 콜드브루보다는 나무 향, 초콜릿 향, 스모키 향, 탄 냄새와 쓴맛을 낸다. 반면 로부스타종 콜드브루에서는 꽃 향, 과실 향, 고소한 향과 단향이 더 많이 난다. 그리고 아라비카 생두는 로부스타 생두에서보다 디털펀류인 카웰이 많아 원두나 커피에서 쓴맛을 낸다. 2-아세틸퓨란(단향, 발사믹 향)과 푸르푸랄(아몬드 향) 역시 아라비카 생두에 많이 함유되어 있다. 반면 페놀 성분(과이어콜), 2,5-디메틸피라진(로스팅 향) 및 2,6-디메틸피라진(코코아 향)은 로부스타 생두에서 더 많이 검출된다.

로부스타 품종은 고형분이 많기 때문에 로스팅을 통해 향기 성분이 아라비카 품종에서보다 더 많이 발현된다. 향기 성분 중에는 이미 언급한 바와 같이 여러 물질(퓨란류, 카르복실산류, 피라진류, 케톤류, 페놀류, 피롤류, 황화합물류, 탄화수소류, 피리딘류)들이 두 품종 간의 차이를 나타내는 지표 성분으로 알려져 있다.

최근에는 로부스타 생두의 화학 성분을 변화시켜 로부스타 커피 아로마를 개선하는 연구가 진행되고 있다. 생두의 각 성분은 로스팅 과정에서 아로마를 생성시키는 전구물질이기 때문에 중요하며, 특히 당분과 아미노산의 구성은 매우 중요하다. 생두에 자당이 많을수록 로스팅 후 커피의 아로마는 강화되며, 이러한 이유로 아르헨티나, 스페인, 싱가포르 등지에서는 로스팅 과정 중 설탕이나 포도당을 생두 대비 15%가량 첨가하여 커피의 아로마를 강화한 커피(토르펙토 커피)를 제조한다. 이때 설탕 첨가를 통해 생두 표면에 얇은 설탕 피막을 형성시켜 생두의 산화를 막고 마이얄 반응을 촉진하는 효과를 보게 된다. 예로서 로스팅 전에 생두를 당분(포도당, 과당, 설탕)에 2bar 압력하에 100℃에서 30분 교반하면서 침지시킨 후 로스팅하여 아로마를 강화하는 기술을 사용한다. 이러한 방법은 특히 품질이 떨어지는 로부스타 품종에 주로 활용한다.

[그림 9-6]는 생두 당분 처리를 거친 아라비카종과 로부스타종의 아로마를 비교한 것이다. 그림에서 보듯이 로스팅 전에 당분을 첨가하여 로스팅한 로부스타종 커피는 아로마 패턴이 좌에서 우로 이동하는 것을 알 수 있다. 특히 15% 과당을 이용한 전처리 후 로스팅한 커피에서 아라비카와 유사한 아로마 패턴을 나타내고 원두를 6주간 저장 후에도 아라비카종보다 향

기 성분이 더 안정적이다. 이때 마이얄 반응을 적절히 유도하면 아라비카종과 로부스타종의 아로마 패턴 차이를 상당 부분 좁힐 수 있는 것으로 문헌에 보고되고 있다[그림 9-6].

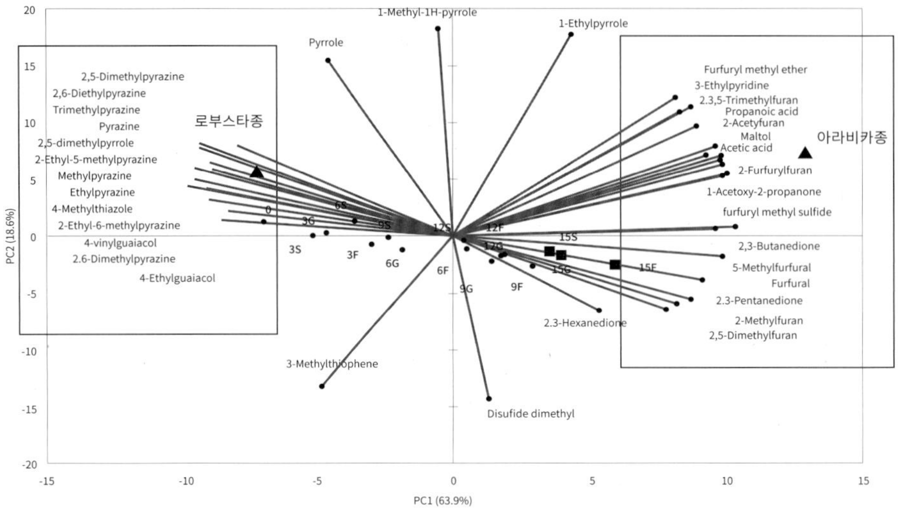

[그림 9-6] 생두 당분 처리를 거친 아라비카종과 로부스타종의 아로마 패턴 비교

일차적으로 커피 품종 자체가 커피 향미에 가장 큰 영향을 미치는 것으로 알려져 있다. 그러나 실제로는 커피 향미는 커피 품종과 재배 고도와의 상호작용에 영향을 받는 것으로 최근 학계는 보고하고 있다. 즉 커피 품종 자체보다는 재배되는 고도에 따라 커피 향미는 달라진다는 견해가 설득력을 얻고 있다. 또 원두의 크기가 큰 것이 작은 것에 비해 향미가 풍부하다고 알려져 있으나 이것 역시 커피 품종에 따라 다르다. 그리고 커피에 쓴맛을 부여하는 카페인, 클로로겐산 및 로스팅 과정 중에 향미의 전구물질인 단백질 함량 역시 커피 품종과 재배고도에 따라 다르게 나타난다.

2) 환경적 영향

(1) 기후

커핑 테스트에서 우수한 품질로 평가를 받는 커피는 보통 재배 지역의 온도와 비휘발 성분(카페인, 트리고넬린)에 의해 평가된다. 반면에 저품질로 평가되는 커피는 재배 지역의 습도, 강수량 및 클로로겐산 함량에 따라 평가된다. 또 고지대에서 재배된 커피 열매는 저지대에서보다 포도당이 더 많이 함유되어 있다. 커피 열매의 포도당은 습식 가공된 생두에서 솔비톨의 함량에 영향을 미친다. 그리고 흙냄새와 풋내를 풍기는 휘발 성분(알데히드류, 케톤류)은 고온에서 재배된 생두에서 더 높게 나타난다.

그리고 유기농 생두와 그늘에서 재배된 생두는 건강에 좋고 품질이 우수한 것으로 인식되어 있으나 이러한 생두가 커피 향미에 미치는 영향은 제한적이다.

(2) 원산지

인스턴트커피, 캡슐 커피 또는 분말 커피를 즐기는 사람들은 커피 향미에 크게 개의치 않는다. 반면 커피 애호가는 커피 향미를 중요시하기 때문에 커피 원산지 등에 관심이 많고 질 좋은 커피를 선택하려는 경향이 강하다.

커피의 원산지는 커피 향미와 품질에 큰 영향을 미친다. 예를 들면 콜롬비아산 커피는 황화합물인 디메틸디설파이드(양배추 향)의 함량이 많고, 에티오피아산 커피는 모노털핀류(감귤류 향)의 농도가 높다. 반면 브라질산 분말 원두에는 과테말라와 에티오피아산 커피보다 에틸 디메틸피라진(로스팅 향)과 2-아세틸-1-에틸피롤(팝콘 향)의 함량이 높다. 두 성분은 로스팅 과정에서 발현되는 물질이며, 그중 2-아세틸-1-에틸피롤은 당이 아미노산(알라닌)과 반응하여 생성된 것이다.

그리고 브라질산 아라비카 생두는 케냐산보다는 평균적으로 카웰의 농도가 높다. 중국 윈난성에서 재배된 커피에서는 파라 비닐과이어콜과 2-푸르푸릴티올의 함량이 인도네시아와 태국의 커피 품종에서보다 높게 나타난다. 베트남 로부스타종에서는 동일한 로스팅 조건에서 인도네시아 로부스타종보다 2-에틸-5-메틸피라진(커피 향)과 2-에틸-6-메틸피라진(과실 향, 로스팅 향)이 높게 확인된다. 반면 피리딘 성분은 인도네시아산 로부스타종에서 더 많이 검출된다.

커피 열매는 기본적으로 서리에 약하기 때문에 온도에 영향을 받는다. 이와 관련 고도가 중요한 요소인데 고도가 1,000미터 이상일 경우 자외선 노출이 10%가량 증가하게 된다. 또 커피 열매가 자외선에 과도하게 노출되면 광합성의 변화에 따라 그 특성이 달라진다. 보통 아라비카종은 중고도(1,000~2,100미터)에서 재배되며 연평균 18~22℃에서 자란다. 필요한 강수량은 1,500~2,500㎜가량이다. 아라비카종은 보통 부분적으로 그늘진 장소와 서늘한 기후에서 잘 자란다.

로부스타종은 저고도(100~1,000미터)에서 뜨겁고 습한 기후 조건에서 잘 자라고 온도는 연평균 22~26℃가 최적 생육 조건으로 알려져 있다.

동일한 커피 열매 가공 조건(습식법, 로스팅 조건 등)하에 산지별 아라비카종의 아로마 성분 차이를 보면 다음과 같다. 연 강수량이 1,700㎜이면서 엘살바도르 열대 지방에서 자란 아라비카종을 이용한 커피에서는 특히 디케톤류(2,3-부탄디온, 2,3-펜탄디온, 1-하이드록시-2-부탄온)와 알데히드류(2-메틸부탄알, 3-메틸부탄알, 푸르푸랄)가 많이 검출된다. 알데히드류의 경우는 풋내와 지방취가 특징적이다. 유사한 기후를 가진 코스타리카의 커피는 피라진류(2,5-디메틸피라진, 2,6-디메틸피라진, 2-에틸피라진, 2-에틸-6-메틸피라진, 2-에틸-5-메틸피라진, 2-에틸-3-메틸피라진)가 두드러진다. 브라질(산토스) 해안 지역의 습하고 강수량 1,900㎜ 수준에서 자란 아라비카종은 코스타리카 유래의 커피 아로마와 유사한 패턴을 보이지만 푸르푸릴류(푸르푸릴 알코올, 푸르푸릴 에테르)가 더 많이 확인된다.

동일한 가공 조건(습식법, 로스팅 조건 등)하에 지역별 로부스타종의 아로마 성분 차이를 보면 다음과 같다. 토고(Togo) 유래의 강수량이 890㎜인 열대 커피에서는 피라진류(2-메틸피라진, 2,5-디메틸피라진, 2,3-디메틸피라진, 2,6-디메틸피라진, 2-에틸피라진, 2-에틸-6-메틸피라진, 2-에틸-5-메틸피라진, 2-에틸-5-메틸피라진, 2-에틸-3-메틸피라진)가 낮게 검출된다. 반면 푸르푸릴류(푸르푸릴 알코올류, 푸르푸릴 에테르)와 과이어콜은 높게 확인된다. 강우량이 10,700㎜이고 몬순 기후인 인도 커피의 경우는 피라진류는 가장 풍부하게 확인되는 반면 털핀류는 가장 적게 검출된다. 연평균 강우량이 2,000㎜인 베트남 몬순 기후의 산악 지역 유래의 커피는 푸르푸릴 알코올과 과이어콜이 풍부하다. 그러나 상기 예와 같이 원산지와 커피 품종에 따른 커피 아로마 특성은 각 지역의 고도, 기후와 강수량이 상이하여 직접 비교는 사실상 제한적이다.

인도네시아 커피의 주요 향은 푸르푸랄(견과류 향, 탄 냄새), 5-메틸푸르푸랄(캐러멜 향) 및 1-하이드록시-2-프로판온(캐러멜 향)이다. 브라질 아라비카 커피는 5-메틸-1*H*-피롤-2-카르발데히드와 3-펜틸퓨란(지방 향)이 주요 아로마이다. 반면 코스타리카 아라비카 커피는 감마 뷰티로락톤(버터 향), 2-퓨란메탄올 아세테이트(허브 향) 및 메틸피라진(견과류 향)이 주요 아로마로 문헌에 보고되고 있다. 우간다, 앙골라, 카메룬의 커피는 기후와 관계없이 4-에틸-2-메틸피롤이 주요 아로마로 나타난다.

케냐산 AA 커피는 스페셜티 커피로서 생두의 자당과 트리고넬린 함량이 로스팅 과정을 거쳐 다양한 향기 성분을 발현시키기 때문에 특히 높은 자당과 트리고넬린 함량을 고품질 커피의 제조 지표로 본다.

프리미엄 커피 중에는 자메이카 블루마운틴과 탄자니아 피베리가 유명하며, 이들 원두는 그 품질과 희소성으로 인해 고가에 거래된다. 그 외 프리미엄 커피로 알려진 것은 코피 루왁과 아프리카의 시벳 커피를 들 수 있다. 외형적으로 보면 인도네시아산 루왁 원두는 아프리카 시벳보다는 크기가 크고 무게는 가볍고 색상은 아프리카산 시벳이 더 검다.

3) 재배 고도와 강수량

(1) 재배 고도

일반적으로 고지대에서 재배된 아라비카종은 저지대에서 재배된 종보다 품질이 좋은 것으로 인식되고 있다. 이는 고지대에서 자란 커피나무는 완전 성숙까지 기간이 오래 걸리며 이 기간 동안 향미가 풍부해지기 때문이다. 물론 고지대에서 재배된 커피가 반드시 커피의 품질을 보장하는 것은 아니다.

고지대에서 자란 커피 열매는 저지대에서 자란 커피 열매와는 반대로 카페인, 5-카페오일 퀸산 및 니코틴산의 함량이 생두와 원두 가공 과정에서 감소하는 것으로 문헌에 보고되고 있다. 이때 카페인, 5-카페오일 퀸산 및 니콘틴산의 함량은 아라비카종의 경우 그 품종에 따라서 다르게 나타난다. 원두에 트리고넬린과 3,4-디카페오일 퀸산이 많이 함유되어 있으면 고품질의 커피로 간주한다. 반면에 5-카페오일 퀸산, 페룰로일 퀸산 및 그의 산화물은 커피 맛을 떨어뜨린다.

고도와 관련된 커피 아로마를 보면, 저지대 유래의 커피는 고지대 유래의 커피에 비해 알코올류(2-부톡시에탄올, 2,3-부탄디올, 1,3-부탄디올)가 주요 향으로 나타난다. 특히 2,3-부탄디올과 1,3-부탄디올은 각각 흙냄새와 풋내를 풍겨 커피의 질을 저하시키는 물질이고, 특히 2,3-부탄디올은 부적절한 생두 발효 과정에서 발생하는 성분이다. 이처럼 저지대에서 커피 열매가 자라나면 상기 성분과 같은 이취들이 축적되는 것으로 문헌에 보고되고 있다. 반면 고지대 유래 커피에서는 아세트알데히드의 생성으로 과실 향에 기여하여 관능상 긍정적으로 작용한다. 이러한 이유로 고지대의 선선한 기후에서 자라난 아라비카종이 저지대의 더운 지역에서보다 커피의 질이 우수하고 불량두가 적은 것이다.

재배 환경에 따른 생두의 구성 성분 차이를 보면 [그림 9-7]과 같다. 일반적으로 고지대에서 재배된 커피 품종의 생두에는 카페인과 클로로겐산의 농도가 낮고 자당과 산도는 증가한다. 고도가 높을수록 카페인과 클로로겐산이 감소하는데, 이는 커피열매 성장 과정 중 두 성분의 합성과 분해 비율이 달라지기 때문이다. 보통 카페인과 클로로겐산의 농도가 높은 생두일수록 커피 품질은 떨어진다. 또 고지대 또는 그늘진 산지에서 자란 커피 열매는 열에 의한 스트레스가 적고 광합성률이 높아져 커피 열매가 성숙하는 기간을 연장시킬 수 있다. 이에 따라 생두에 탄수화물이 더 많이 축적되는 결과로 이어진다. 그러나 자당은 그늘진 곳에서 자란 커피 열매에서 그 증가 폭이 그늘 없이 자란 커피 열매에서보다 적다.

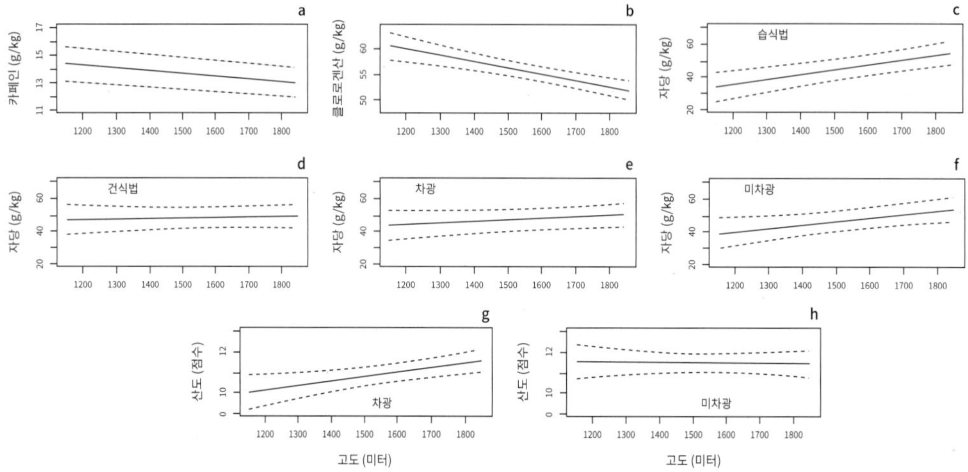

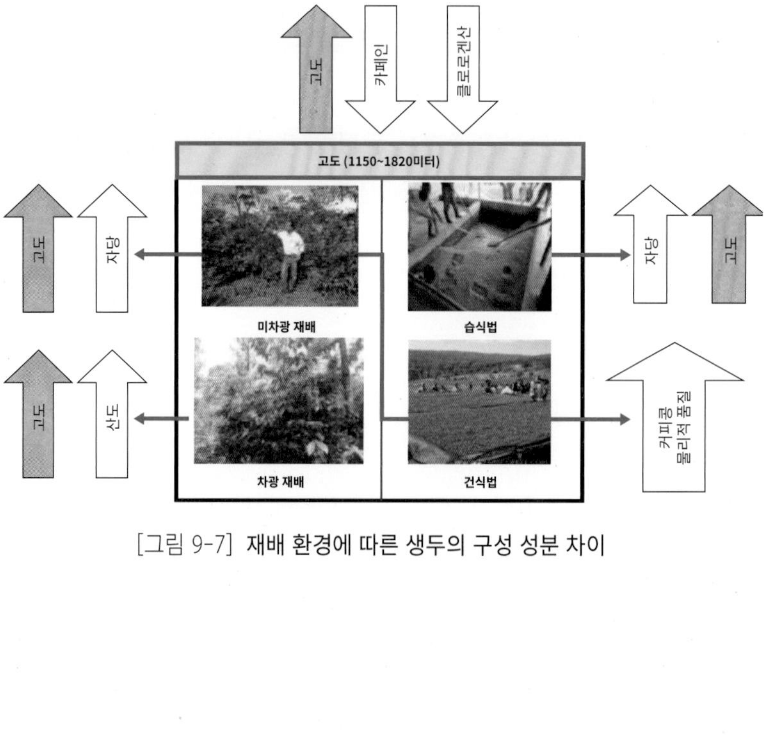

[그림 9-7] 재배 환경에 따른 생두의 구성 성분 차이

(2) 강수량

강수량 1,500~2,500㎜에서 자란 아라비카종은 감마 발레로락톤(바닐라 향)을 풍겨 커피 아로마에 긍정적으로 작용한다. 반면 807~1,918㎜ 강수량에서 자란 아라비카 커피 종은 2-에틸헥산-1-올(흙냄새)과 3-메틸-2-뷰티르산(에테르취)을 풍겨 아로마에 부정적이다.

4) 커피 열매의 특성과 가공 과정

(1) 열매 성숙도

앞 장에서 기술한 바와 같이 커피 열매는 미성숙, 반성숙, 성숙, 과숙 등 4단계로 구분되는데, 미성숙 열매일수록 아미노산(트립토판)과 클로로겐산의 농도가 높게 나타난다. 로부스타 커피의 경우 성숙한 열매가 많을수록 커피 맛이 더 좋다.

(2) 원두·생두의 보관 기간

습식법으로 제조된 싱글 오리진 아라비카의 경우 신선한 생두는 오렌지의 신맛과 더불어 단맛이 느껴지게 된다. 이때 기계적으로 건조한 생두는 햇빛에 건조한 생두보다 질감과 향미가 약하다. 그리고 생두 저장 1년 후에는 기계적으로 건조한 생두는 신맛과 나무 향이 약해지지만, 햇빛에 말린 생두는 질감, 단맛 및 오렌지 신맛이 유지된다.

보통 신선한 생두를 12개월간 저장하면 불포화지방산의 산화 및 효소작용으로 인해 로스팅 과정에서 발현된 커피의 주요한 아로마(에스터류, 알데히드류)가 감소하게 된다. 신선한 생두로 만든 커피에서는 커피 고유 향과 녹차 향이 풍기는 반면, 보관 기간이 오래된 생두로 만들어진 커피는 나무 향과 산화취가 나게 된다. 또한, 원두 보관 기간에 따라 커피 향미의 질은 달라진다. 예로서 진공으로 포장한 원두를 18개월 보관 후 커피를 만들면 신맛, 쓴맛, 부패취와 텁텁한 맛이 두드러지게 나타나지만, 커피 고유 향과 로스팅 향은 감소하는 현상이 나타난다. 그리고 신선한 원두에서보다 원두를 12개월 저장 후 마신 커피에서는 카페인의 농도가 높게 나타나 쓴맛이 강해진다.

5) 가공 과정

보통 신선한 커피는 2-푸르푸릴티올(로스팅 향), 메탄티올(유황 향, 삶은 감자 향), 3-메틸-1-피롤(허브 향) 및 2-펜틸퓨란(야채 향)이 풍부하다. 그러나 커피 가공 또는 저장 중에 이러한 성분들의 농도는 감소하게 된다. 특히 2-푸르푸릴티올은 인스턴트커피 제조 때 또는 커피를 살균할 때 그 농도가 가장 많이 감소하여 커피의 신선감이 떨어지게 된다. 또 2-푸르푸릴티올은 불안전한 물질이기 때문에 커피 추출 과정 중에도 그 농도는 감소하게 되는데, 그 이유는 하이드록시 퀴논의 산화물인 퀴논류가 2-푸르푸릴티올을 결합하기 때문이다. 2-푸르푸릴티올의 감소를 막으려면 시스테인을 pH 6에서 0.045 g/L 또는 비타민C 0.05 g/L를 커피에 첨가하여 퀴논과의 결합을 분리하는 방법이 있다.

(1) 열매 발효

커피 열매 가공 때 발효를 통해 원두와 커피 향미에 영향을 미치는 다양한 성분(알데히드류, 에스터류, 알코올류, 케톤류)들이 생성된다. 반건식 가공 때 배양균을 접종하여 발효를 진행하면 일정한 향미에 도움을 준다. 일례로 순수 배양된 양조용 효모인 사카로마이세스 세레비지에는 발효 때 캐러멜 향을 부여한다. 피치아 퍼멘탄스 역시 습식 가공에 이용하면 꽃 향과 바닐라 향을 나타낸다. 또 발효 과정을 거친 생두나 원두에서는 비발효 원두나 생두에서보다 피라진류와 피리딘류가 더 많이 발현된다.

그리고 습식 가공 시 발효 용기에서 36시간 발효된 생두는 커피에 적당한 신맛, 질감 및 초콜릿 향을 겸비한 단맛을 나타내는 특성이 있다. 반면 건식 가공된 생두로 만든 커피에서는 바디감이 강하고 신맛이 적고 단맛이 오래 지속되는 커피 맛을 부여한다. 이는 건식 가공된 생두는 습식 가공된 생두보다 지방산 에스터류, 락톤류와 알데히드류 등이 더 많이 생성되기 때문이다. 따라서 커피 열매 가공 때 발효 여부와 건조법이 커피 향미에 영향을 미치게 된다.

(2) 불량두

생두의 불량두는 대부분 미성숙 열매에 의한 것으로 찻잎 냄새가 특징적이다. 흑두는 2-메틸피라진(견과류 향)과 2-퓨릴메탄올(감자 향)의 농도가 정상두에 비해 높게 나타난다. 반면 쉰 생두는 감마 뷰티로락톤(버터 향)이 많이 검출된다. 벤즈알데히드(견과류 향)와 2,3,5,6-테트라메틸피라진(장류 향)은 모든 결점 생두에서 공통으로 나타나는 성분이다. 그러나 이러한 결점 생두를 로스팅하여 원두로 만들면 상기 성분 외에 파라크레졸 설파이드, 2-메틸-5(1-프로페닐)-피라진, 카프로산, 4-에틸과이어콜 및 2,3-부탄디올 등이 부가적으로 발현된다. 또 다른 문헌에서는 불량 생두로 로스팅할 경우에 원두에서만 발견되는 성분으로 1,5-디메틸-2-피롤카르보니트릴, 안식향산, 초산, 2-이소아밀-6-메틸피라진 및 4-메틸티아졸을 보고하고 있다. 그리고 모든 불량 생두는 정상두에 비해 수분이 높은 것이 특징적으로 나타난다.

커피나무의 열매는 같은 나무에서도 개화 시기가 다르며 설사 개화 시기가 같다 하더라도 성숙 정도가 각각 다르게 나타난다. 이에 따라 수확 때 분리 작업을 별도 하지 않으면 완숙, 미완숙, 과숙한 열매 등이 서로 섞일 수밖에 없고 이때 불량두가 생겨 커피 품질에 영향을 미친다. 커피 제조 시에 다양한 생두 또는 다양한 원두를 섞는 경우가 많은데, 이는 커피 향미와 질감을 최적화하기 위한 하나의 방편으로 볼 수 있다.

(3) 건조 과정

건조는 햇빛에 건조하는 방식과 기계로 건조하는 방식이 있으며, 햇빛 건조가 기계로 건조한 커피에서보다 질감과 향미가 강한 것이 특징적이다. 이는 햇빛 건조 커피에 알데히드류와 지방산 에스터류가 더 많이 함유되어 있기 때문이다.

또 싱글 오리진 습식법으로 제조된 아라비카 커피에서도 기계로 건조한 커피는 질감이 약하고, 햇빛에 말린 생두로 만든 커피에서보다 향미가 약한 것으로 나타난다.

(4) 로스팅 과정

이미 서술한 바와 같이 로스팅 공법 역시 커피 특성, 쓴맛 및 향미에 영향을 미친다. 이는 로스팅 과정 중 물리화학적 반응(마이얄 반응, 열분해 반응, 스트렉커 분해 반응)으로 생성된 휘발 성분과 비휘발 성분에 따른 것이다. 마이얄 반응은 당분과 아미노산 또는 단백질과의 반응이며 생성물로는 피리딘류, 피라진류, 퓨란류와 피롤류 등이 있다. [그림 9-8]은 클로로겐산으로부터 파생된 퀸산과 카페산의 열분해로 생성된 페놀 성분을 표현한 것이다. 기본적으로 생두의 모든 유기물은 대부분 로스팅 과정을 통해 분해되기 쉬운 물질들이다.

보통 같은 로스팅 시간 조건하에 로스팅 온도 170℃에서는 견과류 향이 나고, 180~190℃에서는 커피 유사한 향 그리고 220~230℃에서는 흔히 얘기하는 제대로 된 커피 향(real flavor)이 형성된다. 그리고 퓨란류는 로스팅 온도 230~240℃까지 생성되며, 2-푸르푸릴티올은 260℃까지 지속해서 증가한다. 피라진의 경우는 250℃에서 최대 농도를 나타낸다.

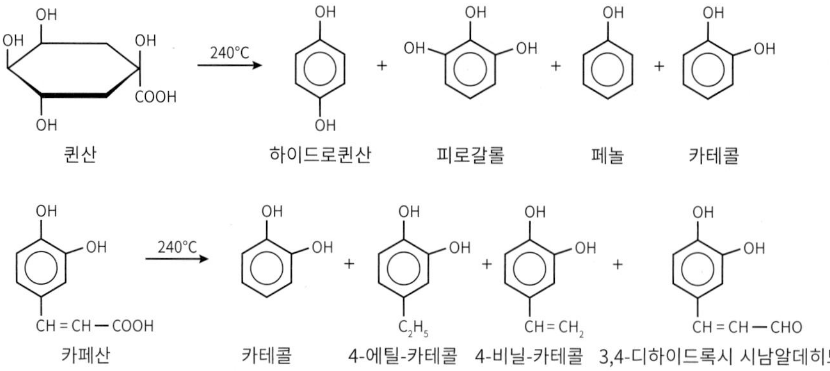

[그림 9-8] **로스팅 과정 중 퀸산과 카페산의 분해 과정**

[그림 9-9]는 생두의 휘발 성분 전구물질과 로스팅 과정에서 그에 상응하는 휘발 성분 간의 관계를 표현한 것으로 로스팅 과정 중 다양한 물리화학적 반응이 일어난다. 이때 로스팅 정도(미디움~다크)에 따라 발현되는 물질은 다르게 나타난다. 특히 2,3-펜탄디온(버터 향), 2,5-디메틸피라진(로스팅 향), 2-에틸피라진(견과류 향), 2,3-디에틸피라진(녹색피망 향), 3-에틸-2,5-디메틸피라진(흙냄새), 2-메틸부탄알(아몬드 향), 2-에틸 과이어콜(페놀 향) 및 4-비닐과이어콜(클로버 향)이 로스팅 정도에 따라 다르게 나타나는 대표적인 물질들이다. 반면 일부 휘발성이 가장 강한 성분(휘발산류, 퓨란류)은 로스팅 정도에 영향을 덜 받는데, 이는 이들 성분은 로스팅 과정에서 온도가 일정 수준 도달하면 대부분 손실되기 때문이다.

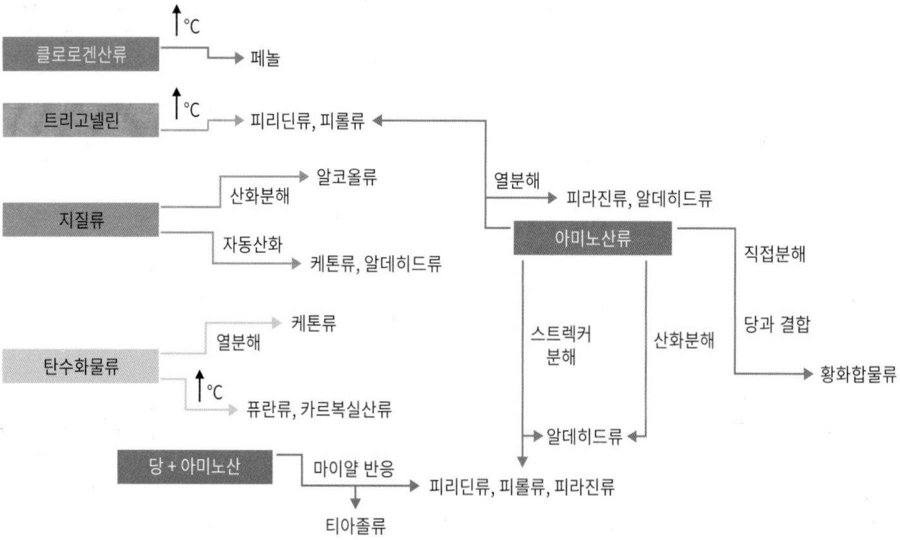

[그림 9-9] **로스팅 과정 중 생성되는 성분**

로스팅 과정에서 생성되는 아로마 성분은 마이얄 반응에 따라 30~40%, 스트렉커 분해 반응으로 16~18%, 열분해 반응으로 12~16% 그리고 기타 화학 반응으로 30~37%가 생성된다.

이와 같은 성분들은 일차적으로 커피 열매의 원산지와 품종 그리고 로스팅 정도에 따라 달라진다. 예를 들면 다크 로스팅한 원두로 추출한 커피는 미디움 로스팅 후 추출한 커피에서보다 단맛과 관련된 향미가 두드러진다. 이는 다크 로스팅한 원두에는 락톤류, 페놀류 및 클로로겐산의 분해물이 많기 때문이다. 반면 미디움 로스팅 원두로 추출한 커피에서는 균형 잡힌 코코아 향이 특징적이다.

로스팅 정도에 따라 특징적으로 나타나는 성분들을 예를 들어보면, 라이트 로스팅 원두로 추출한 커피에서는 푸르푸릴 알코올(캐러멜 향)과 5-푸르푸랄(토스트 향)이 검출된다. 반면에 5-푸르푸랄, 푸르푸릴 알코올 및 감마 뷰티로락톤(버터 향)은 미디움 로스팅한 원두로 추출한 커피에서 확인된다.

그 외 시티 로스팅한 원두로 추출한 커피에서는 푸르푸릴 알코올, 감마 뷰티로락톤 및 2-아세틸피롤(견과류 향)이 확인된다. 프렌치 로스팅한 원두로 추출한 커피에서는 카테콜(페인트 향, 페놀 향), 푸르푸릴 알코올과 감마 뷰티로락톤이 검출된다. 대체로 로스팅 정도가 낮은 조건에서 만든 원두로 추출한 커피에서는 퓨란류와 푸르푸랄 유도체가 많지만 피리딘류와 피롤류는 적게 분석된다.

로스팅 정도에 따른 이화학적 변화를 브라질 세하도(Cerrado) 아라비카 품종을 예로서 보면, 자당은 미디움과 풀시티 로스팅 단계에서 거의 분해된다. 또 미디움 로스팅에서는 생두의 클로로겐산 함량의 65%, 풀시티 로스팅에서는 85%가 분해된다. 그 외 유기산은 풀시티 로스팅에서 중간 수준의 로스팅 시간에서 가장 많이 생성되며 특히 포름산과 젖산이 다량 생성된다. 그리고 페놀 성분 역시 로스팅을 통해 증가하는 경향을 보인다. 특히 콜롬비아산과 케냐산 원두는 로스팅 정도가 증가할수록 과이어콜과 2-푸르푸릴티올의 함량이 크게 증가하는 현상을 나타낸다.

카페인의 경우는 그 농도가 높으면 부작용이 많고, 로스팅 정도가 강할수록 농도가 감소하며 로스팅 정도가 낮을수록 그 함량은 높게 나타난다.

6) 추출과 서빙

(1) 원두 분쇄

원두 분쇄의 목적은 분쇄에 의한 원두 가루 입자의 표면적 증가를 통해 추출 효율을 극대화하는 것이다. 그러나 분쇄가 미치는 영향은 이것뿐만이 아니라 분쇄 시 커피의 향과 커피의 보호층이 되는 탄산가스의 손실도 발생한다. 또 표면적의 증가에 따라 탄산가스는 더욱 방출되기 쉬워지고 원두가 산소나 수증기 등의 열화 요인(품질을 떨어뜨리는 요인)과 접촉할 위험성도 증가하게 된다. 따라서 원두 본연의 특성, 즉 커피 맛을 최대한 살리기 위해서는 추출 직전에 커피를 분쇄해야 신선한 커피의 향미를 유지할 수 있다. 또 추출 방법에 맞는 분쇄도를 선택해야 하고 분쇄 과정에서 발생하는 열과 미분을 최소화해야 한다.

원두 분쇄 입자의 크기는 원두의 휘발 성분과 비휘발 성분의 추출을 쉽게 하여 커피 향미에 영향을 미친다. 일례로 콜드브루 커피의 경우 입자 크기는 카페인과 클로로겐산의 농도에 영향이 없지만 페놀 성분과 고형분의 농도는 달라진다.

(2) 원두 분말과 물의 비율

콜드브루의 경우 원두 분말과 물의 비율이 80g/L이면 120g/L에서보다 고소한 향이 더 풍부하면서 균형 잡힌 맛을 부여하며, 120g/L일 때는 쓴맛과 강한 향미가 나타난다.

(3) 추출 방법

추출 방법은 커피 향미에 영향을 미치는 주요 요소이며 이때 바리스타의 역할이 매우 중요하다. 침지식 추출 방식은 다른 추출 방식과 비교해 커피 향미(탄 냄새, 로스팅 향, 매캐한 향) 관련 가장 큰 차이를 보인다. 에스프레소 커피에서는 압력이 9bar일 때 가장 이상적인 향미를 나타내는 것으로 알려져 있다. 에스프레소 커피 제조 방법보다 더 높은 압력(15~20bar)을 이용하는 카페 피렌체의 경우는 피라진류(2-에틸-3,6-디메틸피라진, 2-에틸-6-메틸피라진)와 페놀류(과이어콜, 4-비닐과이어콜) 및 3-헥산온이 높은 추출 온도일수록 증가하는 것으로 문헌에 보고되고 있다. 이때 압력은 휘발 성분의 농도에는 영향이 없는 것으로 나타난다.

또 커피 추출은 90℃ 이상의 고온에서는 카페인 성분의 용출로 인해 쓴맛이 추출되고, 반면에 저온에서는 탄닌 성분으로 인해 떫은맛이 나게 된다. 보통 커피 추출 때 85~93℃ 정도의 물이 커피와 접촉될 때 풍부한 향미를 느낄 수 있다. 일각에서는 로스팅 정도에 따른 물의 온도는 라이트 로스팅(90~93℃), 미디움 로스팅(85~89℃), 다크 로스팅(80~84℃)이 적당하다는 견해도 있다. 여러 문헌상에는 로스팅 정도와 관계없이 추출 시 물의 온도가 92℃일 때 커피 향미에 부정적인 성분이 가장 적게 검출되며 전반적인 향미에 긍정적으로 작용하는 것으로 보고되고 있다.

한편, 커피 추출 머신(자동, 반자동, 룽고)에 따라서도 커피 향미는 다르게 나타난다. 예를 들어서 핫브루의 경우 완전 자동 추출기와 반자동 추출기는 로스팅 향이 룽고(lungo)에 비해 더 강한 것으로 나타나지만 룽고의 경우는 균형 잡힌 향미를 특성으로 한다. 일반적으로 콜드브루 커피 경우는 핫브루 커피보다 향이 더 풍부하고 부드러우며 신맛이 약한 것이 특징적이다.

(4) 서빙 방법

커피는 보통 인스턴트커피, RTD 커피 또는 원두커피 형태로 판매된다. 평균적으로 소비자는 커피를 저온(5~25℃)에서보다 고온(65℃)에서 마실 때 가장 느낌이 좋다고 하며, 특히 종이컵으로 서빙될 때는 70.8~74.4℃에서 이상적인 커피로 판단한다고 한다.

그러나 그간 문헌에 보고된 연구 사례를 보면, 커피 시음 온도를 85℃로 하면 커피 맛이 가장 좋다고 하고, 일부 문헌에는 커피 온도가 68~70℃가 또는 50~60℃가 좋다고 한 보고 사례도 있다.

그만큼 소비자는 커피 시음 온도에 따라 각기 다르게 판단하며 적정 시음 온도는 그 폭이 큰 것을 알 수 있다. 또한, 커피 온도에 따라 소비자가 느끼는 커피 향미 특성은 다르게 나타나는 것을 확인할 수 있다. 이러한 차이는 시음 온도 자체도 향미 특성에 영향을 미치지만 커피별 품종과 로스팅 정도에 따라 향미가 다르게 나타나는 것도 하나의 요인으로 볼 수 있다.

[그림 9-10]은 싱글 오리진 또는 원두를 혼합하여 제조한 커피의 시음 온도별 관능 특성을 나타낸 것이다. 그림에서 보듯이 커피 시음 온도가 70℃일 때 모든 커피 군에서 향미가 가장 강하게 느껴지는 것으로 나타난다. 또 싱글 오리진 커피보다는 블렌딩한 커피(아라비카·로부스타 품종 혼합)에서 시음 온도가 향미 특성에 영향을 더 많이 미치는 것을 확인할 수 있다. 이는 블렌딩한 커피에는 서로 다른 각 커피 품종이 섞여 있고 향미에 영향을 미치는 이화학적 구성 성분들도 각기 달라 시음 온도에 따라 발현되는 향미 정도가 다르기 때문이다. 그러나 시음 온도가 70℃ 이상일 때는 탄 냄새가 강하게 나기 때문에 바람직하지 않은 것으로 문헌에 보고되고 있다.

보통 커피숍에서 서빙되는 커피 온도는 낮은 편인데 이는 서빙이 늦어져 발생하는 문제이다.

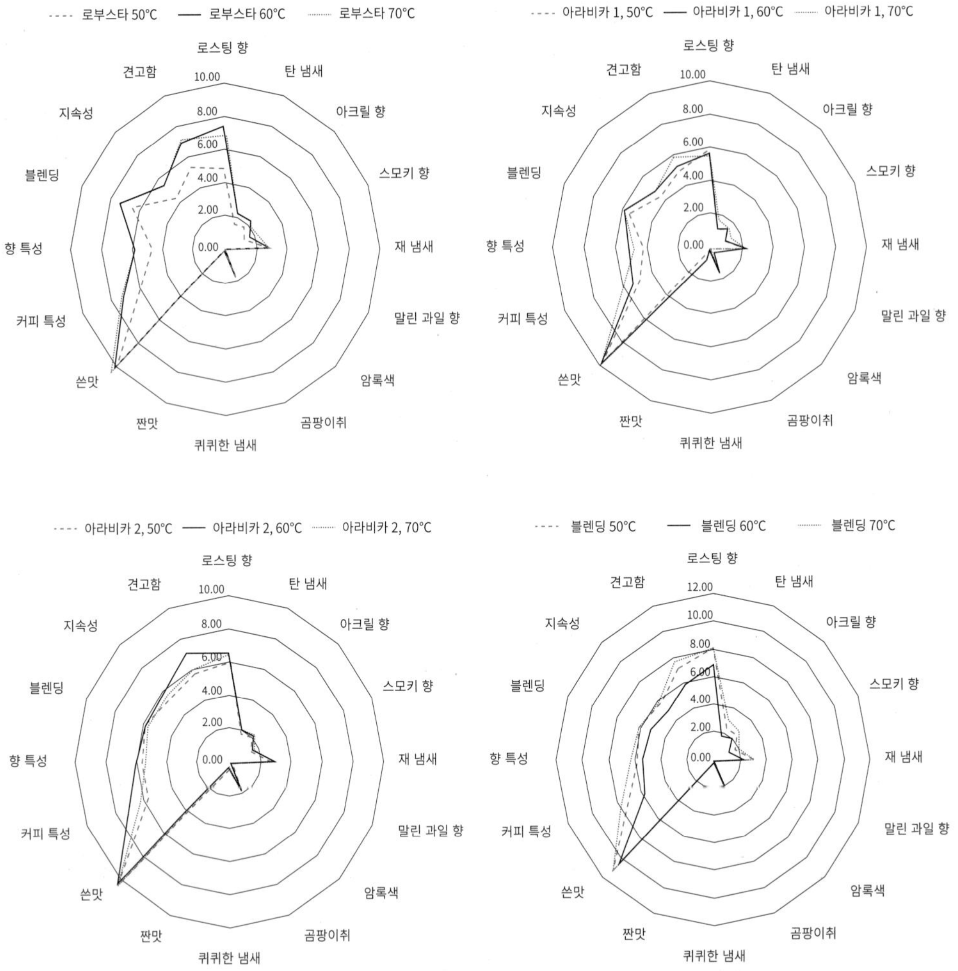

[그림 9-10] **커피 시음 온도에 따른 커피 향미 특성 차이**

RTD 커피는 알데히드류(3-에틸-3-메틸 무수멜레인산), 푸르푸릴 메틸 설파이드(마늘 향, 양파 향) 및 푸르푸릴 포름산이 많지만, 에스프레소 커피에는 에스터류, 케톤류 및 피롤류가 많다. 이때 두 커피에 당류(포도당, 과당, 유당, 설탕)를 각각 첨가하면 퓨란류(2-푸르푸릴 퓨란)와 설파이드류(푸르푸릴 메틸 설파이드)가 에스프레소 커피에 더 많아지고 피라진류는 감소하게 된다. 따라서 RTD의 경우는 당의 종류에 따라 향미 특성이 영향을 받는다. 최근에는 쓴맛의 커피 맛보다는 크림, 시럽 등의 첨가물을 첨가한 커피를 소비하는 추세에 따라 소비자의 소비 특성에 맞춰 커피를 서빙하는 경향이 강하다.

7) 커피 크림층

커피 크림(crema)은 에스프레소 커피 또는 인스턴트커피 상층부에 떠 있는 갈색빛을 띠는 거품층을 말한다. 이것은 에스프레소 커피를 추출할 때 커피의 지방 성분과 수용성 성분이 혼합되면서 만들어지는 고운 황금색 커피 거품이다.

보통 원두가 오래된 것은 크림층이 적거나 없는 경우가 많다. 세간에는 경험상 에스프레소 커피 최적의 맛은 크림층이 3~4㎜가 적당한 것으로 알려져 있다. 이 크림층은 곱게 분쇄한 에스프레소 원두의 아교질과 커피 오일 성분이 결합한 입자들이 바닥에 가라앉지 않고 커피 상층부에 계속 떠 있는 상태로 볼 수 있다.

보통 크림층의 색상이 연하거나 묽으면 과소 추출된 것이고, 색이 너무 진하면 과다 추출된 것으로 판단한다. 크림층의 상태는 여러 가지 조건(로스팅 정도, 원두 종류와 양, 커피의 신선도, 분쇄도, 탬핑 정도, 물의 온도·압력, 추출 시간 등)에 좌우된다. 좋은 거품층의 지표로는 이른바 타이거 스킨(tiger skin)이라는 것이 있는데, 이는 원두가 일정하게 추출되어 점박이 형태의 크림층을 형성한 형태를 말한다.

크림층은 일차적으로 로스팅 과정 중 형성된 탄산가스에 의한 것이며, 거품의 표면장력을 낮춰 주는 단백질(글리코단백질)과 탄수화물(갈락토만난, 아라비노갈락탄), 멜라노이딘이 거품 유지력에 영향을 준다. 커피의 거품층은 커피의 아로마를 품고 있고 에스프레소 커피가 식는 것을 방지하는 역할을 한다. 거품이 별로 없는 인스턴트커피의 경우는 물에 잘 안 녹는 지방에 용해된 소수성 아로마가 휘발되어 아로마가 약해진다. 따라서 크림층은 커피의 품질을 나타내는 주요한 척도가 된다.

그리고 수압을 높여 추출하는 에스프레소 커피는 인스턴트커피에는 없는 수용성 고형분과 지용성 성분이 추출된다. 또 크림층이 많은 에스프레소 커피는 질감을 높여 주는 효과도 있다. 에스프레소 커피의 크림층은 보통 커피의 10%를 차지하며, 로부스타종으로 만든 에스프레소 커피의 거품 크기가 아라비카종으로 만든 에스프레소 커피보다 크다. 인스턴트커피는 크림층이 없지만 건조 과정 이전에 가스를 원두에 주입시켜 가스화를 통해 거품층을 형성시킬 수 있다. 이러한 인스턴트커피에 뜨거운 물을 첨가하면 원두 분말 또는 과립 내의 이산화탄소가 방출되어 크림층을 형성하게 된다.

8) 아미노산 첨가와 블렌딩

로부스타 커피는 아라비카 커피보다 전반적으로 향미가 적으며 특히 쓴 향미를 부여하는 페놀류, 피라진류 및 피롤류가 많이 함유되어 있다. 최근 문헌에는 아미노산(류이신)을 로부스타 생두에 첨가하면(1~3%) 페놀류, 피라진류 및 피롤류의 농도를 감소시켜 커피의 쓴맛 감소에 효과가 있는 것으로 보고되고 있다. 이는 류이신이 다른 아미노산보다 마이얄 반응이 약해 결과적으로 쓴맛을 적게 생성하기 때문이다.

한편, 커피 블렌딩은 서로 다른 특성이 있는 원두를 적절한 비율로 배합하여 균일한 향미를 창출하는 과정이다. 이를 통해 커피 향미를 균일하게 유지하여 품질을 극대화하는 데 목적이 있다. 즉 싱글 오리진 커피의 향미 관련 단점을 보완하고 새로운 향미의 특성을 발현시키기 위해 블렌딩하기도 하고, 그해 부족한 물량을 다른 생두로 대체할 때도 블렌딩을 이용한다. 그 외 품질이 저하된 커피도 블렌딩을 통해 다른 향미 특성을 나타내는 커피로 바꾸기도 한다. 블렌딩을 할 때는 우선 개성이 강한 원두를 베이스로 하고 섬세한 향미를 보완해 줄 수 있는 원두를 보완재로 활용하면 좋다. 에티오피아 모카와 인도네시아 자바 원두를 혼합하여 만든 모카 자바가 블렌딩의 좋은 예이다.

블렌딩에 사용하는 원두 종류는 정해진 것은 없으나 보통 2~5가지 종류의 원두로 배합하는 것이 일반적이며, 너무 많은 종류를 섞으면 특징 없는 커피가 될 수도 있다.

블렌딩의 예를 들어 살펴보면, 브라질산 아라비카 커피는 습식 또는 건식 가공된 생두를 서로 섞기도 하고, 아프리카산 커피 품종과 배합하여 산미와 과실 향을 강화하기도 한다. 또 대륙 간 품종을 섞어 깔끔한 산미를 강화할 목적으로 혼합하기도 하고, 로부스타 품종을 섞어 바디감을 강화하기도 한다.

그리고 블렌딩은 로스팅 전후에 시행하는데 로스팅 전에 블렌딩을 하면 커피의 일정한 품질을 유지하는 반면 각 품종의 특성을 최적화하는 데 한계가 있다. 반면에 로스팅 후 블렌딩을 하면 각 커피 품종의 특성을 살리는 반면 일정한 커피 품질 유지하는 데 어려움이 있다. 보통 로스팅 전의 생두 블렌딩은 보통 소매점 로스터들이 하는 것이며, 로스팅 후 생두 블렌딩은 스페셜티 로스터들에 의해 사용되는 방법으로 알려져 있다.

5. 커피 타입별 향미 특성

가. 개요

커피의 향미(香味, flavor)는 맛, 향, 질감 및 촉감 등이 복합적으로 나타나는 느낌이다. 그 중 향이 커피의 향미에서 가장 중요한 요소이다. 이 장에서는 커피 타입별 이화학적 특성과 품질 관련 아라비카 품종을 예를 들어 살펴보기로 한다. 앞서 기술한 바와 같이 커피의 주요 향미 성분은 퓨란류, 페놀류, 피라진류 등이다. 이 성분들은 마이얄 반응 과정, 특히 스트렉커 분해 반응에 따라 포도당과 다당체의 열분해 또는 지질의 열 산화 그리고 티아민 또는 뉴클레오티드 분해에 따라 발현된 물질들이다.

퓨란류는 그 종류에 따라 다양한 향(견과류 향, 캐러멜 향, 훈연 향, 꽃 향, 에테르 향, 유황 향, 마늘 향)을 풍긴다. 일반적으로 퓨란류는 다른 커피 종류(모카, 아메리카, 나폴리 커피)에서보다 에스프레소 커피에서 더 많이 확인된다. 모카커피, 아메리카 커피와 나폴리 커피는 유사한 퓨란 농도를 나타낸다. 퓨란류에서는 2-퓨란메탄올 아세테이트(허브 향), 2,5-디메틸퓨란(에테르취) 및 푸르푸릴메틸(이취)이 대표적인 성분이다. 2-퓨란메탄올 아세테이트는 아메리카 커피에서보다 에스프레소 커피에서 많이 확인된다. 이에 반해 2,5-디메틸퓨란 및 푸르푸릴메틸은 아메리카 커피에서 더 많이 검출된다. 2-퓨란메탄올(로스팅 향)과 푸르푸릴메틸은 커피 종류 간에 차이가 거의 없다.

페놀류는 훈연 향을 부여하며 커피 향미에 영향을 미치는 물질이다. 페놀 성분 중에 과이어콜은 페룰산이 열에 의해 분해되면서 발현된 것으로 로스팅 과정을 거치면서 더 많이 생성되고 모카커피에서 많이 확인된다. 또한, 커피 추출 과정에서 물의 온도가 높을수록 과이어콜은 더 많이 추출될 수 있다.

피라진류는 아미노산과 탄수화물 간의 반응으로 생성된 것으로 그중 알킬피라진류는 헤이즐넛 향(땅콩 향, 로스팅 향)을 풍기는 물질로 커피 아로마에 주요 성분이다. 알킬피라진류 중에 2-에틸-6-메틸피라진(로스팅 향), 2-에틸-3,5-디메틸피라진(로스팅 향, 흙냄새) 및 2-메틸-3-트랜스-프로페닐피라진은 모카커피에서 많이 검출되는 반면 에스프레소 커피에서는 소량 확인된다. 아라비카종을 이용한 에스프레소 커피를 고온(96℃ 이상)에서 추출하면 피라진류가 더 많이 생성된다.

알데히드류는 고온에서 아미노산이 당류와 반응하면서 산화적 분해 또는 폴리페놀이 폴리페놀 산화 효소에 의해 분해되어 생성된 것이다. 헥산알과 같은 일부 알데히드는 불포화 지방산의 자동산화에 따라 발현되기도 한다. 프로판알은 커피에서 풋내, 과실 향 및 견과류 향을 풍기며, 2-메틸프로판알, 2-메틸부탄알 및 3-메틸부탄알은 초콜릿 향과 맥아 향을 낸다. 그리고 모카커피에서는 알데히드류가 다른 커피에서보다 적게 확인된다.

버터 향을 풍기는 2,3-펜탄디온은 아메리카 커피에서 많이 검출되며 베타다마세논(꽃 향, 꿀 향)은 나폴리 커피에서 많이 확인된다. 2,3-펜탄디온은 퓨라네올이 열에 의해 분해되면서 생성되는 반면 베타다마세논은 카로티노이드 분해로 생성된 물질이다. 보통 케톤류(지방 향, 꽃 향)는 에스프레소 커피에서보다 아메리카 커피에서 더 많이 분석된다.

마늘 향과 유황 향 등의 이취를 풍기는 메탄티올은 아미노산(메티오닌)이 열에 의해 분해되면서 생성된 물질로 에스프레소 커피에서 많이 확인된다. 이는 고압에 의해 빠르게 추출(25초)하는 에스프레소 머신에 의한 것으로 문헌에 보고되고 있다.

[그림 9-11]에서 보는 바와 같이 각각의 커피는 고유의 아로마를 나타낸다. 전반적으로 커피에는 과이어콜(페놀 향), 2-에틸-6-디메틸피라진, 2-메틸-3-트랜스-프로페닐피라진 및 2-에틸-3,5-디메틸피라진(로스팅 향, 흙냄새)이 특징적으로 나타난다. 특히 에스프레소 커피에서는 아세트알데히드(풋내), 메탄티올(유황 향, 삶은 감자 향), 2-퓨란메탄올 아세테이트(허브 향), 부탄알 및 2-메틸 프로판알(아몬드 향)이 주요 성분으로 확인된다.

그리고 모카커피와 에스프레소 커피 모두에서 페놀과 카페인 성분은 유사한 농도를 보이는데, 카페인의 경우는 에스프레소 커피에서 두드러진다. 베타다마세논과 헥산알은 아메리카 커피와 나폴리 커피의 특징을 나타내는 성분이다. 이들 성분은 각각 카로티노이드의 분해 또는 지질의 산화에 따라 발현되기 때문에 커피 추출 시간이 길수록 더 많이 생성된다. 이는 아메리카 커피와 나폴리 커피는 추출 시간이 상대적으로 길고 원두 분말의 외부 노출에 따라 산화가 진행되기 때문이다. 보통 에스프레소 추출 시간은 25초지만 모카커피는 3분가량 소요된다. 그리고 아메리카 커피에서는 푸르푸릴 메틸에테르, 2,3-펜탄디온 및 2,5-디메틸퓨란이 많아 견과류 향, 버터 향과 과실 향 등이 특징적으로 나타난다.

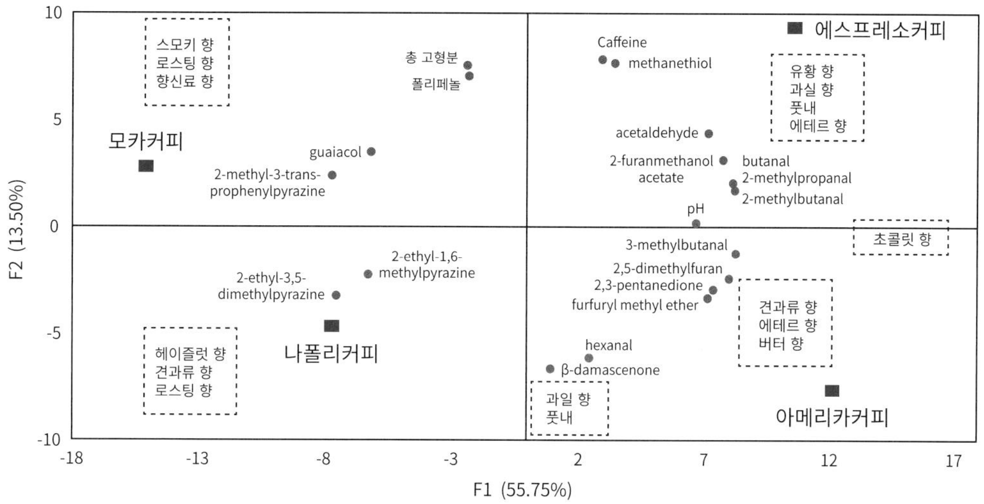

[그림 9-11] **커피 타입별 아로마 특성 비교**

나. 커피 추출 방식별 향미 특성

에스프레소 커피, 드립 커피, 프렌치 프레스 커피 및 터키식 커피 간의 향미 차이는 다음과 같다. 이미 살펴본 바와 같이 커피에는 다양한 아로마 성분(알데히드류, 케톤류, 퓨란류, 피라진류, 피리딘류, 페놀류, 인돌류, 락톤류, 에스터류, 벤조티아진류)들이 존재한다. 잘 알려진 대로 이러한 성분들은 대부분 로스팅 과정 중 여러 화학 반응(마이얄 반응, 스트렉커 분해 반응, 당분과 지질 분해 반응)을 통해 생성된 것이다. 일부 성분(카페산, 퀸산, 클로로겐산)은 상기 물리화학적 반응과 관계없이 생두에서 전이된 것이지만 이런 성분들도 역시 커피 향미에 영향을 미친다.

에스프레소 커피의 경우는 우선 크림층이 아로마를 가두는 역할을 하기 때문에 크림층 자체가 커피 아로마에 영향을 끼친다. 신선한 에스프레소 커피의 주요 아로마는 유황 성분인 메탄티올이다. 그 외 알데히드류(아세트알데히드, 프로판알)는 과실 향과는 직접적인 연관이 적지만 메탄티올이 존재하면 시너지 효과를 내어 아로마에 간접적인 영향을 미치게 된다. 2-메틸프로판알과 3-메틸부탄알은 각각 아미노산 발린, 이소류이신 및 류이신의 스트렉커 분해 반응으로 생성된 성분으로서 버터 향을 풍긴다. 이러한 성분들은 필터 커피보다 에스프레소 추출 방식에서 더 많이 발현되기 때문에 에스프레소 커피의 향이 더 강하게 느껴진다. 또 에스프레소 커피에서는 2-에틸-3,5-디메틸피라진, 2-에틸피라진 및 2-에틸-6-메틸피라진이 검출되는데, 이 성분들은 나무 향, 로스팅 향, 흙냄새 또는 곰팡이취를 나타낸다.

그리고 페놀 성분인 과이어콜은 필터 커피에서는 페놀 향, 향신료 향과 탄 냄새를 풍기지만, 에스프레소 커피에서는 정향과 향신료 향만이 느껴진다. 이때 에스프레소 커피의 성분은 여러 요인에 의해 달라진다. 특히 추출하는 물의 온도가 가장 큰 영향을 미치며, 이때 온도는 88~92℃, 압력은 9bar일 때가 커피 품질과 관능 평가에서 가장 우수하다는 문헌도 보고되고 있다.

일반적으로 원두 가루를 추출하면 특히 캐러멜 향, 버터 향과 페놀 향이 점차 강해지는 경향이 나타난다. 이는 원두 가루에서 추출 커피로의 향미 변화는 새로운 아로마가 생성된 것이 아니라 원두 가루에 함유된 성분들의 추출률이 서로 달라 추출된 각 성분의 농도가 다르기 때문이다.

특히 추출률 70% 이상을 나타내는 물질들은 보통 극성을 띠는 성분들이기 때문에 뜨거운 물에 잘 추출된다. 이러한 물질로는 티올류(3-머캅토-3-메틸부틸포름산, 블랙커런트 향, 쇼비뇽블랑 향), 피라진류(2-에틸-3,5-디메틸피라진, 견과류 향), 퓨란류[(4-하이드록시-2,5-디메틸-3(*2H*)-퓨란, 2(5)-에틸-4-하이드록시-5(2)-메틸-3(*2H*)퓨라논, 3-하이드록시-4,5-디메틸-2(*5H*)-퓨라논, 5-에틸-3-하이드록시-4-메틸-2(*5H*)-퓨라논)], 과이어콜(페놀 향), 바닐린(바닐라 향), 2,3-부탄디온(버터 향) 및 2,3-펜탄디온(버터 향)이 대표적이다.

반면 추출률이 30~70% 정도로 추출이 잘 안 되는 성분들은 2-푸르푸릴티올(로스팅 향), 메티오날(감자칩 향), 3-이소부틸-2-메톡시피라진(흙냄새), 4-에틸과이어콜(향신료 향) 및 4-비닐과이어콜(클로버 향) 등이 대표적이다. 상기 각 성분의 추출률은 아라비카종 또는 로부스타종 모두에서 유사한 경향을 보인다.

필터 커피와 인스턴트커피 간의 아로마 차이를 보면, 필터 커피는 로스팅 향 또는 유황 향이 강하지만, 인스턴트커피는 스위트한 캐러멜 향이 강하다. 이는 인스턴트커피의 경우 필터 커피보다 티올류의 함량이 적기 때문이다.

그리고 일반 커피에서는 클로로겐산의 농도가 5.26~17.1mg/g이 검출되는 반면, 디카페인 커피에서는 2.10~16.1mg/g이 확인된다. 클로로겐산 중에는 5-클로로겐산이 일반 커피와 디카페인 커피에서 그 농도가 2.13~7.06mg/g으로 가장 큰 비중을 차지한다. 보통 커피의 주요 항산화 성분인 카페인과 클로로겐산의 경우는 추출 방식에 영향을 많이 받는다. 이들 성분은 에스프레소 커피에서는 높은 수압일수록 많이 생성되고, 필터 커피에서는 여과 시간이 길수록 와류(turbulence)가 클수록 많이 생성된다. 와류가 크다는 것은 원두 가루 사이로 물의 흐름이 크게 소용돌이치면서 불규칙하다는 것을 의미한다.

다. 드립 커피의 향미 특성

드립 커피(필터 커피)에서는 2,3-부탄디온(버터 향), 2,3-펜탄디온(버터 향), 3-메틸-2-부텐-1-티올(고기 향), 메티오날(감자칩 향), 2-푸르푸릴티올(로스팅 향) 및 3-머캅토 부틸 포름산(유황 향)이 주로 높게 나타난다. 이러한 성분들은 대체로 극성 성분(물에 잘 녹는 물질)으로 추출이 쉬운 물질들이다.

원두 가루와 추출 커피 간의 아로마 성분 차이를 보면, 추출 커피에서 메탄티올, 메티오날, 3-메틸-2-부텐-1-티올, 2-메틸-3-퓨란티올, 2-푸르푸릴티올, 3-머캅토-3-메틸부틸 포름산(유황 향) 및 베타다마세논(꿀 향)은 감소한다. 반면 추출 커피에서 증가하는 성분은 아세트알데히드, 프로판올, 2-메틸프로판알, 2-메틸부탄알, 3-메틸부탄알 및 디메틸트리설파이드(로스팅 향)이다. 보통 티올류가 과도하게 많으면 아로마에 부정적이므로 이 성분이 적게 함유된 커피의 향기가 좋다.

아라비카종과 로부스타종으로 만든 필터 커피 아로마 중 아로마가가 매우 높은 물질은 6종류(메탄티올, 2-메틸프로판알, 3-메틸부탄알, 베타다마세논, 3-머캅토-3-메틸부틸포름산, 2-푸르푸릴티올)로 나타난다.

아라비카종으로 만든 필터 커피에서 아로마가가 특히 높게 나타나는 성분은 3-하이드록시-4,5-디메틸-2(5*H*)-퓨란, 4-하이드록시-2,5-디메틸-3(2*H*)-퓨란, 2-에틸-4-하이드록시-5-메틸-3(2*H*)-퓨란, 5-에틸-3-하이드록시-4-메틸-2(5*H*)-퓨란, 2,3-부탄디온, 2,3-펜탄디온 및 3-이소부틸-2-메톡시피라진이다. 이 중에 퓨란류와 디온류는 캐러멜 향과 버터 향을 풍기며 특히 슈페리오(superior) 아라비카 커피에서 검출되는 성분이다.

드립 커피 중에 아라비카 커피와 로부스타 커피 간의 아로마를 비교해 보면, 아라비카 커피(14.5㎍/L)가 로부스타 커피(19.0㎍/L)에서보다 총 아로마 함량이 적다. 그러나 아로마 농도가 높은 로부스타 커피는 아로마 성분 간의 마스킹 현상 때문에 오히려 향이 조화롭지 못한 결과로 나타나기 쉽다.

그리고 일부 성분(2-푸르푸릴티올, 4-비닐과이어콜)은 추출률이 낮지만(30% 이하) 아로마가가 매우 강해 커피 아로마에 영향을 크게 미치기 때문에 추출률 자체보다는 아로마가가 더 중요한 요소가 된다. 또 드립 커피의 아로마는 알킬피라진류, 페놀류와 퓨란류 간의 상호작용과 더불어 메티오날, 2-푸르푸릴티올 및 3-메틸-2-부텐이 관여하는 것으로 문헌에 보고되고 있다.

산지별 필터 커피의 아로마 특성을 보면, 탄자니아와 과테말라의 커피는 특히 풋내~흙냄새 성분[(2-메톡시-3-(1-메틸프로필)피라진)], 견과류 향~로스팅 향(2,3-디에틸-5-메틸피라진, 3-메틸-2-부텐-1-티올), 버터 향[(*Z*)-2-노넨알, (*E*)-2-노넨알, 2,6-(*E*,*Z*)-노나디엔알], 간장 향[(2-(메틸티오 메틸퓨란), 3-메틸티오 프로판알)]이 특징적으로 나타난다. 반면 에티오피아 필터 커피에서는 4-(4'-하이드록시페놀)-2-부탄온이 두드러진다.

한편, 로스팅 정도에 따라 필터 커피의 아로마 특성은 달라지는데, 일례로 로스팅 정도가 강할수록 커피에 긍정적인 향인 꽃 향과 버터 향(2-메틸부탄알, 3-메틸부탄알, 2,3-부탄디온, 2,3-펜탄디온, (*Z*)-2-노넨알), 헤이즐럿 향~로스팅 향(2,3-디에틸-5-메틸피라진) 및 흙냄새(2-에틸-3,5-디메틸피라진)가 나타난다. 그러나 로스팅 정도가 강해질수록 부정적인 향인 스모키 향(3-메틸-2-부텐-1-티올, 2-푸르푸릴티올, 2-메틸티오 메틸퓨란)과 페놀 향(3-메틸-1*H*-인돌, 4-에틸과이어콜, 4-에틸과이어콜) 등이 과다 생성되는 것으로 알려져 있다.

라. 에스프레소 커피의 향미

에스프레소 커피는 모든 커피의 기본이 되기 때문에 에스프레소 커피의 향미 특성을 파악하는 것은 매우 중요하다. 즉 에스프레소 커피의 향미 특성이 에스프레소를 기반으로 만든 다른 커피 종류의 향미에도 영향을 미칠 수밖에 없다.

1) 개요

에스프레소 커피는 추출 과정에서 추출 시간별 아로마 특성이 다르게 나타나는데, 이때 압력과 온도의 영향이 가장 크다. 에스프레소 커피의 향미 특징을 브라질 모지아나의 아라비카 버번 품종으로 25초 동안 추출한 것을 예를 들어 살펴보면 다음과 같다[그림 9-12].

그림과 같이 추출 후 커피의 주요 핵심 아로마 성분은 92℃, 9bar에서 추출할 때 46개로 나타난다. 각 아로마 성분의 시간대별 추출되는 성분은 5개 군으로 구분된다. 이때 추출 온도와 압력의 조건에 따라 추출되는 각 성분 군의 패턴은 다르게 나타난다.

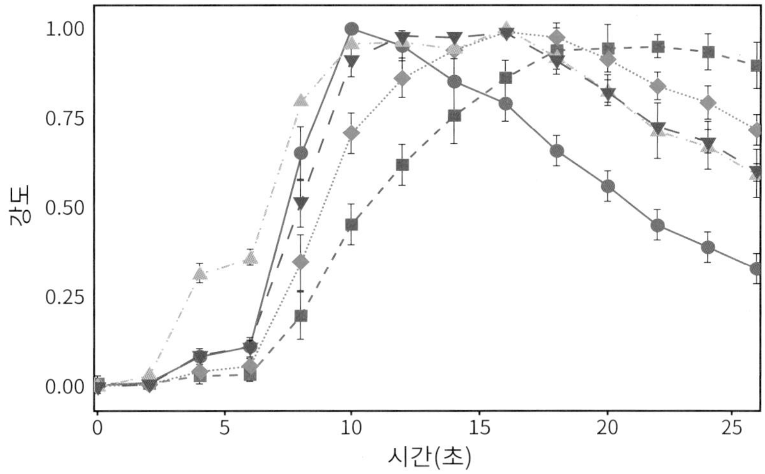

[그림 9-12] 추출 시간에 따른 에스프레소 커피의 성분 변화
1군(●), 2군(▼), 3군(▲), 4군(◆), 5군(■)

① 제1군에 속하는 성분(포름알데히드, 메탄올, 아세트알데히드, 아세톤, 프로판알, 초산, 프로판온산, 에틸아세테이트, 2,3-부탄디온, 뷰티로락톤)은 추출 6초 만에 가장 빠르게 추출되는 물질들이다. 이 성분들은 보통 10초 후에 최대치에 도달하고 이후 가장 빠르게 감소하는 경향을 보인다. 추출 종료 시기의 성분 농도는 최대치의 40% 수준이다.

② 제2군에 속하는 성분(포름산, 2-프로펜알, 2-메틸프로펜알, 3-부텐-2-온, 메틸부텐알, 메틸프로판온산, 펜탄디온, 감마 발로락톤)은 추출 10초 동안은 제1군과 같은 추출 패턴을 보인다. 그러나 10초 후에도 감소하지 않고 16초까지 최대치를 유지하다 완만히 감소한다. 추출 종료 시기의 성분 농도는 최대치의 60~70% 수준이다.

③ 제3군에 속하는 성분(1,3-부타디엔, 디메틸설파이드, 뷰티르알데히드, 2-메틸프로판알, 부탄온)은 추출 4초 후에 가장 빠르게 추출되며 10초 후 최대치를 보인다. 이후에는 제2군과 유사한 패턴의 추출 경향을 나타낸다.

④ 제4군에 속하는 성분(피롤, 퓨란, 트리아졸, 메틸피롤, 메틸피라진, 푸르푸랄, 푸르푸릴알코올, 하이드록시펜탄온, 1-메틸-2-뷰티르산, 디메틸피라진, 에틸피라진, 아세틸퓨란, 5-메틸푸르푸랄, 5-메틸 푸르푸릴 알코올, 4-메틸테트라하이드로-2*H*-피란-2-온, 2-옥소프로필 아세테이트, 에틸아세테이트)은 추출 6초 후 증가하기 시작하며 14~16초 사이에 최대치를 나타낸다. 이후 그 농도가 최대치의 70~80% 수준에 머문다.

⑤ 제5군에 속하는 성분(피리딘, 메틸부탄알, 비닐벤젠, 에테닐피라진, 2-아세토피롤, 에

테닐메틸 피라진, 2-에틸-5-메틸피라진, 트리메틸피라진, 과이어콜, 에틸 벤젠디올, 에틸 사이클로펜탄디온, 5-메틸-6,7-디하이드로-5*H*-사이클로펜타피라진, 2-아세틸-1-에틸피롤, 3-아세틸-2,4-디메틸피롤, 1-푸르푸릴피롤, 디하이드로디메틸, 사이클로펜타피라진, 알릴과이어콜)은 추출 6초 후 증가하기 시작하지만 20초 후 최대치에 도달하여 가장 느리게 추출되는 성분들이다. 이후 이 성분들은 서서히 감소하기 시작하며 추출 종료 시기의 농도는 최대치의 80~95%에 수준이 된다.

압력에 따른 상기 5개 군의 성분 변화를 보면, 제1군 성분들은 압력 차이에 따라 변화가 거의 없다. 그리고 제2군과 3군의 대표적인 물질인 메틸부텐알과 뷰티르알데히드는 7bar에서 추출 중간 구간(8~16초)에서만 낮은 농도를 보인다. 반면 압력에 따라 성분 차이를 가장 크게 보이는 군은 제4군과 5군인데, 이 두 군은 7~9bar에서는 차이가 없지만 11bar에서는 추출 종료 10초 전에 가장 큰 추출 농도를 보인다.

전체적으로 보면 7~9bar 사이에서는 추출되는 성분의 차이는 그룹 간의 차이는 없으나 11bar에서는 항상 모든 그룹에서 7bar에서보다 그 농도의 차이가 크게 나타난다. 그리고 클로로겐산, 지질, 오일 성분과 디털핀류 등의 향기 성분은 7bar에서 9bar로 올리면 더 증가하지만 카페인과 고형분은 압력 차이에 따른 영향이 없다. 또 11bar에서는 농도의 변화가 없거나 감소하는 경향을 보인다. 11bar에서 추출률이 낮아지는 것은 유속이 감소하기 때문이다. 그러나 11bar에서 오히려 유속은 줄지 않고 향기 성분의 추출이 오히려 더 많이 된다는 학계 보고도 있다.

그리고 온도에 따른 추출 성분의 변화를 보면 보통 추출 온도가 높을수록 휘발 성분이 증가하며, 특히 추출 중반 시기(14초)에 두드러지고 온도의 효과는 그룹별로 다르게 나타난다.

제1군은 추출 온도 92℃와 96℃에서는 성분 차이가 없으나 82℃에서는 추출 성분의 농도가 적게 나타난다. 제3군은 82℃와 96℃에서 추출 성분 간 차이가 나타나며, 제2군은 82℃, 92℃, 96℃ 모두에서 성분 차이를 보인다.

그리고 추출 온도에 따라 성분 차이를 가장 크게 나타내는 그룹은 제4군과 5군이다. 제4군의 대표적인 물질인 디메틸피라진(로스팅 향)은 96℃에서 가장 큰 농도를 보이며 이후 그 농도를 일정하게 유지한다. 반면 82℃와 92℃에서는 이 성분은 최대치를 보인 이후 그 농도가 감소하는 경향을 나타낸다.

제5군의 대표적인 성분인 푸르푸릴 피롤(건초 향)은 96℃에서 추출이 가장 좋은데 추출 종료까지 그 농도를 유지한다. 추출 온도가 높을수록 오일 성분과 지질이 더 많이 추출되며, 이는 고온에서는 지용성 성분의 추출이 쉽기 때문이다. 즉 제4군과 5군에서 휘발 성분이 고온(96℃)에서 더 많이 추출되는 것은 제4군과 5군에 속하는 성분들이 지용성 성분이 많기 때문이다.

최근에는 에스프레소 커피 추출 방법이 다양해지고 있으며 기존 방식보다 추출 기계의 압력을 높여 에스프레소 커피의 품질을 개선하는 방식으로 진화하고 있다. 이러한 방식들을 통해 에스프레소 커피의 거품 생성력과 유지력을 높이는 데 효과가 있다. 또 추출 조건을 조절하여 에스프레소 커피 특성의 다양성에도 효력이 있는 것으로 다수의 문헌에 보고되고 있다.

2) 에스프레소 커피의 주요 향미

에스프레소 커피의 향기 성분은 양적으로 보면 퓨란류와 피라진류가 가장 많지만 질적으로는 황 함유 성분들이 중요하다. 앞서 기술한 바와 같이 많은 향기 성분 중 일부 아로마만이 커피 향기에 영향을 미친다[표 9-4]. 에스프레소 커피에는 퓨란류가 일반 필터 커피(모카, 나폴리, 아메리카 커피)에서보다 함량이 더 많다. 그리고 에스프레소 커피와 일반 필터 커피 간의 아로마 차이는 2,5-디메틸퓨란(에테르취), 푸르푸릴 메틸에테르(견과류 향), 2-퓨란메탄올(캐러멜 향) 및 초산의 농도에서 구별된다. 즉 2-퓨란메탄올과 초산은 에스프레소 커피에 많지만, 2,5-디메틸퓨란과 푸르푸릴 메틸에테르는 아메리카 커피에 많다. 또 에스프레소 커피에는 퓨란류가 가장 많고 그다음 피라진류, 알데히드류, 케톤류 순으로 많다. 에스프레소 커피의 각 향미 물질의 종류와 특징을 세부적으로 살펴보면 다음과 같다.

① 퓨란류(furan)는 4개의 탄소 원자와 1개의 산소 원자로 구성된 5원자 방향족 고리로 이루어진 헤테로고리 유기화합물이다. 퓨란류는 마이얄 반응물(지방의 열에 의한 산화, 포도당 · 당 중합체 · 티아민 · 뉴클레오티드의 분해)로서 커피에 양적으로 가장 풍부하게 분포하는 물질이며, 에스프레소 커피의 특징을 나타내는 주요 성분이다. 일부 퓨란류(2-푸르푸랄, 푸르푸릴 알코올, 5-메틸푸르푸랄, 푸르푸릴 아세테이트)는 아라비카종과 로부스타종을 구분하는 지표 물질로 활용되기도 한다. 싱글 아라비카종으로 만든 커피에서는 로스팅 정도에 관계없이 푸르푸릴 아세테이트가 가장 많이 검출되고, 그다음 푸르푸릴 알코올, 2-푸르푸랄, 5-메틸푸르푸랄(캐러멜 향) 및 퓨란이 그 뒤를 잇는다. 그러나 로스팅 정도가 서로 다른 아라비카종과 로부스타종을 혼합하여 제조한 커피에서는 2-푸르푸랄이 가장 많이 검출되고, 그다음 푸르푸릴 알코올, 5-메틸푸르푸랄, 푸르푸릴 아세테이트 및 퓨란 순으로 많이 확인된다. 에스프레소 커피에 캐러멜 또는

초콜릿을 첨가한 경우에는 2,5-디메틸퓨란(에테르취)의 농도가 과도하게 검출되는 경우도 있다. 한편, 에스프레소 캡슐로 제조된 커피는 기존 드립 커피 메이커에서 제조된 커피보다 퓨란이 더 많이 함유된 것으로 문헌에 보고되고 있다.

② 페놀류(phenol)는 페닐기에 하이드록시기가 결합한 방향족 화합물이며 클로로겐산이 열분해되면서 생성된 것이다. 페놀류의 경우는 그 구성 성분이 에스프레소 커피 브랜드에 따라 다르게 나타나는데, 과이어콜은 모든 에스프레소 브랜드에서 확인되며 브랜드 간 농도 차이는 없다. 일부 페놀류(과이어콜, 4-에틸과이어콜, 4-비닐과이어콜)는 로스팅 과정에서 생성되는 물질로 커피 향기에 큰 영향을 미친다. 아라비카 생두와 원두에는 페놀류가 3~56 ㎎/㎏이 함유되어 있다. 그리고 페놀류는 클로로겐산의 열분해로 생성되는 물질이므로 생두의 클로로겐산 함유량에 따라 커피의 페놀 농도도 달라진다. 일반적으로 로부스타종에 클로로겐산이 더 많이 함유되어 있다. 그리고 페놀류는 모카커피에서보다 에스프레소 커피에서 더 많이 확인된다. 과이어콜 성분도 페룰산의 열분해로 생성되기 때문에 로스팅 정도가 높을수록 추출 온도가 높을수록 더 많이 생성된다. 페놀류 중에 과이어콜은 위스키에서 나는 스모키 향이며, 커피에도 이러한 페놀 향, 정로환 냄새, 향신료 향을 부여하는 성분으로 추출 온도가 높을수록 많이 검출된다.

③ 피라진류(pyrazine)는 분자식이 $C_4H_4N_2$인 방향족 헤테로고리 유기화합물이며, 알킬피라진류(긍정적인 향)와 메톡시피라진류(부정적인 향)가 대표적이다. 이 성분들은 로스팅 과정(마이얄 반응, 스트렉커 분해 반응) 중 당분과 아미노산과의 반응으로 생성되는 물질이다. 특히 커피 아로마에 긍정적인 영향을 미치는 알킬피라진류는 스트렉커 분해 반응을 통해 발현된 것이다. 참고로 참깨 볶을 때 생성되는 향기 성분의 40% 정도는 피라진류이다. 에스프레소 커피 아로마에 영향을 주는 주요 피라진류는 알킬피라진류이다. 그중에 2-에틸-3,5-디메틸피라진, 2-에틸피라진과 2-에틸-6-메틸피라진이 주요한 아로마 성분이다. 이들 성분은 견과류 향, 로스팅 향과 흙냄새 등을 풍기며 그중 2-에틸-3,5-디메틸피라진은 커피에서 나무 향, 로스팅 향과 흙냄새에 가장 큰 영향을 미친다. 이에 반해 2-에틸-6-메틸피라진은 에스프레소 커피에서 로스팅 향과 흙냄새에 영향을 미친다. 그 외 2-에틸-3,5-디메틸피라진, 2-메틸-3-트랜스-프로페닐피라진과 2-에틸-6-메틸피라진의 경우 에스프레소 커피에서는 소량 검출된다. 그리고 아라

비카종으로 제조한 에스프레소 커피의 경우 추출 온도가 96℃ 이상일 때 피라진류는 더 많이 추출된다. 캡슐 에스프레소 커피에서는 2-에틸-6-메틸피라진, 2-에틸-3,5-디메틸피라진 및 2-에틸피라진이 주요 아로마로 확인된다. 티아졸과 피라진은 검출되는 농도는 적지만 역치가 낮아 에스프레소 커피 아로마에 영향을 크게 미치는 성분이다. 피라진류, 퓨란류 및 퓨라논류는 커피의 주요 향기 성분으로 커피의 독특한 향을 내게 한다. 피라진류는 커피에서 주로 흙냄새, 곰팡이취와 로스팅 향을 부여하는데, 특히 알킬피라진(에틸피라진, 에테닐알킬피라진)은 로부스타종 커피에서 흙냄새를 나타낸다. 그 외 3-이소부틸-2-메톡시피라진, 2-에틸-3,5-디메틸피라진(로스팅 향, 흙냄새) 및 2,3-디에틸-5-메틸피라진 역시 에스프레소 커피 아로마에 영향을 미친다.

④ 퓨라논류(furanone)는 헤테로 유기화합물로서 락톤류의 일종이다. 커피에서 맥아 향과 달콤한 로스팅 향을 부여하며 일반적으로 역치가 높은 편이다. 퓨라논류 중에 2-(메틸티오) 메틸퓨란은 에스프레소 커피 향기에 큰 영향을 미친다. 특히 퓨라논류 중에는 4-하이드록시-2,5-디메틸-3(*2H*)-퓨라논과 4,5-디메틸-3-하이드록시-2(*5H*)-퓨라논 성분이 에스프레소 커피에서 달콤한 캐러멜 향을 풍긴다. 커피에는 잔당이 거의 없어 커피의 단맛은 퓨라논류가 오히려 영향을 크게 미친다.

⑤ 알데히드류(aldehyde)는 탄화수소기에 포르밀기가 첨가된 물질을 말하며 분자식은 RCHO이다. 이 성분은 아미노산이 당분과의 반응을 통해 로스팅 과정 또는 폴리페놀의 분해로 발현되는 물질이다. 또 불포화 지방산의 자동산화에 의해 생성되기도 하기 때문에 생두에 지방이 많으면 헥산알이 많이 생성된다. 에스프레소 커피에 함유된 주요 알데히드류는 아세트알데히드, 프로판알, 2-메틸프로판알, 2-메틸부탄알과 3-메틸부탄알이다. 알데히드류는 에스프레소 커피의 주요 향기 성분으로 특히 아세트알데히드와 프로판알은 과실 향과 풋내를 풍긴다. 또 맥아 향과 발효 향을 풍기는 2-메틸프로판알, 2-메틸부탄알 및 3-메틸부탄알은 로스팅 과정 중 스트렉커 반응물로서 에스프레소 아로마에 영향을 미친다. 보통 나폴리 커피나 모카커피에서보다 에스프레소 커피에서 알데히드류가 더 많이 확인된다.

⑥ 케톤류(ketone)는 카보닐기로 두 개의 작용기가 연결된 탄화수소 유도체를 말하며 화학

구조식은 $R_1(CO)R_2$이다. 이 성분은 아라비카종과 로부스타종으로 만든 에스프레소 커피에 2,3-펜탄디온과 2,3-부탄디온이 함유되어 있다. 반면에 베타다마세논, 2-부탄온 및 2,3-헥산디온은 아라비카 에스프레소 커피에서만 확인된다. 케톤류는 로부스타 커피에서보다 아라비카 커피에서 더 많이 검출된다. 2,3-펜타디온은 퓨라네올의 열분해로 생성되지만 베타다마세논은 카로티노이드에 분해로 생성된다. 일반적으로 에스프레소 커피에서보다 필터 커피에서 케톤류가 더 많이 검출된다. 케톤류는 에스프레소 커피에 버터 향, 크림 향과 초콜릿 향을 부여하는 성분이며, 그중 2,3-부탄디온과 2,3-펜탄디온이 대표적인 성분이고 베타다마세논은 과실 향과 꿀 향을 풍긴다. 보통 케톤류는 에스프레소 커피에서보다 필터 커피에서 더 많이 분석된다.

⑦ 티올류(thiol)는 알케인에 -SH 작용기가 붙은 유기 황화합물이다. 이 성분은 로스팅 과정에서 생성된 물질로 특히 메탄티올은 아미노산 메티오닌의 열분해로 생성되며 낮은 역치로 인해 커피 아로마에 영향을 크게 미친다. 메탄티올은 드립 커피에서보다 에스프레소 커피에서 더 많이 검출되는데 이는 높은 수압과 빠른 추출 시간 때문이다. 에스프레소 캡슐 커피에서는 2-(메틸 설포닐메틸) 퓨란과 디메틸설파이드가 많이 함유되어 있으며 이는 캡슐 커피 제조 과정에 의한 것이다. 황화합물 특히 티올류는 커피에 적은 농도가 함유되어 있지만 낮은 역치로 인해 커피 아로마에 영향을 미친다. 티올류 중 특히 메탄티올은 양배추 향, 치즈 향, 마늘 향과 유황 냄새를 풍겨 일반적으로 불쾌취로 느껴진다. 그러나 이 성분은 커피 추출 시 산화가 빠르게 일어나 오히려 에스프레소 커피에서는 신선한 향을 나타내는 지표 물질이기도 하다. 그리고 아세트알데히드와 시너지 효과를 내어 과실 향을 강화하는 역할을 하기도 한다. 2-푸르푸릴티올은 향기가 매우 강한 물질로 에스프레소 커피 아로마에 가장 핵심 성분이다. 그 외 2-메틸-3-퓨란티올과 3-메틸-2-부텐-1-티올은 역치가 매우 낮고 커피에 고기 향을 부여하며, 3-메틸티오펜과 2,4-디메틸-5-에틸티아졸은 고기 향과 로스팅 향을 부여한다.

⑧ 피롤류(pyrrole)는 비대칭 고리 구조의 방향족 유기화합물로서 C_4H_5N 분자식을 가진 오각형 모양의 화합물이다. 이 성분은 스모키 향과 탄 냄새가 특징적이며 1-메틸-1*H*-피롤과 1-에틸-1*H*-피롤은 아라비카 커피에서 검출되는 물질이다. 이 물질은 아미노산 또는 퓨란류의 분해에 따라 생성되거나 마이얄 반응으로 생성되기도 한다. 피롤류 중에

는 1-메틸-(1*H*-피롤-2-일)-1-에탄온(로스팅 향, 흙냄새)이 핵심 성분인데, 이 성분은 커피 추출 방법에 영향을 받지는 않는다.

[표 9-4] 에스프레소 커피의 향기 성분

향기 성분	아라비카 (% 피크 면적)	블렌딩 (로부스타 80%:아라비카 20%, % 피크 면적)
● 알데히드류(풋내 · 버터 향 · 맥아 향 · 과실 향)		
아세트알데히드	0.17~0.49	0.34~0.40
2-메틸프로판알	0.65~2.46	2.00~2.83
부탄알	0.08~1.16	
2-메틸부탄알	1.25~2.35	1.26~2.01
3-메틸부탄알	0.59~3.78	2.35~3.38
헥산알	0.02~0.08	0.05~0.1
프로판알	0.54~0.71	0.47~0.55
● 피라진류(흙냄새 · 곰팡이취 · 견과류 향 · 풋내)		
2-에틸-6-메틸피라진	0.02~1.73	0.04~0.08
2-에틸-5-메틸피라진	1.03~2.9	
2-프로필피라진	0.13~0.48	
2,6-디에틸피라진	0.34~0.48	
2-에틸-3,5-디메틸피라진	0.01~2.30	
2-메틸-3-트랜스-프로페닐피라진	0.38	
피라진	0.24~0.44	
2-메틸피라진	2.45~4.08	
2,5-디메틸피라진	1.43~1.45	
2,6-디메틸피라진	1.61~1.66	
2-에틸피라진	0.06~1.61	0.11~0.17
트리메틸피라진	0.67~1.11	
3-에틸-2,5-디메틸피라진	1.04~1.38	
2,3-디메틸피라진	0.28	
2-에틸-3-메틸피라진	1.12	
5*H*-5-메틸-6,7-디하이드로사이클로펜타피라진	0.26	
아세틸피라진	0.06	

1 -(6-메틸-2-피라지닐)-1-에탄온	0.18	
● 퓨란류(스모키 향)		
2,5-디메틸퓨란	0.21~0.32	
푸르푸릴 메틸에스터	0.22~1.41	
푸르푸릴메틸 설파이드	0.61~7.47	
2-퓨란메탄올 아세테이트	9.46~37.4	0.17
2-퓨란메탄올	7.84~18.0	21.0
2-메틸퓨란	1.15~2.10	
3-메틸퓨란	0.15	
2-에테닐-5-메틸퓨란	0.29	
2-(메톡시메틸)퓨란	0.64	
디하이드로-2-메틸-3(2*H*)-퓨라논	1.29	
2-퓨란카르복스알데히드	7.65	
2-[(메틸티오)메틸]퓨란	1.27	
푸르푸릴 포름산	0.29~3.59	
1-(2-퓨라닐)-에탄온	2.33	
푸르푸릴 아세테이트	15.34	
5-메틸-2-퓨란카르복스알데히드	4.77~7.90	8.20
2,2’-메틸렌비스퓨란	0.82	
2-(2-퓨라닐메틸)-5-메틸퓨란	0.40	
2-비닐퓨란	0.24	
시스-2-메틸-5-프로페닐퓨란	0.13	
푸르푸랄	2.15~10.0	11.0
퓨라네올	0.15	
2-아세틸퓨란	0.40	
1-(2-퓨릴)-2-프로판온	0.54	
퓨란메탄올 아세테이트	9.46	
2-퓨란메탄올 프로판산	0.90	
2-푸르푸릴 퓨란	0.76	
디하이드로-2(3*H*)-퓨라논	0.59	
1-(2-푸릴)-부탄온	0.29	
5-메틸-2-푸르푸릴퓨란	0.61	
3,4-디메틸-2,5-퓨란디온	0.09	
2-아세틸-5-메틸퓨란	1.48	

디푸르푸릴 에테르	2.59	
2-비닐-5-메틸퓨란	0.23	
● 케톤류(버터 향 · 오일 향 · 버섯 향)		
2,3-펜탄디온	0.59~2.37	0.42~0.53
베타다마세논	0.06	
2-부탄온	0.50~0.86	
2,3-부탄디온	0.46~1.11	0.32~0.34
2,3-헥산디온	0.69	
디아세틸	0.32	
2,4-디메틸-3-펜탄온	0.23	
3,4-헥산디온	0.17	
3-하이드록시-2-부탄온	0.13	
1-하이드록시-2-프로판온	0.50	
2-메틸-2-사이클로펜텐온	0.09	
1-하이드록시-2-부탄온	0.08	
3,3-디메틸-2-부탄온	0.71	
1-(아세틸옥시)2-부탄온	0.71	
에틸 사이클로펜텐온	0.37	
3,5-디메틸 사이클로펜텐온	0.12	
2-사이클로펜텐온, 2-하이드록시-3-메틸	0.24	
3-에틸-2-하이드록시-2-사이클로펜텐온	0.23	
3-하이드록시-2-메틸-4*H*-피라논	1.35	
● 알코올류(알코올향, 단향)		
2-메틸-3-프로판올	0.07	
3-펜텐올	0.07	
페닐에탄올	0.21	
● 산류(신맛)		
초산	2.30	
프로판산	0.10	
이소발레르산	0.72	
3-메틸-2-뷰테노익산	0.12	
● 퓨란 에스터류(꽃 향 · 과실 향)		
메틸 아세테이트	0.87	
아세톨 아세테이트	2.01	

● 피롤류(나무 향 · 곰팡이 향 · 로스팅 향)		
1-메틸-(1*H*-피롤일)-1-에탄온	1.88	
1-메틸-1*H*-피롤	0.47~1.73	
1-에틸-1*H*-피롤	0.25	
1*H*-피롤	0.40~1.51	
1-메틸-1*H*-피롤-2-카르복스알데히드	1.14	
1-(2-퓨란일메틸)-1*H*-피롤	1.61	
2,5-디메틸-1*H*-피롤	2.42	
2-포밀-1-메틸피롤	1.31	
2-포밀-4,5-디메틸피롤	0.39	
N-푸르푸릴피롤	3.45	
아세틸 피롤	1.97	
1*H*-피롤-2-카르복스알데히드	1.24	
2-포밀-1-메틸피롤	0.71	
● 황화합물(유황 향)		
메탄티올	0.11~0.16	0.10~0.12
2-프로필티오펜	0.11	
● 페놀류(페놀 향 · 향신료 향)		
과이어콜	0.02~9.12	0.01~0.04
4-에틸과이어콜	1.81~4.85	
4-비닐과이어콜(정향 · 밤꽃 향 · 클로버 향)	3.24	
4-에텐일-2-메톡시페놀	0.45	
페놀	1.00	
4-비닐-2-메톡시페놀	4.19	
● 기타 성분		
3-에틸-3-메틸 사과산 무수물	0.09	
트리메틸옥사졸	0.06	
3-메틸 2(1*H*)-퀴놀리논	0.30	
2-메틸피리딘	0.03	
3-에틸피리딘	0.18	
라나룰 산화물	0.16	
라나룰	0.08	
베타미어신	0.06	
델타 리모넨	0.05	

3) 에스프레소 커피 추출 방법과 향미 특성

에스프레소 커피의 아로마는 커피 종, 로스팅 방식, 분쇄 방법 및 우유 등의 첨가 여부에 따라 달라진다. 추출 방법에 따른 에스프레소 커피의 주요 향기 성분을 살펴보면 다음과 같다.

에스프레소 커피의 향미는 추출 시간, 온도, 압력 그리고 분말 입자 크기에 영향을 받는다. 에스프레소 커피 향미에 영향을 미치는 요소를 기계적인 영역(물의 온도·압력)과 바리스타 영역(커피 타입, 분쇄 입도, 태핑 힘, 추출 시간, 물과 분말의 비율)으로 구분하여 도식화한 것은 [그림 9-13]과 같다.

[그림 9-13] 에스프레소 커피 아로마에 영향을 미치는 주요 요소

앞서 언급한 바와 같이 에스프레소 커피의 향미는 우선 추출 시간이 영향을 미친다. 추출 후 몇 초 내에 수용성 성분(당분, 유기산, 카페인 등)이 90% 이상 추출되며, 추출 시간이 길어지면 향기 성분과 수용성 성분의 추출률이 감소한다. 또 대부분의 항산화 물질의 70% 이상이 추출 8초 이내에 추출된다. 추출 시간(10초)이 길어지거나 추출물의 양이 많으면 추출이 잘 안 되는 성분(쓴맛, 떫은맛)들이 용출되는 문제가 발생하기도 한다.

그리고 물의 온도가 높으면 수용성 성분과 카페인의 농도가 높아지며 거품도 많아진다. 물의 온도를 올리면서 추출하는 방식(88~93℃)에서는 카페인, 산류 및 클로로겐산의 농도가 증가하여 에스프레소 커피에 쓴맛, 떫은맛, 거품 형성 및 조화로운 아로마를 부여하여 긍정적인 효과가 나타난다. 반면 온도를 낮추면서 추출하는 방식(93~88℃)에서는 5-디카페오일 퀸산의 농도, 거품과 질감이 감소하고 부조화한 향이 드러난다. 추출 압력 역시 에스프레소 향미에 영향을 미치는데, 압력이 7~9bar일 때 트리고넬린, 카페인과 니코틴산의 추출이 증가한다. 또한, 추출 압력에 따라 거품층 형성에도 차이가 난다.

분쇄 입도 역시 에스프레소 커피 향미에 중요하며 입도가 굵으면 추출 유속이 빨라져 추출률이 감소하고, 입도가 너무 고우면 필터가 막혀 과추출이 된다. 분쇄 입도는 분말의 수분과 로스팅 정도에 따라 달라지므로 분쇄 입도는 일정하지 않다. 로스팅 정도가 강할수록 기공이 많고 부서지기 쉽고 수분이 많을수록 입도는 커지게 된다. 에스프레소 분쇄 입도는 특별히 정해진 것이 없기 때문에 바리스타의 경험과 숙련도가 매우 중요하다.

[표 9-5]는 에스프레소 추출 때 향미에 영향을 미치는 요인을 정리한 것이다. 커피 추출 때 많은 요소가 서로 영향을 미치기 때문에 한 요소만을 가지고 최적의 추출 조건을 설정하는 것은 매우 어렵다. 예를 들어서 분쇄 입도에 따라 추출 압력이 달라지기 때문에 추출률과 접촉 시간에 변화가 생겨 커피 맛과 향에 영향을 미치게 된다.

[표 9-5] **추출 요소와 향미 특성**

추출 요소			향미 성분	관능
온도(℃)	88 92 96 98	• 시간(초): 21 • 압력(bar): 9 • 분말/물 비율(g/L): 187 • 입도: 매우 고운	• 88℃: 증가(3-메틸부탄알, 2-메틸프로판알, 2-메틸부탄알) • 92℃: 증가(트리고넬린, 카페오일 퀸산, 황화합물류, 알데히드류, 케톤류), 감소(피라진류) • 96℃: 감소(트리고넬린, 카페오일 퀸산), 증가(피라진류) • 98℃: 감소(트리고넬린, 카페오일 퀸산), 증가(헥산알)	• 88℃: (증가) 향미, 질감 • 92℃: (증가) 신선감, 과실 향, 질감 • 96℃: 쓴맛, 볶은 향 증가 • 98℃: 탄향, 고추 향(부정적인 향미)
압력(bar)	7 9 11	• 시간(초): 21 • 온도(℃): 92 • 분말/물 비율(g/L): 187 • 입도(㎛): 매우 고운	• 7bar: 감소(지질, 카페오일 퀸산, 메탄티올, 아세트알데히드, 프로판알, 3-메틸부탄알, 2,3-부탄디온) • 9bar: 증가(지질, 카페오일 퀸산, 향기 성분, 메탄티올, 프로판알) • 11bar: 감소(지질, 카페오일 퀸산), 증가(2-메틸부탄알, 3-메틸부탄알, 2-에틸-3,5-디메틸피라진)	• 7bar: (증가) 짚취, 곡류 향 • 9bar: (증가) 과실 향, 버터 향 • 11bar: 쓴맛, 떫은맛, 볶은 향(부정적인 향미)

입도 (㎛)	매우 곱게 (450) 곱게 (550) 굵게 (600)	• 시간(초): 21 • 온도(℃) : 92 • 압력(bar): 9 • 분말/물 비율 (g/L): 187	• 매우 곱게: 증가(트리고넬린, 지질, 카페인, 카페오일 퀸산, 2-메틸프로판알, 2-메틸부탄알, 3-메틸부탄알, 2,3-부탄디온, 2,3-펜탄디온) • 곱게: 증가(2-메틸프로판올, 2-메틸부탄알, 3-메틸부탄알) • 굵게: 감소(트리고넬린, 지질, 카페인, 카페오일 퀸산)	• 매우 곱게: 나무 향, 볶은 향 • 곱게: (증가) 질감, 나무 향, 볶은 향 • 굵게: 향미 성분 감소, 볶은 향 변화 없음
분말/물비율(g/L)	162.5 187.5 212.5	• 시간(초): 21 • 온도(℃): 92 • 압력(bar): 9 • 입도: -	• 분말/물 비율 증가: 증가(카페인, 카페오일 퀸산) • 162.5: 감소(카페인, 카페오일 퀸산, 황화합물, 증가(에틸피라진) • 187.5: 변화 없음(카페인, 카페오일 퀸산, 휘발 성분) • 212.5: 증가(카페인, 카페오일 퀸산, 과이어콜)	• 분말/물 비율 증가: (증가) 쓴맛, 떫은맛 • 162.5: 증가 (곡류 향), 감소(산미) • 187.5: 산미, 쓴맛, 떫은맛, 곡류 향 변화 없음 • 212.5: 증가(산미, 볶은 향, 향미, 후미)
온도 차이 (℃)	88-93 93-88 90	• 시간(초): 25 • 분말/물 비율 (g/L): 300 • 압력(bar): 9 • 입도(㎛): 200~630	• 88~93: 증가(총 페놀, 총 고형분, 5-카페오일퀸산) • 93~88: 증가(지질, 아라비카 품종, 습식 추출) • 90: 증가(카페인, pH)	• 88~93: (증가) 떫은맛, 쓴맛, 질감 • 93~88: (증가) 쓴맛, 떫은맛, (감소) 거품 유지력, 질감 • 90: (감소) 거품 유지력, 질감, (증가) 쓴맛, 떫은맛
물의 질 (mg/L)	물의 질 1 $=Ca^{2+}$: 32.9, Mg^{2+}:6.5, HCO_3^- :106 물의 질 2 $=Ca^{2+}$: 55.0, Mg^{2+}:12, HCO_3^- :198 물의 질 3 $=Ca^{2+}$: 80, Mg^{2+}:26, HCO_3^- :360 물의질 4 $=Ca^{2+}$: 171, Mg^{2+}: 27,8, HCO_3^- :574	• 분말/물 비율 (g/L): 350	• 탄산은 커피 거품 형성에 부가적으로 긍정적 영향을 미침 • 중탄산이온은 거품 형성에 효과가 있으나 거품은 쉽게 꺼짐	• 물의 질은 거품의 형성, 견고성 및 질감에 효과 • 중탄산이온이 적은 (물의 질 1과2) 경우 조밀한 거품 형성에 효과적임 • 중탄산이온이 많은 경우 거품 크기가 커 음용에 부정적임

추출 머신에 따른 커피의 품질 특성을 총 고형분, 당도, pH 및 산도를 중심으로 분석 비교해 보면 다음과 같다[그림 9-14].

각 커피의 고형분을 보면, DE(반자동 에스프레소 커피), SE(완전 자동 머신 에스프레소 커피), NE(네스프레소 커피)가 다른 샘플에 비해 4% 이상 높게 나타난다. Bia(에스프레소 머신 메이커)는 고형분이 2.13%로 가장 낮게 나타난다. 신맛은 네스프레소 머신 커피에서 가장 높고 프렌치 프레스 커피에서 가장 낮게 나타난다. 지방산은 프렌치 프레스 커피에서 가장 높게 나타나며 드립 커피에서 가장 낮게 검출된다. 지방산 대부분은 헥사데카논산과 옥타데카디에논산이다. 커피의 지방산 농도는 로스팅 정도와는 연관성이 적고 추출 방법에 영향을 많이 받는다. 에스프레소 커피가 드립 커피보다 지방산이 더 많이 추출된다. 그리고 카페인 농도는 완전 자동 머신 에스프레소 커피에서 가장 높고 필터 커피에서 가장 낮다. 클로로겐산은 에스프레소 머신 메이커 커피에서 가장 높으며 드립 커피에서 가장 낮게 나타난다. 전반적인 농도는 에스프레소, 모카, 룽고 순으로 나타난다.

각 커피의 관능을 보면 반자동 머신 에스프레소 커피는 섬세한 거품, 강한 로스팅 향, 곡류 향과 견과류 향이 가장 강하게 느껴진다. 그리고 쓴맛과 당도가 가장 높게 나타난다. 네스프레소 머신 커피는 짙은 거품과 거품 양이 가장 많고 로스팅 향이 강하다. 또 질감이 강하며 지방산은 거의 없는 편이다. 에스프레소 머신 메이커 커피(Bia)는 거품이 없고 지방산의 농도가 높게 나타난다. 프렌치 프레스 커피는 강한 로스팅 향과 견과류 향이 강하며, 다른 필터 커피(KK, F)보다는 질감과 쓴맛이 더 강하고 산도가 가장 강하다. KK(독일 커피 메이커)는 과실 향과 단맛이 강하고 아로마는 중간 수준이며 로스팅 향과 쓴맛은 낮은 편이다. F(필터 커피)는 균형 잡힌 향미이며 과실 향은 약한 편이고 지방산은 거의 없는 것으로 나타난다.

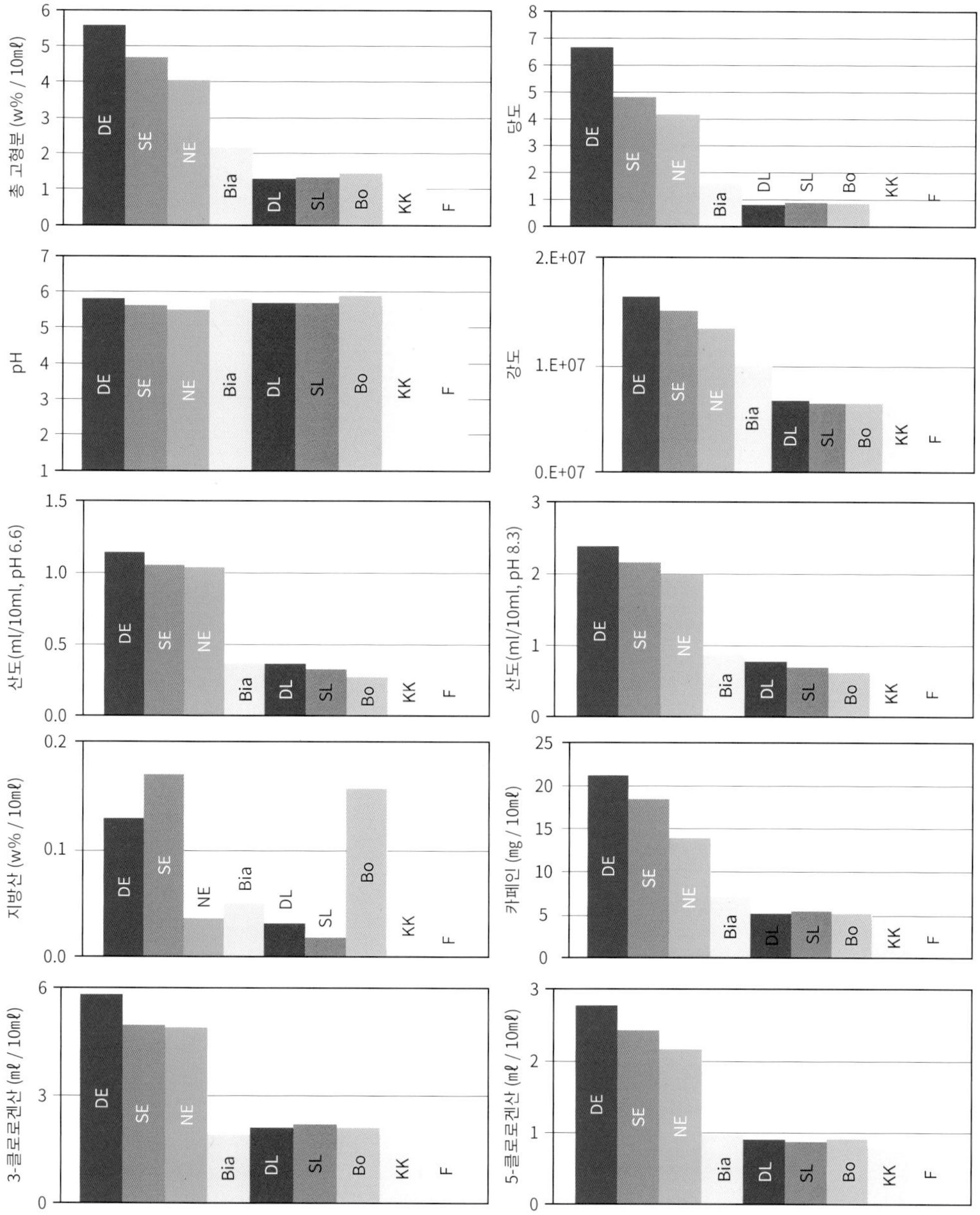

[그림 9-14] **추출 머신에 따른 커피 향미 특성 비교**

커피 품종별 에스프레소 커피의 주요 아로마는 13종으로 이 중 알데히드류는 과실 향을, 디온류는 버터 향을 그리고 피라진류는 흙냄새~탄 냄새를 부여한다. 이때 커피 중에 따라 각각의 성분 농도에 차이를 보인다[표 9-6].

[표 9-6] 에스프레소 커피의 주요 아로마 성분

성분		아라비카종 (% 피크 면적)	로부스타종 (% 피크 면적)
황화합물	메탄티올(삶은 감자 향)	0.13	0.08
알데히드류	아세트알데히드(풋내)	0.36	0.35
	프로판알(로스팅 향, 과실 향)	0.32	0.50
	2-메틸프로판알(부패취, 아몬드 향)	1.80	2.55
	3-메틸프로판알(버터 향)	1.25	2.33
	3-메틸부탄알(맥아 향)	2.61	3.33
	헥산알(풋내, 과실 향)	0.05	0.06
케톤류	2,3-부탄디온(버터 향)	0.42	0.36
	2,3-펜탄디온(버터 향)	0.63	0.42
피라진류	2-에틸피라진(견과류 향)	0.10	0.17
	2-에틸-6-메틸피라진(로스팅 향)	0.06	0.13
	2-에틸-3,5-디메틸피라진(꽃 향, 과실 향)	0.04	0.07
페놀류	과이어콜(페놀 향, 정로환 향)	0.11	0.09

4) 에스프레소 캡슐 커피와 향미

에스프레소 커피는 커피숍 또는 가정용 커피 머신을 이용하여 제조 가능하며 간편식으로 파드 커피(pod coffee) 또는 에스프레소 캡슐 커피(espresso capsuled coffee) 형태로 판매되고 있다. 최근 파드 커피 또는 에스프레소 캡슐 커피 시장은 성장 추세에 있으나 라벨에 정보는 미미한 편이다.

캡슐 커피는 분쇄된 원두를 일정 규격의 캡슐에 담긴 커피 가루를 전용 머신을 이용해 추출하는 방식이다. 이 커피는 맛의 다양성, 편리함과 일정 수준의 맛 보장이라는 장점이 있지만, 캡슐 가격이 높고 직접 원두를 분쇄하는 방식보다는 신선하지 않은 단점도 있다. 파드 커피는 일정 규격의 원형으로 생긴 종이 재질의 여과 봉지에 담긴 커피 가루를 전용 머신을 통해 추출하는 방식으로 캡슐 커피와 같이 편리하면서도 가격은 저렴하다.

최근 이탈리아 에스프레소 캡슐 커피 아로마에 관한 연구에 따르면, 기존 에스프레소 커피에서 검출된 성분과 유사한 것으로 나타난다. 주요 아로마로는 퓨란류(7종), 피라진류(12종), 알데히드류(9종), 케톤류(10종), 피롤류(5종), 에스터류(9종), 피리딘류(2종), 황화합물류(2종), 페놀류(6종) 및 털핀류(33종) 등이 대표적이다[표 9-7].

[표 9-7] 에스프레소 캡슐 커피의 주요 향기 성분

구분		관능	향미 영향
알데히드류	2-메틸프로판알	풋내, 발효 향	부정적
	2-메틸부탄알	맥아 향, 발효 향	부정적
	3-메틸부탄알	아몬드 향, 과실 향	긍정적
케톤류	2,3-펜탄디온	버터 향, 캐러멜 향	긍정적
피라진류	2-에틸피라진	흙냄새, 곰팡이취	부정적
	2-에틸-6-메틸피라진	흙냄새, 곰팡이취	부정적
	2-에틸-3,5-디메틸피라진	나무 향, 종이 향	부정적
페놀류	과이어콜	페놀 향, 향신료 향	긍정적

[그림 9-15]는 이탈리아 에스프레소 캡슐 커피 브랜드별 아로마 특성을 비교한 것으로 주요 아로마 성분의 특징은 다음과 같다. 우선 브랜드 D가 다른 캡슐 커피보다 전반적으로 아로마 농도가 높은 것을 알 수 있다. 이 중 알데히드류(2-메틸프로판알, 2-메틸부탄알, 3-메틸부탄알)가 다른 브랜드보다 높다. 이 성분은 아미노산(발린, 이소류이신, 류이신)의 스트렉커 분해물이며, 캡슐 에스프레소 커피의 주요 아로마이고 맥아 향과 발효 향을 풍긴다. 케톤류는 버터 향과 크림 향을 부여하며 타입 D에서 특히 농도가 높게 분석되는데 그 외 브랜드에서는 각 캡슐 간에 큰 차이는 없다.

피라진류와 퓨란류는 흙냄새, 곰팡이취, 나무 향과 종이 향을 부여하는 성분이다. 이들 성분은 가장 낮은 역치를 나타내며 농도 면에서도 커피 아로마에 큰 영향을 미치는 물질이다. 피라진류 중에는 2-에틸피라진, 2-에틸-6-메틸피라진 및 2-에틸-3,5-디메틸피라진이 캡슐 아로마에 영향을 미친다. 피라진류의 농도는 주로 커피 품종이 영향을 미치는 것으로 문헌에 보고되고 있다.

퓨란류(2-메틸퓨란, 2,5-디메틸퓨란)는 전반적으로 낮은 농도(0~80.6 ㎍/L)를 나타내며, 이 성분은 주로 로스팅 과정 중 마이얄 반응에 따라 생성된다. 또 에스프레소 커피의 퓨란류 농도는 캡슐 간 차이가 있는데, 이는 커피 가공 과정과 추출 방식에 따라 다르기 때문이다. 또 에스프레소 커피의 퓨란류는 인스턴트커피에서보다 그 농도가 높게 나타난다.

그리고 페놀류 중 특히 과이어콜은 에스프레소 캡슐 커피에서 대부분 검출되며, 그 농도는 210~3,010㎍/L 수준으로 나타나고 향신료 향과 페놀 향을 부여한다. 황화합물류는 신선한 커피의 경우 머캅탄의 농도가 낮지만 커피 저장 중에 그 농도가 상당량 증가하게 된다. 특히 디메틸설파이드와 2-(메틸설포닐메틸) 퓨란이 대부분의 에스프레소 캡슐 커피에서 검출되며, 그 농도는 커피 품종, 가공 과정 및 저장 조건에 따라 다르게 나타난다. 특히 로부스타 품종의 경우 아라비카 품종에서보다 2-(메틸설포닐메틸) 퓨란이 더 많이 확인된다.

최근 문헌에 의하면, 싱글 에스프레소 캡슐 커피의 경우 커피 원두의 다양한 성분 중에, 특히 털핀류와 에스터류의 농도가 높을수록 커피에 상쾌한 향을 부여하는 것으로 확인되고 있다.

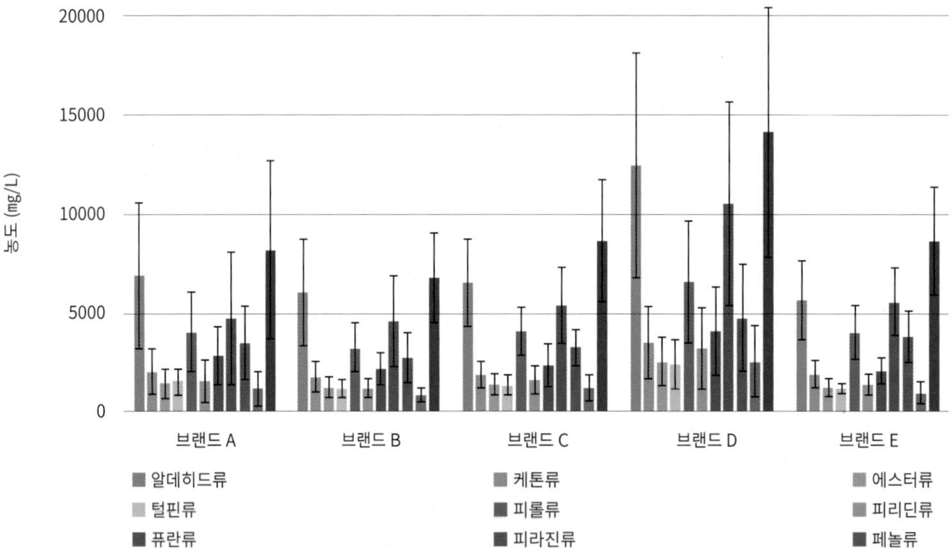

[그림 9-15] **에스프레소 캡슐 커피 브랜드별 아로마 특성 비교**

5) 에스프레소 머신과 향미 특성

에스프레소 커피 역시 커피 추출 머신에 따라 커피 향미 특성이 달라진다. 커피숍에서 사용하는 바 머신, 가정용 캡슐 머신 및 일리 자동 캡슐 머신 등이 대표적인 에스프레소 커피 머신이다. [표 9-8]에서와 같이 고형분 추출률은 캡슐 머신이 가장 우수하고 바 머신이 가장 낮게 나타난다. 커피의 산도는 클로로겐산과 카페인에 의해 결정되며 카페인은 쓴맛과 떫은맛을 준다. 3종류의 커피 머신 간의 쓴맛과 떫은맛에는 차이가 거의 없는 것으로 문헌에 보고되고 있다. 밀도는 캡슐 머신이 바 머신 커피보다 낮아 질감이 떨어지는 것으로 나타난다.

지질은 3종류의 머신 간에 차이를 보이는데 지질이 많을수록 점도는 증가하게 되는데, 캡슐 머신 커피와 일리 자동 캡슐 머신 커피가 바 머신 커피에 비해 지질이 많이 검출된다. 지질은 거품 형성과 유지력에 영향을 미치며 캡슐 머신 커피가 거품 형성과 유지력이 가장 우수한 것으로 평가된다.

3종류 커피 머신의 아로마 특성을 살펴보면, 바 머신 커피가 다른 머신 커피보다 전체적으로 향기 성분이 높게 검출되어 향미가 진한 것을 알 수 있다. 이 중 알데히드류(2-메틸부탄알, 3-메틸부탄알)와 피라진류(2-에틸피라진, 2-에틸-6-메틸피라진, 2-에틸-3,5-디메틸피라진)는 커피에 맥아 향과 로스팅 향을 부여하는 중요한 성분이다[표 9-8].

[표 9-8] 커피 기기 종류에 따른 향미 특성 비교

구분		바 머신	캡슐 머신	일리 자동 캡슐 머신
일반 분석	커피 온도(℃)	79.6	87.6	82.5
	pH	5.3	5.1	5.1
	밀도(20℃, g/㎖)	1.03	1.02	0.99
	점도(20℃, mNs m^2)	1.36	1.40	1.33
	굴절률(nD)	1.36	1.33	1.30
	거품 지수(%)	32.4	61.3	39.7
	거품 유지력(min)	3.88	234	2.52
	총 용존 고형분(㎎/㎖)	59.5	69.7	66.1
	엑기스분(%)	21.1	25.1	24.2
	지질(㎎/㎖)	2.66	4.49	3.94
	카페인(㎎/㎖)	2.22	2.31	2.14
	트리고넬린(㎎/㎖)	1.32	1.22	1.23
	4-카페오일퀸산(㎎/㎖)	1.05	0.96	0.93
	3-카페오일퀸산+5-카페오일 퀸산(㎎/㎖)	2.27	2.59	2.50
	3,4-디카페오일퀸산(㎎/㎖)	0.14	0.11	0.10
	4,5-디카페오일퀸산(㎎/㎖)	0.10	0.09	0.08
	총 카페오일퀸산(㎎/㎖)	3.77	3.54	3.43
	총 디카페오일퀸산(㎎/㎖)	0.23	0.20	0.18
향기 분석 (% 피크 면적)	2-메틸부탄알+3-메틸부탄알(버터 향, 아몬드 향)	60.1	42.2	40.9
	디아세틸(버터 향)	143	82.3	40.9
	2,3-판탄디온(버터 향, 오일 향)	97.5	56.4	68.6
	2-에틸피라진(땅콩 향, 로스팅 향)	51.9	36.4	33.0
	2-에틸-6-메틸피라진(로스팅 향, 헤이즐럿 향)	43.8	31.7	25.6
	2-에틸-3,5-디메틸피라진(견과류 향)	14.5	11.4	8.7
	과이어콜(페놀 향)	6.2	5.5	3.9

6. 국가별·원산지별 커피 향미 특성

가. 개요

커피 전문가와 산업계에서는 커피 향미에 가장 큰 영향을 미치는 요소로 생두 원산지와 로스팅을 꼽는다. 특히 같은 품종이라도 재배지 특성에 따라 커피의 향미 특성은 다르게 나타난다. 그 외 열매 가공 방식도 커피 향미 특성에 영향을 미친다. 예컨대 습식 가공된 아라비카 품종은 다양한 산미와 와인 맛부터 꽃 맛까지 다양하다. 반면 건식 가공된 아라비카 품종은 단맛과 질감이 강한 커피가 만들어진다. 또 고지대에서 재배되고 라이트 로스팅된 커피는 대부분 신맛이 강하다. 로부스타 품종은 산도가 거의 없거나 낮으며 질감이 낮고 거칠며 곡류향이 두드러진다. 이런 이유로 로부스타 품종은 단일 품목으로 사용하는 경우는 드물고 대부분 아라비카 품종과 블렌딩을 하여 커피를 제조하는 경우가 많다. 이 장에서는 국가별·원산지별 커피 향미 특성을 중심으로 설명하고자 한다.

나. 국가별

1) 이화학적 특징

국가별 커피 품종에 따른 아라비카종(브라질, 콜롬비아, 과테말라, 탄자니아)과 로부스타종(인도네시아, 베트남) 간의 향미 특성 차이를 보면 다음과 같다. 잘 알려진 대로 로부스타종이 아라비카종보다는 생두 내 자당이 적게 함유되어 있다. 이는 로부스타종은 커피 열매 성장 과정 초기에는 자당 합성 효소가 아라비카종보다 활성화되어 있으나 성장 말기에는 자당 합성 능력이 감소하기 때문이다.

아라비카종에서도 콜롬비아산과 탄자니아산의 자당 농도가 높게 나타난다. 그리고 아라비카종이 로부스타종보다 구연산, 사과산 및 트리고넬린의 농도가 높다. 아라비카종은 커피 시음 시 이러한 산류에 의한 신맛을 중요한 요소로 보지만 로부스타종에서는 신맛을 중요하게 여기지 않는다. 로부스타종에서는 인도네시아산이 베트남산보다 구연산이 많아 두 국가 간의 커피 향미 차이를 나타내는 기준이 된다. 트리고넬린은 로부스타종보다 아라비카종에서 더 많이 검출되고, 아라비카종에서는 과테말라 품종에서 가장 적게 확인된다. 보통 카페인, 콜린과 클로로겐산은 아라비카종에서보다 로부스타종에서 더 많이 검출된다.

모든 커피 식물은 카페인을 합성하는 대사는 유사하지만 커피 품종 간에는 차이가 있다.

예컨대 로부스타종의 경우 베트남산이 인도네시아산보다 카페인이 많다. 보통 카페인은 중앙아메리카산(과테말라)이 남미산(브라질, 콜롬비아)과 아프리카산(탄자니아)보다 많다. 남미국가 중에서는 브라질산이 콜롬비아산보다 카페인이 많게 나타난다. 콜린 함량은 로부스타종이 아라비카종에서보다 높다. 그리고 클로로겐산(5-클로로겐산)은 아라비카종에서는 콜롬비아산이 가장 많은 함량을 보이고 브라질산이 가장 적게 확인된다.

또 초산과 아미노산의 농도 역시 국가별 커피 품종을 구별하는 데 척도로 활용된다. 예로서 탄자니아산 아라비카종에서 초산이 가장 많이 검출된다. 그 외 가바와 아미노산 성분 역시 국가별 커피 품종 특성을 나타내는 지표로 활용된다.

아라비카종을 이용한 4개국(브라질, 콜롬비아, 에티오피아, 과테말라) 커피의 아로마 특성과 품질 특징을 살펴보면 다음과 같다. 각 커피의 핵심 향기 성분 분석에는 아로마 추출 희석분석법(aroma extract dilution analysis)을 이용한다. 이는 커피의 표본을 순차적으로 희석하여 향기 성분이 주어진 희석 배수에 해당하는지를 판단하는 분석법이다. 이때 향미 희석 인자계수(flavor dilution factor, FD)가 클수록 아로마에 미치는 영향이 큰 것으로 판정한다.

[표 9-9]에서 보듯이 4개국의 커피는 페놀 향, 견과류 향 및 단향이 공통적으로 향미 희석 인자 계수가 높은 것으로 나타난다. 과이어콜(페놀 향)의 경우 4개국 커피 모두에서 가장 높은 향미 희석 인자 계수가 높다. 일부 커피 아로마 성분 중에는 커피 특유의 향기를 나타낸다. 예로서 2-페닐에틸 알코올(장미 향)의 경우는 브라질 커피에서 향미 희석 인자 계수가 1인 반면 다른 커피 종류에서는 1 이하로 나타난다. 콜롬비아 커피에서는 2-메틸-3-테트라하이드로 퓨라논(견과류 향, 단향), 디메틸트리설파이드(유황 향), 메틸살리릴산(단향)이 향기 희석 인자 계수 1을 보인다. 에티오피아 커피와 과테말라 커피에서는 각각 헥산올(알코올 향)과 2-메톡시-3-이소프로필 피라진(곰팡이취, 감자 향)만이 향기 희석 인자 계수 1을 나타낸다. 상기 향기 성분들은 비교적 낮은 향기 희석 인자 계수를 나타내어 각 커피의 아로마 특징을 나타내기는 어려우나 각 커피 간의 미묘한 아로마 차이를 보인다.

[표 9-9] 국가별 커피의 주요 아로마

아로마 성분	관능	향미 희석 인자 계수 1 이상 물질			
		브라질	콜롬비아	에티오피아	과테말라
2,3-부탄디온	버터 향	1	1	-	1
2,3-펜탄디온	버터 향	1	1	10	1
피라진	견과류 향	1	1	1	1
2-메틸-3-테트라하이드로퓨라논	견과류 향	-	1	-	-
2,5-디메틸피라진	과실 향	1	1	2	1
헥산올	알코올 향	-	-	1	-
디메틸트리설파이드	볶은 향	-	1	-	-
2-에틸-6-메틸피라진	볶은 향	10	1	1	10
2-에틸-5-메틸피라진	초콜릿 향	1	-	1	-
2,3,5-트리메틸피라진	초콜릿 향	1	1	1	1
2-메톡시-3-이소프로필피라진	흙 냄새	-	-	-	1
푸르푸릴 머캅탄	유황 향	1	1	1	1
2,6-디에틸피라진	나무 향	1	1	1	1
초산	식초 향	1	10	1	10
2,5-디메틸-3-에틸피라진	견과류 향	1	-	1	1
메티오날	감자칩 향	1	1	1	-
2,6-디메틸-3-에틸피라진	견과류 향	100	10	100	100
2,3-디메틸-5-에틸피라진	견과류 향	100	10	100	10
3-머캅토-3-메틸부틸포름산	유황 향	10	10	10	10
3-이소부틸-2-메톡시피라진	풋내	10	1	10	10
2-메틸테트라하이드로티오펜온	흙 냄새	10	10	10	10
트렌스-2-노넨알	마분지취	1	1	-	1
2-에테닐-3-에틸-5-메틸피라진	흙 냄새	10	10	10	10
5-메틸푸르푸랄	캐러멜 향	10	10	10	10
2-아세틸피리딘	옥수수 향	10	1	10	1
이소펜탄산	치즈 향	10	10	10	10
2-티로펜카르보알데히드	고기 향	1	1	1	1
살리실산메틸	단향	-	1	-	1
베타다마세논	꿀 향	10	10	10	10
1-푸르푸릴티올	식물 향	1	1	-	-

2-하이드록시-3-메틸-2-사이클로펜텐온	캐러멜 향	10	1	10	1
과이어콜	훈연 향	100	100	100	100
2-페닐에탄올	꽃 향	1	-	-	[
2-티오펜메탄올	유황 향	1	-	-	1
말톨	단향	1	1	1	1
2-메틸페놀	곰팡이취	-	1	-	1
페놀	고무 향	1	1	1	1
4-에틸과이어콜	약품취	1	1	1	1
4-하이드록시-2,5-디메틸-3(2*H*)-퓨라논	캐러멜 향	10	100	10	100
4-하이드록시-5-메틸-3(2*H*)-퓨라논	단향	1	10	1	1
4-메틸페놀	약품취	1	1	1	-
3-메틸페놀	약품취	10	1	1	1
4-에틸페놀	약품취	10	10	10	-
3-하이드록시-4,5-디메틸-2(5*H*)-퓨라논	캐러멜 향	10	100	10	10
4-비닐과이어콜	정향	10	10	-	10
5-에틸-3-하이드록시-4-메틸-2(5*H*)-퓨라논	캐러멜 향	1	-	1	-
인돌	동물취	1	1	1	1
스카톨	동물취	1	10	1	10
바닐린	바닐라 향	1	1	10	1

각 커피 종류의 관능 평가에서는 브라질산 커피와 콜롬비아산 커피는 다른 커피에 비해 볶은 향, 견과류 향 및 나무 향이 두드러지며, 이는 퓨란류와 피라진류의 함량이 많은 것이 원인이다. 특히 콜롬비아 커피에서는 2-메틸-2-테트라하이드로 퓨란(견과류 향, 단향)이 특징적인 아로마이다. 에티오피아 커피에서는 관능 지표 간의 차이가 별로 없으나 헥산올과 바닐린의 함량이 높아 꽃 향과 과실 향이 두드러지게 나타난다. 브라질 커피의 경우는 꽃 향과 과실 향이 가장 낮게 검출된다. 그러나 일부 향기 성분(볶은 향)은 향기 희석 인자 계수가 높음에도 불구하고 관능 평가에서는 느껴지지 않는 경우도 있다[그림 9-16].

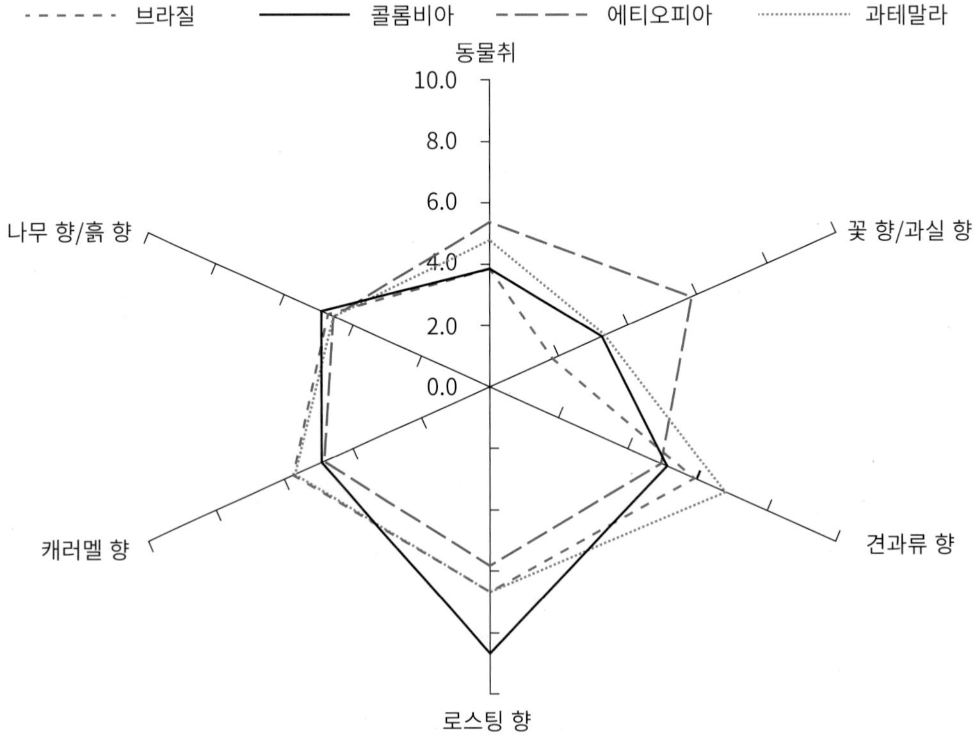

[그림 9-16] 국가별 커피 관능 특징

다. 원산지별

앞서 설명한 바와 같이 커피의 향미 특성은 원산지의 영향이 크다. 여기서는 앞 장에서 다루지 못한 원산지별 커피 향미에 미치는 영향을 살펴보고자 한다.

커피가 다른 음료에 비해 두드러진 향기 성분을 꼽으라면 단연 피라진류이다. 왜냐하면 피라진류는 퓨란류와 더불어 향기 성분 중 그 분포도가 가장 넓기 때문이다. 이 성분은 로스팅 과정에서 마이얄 반응과 스트렉커 분해 반응으로 생성되는 물질로 견과류 향, 흙냄새와 볶은 향 등을 풍긴다. 그러나 피라진류가 커피에 과도하면 품질에 부정적으로 나타난다.

산지별로 아로마 특성을 보면 코스타리카산 아라비카 커피에서는 견과류 향과 페놀 향이 특징적이다. 이는 5-메틸-6,7-디하이드로-5*H*-사이클로펜타피라진(초콜릿 향)과 2-이소부틸-3-메톡시피라진(녹색 피망 향)이 주원인이다. 미디움 로스팅 아라비카 케냐산 커피는 다른 아라비카산과는 다르게 복합적인 향미를 풍기며 감귤류 향이 특징적이다. 이것은 털핀류(리모넨, 라나룰, 리나룰 산화 퓨란, 파라-멘쓰-1-엔-9-알, 6-메틸-5-헵텐-2-온)의 농도가 다른 아라비카종보다 높기 때문이다. 또 케냐산 커피에는 허브옥사이드(herboxide), 메가스티그마트리엔온(megastigmatrienone)과 시스보보리데(cis bovolide)의 농도가 높다. 허브옥사이드는 차에서도 검출되는 성분으로 허브 향, 감귤류 향 및 풋내가 특징적이다. 메가스티그마트리엔온은 말린 과일 향과 꿀 향이 특징적이고 이 성분은 복숭아에서도 검출된다. 시스보보리데는 셀러리 향, 재스민 향 및 차 추출 향을 풍긴다.

필리핀 커피의 경우 시벳 커피(civet coffee) 또는 아라비카 커피에서 로부스타 커피에서보다는 초산, 푸르푸랄, 5-메틸푸르푸랄(캐러멜 향), 2-포밀피롤(로스팅 향) 및 말톨(볶은 향)이 많다. 반면에 4-에틸과이어콜(클로버 향)과 페놀(약품취)은 적게 함유되어 있다.

에티오피아 아라비카 커피는 탄자니아 · 과테말라 커피와 향기 성분의 차이가 있다. 이는 일명 라즈베리 케톤으로 불리는 4-(4'-하이드록시페놀)-2-부탄온(달콤한 과실 향)이 주원인이다. 특히 이 성분은 라이트 로스팅 때 그 농도가 가장 높게 나타난다.

그리고 루왁 커피는 일반 커피와는 다른 향미 특성을 나타내며, 루왁 커피의 우수한 품질은 원두의 낮은 단백질(10.1%)과 높은 지방(12.2%)에 따른 것으로 문헌에 보고되고 있다. 단백질 함량이 낮으면 쓴맛을 줄여 주고 높은 지방 함량은 질감과 묵직함에 도움이 되기 때문이다.

[그림 9-17]은 대륙별(아시아, 아프리카, 남미, 중미) 커피 향미 특성을 아로마가 강한 물질(2,3-부탄디온, 2,3-펜탄디온, 2-메틸부탄알, 2-에틸-6-메틸피라진)을 중심으로 나타낸 것이다. 그림에서 보듯이 아시아 지역의 커피 향미는 다른 대륙과 상이한 향미 특징을 보이며,

그 외 지역은 향미 관련 유사한 패턴을 보인다. 또 중미의 커피 향미 특성이 지역별로 다른 대륙보다 차이가 나는 것을 알 수 있다. 대륙별 향미 특성을 구분하는 지표 물질은 2-메틸피라진(견과류 향, 흙냄새)과 피리딘(생선 향, 견과류 향, 허브 향)이며, 특히 피리딘이 특성을 구별하는 대표적인 물질인 것으로 학계는 보고하고 있다.

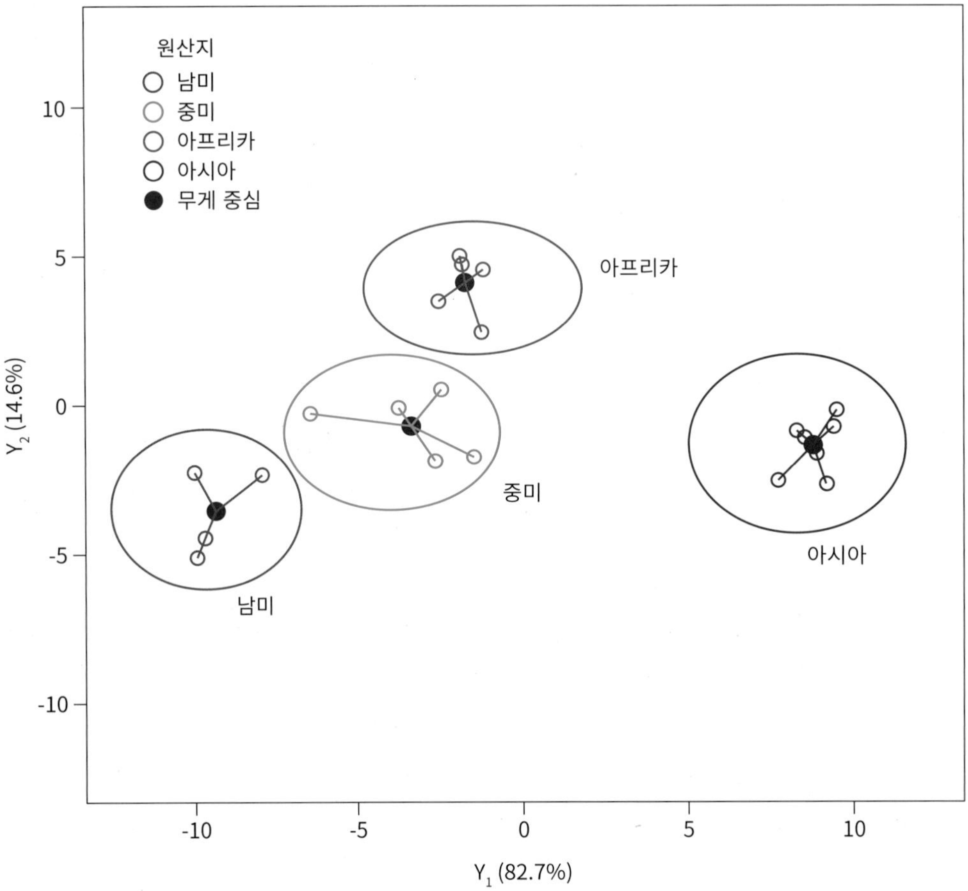

[그림 9-17] **대륙별 커피 향미 비교**

한편, 원산지별 싱글 오리진 원두의 아로마 특성을 살펴보면 다음과 같다. 원두는 콜롬비아산 다크 로스팅 원두, 온두라스 미디움 로스팅 원두, 멕시코 라이트~미디움 로스팅 원두, 엘살바도르 라이트~미디움 로스팅 원두, 페루 미디움 로스팅 원두, 파푸아뉴기니 라이트~미디움 로스팅 원두, 브라질 미디움 로스팅 원두, 에티오피아 라이트 로스팅 원두, 에티오피아 미디움~다크 로스팅 원두를 대상으로 원두 아로마 특성을 비교 분석한 결과이다.

앞서 설명한 바와 같이 원두 아로마는 로스팅 과정에서 대부분 유래된 것이고, 생두 유래의 아로마도 존재하지만 이들 대부분은 각 아로마 농도가 역치 이하로 코로 인식하지 못하는 성분들이다. 상기 9종 원산지별 원두 중에 다크 로스팅한 콜롬비아산 원두(COL)에서 가장 많은 종류의 향기 성분들(114종)이 확인되고, 미디움 로스팅 원두에서는 102~110종이 검출된다. 그 외 원두에서는 80~94종이 분석된다.

원산지별 싱글 오리진 원두의 아로마 특성과 그 농도를 보면, 우선 5-메틸푸르푸랄(캐러멜 향)이 가장 많은 농도(10~25%)를 나타내고, 그 뒤를 푸르푸랄(아몬드 향)과 2-퓨란메탄올(캐러멜 향)이 잇는다. 이들 성분은 공통적으로 모두 달콤한 향을 풍기며 퓨란류에 속하는 물질들로 원두 전체 아로마에 25~41%를 차지한다. 퓨란류는 대부분 로스팅 과정 중 주로 마이얄 반응으로 발현된 것이고, 그 외 불포화 지방산류의 열 산화성 분해, 티아민의 분해, 뉴클레오시드의 분해, 캐러멜화 과정 중 당의 분해 그리고 로스팅 과정 중 탄수화물, 비타민, 불포화 지방산의 분해에 따라 생성되기도 한다. 2-퓨란메탄올은 생두에서도 일부 검출되는데 다크 로스팅 때 나타나는 불쾌한 탄 냄새의 원인 물질이기도 하다.

피라진류는 퓨란류 다음으로 원두 아로마에서 차지하는 비중(25~39%)이 큰 물질이며, 아미노산의 스트렉커 반응으로 생성된다. 상기 9종 싱글 오리진에서 공통적으로 검출되는 피라진은 2-에틸-3,5-디메틸피라진, 3-에틸-2,5-디메틸피라진, 메틸피라진, 2,5-디메틸피라진, 2,6-디메틸피라진이다. 이들 성분은 모두 견과류 향과 코코아 향을 특징으로 한다. 특히 온두라스와 브라질 싱글 오리진은 피라진 농도가 다른 싱글 오리진에서보다 많이 확인되어 커피에서도 견과류 향이 두드러지게 나타난다.

에스터류는 상기 싱글 오리진 원두에서 세 번째로 많은 농도를 나타내는 성분으로 전체 원두 아로마에서 5~8%를 차지한다. 검출된 대표적인 에스터류는 2-퓨란메탄올 아세테이트(3.7~5.8%), 2-퓨란메탄올 프로판온산(0~1.3%)이며 공통적으로 과실 향을 풍긴다.

피롤류는 상기 원두에서 차지하는 아로마 비중이 5~12% 수준이며, 그중에 1-메틸-1*H*-피롤-2-카르복스알데히드(견과류 향)가 가장 풍부하게 많고 그다음 2-아세틸피롤(견과류 향)과 2-포밀피롤(로스팅 향)이 많이 분포한다.

피리딘류는 3~6%가량 상기 원두에 함유되어 있는데 피리딘과 트리고넬린의 분해 물질이 대표적인 성분이며 발효 향을 풍긴다. 알데히드류는 1~6%, 페놀류는 2~4%를 상기 원두에서 차지하며 원두 아로마에 미치는 영향은 적지 않다. 그리고 황 함유 물질(티올류, 설파이드류, 티오펜류)은 비록 원두에서 차지하는 농도는 매우 적지만 역치가 매우 낮아 원두와 커피 아로마에 미치는 영향은 매우 크다. 예를 들면 콜롬비아산 다크 로스팅 원두, 온두라스 미디움 로스팅 원두 및 페루 미디움 로스팅 원두(PER)는 다른 원두에서보다 2-푸르푸릴티올(~0.3%)이 풍부하여 원두와 커피에서 커피의 전형적인 향인 로스팅 향을 강하게 풍긴다. 그 외 황 함유 물질인 푸르푸릴 메틸 설파이드와 푸르푸릴 메틸 디설파이드는 채소 향과 로스팅 향을 각각 나타낸다. 카본산(초산, 부탄온산, 옥탄온산 등)은 1.5~4%, 말톨(1.7~3.8%), 퓨라네올(0.3~0.7%), 감마 뷰틸로락톤(0.1~0.3%) 및 모노털핀류(리모넨, 리나룰, 베타미어신 등)는 역치가 높아 원두 아로마에 미치는 영향인 미미한 것으로 문헌에 보고되고 있다.

원두와 커피 아로마에서 고려해야 할 것은 각 아로마 성분의 역치인데, 원두와 커피에서 검출되는 성분 중 역치가 가장 낮은 물질, 즉 아로마가 매우 강한 물질은 베타다마세논(2~4 pg/L, 꿀 향), 2-에틸-3,5-디메틸피라진(7~14 pg/L, 로스팅 향), 4-에틸 과이어콜(10~30 pg/L, 향신료 향) 및 2-푸르푸릴티올(10~20 pg/L, 로스팅 향)이며, 이러한 성분이 각 원두와 커피의 특성을 나타내는데 영향이 크다고 할 수 있다.

이처럼 원산지별 원두의 아로마 특성은 다르게 나타나며 이러한 아로마 차이는 로스팅 정도, 원두 분쇄와 커피 추출 방식이 커피 아로마에 미치는 영향을 고려하더라도 기본적으로 커피 아로마 특성에 영향을 크게 끼친다.

CHAPTER 10

커피의 종류와 향미

1. 개요
2. 커피의 종류

10 커피의 종류와 향미

1. 개요

우리나라 식품공전에 의하면 커피란 음료류이며 커피 원두를 가공한 것이나 이에 식품 또는 식품첨가물을 첨가한 볶은 커피, 인스턴트커피, 조제 커피(커피 믹스), 액상 커피(커피 음료) 등을 포함하는 것으로 정의하고 있다.

국내 커피 소비 시장은 크게 소매 시장(마트, 편의점 등)과 커피 전문점 시장(스타벅스, 이디아 등)으로 구별된다. 소매 시장에서는 원두커피, 인스턴트커피 및 커피 믹스로 불리는 조제 커피 그리고 RTD 커피로 불리는 음료 형태의 액상 커피 등 4가지 형태의 커피를 판매하는 시장이다. 이처럼 커피는 그 종류가 다양하며 그에 따라 맛과 향의 특성이 다르게 나타난다[그림 10-1]. 커피 전문점 시장은 원두커피를 주로 판매하며 대형 프랜차이즈를 비롯하여 독자적인 브랜드들이 자기만의 커피 캐릭터를 내세워 경쟁하는 시장이다. 현재 국내 커피 시장은 일반 소매 시장과 커피 전문점 시장이 양분하고 있다.

한 조사기관에 따르면 2019/2020년 기준 전 세계에서 168.71백만 포대(60㎏)가 생산되었고, 아라비카와 로부스타가 각각 96백만 포대와 72백만 포대를 차지한다. 커피 주요 생산국으로는 브라질, 베트남, 콜롬비아가 전체 생산량의 70%를 차지한다.

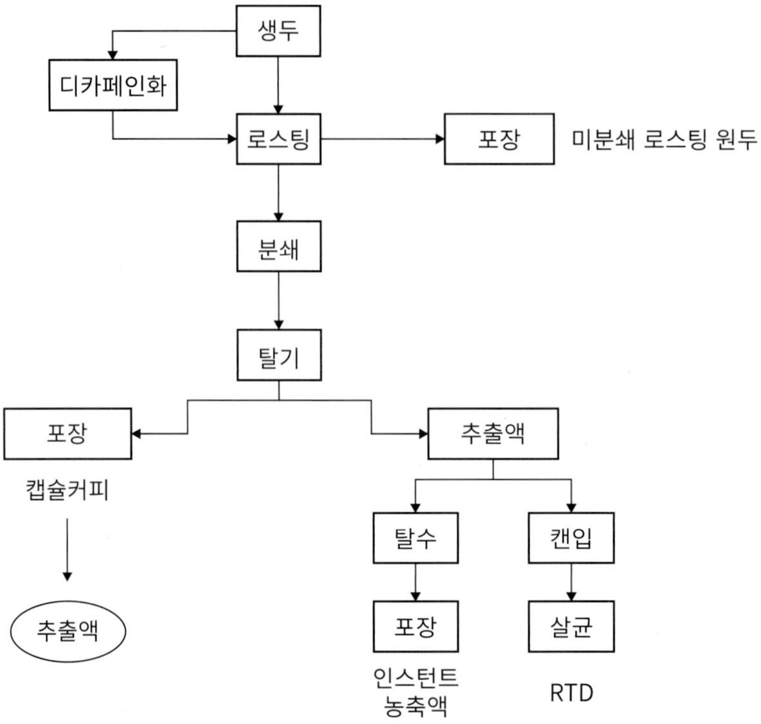

[그림 10-1] 커피의 종류

2. 커피의 종류

프랑스 외교관이자 정치가인 탈레랑은 커피를 "악마같이 검지만 천사처럼 순수하고, 지옥같이 뜨겁지만 키스처럼 달콤하다"고 묘사한 바 있다. 커피에는 이러한 표현만큼이나 그 종류도 매우 다양하다.

기본적으로 커피의 종류는 크게 에스프레소 커피와 베리에이션 커피로 나뉜다. 에스프레소 커피는 원두에서 추출된 커피 원액만을 말하고 여기에 여러 부재료를 넣어 만드는 커피를 베리에이션 커피라고 한다. 국내에서는 에스프레소 커피를 그대로 마시기보다는 다른 것을 섞어 마시는 것이 일반적이다.

베리에이션 커피는 에스프레소보다 마시기 쉽고 맛도 좋으며 종류에 따라 다양한 향과 색상을 가져 에스프레소 커피보다 인기와 기호도가 훨씬 좋다.

에스프레소 커피에 일정량의 물을 섞어 마시는 아메리카노와 우유를 일정량 혼합하여 마시는 카페라떼가 대표적인 베리에이션 커피로 볼 수 있다. 그 외 베리에이션 커피는 생크림, 스팀 우유 등 다양한 첨가물과 함께 만들고 있으며 라떼, 바닐라 라떼, 모카 커피 등 수십 가지로 나뉜다.

가. 에스프레소 커피와 베리에이션 커피

에스프레소 커피를 기반으로 하는 커피 종류는 다음과 같다[그림 10-2]. 커피 애호가는 각자 취향에 맞게 우유, 크림, 초콜릿, 과일 등 다양한 부재료를 첨가하여 커피를 만들어 즐길 수 있다. 이때 각 커피는 커피 본래의 향과 맛보다는 부원료의 특성이 더욱 두드러지는 경향이 강한 커피가 만들어진다.

[그림 10-2] 에스프레소 커피와 베리에이션 커피

나. 인스턴트커피

인스턴트커피(instant coffee, soluble coffee)는 별도 설비 필요 없이 빠르고 쉽게 만들며 오래 보관할 수 있다는 편리성으로 인해 널리 보급된 커피다. 우리나라와 미국의 경우 전체 커피 소비량의 각각 12.7%, 15%(2018년 기준)를 차지하고 있고, 그간 가공기술 발달로 품질이 개선돼 많은 커피 애호가의 사랑을 받고 있다. 국내에는 한때 다방 등에서 모닝이라는 이름으로 달걀 노른자를 띄운 커피가 유행했는데 이것도 인스턴트커피 보급에 한몫한 것으로 볼 수 있다. 물론 우리나라 사람 특유의 빨리빨리 문화도 인스턴트커피의 흥행을 견인한 요인도 있다. 예를 들면 커피 믹스의 경우 커피, 설탕과 크림을 별도로 섞을 필요 없이 뜨거운 물만 부으면 간편하게 마실 수 있다는 점은 성격 급한 우리나라 사람들 취향과 문화에 맞는 커피로 볼 수 있다.

국내에는 인스턴트커피 종류가 다양한데 커피 믹스, 네스카페, 라떼디토, 맥스웰하우스 그리고 맥심 모카골드가 대표적이다. 반면에 인스턴트커피에 약간의 원두커피를 첨가한 인스턴트 원두커피(스타벅스 VIA, 맥심 카누, 롯데 칸타타, 이디야 비미스트 등)도 커피 시장의 한 축으로 성장하는 추세이다. 최근에는 고가의 스페셜티 커피 시장과 저가로 인식됐던 인스턴트커피 시장의 연관성도 나타나고 있다. 예를 들면 글로벌 브랜드(네슬레, 인텔리젠시아, 스위프트 컵 커피 등)에서 스페셜티 커피를 이용해 만든 스페셜티 인스턴트 원두커피가 국내외 커피 시장에 등장하고 있다.

한편, 인스턴트커피는 기본적으로 원두를 추출액으로 만든 후 다시 냉동 건조한 것이다. 조제 커피는 원두커피 또는 인스턴트커피에 식품 및 식품첨가물을 혼합한 것으로, 인스턴트 커피에 크림과 설탕을 섞어 놓은 커피 믹스, 카페라테와 카푸치노 등이 이에 속한다.

뜨거운 물만으로 커피를 제조할 수 있는 인스턴트커피 제조 역사는 수백 년을 거슬러 올라간다. 이 커피는 영국에서(1771년) 처음 시도되었고 이후 미국(1853년)에서 실험용 제품이 만들어진다. 이후 일본의 사토리 가토(1901년)가 인스턴트커피 가공 기술을 선보이게 된다. 그리고 인스턴트커피 제조를 위한 기술적인 상업화는 영국인 조지 콘스텐트 워싱턴(1906년)에 의해 최초로 이루어지게 된다. 그에 의해 개발된 인스턴트커피(Red E coffee)는 30년간 미국 시장을 장악하게 되는데, 이 시기(1930년대)에 브라질에서는 과잉 생산된 커피를 장기 보관을 위한 인스턴트커피 연구에 착수하게 된다. 네슬레사는 이러한 즉석커피 연구를 통해 네스카페를 탄수화물 첨가를 동반한 건조 방식을 이용하여 1938년에 상품화에 성공하였고 2차 세계대전 당시 미군에 큰 인기를 끌게 된다.

이후 보덴(1950년)에 의해 탄수화물 첨가 없이 순수 커피 농축액을 제조하는 기술이 개발되고, 맥스웰하우스사(1963년)는 동결 건조법을 이용하여 드립 커피와 유사한 맛을 내는 과립 형태의 인스턴트커피를 시장에 선보이게 된다. 이 기술은 1980년대 중반까지 커피 산업계에 적용된 기술이었다. 동결 건조법은 수분을 함유한 커피 액을 얼린 후 압력을 크게 낮춰 얼음이 액체 상태를 거치지 않고 바로 기체로 변해 제거되는 기술로 식품업계에서 널리 보급된 방법이다. 커피 액을 얼린 후 압력을 극도로 낮추면 바싹 마른 얇은 커피 조각으로 변하게 되고 커피 향미를 보존할 수 있다. [표 10-1]은 인스턴트커피와 원두 및 추출 커피와의 이화학적 특성을 비교한 것이다.

[표 10-1] 커피 종류에 따른 이화학적 특성

성분(% 건량 기준)	원두	추출 커피	인스턴트커피
지질	17	0.2	0.1
회분	4.5	15	8
카페인	1.2	5	2.5
클로로겐산	3.5	15	5
기타 산류	3	10	5.5
트리고넬린	0.8	2	1.5
단백질	8~10	5	3
자당	0.1	0.2	0.1
환원당	0.1	0.2	2
만난	22	1	15
아라비노갈락탄	13	2	17
셀룰로오스	8	0	0
기타	18	45	40

일반적으로 인스턴트커피 제조를 위해서는 원하는 향미를 얻기 위해 산지가 다른 생두를 블렌딩하여 로스팅 후 분쇄 및 추출 과정을 거치게 된다.

로스팅은 대류식 열전달 방식을 사용하는데 이는 생두의 겉 부분이 안쪽보다 더 익게 되어 아로마 생성에 유리하기 때문이다. 생두는 180℃ 이상에서 로스팅 후 원두를 만들고 이 원두는 가능한 한 굵게 분쇄하여 수분을 제거하는 추출 과정을 거치게 된다. 생두는 주로 가격이 상대적으로 저렴한 로부스타종과 아라비카종을 혼합하여 이용한다. 현재 커피 산업계에서 인스턴트커피 제조를 위한 주요 공정을 살펴보면 다음과 같다.

1) 커피 추출액 제조 과정

분말 커피로부터 추출액을 얻기 위해서는 추출 설비가 구비되어야 한다. 제조 과정을 보면, 우선 물(연수)을 분말 커피가 들어 있는 컬럼(5~8개로 구성)을 통과시킨다. 이때 물이 경수면 공정 운영이 까다롭고 추출률도 적어진다. 물은 온도가 140~180℃이고 대기압보다 높은 압력(10기압)을 유지하는 컬럼을 통과시켜 추출이 어려운 탄수화물을 추출한다. 그다음 온도가 100℃ 정도인 2개의 컬럼에 물을 통과시켜 아로마 물질을 추출하게 된다. 이때 얻어진 추출액을 열 교환기를 이용하여 5℃로 냉각시키면 고형분 20~30%인 커피 추출액을 얻을 수 있다. 커피 추출액 과정에서 추출 온도와 시간에 따라 추출률이 달라지고 이 추출률은 인스턴트커피의 용해도에 영향을 끼친다. 그리고 고온에서 한꺼번에 많은 양의 커피 추출액을 뽑아내면 생두의 탄수화물이 더 많이 분해되면서 추출되어 추출률은 높아진다. 다만 이때 이미 이취를 유발하는 물질들도 같이 추출되기 때문에 인스턴트커피의 품질이 저하될 우려가 있다.

2) 여과 및 농축 과정

커피 추출액은 여과 단계를 거친 후 고형분 40%인 커피 농축액을 얻기 위해 농축 과정을 거치게 된다. 이때 커피 추출액은 원심 분리를 통해 수분을 분리하거나 증발을 통한 수분 증발 또는 수분을 얼린 후 얼음을 분리하는 등 다양한 농축 방법을 이용한다.

3) 아로마 성분 회수 과정

보통 인스턴트커피 제조 과정에서 커피 고유의 아로마 손실이 발생하는데, 제조 과정 중 여러 단계에서 휘발되는 아로마 성분은 다시 회수하게 된다. 이들 아로마 물질들은 인스턴트커피 제조 마지막 과정에서 재투입된다. 아로마 회수 방법을 보면, 먼저 로스팅 과정 또는 원두 분쇄 과정에서 방출된 가스를 포집한다. 이때 원두 또는 분말 원두에 아로마를 방출시킬 목적으로 부가적으로 열을 가하기도 한다. 그리고 스팀이나 용매를 원두 분말에 통과시켜 원두의 아로마 성분을 포집하고 아로마 오일은 커피 찌꺼기를 고압을 이용하여 포집하게 된다.

아로마 성분을 최대한 보존하기 위해서는 커피 추출액으로부터 산소를 제거해야 한다. 산소 제거는 탈수 공정 전에 이산화탄소 또는 질소 가스를 이용하여 실시한다.

4) 탈수 과정

액체 상태의 커피 추출액을 건조 형태의 커피로 만들기 위해서는 분무 건조 방식 또는 동결 건조 방식이 이용된다.

분무 건조 방식(spray drying)은 고온 분사 건조법이라고도 하며 커피 농축액을 열풍으로 건조한 것으로 냉각 여과된 커피 농축액을 건조탑 상부에 있는 노즐을 통해 분무하는 방식이다. 이때 건조탑은 최소 23미터 정도여야 한다. 250℃로 가열된 뜨거운 공기를 커피 농축액의 수분을 증발시키기 위해 스프레이를 통해 분사한다. 뜨거운 공기는 건조탑 아래쪽에서 상층부로 불게끔 설계되어 미분이 제거되고 이 미분은 다시 건조탑 쪽으로 재순환되게 된다.

이와 같은 과정을 거쳐 수분이 2~4% 수준인 미분이 없는 순수 커피 파우더가 얻어진다. 그리고 커피가 물에 더 잘 녹게 할 목적으로 커피 파우더를 커피 과립으로 만든다. 이를 응집(agglomeration)이라 하는데 분무 건조 제조 공정에서 커피 가루가 급격한 열을 받아 표면장력에 의해 부풀어 오르면 외쪽에 피막이 생겨 가루 내부가 공동화(空洞化) 현상이 나타나면서 그곳에 기체가 들어가 입자가 가벼워지게 된다. 그러나 이런 가루에 뜨거운 물을 부으면 커피 가루가 물 표면에 뜨는 문제가 발생한다. 이러한 문제점을 보완하고 용해성을 높이기 위해 입자를 보다 큰 과립 상태로 만드는 제조 방법이다. 외견상 커다란 입자로 되어 있지만 동결 건조법에 의한 입자와는 다르다. 분말 커피를 과립화하여 응집하려면 원두 분말을 물에 적시고 서로 달라붙어 입자가 커지도록 해야 한다. 이는 커피 분말에 스팀을 분사하여 공기 안에서 덤블링하도록 하면 된다.

한편 동결 건조(freezing drying)는 커피 추출액을 냉동 진공 상태로 건조한 것으로 분무 건조 대체 방법으로 개발되었다. 이 방식은 4단계 과정을 거치는 데 우선 커피 추출액을 20℃에서 슬러시 형태로 예비 동결한다. 이후 예비 동결된 슬러시는 철판 벨트 또는 쟁반 등에 펼쳐 영하 40~45℃까지 냉각시킨다. 이때 냉각을 빨리하면(30~120초) 작고 연한 색상의 과립이 만들어지고 천천히 냉각하면(10~180분) 크고 짙은 커피 과립이 만들어진다. 이후 얼음을 투입하여 입자를 동결시켜 건조실에 넣고 열(저온)과 진공 조건을 맞춰 얼음을 증발시켜 제거하면 인스턴트커피가 제조된다.

보통 분무 건조법은 열을 가해 커피 아로마 손실이 동결 건조 방식보다 많은 것으로 알려져 있어 최근에는 동결 건조법을 이용한 인스턴트커피를 제조하는 추세이다.

5) 아로마화 과정

인스턴트커피 제조 초기 과정에서 회수한 아로마 성분 등 휘발 물질들은 포장 과정 중에 건조된 커피 입자에 뿌려 커피 아로마를 강화한다. 인스턴트커피를 개봉하면 향이 느껴지다가 향이 빨리 사라지는 것은 이러한 이유 때문이다.

6) 포장 과정

인스턴트커피는 특성상 수분을 잘 흡수하는 습식서(hygroscopic)이어서 보관은 보통 유리병이나 알루미늄 포장지를 이용하며, 이러한 포장은 보관 과정 중에 커피의 향미 변화를 방지한다. 그러나 분말 형태로 저장되는 인스턴트커피는 오일 성분이 휘발되거나 산화되어 향미가 변하게 되고, 특히 습도의 흡입으로 인해 커피 향미가 변하는 원인이 된다. 이런 이유로 시중에 판매되는 커피 믹스 스틱 봉지는 얇아 보이지만 여러 겹으로 구성되어 있다. 즉 커피 내용물과 직접 접촉하는 가장 안쪽 부분은 외부 공기가 침투하지 못하게 하는 특수 재질로 마감되어 있다. 또 중간 부분은 외부의 공기나 수분이 들어가지 못하도록 차단하여 품질을 유지하는 기능을 한다. 그리고 가장 바깥 부분은 제품을 보호하면서도 디자인을 자유롭게 인쇄할 수 있는 소재를 사용한다. 이렇게 여러 겹으로 만든 포장재 일부분에 레이저로 흠을 내어 소비자가 간편하게 봉지를 뜯을 수 있다.

보통 인스턴트커피는 캔이나 병에 담아 살균 처리 후 판매된다. 살균 과정을 거치면서 커피 일부 향미 변화가 나타난다. 예를 들면 살균 후 황화합물(2-푸르푸릴티올, 메티오날, 3-머캅토-3-메틸부틸포름산)의 농도는 감소하게 된다. 반면에 메탄티올(유황 향), 초산(신맛), 3-메틸부탄온산(신맛), 2-푸르푸릴 메틸디설파이드(고기 향) 및 4-하이드록시-2,5-디메틸-3(*2H*)-퓨라논(캐러멜 향)은 열처리 후 증가하는 현상을 보인다. 캔 커피의 신맛은 초산과 3-메틸부탄온산에 의한 것이고, 지방 향과 캐러멜 향은 2-푸르푸릴 메틸디설파이드와 4-하이드록시-2,5-디메틸-3(*2H*)-퓨라논에 의한 것으로 문헌에 보고되고 있다. 2-푸르푸릴티올은 커피에 유황~로스팅 향을 부여하는 성분으로 열에 불안전하여 살균 과정에서 쉽게 분해된다. 그러나 캔 커피 살균 과정에서 pH를 5~7로 조정하면 2-푸르푸릴티올의 감소를 어느 정도 막을 수 있다.

인스턴트커피는 카페인 함유량이 높은 편이다. 인스턴트커피가 한 잔당 평균 75㎎의 카페인을 함유하지만, 에스프레소는 40㎎으로 그 절반 수준이다. 커피의 카페인은 물과 오래 접촉할수록 많이 녹아 나오는데, 커피 원액을 만드는 과정에서 다른 어떤 방법보다 물과 접촉하는 시간이 많기 때문이다.

다. 디카페인 커피

디카페인 커피(decaffeinated coffee)는 말 그대로 카페인을 줄인 커피이며, 카페인 성분을 최대로 제거하면서 커피의 향미는 그대로 보존하려는 시도에서 비롯되었다.

커피의 산뜻한 향미를 부여하는 성분은 단연 카페인으로 이 성분은 생리적으로도 가장 활성화되어 있는 물질이다. 카페인은 우리 체내의 중추신경계를 자극하는 물질로 알려져 있으나 일부 사람들에게는 저녁에 커피를 마신 후 불안증을 유발하기도 한다. 카페인은 커피 식물을 가리키는 코페아(coffea)에서 비롯된 용어로 무색이면서 쓴맛을 나타내는 대표적인 성분이다. 국가마다 디카페인 커피 선호도는 다른데 일부 국가(브라질, 일본, 노르웨이, 스웨덴 등)에서는 디카페인 커피 선호도가 낮고, 일부 국가(미국, 영국, 스페인, 네덜란드 등)에서는 소비가 증가하는 추세이다.

예전에는 디카페인 커피는 향미가 좋지 않다는 편견이 많았지만 최근에는 디카페인 원두를 프랜차이즈 카페나 소규모 카페에서도 자주 볼 수 있을 정도로 디카페인 커피 수요가 증가하고 있다. 이에 따라 기존 원두와 디카페인 원두를 블렌딩하여 커피를 제조하는 경우도 많아졌다.

한편, 용매를 기반으로 하는 생두의 카페인 완전 제거는 가공 처리 비용이 높아 사실상 불가능하기 때문에 디카페인 커피에는 소량의 카페인이 남아 있기 마련이다. 물론 커피에 함유된 카페인 함량은 생두 가공 과정, 로스팅 정도 및 추출 방식에 따라 다르게 나타난다. 또한, 국가마다 디카페인 커피의 정의가 다른데, 예를 들어 유럽의 경우 원두에 카페인이 0.1% 이하(건량 기준) 함유되어야 라벨에 디카페인 표기가 가능하다. 반면에 미국의 경우 생두에 함유된 카페인의 97% 이상이 제거되어야 디카페인으로 간주한다. 또한, 디카페인 커피에 남아 있는 용매제 농도는 유럽은 2~5ppm, 미국에서는 10ppm으로 규정하고 있다.

카페인은 물에 잘 녹는 친수성 성질로 인해 물이나 용매제로 제거가 가능하다. 생두에서 카페인을 제거하는 산업적 기술(초임계 이산화탄소 추출법)은 20세기에 독일 브레멘 커피 회사 Kaffee HAG에서 개발되었다. 1930년대에 카페인 제거 용매제로 두 가지 물질이 개발되었고(염화메틸렌, 에틸아세테이트), 1970년대에 이산화탄소를 이용한 카페인 제거 기술이 상용화되었다. 현재는 용매제로서 물, 염화메틸렌, 에틸아세테이트 및 이산화탄소 등이 활용되고 있는데 물과 이산화탄소를 이용한 방법이 주로 사용되고 있다.

1) 재래 방식

카페인 제거를 위한 재래 방식으로는 염화메틸렌 또는 에틸아세테이트를 용매제로 이용하는 방법이다. 디카페인 제거 공정은 두 용매는 유사한데 에틸아세테이트 용매를 이용한 방식이 고형분의 손실이 더 크다. 상기 용매제를 이용한 카페인 제거에는 간접 방식과 직접 방식이 이용된다. 직접 방식에서는 세척된 생두를 추출 용기에 담아 물이나 스팀으로 불린다. 이후 용매제를 첨가하여 온도(70~100℃)를 올리면서 용매제를 순환시켜 카페인을 제거한다. 이 과정은 8~12시간 소요되며 이때 용매제는 재증류된 용매제로 지속해서 교체해 주어야 한다. 카페인이 섞여 있는 용매제는 별도 용기에 받아 카페인이 들어 있는 용기에 혼합한다. 디카페인 공정이 종료되면 이후 스팀을 이용하여 용매제를 제거한다. 그 뒤 생두를 건조하고 로스팅에 사용한다. 일반적으로 카페인이 제거된 생두는 보통 생두보다 색상이 약간 더 밝다.

반면 간접 방식에서는 생두를 용매제와 직접적으로 접촉시키지 않고 별도의 용기에서 카페인을 포함한 모든 수용성 성분들을 물에 침지시킨 후 여기에 용매제를 첨가하여 카페인을 제거하는 방식이다. 카페인이 없는 추출물은 다시 생두에 넣어 이 과정을 반복한다. 이후 스팀을 통해 용매제 제거 후 건조한다.

2) 현대식 방식

현대식 방식에서는 초임계 이산화탄소(supercritical carbon dioxide)를 이용하는 방법이다. 이산화탄소는 31℃에서는 임계점을 벗어나 물리화학적으로 초임계점에 도달하는데, 이때 기체 상태의 이산화탄소를 200기압의 압력을 가하면 액체 상태로 변하게 된다. 일반적인 용매제에 비하면 이산화탄소는 카페인 용해 효율이 떨어지지만 재순환을 반복하면 카페인을 제거할 수 있다. 그리고 활성탄이나 이온 교환 수지 등 흡착제를 이용하여 카페인을 분리한다.

초임계 이산화탄소 추출 방식으로 디카페인 커피를 만드는 방법의 첫 번째 과정은 생두에 압력을 가한 상태로 증기를 분사하는 것이다. 이때 생두가 부풀면서 표면적이 넓어지고 카페인 제거도 쉬워진다. 이후 부푼 생두를 높은 압력과 온도인 초임계 상태의 이산화탄소에 담그면 액체처럼 변한 이산화탄소가 생두에 침투해 카페인을 97~99%까지 용해한다. 이때 용해된 카페인은 활성탄소를 이용해서 분리 · 제거하게 된다. 추출에 사용된 초임계 이산화탄소는 상온 · 상압처럼 임계점이 낮아지면 기화된 이산화탄소는 회수가 가능하기 때문에 추출할 때 재사용할 수 있는 장점이 있다.

그러나 초임계 추출 방식의 단점은 실행하는 데 필요한 장비가 고가라는 점이다. 하지만 디카페인 커피를 만드는 다른 방법들보다 커피의 향미가 좀 더 잘 유지되기 때문에 스타벅스도 초임계 이산화탄소 추출법을 이용한 디카페인 음료를 판매하고 있다.

3) 디카페인 커피와 일반 커피와의 향미 차이

카페인을 제거하는 방식에 따라 커피 향미 차이는 있지만 디카페인 공정과 로스팅 과정이 정상적으로 진행되면 디카페인 공정에 따른 커피 품질과 향미는 거의 없는 것으로 문헌에 보고되고 있다. 다만 디카페인 공정이 최적화되지 못하면 열취가 날 수 있으며 이산화탄소 제거법에서는 커피 맛이 밋밋하게 된다. 그리고 물을 이용한 디카페인 공정에 의한 커피 맛은 카페인과 같이 제거된 고형분 손실에 따라 묽은 맛이 날 수 있다. 또 에틸아세테이트를 이용한 제거법에서는 항상 열취가 난다.

최근에는 유전자 재조합 기술을 이용하여 카페인이 없는 커피 열매를 재배하는 연구가 진행되고 있고, 5~10년 내 그 기술이 개발될 것으로 산업계는 전망하고 있다.

이미 기술한 바와 같이 디카페인 작업은 아로마 손실과 수용성 성분들의 손실을 최소화하기 위해 로스팅 과정 전에 실시한다. 디카페인 공정 중에 디카페인 처리 방식에 따라 그 변화 정도는 다르지만 생두에는 여러 화학 변화가 나타난다. 우선 청녹색을 띠던 생두는 디카페인 공정을 통해 어두운 갈색 또는 어두운 녹색으로 변하게 된다. 이러한 색상 변화는 디카페인 공정 중에 사용되는 스팀 또는 뜨거운 용매로 인해 마이얄 반응이 일어나기 때문이다. 이때 생두 표면뿐 아니라 내부까지 색상이 변하게 되고 멜라노이딘 성분 생성으로 인해 색상은 어둡게 된다.

디카페인 공법에 따른 생두의 이화학적 성분 변화를 보면, 클로로메탄을 용매로 사용한 경우는 특히 자당과 클로로겐산의 함량에서 차이가 난다. 일례로 자당과 클로로겐산의 경우 아라비카종에서는 각각 60%, 16%, 로부스타종에서는 각각 20%, 11%가량 감소하는 것으로 학계는 보고하고 있다. 염화메틸렌을 용매로 사용한 경우는 단백질과 트리고넬린의 함량이 차이가 나는 것으로 알려져 있다.

최근에는 물을 사용한 디카페인 커피 제조 기술이 개발되었고, 스위스 워터와 마운틴 워터 방식이 대표적이다. 스위스 워터 방식은 풍부한 미네랄을 함유한 스위스 워터를 사용하여 물속에 포함되어 있는 무기질을 촉매제로 카페인을 걸러내는 100% 무화학 처리 방법으로 가공된다. 자연 친화적인 방법으로 화학 용매제를 전혀 사용하지 않는 방법이며, 맛과 향의 손실이 없는 것이 가장 큰 특징이다. 마운틴 워터 방식에서는 멕시코의 빙하수를 이용한다.

라. 스페셜티 커피

1) 개요

최근 들어 고품질 커피에 대한 소비자의 관심이 증가하면서 언제부턴가 커피 시장에서는 스페셜티 커피(specialty coffee)가 등장하기 시작하였다. 이 용어는 사실 1978년에 처음 시장에서 통용되기 시작하였고, 미국과 유럽 스페셜티커피협회는 각각 1982년, 1998년에 설립되었다. 커머셜 커피(상업용 커피, 커핑 테스트에서 79점 이하)는 대체로 연중 수확이 가능하여 수급이 안정적이고 가격도 비교적 저렴한 편이다. 그러나 스페셜티 커피는 대부분 수확 시기가 특정되어 있고 생두 수확량도 적으며, 우수한 품질과 희소성으로 인해 가격이 고가로 책정된다. 또 일반 커피보다 향과 맛의 특징이 한층 뚜렷하다.

일반적인 커피 등급 체계에서는 등급 내에서 일정한 품질을 유지하려는 데 목적이 있다. 반면에 스페셜티 커피는 특정 산지에서 재배된 독특한 향미를 드러내면서 품질은 수준 높은 커피를 지향한다. 스페셜티 커피 시장은 점차 증가하는 추세이고 소비자는 고가임에도 특별한 커피를 찾는다. 스페셜티 커피는 예를 들자면 커피 애호가에게 익숙한 자메이카산 블루마운틴, 코스타리카산 트레리오스, 과테말라산 안티구아, 에티오피아산 예가체프, 파나마산 게이샤 및 인도네시아산 칼로시가 대표적이다.

한편, 커피 소비 시장은 그간 여러 세대를 거쳐 현재 스페셜티 시장까지 도래하게 된다. 이른바 커피 시장의 제1의 물결은 1·2차 세계대전 후 대량 설비를 구비한 커피 제조공장에서 생두를 가공한 시대이다. 우리에게 오래전부터 친숙한 커피 믹스와 캔 커피를 소비하는 시기이다.

제2의 물결은 프랜차이즈 커피 전문점(스타벅스, 이디야 등)의 등장과 함께 에스프레소를 베이스로 한 커피가 커피 소비를 주도하던 시대다. 제1의 물결보다 제2의 물결은 원두의 품질을 강화하여 고급 이미지를 내세운 커피 전문점이 대세였던 시기이고 현재의 카페 문화가 자리 잡은 지점이기도 하다.

그리고 1990년대 후반 커피 시장에 나타난 제3의 물결은 이른바 스페셜티 커피로 대표되는 시장이다. 국내에서 많은 인기를 끌고 있는 블루보틀은 이러한 트렌드 속에 시장에서 성공한 제3의 물결을 표방하는 대표적인 카페 프랜차이즈로 볼 수 있다.

스페셜티 커피의 화두는 생두 특성을 최대한 끌어내 커피 향미를 특성화, 다양화하는 데 있다. 일례로 제2의 물결에서는 커피 품종과 관계없이 강한 열로 생두를 장시간 로스팅한 다크 로스팅이 대세였다면 제3의 물결에서는 그 외 라이트 로스팅을 시도하기도 한다. 이미 설명한 바와 같이 생두를 장시간 강한 열로 로스팅하면 초콜릿 향과 쓴맛이 도드라진다. 반면에 라이트 로스팅을 하게 되면 생두가 지닌 과일 향과 산미가 유지돼 생두별 특성을 더 강조할 수 있다.

또 분말 원두의 추출 방법도 머신을 이용한 에스프레소뿐만 아니라 핸드 드립, 사이펀, 콜드브루 등을 이용하는 등 다양하게 시도되고 있다. 그리고 스페셜티 커피는 다양성과 차별성에 초점을 맞추기 때문에 원두를 좀 더 구체적으로 구분한다. 즉 여러 가지 원두를 섞기보다는 동일 산지에서 생산된 오직 한 종류 품종만을 이용하는 싱글 오리진이 커피 제조에 흔히 사용된다. 또 소비자에게 원두에 대한 정보를 제공하기 위해 생산국, 생산지, 품종, 가공 방법과 재배 농부의 이름까지 원두 라벨에 기재하는 경우도 흔하다.

예를 들어서 원두 라벨에 자메이카 위르겐 블루마운틴 워시드라고 표기되어 있으면, 이 원두는 자메이카의 위르겐이라는 농부가 재배한 블루마운틴 품종이고, 커피 열매 가공은 습식 가공을 했다는 의미이다.

프리미엄급 커피 중 하나로 알려진 버번뽀엥튀(Bourbon Pointu)를 예로서 아로마 특징을 살펴보면 다음과 같다. 이 커피는 품질 등급별로 그랑크뤼(Grand cru), 서브라임(Sublime), 오센티크(Authentique) 등 3단계로 구분한다. 이 커피 등급은 수확 후 건조 방법 시 투입하는 물의 양에 따른 효소 또는 미생물에 의한 점액질 분해 정도에 달려있다. 그랑크뤼는 커피 품질 테스트에서 과실 향과 꽃 향이 풍부하고 적당한 산도와 질감이 우수한 것으로 평가받지만, 오센티크는 떫은맛과 쓴맛이 두드러지는 특징이 있다. 상기 스페셜티 커피에서 확인되는 향기 성분은 그랑크뤼 커피(2,4-노나디엔알), 서브라임 등급(2-페닐아세트알데히드), 오센티크 등급(2-메틸-5-프로필피라진)이 대표적이다.

2) 커피 등급별 아로마 특성

[표 10-2]는 등급별 각 커피의 아로마 특성을 나타낸 것이다. 이때 커피 아로마 중에 이탤릭체로 표기된 향기 성분이 커피 아로마에 가장 큰 영향을 미치는 성분이다. 표에서 보듯이 특히 2-푸르푸릴티올(커피 향, 로스팅 향)은 원두커피에서 가장 아로마가 강한 물질이다. 그 외 2-메틸부탄알과 3-메틸부탄알은 아몬드 향과 초콜릿 향을 부여한다. 피라진류 중에 2-에틸-3,5-디메틸피라진은 견과류, 2-메톡시페놀과 2-메톡시-4-비닐페놀은 향신료 향을 풍긴다.

버번뽀엥튀의 주요 향은 (*E,E*)-2,4-노나디엔알, (*E,Z*)-2,4-헵타디엔알, 2-페닐아세트알데히드, 4-하이드록시-2,5-디메틸-3(2*H*)-퓨라논, 리나룰과 헥산알이다. 이런 성분들은 아로마가가 높고 은은하고 향긋한 향(과실 향, 꽃 향, 캐러멜 향)을 풍긴다.

[표 10-2] **커피 등급별 아로마 특징**

구분	농도 (mg/L)			역치 (mg/L)	아로마가			비고
	그랑크뤼	서브라임	오센티크		그랑크뤼	서브라임	오센티크	
● 산류								
초산	22	24	23	34.7	1	1	1	
이소발레르산	0.6	0.7	1.5	0.4	2	2	4	
● 알코올류								
헵탄올	0.3	0.3	0.3	0.2	2	2	2	
2-에틸헥산올	3.5	3.4	3.5	0.1	36	34	36	
3-메틸부탄올	0.5	0.4	0.9	0.5	1	1	2	
3-메틸-3-부텐올	0.6	0.4	1.3	0.6	1	1	2	
펜텐올	2.7	2.7	2.7					
5-메틸헥산올	0.2	0.2	0.4					
2-페닐에탄올	1.3	1.9	2.5	1.1	1	2	2	
리나룰	0.8	1.1	1.3	0.007	111	151	187	고수 향
● 알데히드류								
(E,Z)-헵타디엔알	1.2	1.0	0.7	0.005	240	200	136	꽃향
헥센알	1.0	0.9	0.9	0.08	12	12	12	
(E,E)-노나디엔알	1.4	1.1	1.1	0.001	13,600	11,200	10,900	과실향
2-메틸부텐알	1.2	1.1	1.0	0.2	6	6	5	
2-메틸벤즈알데히드	0.6	0.4	0.2					
2-메틸부탄알	0.8	0.6	0.2	0.003	280	193	67	초콜릿향
2-페닐아세트알데히드	0.8	1.1	0.2	0.004	200	270	58	꽃향
아세트알데히드	1.1	0.8	3.5	0.08	13	9	43	
벤즈알데히드	0.8	0.7	3.1	0.8	1	1	4	

데칸알	0.8	1.1	1.4	0.02	42	53	68	
도데칸알	1.0	1.0	1.1	0.03	32	35	37	
헥산알	0.5	0.8	1.8	0.007	67	117	257	풋내
2-메틸프로판알	0.3	0.4	0.4	0.003	107	143	116	초콜릿향
3-메틸부탄알	1.0	0.7	0.2	0.001	1,020	700	210	초콜릿향
● 벤젠류								
1,3,5-트리메틸벤젠	0.6	0.7	0.3	0.5	1	1	1	
1-에틸-3-메틸벤젠	0.2	0.1	0.08	0.0006	317	200	133	꽃향
파라 자일렌	0.5	1.2	3.0	0.5	1	3	6	
● 케톤류								
3-메틸사이클론헥사논	0.2	0.2	0.2	7.5	〈1	〈1	〈1	
옥타디엔	1.2	1.0	1.4					
2,3-디메틸사이클로펜텐온	0.4	0.6	0.4					
헥산-2,5-디원	0.8	1.1	0.8					
2,6-디메틸사이클로펜텐온	1.3	1.1	0.8	0.1	13	12	8	
부탄온	1.2	0.9	1.4	50	〈1	〈1	〈1	
사이클로펜텐온	0.4	0.6	0.8					
헵타논	0.1	0.2	0.5	0.6	〈1	〈1	〈1	
2-메틸사이클로펜텐온	0.9	1.2	0.9					
헥사논	5.7	5.7	5.9	15	〈1	〈1	〈1	
헥산디온	1.0	1.0	0.9					
3-하이드록시부탄온	1.4	2.0	1.3	3.2	〈1	〈1	〈1	
사이클로펜탄온	17	17	15					
● 에스터류								
메틸아세테이트	1.1	1.0	0.4	2.3	〈1	〈1	〈1	
● 퓨란류								
2-(메톡시메틸)-퓨란	1.9	2.4	2.7					
2-(퓨란일 메톡시메틸)-퓨란	0.2	0.1	0.1					
2,3-디하이드로벤조퓨란	0.2	0.3	0.3					
1-(5-메틸퓨란일)-에탄온	2.5	3.4	3.8	10	〈1	〈1	〈1	
1-(2-퓨란일)-데탄온	9.8	9.8	10.5	10	1	1	1	
2-푸르푸릴티올	3.3	3.1	3.3	0.00003	108.3	104.7	108.7	로스팅향
5-하이드록시-2-메틸푸르푸랄	6.7	9.3	10.3	100	〈1	〈1	〈1	
5-메틸-2(5*H*)-퓨라논	2.4	2.4	2.5					

(5-메틸퓨란일)-메탄올	0.3	0.2	0.2					
5-메틸-2-푸르푸랄	35	35	4.	2.4	15	15	17	
2-퓨란메탄올	247	250	280	2	124	125	140	캐러멜 향
2-메틸옥소란온	3.5	3.7	4.1					
4-하이드록시-2,5-디메틸-3(2H)-퓨라논	7.8	10.0	11.0	0.05	191	200	219	딸기향
퓨란-2-카르발데히드	80	84	93	5.3	15	16	17	
(*E*)-4-퓨란일부텐온	0.3	0.5	0.5	0.02	15	24	25	
퓨란일메틸 포름산	1.8	1.9	2.1					
감마 뷰틸로락톤	80	88	130	1	80	89	130	크림향
● 옥사졸류								
1,3-벤즈옥사졸	1.3	1.5	1.7					
● 페놀류								
2-메톡시 프로텐일페놀	0.1	0.2	0.2	0.06	2	3	4	
2-메톡시-4-비닐페놀	1.2	0.7	1.2	0.02	59	33	60	향신료향
2-메톡시페놀	1.2	1.6	1.7	0.007	175	227	237	향신료향
페놀	0.9	1.1	1.5	2.4	〈1	〈1	〈1	
● 피라진류								
1-(6-메틸-2-피라진일)-1-에탄온	2.0	2.4	3.8	1.7	1	1	2	
2,3,5-트리메틸피라진	4.3	5.7	8.5	0.6	7	10	15	
2,3-디메틸-5-에틸피라진	0.2	0.2	0.4	0.001	160	230	400	코코아향
2,3-디메틸피라진	6.6	6.7	8.9	7.7	1	1	1	
2,5-디메틸피라진	9.8	9.3	14	1.6	6	6	9	
2,6-디메틸피라진	9.8	9.2	14	3.1	3	3	5	
2,6-디에틸피라진	0.2	0.4	0.8	0.006	37	68	135	로스팅향
2-아세틸-3-메틸피라진	1.9	1.9	2.7	0.02	94	96	135	헤이즐럿
2-에틸-3,5-디메틸피라진	0.7	0.7	0.8	0.001	630	670	840	헤이즐럿
2-에틸-5-메틸피라진	5.0	3.9	7.6	0.1	50	39	76	
2-에틸-6-메틸피라진	2.3	2.7	4.1					
2-에틸피라진	1.3	0.9	2.2	10	〈1	〈1	〈1	
2-메틸-5-프로필피라진	0.3	0.7	0.7	0.00004	8,500	16,250	16,750	로스팅향
2-메틸피라진	36	32	47	42.5	1	1	1	
2-비닐피라진	0.8	0.8	1.3	0.7	1	1	2	
3-에틸-2,5-디메틸피라진	0.8	0.5	1.4	0.001	780	540	1,440	로스팅향

아세틸피라진	0.0	0.0	0.0	0.06	1	〈1	1	
피라진	3.1	3.6	5.7	177.5	〈1	〈1	〈1	
● 피리딘류								
2-아세틸피리딘	0.1	0.1	0.1	0.02	5	4	6	
피리딘	0.7	1.0	1.5	2	〈1	〈1	1	
2-피리딘메탄올	12	14	21					
● 피롤류								
1-(1*H*-피롤일)-에탄온	5.7	7.3	7.1	170	〈1	〈1	〈1	
1-메틸피롤	0.9	1.9	1.2	0.04	21	46	29	
1-(1-메틸피롤일)-에탄온	0.5	0.6	0.6	2	〈1	〈1	〈1	
1-메틸피롤일-2-카르발데히드	3.5	4.1	4.1	0.7	5	6	6	
1*H*-피롤-2-카르발데히드	8	11	11	1	8	11	11	
2-메틸피롤	4.1	4.3	3.6	0.02	207	213	179	
5-메틸-1*H*-피롤-2-카르발데히드	0.1	0.1	0.1					
푸르푸릴피롤	0.4	0.5	0.5					
피롤	0.8	0.9	0.9	34.8	〈1	〈1	〈1	
● 털핀류								
베타피넨	2.1	2.2	2.1	0.07	30	32	30	
베타시스오시멘	1.3	2.1	0.1	0.06	21	36	17	
리모넨	1.3	1.3	1.1	0.2	7	7	6	
말톨	7.8	7.5	9.5	5.8	1	1	2	
베타트랜스오시멘	1.7	0.6	0.4	0.06	29	11	7	
퀴녹살린	0.6	0.7	0.4					
● 티아졸류								
2-아세틸티아졸	0.5	0.9	0.2	0.01	48	92	21	
4,5-디메틸티아졸	0.6	0.7	0.3	0.5	1	1	1	
벤조티아졸	1.1	1.1	0.5	0.07	15	15	7	
티아졸	0.3	0.4	0.2					
● 티오펜류								
2-에틸티오펜	0.1	0.1	0.1					
2-티오펜메탄올	1.0	1.3	1.7					
디하이드로-2-메틸-3(2*H*)-티오펜	0.2	0.3	0.3					

미국 스페셜티커피협회에 따르면, 스페셜티 커피는 커피 테스트에서 100점 만점에 80점 이상을 받아야 한다. 미국에서 소비되는 커피의 반 이상은 스페셜티 커피의 시장이며 향후 점차 확대될 것으로 전망되고 있다. 평가 점수로 곧 커피 판매 가격이 정해지기 때문에 커피 품질과 향미에 영향을 미치는 요소에 관한 관심이 커지고 있다. 미국 스페셜티커피협회 산하 커피품질연구소에서는 10가지 유형의 품질 지표를 설정하여 이른바 큐그레이드를 부여한다. 커피 품질은 최근에는 바람직한 향 형성뿐 아니라 이미 이취 생성 정도도 포함하여 평가한다.

커피 향미에 부정적 영향을 미치는 성분은 일례로 수확된 커피 열매를 부적절한 가공이나 원두를 부적절하게 저장할 때 곰팡이(아스퍼질러스)가 생성한 1-옥텐-3-올로 인해 곰팡이취가 나게 된다. 또 살충제나 염소 처리된 물에서 유래된 곰팡이취인 2,4,6-트리클로로아니졸로 인해 곰팡이취나 흙냄새가 난다. 로스팅 과정이 부적절하면 4-에틸-2-메톡시페놀과 2,5-디메틸퓨란(에테르취)이 생성되기도 한다. 그 외 비휘발 성분도 커피 이미 이취에 영향을 주는데, 흑두, 쉰 원두, 미성숙 원두 및 벌레 먹은 원두 유래의 아미노산(히스타민)과 아민(트립타민)이 커피 품질에 부정적인 영향을 미친다.

디털펀류(*O*-메틸카페스톨, 카페스톨, 카웰)는 원두의 알코올류와 지방산류의 에스터화를 통해 형성된 성분으로 아라비카종과 로부스타종 간의 구별에도 이용되는 지표지만 이 성분이 커피 향미에 미치는 영향은 아직 명확히 밝혀진 바는 없다.

최근 연구에 의하면 엔트 카우란 디털펀류(ent-kaurane diterpenes)가 생두와 원두에서 커피 맛을 떨어뜨리는 이미 이취 물질(16α,17-디하이드록시-엔트-카우란-19-오익산, 16α,17-디하이드록시-엔트-카우란-19-디글리코시드, 16α,17,18-트리하이드록시-엔트-카우란-19-오익산, 16α-하이드록시-17-포밀-엔트-카우란-19-오익산)로 지목되었다[그림 10-3]. 특히 생두의 16α,17-하이드록시-엔트-카우란-19-디글리코시드는 원두에 비해 7배가량 더 높게 확인된다[그림 10-3].

반면 원두에서 16α,17,18-트리하이드록시-엔트-카우란-19-오익산은 생두에 비해 6.5배 더 많이 검출되는데, 이 성분은 로스팅 과정 중에 생성되기도 한다. 16α,17-디하이드록시-엔트-카우란-19-디글리코시드는 16α,17-디하이드록시-엔트-카우란-19-오익산의 전구물질이며, 이는 로스팅 과정 중 배당체에서 당의 분리에 따른 것이다.

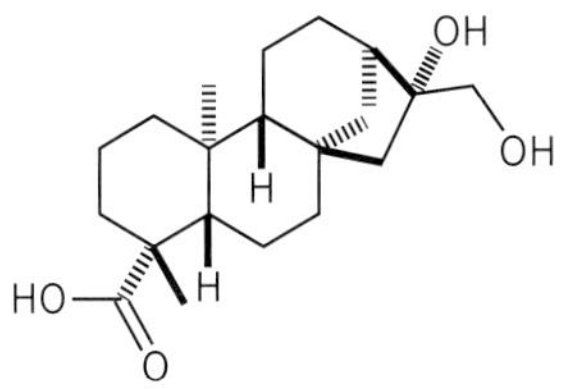

16α, 17-디하이드록시-엔트-카우란-19-오익산

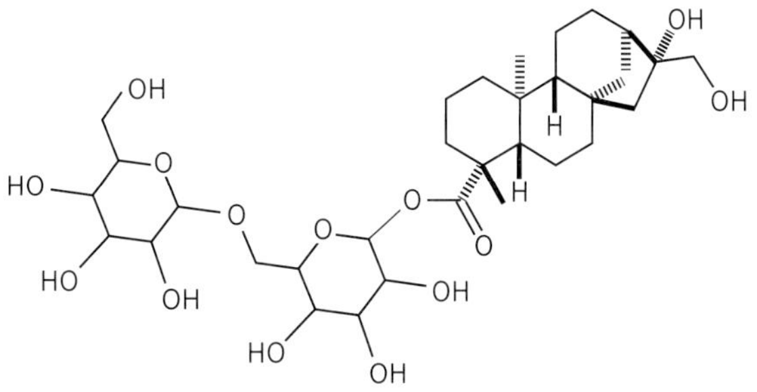

16α, 17-디하이드록시-엔트-카우란-19-디글리코시드

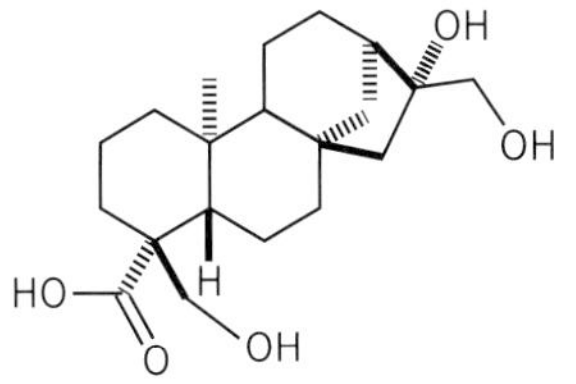

16α, 17, 18-디하이드록시-엔트-카우란-19-오익산

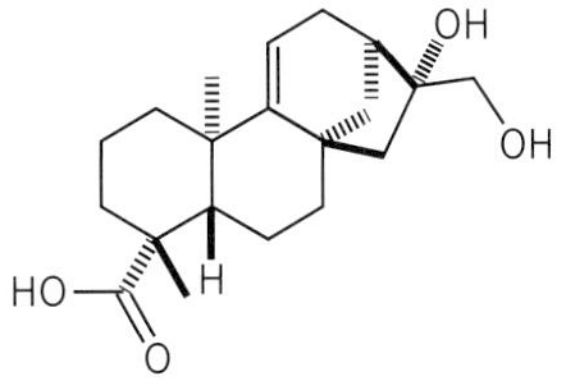

16α, 17-디하이드록시-엔트-9(11)-카우란-19-오익산

[그림 10-3] **커피의 이미 이취 성분**

브라질의 경우 커피 품질을 자당, 카페인, 트리고넬린과 클로로겐산의 농도를 기준으로 평가하기도 한다. 예를 들어서 생두와 원두에 자당, 트리고넬린과 3,4-디카페오일 퀸산의 함량이 높으면 고품질 커피로 평가한다. 반면에 불량두가 많아 카페오일 퀸산과 페룰로일 퀸산이 많으면 리오 이취를 풍기기 때문에 저품질 커피로 판정한다.

보통 아라비카 커피의 경우는 생두의 카페인, 단백질, 클로로겐산 및 산도가 높을수록 커피의 품질은 낮게 평가된다. 또 자당/적정 산도, 카페스테롤/카웰의 비율이 높을수록 커피의 품질은 낮게 평가되는 것으로 문헌에 보고되고 있다. 그리고 피라진류 또는 페놀류의 농도가 과도할 때도 커피 품질은 낮아진다.

최근 커피 산업계에서는 스페셜티 커피의 향미를 꽃 향과 과실 향이 풍부하면서 적절한 신맛에 중점을 둔다. 따라서 라이트 또는 미디움 로스팅 원두커피는 과실 향, 신맛과 감귤류 향을 강조한다. 다크 로스팅 원두커피는 산뜻한 향의 손실이 많지만 로스팅 향과 탄 향을 풍부하게 하는 데 목적이 있다. 원두커피에 페놀 향(2-메틸페놀, 4-비닐페놀)이 과도하면 미성숙 불량두에 의한 것인데, 이 성분들의 농도는 로스팅 정도를 조절하면 일정 부분 감소시킬 수 있다. 예로서 로스팅이 진행되면서 5-페룰로일 퀸산은 페룰산으로 분해되고 이는 다시 4-비닐페놀로 분해된다. 이러한 반응은 로스팅 온도가 170℃ 이하일 때 발생되므로 이취를 풍기는 4-비닐페놀을 감소시키려면 로스팅 온도를 170℃ 이상 유지하는 것이 중요하다.

또 로스팅 과정 중에 스트렉커 분해 반응으로 생성되는 이른바 스트렉커 알데히드류(2-메틸프로판알, 3-메틸부탄알)는 맥아 향을 풍겨 커피 아로마에 긍정적이며, 2,3-펜탄디온 역시 향을 강화해 준다. 특히 스페셜티 커피에서는 2-페닐아세트알데히드(과실 향)와 헥산알(감귤류 향)이 주요 성분이다. 이러한 성분은 생두에 다량 함유되어 있고 라이트 로스팅 후에 원두에 남게 된다.

케톤류(2,3-부탄디온, 2,3-펜탄디온)는 커피에 버터 향을 부여하는데 미디움 로스팅 시에 그 농도가 가장 높게 나타난다. 그 외 2-펜탄디온(단향)과 (*E*)-베타다마세논(과실 향)은 라이트 로스팅 후에 그 농도가 감소하는 현상을 보인다. 케톤류와 알데히드류는 일반적으로 커피 아로마에 영향을 미치는 성분이며 이들 성분은 로스팅 정도에 따라 매우 다른 패턴을 보인다.

퓨란류는 커피 향(캐러멜 향)과 직접적으로 연관이 있으며, 라이트 로스팅일 때 그 농도가 높게 나타나고 로스팅 정도가 강해질수록 쓴맛과 매운맛으로 변한다. 푸르푸랄의 경우는 커피 향을 부여하면서 라이트 로스팅일 때(200℃) 그 농도가 최대치를 나타낸다. 하이드록시 메틸푸르푸랄(꿀 향)은 라이트 로스팅(240℃)일 때 최대치를 나타내고 그 이상의 온도에서는 급격히 감소한다. 퓨라네올(딸기 향)은 라이트 로스팅일 때만 검출되는 성분이다.

피라진의 경우는 커피 아로마에 긍정적 또는 부정적으로 영향을 미친다. 일례로 2-메틸피라진(초콜릿 향, 견과류 향)과 2-에틸-6-메틸피라진(헤이즐럿 향)은 라이트 로스팅일 때 커피 향에 긍정적이며, 다크 로스팅일 때는 거친 향을 부여하여 부정적이다. 또 미성숙 생두를 라이트 로스팅한 커피에서는 페놀류와 피라진류의 농도가 높게 나타나 커피에 흙 맛을 부여하고, 탄수화물 분해물(캐러멜 향, 단향 등)의 농도가 낮아 커피 맛에 부정적이다.

황화합물의 경우 커피에 매우 적게 함유되어 있지만 커피 아로마에 미치는 영향이 크며, 특히 로스팅 정도에 따라 그 농도가 크게 달라진다. 즉 로스팅 정도가 강할수록 황화합물의 농도는 증가하며 2-푸르푸릴티올은 라이트~미디움 로스팅 시 그 농도가 낮을 때는 커피에 산뜻한 향을 부여한다. 그리고 다크 로스팅 시 메탄티올(유황 향, 삶은 감자 향)의 산화에 따라 2-메틸-3-퓨란티올(유황 향)과 디메틸디설파이드(유황 향, 양배추 향)가 발현되어 부정적이다. 메탄티올은 로스팅 정도가 강할수록 더 많이 생성되며 이후 산화되는 물질이다. 보통 로스팅 시간과 온도가 높을수록 피라진류, 알데히드류 및 케톤류의 산뜻한 향기 성분이 쓰고 거친 향으로 변하게 된다.

한편, 스페셜티 커피는 보통 160~200℃에서 4~12분 라이트 로스팅하여 꽃 향과 과실 향을 최대한 발현되도록 하는 것이 특징이다. 일반적으로 품질이 우수한 커피는 맛이 부드럽고 품질이 좋지 않은 커피는 단맛과 부드러움이 부족하다. 그리고 품질이 매우 불량한 커피는 이취(리오)를 풍긴다. 또 우수한 아라비카 커피는 카페인 농도가 높고 단백질이 많지만, 리오 이취를 풍기는 커피는 불량두가 많아 지질 함량이 낮다. 저품질 커피는 특히 신맛이 강한데 이는 쉰 불량두가 원인이다.

그리고 고품질 커피는 (*E,E*)-2,4-노나디엔알(꽃 향)과 (*E,Z*)-2,4-헵타디엔알(과실 향) 성분과 연관이 있다. 반면에 저품질 커피는 디메틸디설파이드(유황 향)와 2-메틸피라진(거친 향)과 관련이 있다[표 10-3]. 최근에는 생두의 3-*O*-카페오일-4-*O*-3-메틸부탄오일 퀸산(불쾌취)이 저품질 커피와 연관이 있는 것으로 문헌에 보고되고 있다.

[표 10-3] 로스팅 정도에 따른 커피 향기 특성 차이

구분	성분	향기 특성 (로스팅 정도별 가장 많이 발현되는 향)	로스팅 정도
긍정적인 아로마	(*E*)-베타다마세논	삶은 사과 향, 단향	라이트
	3-메틸부탄알	맥아 향	미디움
	2-페닐아세트알데히드	꽃 향, 과실 향	라이트
	하이드록시메틸푸르푸랄	꿀 향	라이트
	2-메틸피라진	초콜릿 향, 견과류 향	라이트
	2-펜탄온	단향, 과실 향	라이트
	2,3-부탄디온	버터 향	미디움
	메탄티올	유황 향, 삶은 감자 향	미디움
부정적인 아로마	디에틸 디설파이드	유황 향	다크
	2-메틸-3-퓨란티올	유황 향	다크
	2-메틸피라진	거친 향	다크
	4-비닐과이어콜	정향 , 클로버 향	라이트

스페셜티 커피 품평회에서는 가장 우수한 생두에 컵 오브 엑셀런스(cup of excellence) 호칭을 부여한다. 이 제도는 브라질에서 시작되어 현재는 코스타리카, 니카라과, 과테말라, 파나마 등지에도 시행되는 추세이다.

커피 등급과 품질을 평가하는 국제적으로 인증된 기관을 살펴보면 다음과 같다.

· Association for Science and Information on Coffee(www.asic-cafe.org)
· Coffee Quality Institute(www.coffeeinstitut.org)
· Green Coffee Association(www.greencoffeeassociation.org)
· Institute for Scientific Information in Coffee(www.ncausa.org)
· Specialty Coffee Association of America(www.scaa.org)

세계 스페셜티 커피의 한 축을 이루는 커피가 인도네시아산 시벳 커피이다. 앞서 기술한 바와 같이 인도네시아는 시벳 커피의 원조이며 야생 사향고양이가 커피 열매를 먹고 발효 후 커피콩을 다시 배설한 커피콩이다. 시벳 커피는 일반 커피보다 맛이 우수한 것으로 평가된다. 이는 시벳 커피에는 카페인, 산미, 쓴맛 및 단백질의 함량이 적지만 펩타이드와 아미노산 함량이 높기 때문이다. 게다가 시벳 커피에는 지질 함량이 높아 감미로운 맛을 더욱 강화해 준다. 따라서 시벳 커피는 일반 커피보다 향미가 풍부하고 후미가 좋으며 균형 잡힌 맛이 특징적으로 나타난다. 이러한 이유로 기네스북에 세계에서 가장 우수하고 비싼 커피로 등재되기도 하였다. 시벳 커피의 이러한 우수한 커피 품질은 발효에 필요한 효소 생성과 미생물 증식을 위한 사향고양이의 최적 장내 온도가 큰 영향을 미치는 것으로 학계는 보고하고 있다. 특히 시벳 커피에 단백질이 적고 그 분해물(펩타이드, 아미노산)이 많은 것은 사향고양이의 장내세균(주로 젖산균)이 단백질을 분해 효소를 분비하여 단백질을 분해하기 때문이다. 이러한 단백질 분해물인 펩타이드와 아미노산이 시벳 커피의 독특하고 감미로운 맛을 내고 쓴맛을 줄이는데 가장 큰 영향을 끼친다. 시벳 커피에서 많이 검출되는 대표적인 아미노산으로는 발린, 글루타민, 아스파라긴산 및 글루탐산이다. 이 중 발린은 바디감을 주고 글루탐산은 산미와 향미를 부여한다. 히스타민도 산미, 후미, 향미 등에 영향을 미친다.

최근에는 야생 시벳고양이를 통한 시벳 커피 제조 한계로 인해 시벳고양이를 인공적으로 사육하여 시벳 커피를 제조하는 시도가 이어지고 있다. 연구 결과에 의하면 야생 시벳 커피와 인공 시벳 커피 간의 품질에는 차이가 거의 없으나 인공 시벳 커피의 경우 파파야와 구아바 향이 강하게 나타나는 것으로 보고하고 있다. 이는 시벳고양이의 인공 사육 때 저렴한 과일(파파야, 구아바)을 사료로 주기 때문이다.

CHAPTER 11

커피 관능

1. 개요
2. 향미 특성

11 커피 관능

1. 개요

사람의 후각은 많은 종류의 다양한 향기 물질을 구별할 수 있고, 미각(혀 수용체에서 감지)은 5가지 기본적인 맛(단맛·쓴맛·신맛·감칠맛·짠맛)을 감지할 수 있다. 최근 들어 커피 애호가들은 커피 품질에 관심을 두고 선택하기 때문에 커피 관능은 큰 의미를 지닌다. 커피의 향과 맛은 소비자 개개인의 주관적인 취향 영역이기 때문에 객관화시켜 평가하기는 쉽지 않다. 그러나 커피의 전반적인 품질은 커피의 외관, 향미, 질감 및 후미 등 여러 요소에 의해 평가되기 때문에 각각의 커피는 이러한 요소를 일정 부분 이상 충족시켜야 한다.

커피의 향미는 맛, 향, 질감, 입안 촉감 등이 혼재되어 나타나며, 감각으로 느끼는 3차원적이고 복합적인 느낌으로 정의할 수 있다.

국내에서는 인스턴트커피의 오랜 영향으로 커피 하면 구수한 맛을 떠올리고, 그 맛이 커피 본연의 맛이라고 생각하는 사람이 많다. 그러나 원두의 품질이 낮을수록, 로스팅이 오래된 원두일수록 구수한 맛이 더 강해진다는 일부 견해도 있다. 커피는 레시피가 다양하기 때문에 가정에서 직접 원두를 볶고 갈면서 개인 취향에 맞는 커피 맛을 찾아가는 방법도 커피를 즐기는 방법의 하나로 볼 수 있다.

커피는 한마디로 쌉쌀하면서 향긋하고 고소한 향 때문에 마시는 음료이다. 그러나 개인에 따라서는 미맹과 후맹이 있어 커피의 특정 성분에 대한 맛 또는 향을 인지 못하는 경우도 있다. 예를 들어서 볏짚 냄새를 풍기는 이소부틸알데히드는 30%가량의 사람이 냄새를 감지하지 못한다고 한다.

향미가 좋은 커피는 우선 경쾌한 향과 균형 잡힌 맛 그리고 바디감과 이미 이취가 없는 것을 말한다. 향미는 커피 소비를 위해 가장 중요한 요소이며 이에 따라 커피의 구성 성분과 관능 특성 관련 오랜 기간 학계와 산업계에서는 연구를 진행해 왔다.

커피 향미와 관능 특성은 커피 품종, 재배 지역, 기후 및 커피 열매 가공법 등에 따라 달라진다. 그간 학계·연구계를 중심으로 커피의 이화학적인 분석을 통해 향기 성분에 관한 연구는 꾸준히 성과를 거두었다. 그러나 커피 타입에 영향을 미치는 향기 물질을 특정하는 연구는 미진한 편이다. 또 커피 타입별, 특정 지역 커피와 싱글 오리진 등 관련 커피 향미에 영향을 미치는 핵심 향미 물질(key flavor)을 특정하는 연구는 제한적이고 연구 결과 역시 문헌마다 그 견해가 다르다.

커피 맛을 평가할 때 맛있는 커피와 좋은 커피의 개념은 서로 다르다. 좋은 커피는 언제 마셔도 누구에게나 맛있게 느껴지는 객관적으로 평가되는 커피지만, 맛있는 커피는 개인 취향에 따른 주관적인 맛을 가진 커피 말한다. 그러나 좋은 커피와 맛있는 커피 모두 기본적으로 불량두가 없는 양질의 생두를 적정 수준에서 갓 볶아 바로 분쇄한 신선한 원두 가루를 적절하게 추출한 커피로 말할 수 있다. 이때 깔끔한 맛이 나고 이미 이취가 없으며 향미와 질감의 균형이 잡힌 커피여야 한다.

커피의 쓴맛은 카페인과 클로로겐산에서 유래되고 보통 비터(bitter)로 표현되지만 우리식으로 표현하면 쓴맛은 거친 쓴맛, 부드러운 쓴맛, 쌉쌀한 쓴맛 등 다양하게 표현된다. 맥주의 쓴맛은 쌉쌀한 맛으로 표현하는 것이 맞는 것처럼 좋은 커피 역시 혀에 끌리지 않는 쌉쌀한 쓴맛을 말한다. 또한, 신맛(sour)과 산미(acidity)는 유사한 의미지만 산미가 강하면 신맛이 되며 적당한 신맛이 좋은 산미가 되는 것이다.

생두에는 냄새가 거의 나지 않는 200여 종류의 향기 성분이 있고, 원두에는 1,000여 개의 향기 성분이 있다. 소비자 입장에서는 커피의 향미 특징을 커피 원산지, 포장 형태, 브랜드 및 관능 특징을 기반으로 평가하게 된다. 그중 커피의 관능 특징이 소비자에게는 커피 선택에 있어 가장 중요한 요소이다. 보통 커피 서빙 온도는 85℃ 수준인데 이 온도는 입천장을 델 수 있는 온도이다. 커피 서빙 온도는 50~60℃ 또는 68~75℃, 일부 문헌에는 82~85℃가 향미에 좋다는 등 문헌마다 각기 다른 결과를 보고하고 있다. 또 서빙 온도 70℃가 향미에 최적이라는 최근 문헌도 보고되고 있다. 물론 겨울철에는 여름철보다 서빙 온도를 다소 높게 하여 커피 시음 온도를 유지할 필요가 있다.

아라비카 커피는 달콤한 캐러멜 향이 특징적이지만, 로부스타 커피는 스파이시한 거친 흙

냄새가 특징적이다. 그 외 두 품종 간의 향미는 떫은맛, 바디감, 탄 맛과 향 등에서 관능상 차이를 보인다. 로부스타와 아라비카종 간의 아로마 차이는 황화합물, 벤조산, 알데히드류, 케톤류, 알코올류와 피롤류 등이며, 이들 성분은 다양한 향(캐러멜 향, 견과류 향, 로스팅 향, 흙냄새)을 풍긴다. 따라서 싱글 오리진으로 제조된 커피보다 로부스타 품종과 아라비카 품종을 혼합하여 제조한 커피에서의 서빙 온도는 더 중요하다.

커피의 맛과 향 외에 질감, 입안 촉감 및 화학 감각(chemesthesis) 역시 관능상 커피 향미에 영향을 미치는 구성 요소로 여긴다. 화학 감각이란 고추의 캡사이신의 타는 느낌, 멘톨의 시원한 느낌 또는 탄산음료의 따끔따끔한 느낌 따위 등을 말한다. 즉 질감, 입안 느낌 및 화학 감각은 아삭아삭함, 미끌미끌함, 모래 씹는 느낌, 점성, 부드러움 또는 거침을 말하는 것으로 커피 구성 성분의 상호작용에 따라 입과 혀에서 느껴지는 복합적인 맛이다. 이때 질감, 입안 촉감 및 화학 감각은 후각 시스템 또는 미각 수용기로는 느껴지지 않는 제3의 감각이다.

커피의 향과 맛은 같은 성분이라도 커피에 함유된 농도에 따라 그 느낌이 매번 다르게 나타나고, 설사 같은 성분이 같은 농도로 커피에 있더라도 커피 종류에 따라서 또 다르게 느껴진다. 예컨대 어떨 때는 특정 향이 좋게 느껴지다가도 어떤 경우는 이취로 감지되는 일도 있고, 또 어떨 때는 그 느낌이 거의 없는 경우도 있다. 이러한 현상은 커피의 성분들이 농도가 달라지면 향미 특성이 다르게 발현되거나 커피 종류마다 성분들의 구성 차이가 있어 물질 간 서로 마스킹하는 효과가 나타나기 때문이다. 이러한 현상들은 그간 분석 기기의 발달과 학문적 성과에도 불구하고 아직은 과학적으로 규명하고 해석하는 데 한계가 있다. 따라서 분석 기기를 이용한 물리화학적 분석 데이터와 사람이 직접 시음을 통해 느끼는 정도는 대부분 유사하지만 때론 전혀 다르게 나타나는 경우도 많다는 것을 고려해야 한다. 결국 커피 향미는 기기 분석 데이터를 기반으로 사람이 최종 판단하는 것이 중요하며, 이때 뜨거운 커피보다 따듯한 커피로 시음해야 향미 특성을 판단하는 데 도움이 된다.

2. 향미 특성

가. 향의 특성

커피는 향으로 시작해서 향으로 끝난다는 말처럼 커피 향은 중요하고 복합적이며 커피 향미를 구성하는 가장 핵심 요소이다. 대부분의 소비자는 때때로 코로 느끼는 후각 성분을 맛으로 인식하고 설명하는 경우가 많다. 비후 지각은 커피의 휘발 물질이 입에서 인후 뒤쪽을 통해 인두를 거쳐 비강에 도달할 때 발생한다. 이에 따라 휘발 물질이 후각 상피의 수용체와 상호작용하여 후각 신경 자극을 생성하고, 후각 신경부를 통해 뇌로 신호를 전달 후 감각 정보를 향기로 인식하게 된다. 들숨 지각은 휘발성 물질이 코를 통해 흡입되고 후각 시스템과 직접 상호작용할 때 발생한다.

커피의 향은 대부분 커피 열매 가공 과정(발효)과 가열 과정(로스팅)을 통해 발현된 것이다. 즉 발효 과정을 통해서는 주로 에스터류, 고급 알코올류, 유기산류, 지방산류, 아민류, 케톤류, 락톤류가 발현된다. 반면에 가열 과정을 통해서는 대개 피라진류, 퓨란류, 피리딘류, 피롤류 헤테로고리 화합물 등이 발현된다.

커피 향기 성분은 기본적으로 방향족과 지방족화합물로 분류되며 대부분 물에 잘 녹지 않는 지용성이어서 지방과 결합한 상태로 많이 존재한다[그림 11-1]. 이들 성분은 분자량이 1,000 이하인 저분자 유기화합물이며 대부분 분자량이 300 이하의 물질이다. 크기는 1nm 이하이고 이때 탄소 수는 아로마의 강도에 영향을 미친다. 또 탄수 소가 적을수록 향이 강하며 탄소 수가 많을수록 섬세하고 향이 오래 지속되는 특성을 나타낸다. 보통 탄소 수가 8~10개가 좋은 향으로 느껴지며, 분자 내 이중결합이 많을수록 향이 강하며 이때 분자량은 1,000 이하로 알려져 있다.

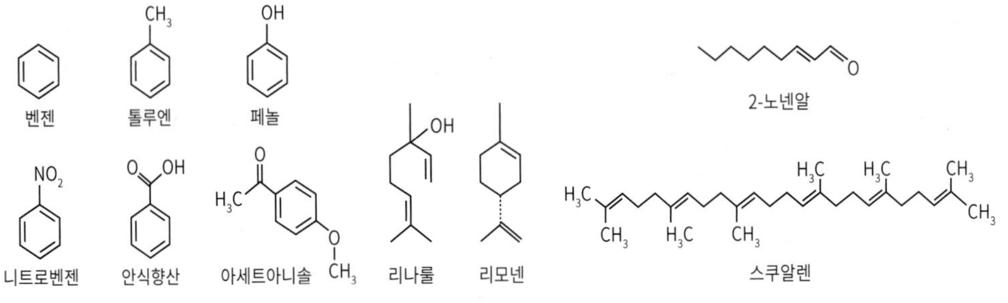

[그림 11-1] **방향족화합물(좌)과 지방족화합물(우)**

커피의 향을 느끼려면 우선 개개의 성분이 지닌 향이 소비자의 입과 코에서 느껴질 정도의 최소 농도가 있어야 하며, 그 최소 농도를 역치 또는 최소 감응 농도(threshold)라 한다. 물론 역치 이하의 물질들도 역치 이상의 물질들의 강도를 상승시키거나 감소시키는 간접적인 기능을 할 수는 있다. 그리고 커피의 향을 맡는다는 것은 커피에 용해된 휘발 성분이 아니라 공기 중으로 휘발된 커피 성분을 소비자의 코의 수용기를 통해 인지하는 것을 말한다.

일반적으로 커피에 함유된 아로마 성분의 역치 설정은 비교적 쉽다. 그러나 커피와 같은 다양한 물질이 혼재된 경우 개개의 휘발 성분 역치를 설정하기가 매우 어렵고 느껴지는 향의 특성이 다르게 나타나는데 그 이유는 다음과 같다. 첫째, 휘발 성분이 함유된 커피 온도에 따라 느껴지는 역치가 다르게 나타나고, 둘째, 커피에 함유된 당분, 산분, 쓴 성분들의 조성에 따라 개개의 역치가 달라지며, 셋째, 커피의 휘발 성분의 농도에 따라 역치가 다르게 나타나고, 넷째, 휘발 성분 간의 구성 비율에 따라서도 역치가 상이하게 느껴지기 때문이다.

커피의 휘발 성분은 분자량이 큰 휘발 성분들일수록 코의 수용기에 쉽게 감지되기 때문에 역치가 비교적 낮다. 역치가 낮을수록 코로 감지가 쉽고 높을수록 인지하기가 어려워진다.

커피의 관능 평가는 사람의 오감을 이용하여 커피 향과 맛 그리고 품질을 판단하는 것이다. 올바른 커피의 관능 평가를 위해서는 장기간의 훈련을 거친 다수의 전문 패널과 적합한 테이스팅 공간이 갖추어져야 한다. 커피의 관능 훈련은 우선 기본적인 맛 훈련 후 이미 이취 인지 훈련 그리고 시중에 유통되는 커피들에 대한 비교 훈련 등 이론과 실무를 겸해 단계적으로 이루어져야 한다. 관능 평가의 능력은 개인 편차가 매우 크고 특히 향기 기억에 대한 개개인의 편차가 매우 크다. 대부분의 사람은 개인의 관능 평가 능력을 정확히 인지하지 못하는 경우가 많지만 관능 평가에 대해 특별한 재능을 가진 사람도 없다.

사람은 보통 2,000여 개의 미뢰를 보유하고 있고 일부 사람은 4,000여 개의 미뢰를 가지고 있는 것으로 알려져 있다. 또 관능 평가 때 시각이 미치는 영향이 매우 크며 샘플의 순서가 관능 평가에 영향을 미치기도 한다. 그리고 포장 형태와 평가표도 관능 평가에 영향을 미칠 수 있다[그림 11-2].

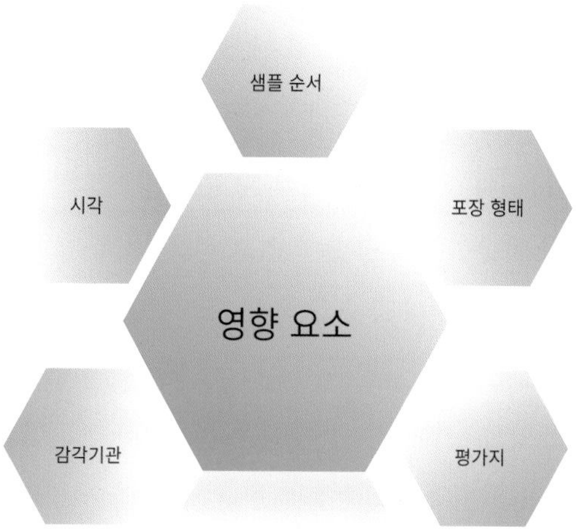

[그림 11-2] 커피 관능에 미치는 영향 요소

나. 맛의 특성

맛은 커피를 마실 때 향미 성분이 미각과 후각을 자극하고 입안의 통각·촉감·온도를 감지하는 혀의 표면에 있는 미뢰(味雷)의 미각신경이 화학적인 자극을 받아서 느껴지는 것이다. 맛을 인식하는 이들 미뢰세포는 여러 물질에 의해 자극되기 때문에 고형분이 많은 커피보다는 적은 커피에서보다 쉽게 느끼게 된다. 그리고 맛은 이들 세포가 용액으로 존재하는 여러 물질에 의해 자극되기 때문에 고체 물질보다 커피와 같은 액체 물질에서 쉽게 느끼게 된다.

사람의 혀는 보통 3가지 타입의 미각유두(味覺乳頭)를 가지고 있는데, 혀 중간과 옆에 각각 위치한 배상유두(杯狀乳頭)와 엽상유두(葉狀乳頭) 그리고 용상유두(茸狀乳頭)가 그것이다. 사람은 5가지의 맛을 느낄 수 있는데, 혀에 있는 미각세포가 맛을 내는 화학물질에 반응하여 미신경을 자극함으로써 맛을 느끼게 된다. 맛을 감지하는 기관은 혀 표면의 유두돌기(papillae)이다.

최근 연구 결과에 의하면 사람의 혀에서 느껴지는 맛이 성분별 혀에서 감지되는 위치가 크게 다르지 않은 것으로 문헌에 보고되고 있다. 그림에서 보는 바와 같이 5가지 맛을 느끼는 위치는 거의 같아서 혀의 위치와 관계없이 동시에 느껴지는 것으로 해석할 수 있다[그림 11-3].

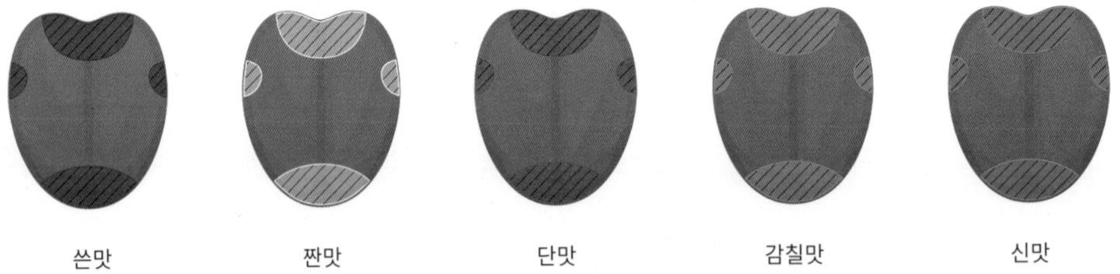

[그림 11-3] 혀에서 각 맛의 위치

그리고 유기산의 종류에 따라 신맛 정도와 느낌이 다르지만, 일반적으로 신맛은 상쾌한 신맛과 특유의 감칠맛을 나타낸다. 신맛은 여러 가지 유기산을 혼합하면 더 좋은 신맛을 부여하기도 한다. 그리고 초산은 휘발성이고 증발이 쉽고 혀를 톡 쏘는 예리한 신맛을 나타낸다. 구연산은 강한 자극성 신맛이지만 휘발되지 않아 톡 쏘지는 않고 가열해도 손실되지 않는 특성이 있다. 사과산은 산뜻한 신맛으로 증발하지 않고 주석산은 떫은맛을 연상시키는 신맛이 특징이다. 또 젖산은 깊은 신맛을 나타내며 시큼하다고 표현하는 일반적인 신맛을 말한다. 그리고 호박산은 감칠맛을 부여하는 맛으로 부드러운 신맛을 나타내며 그 농도가 높으면 느끼한 맛이 난다.

보통 신맛을 내는 물질들은 화학적으로 수소기(H+)를 지니고 있다. 그리고 커피의 신맛은 유기산에 영향을 받는데 유기산의 종류와 농도에 따라 혀에서 느껴지는 감도가 다르게 나타난다. [그림 11-4]에서 보는 바와 같이 초산은 시음 초기에 가장 먼저 느껴지지만 바로 사라지는 신맛이다. 반면 젖산은 초산보다는 감지되는 느낌이 서서히 나타나며 시간이 어느 정도 흐른 뒤 최고점에 도달하며, 서서히 그 느낌이 사라지는 특성이 있다.

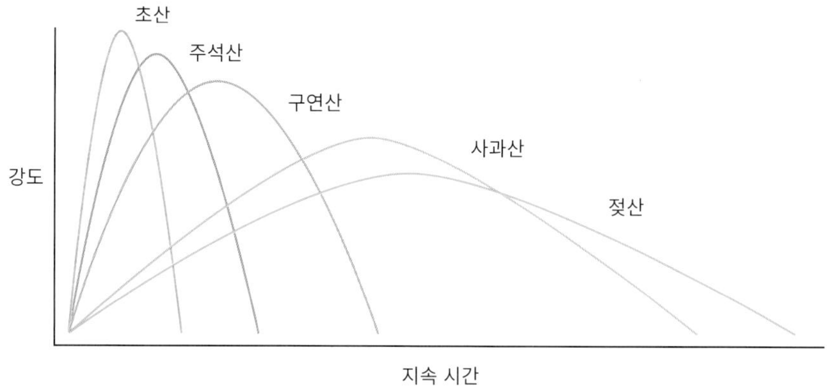

[그림 11-4] 유기산 종류와 신맛 지속성의 차이

다. 향미 표현

커피의 맛과 향을 표현하는 관능 용어는 [표 11-1]에서 보는 바와 같이 매우 다양하다. 향미의 일부는 감각적이고 일부는 주관적인 것으로 향미에 대한 느낌은 개인 편차가 크며, 동일인이라도 조건에 따라 다르게 느끼게 된다. 또 향미에 대한 표현 방식도 많은 차이가 있어서 같은 커피라도 사람마다 각각 다르게 표현하게 된다.

또 국가별, 지역별 관능 평가 지표가 달라 주류의 관능 평가 시 생리적, 심리적 특성도 고려해야 하고 관능 평가 지표와 전문 용어에 대한 이해도 별도 필요하다.

[표 11-1] 커피의 향미 용어

산미(acidity)	산에 의한 입안에서 시며 예리한 느낌
매캐한(acrid)	과도한 로스팅으로 인해 예리하게 톡 쏘는 쓴맛을 주는 느낌
재 냄새(ashy)	훈연 향미를 풍기는 느낌
균형 잡힌(balance)	튀는 향미가 아닌 각 개인 취향에 어울리는 일관된 향미
비니(beany)	강낭콩 냄새를 연상시키는 곰팡이취 또는 흙냄새 느낌

쓴 뒷맛(bitter taste)	카페인과 연관된 커피의 기본적인 맛
입안 촉감(mouthfeel)	입안에서 느끼는 커피의 바디감 · 질감 등의 감각적인 맛
브라운(brown)	견과류 향과 단맛을 동반한 부드럽고 향이 강한 커피 맛
탄 냄새(burnt)	과도한 로스팅에 의한 쓴맛과 신맛이 강한 짙은 느낌
캐러멜(caramel)	끓인 시럽 향을 연상시키는 아로마 느낌
마분지(cardboard)	종이 냄새를 연상시키는 느낌
초콜릿(chocolate)	떫은맛과 쓴맛을 동반한 탄 냄새를 풍기는 코코아 느낌
감귤류 과일(citrus fruit)	레몬 등을 연상시키는 시고 떫으며 다소 단맛 느낌
코코아(cocoa)	초콜릿 맛을 연상시키는 단맛과 쓴맛을 동반한 느낌
풍만함(fullness)	질감이 강하고 강한 향미를 풍기는 느낌
흙 맛(earthy)	습하고 젖은 토양 느낌
발효된(fermented)	톡 쏘면서 달고 신맛이 어우러진 맛 느낌
충실함(fidelity)	커피 향미에 대한 관능적인 믿음(커피의 품질과는 관련 없음)
꽃 향(floral)	꽃 향을 연상시키는 라이트한 단향 느낌
과실 향(fruity)	익은 과실을 연상시키는 달콤한 아로마 느낌
곡류(grain)	밀, 옥수수, 쌀 등 곡류 향을 연상시키는 식물 향 느낌
맥아(malty)	맥아 향을 연상시키는 단향 느낌
금속취(metallic)	캔이나 알루미늄을 연상시키는 향미 느낌
곰팡이 흙 맛(musty/earthy)	생감자 또는 부패한 토양을 연상시키는 곰팡이 느낌
입안 마름(mouth drying)	입안이나 혀의 표면에서 느껴지는 떨떠름한 느낌
견과류(nutty)	견과류를 연상시키는 단향과 나무 향 등이 어우러진 느낌
오일(oily)	입안 표면에서 기름 성분이 남는 느낌
전반적인 향미(overall impact)	커피 시음 시간 동안 관능 상 최대로 느껴지는 향미
날카로운(pungent)	구강에서 톡 쏘는 듯한 느낌
소독 향(rioly)	금속취 또는 약품취를 풍기는 요오드 맛 느낌
훈연 향(roasted)	쓴 향과 탄 냄새를 제외한 구운 향 느낌
짠맛(salty taste)	염화나트륨에 의한 짠맛
스모키(smoky)	나무 연소에 의한 날카롭게 톡 쏘는 듯한 아로마 느낌
신맛(sour taste)	구연산을 연상시키는 신맛
스파이시 브라운(spice brown)	계피 또는 클로버를 연상시키는 달콤한 아로마
단맛(sweet taste)	설탕 맛을 연상시키는 단맛
담배 향(tabacco)	태운 담배 향이 아닌 담배 향 느낌

와인 향(winey)	레드 와인 향미를 연상시키는 과실 향 느낌
나무 향(woody)	나무껍질을 연상시키는 달콤한 진한 아로마 느낌
드라이 아로마(dry aroma)	커피에 물을 붓기 전 원두 분쇄 가루에서 풍기는 아로마
컵 아로마(cup aroma)	분쇄한 원두에 물을 부어 풍기는 커피 아로마

초보자에게는 커피 관능 후 적합한 표현이 적합지 않아 쉽게 표현할 수 있는 언어가 필요하다. 또 관능 후 표현 방식은 간결하고 명확해야 하고 그 표현은 다른 사물과 비교하여 설명할 수 있는 공용어여야 한다. 그리고 이미 이취 등 품질 이상 원인 물질에 대한 명확한 언어여야 한다. [그림 11-5]는 SCAA와 세계커피연구소(WCR)의 커피 전문가, 로스터 및 학자들이 공동으로 개발한 커피 아로마 휠로서 커피 관능 시 표준화된 용어 표현을 하는 데 도움이 된다.

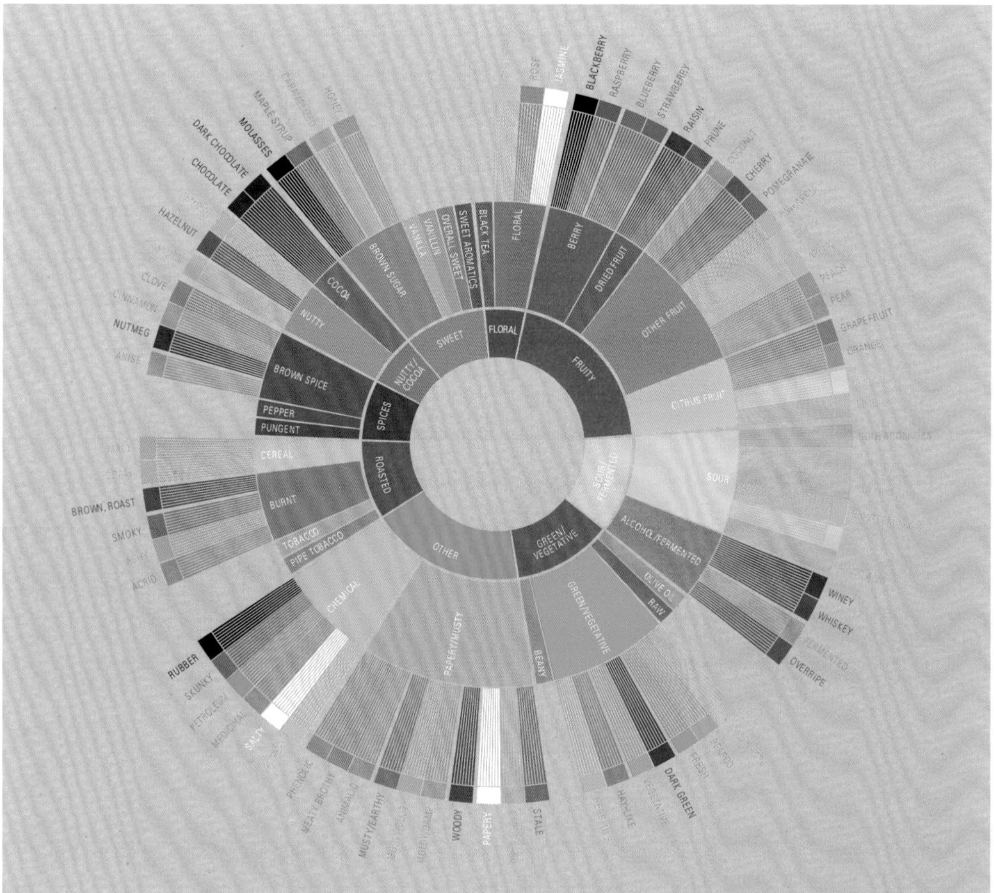

[그림 11-5] 커피 아로마 휠(SCAA, WCR)

커피 관능 평가 시 사용하는 향미 표현 관련 주요 용어들을 살펴보면 다음과 같다.

① 향미(Flavor): 혀와 코를 통해 총체적으로 식별된 맛과 향
② 맛(Taste): 물질을 혀에 댈 때 느끼는 오미(단맛 · 신맛 · 짠맛 · 쓴맛 · 감칠맛)
③ 아로마(Aroma): 원료 유래의 휘발된 화학 성분에 의해 풍기는 향
④ 이미 이취(Off flavor): 혀와 코를 통해 총체적으로 식별된 바람직하지 못한 향미
⑤ 부케(Bouquet): 숙성 또는 저장을 통해 생성된 향
⑥ 질감(Texture): 혀가 아닌 입안 전체에서 느껴지는 바디감 · 조직감
⑦ 점성도(Viscosity): 입안에서 느껴지는 끈적임 정도
⑧ 톱 노트(Top note): 코를 통해 최초로 느껴지는 향으로서 휘발성이 강한 성분
⑨ 베이스 노트(Base note): 코를 통해 서서히 향이 느껴지고 오래 남는 성분
⑩ 역치(Threshold): 감각기관이 감지할 수 있는 최소 농도
⑪ 아로마가(Aroma value): 아로마 농도를 역치로 나눈 값(아로마가 1 이상일 때 사람이 인지하게 됨)
⑫ 화학 감각(Chemesthesis): 향미와 입안 촉감을 주는 커피의 복합적인 느낌(고추의 캡사이신 같은 타는 느낌, 멘톨의 시원한 느낌과 탄산음료의 따끔따끔한 느낌 등)

한편, 해외에는 커피 아로마 휠과 향미 판별을 훈련을 위한 아로마 키트가 상업적으로 개발되어 있다. 그러나 기존 수입 아로마 키트는 향미 표현에 있어 과실, 꽃, 허브 종류 등 그 명칭만 언급하고 화학 성분을 직접 표현하지 않아 그 향미가 무엇인지 정확히 알 수 없다. 향미의 화학물질을 정확히 모르면 그 향미의 정체와 커피 품질에 미치는 영향을 알 수 없고 품질관리 지표를 설정할 수도 없다. 따라서 아로마 키트를 이용한 향미 훈련은 각 향미 성분의 화학 성분이 명기된 아로마 키트를 이용하여 훈련하는 것이 올바른 방법이다.

국내에는 커피 아로마 휠과 그에 맞는 맞춤형 키트가 없어 커피 종사자, 수입사 및 바리스타들이 제대로 된 아로마 훈련을 할 수 없다. 이에 최근 국내 대학기관(서울벤처대학원대학교)에서 커피 아로마 훈련이 가능하도록 키트를 개발하였다. 이 아로마 키트는 커피에서 공통으로 나타나는 50종류를 엄선하여 제작하였고, 이 키트에는 커피의 좋은 향과 이취 등으로 구성되어 있다.

CHAPTER 12

커피 부산물

1. 개요
2. 부산물 응용 사례

12 커피 부산물

1. 개요

커피 산업은 식품 분야에서 차지하는 비중이 매우 큰 분야이다. 전 세계적으로 커피 소비는 증가 추세이며 이에 따라 커피 부산물 역시 많이 발생하고 있다. 커피 부산물은 커피 열매로부터 커피를 제조하는 과정에서 발생한 것으로 환경 문제를 일으키게 된다. 커피 가공 중의 발생하는 부산물은 과육, 껍질, 은피 및 커피 찌꺼기(커피박)가 대표적이다. 그중 커피 열매에서 생두를 만드는 가공 과정에서 부산물의 40~45%가 발생한다[그림 12-1].

그림에서 보는 바와 같이 커피 부산물은 식품 분야뿐 아니라 바이오에탄올 및 기타 산업 분야에도 재활용 가치가 커 식품과 기타 산업계에서 커피 부산물을 이용한 산업화에 관심이 커지고 있다. 커피 부산물은 국내외에서 대부분 폐기물로 버려지고 있어 커피 산업계와 학계에서는 이러한 부산물의 재활용 차원에서 산업에 적용하는 연구를 해외에서는 활발히 진행하고 있다. 우리나라에서도 최근 커피 산업의 발달 이면에 커피 부산물 처리에 대한 대책도 필요한 시점이다.

이 장에서는 커피 부산물 재활용 차원에서 해외의 사례를 중심으로 살펴보고 국내 커피 산업계에 시사점으로 주고자 한다.

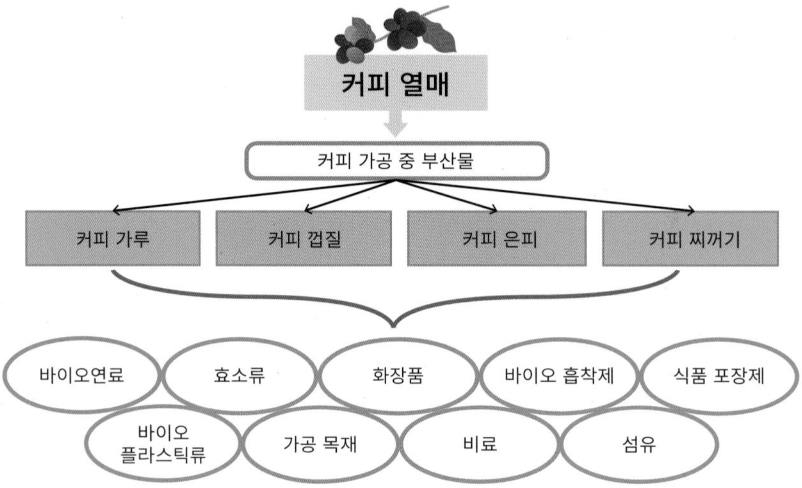

[그림 12-1] **커피 부산물의 응용 분야**

이미 설명한 바와 같이 커피 열매는 우선 두 가지 가공 방법(건식법, 습식법)으로 처리되며, 그 방법에 따라 커피 부산물의 양과 종류도 달라진다. 예를 들면 커피 껍질(외피)은 건식 가공된 커피 열매에서는 45%를 차지한다. 건식 가공에 의한 커피 껍질 부산물은 카스카라(cascara)라고도 하며 외피, 과육, 점액질, 내과피 및 은피 등의 혼합물을 말한다. 반면 습식 가공된 커피 열매 부산물은 신선한 카스카라(fresh cascara)라고 하며, 물로 쉽게 벗겨지는 외피와 펄프 등의 혼합물을 말한다. 점액질은 끈적끈적한 물질로 과육이 제거된 열매를 발효 용기에서 기계적으로 또는 발효를 통해 제거된 것을 의미한다. 내과피는 습식법의 마지막 단계에서 제거되는 물질이다. 습식 가공된 커피 열매에서 부산물로서 과육이 39%, 점액질이 22%, 내과피가 39%를 차지한다. 이때 과육과 점액질에는 수분도 포함되어 있다. 상기 부산물은 소각 또는 바이오에탄올로 재활용되기도 한다.

로스팅 과정 후 남아 있는 은피는 2.1% 수준이고 커피 추출 후에 남는 커피 찌꺼기는 65% 가량 차지한다. 은피와 커피 찌꺼기는 소각 또는 쓰레기로 매립하는 경우가 많은데, 최근에는 이러한 부산물은 섬유소가 풍부하여 식품 첨가물로 재활용하는 방안도 연구되고 있다. 특히 커피 찌꺼기는 화장품 원료, 동물 사료 흡착제 또는 비료로도 활용되고 있다[그림 12-2].

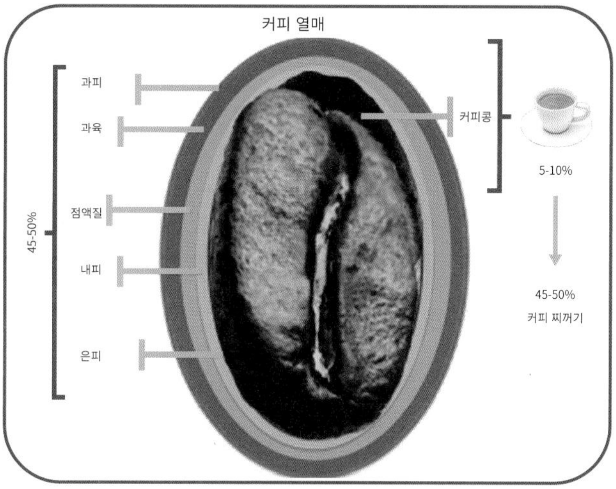
커피 열매
과피
과육
점액질
내피
은피
45-50%
커피콩
5-10%
45-50%
커피 찌꺼기

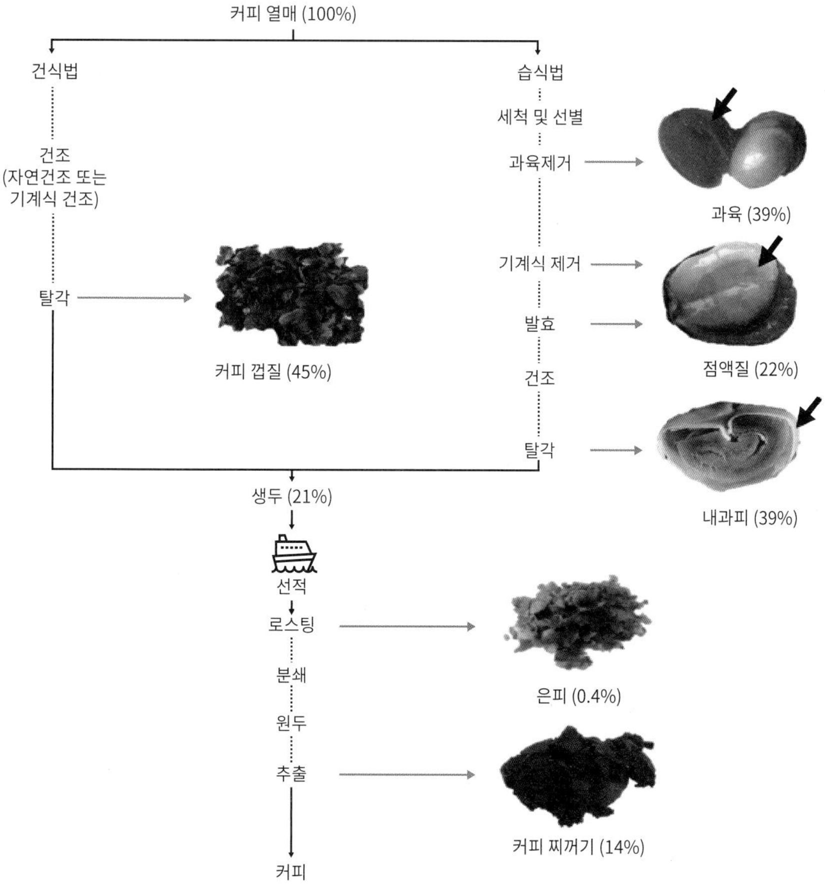
커피 열매 (100%)
건식법
건조
(자연건조 또는
기계식 건조)
탈각
커피 껍질 (45%)
습식법
세척 및 선별
과육제거
과육 (39%)
기계식 제거
발효
건조
점액질 (22%)
탈각
내과피 (39%)
생두 (21%)
선적
로스팅
은피 (0.4%)
분쇄
원두
추출
커피 찌꺼기 (14%)
커피

[그림 12-2] **커피 부산물**

2. 부산물 응용 사례

각 커피 부산물의 주요 특징과 산업 활용 사례를 살펴보면 다음과 같다.

가. 카스카라 차 음료

카스카라는 말린 커피 과육으로 만든 차 음료를 말한다. 카스카라는 예멘 사람들에게 차보다 먼저 퀴시르(quishr)로 알려졌음에도 불구하고 미국과 인도네시아에서는 새로운 음료로 알려져 있다. 카스카라는 커피 펄프에서 발견되는 자연스러운 단맛과 신선한 신맛으로 설탕 없이도 마실 수 있다. 에티오피아와 예멘에서도 생강, 육두구, 계피 등 하샤라로 알려진 향신료를 섞는다. 특히 엘살바도르와 볼리비아에서는 카스카라가 오래전부터 수출품으로 자리를 잡고 있다[그림 12-3].

[그림 12-3] **카스카라 차**

커피 부산물인 카스카라는 최근 퇴비로도 활용되며 그 외 바이오 연료, 효소, 생체 흡착제 및 동물 사료로도 재활용되고 있다. 특히 식품업계에서 안토시아닌과 식이섬유 공급원으로 활용되기도 한다. 또 약품, 화장품 및 바이오에탄올 제조에 원료로 사용하기도 한다. 또 식이섬유와 페놀 성분이 많은 과자류 제조에도 활용되고 있다. 최근에는 식품 보존제 또는 천연식품 색소로도 활용되고 있다.

특히 식품 분야에서는 카스카라 추출물은 다양하게 활용된다. 사례를 들면, 통밀빵의 외관 개선을 위해 이용되며, 요구르트에 첨가하여 효소(알파 글루코시다아제) 활성을 억제하여 탄수화물 대사를 조절함으로써 포만감을 강화하는 데도 도움을 준다. 이때 카스카라(10㎎/*ml*)와 이눌린(3%)을 첨가하면 식이섬유가 강화되고 부정적인 맛을 감소시킬 수 있다. 또 분말화된 카스카라를 이용하여 제조한 음료는 항산화에 효과가 있는 것으로 문헌에 보고되고 있다. 이러한 음료는 저지방, 저당분 및 칼륨과 비타민 C의 공급원이 되기도 한다.

또 카스카라에서 추출된 식이섬유를 글루텐프리 빵 제조 때 첨가(3%)하면 반죽 수율이 높아지고, 빵이 덜 부스러지며 탄력이 강화되는 효과가 있다. 글루텐프리빵에 단백질과 식이섬유의 함량을 높이는 부수적인 효과도 나타난다[그림 12-4].

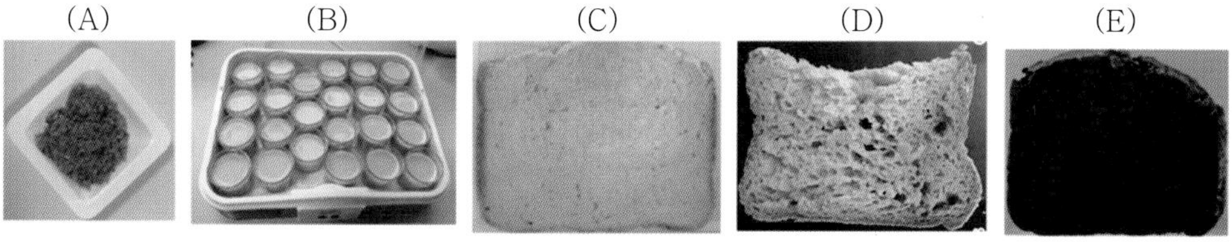

[그림 12-4] (A) 파우더 인스턴트 카스카라, (B) 커피 카스카라 추출물과 이눌린 요구르트, (C) 밀빵, (D) 카스카라 추출물 함유 글루텐프리빵, (E) 카스카라 섬유소 강화 글루텐프리빵

커피 부산물을 식품에 응용한 또 다른 제품은 콤부차이다. 잘 알려진 대로 콤부차는 설탕과 찻잎을 첨가하고 효모와 초산균에 의한 알코올 발효와 초산 발효 후에 얻어지는 전통적인 발효 음료이다. 콤부차는 면역 체계를 강화하고 암에 대한 저항력을 높이며 소화 기능을 개선하고 염증 제거하는 것으로 알려져 있다. 현재 콤부차는 미국에서 가장 인기 있는 건강 음료 중 하나이며 카스카라로 만든 콤부차를 다양한 방법으로 개발되고 있다[그림 12-5].

카스카라 콤부차는 원래 콤부차와 맛에서 차이가 없다. 다만 카스카라 콤부차는 8일간의 발효보다 맛 향상을 위해서는 12일간 발효한 콤부차 발효가 더 좋은 것으로 알려져 있다.

[그림 12-5] **카스카라 콤부차**

나. 점액질

국제커피기구에 따르면 커피 점액질은 펙틴, 항산화제 및 플라보노이드 공급원으로 식품에 사용될 수 있는 것으로 보고하고 있다. 이러한 모든 화합물은 식품 산업에서 특별한 관심을 불러일으켰다. 커피 점액질은 또한 식용 꿀로 사용하기 위한 대안으로 관심을 끌고 있다. 이 꿀은 수분(30~40%), 당도(55브릭스), 단백질(4%), 섬유질(2%) 및 폴리페놀(380㎎ 갈산 당량/100g 함량) 등으로 구성되어 있다. 높은 당도를 가진 이 커피 꿀은 진공 탈수 단계를 통해 얻는 것이며, 65℃ 이하의 온도에서 열에 의한 영양 손상을 최소화하고 소화성과 기호성이 높은 제품이다.

다. 내과피

최근 학계에서는 저혈당 및 고지혈증 특성이 있는 식품에 식이섬유 강화를 위한 저칼로리 기능성 성분으로 내과피에 관심을 두고 있다. 커피 내과피 조각은 내과피 가루보다 더 높은 유지력, 수분 보유력, 흡수 및 팽창 능력을 갖추고 있는 것으로 문헌에 보고되고 있다. 특히 글루텐프리 빵을 만들 때 커피 내과피 섬유소의 잠재력이 평가되고 있다.

소위 강화 빵에는 6.25%의 내과피 가루가 포함되어 있는데, 글루텐프리 제품은 내과피 가루를 보충하여 높은 섬유질 영양 강조 표시를 하여 소비자들부터 긍정적인 반응을 받은 바 있다. 또 식이섬유 공급원으로 2% 정도의 내과피 가루를 이용하여 항산화 능력을 가진 과자를 개발했는데, 내과피 가루에 대해 소비자들은 특별한 거부 반응을 보이지 않았다. 그리고 내과피의 주성분은 셀룰로오스와 리그닌이라는 점을 감안할 때, 이 부산물을 다른 공업용 셀룰로오스 공급원으로 활용하는 것도 산업계에서는 고려하고 있다. 다른 한편으로는 커피 필터나 식품 포장재와 같은 셀룰로오스 기반 재료의 생산을 위한 셀룰로오스 공급원으로서 내과피 응용 사례를 학계는 보고하고 있다. 또한, 커피 껍질을 벗긴 후 얻은 햇빛에 말린 내과피를 가공하여 지속 가능한 재료로 변환할 수 있어 셀룰로오스 필름 포장재는 개인위생, 식품 및 음료 산업에서 점점 더 많이 사용되고 있는 추세이다.

그리고 리그노 셀룰로오스 섬유와 리그닌은 세계에서 가장 중요한 천연 생물자원이며, 바이오 플라스틱에서 합성 섬유를 대체하여 생분해성을 향상시킬 수 있는 큰 잠재력이 있다. 또 리그닌은 바이오 플라스틱에서 가소제나 안정제로써 활용될 수가 있는 가능성을 보여 줘 내과피는 포장 분야에서 향후 응용할 수 있는 잠재력이 있는 것으로 평가되고 있다.

라. 은피

최근 식이섬유 섭취를 향상시키고 만성 질환의 위험을 줄이기 위해 은피와 같은 섬유질이 풍부한 식품이 개발되고 있다. 은피는 칼로리를 낮추고 식이섬유 함량을 증가시키기 때문에 빵 제조용 식이섬유로 사용되고 있다. 은피는 또한 고품질 비스킷 제조 과정에 착색제 및 식이섬유 공급원으로도 사용되고 있다. 또 은피는 비스킷의 수분, 질감, 두께 및 색상을 개선하는 데 활용되기도 한다. 케이크의 경우는 수분 함량과 질감 특성을 향상시키기 위해 밀가루 대용품으로 최대 30% 수처리 된 은피로 만들어지고 있다. 수처리 된 은피를 사용한 케이크는 기존 케이크와 유사한 물리적·관능적 특성을 나타낸다. 그리고 은피는 영양학적·화학적 구성을 보았을 때 식품 보조제로 섭취에 적합한 것으로 평가받고 있다.

마. 커피 찌꺼기

유럽에서 대부분의 커피 찌꺼기(spent coffee waste)는 현재 소각되거나 매립지에서 처리되고 있다. 커피 찌꺼기는 폐기에 따른 경제적, 환경적 비용이 크다. 이러한 이유로 커피 찌꺼기는 용도 변경하기 위한 대체 응용이 필요한 시점이다. 커피 찌꺼기는 커피 추출 후 남아 있는 습한 고체 잔류물(수분의 61%)이며 커피가 소비되는 전 세계에서 방출된다.

커피 찌꺼기의 주요 성분은 갈락토만난, 아라비노갈락탄 및 셀룰로오스 등이다. 이 중 커피 갈락토만난은 고분자량 다당류로 수용성이며 필름 형성 능력을 가진 점도가 높은 안정한 수용액을 형성한다. 따라서 식용, 생분해성 필름 또는 식품 응용 분야용 코팅제의 생산에 적합한 원료가 된다. 그 외 커피 찌꺼기의 산업 활용 사례를 살펴보면 다음과 같다.

① 항산화 식이섬유가 풍부한 식품 성분으로서 커피 찌꺼기 사용이 가능하다. 또 빵, 쿠키, 시리얼과 같은 제과에 직접 적용될 수 있으며 제조가 간편하고 제품 가격이 저렴해진다.

② 커피 찌꺼기에서 방향족화합물을 추출하고 설탕을 보충하여 커피 향을 풍기는 증류주 개발이 가능하다.

③ 커피 찌꺼기에서 추출한 오일을 35% 함유한 에멀션은 자외선 차단제로서 유망한 특성을 나타낸다. 또 영양 성분이 풍부하고 상대적으로 저렴하여 기존 사료 성분의 대안으로 사용될 수 있다.

④ 커피 찌꺼기에서 오일을 추출하고 이를 지방산 메틸에스터로 치환시켜 상품화가 가능하다.

⑤ 커피 찌꺼기를 직접 토양에 뿌리면 높은 탄소/질소 비율, 페놀 함량 및 산도 때문에 토양에 손상을 준다. 그러나 커피 찌꺼기를 다른 유기 폐기물과 섞어 혼합하면 환경 오염에 부담을 덜어줄 수 있다.

⑥ 커피 찌꺼기는 재활용품과 같은 다른 폐기물(재활용 유리)과 혼합하면 높은 압축 강도를 가진 재료를 만들 수 있는 가능성이 있다.

⑦ 초임계 이산화탄소 추출에 기반한 친환경 화학 접근법을 사용하여 커피 찌꺼기에서 추출한 트리글리세리드는 바이오 플라스틱 생산을 위한 유망한 후보 물질이다.

⑧ 커피 찌꺼기는 금속 이온, 염료 및 물에 존재하는 생리 활성 화합물과 같은 오염 물질에 대해 효과적인 흡착제로 활용 가치가 있다.

[표 12-1] 커피 부산물의 구성 성분

커피 부산물	카스카라	점액질	내과피	은피	커피 찌꺼기
	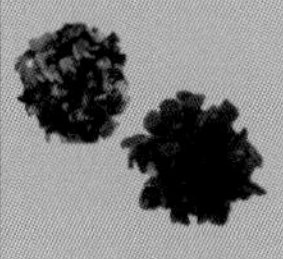		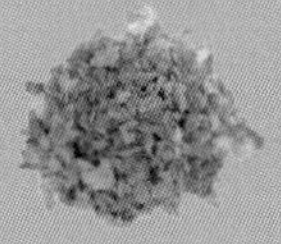	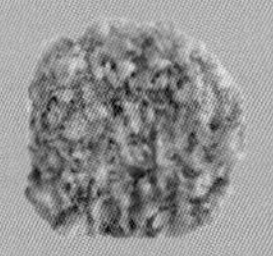	
가공 방법	건식법/ 습식법	습식법	습식법	건식법/ 습식법	건식법/ 습식법
가공 단계	펄핑	발효	탈각	로스팅	추출
● 영양소					
탄수화물(%)	45~89	45.8	0.45	44	82
섬유소(%)	18~32	0.9	89~91	62.4	60.5
단백질(%)	4~12	0.93	0.4	16.2~18.6	13.6~16.9
회분(%)	3~10	0.43	0.5~1	5~7	1.3~1.6
마그네슘(mg/100g)	20.8~420	88	49	2002	220.1
나트륨(mg/100g)	100~266.6	-	-	5.32	20.1
칼륨(mg/100g)	2,284~2,460	1,282	11	4,977	882.4
칼슘(mg/100g)	54.8~554	370	190	584	34.9
철분(mg/100g)	4.3~15	30.2	3.3	41.8	4.6
비타민(mg/100g)	69.8	-	-	110	-
● 생리 활성 물질					
탄닌(%)	1.8~9.3	-	-	0.02	0.02
카페인(%)	1.2	-	0.1	1.4	0.4
클로로겐산(%)	10.7~12.6	-	-	15.8	11.5
멜라노이딘(%)	15	-	-	17~23	13~25

CHAPTER 13

커피와 건강

1. 개요
2. 커피 성분과 생리 활성 물질
3. 커피와 면역 기능

13 커피와 건강

1. 개요

커피는 세계인의 일상생활로 자리매김한 대표적인 음료이다. 또 기호식품으로서뿐 아니라 인체 생리 활성화 물질을 함유하여 커피가 건강에 미치는 영향과 효능에도 커피 애호가들의 관심이 증가하는 추세이다. 이에 따라 커피와 연계된 건강 관련 연구가 학계 · 연구계를 중심으로 활발히 진행되고 있다.

커피가 인체에 미치는 성분들은 생물학적 활성화 성분 및 영양학적·비영양학적 성분들로 구성되어 있다. 이와 같은 성분들은 커피 종, 로스팅 조건(시간, 온도, 속도), 커피 추출 방법(추출 방식, 물과 원두 분말의 비율, 물 온도, 분말 입도, 시간)에 따라 그 함량이 커피에 다르게 나타난다. 이미 잘 알려진 대로 커피의 대표적인 생리 활성 물질은 카페인, 클로로겐산, 카페스톨, 카웰, 트리고넬린, 멜라노이딘과 비타민 등이다. 특히 생두에는 클로로겐산이 풍부한데 이 물질은 폴리페놀 성분으로 항균, 항진균, 항바이러스, 항산화 및 기타 생물학적 활성물질로 알려져 있다. 또 커피의 대표적인 성분인 카페인은 신경 퇴행성 질환(알츠하이머, 파킨슨병)의 위험을 줄이고 정신 자극제 역할을 하는 것으로 다수의 문헌에 보고되고 있다. 또 커피는 생리 활성 화합물로 인해 항비만, 항당뇨, 간 보호, 항산화, 항 유전독성 및 항염 등의 효과 있는 것으로 알려져 있다[그림 13-1].

이 장에서는 커피가 건강에 미치는 영향을 최근 문헌을 중심으로 살펴보고자 한다.

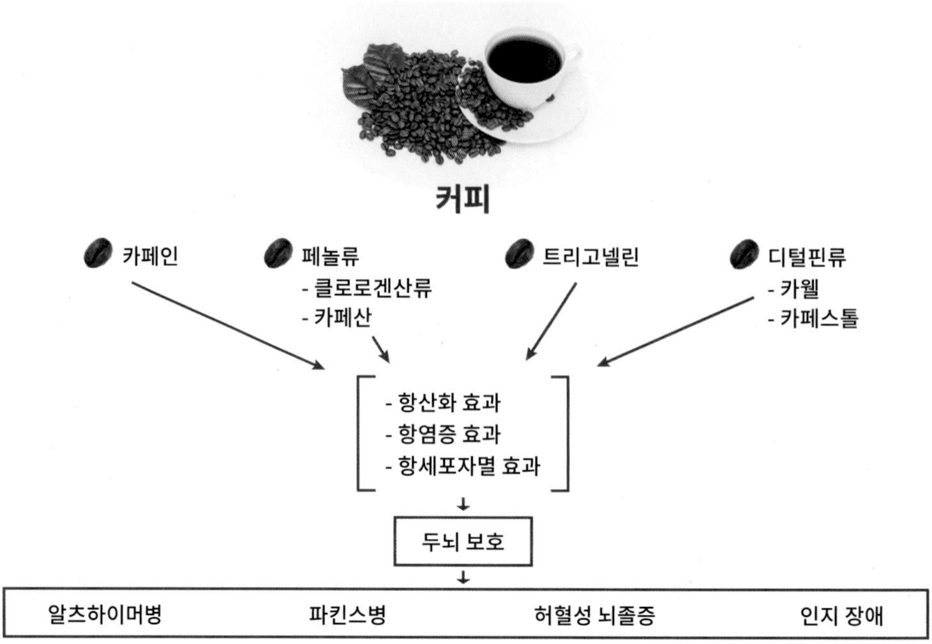

[그림 13-1] 커피와 생리 활성 물질

2. 커피 성분과 생리 활성 물질

커피에는 탄수화물, 지질, 비타민, 질소 화합물, 이소플라보노이드 및 미량의 영양소가 포함되어 있다. 이러한 물질들은 커피에 고유한 향미를 부여할 뿐만 아니라 우리 몸에 생리 활성적인 영향을 미친다. 그중 하이드록시신남산(파라쿠마르산, 카페산, 페룰산), 메틸크산틴(테오필린, 카페인, 테오브로민), 플라보노이드(안토시아닌, 카테킨), 토코페롤, 디털핀 알코올(카웰, 카페스톨), 멜라노이딘 및 클로로겐산(파라쿠마로일 퀸산, 페룰로일 퀸산, 카페오일 퀸산)은 커피의 대표적인 생리 활성 물질로 알려져 있다. [표 13-1]은 아라비카와 로부스타종 커피에 함유된 주요 성분을 예로서 나타낸 것이다.

[표 13-1] **커피 구성 성분**

성분	함량 (mg/100mL)	성분	함량 (mg/100mL)
수분	94,000~98,500	미네랄	
지방족산 및 퀸산	692~2,140	-회분	150~500
다당체(갈락토만난, 아라비노갈락탄)	200~700	-칼륨	115~320
지질	180~400	-나트륨	1~14
단백질	120~400	-인산	3~7
단당류, 이당류	0~200	-칼슘	2~4
생리활성 물질		-철분	0.02~0.13
-멜라노이딘	500~1,500	-망간	0.02~0.05
-클로로겐산	32~500	-아연	0.01~0.05
-카페인	50~380	비타민	
-트리고넬린	12~50	-B_3	0.8~10
-디털핀류(카페스톨, 카웰)	0.2~10	-B_9	1
-*N*-메틸피리디늄	2.9~8.7	-C	0.2
-세로토닌	0~1.4	-B_2	0.177
-폴리아민(스퍼민, 스퍼미딘)	0.4	-K	0.1
-페놀류	0.1~0.2	-E	001
-베타 카보린(노하만, 하만)	0.004~0.08	-B_6	0.002
-멜라토닌	0.006~0.008	-B_1	0.001
바람직하지 못한 물질			
-아크릴아미드	3.9~840		
-퓨란	3.8~262		
-*N*-알칸오일-5-하이드록시트리타미드	1.2~34.2		

커피에서 발견되는 생리 활성 화합물 중 하나인 카페인은 퓨린 분해 산물로 형성된 메틸화된 퓨린 염기 성분이다. 이 물질은 섭취 후 45분 이내에 소장과 위에서 완전히 흡수되고, 15~120분 사이 혈액에 최고 농도에 도달 후 흡수되면 인체 전체에 퍼지고 간에서 대사된다. 카페인은 중추신경계를 자극할 뿐만 아니라 혈압 및 하이드록실 라디칼 감소에 효과가 있다. 그 외에 디털핀 물질인 카웰과 카페스톨은 대장암의 위험을 감소시키는데, 특히 카페스톨은 효소(글루타치온-S-트랜스퍼라아제)를 활성화해 독성 화합물의 분해를 증가시키고 아플라톡신 유발 독성에 대항하여 간 보호 효과를 나타낸다. 물론 카웰과 카페스톨은 LDL 콜레스테

롤과 총콜레스테롤을 증가시키는 부작용도 있지만 필터 커피의 경우 그 농도는 현저히 줄어든다.

커피의 또 다른 생리 활성 화합물인 클로로겐산은 항염, 항세균, 항고혈압 및 항산화 활성과 관련이 있다. 커피는 클로로겐산의 주요 공급원 중 하나이며, 특히 5-O-카페오일 퀸산은 커피에 가장 풍부하다. 이 성분은 항염증제, 진통제, 항산화제 및 항우울제를 포함한 다양한 건강상의 이점을 나타내는 것으로 문헌에 보고되고 있다. 또 클로로겐산은 지방 축적 억제 효과와 포도당 대사 조절 효과를 발휘한다. 클로로겐산은 인슐린 민감성 및 비인슐린 민감성 지방 모두에서 포도당 흡수를 자극함으로써 포도당 대사에 역할을 한다. 그리고 이 물질은 혈청 및 간 트리글리세리드, LDL 콜레스테롤 및 LDL 산화 수준을 감소시키고 간에서 지질 대사를 활성화하고, 소장에서 지질 흡수를 억제하는 기능을 하는 것으로 학계는 보고하고 있다.

한편, 하이드록시신남산(카페산, 페룰산)은 항산화 특성을 가진 커피에 존재하는 또 다른 생리 활성 물질이다. 특히 카페산은 항균 활성과 항염증 반응을 나타낸다.

멜라노이딘은 마이얄 반응의 최종 산물로 당분과 아미노산 간의 반응으로 생성된 생리 활성 물질이다. 멜라노이딘의 화학 구조는 아직 완전히 알려져 있지는 않지만 항암, 항산화, 항균 및 항염 특성이 보고되고 있다. 또 커피에 함유된 페놀은 특히 미디움 로스팅된 커피에서 가장 높은 항산화 잠재력을 나타내는 것으로 알려져 있다.

커피콩(특히 아라비카종)은 또한 자유 라디칼 제거 능력을 보이는 토코페롤이 풍부한 것으로 문헌에 보고되고 있다. 물론 커피에서 토코페롤의 농도는 추출 방법에 따라 크게 다르게 나타난다.

그리고 커피에는 또한 다량의 다당류가 포함되어 있는데, 갈락토만난과 아라비노갈락탄은 장내 미생물군에 긍정적인 영향을 미치며 뇌 기능과 관련이 있는 것으로 학계는 보고하고 있다.

3. 커피와 면역 기능

커피는 일부 암 유형, 제2유형 당뇨병, 심혈관, 신장, 신경계, 간 질환 및 내분비 장애를 예방하는 효과가 있는 것으로 다수의 문헌에 보고되고 있다. 커피의 주요 활성화 물질이 인체에 미치는 영향을 살펴보면 다음과 같다.

가. 커피와 면역계 질환

커피에는 폴리페놀이 풍부한데 이 성분은 면역 기능과 만성 염증에 효과가 있다. 셀룰로오스, 갈락토만난 및 아라비노갈락탄 단백질은 커피의 다당류 성분으로 커피콩의 약 50%(건량 기준)를 차지한다. 이 중 아라비노갈락 단백질은 프리바이오틱, 콜레스테롤 저하제, 유화제, 면역 조절제 기능을 하는 것으로 추정하고 있다. 커피에서 발견되는 또 다른 생리 활성 화합물인 카웰은 항염 효과가 있는 것으로 문헌에 보고되고 있다.

나. 커피와 암

그간 학계에서는 커피 소비와 암과의 연관성 관련 광범위하게 연구해 왔다. 커피의 항암 특성에 관한 연구에 따르면 커피에서 발견되는 카웰은 암 예방을 담당하는 주요 화합물 중 하나로 밝혀졌다. 이 물질은 항산화제이면서 활성산소를 제거하여 과산화수소로 인한 산화 스트레스로부터 DNA를 보호하고, 세포 내 활성산소 수준을 조절하기 위해 헴 옥시게나아제-1을 자극하는 역할을 하는 것으로 알려져 있다.

카웰 외에도 클로로겐산과 같은 커피에서 발견되는 폴리페놀은 항산화 및 항염 특성이 있다. 그리고 카페산은 암세포에서 DNA 메틸화를 억제하는 능력을 보여 주며, 세포 사멸, 스트레스, 염증 반응 및 세포 주기 조절하는 기능을 한다.

또 커피는 발암 초기 단계에서 발암 유발 물질을 제거하고 산화 손상을 억제하며 세포 방어를 자극하여 암 발병을 예방한다. 그리고 암 발생의 진행 단계에서 세포 사멸을 촉진하고 손상된 세포를 제거하며 항염 효과를 나타내고, 암 발생의 전이 단계에서 전이, 세포 부착 및 침입을 억제하는 것으로 문헌에 보고되고 있다.

또 커피는 대장의 운동성을 증진하고 천연 스테롤과 담즙산을 결장으로 방출하고, 카페인은 대장암 세포 성장을 억제함으로써 대장암을 예방할 수 있다. 철분은 활성산소 생성에 대한 촉매 활성으로 인해 대장암 위험을 증가시키는 성분이다. 커피의 폴리페놀은 이러한 철분 흡수를 억제하고 이는 커피의 항암 작용에 기여하는 것으로 학계는 보고하고 있다.

다. 커피와 췌장암·간암

커피는 췌장암 위험에 큰 영향을 미치지 않는 것으로 알려져 있는데, 일부 연구에서는 커피 소비와 췌장암 사이에 관련이 없거나 약간의 상관관계가 있는 것으로 보고하고 있다.

다른 한편으로는 커피 소비가 간암에 대한 보호 효과가 있을 수 있다고 보고하였으며, 세계

암 연구기관에서 발행한 보고서에 따르면 커피 섭취는 간암을 예방할 수 있는 것으로 발표하였다. 또 2상 해독 효소를 자극하고 항염, 항산화 및 항섬유화 특성을 통해 1상 활성화 효소의 활성과 조기 돌연변이 유발 사건을 억제함으로써 간암 보호 효과가 있는 것으로 문헌에 보고하고 있다.

라. 커피와 유방암

커피는 테스토스테론 호르몬 생체 이용률에 영향을 미치고, 성호르몬 결합 글로불린과 긍정적으로 연관되며, 이러한 호르몬 변화는 유방암 위험에 긍정적인 영향을 미치는 것으로 문헌에 보고되고 있다. 또 다른 연구에 따르면 하루에 6잔 이상의 커피를 마시는 여성의 유방암 위험이 통계적으로 상당히 감소했으며, 커피에 함유된 카페인이 BRCA1/2 유전자 돌연변이가 있는 여성의 유방암 위험을 예방하는 것으로 보고하고 있다.

마. 커피와 전립선암

현재 많은 연구에서 커피 섭취량 증가와 전립선암 감소 사이의 연관성이 밝혀졌다. 이는 커피의 카웰, 카페스톨, 클로로겐산 및 카페산과 같은 물질과 관련이 있다. 카웰과 카페스톨은 2상 효소를 자극하고 클로로겐산은 항산화 활성을 나타낸다. 카페산은 DNA 메틸화를 억제함으로써 항암 특성을 발휘한다. 또한, 커피 소비는 테스토스테론 및 성호르몬의 혈청 수준과 긍정적인 관련이 있어 전립선암의 위험에 효과가 있는 것으로 문헌에 보고되고 있다.

바. 커피와 파킨슨병

커피의 카페인 같은 주요 생리 활성 화합물은 파킨슨병에 대한 보호 효과를 준다. 커피가 파킨슨병에 미치는 정확한 기전은 알려지지 않았지만, 카페인이 아데노신 A2 수용체에 미치는 영향과 연관되는 것으로 추측하고 있다. 즉 카페인은 아데노신 A2 수용체를 억제하여 아데노신 수용체 길항제 역할을 하고 중추신경계를 자극하는 것으로 추정하고 있다. 또 카페인은 뇌의 도파민이 아데노신 A2 수용체를 억제하는 능력 때문에 신경 보호 효과가 있다. 또 다른 문헌에는 카페인은 파킨슨병 동물 모델에서 신경독성을 감소시켜 신경 보호 효과가 있는 것으로 보고하고 있다.

사. 커피와 제2형 당뇨병

최근 학계에서는 커피 소비는 제2형 당뇨병의 위험을 낮추고 내당능을 향상시키는 것과 관련이 있다고 보고하고 있다. 미국, 아시아 및 유럽에서 수행된 연구에서 제2형 당뇨병과 커피 소비 사이에 관계가 있음을 보여 주고 있다. 커피의 카페인, 클로로겐산과 마그네슘 등의 화합물은 포도당 대사에 영향을 줄 수 있고, 카페인의 대사 산물인 테오필린은 간, 포도당 대사를 조절하여 항당뇨 활성을 발휘한다.

또 클로로겐산은 간에서 나오는 포도당을 감소시켜 항당뇨 활성을 발휘하고 항산화 특성을 나타내며, 포도당-6 효소를 억제하여 장에서 포도당 흡수를 감소시키는 것으로 학계에서는 보고하고 있다.

또 다른 연구에서는 커피가 성인 당뇨병의 위험에 대한 보호 효과가 있고, 정기적으로 하루 3~4잔의 커피를 마시는 것이 제2형 당뇨병의 위험을 낮추는 것과 관련이 있다는 증거가 보고되고 있다. 제2형 당뇨병에 대한 커피의 영향은 [그림 13-2]와 같다.

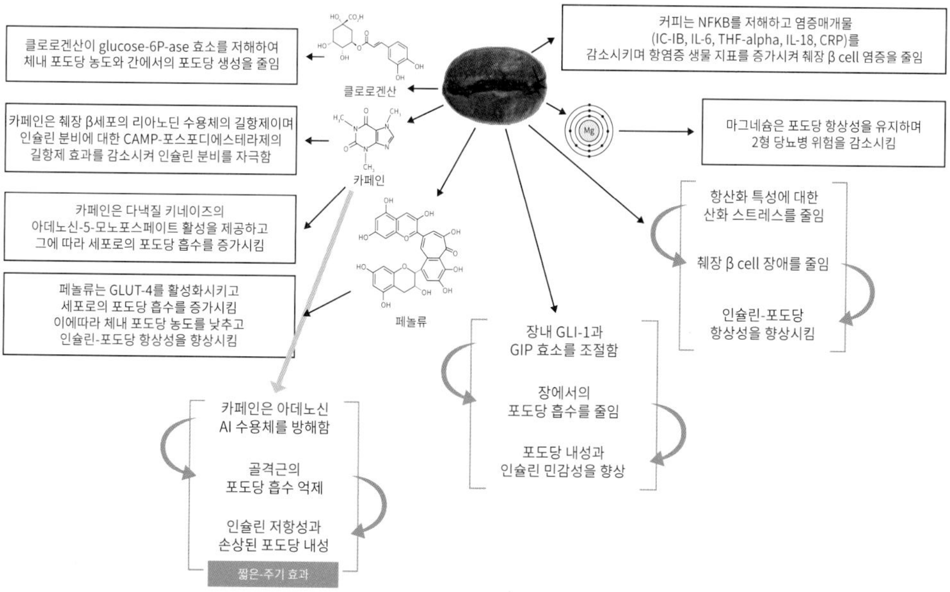

[그림 13-2] 커피와 제2 당뇨

아. 커피와 심혈관 질환

커피는 심혈관 질환과 긍정적으로 또는 부정적으로 영향을 준다. 커피는 혈압을 높이는 형태로 심혈관 질환에 부정적인 영향을 미칠 수 있으나 하루 3~5잔 섭취는 심혈관 질환 위험 감소시킨다. 또 하루 6잔 이상 섭취는 심혈관 질환 위험과 관련이 없는 것으로 문헌에 보고되고 있다.

자. 커피와 비만

커피의 폴리페놀은 체지방, 특히 내장 지방을 포함한 복부 지방을 감소시킨다. 클로로겐산과 카페산은 콜레스테롤과 지방산 생합성을 감소시켜 혈장 아디포카인(adipokine) 수치를 변화시키면서 간에서 PPAR-알파 발현과 지방산 산화를 증가시켜 항비만 효과를 나타내는 것으로 나타났다.

한편, 적당한 커피 섭취는 식사 후에 에너지 섭취를 효과적으로 줄이는 것으로 다수 문헌에 보고되고 있다. 또한, 커피는 고혈압, 복부 비만 및 고혈당증과 같은 일부 대사 위험 요인에 잠재적으로 유익한 영향을 미친다. 따라서 커피 소비는 대사 증후군의 위험을 낮추는 것과 관련 있는 것으로 학계는 추정하고 있다[그림 13-3].

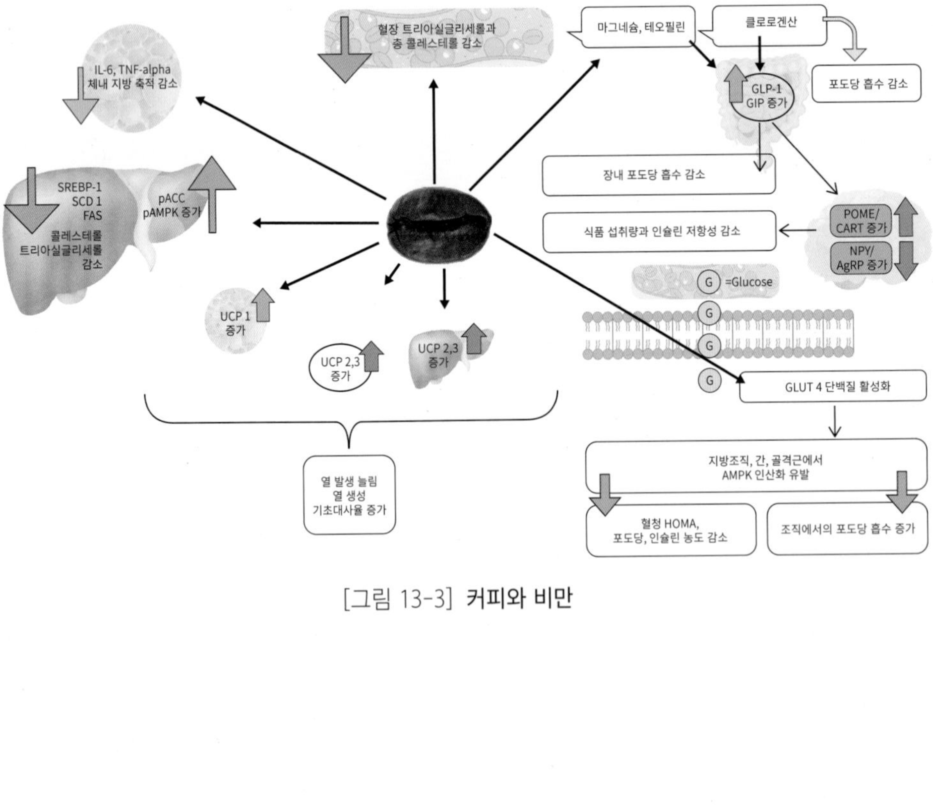

[그림 13-3] 커피와 비만

차. 커피 소비 권장량

유럽식품안전청(EFSA) 권장 사항에 따르면 임산부와 수유부도 카페인을 섭취할 수 있다. 다만 카페인 섭취량은 하루 200㎎을 초과하지 말 것을 권고하고 있는데 이는 하루에 두 잔 미만 정도이다. 또한, 유럽식품안전청 권장 사항에 따르면 카페인 섭취는 건강한 성인에서 하루 400㎎까지는 안전하다.

결과적으로 활동적인 생활 방식과 건강한 식단에 따라 커피 섭취(3~5잔/일)는 건강한 성인(임산부, 수유부 제외)의 경우 안전한 것으로 보고하고 있다. 다만 커피 섭취에 따른 건강상의 효능은 개인 간의 차이가 크기 때문에 자신에게 맞는 적정 수준의 커피를 마시고, 경우에 따라서는 디카페인 커피를 마시는 것도 바람직한 방법이다.

부록

1. 참고문헌
2. 용어 해설

참고문헌 I

1. Abdelwareth, A., Zayed, A., Farag, M. A. Chemometrics-based aroma profiling for revealing origin, roasting indices, and brewing method in coffee seeds and its commercial blends in the Middle East. Food Chem. 349: 129162 (2021)
2. Abdulmajid, A. M. Sensory Evaluation of beverage characteristics and biochemical components of Coffee Genotypes. Adv. J. Food Sci. Technol. 2(12): 281-288 (2014)
3. Adhikari, J., IV Chambers, E., Koppel, K. Impact of consumption temperature on sensory properties of hot brewed coffee. Food Res. Int. 115: 95-104 (2019)
4. Aditiawati, P., Astuti, D. I., Kriswantoro, J. A., Khanza, S. M., Kamarisima, Irifune, T., Amalia, F., Fukusaki, E., Putri, S. P. GC/MS-based metabolic profiling for the evaluation of solid state fermentation to improve quality of Arabica coffee beans. Metabolomics. 16:57 (2020)
5. Agresti, P. D. M., Franca, A. S., Oliveira, L. S., Augusti, R. Discrimination between defective and non-defective Brazilian coffee beans by their volatile profile. Food chem. 106(2): 787-796 (2008)
6. Agustini, S., Yusya, M. K. The effect of packaging materials on the physicochemical stability of ground roasted coffee. Current Research on Bioscience and Biotechnology. 1(2): 66-70 (2020)
7. Ahmed, M., Jiang, G. H., Park, J. S., Lee, K. C., Eun, J. B. Effects of ultrasonication, agitation and stirring extraction techniques on the physicochemical properties, health-promoting phytochemicals, and structure of cold brewed coffee. J. Sci. Food Agric. 99(1): 290-301 (2019)
8. Akiyama, M., Murakami, K., Hirano, Y., Ikeda, M., Iwatsuki, K., Wada, A., Tokuno, K., Onishi, M., Iwabuchi, H. Characterization of headspace aroma compounds of freshly brewed arabica coffees and studies on a characteristic aroma compound of ethiopian coffee. J. Food Sci. 73(5): c335-c346 (2008)
9. Akiyama, M., Murakami, K., Ikeda, M., Iwatsuki, K., Kokubo, S., Wada, A., Tokuno, K., Onishi, M., Iwabuchi, H., Tanaka, K. Characterization of flavor compounds released during grinding of roasted robusta coffee beans. Food Sci. Technol. Res. 11(3): 298-307 (2005)
10. Akiyama, M., Murakami, K., Ikeda, M., Iwatsuki, K., Wada, A., Tokuno, K., Onishi, M., Iwabuchi, H. Analysis of the headspace volatiles of freshly brewed arabica coffee using solid-phase microextraction. J. Food Sci. 72(7): 388-396 (2007)
11. Akiyama, M., Murakami, K., Ohtani, N., Iwatsuki, K., Sotoyama, K., Wada, A., Tokuno, K., Iwabuchi, H., Tanaka, K. Analysis of volatile compounds released during the grinding of roasted coffee beans using solid-phase microextraction. J. Agric. Food Chem. 51: 1961-1969 (2003)
12. Alonso-Salces, R. M., Serra, F., Reniero, F., Heberger, K. Botanical and geographical characterization of green coffee (Coffea arabica and Coffea canephora): chemometric evaluation of phenolic and methylxanthine contents. J. Agric. Food Chem. 57: 4224-4235 (2009)
13. Alstrup, J., Petersen, M. A., Larsen, F. H., Münchow, M. The effect of roast development time modulations on the sensory profile and chemical composition of the coffee brew as measured by NMR and DHS-GC-MS. Beverages. 6(4): 70 (2020)
14. Alves, R. C., Rodrigues, F., Nunes, M. A., Vinha, A. F., Oliveira, M. B. P. P. State of the art in coffee processing by-products. Pp. 1-26. In: Handbook of Coffee Processing By-Products. Galanakis, C. M. Academic Press, MA, USA (2017)
15. Amamo, A. A. Coffee production and marketing in Ethiopia. Eur. J. Innov. Bus. Manag. 6(37): 109-122 (2014)
16. Amanpour, A., Selli, S. Differentiation of volatile profiles and odor activity values of turkish coffee and french press coffee. J. Food Process. Preserv. 40(5): 1116-1124. (2015)
17. Andueza, S., Maeztu, L., Dean, B., Pena, M. P., Bello, J., Cid, C. Influence of water pressure on the final quality of arabica espresso coffee. application of multivariate analysis. J. Agric. Food Chem. 50: 7426-7431 (2002)
18. Andueza, S., Vila, M. A., Pena, M. P., Cid, C., Influence of coffee/water ratio on the final quality of espresso coffee. J. Sci. Food Agric. 87(4): 586-592 (2007)

19. Angeloni, G., Guerrini, L., Masella, P., Bellumori, M., Daluiso, S., Parenti, A. Innocenti, M. What kind of coffee do you drink? An investigation on effects of eight different extraction methods. Food Res. Int. 116: 1327–1335 (2019)
20. Angeloni, G., Guerrini, L., Masella, P., Innocenti, M., Bellumori, M., Parenti, A. Characterization and comparison of cold brew and cold drip coffee extraction methods. J. Sci. Food Agric. 99(1): 391–399 (2019)
21. Angeloni, G., Masella, P., Guerrini, L., Spadi, A., Bellumori, M., Innocenti, M., Parenti, A. Physical and chemical effects of different working gases in coffee brewing: a case study of Caffè Firenze. Foods. 9(12): 1825 (2020)
22. Angeloni, S., Mustafa, A. M., Abouelenein, D., Alessandroni, L., Acquaticci, L., Nzekoue, F. K., ..., Caprioli, G. Characterization of the aroma profile and main key odorants of espresso coffee. Molecules. 26(13): 3856 (2021)
23. Angeloni, S., Scortichini, S., Fiorini, D., Sagratini, G., Vittori, S., Neiens, S. D., ..., Caprioli, G. Characterization of odor-active compounds, polyphenols, and fatty acids in coffee silverskin. Molecules. 25(13): 2993 (2020)
24. Arboleda, E. R., Fajardo, A. C., Medina, R. P. An image processing technique for coffee black beans identification. In: 2018 IEEE International Conference on Innovative Research and Development (ICIRD). 11–12 May, BKK, THA (2018)
25. Arrieta, A. A., Nuñez, Y. E., Mendoza, J. M. Mini-electronic tongue used to discriminate between coffee samples of different geographical origin. Chemical Engineer. 11(2). (2020)
26. Arya, S. S., Venkatram, R., More, P. R., Vijayan, P. The wastes of coffee bean processing for utilization in food: a review. J. Food Sci. Technol. 59: 429–444 (2022)
27. Asamenew, G., Kim, H. W., Lee, M. K., Lee, S. H., Lee, S., Cha, Y. S., ..., Kim, J. B. Comprehensive characterization of hydroxycinnamoyl derivatives in green and roasted coffee beans: A new group of methyl hydroxycinnamoyl quinate. Food chem.: X. 2: 100033 (2019)
28. Asiah, N., Aqil, M., Dwiranti, N. S., David, W., Ardiansyah, A. Sensory and chemical changes of cold and hot brew Arabica coffee at various resting time. Asia Pacific Journal of Sustainable Agriculture Food and Energy (APJSAFE), 7(2): 23–26 (2019)
29. Avallone, S., Guyot, B., Brillouet, J. M., Olguin, E., Guiraud, J. P. Microbiological and biochemical study of coffee fermentation. Curr. Microbiol. 42(4): 252–256 (2001)
30. Ayseli, M. T., Kelebek, H., Selli, S. Elucidation of aroma-active compounds and chlorogenic acids of Turkish coffee brewed from medium and dark roasted Coffea arabica beans. Food Chem. 338: 127821 (2021)
31. Babova, O., Occhipinti, A., Maffei, M. E. Chemical partitioning and antioxidant capacity of green coffee (Coffea arabica and Coffea canephora) of different geographical origin. Phytochem. 123: 33–39 (2016)
32. Baeza, G., Sarriá, B., Bravo, L., Mateos, R. Exhaustive qualitative LC-DAD-MSn analysis of arabica green coffee beans: Cinnamoyl-glycosides and cinnamoylshikimic acids as new polyphenols in green coffee. J. Agric. Food Chem. 64(51): 9663–9674 (2016)
33. Baggenstoss, J., Perren, R., Escher, F. Water content of roasted coffee: impact on grinding behaviour, extraction, and aroma retention. Eur. Food Res. Technol. 227: 1357–1365 (2008)
34. Baggenstoss, J., Poisson, L., Kaegi, R., Perren, R., Escher, F. Coffee roasting and aroma formation: application of different time-temperature conditions. J. Agric. Food Chem.56: 5836–5846 (2008)
35. Baggenstoss, J., Thomann, D., Perren, R., Escher, F. Aroma recovery from roasted coffee by wet grinding. J. Food Sci. 75(9): C697–C702 (2010)
36. Baqueta, M. R., Coqueiro, A., Valderrama, P. Brazilian coffee blends: a simple and fast method by near-infrared spectroscopy for the determination of the sensory attributes elicited in professional coffee cupping. J. Food Sci. 84(6): 1247–1255 (2019)
37. Barbin, D. F., Felicio, A. L. D. S. M., Sun, D. W., Nixdorf, S. L., Hirooka, E. Y. Application of infrared spectral techniques on quality and compositional attributes of coffee: An overview. Food Res. Int. 61: 23–32 (2014)
38. Barbosa, M. S. G., Scholz, M. B. S., Kitzberger, C. S. G., Benassi, M. T. Correlation between the composition of green Arabica coffee beans and the sensory quality of coffee brews. Food Chem. 292: 275–280 (2019)
39. Batali, M. E., Frost, S. C., Lebrilla, C. B., Ristenpart, W. D., Guinard, J. X. Sensory and monosaccharide analysis of drip brew coffee fractions versus brewing time. J. Sci. Food Agric. 100: 2953–2962 (2020)
40. Batali, M. E., Ristenpart, W. D., Guinard, J. X. Brew temperature, at fixed brew strength and extraction, has little impact on the sensory profile of drip brew coffee. Sci. Rep. 10(1): 1–14 (2020)

41. Batista da Mota, M. C., Batista, N. N., Rabelo, M. H. S., Ribeiro, D. E., Borém, F. M., Schwan, R. F. Influence of fermentation conditions on the sensorial quality of coffee inoculated with yeast. Int. Food Res. J. 136: 109482 (2020)
42. Bekedam, E. K., Loots, M. J., Schols, H. A., Van Boekel, M. A. J. S., Smit, G. Roasting effects on formation mechanisms of coffee brew melanoidins. J. Agric. Food Chem. 56: 7138–7145 (2008)
43. Bellumori, M., Angeloni, G., Guerrini, L., Masella, P., Calamai, L., Mulinacci, N., Parenti, A., Innocenti, M. Effects of different stabilization techniques on the shelf life of cold brew coffee: Chemical composition, flavor profile and microbiological analysis. LWT–Food Sci. Technol. 142: 111043 (2021)
44. Belwal, T., Ezzat, S. M., Rastrelli, L., Bhatt, I. D., Daglia, M., Baldi, A., ..., Atanasov, A. G. A critical analysis of extraction techniques used for botanicals: Trends, priorities, industrial uses and optimization strategies. Trends Analyt Chem. 100: 82–102 (2018)
45. Bertrand, B., Boulanger, R., Dussert, S., Ribeyre, F., Berthiot, L. Climatic factors directly impact the volatile organic compound fingerprint in green Arabica coffee bean as well as coffee beverage quality. Food Chem. 135: 2575–2583 (2012)
46. Beverly, D., Lopez–Quiroga, E., Farr, R., Melrose, J., Henson, S., Bakalis, S., Fryer, P. J. Modeling mass and heat transfer in multiphase coffee aroma extraction. Ind. Eng. Chem. Res. 59, 11099–11112 (2020)
47. Bhumiratana, N., Adhikari, K., Chambers IV, E. Evolution of sensory aroma attributes from coffee beans to brewed coffee. LWT – Food Sci. Technol. 44(10): 2185–2192 (2011)
48. Bicho, N. C., Leitao, A. E., Ramalho, J. C., Alvarenga, N. B., Lindon, F. C. Impact of roasting time on the sensory profile of arabica and robusta coffee. Ecol. Food Nutr. 52:163–177 (2013)
49. Bicho, N. C., Leitao, A. E., Ramalho, J. C., Lidon, F. C. Application of colour parameters for assessing the quality of Arabica and Robusta green coffee. Emir. J. Food Agric. 26(1): 09–17 (2014)
50. Bicho, N. C., Lidon, F. C., Ramalho, J. C. Leitao, A. E. Quality assessment of Arabica and Robusta green and roasted coffees – A review. Emir. J. Food Agric. 25(12): 945–950 (2013)
51. Bilge, G. Investigating the effects of geographical origin, roasting degree, particle size and brewing method on the physicochemical and spectral properties of Arabica coffee by PCA analysis. J Food Sci Technol. 57: 3345–3354 (2020)
52. Blanchard, L., Tominaga, T., Dubourdieu, D. Formation of furfurylthiol exhibiting a strong coffee aroma during oak barrel fermentation from furfural released by toasted staves. J. Agric. Food Chem. 49: 4833–□4835 (2001)
53. Bolka, M., Emire, S. Effects of coffee roasting technologies on cup quality and bioactive compounds of specialty coffee beans. Food Sci. Nutr. 8(11): 6120–6130 (2020)
54. Bodner, M., Morozova, K., Kruathongsri, P., Thakeow, P., Scampicchio, M. Effect of harvesting altitude, fermentation time and roasting degree on the aroma released by coffee powder monitored by proton transfer reaction mass spectrometry. Eur. Food Res. Technol. 245: 1499–1506 (2019)
55. Boekel, M. A. J. S. Formation of flavour compounds in the maillard reaction. Biotechnol. Adv. 24: 230–233 (2006)
56. Bona, E., Silva, R. S. S. F. Coffee and the electronic nose. Pp. 31–38. In: Electronic nose and tongues in food science. Mendez, M. L. R. Academic Press, MA, USA (2016)
57. Borem, F. M., Ribeiro, F. C., Figueiredo, L. P. Giomo, G. S., Fortunato, V. A., Isquierdo, E. P. Evaluation of the sensory and color quality of coffee beans stored in hermetic packaging. J. Stored Prod. Res. 354: 109282 (2021)
58. Bottazzi, D., Farina, S., Milani, M., Montorsi, L. A numerical approach for the analysis of the coffee roasting process. J. Food Eng. 12: 243–252 (2012)
59. Bressanello, D., Liberto, E., Cordero, C., Rubiolo, P., Pellegrino, G., Ruosi, M. R., Bicchi, C. Coffee aroma: Chemometric comparison of the chemical information provided by three different samplings combined with GC–MS to describe the sensory properties in cup. Food Chem. 214: 218–226 (2017)
60. Bressani, A. P. P., Martinez, S. J., Evangelista, S. R., Dias, D. R., Schwan, R. F. Characteristics of fermented coffee inoculated with yeast starter cultures using different inoculation methods. LWT – Food Sci. Technol. 92: 212–219 (2018)
61. Bressani, A. P. P., Martinez, S. J., Sarmento, A. B. I., Borém, F., M., Schwan, R. F. Organic acids produced during fermentation and sensory perception in specialty coffee using yeast starter culture. Int. Food Res. J. 128: 108773 (2020)
62. Buffo, R. A., Cardelli–Freire, C. Coffee flavour: an overview. Flavour Fragr. J. 19(2): 99–104 (2004)

63. Bunn, C., Läderach, P., Rivera, O. O., Kirschke, D. A bitter cup: climate change profile of global production of Arabica and Robusta coffee. Clim. Change. 129(1): 89-101 (2015)
64. Burns, D. T., Walker, M. J. Critical review of analytical and bioanalytical verification of the authenticity of coffee. J. AOAC Int. 103(2): 283-294 (2020)
65. Bustos-Vanegas, J. D., Correa, P. C., Martins, M. A., Baptestini, F. M., Campos, R. C., Oliveira, G. H. H., Nunes, E. H. M. Developing predictive models for determining physical properties of coffee beans during the roasting process. Ind. Crops Prod. 112: 839-845 (2018)
66. Cain, C. N., Haughn, N. J., Purcell, H. J., Marney, L. C., Synovec, R. E., Thoumsin, C. T., Jackels, S. C. Skogerboe, K. J. Analytical determination of the severity of potato taste defect in roasted east african arabica coffee. J. Agric. Food Chem. 69(7): 2253-2261 (2021)
67. Cano-Marquina, A., Tarín, J. J., Cano, A. The impact of coffee on health. Maturitas. 75(1): 7-21 (2013)
68. Cannon, R. J., Trinnaman, L., Grainger, B., Trail, A. The key odorants of coffee from various geographical locations. Pp. 77-90. In: Flavors in Noncarbonated Beverages. Costa, N. C. D., Cannon, R. J. American Chemical Society, DC, USA (2010)
69. Caporaso, N., Genovese, A., Canela, M. D., Civitella, A., Sacchi, R. Neapolitan coffee brew chemical analysis in comparison to espresso, moka and American brews. Food Res. Int. 61: 152-160 (2014)
70. Caporaso, N., Whitworth, M. B., Cui, C., Fisk, I. D. Variability of single bean coffee volatile compounds of Arabica and robusta roasted coffees analysed by SPME-GC-MS. Food Res. Int. 108: 628-640 (2018)
71. Caporaso, N., Whitworth, M. B., Fisk, I. D. Prediction of coffee aroma from single roasted coffee beans by hyperspectral imaging. Food Chem. 371: 131159 (2022)
72. Caporaso, N., Whitworth, M. B., Grebby, S., Fisk, I. D. Non-destructive analysis of sucrose, caffeine and trigonelline on single green coffee beans by hyperspectral imaging. Food Res. Int. 106: 193-203 (2018)
73. Caporaso, N., Whitworth, M. B., Grebby, S., Fisk, I. D. Rapid prediction of single green coffee bean moisture and lipid content by hyperspectral imaging. Food Eng. 227, 18-29 (2018)
74. Campos-Vega, R., Loarca-Pina, G., Vergara-Castaneda, H. A., Oomah. B. D. Spent coffee grounds: A review on current research and future prospects. Trends. Food Sci. Technol. 45: 24-36 (2015)
75. Caprioli, G., Cortese, M., Sagrantini, G., Bittori, S. The influence of different types of preparation (espresso and brew) on coffee aroma and main bioactive constituents. Int. J. Food Sci. Nut. 66(5): 505-513 (2015)
76. Carvalho, F. M., Moksunova, V., Spence, C. Cup texture influences taste and tactile judgments in the evaluation of specialty coffee. Food Qual. Prefer. 81: 103841 (2020)
77. Carvalho, F. M., Spence, C. The shape of the cup influences aroma, taste, and hedonic judgements of specialty coffee. Food Qual. Prefer. 68: 315-321 (2018)
78. Carvalho, N. D. P., de Melo Pereira, G. V., Finco, A. M., Letti, L. A., da Silva, B. J., Vandenberghe, L. P., Soccol, C. R. Efficient coffee beans mucilage layer removal using lactic acid fermentation in a stirred-tank bioreactor: Kinetic, metabolic and sensorial studies. Food Biosci. 26: 80-87 (2018)
79. Carvalho, P. F., Pereira, R. G. F. A., Baqueta, M. R., Valderrama, P., da Rocha, R. A. Near-infrared spectroscopy and multivariate calibration as an alternative to the Agtron to predict roasting degrees in coffee beans and ground coffees. Food Chem. 365: 130471 (2021)
80. Carvalho, J. M., Paiva, E. L., Vieira, L. M. Quality attributes of a high specification product: Evidences from the speciality coffee business. Br. Food J. 118(1): 132-149 (2016)
81. Cerny, C. The aroma side of the maillard reaction. Ann. N. Y. Acad. Sci. 1126 (1): 66-71 (2008)
82. Charles, M., Romano, A., Yener, S., Barnaba, M., Navarini, L., Mark, T. D., Biasoli, F., Gasperi, F. Understanding flavour perception of espresso coffee by the combination of a dynamic sensory method and in-vivo nosespace analysis. Food Res. Int. 69: 9-20 (2015)
83. Charles-Bernard, M., Kraehenbuehl, K., Rytz, A., Roberts, D. D. Interactions between volatile and nonvolatile Coffee Components. 1. screening of nonvolatile components. J. Agric. Food Chem. 53: 4417-4425 (2005)
84. Chayan Mahmud, M., M., Shellie, R., A., Keast, R. Unravelling the relationship between aroma compounds and consumer

acceptance: Coffee as an example. Compr. Rev. Food Sci. Food Saf. 19(5): 2380-2420 (2020)

85. Chen, Q., Dong, W., Wei, C., Hu, R., Long, Y. Combining integrated ultrasonic-microwave technique with ethanol to maximise extraction of green coffee oil from Arabica coffee beans. Ind. Crops Prod. 151: 112405 (2020)
86. Chen, S. Y., Chang, C. Y., Ou, C. S. Lien, C. T. Detection of insect damage in green coffee beans using VIS-NIR hyperspectral imaging. Remote Sens. 12: 2348 (2020)
87. Cheng, B., Furtado, A., Henry, R. J. The coffee bean transcriptome explains the accumulation of the major bean components through ripening. Sci. Rep. 8(1): 1-11 (2018)
88. Ciaramelli, C., Palmioli, A., Airoldi, C. Coffee variety, origin and extraction procedure: implications for coffee beneficial effects on human health. Food Chem. 278: 47-55 (2019)
89. Cincotta, F., Tripodi, G., Merlino, M., Verzera, A., Condurso, C. Variety and shelf-life of coffee packaged in capsules. LWT-Food Sci. Technol. 118: 108718 (2020)
90. Claassen, L., Rinderknecht, M., Porth, T., Röhnisch, J., Seren, H. Y., Scharinger, A., Gottstein, V., Noack, D., Schwarz, S., Winkler, G., Lachenmeier, D. W. Cold brew coffee-Pilot studies on definition, extraction, consumer preference, chemical characterization and microbiological hazards. Foods. 10(4): 865 (2021)
91. Clarke, R. J., Macrae, R. Coffee: Volume 1: Chemistry. Springer Science & Business Media., BE, DE (2012)
92. Clarke, R. J., Macrae, R. Coffee: Volume 2: Technology. Springer Science & Business Media., BE, DE (2012)
93. Clifford, M. N., Willson, K. C. Coffee: botany, biochemistry and production of beans and beverage. Springer Science & Business Media BE, DE (2012)
94. Coffee Standards. Specialty Coffee Association (accessed 22 July 2020). https://sca.coffee/research/coffee-standards (2018)
95. Cordoba, N., Fernandez-Alduenda, M., Moreno, F. L., Ruiz, Y. Coffee extraction: A review of parameters and their influence on the physicochemical characteristics and flavour of coffee brews. Trends Food Sci Technol. 96: 45-60 (2020)
96. Cordoba, N., Moreno, F. L., Osorio, C., Velasquez, S., Fernandez-Alduenda, M., Ruiz-Pardo, Y. Specialty and regular coffee bean quality for cold and hot brewing: Evaluation of sensory profile and physicochemical characteristics. LWT-Food Sci. Technol. 145: 111363 (2021)
97. Cordoba, N., Moreno, F. L., Osorio, C., Velasquez, S., Ruiz, Y. Chemical and sensory evaluation of cold brew coffees using different roasting profiles and brewing methods. Food Res. Int. 141: 110141 (2021)
98. Cordoba, N., Pataquiva, L., Osorio, C., Moreno, F. L. M., Ruiz, R. Y. Effect of grinding, extraction time and type of coffee on the physicochemical and flavour characteristics of cold brew coffee. Sci. Rep. 9(1): 1-12 (2019)
99. Corrochano, B. R. Advancing the engineering understanding of coffee extraction Doctoral thesis, University of Birmingham, ENG, UK (2017)
100. Cotter, A. R., Hopfer, H. The effects of storage temperature on the aroma of whole bean arabica coffee evaluated by coffee consumers and HS-SPME-GC-MS. Beverages. 4(3): 68 (2018)
101. Croijmans, I., Majid, A. Not all flavor expertise is equal: The language of wine and coffee experts. PloS One. 11(6): e0155845 (2016)
102. Cruz-O'Byrne, R., Piraneque-Gambasica, N., Aquirre-Forero, S. Microbial diversity associated with spontaneous coffee bean fermentation process and specialty coffee production in northern Colombia. Int. J. Food Microbiol. 354: 109282 (2021)
103. Cui, D. D., Liu, Y. Chen, Y. P., Feng, X. Lu, Y. Yu, B. Application of SPME-GC-TOFMS, E-nose, and sensory evaluation to investigate the flavor characteristics of Chinese Yunnan coffee at three different conditions (beans, ground powder, and brewed coffee). Flavour Fragr J. 35(5): 541-560 (2020)
104. Czarniecka-Skubina, E., Pielak, M., Sa ł ek, P., Korzeniowska-Ginter, R., Owczarek, T. Consumer choices and habits related to coffee consumption by poles. Int. J. Environ. Res. Public Health. 18(8): 3948 (2021)
105. Czerny, M., Grosch, W. Potent odorants of raw Arabica coffee. Their changes during roasting. J. Agric. Food Chem. 48(3): 868-872. (2000)
106. Dadali, C., Elmaci, Y. The effect of water hardness on volatile compounds and flavour of filter coffee. Turk J. Food Agric. Sci. 9(2): 312-320 (2021)
107. De Bruyn, F., Zhang, S. J., Pothakos, V., Torres, J., Lambot, C., Moroni, A. V., Callanan, M., Sybesma, W., Weckx, S., De Vuyst,

L. Exploring the impacts of postharvest processing on the microbiota and metabolite profiles during green coffee bean production. Appl. Environ. Microbiol. 83(1): e02398-16 (2017)

108. De Toledo, P. R. A. B., De Melo, M. M. R., Pezza, H. R., Pezza, L., Toci, A. T., Silva, C. M. Reliable discriminant analysis tool for controlling the roast degree of coffee samples through chemical markers approach. Eur Food Res Technol. 243: 761-768 (2017)
109. Derossi, A., Ricci, I., Caporizzi, R., Fiore, A., Severini, C. How grinding level and brewing method (Espresso, American, Turkish) could affect the antioxidant activity and bioactive compounds in a coffee cup. J. Sci. Food Agric. 98(8): 3198-3207. (2018)
110. Dessalegn, Y., Labuschagne, M. T., Osthoff, G., Herselman, L. Genetic diversity and correlation of bean caffeine content with cup quality and green bean physical characteristics in coffee (Coffea arabica L.). J. Sci. Food Agric. 88(10): 1726-1730 (2008)
111. Diranti, N. S. Ardiansyah, Asiah, N. Sensory attributes of cold brew coffee products at various resting time after roasting process. Pelita Perkeb. 35: 42-50 (2019)
112. Dong, W., Hu, R., Chu, Z., Zhao, J., Tan, L. Effect of different drying techniques on bioactive components, fatty acid composition, and volatile profile of robusta coffee beans. Food Chem. 234: 121-130 (2017)
113. Domingues, L. O. C., Garcia, A. O., Ferreira, M. M. C., Morgano, M. A. Sensory quality prediction of coffee assessed by physicochemical parameters and Multivariate model. Coffee Sci. 15: e151654 (2020)
114. Donfrancesco, B. D. Guzman, N. G., Chambers IV, E. Comparison of results from cupping and descriptive sensory analysis of colombian brewed coffee. J. Sens. Stud. 29(4): 301-311 (2014)
115. Dulsat-Serra, N., Quintanilla-Casas, B., Vichi, S. Volatile thiols in coffee: A review on their formation, degradation, assessment and influence on coffee sensory quality. Food Res. Int. 89: 982-988 (2016)
116. Efthymiopoulos, I., Hellier, P., Ladommatos, N., Russo-Profili, A., Eveleigh, A., Aliev, A., Kay, A., Mills-Lamptey, B. Influence of solvent selection and extraction temperature on yield and composition of lipids extracted from spent coffee grounds. Ind. Crops. Prod. 119: 49-56 (2018)
117. El-Abassy, R. M., Donfack, P., Materny, A. Discrimination between Arabica and Robusta green coffee using visible micro Raman spectroscopy and chemometric analysis. Food Chem. 126(3): 1443-1448. (2011)
118. Elhalis, H., Cox, J., Frank, D., Zhao, J. The crucial role of yeasts in the wet fermentation of coffee beans and quality. Int. J. Food Microbiol. 333: 108796 (2020)
119. Elhalis, H., Cox, J., Frank, D., Zhao, J. Microbiological and biochemical performances of six yeast species as potential starter cultures for wet fermentation of coffee beans. LWT-Food Sci. Technol. 137: 110430 (2021)
120. Elhalis, H., Cox, J., Frank, D., Zhao, J. Microbiological and chemical characteristics of wet coffee fermentation inoculated with Hansinaspora uvarum and Pichia kudriavzevii and their impact on coffee sensory quality. Front. Microbiol. 12:713969 (2021)
121. Elhalis, H., Cox, J., Frank, D., Zhao, J. The role of wet fermentation in enhancing coffee favor, aroma and sensory quality. Eur. Food Res. Technol. 247: 485-498 (2021)
122. Elmac ı , İ., Gok, I. Effect of three post-harvest methods and roasting degree on sensory profile of Turkish coffee assessed by Turkish and Brazilian panelists. J. Sci. Food Agric. 101(13): 5368-5377 (2021)
123. Esposito, F., Fasano, E., De Vivo, A., Velotto, S., Sarghini, F., Cirillo, T. Processing effects on acrylamide content in roasted coffee production. Food chem. 319: 126550 (2020)
124. Fadai, N. T., Melrose, J., Please, C. P., Schulman, A., Van Gorder, R. A. A heat and mass transfer study of coffee bean roasting Int. J. Heat Mass Transf. 104: 787-799 (2017)
125. Farah, A. Coffee production, quality and chemistry. The Royal Society of Chemistry, LDN, UK(2019)
126. Farah, A., Donangelo, C. M. Phenolic compounds in coffee. Braz. J. Plant Physiol. 18(1):23-36 (2006)
127. Farah, A., Monteiro, M. C., Calado, V., Franca, A. S., Trugo, L. C. Correlation between cup quality and chemical attributes of Brazilian coffee. Food chem. 98(2): 373-380 (2006)
128. Figueiredo Tavares, M. P., Mourad, A. L. Coffee beverage preparation by different methods from an environmental perspective. Int. J. LCA. 25(7): 1356-1367. (2020)
129. Fischer, E. F. Quality and inequality: creating value worlds with Third Wave coffee. Socio-Econ. Rev. 19(1): 111-131 (2021)
130. Fisk, I. D., Kettle, A., Hofmeister, S., Virdie, A., Kenny, J. S. Discrimination of roast and ground coffee aroma. Flavour. 1(1): 1-9 (2012)

131. Flament, I. Coffee flavor chemistry. John Wiley & Sons, NJ, USA (2001)
132. Folmer, B. The craft and science of coffee. Academic Press, MA, USA (2016)
133. Franca, A. S., Mendonça, J. C., Oliveira, S. D. Composition of green and roasted coffees of different cup qualities. LWT-Food Sci. Technol. 38(7): 709-715 (2005)
134. Frost-Meyer, N. J., Logomarsino, J. V. Impact of coffee components on inflammatory markers: A review. J. Funct. Foods. 4(4): 819-830 (2012)
135. Frost, S. C., Ristenpart, W. D., Guinard, J. X. Effects of brew strength, brew yield, and roast on the sensory quality of drip brewed coffee. J. Food Sci. 85(8): 2530-2543 (2020)
136. Fuller, M., Rao, N. Z. The effect of time, roasting temperature, and grind size on caffeine and chlorogenic acid concentrations in cold brew coffee. Sci. Rep. 7(1): 1-9 (2017)
137. Fujimoto, H., Narita, Y., Iwai, K., Hanzawa, T., Kobayashi, T., Kakiuchi, M., Ariki, S., Wu, X., Miyake, K., Tahara, Y., Ikezaki, H., Fukunaga, T., Toko, K. Bitterness compounds in coffee brew measured by analytical instruments and taste sensing system. Food Chem. 342: 128228 (2021)
138. Garcia, M., Candelo-Becerra, J. E., Hoyos, F. E. Quality and defect inspection of green coffee beans using a computer vision system. Appl. Sci. 9(19): 4195 (2019)
139. Gebrekidan, M., Redi-Abshiro, M., Chandravanshi, B. S., Ele, E., Mohammed, A. M. Mamo, H. Influence of altitudes of coffee plants on the alkaloids contents of green coffee beans. Chem. Int. 5(4): 247-257 (2019)
140. Geel, L., Kinnear, M., De Kock, H. L. Relating consumer preferences to sensory attributes of instant coffee. Food Qual. Prefer. 16(3): 237-244 (2005)
141. Getachew, A. T., Chun, B. S. Influence of hydrothermal process on bioactive compounds extraction from green coffee bean. Innov. Food Sci. Emerg. Technol. 38: 24-31 (2016)
142. Getaneh, E., Fanta, S. W., Satheesh, N. Effect of broken coffee beans particle size, roasting temperature, and roasting time on quality of coffee beverage. J. Food Qual. 2020: 1-15 (2020)
143. Ghosh, P., Venkatachalapathy, N. Processing and drying of coffee–a review. Int. J. Eng. Res. Technol. 3(12): 784-794 (2014)
144. Giacalone, D., Degn, T. K., Yang, N., Liu, C., Fisk, I., Münchow, M. Common roasting defects in coffee: aroma composition, sensory characterization and consumer perception. Food Qual Prefer. 71: 463-474 (2019)
145. Giacalone, D., Steen, I., Alstrup, J., Munchow, M. Inter-rater reliability of "clean cup" scores by coffee experts. J. Sens. Stud. 35(5): e12596 (2020)
146. Girma, B., Gure, A., Wedajo, F. Influence of altitude on caffeine, 5-caffeoylquinic acid, and nicotinic acid contents of arabica coffee varieties. J, Chem. 2020: 1-7 (2020)
147. Gloess, A. N., Schönbächler, B., Klopprogge, B., DAmbrosio, L., Chatelain, K., Bongartz, A., ... , Yeretzian, C. Comparison of nine common coffee extraction methods: instrumental and sensory analysis. Eur. Food Res. Technol. 236(4): 607-627 (2013)
148. Gloss, A. N., Schonbachler, B., Rast, M., Deuber, L., Yeretzian, C. Freshness indices of roasted coffee: monitoring the loss of freshness for single serve capsules and roasted whole beans in different packaging. Chima. 68 (3): 179-182 (2014)
149. Gloess, A. N., Vietri, A., Wieland, F., Smrke, S., Schönbächler, B., López, J. A. S., ..., Yeretzian, C. Evidence of different flavour formation dynamics by roasting coffee from different origins: On-line analysis with PTR-ToF-MS. Int. J. Mass Spectrom. 365: 324-337 (2014)
150. Godos, J., Pluchinotta, F. R., Marventano, S., Buscemi, S., Li Volti, G., Galvano, F., Grosso, G. Coffee components and cardiovascular risk: beneficial and detrimental effects. Int. J. Food Sci. Nutr. 65(8): 925-936 (2014)
151. Gokcen, B. B., Sanlier, N. Coffee consumption and disease correlations. Crit Rev Food Sci Nutr. 59(2): 336-348 (2019)
152. González, A., L., Lopez, A., M., Gaytán, O., R., T., Ramos, V., M. Cup quality attributes of Catimors as affected by size and shape of coffee bean (Coffea arabica L.). Int. J. Food Prop. 22(1): 758-767 (2019)
153. Gonzalez-Rios, O., Suarez-Quiroz, M. L., Boulanger, R., Barel, M., Guyot, B., Guiraud, J. P., Schorr-Galindo, S. Impact of "ecological" post-harvest processing on the volatile fraction of coffee beans: I. Green coffee. J. Food Compos. Anal. 20(3-4): 289-296 (2007)
154. Gonzalez Viejo, C., Tongson, E., Fuentes, S. Integrating a low-cost electronic nose and machine learning modelling to assess

coffee aroma profile and intensity. Sensors. 21(6): 2016 (2021)

155. Hafsah, H., Iriawati, I., Syamsudin, T. S. Dataset of volatile compounds from flowers and secondary metabolites from the skin pulp, green beans, and peaberry green beans of robusta coffee. Data Br. 29, 105219 (2020)
156. Haile, M., Kang, W. H. The role of microbes in coffee fermentation and their impact on coffee quality. J. Food Qual. 2019: 1-6 (2019)
157. Haile, M., Kang, W. H. The role of microbes in coffee fermentation and their impact on coffee quality. J. Food Qual. 2019: 1-6 (2019)
158. Hamdouche, Y., Meile, J. C., Nganou, D. N., Durand, N., Teyssier, C., Montet, D. Discrimination of post-harvest coffee processing methods by microbial ecology analyses. Food Control 65: 112-120 (2016)
159. Handayani, B. R. Coffee and its flavor. Rekayasa Pertanian Dan Biosistem. 4:222-227 (2016)
160. Happyana, N., Hermawati, E., Syah, Y. M., Hakim, E. H. Discrimination of the indonesian roasted arabica coffees using 1H NMR-based Metabolomics. Curr. Res. Nutr. Food Sci. 8(2): 479-488 (2020)
161. Hendon, C. H. Chemistry and Coffee. Matter. 2(3): 514-518 (2020)
162. Hecimovic, I., Belscak-Cvitanovic, A., Horzic, D., Komes, D. Comparative study of polyphenols and caffeine in different coffee varieties affected by the degree of roasting. Food Chem. 129: 991-1000 (2011)
163. Heide, J., Czech, H., Ehlert, S., Koziorowski, T., Zimmermann, R. Toward smart online coffee roasting process control: feasibility of real-time prediction of coffee roast degree and brew antioxidant capacity by single-photon ionization mass spectrometric monitoring of roast gases. J. Agric. Food Chem. 68(17): 4752-4759 (2020)
164. Hejna, A. Potential applications of by-products from the coffee industry in polymer technology-Current state and perspectives. Waste Manag. 121: 296-330 (2021)
165. Hernandes, E. E., Weschenfelder, T. A., Scheer, A. P. Pervaporation process of coffee volatile compounds with PDMS membrane. Int. Food Res. J. 27(3): 487-496 (2020)
166. Hoffmann J. The world atlas of coffee: From beans to brewing-coffees explored, explained and enjoed. 2nd ed. Bates, D. Octopus publishing group, LDN, UK (2018)
167. Hofmann, T., Krautwurst, D., Schieberle, P. Current status and future perspectives in flavor research: Highlights of the 11th Wartburg Symposium on Flavor Chemistry & Biology. J. Agric. Food Chem. 66(10), 2197-2203 (2018)
168. Hoseini, M., Cocco, S., Casucci, C., Cardelli, V., Corti, G. Coffee by-products derived resources. A review. Biomass Bioenerg. 148: 106009. (2021)
169. Hu, G., Peng, X., Gao, Y., Huang, Y., Li, X., Su, H., Qiu, M. Effect of roasting degree of coffee beans on sensory evaluation: Research from the perspective of major chemical ingredients. Food Chem. 331: 127329 (2020)
170. Ifmalinda, Setiasih, I. S., Muhaemin, M., Nurjanah, S. Chemical characteristics comparison of palm civet coffee(kopiluwak) and arabica coffee beans. J. Appl. Agric. Sci. Tech. 3(2): 280-288 (2019)
171. Illy, A., Viani, R. Espresso coffee: the science of quality. 2nd ed. Academic Press, MA, USA (2005)
172. Ishwarya S, P., Nisha, P. Unraveling the science of coffee foam - a comprehensive review. Crit. Rev. Food Sci. Nutr. 61(10): 1704-1724 (2021)
173. Iriondo-DeHond, A., Iriondo-DeHond, M., Castillo, M. D. Applications of compounds from coffee processing by-products. Biomolecules. 10(9): 1219 (2020)
174. Iwasa, K., Seta, H., Matsuo, Y., Nakahara, K. Evaluation of 3-methylbutanoic acid methyl ester as a factor influencing flavor cleanness in arabica specialty coffee. Appl. Sci. 11(12): 5413 (2021)
175. Iwasa, K., Setoyama, D., Shimizu, H., Seta, H., Fujimura, Y., Miura, D., Wariishi, H., Nagai, C., Nakahara, K. Identification of 3-methylbutanoyl glycosides in green Coffea arabica beans as causative determinants for the quality of coffee flavors. J. Agric. Food Chem. 63(14): 3742-3751 (2015)
176. Jaimes, E. M. S., Torres, I. B., Pérez-Villarreal, H. H. Sensory evaluation of commercial coffee brands in Colombia. Int. J. Bus. Syst. Res. 9(3): 195-213 (2015)
177. Jeszka-Skowron, M., Sentkowska, A., Pyrzyńska, K., De Peña, M. P. Chlorogenic acids, caffeine content and antioxidant properties of green coffee extracts: influence of green coffee bean preparation. Eur. Food Res. Technol. 242(8): 1403-1409 (2016)

178. Jeszka-Skowron, M., Zgoła-Grześkowiak, A., Grześkowiak, T. Analytical methods applied for the characterization and the determination of bioactive compounds in coffee. Eur. Food Res. Technol. 240(1): 19-31 (2015)
179. Jones, E. Consumer Preferences for Coffee: Hot and Wet, or Quality and Flavor?. J. Food Prod. Mark. 22(3): 350-380 (2016)
180. Jos, H. D. S. T., Flvio, M. B., Sttela, D. V. D. R., Pedro, D. O., Gerson, S. G., Eder, P. I., Valquria, A. F. Post-harvest effects on beverage quality and physiological performance of coffee beans. Afr. J. Agric. Res. 10(12): 1457-1466 (2015)
181. Junior, A. I. M., Carbalho, D. P. N., Pereira, G. V. M. P., Vale, A. S., Medina, J. D. C., Carvalho, J. C., Soccol, C. R. A critical techno-economic analysis of coffee processing utilizing a modern fermentation system: implications for specialty coffee production. Food Bioprod. Process. 125: 14-21 (2021)
182. Junior, D. B., Guarconi, R. C., Silva, M. C. S., Veloso, T. G. R., Kasuya, M. C. M., Oliveira, E. C. S., Luz, J. M. R., Moreira, T. R., Debona, D. G., Pereira, L. L. Microbial fermentation affects sensorial, chemical, and microbial profile of coffee under carbonic maceration. Food Chem. 342(16): 128296 (2021)
183. Karyadi, J. N. W., Rahayoe, S., Meliala, E., A. Effect of time temperature history on coffee aroma during roasting with heat conduction. 1-6. In: International Agricultural Engineering Conference. 7 - 10 December, BKK, THA. (2009)
184. Keast, R. S., Dalton, P., Breslin, P. A. Flavor interactions at the sensory level. Pp. 228-255. In: Flavor perception. Taylor, A. J., Roberts, D. D. NJ, USA (2004)
185. Kelly, C. B. D. The art of coffee roasting: Investigations into sensor development for the application of controlling coffee roasting. Doctoral thesis, The University of Waikato, Hamilt, NZ (2018)
186. Khamitova, G., Angeloni, S., Borsetta, G., Xiao, J., Maggi, F., Sagratini, G., Vittori, S., Caprioli, G. Optimization of espresso coffee extraction through variation of particle sizes, perforated disk height and filter basket aimed at lowering the amount of ground coffee used. Food chem. 314: 126220 (2020)
187. Kitzberger, C. S. G., Pot, D., Marraccini, P., Pereira, L. F. P., Santos Scholz, M. B. Flavor precursors and sensory attributes of coffee submitted to different post-harvest processing. AIMS Agric. Food. 5(4): 700-714 (2020)
188. Kleinwachter, M., Bytof, G., Selmar, D. Coffee beans and processing. Pp. 73-81. In: Coffee in health and disease prevention. Preedy, V. Academic Press, MA, USA (2015)
189. Klingel, T., Kremer, J. I., Gottstein, V., Rajcic de Rezende, T., Schwarz, S., Lachenmeier, D. W. A review of coffee by-products including leaf, flower, cherry, husk, silver skin, and spent grounds as novel foods within the European Union. Foods. 9(5): 665 (2020)
190. Kreuml, M. T., Majchrzak, D., Ploederl, B. Koenig, J. Changes in sensory quality characteristics of coffee during storage. Food Sci. Nutr. 1(4): 267-272 (2013)
191. Król K., Gantner, M., Tatarak, A., Hallmann, E. The content of polyphenols in coffee beans as roasting, origin and storage effect. Eur. Food Res. Technol. 26: 33-39 (2020)
192. Kucera, L., Papousek, R., Kurka, O., Bartak, P., Bednar, P. Study of composition of espresso coffee prepared from various roast degrees of Coffea arabica L. coffee beans. Food Chem. 199: 727-735 (2016)
193. Kulapichitr, F., Borompichaichartkul, C., Suppavorasatit, I., Cadwallader, K. R. Impact of drying process on chemical composition and key aroma components of Arabica coffee. Food Chem. 291: 49-58 (2019)
194. Kumazawa, K. Flavor chemistry of tea and coffee drinks. Food Sci. Technol Res. 12(2), 71-84 (2006)
195. Kumazawa, K., Masuda, H. Investigation of the change in the flavor of a coffee drink during heat processing. J. Agric. Food Chem. 51(9): 2674-2678 (2003)
196. Kwok, R., Ting, K. L. W., Schwarz, S., Claassen, L., Lachenmeier, D. W. Current challenges of cold brew coffee-roasting, extraction, flavor profile, contamination, and food safety. Challenges. 11(2): 26 (2020)
197. Läderach, P., Ramirez-Villegas, J., Navarro-Racines, C., Zelaa, C., Martinez-Valle, A., Jarvis, A. Climate change adaptation of coffee production in space and time. Clim. Change. 141(1): 47-62 (2017)
198. Lambot, C., Herrera, J. C., Bertrand, B., Sadeghian, S., Benavides, P., Gaitan, A. Cultivating coffee quality-terroir and agro-ecosystem. Pp. 17-49. In: The craft and science of coffee. Academic Press, MA, USA (2017)
199. Laukaleja, I., Kruma, Z. Influence of the roasting process on bioactive compounds and aroma profile in specialty coffee: A review. In: Proceedings of the Baltic Conference on Food Science and Technology and North and East European Congress on Food. May,

2019. JEL, LV. (2019)

200. Laukaleja, I., Kruma, Z. Phenolic and volatile compound composition influence to specialty coffee cup quality. Agron. Res. 17(S2): 1367–1379 (2019)
201. Laukaleja, I., Koppel, K. Aroma active compound perception in differently roasted and brewed coffees by gas chromatography–olfactometry. J. Sens. Stud. 36(6): e12708 (2021)
202. Lebouf, R. F., Blackley, B. H., Fortner, A. R., Stanton, M., Martin, S. B., Groth, C. P., ...,Virji, M. A. Exposures and emissions in coffee roasting facilities and cafés: diacetyl, 2, 3–pentanedione, and other volatile organic compounds. Front. Public health. 8: 561740 (2020)
203. Leitao, A., L. Occurrence of ochratoxin A in coffee: threads and solutions–a mini–review. Beverages. 5(2): 36 (2019)
204. Leobet, E. L., Perin, E. C., Fontanini, J. I., Prado, N. V., Oro, S. R., Burgardt, V. C., Alfaro, A. T., Machado–Lunkes, A. Effect of the drying process on the volatile compounds and sensory quality of agglomerated instant coffee. Dry. Technol. 38(11): 1421–1432 (2020)
205. Leroy, T., Ribeyre, F., Bertrand, B., Charmetant, P., Dufour, M., Mongtagnon, C., Marraccini, P., Pot, D. Genetics of coffee quality. Braz. J. Plant Physiol. 18(1):229–242 (2006)
206. Liberto, E., Bressanello, D., Strocchi, G., Cordero, C., Ruosi, M. R., Pellegrino, G., Bicchi, C., Sgorbini, B. HS–SPME–MS–enose coupled with chemometrics as an analytical decision maker to predict in–cup coffee sensory quality in routine controls: Possibilities and limits. Molecules. 24(24): 4515 (2019)
207. Lima, J. S. S., Silva, S. A., Fonseca, A. S., Pajehu, L. F. Quality of Coffea canephora beverage as a function of genotype, processing method and grain size. Coffee Sci. 15: e151714 (2020)
208. Liu, C., Yang, N., Yang, Q., Ayed, C., Linforth, R., Fisk, I. D. Enhancing Robusta coffee aroma by modifying flavour precursors in the green coffee bean. Food chem. 281: 8–17 (2019)
209. Liu, C., Yang, Q., Linforth, R., Fisk, I. D., Yang, N. Modifying Robusta coffee aroma by green bean chemical pre–treatment. Food chem. 272: 251–257 (2019)
210. Livio, J., Hodhod, R. AI Cupper: A fuzzy expert system for sensorial evaluation of coffee bean attributes to derive quality scoring. IEEE Trans. Fuzzy Syst. 26(6): 3418–3427 (2018)
211. Lolli, V., Acharjee, A., Angelino, D., Tassotti, M., Del Rio, D., Mena, P., Caligiani, A. Chemical characterization of capsule–brewed espresso coffee aroma from the most widespread Italian brands by HS–SPME/GC–MS. Molecules. 25(5): 1166 (2020)
212. Lopes, G. R., Petronilho, S., Ferreira, A. S., Pinto, M., Passos, C. P., Coelho, E., Rodrigues, C., Figueira, C., Rocha, S. M., Coimbra, M. A. Insights on single–dose espresso coffee capsules' volatile profile: from ground powder volatiles to prediction of espresso brew aroma properties. Foods. 10(10): 2508 (2021)
213. Lopez–Galilea, I., Fournier, N., Cid, C., Guichard, E. Changes in headspace volatile concentrations of coffee brews caused by the roasting process and the brewing procedure. J. Agric. Food Chem. 54: 8560–8566 (2006)
214. López, J. A. S., Wellinger, M., Gloess, A. N., Zimmermann, R., Yeretzian, C. Extraction kinetics of coffee aroma compounds using a semi–automatic machine: On–line analysis by PTR–ToF–MS. Int. J. Mass Spectrom. 401: 22–30 (2016)
215. Ludwig, I. A., Sanchez, L., Caemmerer, B., Kroh, L. W., De Peña, M. P., Cid, C. Extraction of coffee antioxidants: Impact of brewing time and method. Food Res. Int. 48(1): 57–64 (2012)
216. Macheiner, L., Schmidt, A., Karpf, F., Mayer, H. K. A novel UHPLC method for determining the degree of coffee roasting by analysis of furans. Food Chem. 341(1): 128165 (2021)
217. Maeztu, L., Sanz, C., Andueza, S., Paz de Pena, M., Bello, J., Cid, C. Characterization of espresso coffee aroma by static headspace GC– MS and sensory flavor profile. J. Agric. Food Chem. 49(11): 5437–5444 (2001)
218. Maicas, S. The role of yeasts in fermentation processes. Microorganisms. 8(8): 1142 (2020)
219. Majcher, M. A., Klensporf–Pawlik, D., Dziadas, M., Jeleń, H. H. Identification of aroma active compounds of cereal coffee brew and its roasted ingredients. J. Agric. Food Chem. 61(11): 2648–2654 (2013)
220. Maksimowski, D., Pachura, N., Oziemb ł owski, M., Nawirska–Olszanska, A., Szummy, A. Coffee roasting and extraction as a factor in cold brew coffee quality. Appl. Sci. 12(5): 2582 (2022)
221. Marcone, M. F. Composition and properties of Indonesian palm civet coffee (Kopi Luwak) and Ethiopian civet coffee. Food Res.

Int. 37(9): 901-912 (2004)
222. Martinez, S. J., Rabelo, M. H. S., Bressani, A. P. P., Mota, M. C. B. D., Borem, F. M., Schwan, R. F. Novel Stainless Steel Tanks enhances coffee fermentation quality. Food Res. Int. 139: 109921 (2021)
223. Martins, P. M. M., Batista, N. N., Miguel, M. G. C. P., Simao, J. B. P., Soares, J. R., Schwan, R. F. Coffee growing altitude influences the microbiota, chemical compounds and the quality of fermented coffees. Food Res. Int. 129: 108872 (2020)
224. Martins, P. M. M., Ribeiro, L. S., Miguel, M. G. D. C. P., Evangelista, S. R., Schwan, R. F. Production of coffee (Coffea arabica) inoculated with yeasts: impact on quality. J. Sci, Food Agric. 99(13): 5638-5645 (2019)
225. Masella, P., Guerrini, L., Spinelli, S., Calamai, L., Spugnoli, P., Illy, F., Parenti, A. A new espresso brewing method J. Food Eng. 146: 204-208 (2015)
226. Masi, C., Dinnella, C., Monteleone, E., Prescott, J. The impact of individual variations in taste sensitivity on coffee perceptions and preferences. Physiol. Behav. 138: 219-226 (2015)
227. Matei, M. F., Jaiswal, R., Kuhnert, N. Investigating the chemical changes of chlorogenic acids during coffee brewing: Conjugate addition of water to the olefinic moiety of chlorogenic acids and their quinides. J. Agric. Food Chem. 60(49): 12105-12115 (2012)
228. Mayer, F., Czerny, M., Grosch, W. Sensory study of the character impact aroma compounds of a coffee beverage. Eur. Food Res. Technol 211(4): 272-276 (2000)
229. McCoy, M. J., Parr, K. A. H., Anderson, K. E., Cornish, J., Haapala, M., Greivell, J. Diacetyl and 2, 3-pentanedione in breathing zone and area air during large-scale commercial coffee roasting, blending and grinding processes. Toxicol. Rep. 4: 113-122 (2017)
230. Mecha, E., Feliciano, R. P., Rodriguez-Mateos, A., Silva, S. D., Figueira, M. E., Patto, M. C. V., Bronze, M. R. Human bioavailability of phenolic compounds found in common beans: the use of high resolution mass spectrometry to evaluate inter individual variability. Br. J. Nutr. 123(3): 273-292 (2020)
231. Mermelstein, N. H. Coffee quality testing. Food Technol. 66(1): 68-72 (2012)
232. Mena, P., Ludwig, I. A., Tomatis, V. B., Acharjee, A., Calani, L., Rosi, A., ..., Del Rio, D. Inter-individual variability in the production of flavan-3-ol colonic metabolites: Preliminary elucidation of urinary metabotypes. Eur. J. Nutr. 58(4): 1529-1543 (2019)
233. Marek, G., Dobrzański Jr, B., Oniszczuk, T., Combrzyński, M., Ćwikła, D., Rusinek, R. Detection and differentiation of volatile compound profiles in roasted coffee arabica beans from different countries using an electronic nose and GC-MS. Sensors. 20(7): 2124 (2020)
234. Mestdagh, F., Davidek, T., Chaumonteuil, M., Folmer, B., Blank, I. The kinetics of coffee aroma extraction. Food Res. Int. 63: 271-274 (2014)
235. Mestdagh, F., Glabasnia, A., Giuliano, P. The brewd extracting for excellence. Pp. 355-380. In: The craft and science of coffee. Folmer, B. Academic Press, MA, USA (2017)
236. Melo Pereira, G. V., de Carvalho Neto, D. P., Júnior, A. I. M., do Prado, F. G., Pagnoncelli, M. G. B., Karp, S. G., Soccol, C. R. Chemical composition and health properties of coffee and coffee by-products. Adv. Food Nutr. Res. 91: 65-96. (2020)
237. Melo Pereira, G. V., de Carvalho Neto, D. P., Júnior, A. I. M., Vásquez, Z. S., Medeiros, A. B., Vandenberghe, L. P., Soccol, C. R. Exploring the impacts of postharvest processing on the aroma formation of coffee beans-A review. Food chem 272: 441-452. (2019)
238. Melo Pereira, G. V., Soccol, V. T., Pandey, A., Medeiros, A. B. P., Lara, J. M. R. A., Gollo, A. L., Soccol, C. R. Isolation, selection and evaluation of yeasts for use in fermentation of coffee beans by the wet process. Int. J. Food Microbiol. 188: 60-66 (2014)
239. Mengistu, M. W., Workie, M. A., Mohammed, A. S. Physical and cup quality attributes of arabica coffee (Coffea arabica L.) varieties grown in highlands of amhara region, northwestern Ethiopia. Int. J. Agron. 2020: 1-9 (2020)
240. Miłek, M., Młodecki, T., Dżugan, M. Caffeine content and antioxidant activity of various brews of specialty grade coffee. Acta Sci. Pol. Technol. Aliment. 20(2): 179-188 (2021)
241. Minten, B., Dereje, M., Engida, E., Tamru, S. Tracking the quality premium of certified coffee: Evidence from Ethiopia. World Dev. 101: 119-132 (2018)
242. Mintesnot, A., Dechassa, N., Mohammed, A. Bean quality attributes of arabica coffees grown in ethiopia and the potential for

discovering new specialty coffees. East Afr. J. Sci. 9(2): 121–130 (2015)

243. Molnar, I. Coffee filter paper. BS thesis, Tampere University of Applied Sciences, Pirkanmaa FI (2016)
244. Montavon, P., Mauron, A. F., Duruz, E. Changes in green coffee protein profiles during roasting. J. Agric. Food Chem. 51(8): 2335–2343 (2003)
245. Moon, J. K., Shibamoto, T. Role of roasting conditions in the profile of volatile flavor chemicals formed from coffee beans. J. Agric. Food Chem. 57(13): 5823–5831 (2009)
246. Moroney, K. M., Lee, W. T., O'Brien, S. B., Suijver, F., Marra, J. Coffee extraction kinetics in a well mixed system. J. Math. Ind. 7(1): 1–19 (2016)
247. Morresi, A. M., Truglio, K., Specchio, J., Kerrihard, A. L. Effects of grind size and brew time upon sensory traits, consumer likability and antioxidant activity of arabica cold brew. Int. J. Food Sci. Technol. 56(4): 1929–1936 (2021)
248. Mota, M. C. B., Batista, N. N., Rabelo, M. H. S., Ribeiro, D. E., Borem, F. M., Schwan, R. F. Influence of fermentation conditions on the sensorial quality of coffee inoculated with yeast. Food Res. Int. 136: 109482 (2020)
249. Mulyaral, B, Rahmadian, Y, Akbar O. Sensory Properties and Volatile Compound Profiles of Anaerobic Fermented Gayo Arabica Coffee Beans. Pelita Perkebunan 37(3): 239–254 (2021)
250. Münchow, M., Alstrup, J., Steen, I., Giacalone, D. Roasting conditions and coffee flavor: A multi–study empirical investigation. Beverages. 6(2): 1–14 (2020)
251. Musa, B. P., Charnia, I. R., Salma, S. The effect of temperature and duration roasting of the physical characteristics of Arabica coffee. Mater Sci. Forum. 967: 113–117 (2019)
252. Mussatto, S. I., Machado, E., Martins, S., Teixeira, J. A. Production, composition, and application of coffee and its industrial residues. Food Bioprocess Technol. 4(5): 661–672 (2011)
253. Muzaifa, M., Rahmi, F. Utilization of coffee by–products as profitable foods–A mini review. IOP Conf. Ser.: Earth Environ. Sci. 672: 012077 (2021)
254. Nagai, C., Iwasa, K., Seta, H., Shimizu, H., Nakahara, K. Chemical compounds in green coffee and impact on quality. HCA Conference. HAW, July (2015)
255. Navarini, L., Rivetti, D. Water quality for espresso coffee. Food chem. 122(2): 424–428 (2010)
256. Nebesny, E., Budryn, G. Evaluation of sensory attributes of coffee brews from robusta coffee roasted under different conditions. Eur. Food Res. Technol. 224(2): 159–165 (2006)
257. Neu, A. K., Pleissner, D., Mehlmann, K., Schneider, R., Puerta–Quintero, G. I., Venus, J. Fermentative utilization of coffee mucilage using Bacillus coagulans and investigation of down–stream processing of fermentation broth for optically pure L(+)–lactic acid production. Bioresour. Technol. 211: 398–405 (2016)
258. Nonier, M. F., Vivas, N., Vivas de Gaulejac, N., Mouche, C., Rossy Huguet, C., Daugey, N. Purification and partial characterization of melanoidins fractions from toasted oak heartwood, comparison with melanoidins from roasted coffee. J. Food Res. 7(6): 37–58 (2018)
259. Nzekoue, F. K., Angeloni, S., Navarini, L., Angeloni, C., Freschi, M., Hrelia, S., Vitali, L. A., Sagrantini, G., Vittori, S., Caprioli, G. Coffee silverskin extracts: Quantification of 30 bioactive compounds by a new HPLC–MS/MS method and evaluation of their antioxidant and antibacterial activities. Food Res. Int. 133: 109128 (2020)
260. Obeidat, S. M., Hammoudeh, A. Y., Alomary, A. A. Application of FTIR spectroscopy for assessment of green coffee beans according to their origin. J. Appl. Spectrosc. 84(6): 1051–1055 (2018)
261. Oka, N., Katsura, S. Sensorless monitoring and analysis of grinding process using disturbance observer. 83–88. In: 2020 IEEE International Conference on Industrial Technology. 27, July. (ICIT) (2020)
262. Okubo, N., Kurata, Y. Nondestructive classification analysis of green coffee beans by using near–infrared spectroscopy. Foods. 8(2): 82 (2019)
263. Okur, I., Soyler, B., Sezer, P., Oztop, M. H., Alpas, H. Improving the recovery of phenolic compounds from spent coffee grounds (SCG) by environmentally friendly extraction techniques. Molecules. 26(3),: 613 (2021)
264. Oliveira, E. C. S., Guarçoni, R. C., Castro, E. V. R., Castro, M. G. Pereira, L. L. Chemical and sensory perception of robusta coffees under wet processing. Coffee Sci. 15: e151672 (2020)

265. Oliveira, G., Passos, C. P., Ferreira, P., Coimbra, M. A., Gonçalves, I. Coffee by-products and their suitability for developing active food packaging materials. Foods. 10(3): 683 (2021)
266. Ongo, E. A., Montevecchi, G., Antonelli, A., Sberveglieri, V., Sevilla III, F. Metabolomics fingerprint of Philippine coffee by SPME-GC-MS for geographical and varietal classification. Food Res. Int. 134: 109227 (2020)
267. Orrego, D., Zapata-Zapata, A. D., Kim, D. Optimization and scale-up of coffee mucilage fermentation for ethanol production. Energies. 11(4): 786 (2018)
268. Oyinloye, T. M., Yoon, W. B. Effect of freeze-drying on quality and grinding process of food produce: A review. Process. 8(3): 354(2020)
269. Pacetti, D., Boselli, E., Balzano, M., Frega, N. G. Authentication of Italian Espresso coffee blends through the GC peak ratio between kahweol and 16-O-methylcafestol. Food chem. 135(3): 1569-1574 (2012)
270. Paravisini, L., Soldavini, A., Peterson, J., Simons, C. T., Peterson, D. G. Impact of bitter tastant sub-qualities on retronasal coffee aroma perception. PloS one. 14(10): e0223280 (2019)
271. Parenti, A., Guerrini, L., Masella, P., Spinelli, S., Calamai, L., Spugnoli, P. Comparison of espresso coffee brewing techniques. J. Food Eng. 121: 112-117 (2014)
272. Pereira, L. L., Cardoso, W. S., Guarçoni, R. C., da Fonseca, A. F. A., Moreira, T. R., Caten, C. S. T. The consistency in the sensory analysis of coffees using Q-graders. Eur. Food Res. Technol. 243(9): 1545-1554 (2017)
273. Pereira, L. L., Guarconi, R. C., Pinheiro, P. F., Osorio, V. M., Pinheiro, C. A., Moreira, T. R., Caten, C. S. New propositions about coffee wet processing: Chemical and sensory perspectives. Food Chem. 310: 125943 (2020)
274. Petracco, M. Our everyday cup of coffee: the chemistry behind its magic. J. Chem. Educ. 82(8): 1161 (2005)
275. Piccino, S., Boulanger, R., Descroix, F., Sing, A. S. C. Aromatic composition and potent odorants of the "specialty coffee" brew "Bourbon Pointu" correlated to its three trade classifications. Food Res. Int. 61: 264-271 (2014)
276. Pimenta, C. J., Angélico, C. L., Chalfoun, S. M. Review challengs in coffee quality: cultural, chemical and microbiological aspects. Ciência e Agrotecnologia. 42(4): 337-349 (2018)
277. Pinto, C., Furukawa, J., Fukai, H., Tamura, S. Classification of Green coffee bean images based on defect types using convolutional neural network (CNN). 1-5. In: 2017 International Conference on Advanced Informatics, Concepts, Theory, and Applications (ICAICTA). 16-18 August, BALI, ID. (2017)
278. Poisson, L., Blank, I., Dunkel, A., Hofmann, T. The chemistry of roasting—Decoding flavor formation. Pp. 273-309. In: The craft and science of coffee. Preedy, V. Academic Press, MA, USA (2017)
279. Poisson, L., Pitter, J., Schaerer, A., Mestdagh, F., Dacidek, T. Quantitative validation of the in-bean approach in coffee roasting. J. Agric. Food Chem. 68(17): 4732-4742 (2020)
280. Poisson, L., Schmalzried, F., Davidek, T., Blank, I., Kerler, J. Study on the role of precursors in coffee flavor formation using in-bean experiments. J. Agric. Food Chem. 57(21): 9923-9931 (2009)
281. Poltronieri, P., Rossi, F. Challenges in specialty coffee processing and quality assurance. Challenges. 7(2): 19 (2016)
282. Prakosa, A. Brand Personality and Brand Quality Rating in the Coffee Industry. In: Proceedings: The International conference on technology, edycation, and science. pp. 114-121 (2019)
283. Pua, A., Lau, H., Liu, S. Q., Tan, L. P., Goh, R. M. V., Lassabliere, B., ... , Yu, B. Improved detection of key odourants in Arabica coffee using gas chromatography-olfactometry in combination with low energy electron ionisation gas chromatography-quadrupole time-of-flight mass spectrometry. Food chem. 302: 125370 (2020)
284. Putri, S. P., Irifune, T., Fukusaki, E. GC/MS based metabolite profiling of Indonesian specialty coffee from different species and geographical origin. Metabolomics. 15(10): 1-11 (2019)
285. Rahmadhani, A., Deliana, Y. Coffee shop consumer behavior cluster. Res. J. Agriculture and Forestry Sci. 7(4): 17-23 (2019)
286. Ramalakshmi, K., Kubra, I. R., Rao, L. J. M. Physicochemical characteristics of green coffee: Comparison of graded and defective beans. J. Food Sci. 72(5): S333-S337 (2007)
287. Ramalakshmi, K., Raghavan, B. Caffeine in coffee: its removal. Why and how?. Crit. Rev. Food Sci. Nutr. 39(5): 441-456 (1999)
288. Rao, N. Z., Fuller, M. Acidity and antioxidant activity of cold brew coffee. Sci. Rep. 8(1), 1-9 (2018)
289. Rao, N. Z., Fuller, M., Grim, M. D. Physiochemical characteristics of hot and cold brew coffee chemistry: The effects of roast level

and brewing temperature on compound extraction. Foods. 9(7): 902 (2020)

290. Rao, N. Z., Fuller, M., Parenti, N., Ryder, S., Tchato, N. S. An investigation of the kinetics and equilibrium chemistry of cold-brew coffee: Caffeine and chlorogenic acid concentrations as a function of roasting temperature and grind size (2017)
291. Raveendran, A., Murthy, P. S. (2021). New trends in specialty coffees- "the digested coffees". Crit. Rev. Food Sci. Nutr. 62 (17): 1-7 (2022)
292. Ribeiro, L. S., Evangelista, S. R., da Cruz Pedrozo Miguel, M. G., van Mullem, J., Silva, C. F., Schwan, R. F. Microbiological and chemical-sensory characteristics of three coffee varieties processed by wet fermentation. Ann. Microbiol. 68(10): 705-716 (2018)
293. Ribeiro, L. S., Miguel, M. G. C. P., Evangelista, S. R., Martins, P. M. M., Mullem, J., Belizario, M. H., Schwan, R. F. Behavior of yeast inoculated during semi-dry coffee fermentation and the effect on chemical and sensorial properties of the final beverage. Food Res. Int. 92: 26-32 (2017)
294. Ribeiro, L. S., Miguel, M. G. C. P., Martinez, S. J., Bressani, A. P. P., Evangelista, S. R., Batista, C. F., Schwan, R. F. The use of mesophilic and lactic acid bacteria strains as starter cultures for improvement of coffee beans wet fermentation. World J. Microbiol. Biotechnol. 36: 186 (2020)
295. Ribeiro, J. S., Teófilo, R. F., Augusto, F., Ferreira, M. M. C. Simultaneous optimization of the microextraction of coffee volatiles using response surface methodology and principal component analysis. Chemom. Intell. Lab. Syst. 102(1): 45-52 (2010)
296. Robertson, G. L. Food packaging and shelf life: a practical guide. CRC Press, FL, USA (2009)
297. Roberto A. Buffol and Claudio Cardelli-Freire. Coffee flavour: an overview. Flavour Fragr. J. 2004; 19: 99-104 (2004).
298. Rocchetti, G., Braceschi, G. P., Odello, L., Bertuzzi, T., Trevisan, M., Lucini, L. Identification of markers of sensory quality in ground coffee: an untargeted metabolomics approach. Metabolomics. 16:127 (2020)
299. Rodrigues, C. I. I. Geographical origin discrimination of the green coffee bean and analytical qualification of the roasting profiles. Doctoral thesis, Universidade de Lisboa, LIS, PT (2011)
300. Rodriguez, Y. F. B., Calderon, K. T. S., Hernández, J. G. Comparison of sensory attributes and chemical markers of the infrared spectrum between defective and non-defective Colombian coffee samples. Coffee Sci. 15: e151659 (2020)
301. Ross, C. F., Pecka, K., Weller, K. Effect of storage conditions on the sensory quality of ground Arabica coffee. J. Food Qual. 29(6): 596-606 (2006)
302. Rothwell, J. A., Loftfield, E., Wedekind, R., Freedman, N., Kambanis, C., Scalbert, A., Sinha, R. A metabolomic study of the variability of the chemical composition of commonly consumed coffee brews. Metabolites. 9(1): 17(2019)
303. Ruosi, M. R., Cordero, C., Cagliero, C., Rubiolo, P., Bicchi, C., Sgorbini, B., Liberto, E. A further tool to monitor the coffee roasting process: Aroma composition and chemical indices. J. Agric. Food Chem. 60(45): 11283-11291 (2012)
304. Ruta, L. L., Farcasanu, I. C. Coffee and yeasts: From flavor to biotechnology. Ferment. 7(1): 9 (2021)
305. Salamanca, C. A., Fiol, N., González, C., Saez, M., Villaescusa, I. Extraction of espresso coffee by using gradient of temperature. Effect on physicochemical and sensorial characteristics of espresso. Food Chem. 214: 622-630 (2017)
306. Saleh, S., Liu, G., Liu, M., Ji, Y., He, H., Gruda, N. Effect of irrigation on growth, yield, and chemical composition of two green bean cultivars. Horticulturae 4(1): 3 (2018)
307. Santos, É. M., de Macedo, L. M., Tundisi, L. L., Ataide, J. A., Camargo, G. A., Alves, R. C., ... , Mazzola, P. G. Coffee by-products in topical formulations: A review. Trends Food Sci Technol. 111, 280-291 (2021)
308. Santos, H. D., Boffo, E. F. Coffee beyond the cup: analytical techniques used in chemical composition research—a review. Eur. Food Res. Technol. 247(4): 749-775. (2021)
309. Santos, J. R., Rodrigues, J. A. Characterization of volatile carbonyl compounds in defective green coffee beans using a fan assisted extraction process. Food Control. 108: 106879 (2020)
310. Santos, J. R., Sarraguca, M. C., Rangel, A. O. S. S., Lopes, J. A. Evaluation of green coffee beans quality using near infrared spectroscopy: A quantitative approach. Food Chem. 135: 1828-1835 (2012)
311. Santos S. M. B., Kitzberger, C. S. G., Durand, N., Rakocevic, M. From the field to coffee cup: impact of planting design on chlorogenic acid isomers and other compounds in coffee beans and sensory attributes of coffee beverage. Eur. Food Res. Technol. 244(10): 1793-1802 (2018)
312. Santos S.M. B., Kitzberger, C. S. G., Pereira, L. F. P., Davrieux, F., Pot, D., Charmetant, P., Leroy, T. Application of near infrared

spectroscopy for green coffee biochemical phenotyping. J. Near Infrared Spectrosc. 22(6): 411-421 (2014)

313. Sarghini, F., Fasano, E., Vivo, A. D., Tricarico, M. C. Influence of roasting process in six coffee arabica cultivars: analysis of volatile components profiles. Chem. Eng. Trans. 75: 295-300 (2019)
314. Schakel, E. J. Investigation of the Coffee Grinding Process. (2016)
315. Schenker, S., Heinemann, C., Huber, M., Pompizzi, R., Perren, R., Escher, R. Impact of roasting conditions on the formation of aroma compounds in coffee beans. J. Food Sci. 67(1), 60-66 (2002)
316. Scholz, M. B. S., Prudencio, S. H., Kitzberger, C. S. G., Silver, R. S. S. F. Physico-chemical characteristics and sensory attributes of coffee beans submitted to two post-harvest processes. J. Food Meas. Charact. 13: 831-839 (2019)
317. Schouten, M. A., Tappi, S., Romani, S. Acrylamide in coffee: formation and possible mitigation strategies - a review. Crit. Rev. Food Sci. Nutr. 60(22): 3807-3821 (2020)
318. Selmar, D., Bytof, G., Knopp, S. The storage of green coffee (Coffea arabica): decrease of viability and changes of potential aroma precursors. Ann. Bot. 101(1): 31-28 (2008)
319. Selmar, D., Bytof, G., Knopp, S. E., Breitenstein, B. Germination of coffee seeds and its significance for coffee quality. Plant Biol. 8(2): 260-264 (2006)
320. Seninde, D., R., Chambers IV, E. Coffee flavor: A review. Beverages. 6(44): 1-25 (2020)
321. Serra, F., Guillou, C. G., Reniero, F., Ballarin, L., Cantagallo, M. I., Wieser, M., ... , Vanhaecke, F. Determination of the geographical origin of green coffee by principal component analysis of carbon, nitrogen and boron stable isotope ratios. Rapid Commun. Mass Spectrom. 19(15): 2111-2115 (2005)
322. Severa, L., Buchar, J., Nedomova, S. Shape and size variability of roasted arabica coffee beans. Int. J. Food Prop. 15: 426-37 (2012)
323. Shahidi, F., Oh, W. Y. Lipid-derived flavor and off-flavor of traditional and functional foods: an overview. J. Food Bioact. 10: 20-31 (2020)
324. Shuler, J. D. Effect of the presence of the pericarp on the chemical composition and sensorial attributes of arabica coffee. MS thesis, Universidade federal de lavras, BR (2017)
325. Sisti, L., Celli, A., Totaro, G., Cinelli, P., Signori, F., Lazzeri, A., ... , Navarini, L. Monomers, materials and energy from coffee by-products: A review. Sustainability. 13(12): 6921 (2021)
326. Spencer, M., Sage, E., Velez, M., Guinard, J. X. Using single free sorting and multivariate exploratory methods to design a new coffee Taster's Flavor Wheel. J. Food Sci. 81(12): s2997-s3005 (2016)
327. Soca ł a, K., Szopa, A., Serefko, A., Poleszak, E., Wlaź, P. Neuroprotective effects of coffee bioactive compounds: a review. Int. J. Mol. Sci. 22(1): 107 (2020)
328. Sun, Z., Cui, H., Yang, N., Ayed, C., Zhang, X., Fisk, I. D. Enhancement of coffee brew aroma through control of the aroma staling pathway of 2-furfurylthiol. Food chem. 322: 126754 (2020)
329. Sun, Z., Yang, N., Liu, C., Linforth, R. S., Zhang, X., Fisk, I. D. Aroma binding and stability in brewed coffee: A case study of 2-furfurylthiol. Food chem. 295: 449-455 (2019)
330. Sunarharum, W. B., Williams, D. J., Smyth, H. E. Complexity of coffee flavor: A compositional and sensory perspective. Food Res. Int. 62: 315-325 (2014)
331. Sittipod, S., Schwartz, E., Paravisini, L., Peterson, D. G. Identification of flavor modulating compounds that positively impact coffee quality. Food Chem. 301: 125250 (2019)
332. Sittipod, S., Schwartz, E., Paravisini, L., Tello, E., Peterson, D. G. Identification of Compounds that negatively impact coffee flavor quality using untargeted liquid chromatography/mass spectrometry analysis. J. Agric. Food Chem. 68(38): 10424-10431 (2020)
333. Spence, C., Carvalho, F. M. The coffee drinking experience: Product extrinsic (atmospheric) influences on taste and choice. Food Qual. Prefer. 80: 103802 (2020)
334. Sun, Z., Yang, N., Liu, C., Linforth, R. S., Zhang, X., Fisk, I. D. Aroma binding and stability in brewed coffee: A case study of 2-furfurylthiol. Food chem. 295: 449-455 (2019)
335. Tang, V. C. Y., Sun, J., Cornuz, M., Yu, B., Lassabliere, B. Effect of solid-state fungal fermentation on the non-volatiles content and volatiles composition of Coffea canephora (Robusta) coffee beans. Food Chem. 337: 128023 (2021)

336. Tesfa, M. Review on post-harvest processing operations affecting coffee (Coffea Arabica L.) quality in Ethiopia. Environ. Earth Sci. 9(12): 30-39 (2019)
337. Thorburn Burns, D., Tweed, L., Walker, M. J. Ground roast coffee: review of analytical strategies to estimate geographic origin, species authenticity and adulteration by dilution. Food Anal. Methods. 10(7): 2302-2310 (2017)
338. Thurston, R. W., Morris, J., Steiman, S. Coffee: A comprehensive guide to the bean, the beverage, and the industry. Rowman & Littlefield Publishers. DC, USA (2013)
339. Toci, A. T., Azevedo, D. A., Farah, A. Effect of roasting speed on the volatile composition of coffees with different cup quality. Food Res. Int. 137: 109546 (2020)
340. Toci, A. T., Boldrin, M. V. Coffee beverages and their aroma compounds. Pp. 397-425. In: Natural and artificial flavoring agents and food dyes. Academic Press, MA, USA (2018)
341. Toci, A. T., Farah, A. Volatile compounds as potential defective coffee beans' markers. Food Chem. 108: 1133-1141 (2008)
342. Toci, A. T., Farah, A. Volatile fingerprint of Brazilian defective coffee seeds: corroboration of potential marker compounds and identification of new low quality indicators. Food Chem. 153: 298-314 (2014)
343. Toledo, P. R., de Melo, M. M., Pezza, H. R., Toci, A. T., Pezza, L., Silva, C. M. Discriminant analysis for unveiling the origin of roasted coffee samples: A tool for quality control of coffee related products. Food Control. 73: 164-174. (2017)
344. Toledo, P. R. A. B., Pezza, L., Pezza, H. R. Toci, A. T. Relationship between the different aspects related to coffee quality and their volatile compounds. Compr. Rev. Food Sci. Food Saf. 15(4): 705-719 (2016)
345. Tolessa, K., Rademaker, M., De Baets, B., Boeckx, P. Prediction of specialty coffee cup quality based on near infrared spectra of green coffee beans. Talanta. 150: 367-374 (2016)
346. Torres-Valenzuela, L. S., Serna-Jiménez, J. A. Martínez, K. Coffee by-products: nowadays and perspectives. Pp.1-18. In: Coffee - production and research. Castanheira, T. IntecOpen, LDN, UK (2020)
347. Tran, H., Vargas, C. A. C., Slade Lee, L., Furtado, A., Smyth, H., Henry, R. Variation in bean morphology and biochemical composition measured in different genetic groups of arabica coffee (Coffea arabica L.). Tree Genet. Genomes. 13: 54 (2017)
348. Tripetch, P., Borompichaichartkul, C. Effect of packaging materials and storage time on changes of colour, phenolic content, chlorogenic acid and antioxidant activity in arabica green coffee beans (Coffea arabica L. cv. Catimor). J. Stored Prod. Res. 84: 101510 (2019)
349. Tsegay, G., Redi-Abshiro, M., Chandravanshi, B. S. Ele, E., Mohammed, A. M., Mamo, H. Volatile profile of green coffee beans from coffea Arabica L. plants grown at different altitudes in Ethiopia. Bull. Chem. Soc. Ethiop. 33(3): 401-413 (2019)
350. Uman, E., Colonna-Dashwood, M., Colonna-Dashwood, L., Perger, M., Klatt, C., Leighton, S., ..., Hendon, C. H. The effect of bean origin and temperature on grinding roasted coffee. Sci. Rep. 6(1): 1-8 (2016)
351. Upadhyay, R., Mohan Rao, L. J. An outlook on chlorogenic acids—occurrence, chemistry, technology, and biological activities. Crit. Rev. Food Sci. Nutr. 53(9): 968-984 (2013)
352. Van Der Vossen, H. A. M. A critical analysis of the agronomic and economic sustainability of organic coffee production. Expl Agric. 41: 449-473 (2005)
353. Van, V., Stahl, W., Nguyen, M. T., Nguyen, H. V. L. The smell of coffee: the carbon atom microwave structure of coffee furanone validated by quantum chemistry. Can. J. Phys. 98(6), 538-542 (2020)
354. Vareltzis, P., Gargali, I., Kiroglou, S., Zeleskidou, M. Production of instant coffee from cold brewed coffee; process characteristics and optimization. Food Sci. Appl. Biotech. 3(1): 39-46 (2020)
355. Velmourougane, K. Effects of wet processing methods and subsequent soaking of coffee under different organic acids on cup quality. World J. Sci. Technol. 1(7): 32-38 (2011)
356. Vilela, A. Sensory and volatile flavor analysis of beverages. Foods. 10(1): 177 (2021)
357. Vinícius de Melo Pereira, G., Soccol, V. T., Brar, S. K., Neto, E., Soccol, C. R. Microbial ecology and starter culture technology in coffee processing. Crit. Rev. Food Sci. Nutr. 57(13): 2775-2788 (2017)
358. Vitzthum, O. G. Thirty years of coffee chemistry research. Pp. 117-133. In: Flavor Chemistry. Teranishi R., Wick E. L., Hornstein I. Springer New York, NY, USA (1999)
359. Vogt, M. A. B. Developing stronger association between market value of coffee and functional biodiversity. J. Environ. Manage.

269: 110777 (2020)
360. Volsi, B., Telles, T. S., Caldarelli, C. E., Camara, M. R. G. D. The dynamics of coffee production in Brazil. PloS one. 14(7): e0219742 (2019)
361. Wachamo, H. L. Review on health benefit and risk of coffee consumption. Med. Aromat. Plants. 6(4): 1-12 (2017)
362. Wagemaker, T. A. L., Carvalho, C. R. L., Maia, N. B., Baggio, S. R., Guerreiro Filho, O. Sun protection factor, content and composition of lipid fraction of green coffee beans. Ind. Crops. Prod. 33(2): 469-473 (2011)
363. X Wang, LT Lim. A kinetics and modeling study of coffee roasting under isothermal conditions. Food and Bioprocess Technology. 7, 621-632 (2014)
364. Wang, C., Sun, J., Lassabliere, B., Yu, B., Liu, S. Q. Coffee flavour modification through controlled fermentation of green coffee beans by Lactococcus lactis subsp. cremoris. LWT-Food Sci. Technol. 120: 108930 (2020)
365. Wang, C., Sun, J., Lassabliere, B., Yu, B., Liu, S. Q. Coffee flavour modification through controlled fermentations of green coffee beans by Saccharomyces cerevisiae and Pichia kluyveri: Part I. Effects from individual yeasts. Food Res. Int. 136: 109588 (2020)
366. Wang, C., Sun, J., Lassabliere, B., Yu, B., Liu, S. Q. Coffee flavour modification through controlled fermentation of green coffee beans by Saccharomyces cerevisiae and Pichia kluyveri: Part II. Mixed cultures with or without lactic acid bacteria. Food Res. Int. 136: 109452 (2020)
367. Wang, N. Physicochemical changes of coffee beans during roasting. Doctoral thesis, University of Guelph, ON, CA. (2012)
368. Wang, X., Lim, L. T. Physicochemical characteristics of roasted coffee. pp. 247-254. In: Coffee in health and disease prevention. Academic Press, MA, USA (2015)
369. Wasserman, G. S., Bradbury, A., Cruz, T., Penson, S. Coffee. Pp. 1-22. In: Kirk-Othmer Encyclopedia of Chemical Technology. John Wiley & Sons, NJ, USA (2000)
370. Waters, D. M., Moroni, A. V., Arendt, E. K. Biochemistry, germination and microflora associated with Coffea arabica and Coffea canephora green coffee beans. Crit. Rev. Food Sci. Nutr. (2015)
371. Wei, F., Tanokura, M. Organic compounds in green coffee beans. pp. 149-162. In: Coffee in health and disease prevention. . Preedy, V. Academic Press, MA, USA. (2015)
372. Wen, L., Álvarez1, C., Zhang, Z., Poojary, M. M., Lund, M. N., Sun, D. W., Tiwari, B. K. Optimisation and characterisation of protein extraction from coffee silverskin assisted by ultrasound or microwave techniques. Biomass Convers. Biorefinery. 11: 1575-1585 (2021)
373. WeldeMichael, G., Alamerew, S., Tulu, L., Berecha, G. Genetic variability of ethiopian coffee (Coffea arabica L.) accessions collected from east wollega zone for bean biochemical constituents. Ethiop. J. Agric. Sci. 30(3): 77-97 (2020)
374. Weschenfelder, T. A., Lantin, P., Viegas, M. C., De Castilhos, F., Paula Scheer, A. Concentration of aroma compounds from an industrial solution of soluble coffee by pervaporation process. J. Food Eng. 159: 57-65 (2015)
375. Wintgens, J. N. Coffee bean quality assessment. In: Coffee: growing, processing, sustainable production. A guidebook for growers, processors, traders and researchers. Wintgens, J. N. BW, DEU (2009)
376. Worku, M., De Meulenaer, B., Duchateau, L., Boeckx, P. Effect of altitude on biochemical composition and quality of green arabica coffee beans can be affected by shade and postharvest processing method. Food Res. Int. 105: 278-285 (2018)
377. Worku, M., Duchateau, L., Boeckx, P. Reproducibility of coffee quality cupping scores delivered by cupping centers in Ethiopia. J. Sens. Stud. 31(5): 423-429 (2016)
378. Wuerges, K. L., Dias, R. C. E., Viegas, M. C., Benassi, M. T. Kahweol and cafestol in coffee brews: comparison of preparation methods. Rev. Cienc. Agron. 51(1): e20186553 (2020)
379. Xuebo Song, Lin Zhu, Si Jing, Qing Li, Jian Ji, Fuping Zheng, Qiangzhong Zhao, Jinyuan Sun, Feng Chen, Mouming Zhao, and Baoguo Sun. Insight into the Role of 2-Methyl-3-furanthiol and 2-Furfurylthiol as Markers for the Differentiation of ChineseLight, Strong and Soy Sauce Aroma Types Baijiu. J. Agric. Food Chem. 1~33(2020)
380. Yang, N., Liu, C., Liu, X., Degn, T. K., Munchow, M., Fisk, I. Determination of volatile marker compounds of common coffee roast defects. Food Chem. 211: 206-214 (2016)
381. Yao, T. Brew methods effect on coffee flavor and aroma. Doctoral thesis, Texas A&M University, TX, USA (2017)
382. Yashin, A., Yashin, Y., Xia, X., Nemzer, B. Chromatographic methods for coffee analysis: a review. J. Food Res. 6(4): 60-82

(2017)

383. Yener, S., Navarini, L., Lonzarich, V., Cappellin, L., Märk, T. D., Bonn, G. K., Biasioli, F. Monitoring single coffee bean roasting by direct volatile compound analysis with proton transfer reaction time-of-flight mass spectrometry. J. Mass Spectrom. 51(9): 690–697 (2016)

384. Yeretzian, C., Jordan, A., Badoud, R., Lindinger, W. From the green bean to the cup of coffee: investigating coffee roasting by on-line monitoring of volatiles. Eur. Food Res. Technol. 2124: 92–104 (2002)

385. Yergenson, N., Aston, D. E. Monitoring coffee roasting cracks and predicting with in situ near-infrared spectroscopy. J Food Process Eng. 43(2): e13305 (2020)

386. Yildirim, S., Gok, I., Demir, E., Tokusoglu, O. Use of electrochemical techniques for determining the effect of brewing techniques (espresso, Turkish and filter coffee) and roasting levels on total antioxidant capacity of coffee beverage. J. Food Process. Preserv. 46(7): e16626 (2022)

387. Yuwono, S. S., Hanasasmita, N., Sunarharum, W. B. Effect of different aroma extraction methods combined with GC-MS on the aroma profiles of coffee. IOP Conf. Ser.: Earth Environ. Sci. 230(1): 012044 (2019)

388. Zakidou, P., Plati, F., Matsakidou, A., Varka, E. M., Blekas, G., Paraskevopoulou, A. Single origin coffee aroma: From optimized flavor protocols and coffee customization to instrumental volatile characterization and chemometrics. Molecules. 26(15): 4609 (2021)

389. Zamanipoor, M. H., Yakufu, B., Tse, E., Rezaeimotlagh, A., Hook, J. M., Bucknall, M. P., Thomas, D. S., Trujillo, F. J. Brewing coffee?-Ultra-sonication has clear beneficial effects on the extraction of key volatile aroma components and triglycerides. Ultrason. Sonochem. 60: 104796 (2020)

390. Zania, R. C., Smrke, S., Kurozawa, L. E., Yamashita, F., Yeretzian, C. Modulation of aroma release of instant coffees through microparticles of roasted coffee oil. Food Chem. 341(1) 128193 (2021)

391. Zanin, R. C., Kitzberger, C. S. G., Benassi, M. T. Characterization of roasted coffea arabica species by the relationship between caffeine and diterpenes contents. Braz. Arch. Biol. Technol. 63: e20180752 (2020)

392. Zapata, J., Londono, V., Naranjo, M., Osorio, J., Lopez, C., Quintero, M. Characterization of aroma compounds present in an industrial recovery concentrate of coffee flavour. CYTA – J. Food. 16(1): 367–372 (2018)

393. Zarebska, M., Stanek, N., Barabosz, K., Jaszkiewicz, A., Kulesza, R., Matejuk, R., Andrzejewski, D., Bilos, T., Porada, A. Comparison of chemical compounds and their influence on the taste of coffee depending on green beans storage conditions. Sci. Rep. 12(1): 1–12 (2022)

394. Zhang, D. X., Si, H. Z., Liu, X. Quantitative structure-retention time relationship for retention time of coffee flavor compounds. Open J. Adv. Mater. Res. 926: 1010–1013 (2014)

395. Zhang, S. J., De Bruyn, F., Pothakos, V., Contreras, G. F., Cai, Z., Moccand, C., Weckx, S., De Vuyst, L. Influence of various processing parameters on the microbial community dynamics, metabolomic profiles, and cup quality during wet coffee processing. Front. Microbiol. 10: 2621 (2019)

용어 해설 I

ㄱ

가수분해 반응(Hydrolysis)
물질이 촉매(효소, 산 또는 알칼리)가 있을 때 물의 작용으로 두 개 이상의 성분으로 분해되는 반응을 말한다. 전분이 포도당으로 분해되는 반응, 단백질이 펩타이드 또는 아미노산으로 분해되는 반응, 지질이 지방산과 글리세롤로 분해되는 반응, 에스터가 물과 작용하여 알코올과 유기산으로 분해되는 반응 등을 말한다. 가수분해 반응에는 촉매제가 존재하면 반응은 촉진되지만 식품 내 수분이 많아도 효소 없이 가수분해 반응은 일어난다.

갈락토만난(Galactomannan)
갈락토오스와 만노오스를 구성 성분으로 하는 다당류의 총칭으로 주로 콩과 식물에 존재한다.

갈락토오스(Galactose)
알데하이드기를 가지는 육탄당(헥소스)의 하나로 포도당보다 단맛이 덜 난다. 젖당(유당)의 구성 성분이기도 하다.

갈락투론산(Galacturonic acid)
갈락토오스의 여섯 번째 탄소 원자의 하이드록시기를 카복실기로 산화한 우론산의 하나이다. 펙틴, 식물의 점질물, 세균의 다당류 등을 구성하는 성분이다

고급 알코올(Higher alcohol)
알코올은 일반적으로 에틸알코올을 가리킨다. 수산기(OH) 한 개를 갖는 메틸알코올과 에틸알코올을 1가 알코올이라 하며 한 분자 속의 수산기 수에 따라 2가 알코올, 3가 알코올로 구분된다. 보통 탄소 수 32개 이상인 것을 고급 알코올이라 하며 퓨젤유(fusel oil)라고도 한다.

구연산(Citric acid)
약한 유기산으로서 자연에서는 감귤, 레몬, 주류, 커피 등에서 주로 발견된다.

구연산 회로(Citric acid cycle)
고등동물의 생체 내에서 피루브산의 산화를 통해 에너지원인 ATP(Adenosine triphosphate, 아데노신삼인산)를 생산하는 과정이며, 트리카르복실산 회로(TCA)로도 불린다. 생체 내에서 탄수화물 · 지방 · 단백질의 대사 생성물은 마지막에는 피루브산이 되어 이 회로에 들어가 완전 산화되어 이산화 탄소와 물로 된다.

극성(Polar)
분자에서 전하(electric charge)가 양극으로 분리되어 쌍극자(dipole) 또는 다극자(multipole)를 띤 상태를 의미한다. 극성 물질은 물과 잘 섞이는 성질이 있고 물과 알코올이 대표적인 극성을 띠는 물질이다.

그람 음성
세균은 세포벽의 형태에 따라 크게 두 가지로 분류할 수 있는데 그람 염색법은 세포벽의 구조 차이에 따라 세균을 다른 색으로 착색시켜 분류하는 염색법이다. 그람 음성균과 그람 양성균의 착색되는 성질의 차이는 세포 내부를 에워싸고 있는 세포벽의 구조 차이에 기인한다.

글루칸(Glucan)
포도당들이 배당체 결합(glycosidic bond)에 의해 연결되어 생성되는 다당류를 총칭하는 말이다. 글리코시드 결합의 종류에 따라 알파 글루칸(α-glucan)과 베타글루칸(β-glucan)으로 구분된다.

글루콘산(Gluconic acid)
포도당의 알데히드기(-CHO)가 산화되어 카르복실기(-COOH)로 된 유기산을 말한다.

글리세롤(Glycerol)
지방족 3가 알코올의 하나로서 글리세린이라고도 하며, 무색무취고 단맛이 나고 끈기가 있는 물질이다.

글리콜산(Glycolic acid)
탄소 수 2의 하이드록시 카복실산으로 하이드록시아세트산이라고도 한다.

ㄴ

뉴클레오티드(Nucreotide)
DNA나 RNA 같은 핵산을 이루는 단위체로서 뉴클레오티드는 염기 하나와 오탄당 하나, 한 개 이상의 인산으로 구성돼 있다.

니코틴산(Nicotinic acid)
니코틴의 산화물로, 비타민 B 복합체의 하나이며 비타민 B_3 또는 나이아신(niacin)이라고도 한다. 동물의 간, 살코기, 효모, 콩류, 곡식, 커피에 널리 존재한다.

니코틴아미드(Nicotinamide)
니코틴산의 아미드로서 수용성 비타민과 비타민 B 복합체의 하나로 쓴맛을 갖고 물, 알코올에 잘 녹는다.

ㄷ

다당류(Polysaccharide)
단당류 3개 이상이 글리코시드 결합을 통하여 큰 분자를 만들고 있는 당류를 통틀어 일컬으며 분자량은 수천에서 100만을 넘는 것까지 있다. 전분, 셀룰로오스 등이 대표적이다.

단당류(Monosaccharide)
가수분해로는 더 이상 간단한 화합물로 분해되지 않는 당류를 말하며, 탄수화물 구조의 기본이 되고 포도당, 과당, 갈락토오스 등이 있다.

동형 발효(Homo fermentation)
젖산균이 1분자의 포도당을 2분자의 젖산으로 최종산물로 생성하는 발효를 말한다.

디케톤류(Diketones)
1분자 내에 2개의 케톤기를 가진 화합물을 말한다. 2개의 케톤기가 인접하고 있는 화합물 RCOCOR'을 1, 2-디케톤 혹은 α-디케톤이라 하고, 케톤기의 상대 위치가 떨어짐에 따라서 1, 3-(또는 베타) 디케톤 1, 4-(또는 감마) 디케톤 등으로 부른다.

ㄹ

라피노오스(Raffinose)
D-갈락토오스, D-글루코오스, D-프럭토오스 각 1분자로 이루어진 비환원성 3 당류를 말한다.

락톤류(Lactones)
감마 또는 델타-하이드록시산(hydroxy acid)의 수산기(-OH)와 카르복실기(-COOH) 사이의 탈수·축합에 의해 생성된 환상 에스터를 말한다. 락톤류는 착향의 목적으로만 사용된다.

람노오스(Rhamnose)
메틸펜토오스의 일종으로 식물계에서는 주로 글리코시드, 다당류의 구성 성분으로 되어 있다. 설탕의 약 1/3의 감미가 있다

리놀레산(Linoleic acid)
불포화 오메가-6 지방산이며 음식물을 통해 섭취해야 하는 사람의 필수 지방산 중 하나이다. 리놀레산은 물에 거의 녹지 않는 무색 또는 흰색 기름이다.

리보오스(Ribose)
알도펜토스(5탄당)의 한 종류로 천연에서는 D형만 존재하며, ATP와 니코틴아마이드뉴클레오티드 등 여러 조효소의 구성 성분이며 모든 생물 세포 속에 존재한다.

ㅁ

마이얄 반응(Maillard reaction)
아미노산과 환원당 사이의 화학 반응으로, 음식의 조리 과정 및 커피 로스팅 과정 중에 색상이 갈색으로 변하면서 특별한 향미를 발현하는 일련의 화학 반응을 일컫는다.

만난(Mannan)
만노오스를 주요한 구성분으로 하는 다당류의 총칭이며 대부분 만노오스만으로 이루어지는데 갈락토오스와 글루코오스 등을 포함하는 것도 있다.

만니톨(Mannitol)
당알코올의 일종으로 다시마와 버섯류, 당근, 양파에도 많다.

메발론산 경로(Mevalonic acid pathway)
아세틸CoA에서 메발론산을 거쳐 이소프레노이드가 생합성되는 대사 경로이다.

멜라노이딘(Melanoidin)
당과 아미노산이 반응하는 마이얄 반응의 최종 산물로서 갈색의 중합체이며 커피 로스팅, 된장이나 간장을 발효 숙성 과정 등 식품의 거의 모든 과정에서 일어날 수 있다.

모노털핀류(Monoterpines)
두 개의 이소프렌 단위로 구성된 10개의 탄소를 가지는 털핀 계통의 물질이다. 커피, 콩 등 식물체에 존재하고 정유의 주성분을 이룬다. 휘발성과 방향을 가지고 액체가 많으며 비교적 불안정하며 이성질화되기 쉽다

미생물 천이(Microbial succession)
미생물의 군집(community)이 환경 변화, 영양분의 변화, 경쟁 등 다양한 생태적 원인으로 시간이 지나면서 미생물 군집의 구성원이 변화하는 과정을 말한다.

ㅂ

바이오제닉 아민류(Biogenic amine)
단백질을 발효하는 과정에서 발생하는 유해 물질로 된장, 간장, 젓갈, 커피 등에서 나타난다. 과다 섭취하면 인체에 유해하기 때문에 바이오제닉 아민 저감화가 필요하다.

발레르산(Valeic acid)
탄소수 5인 카르복실산(CH3(CH2)3COOH)으로 길초산이라고 한하며 포화지방산의 하나로 불쾌한 냄새가 나는 무색 액체이다.

발열 반응(Exothermic reaction)
열을 방출하면서 진행하는 화학 반응으로 상온에서의 화학 반응은 대부분이 발열 반응이다. 탄소의 연소, 산과 알칼리의 중화 등이 있다.

방향족화합물(Aromatic compound)
분자 속에 벤젠고리를 가진 유기화합물로서 벤젠의 유도체를 말한다. 방향족 탄화수소와 치환기가 있는 화합물, 그리고 헤테로고리 화합물로 나눌 수 있다. 방향족화합물은 반드시 방향(芳香)을 가진 화합물에만 한정된 것은 아니다.

배당체(Glycoside)
글리코시드라고도 하며 당의 환원기와 당이나 화합물의 하이드록시기가 탈수 축합하여 생긴 물질을 말한다. 하이드록실기를 갖는 천연물이 당과 이 형태의 글리코시드 결합을 이루어 배당체 형태로 존재하는 것이 많다.

불포화지방산(Unsaturated fatty acid)
분자 내에 이중결합을 가진 지방산을 말하며 포화지방산과 비교해 화학적으로 불안정하고 산화되기 쉽다.

뷰티르산(Butyric acid)
탄소 4원자의 곧은 사슬 포화 카르복실산으로 우유 지방과 버터에 있는 지방질을 구성하는 지방산 가운데 탄소 수가 가장 적은 유기산이다. 식품첨가물의 하나로 착향료로 쓴다.

비극성(non polar)
지용성으로서 물과 잘 섞이지 않는 특성을 띠며 지방이 대표적이다.

ㅅ

사과산(Malic acid)
4개의 탄소로 이루어져 있으며 1, 4번 탄소에 카복실기, 2번 탄소에 수산화기가 붙어 있는 물질이다. 덜 익은 사과, 포도, 자두, 살구, 커피 등에 들어 있는 유기산의 하나로서 능금산이라고도 한다.

세로토닌(Serotonine)
생리 활성 아민의 일종으로 안쪽 시상하부 중추에 존재하며 체온, 기억, 정서, 수면, 식욕, 기분 조절에 기여하는 신경전달 물질이다.

센터컷(Center cut)
커피콩의 중앙에 세로로 패여 있는 홈을 말하며 커피콩의 형태적 특징과 로스팅 상태를 알 수 있는 기준이 된다.

셀룰로오스(Cellulose)
수백에서 수천 개의 포도당이 $\beta(1\rightarrow4)$ 글리코사이드 결합으로 연결된 선형 사슬이 중첩된 격자형의 다당류이다. 셀룰로오스는 냄새가 없고, 백색 고체이다. 물에 잘 녹지 않는다.

수용성((Water solubility)
극성 용매인 물에 용해되는 성질을 말한다.

스타키오스(Stachyose)
2분자의 α-D-갈락토오스, 1분자의 α-D-포도당, 1분자의 β-D-과당이 글리코사이드 결합으로 순차적으로 연결된 사당류이다. 단맛은 설탕의 28% 정도이며 환원성은 없다.

스테롤(Sterol)
동식물계에 널리 분포하는 스테로이드 알코올을 말하며 콜레스테롤이 대표적이다.

스테아린산(Stearic acid)
지방산으로서 탄소 수가 18개이고 이중결합이 없는 포화 탄화수소로서 자연계에 널리 분포한다. 식품의 점착성 및 점도를 증가시키고 유화 안정성을 증진하며 식품의 물성 및 촉감을 향상시키기 위한 식품 첨가물로 사용된다.

스트렉커 반응(Strecker reaction)
알파 아미노산이 1, 2-디케톤과 반응하여 이산화탄소와 암모니아를 방출하고 탄소 수가 하나 적은

알데히드 또는 케톤으로 분해하는 반응이다. 커피 로스팅에서 아로마를 발현하는 중요한 반응이다

ㅇ

아라반(Araban)
아라비난(arabinan)이라고도 하며 L-아라비노오스를 주요 구성 당으로 하는 다당류를 말한다.

아라비노갈락탄(Arabinogalactan)
주로 L-아라비노오스와 D-갈락토오스로 구성된 수용성 다당류의 일종으로 식품의 점착성 및 점도를 증가시키고 유화 안정성을 증진하며 식품의 물성 및 촉감을 향상시키기 위한 식품 첨가물로 사용된다.

아라비노오스(Arabinose)
펙틴당이라고도 불리며 단당류 중 알도펜토오스의 하나로서 L, D 및 DL 형 등 3종의 존재가 알려져 있다.

아라키딘산(Arachidic acid)
탄소 수가 20개인 곧은 사슬 지방산 ($CH_3(CH_2)18COOH$)으로 아라킨산이라고도 한다.

아마도리 전위(Amadori rearrangement)
알도오스 등의 알데히드기와 아미노 화합물인 아미노기가 반응하여 시프 염기(Schiff Base)를 형성할 때, 여기에 인접된 히드록시기가 이성화를 일으켜 케톤을 생성하는 반응이다. 마이얄 반응의 초기 과정에서 일어난다.

아미노산 대사(Amino acid metabolism)
아미노산의 분해와 합성에 관계되는 일련의 과정이다.

아미드(Amide)
암모니아의 수소를 산기(아실기)로 치환한 것 또는 금속의 아미드. 암모니아의 수소 원자의 하나가 금속 원자로 치환된 화합물의 총칭하는 물질이다.

아민(Amine)
암모니아(NH_3)에서 하나 이상의 수소가 알킬 또는 방향족 고리로 치환된 작용기를 포함한 질소 유기화합물이다.

안토시아닌(Anthocyanine)
식물의 잎, 줄기, 뿌리, 꽃, 과일, 커피 열매에 있는 세포의 액포에서 주로 발견되는 무취의 수용성 색소이며 플라보노이드 계열에 속한다. 적색, 자색, 청색 등을 띠며 이 색깔은 pH에 따라 다르다.

알데히드류(Aldehydes)
탄소 원자가 산소 원자와 수소 원자에 이중 연결된 유기화합물(-CHO)을 말한다. 탄소 수가 적은 알데히드는 물과 잘 섞이며 환원성을 갖는다. 환원성이란 환원시키는 성질로, 알데히드 자신은 산화되기 쉬운 성질을 갖는다는 의미이다. 알데히드는 자신은 카르복실산으로 산화되기 쉽다.

알칸류(Alkanes)
지방족 포화 탄화수소를 말하며 탄소 원자 사이의 결합이 단일 결합으로만 이루어진 사슬 모양을 띤다.

알코올류(Alcohols)
에틸알코올과 고급 알코올류를 총칭하는 말이다.

알킬류(Alkyls)
지방족 포화 탄화수소에서 수소 원자 1개를 제거한 나머지의 원자단을 말한다.

에리스리톨(Erythritol)
과일 및 발효식품에 함유된 천연의 당알코올이

며, 감미도가 설탕의 70~80% 정도이고 청량한 감미를 가지고 있는 감미료이다.

에멀션화(Emulsification)
어떤 액체 속에 그것과 섞이지 않는 다른 액체를 미세 입자로 분산시키는 것 또는 분산된 그 상태. 즉 서로 용해되지 않는 두 액체의 한쪽이 미립자가 되어 다른 쪽 액체 중에 분산시켜 유탁액(emulsion)을 생성하는 현상을 말한다.

에스터류(Esters)
알코올 또는 페놀이 유기산 또는 무기산과 반응하여 물을 잃고 축합하여 생긴 화합물의 총칭이다.

열 산화(Thermal oxidation)
유지를 공기가 존재하는 상태에서 고온으로 가열할 때 일어나는 산화 반응으로 튀김 기름의 질이 나빠지는 것은 이 반응에 의한다.

열분해(Pyrolysis)
열의 작용으로 화합물이 두 가지 이상의 물질로 분해되는 반응으로 외부에서 열을 가하여 분자를 활성화시켰을 때 약한 결합이 끊어져서 두 가지 이상의 성질이 다른 새로운 물질을 만드는 반응을 말한다.

열평형(Thermal equilibrium)
열은 전도, 대류, 복사에 의해 이동한다. 열은 항상 온도가 높은 물체에서 온도가 낮은 물체로 이동하며 두 물체 온도가 같아지면 더 이상 열의 이동이 일어나지 않고 일정한 온도가 유지되는데 이것을 열평형이라고 한다.

오탄당(Pentose)
탄소 원자 5개로 이루어진 단당류를 말한다. 알데하이드기를 가진 알도펜토오스로서는 리보오스, 아라비노오스, 자일로오스가 있고, 케토펜토오스에는 자일로오스, 리블로오스 등이 있다. 천연으로 동식물계에 널리 분포하는 것은 D-리보오스, D,L-아라비노오스, D-자일로오스 등이다.

오탄당 인산 경로(Pentose phosphate pathway)
해당 과정의 중간물질인 포도당-6-인산이 완전히 탄산가스로 환원되어 12분자의 NADPH를 생성하는 경로이며, 반응 중에서 오탄당 인산이 생성되어 핵산 합성에 이용된다.

옥사졸류(Oxazols)
탄소 3개, 산소 1개, 질소 1개가 5각형 골격을 형성하는 방향족 무색 액체 화합물이다. 산소와 질소가 탄소를 사이에 두고 있으며, 이중결합이 두 개 존재하는 구조이다

옥살산(Oxalic acid)
많은 식물과 채소에서 생성되는 강한 디카르복실산으로 수산이라고도 한다.

올레산(Oleic acid)
올리브유에 포함된 지방산의 주성분으로 오메가-9 불포화지방산이다. 올리브유에서 혈압 저하에 효과가 있다.

올리고당(Oligosaccharide)
3~10개의 단당류가 글리코시드 결합으로 연결된 탄수화물을 말하며 대부분 단맛을 낸다. 보통 글리칸(Glycan) 형태로 존재하며 천연 올리고당류는 대부분 식물에서 발견된다.

왁스류(Waxes)
물에 녹지 않는 고급 1가 또는 2가 알코올 지방산 에스터이다. 왁스는 친유성이면서 주변 온도에 따라 모양이 쉽게 변할 수 있는 다양한 유기화합물이다.

유기산류(Organic acid)
한 개 이상의 카복실기(-COOH)를 갖는 유기화합물로서 과실류와 커피에 함유되어 있으며 포름

산, 사과산, 구연산, 수산, 구연산, 호박산 등이 대표적이다.

유리 아미노산(Free amino acid)
단백질이나 펩타이드와 같은 결합형 아미노산에 반해 아미노산이 단독 분자로 존재하는 상태를 말한다. 유리 아미노산은 아미노기(-NH2)와 카르복실기(-COOH)가 해리된 상태로 있다.

유리 지방산(Free fatty acid)
유지 중의 에스터 결합이 가수분해에 의해 절단되어 생긴 지방산을 말한다.

이당류(Disaccharide)
탄수화물은 단당류, 이당류, 올리고당 및 다당류로 분류할 수 있으며 이 중에서 이당류(disaccharide)는 2개의 단당류 분자가 축합 반응으로 탈수되면서 글리코사이드 결합을 형성하며 서로 연결되어 있다. 설탕, 유당, 맥아당이 대표적이다.

이미다졸류(Imidazoles)
탄소 3개와 질소 2개가 5각형 골격을 형성하는 방향족으로 무색 또는 흰색 고체 화합물이다. 두 개의 질소가 탄소를 사이에 두고 있으며, 이중결합이 두 개 존재하고 물에 잘 녹는 극성 화합물이다.

이온 교환 수지(Ion exchange resin)
다른 물질의 이온을 받아들이고 자기의 이온을 내놓는 합성수지. 다공질 합성수지로 내부 표면에 이온 교환 능력이 있는 작용기를 가지고 있다. 교환하는 이온에 따라 양이온 교환 수지와 음이온 교환 수지로 구분한다. 식품 첨가물의 하나로 가공 보조제로 사용한다.

이성화(Isomerazation)
화합물을 형성하고 있는 분자를 이성체로 변화시키는 화학 반응을 말한다. 반응 중에 분자 내의 원자 또는 원자단의 이동과 교환이 이루어지며, 화학 반응은 온도, 압력의 변화, 산 · 알칼리의 화학적 작용 등에 영향을 받는다.

이형 발효(Hetero fermentation)
젖산균이 당을 발효를 통해 분해하여 젖산을 생성할 때 그 밖에 여러 생성물(아세트산, 알코올, 이산화탄소 등)도 동시에 생성하는 발효를 말한다.

육탄당(Hexose)
탄소 원자를 6개 가진 단당류로서 알도스와 케토스가 있고 헥소스라고도 한다. 생물계에 가장 널리 분포하는 단당류이며, D-글루코스(포도당)를 비롯하여 D-갈락토오스, D-만노오스, D-프럭토오스 등이 잘 알려져 있다.

ㅈ

자유 라디칼(Free radical)
전자쌍을 구성하지 않은 전자를 가진 반응성이 매우 큰 원자단을 말한다. 때로는 분자 결합이 분리되어 생성되기도 한다. 이런 비공유 전자는 짝을 짓지 않은 활성 전자로서 해당 물질의 화학 반응성을 매우 높인다.

자일로글루칸(Xyloglucan)
식물의 세포벽의 헤미셀룰로스 성분에서 발견되는 다당류를 말하며 1, 4-연결된 포도당 잔기와 곁가지에 자일로오스의 잔기를 가지고 있다.

자일로오스(Xylose)
5개의 탄소 원자로 이루어진 단당류이고, 알데하이드기를 가지고 있는 알도오스로 분류되며 목당(wood sugar)이라고도 한다. 목재, 짚, 대나무 등에 들어 있는 다당류 자일란(xylan)의 구성 성분이다.

장사슬 카르복실산(Long chain carboxylic acid)
카복시기(-COOH)를 가지는 화합물을 모두 일컫는 말이다. 유기산의 하나로 1분자 중에 있는 카르복실기의 수가 1, 2, 3인 것을 각각 모노카르복시산(monocarboxylic acid), 디카르복실산(dicarboxylic acid), 트리카르복시산(tricarboxylic acid)이라고 한다. 지방산은 모노카르복시산의 일종이다.

전구물질(Precursor)
어떤 화합물을 만들어 내는 모체가 되는 물질이다.

절대 혐기성(Obligate anaerobic)
산소가 없는 곳에서만 생육하는 미생물을 말한다.

지방산(Fatty acid)
탄소 원자가 사슬 모양으로 연결된 카르복실산(R-COOH)을 통틀어 이르는 말로, 지방을 가수분해하면 생기기 때문에 붙여진 이름이다. 대부분의 자연적으로 발생하는 지방산은 4~28개까지의 짝수의 탄소 분자로 이루어져 있다.

지방족 알데히드류(Aliphatic aldehydes)
비방향족성의 탄소고리 화합물을 가진 알데히드를 말한다.

지방족 알코올류(Aromatic alcohols)
방향족성을 갖지 않는 탄소고리 화합물을 가진 알코올류로서 포화 지방족 알코올류와 불포화 지방족 알코올류가 있다.

지방족 화합물(Aliphatic compound)
유기화합물 중 분자 내의 모든 탄소 원자가 한 줄의 사슬 모양으로 연결된 것 또는 탄소 원자의 사슬에 곁가지 구조가 있어도 고리식 구조를 포함하지 않는 것을 총칭하여 말한다.

지용성(Fat solubility)
어떤 물질이 기름에 용해되는 성질을 말한다.

축합 반응(Consendation reaction)
탄소 화합물의 반응에서 물 한 분자가 떨어져 나가면서 두 분자가 결합하는 반응을 말한다.

ㅋ

카르복실기(Carboxylic group)
탄소, 산소, 수소로 이루어진 작용기의 하나로, -COOH 또는 $-CO_2H$ 로 표시된다. 카복실기는 아미노산이나 카르복실산에 존재하며 약산성을 띤다,

카르복실산(Carboxylic acid)
카복시기(-COOH)를 가지는 화합물을 모두 일컫는 용어이다.

카보닐기(Carbonyl group)
산소 원자와 이중결합으로 결합한 탄소 원자가 있는 작용기를 말한다.

카프로산(Caproic acid)
우유 지방, 코코넛, 팜유 및 커피에 들어 있는 탄소수가 여섯 개인 포화지방산을 말하며 헥산산이라고도 한다.

캐러멜화 반응(Caramerization reaction)
열에 의한 당의 분해로 생기는 현상으로 로스팅 때 고소함과 진한 색의 원인이 되는 중요한 현상이다. 캐러멜화 작용의 발현에 효소가 관여하지 않는 비효소적 갈변 반응이며 로스팅 시 발현되는 휘발 물질이 캐러멜 독특한 향을 나타낸다.

커핑(Cupping)
커피의 맛과 향 특성을 감별하는 것을 말한다.

케톤류(Ketones)
카보닐기로서 두 개의 작용기가 연결된 탄화수소

유도체를 말한다. 화학 구조식은 R1(CO)R2이며 가장 단순한 케톤은 아세톤이다.

콜린(Choline)
비타민 B 복합체의 한 가지이다.

퀴놀린산(Quinolinic acid)
니코틴산의 전구물질이다.

퀸산(Quinic acid)
커피나무 껍질, 커피의 종자, 사과, 복숭아 등의 과실 등에 많이 들어 있는 고등식물 특유의 고리 구조를 가진 유기산이다.

클로로겐산(Chrologenic acid)
커피 속에 다량 포함된 폴리페놀 화합물의 일종이며, 커피콩 특유의 착색 원인물질이다. 생체 내에서 과산화지질의 생성 억제 효과, 콜레스테롤 생합성 억제 효과 및 항산화 작용, 항암 작용 등을 한다.

ㅌ

탄화수소(Hydrocarbon)
탄소(C)와 수소(H)만으로 이루어진 유기화합물을 말한다. 가장 간단한 탄화수소는 탄소 하나와 수소 넷으로 이뤄진 메탄(CH_4)이다.

탬핑(Tamping)
포터 필터에 담긴 분쇄된 커피를 다지는 행위를 말한다.

털핀류(Terpenes)
이소프레노이드라고도 불리며 이소프렌(CH=C(CH)CH=CH)을 구성 단위로 하는 한 무리의 천연 유기화합물의 총칭하는 말이다. 식물 정유와 커피에 들어 있는 유기화합물이다.

토코페롤(Tocopherol)
지방에 녹고 산화 방지 활성이 있는 비타민 E를 말하며 화학적으로는 토코페롤은 털핀류의 한 종류이다.

신남산(Cannamic acid)
대표적인 방향족 불포화 카복실산의 하나로 페닐기와 카복시기가 이중결합에 대하여 화학 구조상 반대쪽에 있는 트랜스형과 같은 쪽에 있는 시스형의 이성질체가 있다. 계피산 · 육계산 · β-페닐아크릴산이라고도 한다.

트리아실글리세리드(Triasylglyceride)
한 분자의 글리세롤에 세 분자의 지방산이 에스터 결합을 이루고 있는 아실글리세롤(acylglycerol)로 단순 지질에 속하는 중성지방 중 하나이다.

티아졸류(Thiazoles)
황과 질소를 가지고 있는 헤테로고리 화합물로서 연한 노란색을 띤 액체로 피리딘 냄새가 난다.

ㅍ

파라쿠마린산(*p*-coumaric acid)
하이드록시 신남산의 시스형을 말한다. 화학 구조상 수소 원자를 제외한 다른 원자 또는 분자가 한 방향으로 배열된 것을 시스형, 엇갈린 형태로 배열된 것을 트랜스형이라 한다.

팔미트올레산(Palmitoleic acid)
이중결합을 한 개 갖는 탄소 수가 16개인 지방산으로 시스-9-헥사데센산으로도 불린다.

팔미틴산(Palmitic acid)
탄소 수 16개인 포화지방산의 하나로 동식물의 유지 성분으로 냄새가 없는 밀랍 모양의 고체 지방산이다.

페놀류(Phenols)
벤젠고리에 히드록시기(-OH)가 치환된 특유한 냄새를 지니는 방향족 탄소 화합물을 말한다.

펙틴(Pectin)
모든 식물 세포벽의 존재하는 다당류로서 알파-1,4 결합한 폴리갈락투론산에 부분적으로 (1,2)-엘-람노스 잔기가 있으며 일부가 메틸 에스터화되어 있다.

펩타이드류(Peptides)
아미노산이 한쪽 아미노산의 카르복실기(-COOH)와 다음 아미노산의 아미노기 사이에서 물이 떨어져 나가고 차례로 연결해 사슬 모양을 이룬 채 화학 결합한 것을 말한다. 아미노산의 결합수에 따라서 디펩타이드, 트리펩타이드, 테트라펩타이드 혹은 올리고펩타이드나 폴리펩타이드로 분류된다.

포름산(Formic acid)
개미나 벌, 커피 등에 함유된 지방산의 한 종류로 개미산으로도 불리며 가장 간단한 카르복실산이다.

포화지방산(Saturated fatty acid)
분자를 구성하는 탄화수소 사슬이 모두 단일 결합으로만 이루어진 지방산을 말한다.

폴리페놀 산화 효소(Polyphenol oxidase)
폴리페놀이 산소 분자에 의해서 산화되어 퀴논을 생성하는 반응을 촉매하는 효소를 말한다.

퓨라논류(Furanones)
딸기, 파인애플, 볶은 아몬드, 커피, 팝콘 따위에 들어 있는 헤테로고리 화합물을 말한다.

퓨란류(Furanes)
헤테로고리 안에 1개의 산소 원자를 가진 화합물로 소나무재를 건류하여 얻는 타르 속과 커피에도 함유되어 있다.

프로피온산(Propionic aid)
카르복실산의 일종으로 톡 쏘는 듯한 썩은 냄새가 나는 무색 액체이며 자극적이다.

피라진류(Pyrazines)
벤젠의 1, 4번째 위치의 탄소가 질소로 치환된 헤테로 방향족 화합물의 하나. 고리 상태에 알킬기가 치환된 것은 탄 냄새가 나고 생두 가열 시 향기 성분으로 발현된다.

피롤류(Pyrroles)
고리 안에 질소를 1개 함유하는 5원자 헤테로고리 화합물이다. 마이얄 반응으로 유기 질소 화합물로 커피에 향미를 준다.

ㅎ

하이드로 과산화물(Hydroperoxide)
탄화수소의 수소 원자 한 개가 -O-OH기로 바뀌어 된 화합물로 리폭시게나아제의 지방질 산화로 생기는 중간 산물이다. 효소 또는 열에 의하여 산이나 알데하이드로 분해된다.

하이드로겔(Hydrogel)
물에 녹지 않는 가교된 친수성 중합체이며 흡습성은 높지만 그 구조를 유지한다.

하이드록시 퀴논(Hydroxy quinone)
퀴논을 아황산과 철과 물로 환원하여 얻는 무색의 바늘 모양의 결정체로 산화 방지 활성이 있는 방향성 화합물인 페놀의 하나이다. 과일, 채소, 커피, 차, 맥주 등에 들어 있다.

해당 과정(Glycolysis)
6탄소 화합물인 포도당 한 분자를 일련의 반응을 통해 3탄소 화합물인 피루브산 두 분자로 분해하는 대사 경로이다. 산소의 유무와 관계없이 진행되는 대사 과정으로 세포질(cytosol)에서 일어난다.

헤미셀룰로오스(Hemicellulose)
생물의 세포벽을 구성하는 다당류 중에서 셀룰로오스 이외의 다당류를 말하며, 보통은 셀룰로오스, 펙틴을 제외한 물에 불용성인 다당류만을 말한다.

헤테로고리 유기화합물(Heterocyclic organic compound)
고리식 구조를 가진 유기화합물 중에 고리를 구성하는 원소가 탄소 원자만이 아니고 산소, 황, 질소, 인, 비소 등을 고리 내에 포함한 화합물을 말한다.

호박산(Succinic acid)
카르복실산 중의 하나로 처음에 호박의 건류에 의하여 얻어졌기 때문에 이름이 붙여졌다. 조개나 사과, 청주 등에 들어 있고 신맛보다는 시원한 감칠맛을 가진 유기산으로 글루탐산나트륨과 혼합하여 조미료로 사용된다.

환원당(Reducing sugar)
유리 알데하이드 작용기 또는 유리 케톤 작용기를 가지고 있어 환원제로 작용할 수 있는 당을 말한다. 일부 이당류(맥아당)와 일부 단당류(포도당, 과당, 갈락토오스 등)가 환원당이다.

활성탄(Active carbon)
높은 흡착성을 지닌 탄소질 물질로서 열과 수분에 의해 활성화되어 물질과 화합물을 형성하며 색과 냄새를 흡착하는 특성이 있다.

황화합물(Sulfur compound)
탄소를 한 개 이상 가지고 있는 유기화합물에 한 개 이상의 황 원자가 공유 결합 또는 산소 원자에 직접 결합한 화합물을 말한다. 메틴오닌과 메탄티올이 대표적이다.

흡열 반응(Endothermic reaction)
어떤 물질이 주위로부터 열에너지를 흡수하는 반응으로 열을 방출하는 발열 반응의 역반응이다.

통성 혐기성(Facultative anaerobic)
산소 호흡을 주로 하지만 무산소 환경에서도 증식할 수 있는 미생물이며 대장균과 효모류가 그 예이다.

탈탄산화(Decarbonization)
넓은 의미로는 유기화합물에서 이산화탄소가 이탈되는 반응을 말하지만, 좁은 의미에서는 카르복실산(RCOOH)에서 가열에 의해 이산화탄소와 탄화수소가 생성되는 반응을 말한다.

탈아미노화(Deamination)
아미노기(NH_2)를 갖는 화합물로부터 아미노기가 이탈하는 반응이다.

Coffee Flavor
커피의 향미

2022년 12월 5일 1판 1쇄 인 쇄
2022년 12월 15일 1판 1쇄 발 행

지 은 이 : 정 철

펴 낸 이 : 박 정 태

펴 낸 곳 : **광 문 각**

10881
파주시 파주출판문화도시 광인사길 161
광문각 B/D 4층
등 록 : 1991. 5. 31 제12 - 484호
전 화(代) : 031-955-8787
팩 스 : 031-955-3730
E - mail : kwangmk7@hanmail.net
홈페이지 : www.kwangmoonkag.co.kr

ISBN : 978-89-7093-226-2 93590

값 : 40,000원